TURING 图灵数学·统计学丛书

An Introduction to Calculus

-

Kunihiko Kodaira

（修订版）

微积分入门

[日] 小平邦彦 ————— 著

裴东河 ————— 译

解析入門

人民邮电出版社

北京

图书在版编目（CIP）数据

微积分入门（日）小平邦彦著；裴东河译. —2
版（修订版）. —北京：人民邮电出版社，2019.3
（图灵数学·统计学丛书）
ISBN 978-7-115-50055-7

Ⅰ.微··· Ⅱ.①小··· ②裴··· Ⅲ.①微积分
Ⅳ.①O172

中国版本图书馆 CIP 数据核字（2018）第 257290 号

内 容 提 要

本书为日本数学家小平邦彦晚年创作的经典微积分著作. 有别于一般的微积分教科书, 本书突出"严密"与"直观"的结合, 重视数学中的"和谐"与"美感", 讲解新颖别致、自成体系, 论证清晰详尽、环环相扣, 行文深入浅出、流畅易读, 从原理、思想到方法、应用, 处处体现了小平邦彦的深厚功力与广阔视野. 作者着眼数学分析的深处, 结合自身独到的思考与理解, 从严谨的实数理论出发思谋微积分, 通过巧妙引导, 启发读者自主思考, 提升对微积分的领悟理解程度.

本书是小平邦彦为后人留下的一份重要文化财富, 不仅值得数学专业人士研读, 对于需要微积分知识的其他理工科学生和专业人员也具有深刻启示.

◆ 著　　　[日] 小平邦彦
　　译　　　裴东河
　　责任编辑　武晓宇
　　装帧设计　broussaille 私制
　　责任印制　周昇亮

◆ 人民邮电出版社出版发行　　北京市丰台区成寿寺路 11 号
邮编 100164　电子邮件 315@ptpress.com.cn
网址 http://www.ptpress.com.cn
固安县铭成印刷有限公司印刷

◆ 开本：700×1000　1/16
印张：29　　　　　　　　　2019 年 3 月第 2 版
字数：553 千字　　　　　　2025 年 3 月河北第 22 次印刷
著作权合同登记号　　图字：01-2018-2902 号

定价：99.00 元

读者服务热线：(010)84084456-6009　印装质量热线：(010) 81055316
反盗版热线：(010) 81055315

译 者 序

本书是根据日本岩波书店 2003 年出版的《解析入門》翻译的. 本书的作者小平邦彦先生是为数不多的同时获得菲尔兹奖和沃尔夫奖的著名数学家之一. 他在调和积分理论、代数几何学和复解析几何学等诸多领域都做出了卓越的贡献. 小平邦彦先生还是一位杰出的数学教育家, 培养了大量的优秀数学工作者.《解析入門》就是在他晚年为后人留下的又一重要文化财富. 这是一套表述非常精练而内容十分丰富的微积分教材 (原著分 I 卷和 II 卷, 包括附录、习题解答及提示、索引, 仅有 514 页). 由于它以严格的实数理论为基础, 因此与通常的微积分教材不同, 各部分内容简洁而流畅, 充分体现了作者的数学才识. 另外本书利用旋转的概念构造了三角函数的理论也是非常有趣的. 它不仅值得数学专业的学生研读, 而且对于需要微积分知识的理工科学生来说, 也是值得一读的好教材或参考书.

本书能得以顺利出版, 首先要感谢人民邮电出版社图灵公司及明永玲、武卫东编辑的大力支持; 同时, 东北师范大学的黄松爱老师和研究生刘娜、孔令令、刘美含、刘赢、高瑞梅同学在翻译和校订中给予了大力帮助, 在此一并表示衷心感谢!

在翻译本书的过程中, 译者虽然尽最大努力尊重原文原意, 并尽可能避免直译产生的歧义, 但是由于才疏学浅, 难免存在翻译不当之处, 敬请广大读者批评指正, 以便再版时更正.

裴东河

2007 年 5 月

裴东河 日本北海道大学理学博士, 日本学术振兴会特别研究员, 现为东北师范大学数学与统计学院教授, 博士生导师, 长白山学者奖励计划特聘教授, 全国模范教师, 教育部 "新世纪优秀人才支持计划资助项目" 获得者. 主要研究方向是奇点理论, 微分几何和微分拓扑等方面.

前　言

这本《微积分入门》是以刚刚结束高中数学学习, 步入大学后正式学习数学分析的人为对象而编写的. 希望本书能够成为从高中数学通向现代分析学的桥梁.

分析学的基础是实数论, 本书首先详细而严密地论述了实数论. 最初, 我计划以高木先生的《解析概論》第 3 次修订版 (岩波书店) 和藤原先生的《微分積分学 I》《微分積分学 II》(内田老鹤圃) 等作为蓝本, 希望用读者容易接受的方式严谨地讲解传统的微积分学, 但是结果却在某些地方脱离了这一宗旨. 首先, 在第 2 章三角函数的导入上, 本书从角度可以表示为平面的旋转的量这一观点出发, 用指数函数 $e^{i\theta}$ 作为媒介定义了三角函数. 因为在进入微分学之前, 对三角函数进行严格的定义是非常必要的.

关于第 4 章的单变量函数的积分, 受高木先生著作[①] 的启示, 被积函数只限定在至多有有限个不连续点的情况, 而闭区间上具有不连续点的函数的积分都作为广义积分来处理. 在第 5 章中, 介绍了一致有界函数列的 Arzelà 逐项积分定理及由 Hausdorff 给出的初等证明. 这个定理自 Lebesgue 逐项积分定理的出现而被遗忘, 但在应用上非常有用. 在第 6 章中, 使用积分记号, 从 Arzelà 定理导出微积分定理.

第 7 章将详细介绍多重积分, 即多元函数的积分, 二元函数一般的情况则在第 8 章处理. 由于在一元函数的情况, 被积函数限定为至多具有有限个不连续点, 因此多元函数的情况也应进行简化. 为此, 第 7 章首先在矩形上定义连续函数的积分概念, 然后用 (平面上的) 任意邻域上的连续函数的积分定义广义积分. 从广义积分限定在被积函数是连续函数这一点来说, 它比传统的黎曼积分要狭窄, 但从它适用于任意邻域这一点来说, 又比黎曼积分宽广. 第 8 章同样定义了一般情况下的多重积分. 在多重积分中, 我们把重点放在了积分变量的变换公式的严格证明上. 一元函数的积分变量变换公式是直接从不定积分的讨论中导出的. 对于二元函数 $f(x,y)$, 满足 $F_{xy}(x,y)=f(x,y)$ 的函数 $F(x,y)$ 可以作为 $f(x,y)$ 的不定积分[②]. 7.3 节中二重积分的变量变换公式就是根据这种意义下的不定积分的考察获得的. 其出发点是无论如何也要设法把一元函数的积分变换公式的简洁证明, 推广到两变量的情况. 在第 8 章中, 通过对变量的个数采用归纳法, 证明了一般情况的多重积分的变量变换公式.

作为微积分的应用, 传统的方法是讲授曲线的长度和曲面的面积, 另外还讲授微分形式理论的初步知识. 但第 8 章已经超过了预定的篇幅, 只好忍痛割爱删除了

[①] 高木贞治《解析概論》, 改訂第 3 版, 岩波书店, pp.109-110. (中文版为《高等微积分》, 人民邮电出版社, 2011 年出版. ── 编者注)

[②] 龟谷俊司《解析学入門》, 朝仓书店, p.303.

微分形式理论的部分, 在第 9 章中导出曲线长度公式和曲面面积公式后收尾.

　　现代数学受形式主义的影响很深, 强调数学是公理化构成的论证体系. 但我以为, 正如物理学是描述物理现象一样, 数学是描述客观存在的数学现象. 因此为了理解数学, 明确把握数学现象的直观是非常重要的. 我在撰写本书的过程中, 不仅在论证的严密性上, 而且在直观描述上都下了巨大的功夫.

　　向在本书的习题解答和提示的写作过程中付出辛勤劳动的前田博信氏表示衷心的感谢.

　　撰写本书过程中参考了高木先生的《解析概論》和藤原先生的《微分積分学 I》《微分積分学 II》. 我想书中《解析概論》的影响应随处可见. 所有的术语都是以《岩波数学辞典第 3 版》为准.

　　本书出版过程中得到了岩波书店编辑部荒井秀男先生的许多帮助, 借此机会向荒井先生表示衷心的感谢.

小平邦彦

1990 年 12 月

目　　录

第1章 实　　数

1.1　序

学过高中数学的人, 应该大致知道实数是什么. 可是从现代数学的观点来看, 高中数学的实数理论在严密性上有欠缺, 它作为分析学的基础还不很充分. 本章的目的是在把有理数作为已知的基础上, 从理论上严密地阐述实数理论. 首先我将与大家一起回顾高中已经学过的有关实数的知识, 同时指出其严密性上的欠缺之处.

在一条直线 l 上取两个不同的点 O 和 E, 对 l 上任意一点 A, 用 OA 来表示以线段 OE 的长度为单位长度测量的 A 和 O 之间的距离.

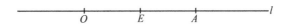

OA 除 O 和 A 重合的情况之外都是正实数. 进一步

从 O 点观察, 如果 A 与 E 在 O 同侧, 则令 $\alpha = OA$,

从 O 点观察, 如果 A 与 E 分别在 O 两侧, 则令 $\alpha = -OA$,

O 和 A 重合时, 则令 $\alpha = 0$.

并且给直线 l 上每个点 A 分别对应一个实数 α, 则 l 上所有的点与全体实数之间是一一对应的. 此时把 l 叫作**数轴**, O 叫作原点, E 叫作单位点. 与 A 对应的实数 α 叫作 A 的**坐标**. 又 A 的坐标是 α 时, 记作 $A(\alpha)$, 并且把点 A 记作点 α, 或者简称为 α. 即实数与数轴上各点视为等同, 把实数看作是排列在数轴上的点.

整数是数轴上等距离排列的点:

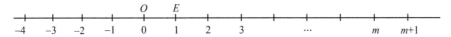

相邻的两个整数 m 和 $m+1$ 的距离当然是 1.

自然数[①]n 确定时, 形如 m/n (m 是整数) 的有理数, 在数轴上以 $1/n$ 的距离排列. 例如下图表示有理数 $m/5$:

---

① 本书中的自然数是从 1 开始算起, 不包括 0. ——编者注

随着 n 的增大, 间隔 $1/n$ 能够无限变小. 因此无论在数轴上取多么短的线段 PQ, 只要 P 与 Q 不重合, P 与 Q 之间就存在无数多个有理数. 这表示, 有理数的集合在数轴上是处处稠密的.

$\sqrt{2}$ 不是有理数[①]. 不是有理数的实数叫作**无理数**. 因为 $\sqrt{2}$ 是无理数, 所以, 若 r 是有理数, 则 $r+\sqrt{2}$ 是无理数. 显然 $r+\sqrt{2}$ 这样的无理数集合在数轴上也是处处稠密的. 因此, 全体无理数的集合在数轴上当然是处处稠密的.

如果用十进制的方法, 所有实数都可以用整数或小数的形式表示. 小数分为有限小数和无限小数. 有限小数的意思从字面就可以理解. 例如: $0.0625=625/10\,000=1/16$.

无限小数如 $1.121\,621\,621\,6\cdots$, 这样从某一位开始, 相同的几位数字无限循环排列的数叫作**循环小数**.

$$1.121\,621\,621\,6\cdots=1.1+0.0216+0.000\,021\,6+\cdots$$

$$=1.1+0.0216\times\left(1+\frac{1}{10^3}+\frac{1}{10^6}+\frac{1}{10^9}+\cdots\right)$$

除去有限小数 1.1, 剩下的部分是以 0.0216 作为首项, 以 $1/10^3$ 作为公比的无穷等比级数. 因此,

$$1.121\,621\,621\,6\cdots=1.1+\frac{0.0216}{1-\dfrac{1}{10^3}}=1.1+\frac{21.6}{10^3-1}=\frac{11}{10}+\frac{216}{9990}$$

$$=\frac{11\,205}{9990}=\frac{83}{74}.$$

又例如循环小数

$$3.560\,975\,609\,756\,097\cdots$$

可以写成

$$3.560\,975\,609\,756\cdots=3+0.560\,97\times\left(1+\frac{1}{10^5}+\frac{1}{10^{10}}+\cdots\right)$$

$$=3+0.560\,97\times\frac{1}{1-\dfrac{1}{10^5}}=3+\frac{56\,097}{99\,999}$$

$$=3+\frac{23}{41}=\frac{146}{41}.$$

---

① 假定 $\sqrt{2}$ 是有理数, 则它等于不可约分数 m/n (m,n 是自然数): $\sqrt{2}=m/n$. 所以 $2n^2=m^2$. 如果 m 是奇数, 则 m^2 也是奇数. 这与 $2n^2$ 是偶数相矛盾. 故 m 是偶数, 即 $m=2k$, k 是自然数, 所以 $n^2=2k^2$. 从而, n 是偶数. 这与 m/n 是不可约分数相矛盾. 故 $\sqrt{2}$ 不是有理数.

一般地, 从某位开始的 n 个数字组成相同排列的无限循环小数, 是由有限小数和以有限小数作为首项并以 $1/10^n$ 作为公比的无穷等比级数的和组成的. 因为

$$1 + \frac{1}{10^n} + \frac{1}{10^{2n}} + \frac{1}{10^{3n}} + \cdots = \frac{1}{1 - \dfrac{1}{10^n}} = \frac{10^n}{10^n - 1}$$

是有理数, 因此, 循环小数都是有理数.

反之, 既不是整数也不是有限小数的有理数必能用循环小数表示. 这可以通过进行除法运算, 在把分数用小数来表示的操作过程中观察了解. 例如 89 除以 13, 可以得到右边的式子, 所以

$$\frac{89}{13} = 6.846\ 153\ 846\ 153\ 846\ 153 \cdots .$$

这个无限小数的第 7 位以后每 6 位就出现相同的排列 846 153, 是因为第⑦行的余数和第①行的余数都是 11 的缘故. 确定小数点后面数字 846 15… 的除法运算的步骤如下: 首先由 89 除以 13 得出余数 11, 这个余数 11 的 10 倍 110 除以 13 得出商是 8 余数是 6. 这个余数 6 的 10 倍 60 除以 13 得出商是 4 余数是 8. 这个余数 8 的 10 倍 80 除以 13 得出商是 6 余数是 2. 依此类推, 得出的商依次排列为 846 15….

对于任意一个非整数、非有限小数的分数 q/p (p, q 是自然数), 把它用无限小数来表示的除法运算的步骤完全类似. 即首先用 q 除以 p 得出商是 k, 余数是 r_1, 其次 $10r_1$ 除以 p 得出商是 k_1 余数是 r_2, 然后 $10r_2$ 除以 p 得出商是 k_2 余数是 r_3, $\cdots$, $10r_n$ 除以 p 得出商是 k_n 余数是 r_{n+1}, $\cdots$, 以此类推得出的商 $k_1, k_2, \cdots$, $k_n, \cdots$ 分别是 $0, 1, 2, \cdots, 9$ 中的某一个数字, 分数 q/p 可用无限小数:

$$k.k_1 k_2 k_3 \cdots k_n \cdots = k + \frac{k_1}{10} + \frac{k_2}{10^2} + \cdots + \frac{k_n}{10^n} + \cdots$$

来表示. 当然, 在这里整数 k 也是用十进制数表示.

这种无限小数是循环小数, 可以通过以下方法确定: 对某个 n, 当 $r_n = 0$ 时, $k_n, k_{n+1}, k_{n+2}, \cdots$ 皆为 0,

$$\frac{q}{p} = k.k_1 k_2 \cdots k_{n-1}$$

成为有限小数, 与假设矛盾. 所以, 余数 r_n 全都是不大于 $p - 1$ 的正整数. 因此, p 个余数 $r_1, r_2, \cdots, r_p$ 不可能全部不同. 换言之, 这 p 个余数中, 至少有两个是一样的:

$$r_m = r_n, \quad 1 \leqslant m < n \leqslant p.$$

此时, 确定从小数点后第 n 位开始的数字 $k_n, k_{n+1}, k_{n+2}, \cdots$ 的除法运算与确定从第 m 位开始的数字 $k_m, k_{m+1}, k_{m+2}, \cdots$ 的除法运算是一致的. 因此,

$$k_n = k_m, \quad k_{n+1} = k_{m+1}, \quad k_{n+2} = k_{m+2}, \cdots.$$

也就是说, q/p 是从第 m 位开始, 数字 $k_m k_{m+1} \cdots k_{n-1}$ 无限循环的循环小数.

无理数可以用无限不循环小数来表示. 例如

$$\sqrt{2} = 1.414\ 213\ 56 \cdots. \tag{1.1}$$

这个无限小数的表示是如下得到的. 首先, $\sqrt{2}$ 在 1 和 2 之间:

$$1 < \sqrt{2} < 2.$$

把 1 和 2 之间分成 10 等份, $\sqrt{2}$ 放入相邻的等分点 1.4 和 1.5 之间:

$$1.4 < \sqrt{2} < 1.5.$$

把 1.4 和 1.5 之间分成 10 等份, $\sqrt{2}$ 放入相邻的等分点 1.41 和 1.42 之间:

$$1.41 < \sqrt{2} < 1.42.$$

把 1.41 和 1.42 之间分成 10 等份, $\sqrt{2}$ 放入相邻的等分点 1.414 和 1.415 之间:

$$1.414 < \sqrt{2} < 1.415.$$

反复进行这种操作, 就可以得出无限小数的表示 (1.1).

任意一个实数 α 用无限小数表示, 除 α 是整数或有限小数这种情况外, 其余完全可以用同样的方法来获得. 即, 首先确定满足

$$k < \alpha < k+1$$

的整数 k, 然后获得满足

$$k + \frac{k_1}{10} < \alpha < k + \frac{k_1 + 1}{10},$$

$$k + \frac{k_1}{10} + \frac{k_2}{10^2} < \alpha < k + \frac{k_1}{10} + \frac{k_2 + 1}{10^2},$$

$$k + \frac{k_1}{10} + \frac{k_2}{10^2} + \frac{k_3}{10^3} < \alpha < k + \frac{k_1}{10} + \frac{k_2}{10^2} + \frac{k_3 + 1}{10^3}$$

$$\cdots$$

的 $k_1, k_2, k_3, \cdots$ 顺次排列构成的无限小数表示:

$$\alpha = k.k_1 k_2 k_3\ k_4 \cdots. \tag{1.2}$$

考虑到 α 还包含整数或有限小数的情况, 上面的一系列不等式也可以换成下面的一系列不等式:

$$k \leqslant \alpha < k+1, \quad k + \frac{k_1}{10} \leqslant \alpha < k + \frac{k_1 + 1}{10},$$

$$k + \frac{k_1}{10} + \frac{k_2}{10^2} \leqslant \alpha < k + \frac{k_1}{10} + \frac{k_2 + 1}{10^2},$$
$$\cdots$$

当 α 是负数时, 式 (1.2) 中 k 是负整数. 此时, 令 $h_n = 9 - k_n$, 因为

$$0.k_1k_2k_3\ k_4\cdots + 0.h_1h_2h_3\ h_4\cdots = 0.999\ 9\cdots = 1,$$

所以

$$\alpha = k + 1 - 0.h_1h_2h_3\ h_4\cdots.$$

因此, 若令 $h = -k - 1, h$ 是非负整数, 则

$$\alpha = -h.h_1h_2h_3\ h_4\cdots. \tag{1.3}$$

这是负实数 α 的一般十进制小数表示. 同理, 任意的实数都可以用十进制小数来表示.

反之, 任意的十进制小数是否也一定表示一个实数呢? 关于有限小数和循环小数, 由于我们已经阐述过, 把

$$k.k_1k_2k_3\ k_4k_5\cdots \tag{1.4}$$

设为如

$$1.010\ 110\ 111\ 011\ 110\ 111\ 110\ 1\cdots$$

这样的无限不循环小数. 在高中数学中, 实数

$$\alpha = k.k_1k_2k_3\ k_4k_5\cdots$$

的存在性作为当然的结果确认下来. 即 (1.4) 的小数去掉 $n + 1$ 位以后的数字, 得到的有限小数设为

$$a_n = k.k_1k_2k_3\cdots k_n$$

的话, 就是承认了使不等式:

$$a_n < \alpha < a_n + \frac{1}{10^n}, \quad n = 1, 2, 3, 4, \cdots$$

完全成立的实数 α 的存在性. 放在数轴上考虑, 即意味着, 对于所有的 $n=1, 2, 3, 4, \cdots$ 的点, a_n 与 $a_n + 1/10^n$ 之间存在点 α.

由于实数作为在以线段 OE 的长度为单位长度测量数轴上两点 O 和 A 间的距离时, 附加了 $\pm$ 号来考虑, 因此为了证明实数 α 的存在, 必须证明数轴上存在这样的点 α. 为此, 必须明确数轴到底是什么. 至此, 我们看到高中数学中直线乃至实数还欠缺明确的定义.

1.2 实 数

在本节, 我们假定读者已经掌握了有理数及其大小、加减乘除的知识, 在此基础上, 给出实数的严格定义. 要理解数学, 必须严密地追踪其论证过程, 但仅仅如此还是不够的, 还必须对数学的现象有一个直观的理解. "原来是这样, 原来如此, 我明白了!" 当你这样想的时候才能对它有一种感觉上的把握, 才能自由地驾驭理论. 以下在阐述实数的严密的理论时, 不时插入有助于帮助理解的说明, 也就是下面的小字印刷部分.

a) 实数的定义

有理数全体构成的集合用 $\mathbf{Q}$ 来表示. $\mathbf{Q}$ 的元素用 a, b, c, r, s 等字母表示. $\mathbf{Q}$ 关于加减乘除的运算构成域 (field), 所以又把 $\mathbf{Q}$ 叫作**有理数域**. $\mathbf{Q}$ 的元素间定义了大小关系, 用 ">" 和 "<" 来表示, 这些我们在高中已经学过. 我们可以把有理数想象成按照大小顺序在直线上的依次排列, 所以又把 $\mathbf{Q}$ 叫作**有理直线**. 对于两个不同的有理数 a 和 b $(a < b)$, 存在无数个有理数 r, 使 $a < r < b$ 成立, 这称之为有理数**的稠密性.**

再回到高中数学, 回顾一下数轴 l, 有理直线 $\mathbf{Q}$ 是 l 上的有理点, 即坐标是有理数的点的全体构成的集合. 现在如果给定一个无理数 α, $\mathbf{Q}$ 在下图中被 α 点分割成左侧的部分 A 和右侧的部分 A'.

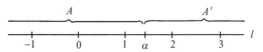

A 是由比 α 小的有理数构成的集合, A' 是由比 α 大的有理数构成的集合, 记为:

$$A = \{r \in \mathbf{Q} | r < \alpha\}, \quad A' = \{r \in \mathbf{Q} | r > \alpha\}, \quad \mathbf{Q} = A \cup A', \quad A \cap A' = \varnothing.$$

显然 A 中的有理数恒小于 A' 中的有理数:

$$r \in A, \quad s \in A', \quad 则 \ r < s. \tag{1.5}$$

根据 A 和 A' 的定义得:

$$r \in A, \quad s \in A', \quad 则 \ r < \alpha < s. \tag{1.6}$$

即 α 是 A 和 A' 的分界点. 如在 1.1 节开头所述, 有理数的集合 $\mathbf{Q}$ 在数轴上是处处稠密的. 由此可知, α 是由满足条件 (1.6) 的 A 和 A' 所确定的唯一的一个实数. 假设除了 α 以外, 还存在一个满足条件的实数 β, 不妨假设 $\alpha < \beta$, 那么必定存在有理数 t, 使得 $\alpha < t < \beta$ 成立. 根据 (1.6), t 既不包含在 A 中也不包含在 A' 中, 这与结论 $A \cup A' = \mathbf{Q}$ 相矛盾.

本节的目的是在假定读者已了解有理数的基础上, 给实数以明确的定义. 现在假设给定一个无理数 α, 如上所述, α 把 $\mathbf{Q}$ 分成满足条件 (1.5) 的两部分 A 和 A'. 反过来, α 是由 A 和

A' 确定的分界点. 在这种情况下, 要在有理数的基础上来定义无理数, 同样可以把这个操作过程反过来. 首先, 把 **Q** 分成满足条件 (1.5) 的两部分 A 和 A', 然后用 A 和 A' 的分界点来定义实数. 这是来自于 Dedekind 的分划思想.

下面就根据 Dedekind 思想来阐述实数的定义. 有理直线 **Q** 被分割成两个非空子集 A 和 A', 如果 A 和 A' 满足以下两个条件时, A 和 A' 的组叫作**有理数的分划**(cut, Schnitt), 用记号 $\langle A, A' \rangle$ 来表示:

(1) $r \in A, s \in A'$, 那么 $r < s$;

(2) 没有属于 A 的最大有理数. 即如果 $r \in A$, 则存在 $t \in A$ 使得 $t > r$.

当然, **Q** 被分割成 A 和 A' 两部分, 意味着 $\mathbf{Q} = A \cup A', A \cap A' = \varnothing$.

分划 $\langle A, A' \rangle$ 中, A' 是 A 关于 **Q** 的补集, 即 A' 是从 **Q** 中除去全部属于 A 的有理数后剩下的元素构成的集合. 分划 $\langle A, A' \rangle$ 是由 A 唯一确定的. 由于命题 "如果 $s \in A'$, 那么 $r < s$" 与它的逆否命题 "如果 $s \leqslant r$ 那么, $s \in A$" 等价, 所以, 分划的条件 (1) 和只关于 A 的下列条件等同:

(3) $r \in A$ 时, $s \leqslant r, s \in \mathbf{Q}$, 那么 $s \in A$.

同样, (1) 和涉及 A' 的下列条件也等同.

(3)$'$ $r \in A'$ 时, $s \geqslant r, s \in \mathbf{Q}$, 那么 $s \in A'$.

定义 1.1 有理数的分划叫作**实数**(real number).

实数用 α, β 等希腊字母来表示. 实数 $\langle A, A' \rangle$ 用 α 表示的时候, 记为 $\alpha = \langle A, A' \rangle$. 所谓两个实数 $\alpha = \langle A, A' \rangle$ 和 $\beta = \langle B, B' \rangle$ 相等 (记 $\alpha = \beta$), 是指 $\langle A, A' \rangle$ 和 $\langle B, B' \rangle$ 是相同的分划. 这也意味着 A 和 B 是相同的集合.

实数论完成之际, $\alpha = \langle A, A' \rangle$ 是 A 和 A' 的分界点, 即对任意的 $r \in A, s \in A'$, 满足不等式 $r < \alpha \leqslant s$ 的实数只有一个. 虽然如此, 但在此阶段不等式 $r < \alpha \leqslant s$ 还没有意义, 所以只能在形式上把分划这一概念定义为实数.

对于分划 $\langle A, A' \rangle$, 可以考虑两种类型:

（Ⅰ） 没有属于 A' 的最小有理数;

（Ⅱ） 有属于 A' 的最小有理数.

当 $\langle A, A' \rangle$ 是第 (Ⅱ) 种类型时, 设 a 是属于 A' 的最小有理数

$$A = \{ r \in \mathbf{Q} \,|\, r < a \}, \quad A' = \{ r \in \mathbf{Q} \,|\, r \geqslant a \}. \tag{1.7}$$

此时, 称实数 $\langle A, A' \rangle$ 等于有理数 a. 记为 $\langle A, A' \rangle = a$. 取任意有理数 a, 根据 (1.7), 若定义分划 $\langle A, A' \rangle$, 当然实数 $\langle A, A' \rangle = a$. 此时我们把实数$\langle A, A' \rangle$和有理数 a 视为相同. 因此, 所有有理数都是实数. 实数 $\langle A, A' \rangle$ 是有理数的无限集合的组, 是同一个有理数处于不同水平的概念. 我们姑且把这二者视为同一, 并把实数概念看成是有理数概念的推广.

$\langle A, A' \rangle$ 在第 (Ⅰ) 种类型中, 实数 $\alpha = \langle A, A' \rangle$ 和任意有理数都不同. 此时, 把 $\alpha = \langle A, A' \rangle$ 叫作**无理数**(irrational number).

b) 实数的大小

实数论完成之际, 因为如果 $\alpha = \langle A, A' \rangle$, 那么 $A = \{r \in \mathbf{Q} | r < \alpha\}$, 所以实数的大小理应定义如下.

定义 1.2 已知两个实数 $\alpha = \langle A, A' \rangle$, $\beta = \langle B, B' \rangle$, 如果 $A \subsetneq B$, 则 α 比 β 小, 或者说 β 比 α 大. 记作 $\alpha < \beta$, $\beta > \alpha$.

当 $\alpha = a$, $\beta = b$ 都是有理数时, 在此作为定义的实数 α, β 的大小和作为有理数 α, β 的大小一致. 从而显然有 $A = \{r \in \mathbf{Q} | r < a\}$, $B = \{r \in \mathbf{Q} | r < b\}$.

定理 1.1 两个实数 α, β 之间的关系是以下三者之一, 并且仅有其中之一成立:

$$\alpha < \beta, \quad \alpha = \beta, \quad \alpha > \beta.$$

证明 $\alpha < \beta$, $\alpha = \beta$, $\alpha > \beta$ 分别等价于 $A \subsetneq B$, $A = B$, $A \supsetneq B$. 三个关系 $A \subsetneq B$, $A = B$, $A \supsetneq B$ 之中必有某两个不成立, 因此必有其中之一成立. 即只需证 $A \subset B$[①] 或 $A \supset B$ 即可. 为此, 我们来假定既非 $A \subset B$, 也非 $A \supset B$, 即存在满足 $a \in A$ 且 $a \notin B$ 的有理数 a, 以及满足 $b \in B$ 且 $b \notin A$ 的有理数 b. 由于 $a \notin B$, 即 $a \in B'$, 所以根据分划的条件 (1) 得 $b < a$, 同理得 $a < b$. 这是矛盾的. □

定理 1.2 如果 $\alpha < \beta$, $\beta < \gamma$, 则 $\alpha < \gamma$.

证明 设 $\alpha = \langle A, A' \rangle$, $\beta = \langle B, B' \rangle$, $\gamma = \langle C, C' \rangle$, 则 $A \subsetneq B$, $B \subsetneq C$. 所以 $A \subsetneq C$, 即 $\alpha < \gamma$. □

定理 1.3 对于任意实数 $\alpha = \langle A, A' \rangle$ 下式成立:

$$A = \{r \in \mathbf{Q} | r < \alpha\}, \quad A' = \{r \in \mathbf{Q} | r \geqslant \alpha\}. \tag{1.8}$$

证明 为了比较有理数 r 和实数 α, 把 r 看作实数, 并用分划来表示:

$$r = \langle R, R' \rangle, \quad R = \{s \in \mathbf{Q} | s < r\}, \quad R' = \{s \in \mathbf{Q} | s \geqslant r\}.$$

因为 $A \cup A' = \mathbf{Q}$, $A \cap A' = \varnothing$, 所以要证式 (1.8) 只需证明: 如果 $r \in A$, 则 $r < \alpha$; 如果 $r \in A'$, 则 $r \geqslant \alpha$.

(1) 当 $r \in A$ 时: 根据分划条件 (3), $s < r$, $s \in \mathbf{Q}$, 则有 $s \in A$, 从而 $R \subset A$. 又因为 $r \notin R$, 所以 $R \neq A$. 故 $r < \alpha$.

(2) 当 $r \in A'$ 时: 根据分划条件 (3)', $s \geqslant r$, $s \in \mathbf{Q}$, 则由 $s \in A'$ 得 $R' \subset A'$. 又因为 R, A 分别是 $\mathbf{Q}$ 中 R' 和 A' 的补集, 因此 $A \subset R$, 即 $r \geqslant \alpha$. □

定理 1.3 说明, 实数 $\alpha = \langle A, A' \rangle$ 成为 A 和 A' 的边界点.

---

① "$A \subset B$" 表示一般的包含关系 (不限于真包含关系).

定理 1.4　对任意两个实数 α, β $(\alpha < \beta)$, 存在无数个满足 $\alpha < r < \beta$ 的有理数 r.

证明　设 $\alpha = \langle A, A' \rangle$, $\beta = \langle B, B' \rangle$, 因为 $\alpha < \beta$, 所以 $A \subsetneq B$. 因此存在满足 $b \in B$, $b \notin A$ 的有理数 b. 因为 $b \in A'$, 由定理 1.3, $\alpha \leqslant b$. 根据分划的条件 (2), 因没有属于 B 的最大的有理数, 所以存在无数个满足 $b < r$, $r \in B$ 的有理数 r. 由定理 1.3, $r \in B$ 和 $r < \beta$ 等价, 所以这些有理数 r 都满足不等式 $\alpha < r < \beta$.　□

实数全体的集合用 **R** 来表示. 我们可以想象实数按照大小 $(<)$ 顺序排成一行, 把 **R** 叫作**数轴**. 至此在高中数学中含义模糊的数轴概念得以明确定义. **R** 表示数轴时, 称实数为数轴上的点, 把有理数叫作**有理点**, 把无理数叫作**无理点**.

我们在 1.1 节中已经阐述过有理数的集合 **Q** 在数轴上处处稠密. 定理 1.4 表明这一结论在严格定义的数轴上仍然是成立的.

定理 1.5　对给定的自然数 m 及任意实数 α, 存在有理数 a 满足

$$a < \alpha \leqslant a + \frac{1}{m}.$$

证明　设 $\alpha = \langle A, A' \rangle$, 任取 $r_0 \in A$, 对自然数 n, 令 $r_n = r_0 + n/m$. 如果设 $s \in A'$, 当 $n > m(s - r_0)$ 时, $r_n = r_0 + n/m > s$, 因此 $r_n \in A'$. 从而满足 $r_{k-1} \in A$, $r_k \in A'$ 的自然数 k 确定. 令 $a = r_{k-1}$, 则 $a < \alpha \leqslant a + 1/m$.　□

这个定理蕴含了实数可以由有理数任意逼近.

c) 无理数

如 1.1 节所述, 在高中数学中, 我们对于无限不循环小数必是实数这一点, 还不能明确地说明. 实数的十进制小数表示在以后的数列的极限中会讲到, 在这里, 先证明无限不循环小数是无理数.

已知无限不循环小数 $k.k_1 k_2 k_3 \cdots k_n \cdots$, 其中 k 为整数, 并令

$$a_n = k.k_1 k_2 \cdots k_n = k + \frac{k_1}{10} + \frac{k_2}{10^2} + \cdots + \frac{k_n}{10^n}, \quad b_n = a_n + \frac{1}{10^n}.$$

如 1.1 节所述, 这个无限小数表示实数 α, 无非是实数 α 关于一切自然数 n 满足下面的不等式:

$$a_n \leqslant \alpha < b_n. \tag{1.9}$$

显然, 由 $a_{n-1} \leqslant a_n$ 及 $0 \leqslant k_n \leqslant 9$ 得,

$$b_n = a_{n-1} + \frac{k_n + 1}{10^n} \leqslant a_{n-1} + \frac{10}{10^n} = b_{n-1}.$$

考虑到它是无限不循环小数, 所以从某一位开始, 以后的全部 k_n 不能都是 0, 并且, 从某一位开始, 以后的全部 k_n 也不能都是 9. 即存在无数个满足 $k_m \geqslant 1$ 的

自然数 m. 并且, 存在无数个满足 $k_l \leqslant 8$ 的自然数 l. 对于这样的 m, l, 不等式 $a_{m-1} < a_m$, $b_l < b_{l-1}$ 成立. 即,

$$a_1 \leqslant a_2 \leqslant \cdots \leqslant a_n \leqslant \cdots a_{m-1} < a_m \leqslant \cdots$$
$$\leqslant b_l < b_{l-1} \leqslant \cdots \leqslant b_n \leqslant \cdots \leqslant b_2 \leqslant b_1. \tag{1.10}$$

对所有的自然数 n, 要想证明满足 (1.9) 的实数 α 的存在, 令

$$A' = \{r \in \mathbf{Q} | r \geqslant a_n, \ n = 1, 2, 3 \cdots \}.$$

设 A 是集合 A' 在 $\mathbf{Q}$ 中的补集. $\langle A, A' \rangle$ 成为有理数的分划, 可以通过如下简单的方法确认. 由 (1.10), $a_1 \in A$, $b_1 \in A'$, 即 A 和 A' 都是非空集合. 显然, A' 满足分划的条件 $(3)'$. 因为 A 是由至少对某一个 n, 满足 $r < a_n$ 的有理数 r 全体构成的集合, 所以 A 中没有最大的有理数. 令

$$\alpha = \langle A, A' \rangle.$$

(1.10) 表示对于所有的自然数 n, $a_n \in A$, $b_n \in A'$ 成立. 因此根据定理 1.3, $a_n < \alpha \leqslant b_n$. 再者, (1.10) 表示对于任意的 n, 存在满足 $b_l < b_n$ 的 l. 所以, $\alpha \leqslant b_l < b_n$. 即对于所有的 n,

$$a_n < \alpha < b_n \tag{1.11}$$

成立.

　　这个 α 是无理数. 为证明这个结论, 先假定 α 是有理数, 并设 $\alpha = q/p$ (p 为自然数, q 为整数), 不等式 (1.11) 转化为

$$a_n < \frac{q}{p} < a_n + \frac{1}{10^n}, \quad n = 0, 1, 2, 3 \cdots, \tag{1.12}$$

但这里 $a_0 = k$. 这一连串不等式, 反过来确定唯一的无限小数 $k.k_1 k_2 k_3 \cdots$. 并且, 它的确定方法和 1.1 节所阐述的操作过程是一致的, 即 $q > 0$ 时, 用十进制法 q 除以 p, 求出 q/p 的循环小数的表示方法. 为验证这一事实, 令

$$r_n = 10^{n-1} p \left(\frac{q}{p} - a_{n-1} \right) = 10^{n-1} q - 10^{n-1} a_{n-1} p,$$

因为 $10^{n-1} a_{n-1}$ 是整数, 所以 r_n 也是整数. 根据式 (1.12), 因为

$$0 < \frac{q}{p} - a_{n-1} < \frac{1}{10^{n-1}},$$

所以

$$0 < r_n < p.$$

又因

$$r_{n+1} = 10^n p \left(\frac{q}{p} - a_{n-1} - \frac{k_n}{10^n} \right) = 10 r_n - p k_n,$$

即

$$10 r_n = p k_n + r_{n+1}.$$

进一步, 因为 $r_1 = q - pk$, 得到

$$q = pk + r_1, \qquad 0 < r_1 < p,$$
$$10 r_1 = p k_1 + r_2, \qquad 0 < r_2 < p,$$
$$\cdots \qquad\qquad \cdots$$
$$10 r_n = p k_n + r_{n+1}, \quad 0 < r_{n+1} < p,$$
$$\cdots \qquad\qquad \cdots$$

这正是 $q > 0$ 时, 用十进制法 q 除以 p 的除法运算的操作. 如 1.1 节所述, 因为 $r_1, r_2, \cdots, r_p$ 中至少有两个是相同的, 从而给出了除法运算 q/p 的循环小数的表示方法. 当 $q < 0$ 时可类似地证明. 因此无限小数 $k.k_1 k_2 k_3 \cdots$ 必是循环小数, 这与假设相反. 所以 α 是无理数. □

这样就证明了无限不循环小数都是无理数. 由此我们得知, 无理数在数轴上处处稠密. 即对任意给定的两个实数 $\beta, \gamma \ (\beta < \gamma)$, 存在无穷多个满足 $\beta < \alpha < \gamma$ 的无理数 α.

d) 实数的连续性

当 $\alpha = \langle A, A' \rangle$ 为无理数时, 因为有理直线 $\mathbf{Q}$ 在 A 和 A' 的分界点处有 "间隙", 所以成为 A 与 A' 分界点的有理数不存在. 正因为有理直线 $\mathbf{Q}$ 在所有地方都存在 "间隙",

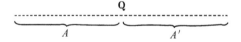

所以, 可以想象 $\mathbf{Q}$ 的 "间隙" 全部被无理数填充而成为数轴 $\mathbf{R}$. 数轴 $\mathbf{R}$ 已经不存在间隙了. 这就是实数的连续性. 为了说明 $\mathbf{R}$ 中没有间隙, 我们来考虑一下实数的分划.

数轴 $\mathbf{R}$ 被分割成两个非空子集 A 和 A', 如果 A 和 A' 满足下面条件时, A 与 A' 的组 $\langle A, A' \rangle$ 叫作**实数的分划**:

$$\text{如果 } \rho \in A, \quad \sigma \in A', \quad \text{则 } \rho < \sigma.$$

$\langle A, A' \rangle$ 是实数的分划时, 如果 $\rho \in A$, 则满足 $\tau < \rho$ 的所有实数 τ 都属于 A. 这是显然的. 同理, 如果 $\sigma \in A'$, 则满足 $\tau > \sigma$ 的所有实数 τ 都属于 A'.

定理 1.6 如果 $\langle A, A' \rangle$ 是实数的分划, 则或者存在属于 A 的最大实数或者存在属于 A' 的最小实数.

证明 设 $\mathbf{A} = A \cap \mathbf{Q}, \mathbf{A}' = A' \cap \mathbf{Q}$. 如果存在属于 $\mathbf{A}$ 的最大有理数 a, 那么 a 是属于 A 的最大实数. 如果存在满足 $a < \rho, \rho \in A$ 的实数 ρ, 我们取满足 $a < r < \rho$ 的有理数 r—— 这样的有理数 r 的存在性由 $\mathbf{Q}$ 在 $\mathbf{R}$ 上的处处稠密性来保证 (定理 1.4), 则 $r \in \mathbf{A}$, 这与 a 是属于 $\mathbf{A}$ 的最大有理数相悖. 故可知 $\mathbf{A}$ 中没有最大的有理数, 则易知 $\langle \mathbf{A}, \mathbf{A}' \rangle$ 是有理数的分划, $\alpha = \langle \mathbf{A}, \mathbf{A}' \rangle$ 是实数, 因此, $\alpha \in A$ 或 $\alpha \in A'$.

如果 $\alpha \in A$, 则 α 是属于 A 的最大实数. 如果存在满足 $\alpha < \rho, \rho \in A$ 的实数 ρ, 我们取满足 $\alpha < r < \rho$ 的有理数 r, 则 $r \in A$, 因此必有 $r \in \mathbf{A}$. 另一方面, 根据定理 1.3, $r \in \mathbf{A}'$. 这是相互矛盾的.

同理, 如果 $\alpha \in A'$, 则 α 是属于 A' 的最小实数. □

根据定理 1.6, 关于实数的分划 $\langle A, A' \rangle$, 必存在成为 A 和 A' 界点的实数 α, 即存在满足条件

$$\rho \in A, \quad \sigma \in A', \quad 则 \rho \leqslant \alpha \leqslant \sigma$$

的实数 α. 这就是实数的**连续性**. 数轴 $\mathbf{R}$ 上是不存在间隙的.

注意 有理数的分划条件 (2) 是为了叙述能方便简明, 从原则上说是不必要的. 如果去掉条件 (2), 有理数的分划 $\langle A, A' \rangle$, 除了 I 型和 II 型之外, 则出现 A 中存在最大有理数的 III 型. $\langle A, A' \rangle$ 是 III 型时, 设属于 A 的最大有理数是 a, 则 $\langle A, A' \rangle$ 与 a 相等: 只能是 $\langle A, A' \rangle = a$. 因此一个有理数 a 与 II 型和 III 型两种分划相对应, 导致叙述混乱. 为避免这种情况, 加入了条件 (2), 除去了 III 型的分划. 关于实数的分划, 在应用上如果不引入条件 (2) 运用起来反而会更为方便.

1.3 实数的加法与减法

本节将阐述根据有理数的分划所定义的实数的加法、减法. 实数的加减乘除运算我们在高中数学中已经能够运用自如了, 但那时实数尚没有被明确地定义, 所以实数的运算自然也缺乏明确的根据.

在本节中, 我们规定 S 是 $\mathbf{Q}$ 的任意一个子集, S' 是 S 在 $\mathbf{Q}$ 中的补集, 即 $S \cup S' = \mathbf{Q}, S \cap S' = \varnothing, (S')' = S$.

对任意给定的有理数的两个子集 S, T, 所有 $s \in S$ 和 $t \in T$ 之和 $s + t$ 的全体集合用 $S + T$ 表示为:

$$S + T = \{s + t | s \in S, t \in T\}.$$

同样地, $S + t$ 表示为:

$$S + t = \{s + t | s \in S\},$$

等等.

关于实数 $\alpha = \langle A, A' \rangle$, 因为 $A = \{r \in \mathbf{Q} | r < \alpha\}$, 所以两个实数的和当然应该如下定义.

定义 1.3　已知任意两个实数 $\alpha = \langle A, A' \rangle$, $\beta = \langle B, B' \rangle$, α 与 β 之和定义为

$$\alpha + \beta = \sigma, \quad \sigma = \langle S, S' \rangle, \quad S = A + B.$$

这里, $\langle S, S' \rangle$ 是有理数的分划, 容易如下验证. 首先, 阐述一个屡屡被用到的关于有理数性质的引理.

引理 1.1　设 a, b 是有理数, 则对满足 $r < a + b$ 的有理数 r, 存在 s, t 使得 $r = s + t, s < a, t < b$ 成立.

证明　如果取 $s = a - (a + b - r)/2, t = b - (a + b - r)/2$, 则显然

$$r = s + t, \quad s < a, \quad t < b. \qquad \Box$$

回到 $\langle S, S' \rangle$ 是有理数的分划的证明上. 首先, S 显然不是空集. 其次, 任取 $u \in A', v \in B'$. 则对所有的 $r \in A$, 若 $s \in B$, 则 $r + s < u + v$, 因此 $u + v \notin S$. 即 S' 是非空集合. 任取属于集合 S 的有理数 $a + b, a \in A, b \in B$, 对于满足 $r < a + b$ 的有理数 r, 根据引理 1.1, 可以用两个有理数 s, t ($s < a, t < b$) 的和来表示: $r = s + t$. 因为 $a \in A$, 所以 $s \in A$, 同理 $t \in B$, 所以 $r = s + t \in S$. 即 S 满足分划的条件 (3). S 中不存在最大的有理数, 这个结论显然可由 A, B 没有最大数得到.

定理 1.7　实数的加法满足结合律和交换律. 即对任意的实数 α, β, γ, 下式成立:

$$\alpha + (\beta + \gamma) = (\alpha + \beta) + \gamma, \quad \alpha + \beta = \beta + \alpha.$$

证明　设 $\alpha = \langle A, A' \rangle$, $\beta = \langle B, B' \rangle$, $\gamma = \langle C, C' \rangle$, 则根据有理数的结合律和交换律,

$$A + (B + C) = (A + B) + C, \quad A + B = B + A.$$

所以根据定义 1.3, $\alpha + (\beta + \gamma) = (\alpha + \beta) + \gamma$, $\alpha + \beta = \beta + \alpha$. $\qquad \Box$

根据结合律, 如

$$((\alpha + \beta) + \gamma) + \delta = (\alpha + \beta) + (\gamma + \delta) = \alpha + (\beta + (\gamma + \delta)),$$

无论在什么地方加上括号都是一样, 所以表示实数的和时通常可以省略括号, 如

$$\alpha + \beta + \gamma + \delta,$$

这如同我们在高中数学中学过的一样.

当 $\alpha = a$, $\beta = b$ 是有理数时, 由定义 1.3, 作为实数和的 $\alpha + \beta$ 与我们已经知道的作为有理数和的 $a + b$ 是一致的: $\alpha + \beta = a + b$. 事实上, 因为 $A = \{r \in \mathbf{Q} | r <$

$a\}, B = \{s \in \mathbf{Q}|s < b\}$, 如果 $r \in A, s \in B$, 那么显然 $r + s < a + b$. 由引理 1.1, 满足条件 $t < a + b$ 的有理数 t 可以表示为 $t = r + s$ (r, s 分别是满足条件 $r < a$ 和 $s < b$ 的有理数). 因为 $r \in A, s \in B$, 所以 $t \in A + B$. 从而

$$A + B = \{t \in \mathbf{Q}|t < a + b\},$$

即 $\alpha + \beta = a + b$.

当 $\beta = b$ 是有理数, $\alpha = \langle A, A' \rangle$ 为任意实数时,

$$\alpha + b = \langle A + b, A' + b \rangle. \tag{1.13}$$

要证明此式, 只需证明 $A + B = A + b$ 即可. 设 $r \in A, s \in B$, 因为 $s < b$, 所以 $r - (b - s) < r$, 从而 $r - (b - s) \in A$. 于是

$$r + s = (r - (b - s)) + b \in A + b.$$

反之, 如果设 $r \in A$, 则存在 $t \in A$ 满足条件 $r < t$. 因为 $b - (t - r) \in B$, 所以,

$$r + b = t + (b - (t - r)) \in A + B,$$

故 $A + B = A + b$. □

在式 (1.13) 中, 如果设 $b = 0$, 则 $\alpha + 0 = \langle A, A' \rangle = \alpha$, 由交换律可得,

$$0 + \alpha = \alpha + 0 = \alpha.$$

即 0 是关于加法的单位元.

下面根据实数 α 定义 $-\alpha$. 首先, $\alpha = a$ 是有理数时, 定义 $-\alpha = -a$. 这是显然的. 当 $\alpha = \langle A, A' \rangle$ 是无理数时, 定义

$$-\alpha = \langle -A', -A \rangle, \quad -A' = \{-r|r \in A'\}, \quad -A = \{-r|r \in A\},$$

因为 $\langle A, A' \rangle$ 是 I 型, 所以 $\langle -A, -A' \rangle$ 显然成为有理数的分划.

定理 1.8　$-\alpha + \alpha = \alpha + (-\alpha) = 0$.

证明　只需考虑 $\alpha = \langle A, A' \rangle$ 是无理数的情况即可. 设 $r \in A, s \in -A'$, 则 $-s \in A'$, $-s > r$, 所以 $r + s < 0$. 反之, 满足条件 $t < 0$ 的有理数 t 可表示为 $t = r + s, r \in A, s \in -A'$. 为验证它, 先确定满足 $1/m < -t$ 的一个自然数 m. 根据定理 1.5, 存在满足 $r < \alpha \leqslant r + 1/m$ 的一个有理数 r. 如果设 $s = t - r$, 则

$$-s = r - t > r + \frac{1}{m} \geqslant \alpha,$$

因此 $-s \in A'$. 所以 $t = r + s, r \in A, s \in -A'$. 于是

$$A + (-A') = \{t \in \mathbf{Q} | t < 0\},$$

所以 $\alpha + (-\alpha) = 0$. 再由交换律可得, $-\alpha + \alpha = 0$. □

定理 1.8 表明, 关于加法, $-\alpha$ 是 α 的逆元. 把 $\beta + (-\alpha)$ 记为 $\beta - \alpha$. 根据结合律易得:

$$(\beta - \alpha) + \alpha = \beta, \quad (\beta + \alpha) - \alpha = \beta.$$

至此, 确定了由有理数的分划而定义的实数的加减法的基本法则. 从现在开始, 我们能够很容易推出高中数学中加减法的各种公式. 例如: 因为

$$\alpha = (\alpha - (\beta - \gamma)) + (\beta - \gamma) = ((\alpha - (\beta - \gamma)) + \beta) - \gamma,$$

所以

$$\alpha + \gamma - \beta = ((\alpha - (\beta - \gamma)) + \beta) - \beta = \alpha - (\beta - \gamma),$$

即

$$\alpha - (\beta - \gamma) = \alpha + \gamma - \beta.$$

又, 在此如果设 $\alpha = \beta = 0$, 则

$$-(-\gamma) = \gamma.$$

关于实数的大小和加法, 以下两个定理成立.

定理 1.9 若 $\alpha \leqslant \gamma$, $\beta \leqslant \delta$, 那么 $\alpha + \beta \leqslant \gamma + \delta$.

证明 如果 $\alpha = \langle A, A' \rangle$, $\beta = \langle B, B' \rangle$, $\gamma = \langle C, C' \rangle$, $\delta = \langle D, D' \rangle$, 则根据假设条件有 $A \subset C, B \subset D$. 所以 $A + B \subset C + D$, 即 $\alpha + \beta \leqslant \gamma + \delta$. □

定理 1.10 若 $\alpha < \gamma$, $\beta \leqslant \delta$, 那么 $\alpha + \beta < \gamma + \delta$.

证明 根据上面的定理 1.9, $\alpha + \beta \leqslant \gamma + \delta$. 为证明 $\alpha + \beta < \gamma + \delta$, 先假设 $\alpha + \beta = \gamma + \delta$. 因为 $\beta \leqslant \delta$, 所以利用定理 1.9, $\delta - \beta \geqslant \beta - \beta = 0$. 再利用定理 1.9 得,

$$\alpha = \alpha + \beta - \beta = \gamma + \delta - \beta = \gamma + (\delta - \beta) \geqslant \gamma.$$

这与假设 $\alpha < \gamma$ 相矛盾. 所以, $\alpha + \beta < \gamma + \delta$. □

推论 1 不等式 $\alpha > \beta$ 和 $\alpha - \beta > 0$ 等价.

推论 2 不等式 $\alpha < 0$ 和 $-\alpha > 0$ 等价.

至此, 我们确立了关于实数的大小、加减法等我们在高中数学中已经学过的基础知识.

任意的实数 α 的绝对值 $|\alpha|$ 被定义为:

$$\begin{cases} \alpha \geqslant 0 \text{时}, & |\alpha| = \alpha, \\ \alpha < 0 \text{时}, & |\alpha| = -\alpha. \end{cases}$$

定理 1.11　$|\alpha + \beta| \leqslant |\alpha| + |\beta|$.

证明与在高中学过的相同.

对于两个实数 α, β, 把 $|\alpha - \beta|$ 叫作数轴上两点 α, β 之间的**距离**.

1.4　数列的极限, 实数的乘法、除法

a) 极限定义

将如 $\alpha_1, \alpha_2, \alpha_3, \cdots, \alpha_n, \cdots$ 这样排成一列的实数称为**数列**(sequence), 用 $\{\alpha_n\}$ 表示. 并且把单个实数 α_n 称为数列的**项**. 关于数列的极限, 我们在高中已经学过, 即若数列 $\{\alpha_n\}$ 的项 α_n 随着 n 的充分增大, 逐渐接近一个固定的实数 α 时, 就称数列 $\{\alpha_n\}$ 收敛于 α, 或者称 α 为数列 $\{\alpha_n\}$ 的极限值, 记为

$$\lim_{n \to \infty} \alpha_n = \alpha.$$

定义 1.4 明确地表达了 "当 n 充分增大时, α_n 逐渐接近 α".

定义 1.4　设 $\{\alpha_n\}$ 是数列, α 是实数, 如果对任意正实数 ε, 存在自然数 $n_0(\varepsilon)$, 使得只要 $n > n_0(\varepsilon)$, 就有 $|\alpha_n - \alpha| < \varepsilon$, 那么就称数列 $\{\alpha_n\}$**收敛**(converge) 于 α, 或者称 α 是数列 $\{\alpha_n\}$ 的**极限**(limit) 或极限值, 记为

$$\lim_{n \to \infty} \alpha_n = \alpha.$$

当数列 $\{\alpha_n\}$ 收敛于某一个实数时, 我们称数列 $\{\alpha_n\}$ 收敛, 或者称数列 $\{\alpha_n\}$ 是收敛数列, 或者称极限值 $\lim_{n \to \infty} \alpha_n = \alpha$ 存在, 等等.

定义 1.4 说明, "随着 n 充分增大, α_n 充分接近 α". 换言之, "对于任意正实数 ε, 如果 n 比 $n_0(\varepsilon)$ 大, α_n 与 α 的距离小于 ε". 这种表达方式的显著特征就是, 避免了 "充分增大""充分接近" 这种含无限大、无限小的模糊词语, 全部使用了有限的自然数、有限的实数. 因为 ε 任意, 所以, 作为 ε 可以选择任意小的正实数, 并且正实数 ε 无论选择多么小, 只要取 n 充分大, 就有 $n > n_0(\varepsilon)$ 时, $|\alpha_n - \alpha| < \varepsilon$ 成立. 总之, 定义 1.4 把 "随着 n 充分增大, α_n 充分接近 α" 的含义, 仅用有限的自然数和实数就正确地表达出来了.

例 1.1　$\lim\limits_{n \to \infty} \dfrac{n+1}{n-1} = 1$.

这是一个在高中数学中学过的简单数列极限问题. 下面按定义 1.4 来证明结论成立. 对任意给定的正实数 ε, 根据有理数的稠密性, 存在满足 $0 < a < \varepsilon$ 的有理数 a. 因为

$$\left| \frac{n+1}{n-1} - 1 \right| = \frac{2}{n-1},$$

不等式 $2/(n-1) < a$ 与 $n > 2/a + 1$ 等价, 所以, 可选择一个自然数 n_0, 使 $n_0 \geqslant 2/a + 1$ 成立. 如果令 $n_0(\varepsilon) = n_0$, 显然当 $n > n_0(\varepsilon)$ 时, $\left| \frac{n+1}{n-1} - 1 \right| < \varepsilon$ 成立. 因此,

$$\lim_{n \to \infty} \frac{n+1}{n-1} = 1.$$

如果把收敛的定义 1.4 换成如下表达方式, 则更便于应用.

定理 1.12 数列 $\{\alpha_n\}$ 收敛于实数 α 的充分必要条件是对任意给定的满足 $\rho < \alpha < \sigma$ 的实数 ρ, σ, 不等式:

$$\rho < \alpha_n < \sigma$$

除有限个自然数 n 外都成立.

这里, "除有限个自然数 n 外都成立" 意味着 "对有限个自然数外的全部自然数 n 都成立".

证明 为了证明必要性, 设 $\{\alpha_n\}$ 收敛于 α, 并且给定了满足 $\rho < \alpha < \sigma$ 的实数 ρ, σ, 如果把正实数 $\alpha - \rho$ 和 $\sigma - \alpha$ 中较小的一个设为 ε, 明显地可以得出

$$\rho \leqslant \alpha - \varepsilon < \alpha + \varepsilon \leqslant \sigma.$$

根据假设, 当 $n > n_0(\varepsilon)$ 时, $|\alpha_n - \alpha| < \varepsilon$ 成立, 即

$$\alpha - \varepsilon < \alpha_n < \alpha + \varepsilon.$$

所以除有限个自然数 $n = 1, 2, \cdots, n_0(\varepsilon)$ 外,

$$\rho < \alpha_n < \sigma$$

成立.

下面证明充分性, 对任意给定的正实数 ε, 根据条件,

$$\alpha - \varepsilon < \alpha_n < \alpha + \varepsilon,$$

除有限个自然数 n 外都成立. 取这有限个自然数中最大的一个, 设为 $n_0(\varepsilon)$, 则

$$n > n_0(\varepsilon) \text{ 时}, \quad |\alpha_n - \alpha| < \varepsilon. \qquad \square$$

利用定理 1.12, 可以证明收敛数列 $\{\alpha_n\}$ 的极限唯一. 证明如下: 如果假设 $\{\alpha_n\}$ 的极限有两个 α, β 并且 $\alpha < \beta$, 则根据有理数的稠密性, 存在有理数 r 满足 $\alpha < r < \beta$. 根据定理 1.12, 除了有限个 n 外, $\alpha_n < r$. 又除了有限个 n 外, $r < \alpha_n$. 因此, 对无数个 n 出现了两种对立结果 $\alpha_n < r$ 和 $r < \alpha_n$, 产生矛盾.

b) 收敛条件

判断数列是否收敛, 基本的方法是 Cauchy(柯西) 判别法.

定理 1.13(Cauchy 判别法)　　数列 $\{\alpha_n\}$ 收敛的充分必要条件是对于任意正实数 ε, 存在与 ε 相关的一个自然数 $n_0(\varepsilon)$, 只要 $n > n_0(\varepsilon), m > n_0(\varepsilon)$, 就有 $|\alpha_n - \alpha_m| < \varepsilon$ 成立.

证明　　首先证明必要性. 假设 $\{\alpha_n\}$ 是收敛的, 并设 $\alpha = \lim\limits_{n\to\infty} \alpha_n$. 对于任意给定的正实数 ε, 选择一个有理数 a 满足 $0 < a < \varepsilon$. 由有理数的稠密性知, 有理数 a 显然存在. 根据假设, 对 $a/2$, 存在自然数 n_0, 使其满足当 $n > n_0$ 时, $|\alpha_n - \alpha| < \dfrac{a}{2}$. ($\varepsilon$ 为无理数时, 请留意 $\varepsilon/2$ 尚未被定义.) 如果 $n > n_0, m > n_0$, 那么,

$$|\alpha_n - \alpha_m| = |\alpha_n - \alpha + \alpha - \alpha_m| \leqslant |\alpha_n - \alpha| + |\alpha_m - \alpha| < a.$$

所以, 如果令 $n_0(\varepsilon) = n_0$, 则当 $n, m > n_0(\varepsilon)$ 时, $|\alpha_n - \alpha_m| < \varepsilon$ 成立.

这样, 条件的必要性从收敛的定义 1.4 可直接获得. Cauchy 判别法的核心是充分性条件. 在充分性的证明中, 实数的连续性是不可缺少的条件. 现设 $\{\alpha_n\}$ 收敛于 α, 根据定理 1.12, 当 $\rho < \alpha$ 时, 满足 $\alpha_n \leqslant \rho$ 的 n 至多有有限个; 当 $\rho > \alpha$ 时, 满足 $\alpha_n \leqslant \rho$ 的 n 有无数个. 以此为切入点, 进行如下充分性的证明.

假定对于任意正实数 ε, 存在与 ε 相关的一个自然数 $n_0(\varepsilon)$, 当 $n > n_0(\varepsilon), m > n_0(\varepsilon)$ 时, $|\alpha_n - \alpha_m| < \varepsilon$ 成立. 设 A 是实数 ρ 的全体集合, 使得满足 $\alpha_n \leqslant \rho$ 的 n 至多为有限个, 并设 A' 是 $\mathbf{R}$ 中 A 的补集. A' 也就是使 $\alpha_n \leqslant \sigma$ 成立的无数个实数 σ 的全体. 因此, 如果 $\rho \in A, \sigma \in A'$, 那么 $\rho < \sigma$. 又选取使 $l > n_0(1)$ 成立的自然数 l, 并设 $\beta = \alpha_l$, 则 $n > n_0(1)$ 时, $\beta - 1 < \alpha_n < \beta + 1$ 成立. 因此 $\beta - 1 \in A, \beta + 1 \in A'$, 即 A 和 A' 为非空集合. $\langle A, A' \rangle$ 是实数的分划. 因此, 根据定理 1.6(实数的连续性), A 中有最大数, 否则 A' 中有最小数. 把这个最大数或最小数设为 α, 为证明数列 $\{\alpha_n\}$ 收敛于实数 α, 根据定理 1.12 只需证明对任意给定的满足 $\rho < \alpha < \sigma$ 的实数 ρ, σ, 不等式 $\rho < \alpha_n < \sigma$ 除有限个 n 外都成立即可.

首先, 由 $\rho < \alpha$ 得 $\rho \in A$, 使 $\alpha_n \leqslant \rho$ 成立的 n 至多有有限个, 即除了有限个 n 外, $\rho < \alpha_n$ 成立.

其次, 因为 $\alpha < \sigma$, 所以根据有理数的稠密性, 存在使 $\alpha < r < \sigma$ 成立的有理数 r. 选取一个 r, 满足 $\alpha < r < \sigma$, 并令 $\varepsilon = \sigma - r$, 根据假设, 当 $n > n_0(\varepsilon), m > n_0(\varepsilon)$ 时, $|\alpha_n - \alpha_m| < \varepsilon = \sigma - r$ 成立. 另一方面, 因为 $r > \alpha$, 所以 $r \in A'$, 因此, 有无数个自然数 m 使 $\alpha_m \leqslant r$ 成立. 这无数个 m 当中, 当然存在 (无数个) $m > n_0(\varepsilon)$. 如

果确定了一个这样的 m, 则当 $n > n_0(\varepsilon)$ 时, $\alpha_n - \alpha_m < \sigma - r, \alpha_m \leqslant r$, 因此 $\alpha_n < \sigma$. 即除了有限个 n 外, 不等式 $\alpha_n < \sigma$ 成立. $\qquad\square$

c) 极限的大小、加法和减法

从数列 $\{\alpha_n\}$ 中除去有限个或无限个项之后得到的数列 $\{\alpha_{m_n}\}$ 叫作 $\{\alpha_n\}$ 的**子数列**(subsequence), 其中 $m_1 < m_2 < \cdots < m_n < \cdots$. 例如, $\alpha_1, \alpha_2, \alpha_6, \cdots, \alpha_{n!}, \cdots$, 即 $\{\alpha_{n!}\}$ 是 $\{\alpha_n\}$ 的子数列. 数列 $\{\alpha_n\}$ 收敛于实数 α 时, $\{\alpha_n\}$ 的子数列 $\{\alpha_{m_n}\}$ 收敛于相同的极限. 根据收敛的定义 1.4, 这是显然的. 另外, 改变收敛数列 $\{\alpha_n\}$ 中的有限个项, 其极限 $\lim\limits_{n\to\infty} \alpha_n$ 不变. 这也是显然的.

定理 1.14 设数列 $\{\alpha_n\}$, $\{\beta_n\}$ 收敛, 如果对无数个自然数 n, 都有 $\alpha_n \leqslant \beta_n$, 那么, $\lim\limits_{n\to\infty} \alpha_n \leqslant \lim\limits_{n\to\infty} \beta_n$.

证明 设 $\alpha = \lim\limits_{n\to\infty} \alpha_n, \beta = \lim\limits_{n\to\infty} \beta_n$, 并假设 $\alpha > \beta$. 如果给定一个满足 $\beta < r < \alpha$ 的有理数 r. 则根据定理 1.12, 除有限个 n 外都有 $\beta_n < r$, 且除有限个 n 外, 也都有 $\alpha_n > r$. 所以在满足 $\alpha_n \leqslant \beta_n$ 的无数个 n 中除去有限个外都有 $\beta_n < r < \alpha_n$ 成立. 产生矛盾, 即 $\alpha > \beta$ 不可能成立, 因此 $\alpha \leqslant \beta$. $\qquad\square$

对所有 n, 如果 $\rho_n = \rho$, 则数列 $\{\rho_n\}$ 必然收敛于 ρ. 因此, 将定理 1.14 中的 $\{\alpha_n\}$ 或 $\{\beta_n\}$ 都换成 $\{\rho_n\}$, 则得下面的推论.

推论 设数列 $\{\alpha_n\}$ 收敛, 如果对无数个 n, 都有 $\alpha_n \leqslant \rho$, 那么 $\lim\limits_{n\to\infty} \alpha_n \leqslant \rho$; 如果对无数个 n, 都有 $\alpha_n \geqslant \rho$, 那么, $\lim\limits_{n\to\infty} \alpha_n \geqslant \rho$.

定理 1.15 如果数列 $\{\alpha_n\}$, $\{\beta_n\}$ 收敛, 则数列 $\{\alpha_n + \beta_n\}$, $\{\alpha_n - \beta_n\}$ 也收敛. 并且

$$\lim_{n\to\infty} (\alpha_n + \beta_n) = \lim_{n\to\infty} \alpha_n + \lim_{n\to\infty} \beta_n, \quad \lim_{n\to\infty} (\alpha_n - \beta_n) = \lim_{n\to\infty} \alpha_n - \lim_{n\to\infty} \beta_n.$$

证明 设 $\alpha = \lim\limits_{n\to\infty} \alpha_n, \beta = \lim\limits_{n\to\infty} \beta_n$. 对任意给定的正实数 ε, 如果选取一个满足 $0 < r < \varepsilon$ 的有理数 r, 则对应于 $r/2$ 存在一个自然数 n_0, 只要 $n > n_0$, 就有 $|\alpha_n - \alpha| < \dfrac{r}{2}, |\beta_n - \beta| < \dfrac{r}{2}$ 成立. 因此

$$|\alpha_n + \beta_n - \alpha - \beta| \leqslant |\alpha_n - \alpha| + |\beta_n - \beta| < r.$$

所以, 如果取 $n_0(\varepsilon) = n_0$, 则当 $n > n_0(\varepsilon)$ 时, $|\alpha_n + \beta_n - \alpha - \beta| < \varepsilon$ 成立, 即数列 $\{\alpha_n + \beta_n\}$ 收敛于 $\alpha + \beta$. 同理, 数列 $\{\alpha_n - \beta_n\}$ 收敛于 $\alpha - \beta$. $\qquad\square$

如果所有的项 a_n 都是有理数, 则称数列 $\{a_n\}$ 为**有理数列**.

定理 1.16 实数都可以表示成有理数列的极限, 即对于任意的实数 α, 存在收敛于 α 的有理数列 $\{a_n\}$.

证明 根据定理 1.5, 对于每一个自然数 n, 都存在满足

$$a_n < \alpha \leqslant a_n + \frac{1}{n}$$

的有理数 a_n. 对任意给定的正实数 ε, 选取一个满足 $0 < r < \varepsilon$ 的有理数 r, 确定一个满足 $n_0 > 1/r$ 的自然数 n_0, 并设 $n_0(\varepsilon) = n_0$, 则因 $1/n_0 < r < \varepsilon$, 所以当 $n > n_0(\varepsilon)$ 时, $|a_n - \alpha| = \alpha - a_n \leqslant \dfrac{1}{n} < \dfrac{1}{n_0} < \varepsilon$ 成立, 即有理数列 $\{a_n\}$ 收敛于 α. □

d) 实数的乘法和除法

我们尚未定义实数的乘法和除法. 根据定理 1.16, 实数都可以表示成有理数列的极限. 因此, 要想定义两个实数 α, β 的积 $\alpha\beta$, 就要把 α, β 分别表示成有理数列 $\{a_n\}$ 和 $\{b_n\}$ 的极限 $\alpha = \lim\limits_{n \to \infty} a_n$, $\beta = \lim\limits_{n \to \infty} b_n$, 并令 $\alpha\beta = \lim\limits_{n \to \infty} a_n b_n$ 即可, 这是非常自然的想法.

引理 1.2 (1) 如果有理数列 $\{a_n\}$, $\{b_n\}$ 收敛, 则以 a_n 和 b_n 的积 $a_n b_n$ 作为项的数列 $\{a_n b_n\}$ 也收敛.

(2) 当 $\alpha = \lim\limits_{n \to \infty} a_n$, $\beta = \lim\limits_{n \to \infty} b_n$ 时, $\lim\limits_{n \to \infty} a_n b_n$ 仅由 α 和 β 唯一确定, 而不依赖于收敛于 α 和 β 的有理数列 $\{a_n\}$ 和 $\{b_n\}$ 的选取.

证明 (1) 根据假设, 因为 $\{a_n\}$, $\{b_n\}$ 收敛, 所以由 Cauchy 判别法, 对任意的正实数 ε, 存在自然数 $m_0(\varepsilon)$, 只要 $n > m_0(\varepsilon), m > m_0(\varepsilon)$, 就有 $|a_n - a_m| < \varepsilon, |b_n - b_m| < \varepsilon$ 成立. 令 $\varepsilon = 1, m_1 = m_0(1) + 1$, 则 $n > m_0(1)$ 时, $|a_n - a_{m_1}| < 1$, 从而 $|a_n| < 1 + |a_{m_1}|$. 因此, 取有理数 c, 使得 c 比 $|a_1|, |a_2|, \cdots, |a_{m_0(1)}|, 1 + |a_{m_1}|$ 中任一个数都大, 则对所有的 n, $|a_n| < c$ 都成立. 因为对 $|b_n|$ 也同样如此, 所以只要选取适当的有理数 c, 则对所有的 n,

$$|a_n| < c, \quad |b_n| < c$$

都成立.

下面利用 Cauchy 判别法来证明数列 $\{a_n b_n\}$ 收敛. 因为

$$|a_n b_n - a_m b_m| = |(a_n - a_m)b_n + a_m(b_n - b_m)| \leqslant |a_n - a_m||b_n| + |a_m||b_n - b_m|,$$

所以

$$|a_n b_n - a_m b_m| \leqslant c|a_n - a_m| + c|b_n - b_m|.$$

对任意给定的正实数 ε, 选取一个满足 $0 < r < \varepsilon$ 的有理数 r, 令 $n_0(\varepsilon) = m_0(r/2c)$, 则只要 $n > n_0(\varepsilon), m > n_0(\varepsilon)$, 就有 $|a_n - a_m| < r/2c, |b_n - b_m| < r/2c$ 成立. 从而

$$|a_n b_n - a_m b_m| < c \cdot \frac{r}{2c} + c \cdot \frac{r}{2c} = r < \varepsilon.$$

所以数列 $\{a_n b_n\}$ 收敛.

(2) 首先对满足 $\lim\limits_{n \to \infty} a_n' = \lim\limits_{n \to \infty} a_n$ 的任意有理数列 $\{a_n'\}$, 证明 $\lim\limits_{n \to \infty} a_n' b_n = \lim\limits_{n \to \infty} a_n b_n$ 成立. 因为 $|b_n| < c$, 所以

$$|a_n' b_n - a_n b_n| = |a_n' - a_n||b_n| \leqslant c|a_n' - a_n|.$$

对任意给定的正实数 ε, 选取一个满足 $0 < r < \varepsilon$ 的有理数 r, 则根据定理 1.15

$$\lim_{n\to\infty} (a_n' - a_n) = \lim_{n\to\infty} a_n' - \lim_{n\to\infty} a_n = 0.$$

所以, 存在对应于 r/c 的自然数 n_0, 只要 $n > n_0$, 就有 $|a_n' - a_n| < r/c$ 成立. 因此, 令 $n_0(\varepsilon) = n_0$, 则当 $n > n_0(\varepsilon)$ 时, $|a_n'b_n - a_nb_n| < c \cdot \dfrac{r}{c} = r < \varepsilon$, 即

$$\lim_{n\to\infty} (a_n'b_n - a_nb_n) = 0,$$

因此

$$\lim_{n\to\infty} a_n'b_n - \lim_{n\to\infty} a_nb_n = \lim_{n\to\infty} (a_n'b_n - a_nb_n) = 0.$$

于是, 若 $\lim\limits_{n\to\infty} a_n' = \lim\limits_{n\to\infty} a_n$, 则 $\lim\limits_{n\to\infty} a_n'b_n = \lim\limits_{n\to\infty} a_nb_n$. 同理, 若 $\lim\limits_{n\to\infty} b_n' = \lim\limits_{n\to\infty} b_n$, 则 $\lim\limits_{n\to\infty} a_n'b_n' = \lim\limits_{n\to\infty} a_n'b_n$. 所以, 若 $\lim\limits_{n\to\infty} a_n' = \lim\limits_{n\to\infty} a_n$, $\lim\limits_{n\to\infty} b_n' = \lim\limits_{n\to\infty} b_n$ 则 $\lim\limits_{n\to\infty} a_n'b_n' = \lim\limits_{n\to\infty} a_nb_n$. □

定义 1.5 已知实数 α, β 分别为有理数列 $\{a_n\}$, $\{b_n\}$ 的极限, 即 $\alpha = \lim\limits_{n\to\infty} a_n$, $\beta = \lim\limits_{n\to\infty} b_n$. 我们把 α 与 β 的积定义为

$$\alpha\beta = \lim_{n\to\infty} a_nb_n.$$

根据这个定义, 引理 1.2 保证了 α 与 β 的积的唯一性. α 和 β 的积 $\alpha\beta$ 也常写成 $\alpha \cdot \beta$.

有理数 a 是项 a_n 都等于 a 的数列 $\{a\}$ 的极限. 由此知, 当 $\alpha = a, \beta = b$ 都是有理数时, 这里定义的积 $\alpha\beta$ 与我们已知的有理数的积 ab 是一致的.

关于乘法的**结合律**、**交换律**以及加法和乘法的**分配律**对有理数成立, 这是已知的. 这些结果如果照搬到极限中对于实数也同样成立. 即

定理 1.17 对任意实数 α, β, γ, 下列式子成立:

$$\alpha(\beta\gamma) = (\alpha\beta)\gamma \quad \alpha\beta = \beta\alpha \quad \alpha(\beta + \gamma) = \alpha\beta + \alpha\gamma.$$

证明 α, β, γ 作为有理数列的极限, 可表示为 $\alpha = \lim\limits_{n\to\infty} a_n$, $\beta = \lim\limits_{n\to\infty} b_n$, $\gamma = \lim\limits_{n\to\infty} c_n$.

根据定义, 因为

$$\beta\gamma = \lim_{n\to\infty} b_nc_n, \quad \alpha\beta = \lim_{n\to\infty} a_nb_n, \text{ 且 } a_n(b_nc_n) = (a_nb_n)c_n,$$

所以

$$\alpha(\beta\gamma) = \lim_{n\to\infty} a_n(b_nc_n) = \lim_{n\to\infty} (a_nb_n)c_n = (\alpha\beta)\gamma.$$

同理

$$\alpha\beta = \lim_{n\to\infty} a_n b_n = \lim_{n\to\infty} b_n a_n = \beta\alpha.$$

由定理 1.15

$$\beta + \gamma = \lim_{n\to\infty} b_n + \lim_{n\to\infty} c_n = \lim_{n\to\infty}(b_n + c_n),$$

$$\alpha\beta + \alpha\gamma = \lim_{n\to\infty} a_n b_n + \lim_{n\to\infty} a_n c_n = \lim_{n\to\infty}(a_n b_n + a_n c_n),$$

因此

$$\alpha(\beta + \gamma) = \lim_{n\to\infty} a_n(b_n + c_n) = \lim_{n\to\infty}(a_n b_n + a_n c_n) = \alpha\beta + \alpha\gamma. \qquad \square$$

因为 0 是所有项都等于 0 的数列 $\{0\}$ 的极限, 所以易知

$$\alpha \cdot 0 = 0 \cdot \alpha = 0.$$

同理

$$\alpha \cdot 1 = 1 \cdot \alpha = \alpha,$$

即 1 是实数乘法中的单位元.

为了定义实数的**逆元**(倒数), 我们先证明下面的引理.

引理 1.3 已知实数 $\alpha, \alpha \neq 0$, 如果设 α 是有理数列 $\{a_n\}$ 的极限, 即 $\alpha = \lim_{n\to\infty} a_n$, $a_n \neq 0$. 则以 a_n 的倒数 $1/a_n$ 作为项组成的数列收敛.

证明 设 c 是当 $\alpha > 0$ 时 $\alpha > c > 0$, 当 $\alpha < 0$ 时 $\alpha < c < 0$ 的有理数. 由定理 1.12, 根据 $\alpha > 0$ 或 $\alpha < 0$, 除了有限个自然数 n 外, $a_n > c$ 或 $a_n < c$. 不论哪种情况, 除了有限个 n 外, $|a_n| > |c|$. 即使改变有限个项 a_n, $\lim_{n\to\infty} a_n$ 也不会改变. 因此对于所有的 n 可以令

$$|a_n| > |c| > 0.$$

因为 $\{a_n\}$ 收敛, 所以对任意给定的正实数 ε, 存在自然数 $m_0(\varepsilon)$, 只要 $n > m_0(\varepsilon), m > m_0(\varepsilon)$ 时, 就有 $|a_n - a_m| < \varepsilon$ 成立. 因为

$$\left| \frac{1}{a_n} - \frac{1}{a_m} \right| = \left| \frac{a_m - a_n}{a_n a_m} \right| < \frac{1}{|c|^2} |a_n - a_m|,$$

所以对任意给定的正实数 ε, 选取一个满足 $0 < r < \varepsilon$ 的有理数 r, 并设 $n_0(\varepsilon) = m_0(|c|^2 r)$, 则只要 $n > n_0(\varepsilon), m > n_0(\varepsilon)$ 时, 就有 $\left| \dfrac{1}{a_n} - \dfrac{1}{a_m} \right| < \dfrac{1}{|c|^2} |c|^2 r = r < \varepsilon$ 成立. 所以, 据 Cauchy 判别法, 数列 $\{1/a_n\}$ 收敛. $\qquad \square$

定义 1.6 对实数 $\alpha, \alpha \neq 0$, 如果设 α 是有理数列 $\{a_n\}$ 的极限, 即 $\alpha = \lim_{n\to\infty} a_n, a_n \neq 0$, 则 α 的逆元 $1/\alpha$ 定义为

$$\frac{1}{\alpha} = \lim_{n \to \infty} \frac{1}{a_n}.$$

根据积的定义

$$\alpha \cdot \frac{1}{\alpha} = \frac{1}{\alpha} \cdot \alpha = 1.$$

数列 $\{1/a_n\}$ 的收敛性由引理 1.3 保证, 但 $\lim\limits_{n \to \infty} 1/a_n$ 仅由 α 确定, 而不依赖于收敛于 α 的数列 $\{a_n\}$. 为此, 任取满足 $\lim\limits_{n \to \infty} a_n' = \alpha$ 的数列 $\{a_n'\}$, 并设 $(1/\alpha)' = \lim\limits_{n \to \infty} 1/a_n'$. 于是可得 $\alpha(1/\alpha)' = 1$. 所以

$$\frac{1}{\alpha} = \frac{1}{\alpha} \cdot 1 = \frac{1}{\alpha}\left(\alpha\left(\frac{1}{\alpha}\right)'\right) = \left(\frac{1}{\alpha} \cdot \alpha\right)\left(\frac{1}{\alpha}\right)' = 1 \cdot \left(\frac{1}{\alpha}\right)' = \left(\frac{1}{\alpha}\right)',$$

即 $1/\alpha$ 仅由 α 唯一确定.

任意实数 β 除以实数 $\alpha(\alpha \neq 0)$ 所得的**商**定义为

$$\frac{\beta}{\alpha} = \frac{1}{\alpha} \cdot \beta.$$

则显然有

$$\alpha \cdot \frac{\beta}{\alpha} = \frac{\beta}{\alpha} \cdot \alpha = \beta.$$

定理 1.18　对任意两个实数 α, β, 若 $\alpha > 0, \beta > 0$, 则 $\alpha\beta > 0$.

证明　α, β 作为有理数列的极限可表示为 $\alpha = \lim\limits_{n \to \infty} a_n, \beta = \lim\limits_{n \to \infty} b_n$. 若 a, b 是满足 $\alpha > a > 0, \beta > b > 0$ 的有理数, 则根据定理 1.12, 除了有限个 n 外, 有 $a_n > a, b_n > b$, 因此 $a_n b_n > ab$. 所以, 据定理 1.14 的推论

$$\alpha\beta = \lim_{n \to \infty} a_n b_n \geqslant ab > 0. \qquad \square$$

在上面作为有理数的分划而严密地定义的实数, 其大小和加减乘除的基本法则是:

$$\begin{aligned}
&\alpha + (\beta + \gamma) = (\alpha + \beta) + \gamma, &&\alpha(\beta\gamma) = (\alpha\beta)\gamma, \\
&\alpha + \beta = \beta + \alpha, &&\alpha\beta = \beta\alpha, \\
&\alpha(\beta + \gamma) = \alpha\beta + \alpha\gamma, &&(\beta + \gamma)\alpha = \beta\alpha + \gamma\alpha, \\
&\alpha + 0 = 0 + \alpha = \alpha, &&\alpha \cdot 1 = 1 \cdot \alpha = \alpha, \\
&(\beta - \alpha) + \alpha = \beta, &&\alpha \cdot \left(\frac{\beta}{\alpha}\right) = \beta, \\
&&&\alpha \cdot 0 = 0 \cdot \alpha = 0,
\end{aligned}$$

$$\text{若 } \alpha < \gamma, \quad \beta \leqslant \delta, \text{ 则 } \quad \alpha + \beta < \gamma + \delta,$$
$$\text{若 } \alpha > 0, \quad \beta > 0, \text{ 则 } \quad \alpha\beta > 0.$$

全体实数的集合 **R**, 关于加、减、乘、除构成域. 所以把 **R** 叫作**实数域**.

我们在高中学过的关于实数大小和加减乘除的各种公式都可由上面的基本法则简单地推导出来. 例如, 因为

$$\alpha\beta = \alpha(\beta - \gamma + \gamma) = \alpha(\beta - \gamma) + \alpha\gamma,$$

所以

$$\alpha(\beta - \gamma) = \alpha\beta - \alpha\gamma.$$

同理

$$(\beta - \alpha)\gamma = \beta\gamma - \alpha\gamma.$$

在此若令 $\beta = 0$, 则

$$\alpha(-\gamma) = (-\alpha)\gamma = -\alpha\gamma.$$

因此 $(-\alpha)(-\gamma) = -((-\alpha)\gamma) = -(-\alpha\gamma) = \alpha\gamma$, 即

$$(-\alpha)(-\gamma) = \alpha\gamma.$$

从此式知, 若 $\alpha < 0, \beta < 0$, 则 $\alpha\beta > 0$. 同理, 若 $\alpha < 0, \beta > 0$, 则 $\alpha\beta < 0$. 所以

$$|\alpha\beta| = |\alpha||\beta|.$$

又若 $\alpha > 0, \dfrac{1}{\alpha} < 0$, 则 $1 = \alpha \cdot \dfrac{1}{\alpha} < 0$, 产生矛盾, 所以 $\alpha > 0$, 则 $\dfrac{1}{\alpha} > 0$. 若 $\alpha > \beta > 0$, 则 $\alpha - \beta > 0, \alpha\beta > 0$, 所以 $1/\alpha\beta > 0$. 因此 $\dfrac{1}{\beta} - \dfrac{1}{\alpha} = \dfrac{\alpha - \beta}{\alpha\beta} > 0$, 从而 $\dfrac{1}{\beta} > \dfrac{1}{\alpha}$, 即若 $\alpha > \beta > 0$, 则 $\dfrac{1}{\beta} > \dfrac{1}{\alpha} > 0$.

在高中学过的这类公式以后可以自由使用.

e) 极限的乘法和除法

定理 1.19 (1) 如果数列 $\{\alpha_n\}, \{\beta_n\}$ 收敛, 则数列 $\{\alpha_n\beta_n\}$ 也收敛, 并且

$$\lim_{n\to\infty} \alpha_n\beta_n = \lim_{n\to\infty} \alpha_n \cdot \lim_{n\to\infty} \beta_n.$$

(2) 如果数列 $\{\alpha_n\}, \{\beta_n\}$ 收敛, 且 $\alpha_n \neq 0, \lim_{n\to\infty} \alpha_n \neq 0$, 则数列 $\{\beta_n/\alpha_n\}$ 也收敛, 并且

$$\lim_{n\to\infty} \frac{\beta_n}{\alpha_n} = \frac{\lim\limits_{n\to\infty} \beta_n}{\lim\limits_{n\to\infty} \alpha_n}.$$

证明 (1) 如果 $\lim\limits_{n\to\infty} a_n = \alpha$, $\lim\limits_{n\to\infty} b_n = \beta$, 对任意的正实数 ε, 存在自然数 $m_0(\varepsilon)$, 只要 $n > m_0(\varepsilon)$, 就有 $|\alpha_n - \alpha| < \varepsilon, |\beta_n - \beta| < \varepsilon$ 成立. 因为

$$|\alpha_n\beta_n - \alpha\beta| = |\alpha_n(\beta_n - \beta) + \beta(\alpha_n - \alpha)| \leqslant |\alpha_n||\beta_n - \beta| + |\beta||\alpha_n - \alpha|,$$

所以若 $n > m_0(\varepsilon)$, 则 $|\alpha_n\beta_n - \alpha\beta| < (|\alpha_n| + |\beta|) \cdot \varepsilon$. 另一方面若 $n > m_0(1)$, 则 $|\alpha_n| \leqslant |\alpha_n - \alpha| + |\alpha| < 1 + |\alpha|$. 因此, 对任意的正实数 ε, 取

$$n_0(\varepsilon) = m_0\left(\frac{\varepsilon}{1 + |\alpha| + |\beta|}\right) + m_0(1),$$

则当 $n > n_0(\varepsilon)$ 时, 就有 $|\alpha_n\beta_n - \alpha\beta| < \varepsilon$ 成立, 即数列 $\{\alpha_n\beta_n\}$ 收敛于 $\alpha\beta = \lim\limits_{n\to\infty} \alpha_n \cdot \lim\limits_{n\to\infty} \beta_n$.

(2) 首先证明如果 $\lim\limits_{n\to\infty} \alpha_n = \alpha$, 则 $\lim\limits_{n\to\infty} 1/\alpha_n = 1/\alpha$. 对任意的正实数 ε, 存在自然数 $m_0(\varepsilon)$, 只要 $n > m_0(\varepsilon)$ 时, 就有 $|\alpha_n - \alpha| < \varepsilon$ 成立. 根据假设, 因为 $|\alpha| > 0$, 所以

$$\left|\frac{1}{\alpha_n} - \frac{1}{\alpha}\right| = \left|\frac{\alpha - \alpha_n}{\alpha_n\alpha}\right| < \frac{\varepsilon}{|\alpha_n||\alpha|}.$$

这里如果 $n > m_0(|\alpha|/2)$, 则 $|\alpha_n - \alpha| < |\alpha|/2$, 所以 $|\alpha_n| > |\alpha|/2$, 即 $1/|\alpha_n| < 2/|\alpha|$. 故只要取

$$n_0(\varepsilon) = m_0\left(\frac{|\alpha|^2\varepsilon}{2}\right) + m_0\left(\frac{|\alpha|}{2}\right),$$

则当 $n > n_0(\varepsilon)$ 时, 就有 $\left|\dfrac{1}{\alpha_n} - \dfrac{1}{\alpha}\right| < \varepsilon$ 成立, 即 $\{1/\alpha_n\}$ 收敛于 $1/\alpha = 1/\lim\limits_{n\to\infty} \alpha_n$. 综合这个结果和结果 (1), 就可以获得数列 $\{\beta_n/\alpha_n\}$ 收敛于 $\beta/\alpha = \lim\limits_{n\to\infty} \beta_n / \lim\limits_{n\to\infty} \alpha_n$ 的结论. $\qquad\square$

上述定理 1.14、定理 1.15 和定理 1.19 确立了高中数学中学过的极限的大小和加减乘除的基本法则. 以后, 这些法则可以自由使用.

f) 实数的十进制小数的表示

对给定的十进制小数

$$k.k_1k_2k_3\cdots k_n\cdots,$$

如果

$$a_n = k.k_1k_2\cdots k_n = k + \frac{k_1}{10} + \frac{k_2}{10^2} + \cdots + \frac{k_n}{10^n},$$

当 $m > n$ 时

$$0 \leqslant a_m - a_n = 0.\overbrace{00 \cdots 0}^{n} k_{n+1} \cdots k_m \leqslant 0.\overbrace{0 \cdots 0}^{n} 1 = \frac{1}{10^n},$$

因此

$$|a_m - a_n| \leqslant \frac{1}{10^n}.$$

对任意给定的正实数 ε, 若取自然数 $n_0(\varepsilon)$ 使得 $10^{n_0(\varepsilon)} > 1/\varepsilon$ 成立, 则只要 $n > n_0(\varepsilon)$, 就有

$$\frac{1}{10^n} < \frac{1}{10^{n_0(\varepsilon)}} < \varepsilon$$

成立. 因此, 数列 $\{a_n\}$ 收敛. 令其极限为 α, 即

$$\alpha = \lim_{n\to\infty} a_n, \quad a_n = k + \frac{k_1}{10} + \frac{k_2}{10^2} + \cdots + \frac{k_n}{10^n}. \tag{1.14}$$

此时, 记

$$\alpha = k.k_1 k_2 k_3 \cdots k_n \cdots.$$

所有的十进制小数在式 (1.14) 的意义下都表示实数.

反之, 所有的实数都可以用十进制小数来表示. 这一点已经在 1.1 节中从高中数学的角度进行了说明, 它完全适用于作为有理数分划而严密定义的实数. 即对给定的实数 α, 如果满足

$$k + \frac{k_1}{10} + \frac{k_2}{10^2} + \cdots + \frac{k_n}{10^n} \leqslant \alpha < k + \frac{k_1}{10} + \cdots + \frac{k_n + 1}{10^n} \tag{1.15}$$

的整数 k 和数字 $k_1, k_2, k_3, \cdots, k_n, \cdots$ 依次定下来, 则因为

$$|a_n - \alpha| < \frac{1}{10^n}, \quad a_n = k + \frac{k_1}{10} + \frac{k_2}{10^2} + \cdots + \frac{k_n}{10^n},$$

所以, 式 (1.14) 成立.

众所周知, 因为

$$1 = 0.9999 \cdots 9 \cdots,$$

当 α 等于有限小数 $k.k_1 k_2 k_3 \cdots k_n, k_n \geqslant 1$ 时, α 有两种十进制小数的表示方法:

$$\alpha = k.k_1 k_2 \cdots k_{n-1} k_n 000 \cdots 0 \cdots,$$
$$\alpha = k.k_1 k_2 \cdots k_{n-1} l_n 999 \cdots 9 \cdots, \quad l_n = k_n - 1.$$

排除这种情况, 实数 α 的十进制小数的表示唯一. 为了证明它, 假设 α 有两种十进制小数的表示:

$$\alpha = k.k_1 k_2 \cdots k_{n-1} k_n k_{n+1} \cdots k_m \cdots$$
$$= k.k_1 k_2 \cdots k_{n-1} k_n' k_{n+1}' \cdots k_m' \cdots,$$

并设 $k'_n < k_n$. 如果从 α 减去 $k.k_1k_2k_3\cdots k_{n-1}$ 再乘以 10^n, 则

$$k_n.k_{n+1}k_{n+2}\cdots k_m\cdots = k'_n.k'_{n+1}k'_{n+2}\cdots k'_m\cdots.$$

因此, 若 $d_m = k'_m - k_m$, 则

$$1 \leqslant k_n - k'_n = \frac{d_{n+1}}{10} + \frac{d_{n+2}}{10^2} + \cdots + \frac{d_{n+m}}{10^m} + \cdots.$$

k_m, k'_m 取值在 0 到 9 之间, 所以 $d_m \leqslant 9$, 并且仅当 $k'_m = 9$ 和 $k_m = 0$ 时, $d_m = 9$. 如果把上面的不等式与等式

$$\frac{9}{10} + \frac{9}{10^2} + \cdots + \frac{9}{10^m} + \cdots = 0.999\cdots 9\cdots = 1$$

进行比较, 则对于所有自然数 m, $d_{n+m} = 9$. 因此, 必有 $k_{n+m} = 0$ 成立, 即 α 等于有限小数 $k.k_1k_2k_3\cdots k_n$.

1.5　实数的性质

至此, 我们把有理数的大小和加减乘除作为已知, 在此基础上为了严密地处理实数及其大小和加减乘除, 用 a, b, c, r, s 等英文字母来表示有理数, 用 $\alpha, \beta, \gamma, \rho, \sigma$ 等希腊字母来表示实数, 对有理数与实数进行了区分. 但在实数及其大小、加减乘除法则都明确后, 再没有区分使用的必要. 在以下的论述中, a, b, c, r, s 等也表示实数.

a) 上确界和下确界

实数的集合, 即考虑 $\mathbf{R}$ 中非空子集 S. 如果属于 S 的所有实数 s 都不大于某个实数 μ, 即如果 $s \in S$ 就有 $s \leqslant \mu$, 那么称 **S 有上界**(bounded to the above). 也把 μ 称为 S 的一个**上界**(upper bound). S 有上界时, S 的上界当然有无穷多个, 其中**存在最小的上界**. 它可以根据实数的连续性很容易地证得: 设 M' 是 S 的所有上界构成的集合, M 是 M' 在 $\mathbf{R}$ 中的补集. 若 $\lambda \in M, \mu \in M'$, 则因为 λ 不是 S 的上界, 所以存在 $s \in S$ 满足 $\lambda < s$, 又因为 μ 是 S 的上界, 所以 $s \leqslant \mu$, 从而 $\lambda < \mu$. 即 $\langle M, M' \rangle$ 是实数的分划. 另外, 因为满足 $\lambda < \nu < s$ 的实数 ν 属于 M, 所以 M 中没有最大数. 从而根据实数的连续性 (定理 1.6), 属于 M' 的最小数即 S 的最小上界存在. 把 S 的最小上界叫作 S 的**上确界**(supremum). 记为

$$\sup_{s \in S} s.$$

因为 S 的上确界 a 是 M' 的最小数. 所以可以根据下面的条件唯一确定:

(i) 如果 $s \in S$, 那么 $s \leqslant a$;

(ii) 如果 $c < a$, 那么满足条件 $c < s$ 的 $s \in S$ 存在.

同理, 如果存在实数 μ, 使得对任意的 $s \in S$, $\mu \leqslant s$ 都成立, 则称 **S 有下界**(bounded to the below), 并把 μ 叫作 S 的一个**下界**(lower bound). S 的下界中存在最大数, 把它称为 S 的**下确界** (infimum), 记为

$$\inf_{s \in S} s.$$

如果 S 有上界并且也有下界, 我们就说 **S 有界**(bounded).

对数列的上确界和下确界也可类似定义, 即给定数列 $\{a_n\}$ 时, 考虑作为它的项 a_n 出现的全体实数构成的集合 S[①], 如果 S 有上界, 那么就称 $\{a_n\}$ 有上界; 如果 S 有下界, 那么就称 $\{a_n\}$ 有下界, 并且把 S 的上确界和下确界, 分别叫作数列 $\{a_n\}$ 的上确界和下确界. $\{a_n\}$ 的上确界和下确界分别用符号表示为

$$\sup_n a_n, \quad \inf_n a_n.$$

另外, 若 S 有界, 则称数列 $\{a_n\}$ 有界. 根据定理 1.12, 显然收敛的数列是有界的.

b) 单调数列

当 $a_1 < a_2 < \cdots < a_n < \cdots$ 时, 数列 $\{a_n\}$ 单向增加, 称 $\{a_n\}$ 为**单调递增的**(monotone increasing); 当 $a_1 > a_2 > \cdots > a_n > \cdots$ 时, 数列 $\{a_n\}$ 单向减少, 称 $\{a_n\}$ 为**单调递减的**(monotone decreasing). 当 $a_1 \leqslant a_2 \leqslant \cdots \leqslant a_n \leqslant \cdots$ 时, 数列 $\{a_n\}$ 单向不减少, 称 $\{a_n\}$ 为**单调非减的**; 当 $a_1 \geqslant a_2 \geqslant \cdots \geqslant a_n \geqslant \cdots$ 时, 数列 $\{a_n\}$ 单向不增加, 称 $\{a_n\}$ 为**单调非增的**.

定理 1.20　(1) 有上界的单调非减数列收敛于其上确界.

(2) 有下界的单调非增数列收敛于其下确界.

证明　设 $\{a_n\}$ 是有上界的单调非减数列. 若令 $a = \sup_n a_n$, 则对所有的 n 有 $a_n \leqslant a$. 又对给定的正实数 ε, 存在 n, 使得 $a - \varepsilon < a_n$ 成立. 取其中的一个 n 为 $n_0(\varepsilon)$, 则只要 $n > n_0(\varepsilon)$, 就有

$$a - \varepsilon < a_{n_0(\varepsilon)} \leqslant a_n \leqslant a,$$

因此

$$|a_n - a| < \varepsilon.$$

即 $\lim_{n \to \infty} a_n = a$, 所以结论 (1) 成立. (2) 的证明与 (1) 完全相同.　□

当单调不减数列 $\{a_n\}$ 没有上界时, 对任意实数 μ 存在 n, 使得 $a_n > \mu$, 取这组 n 中的一个为 $n_0(\mu)$, 则只要 $n > n_0(\mu)$, 就有

$$a_n \geqslant a_{n_0(\mu)} > \mu.$$

---

① S 未必是无限集合. 例如, 对所有的 n, $a_n = a$ 时, S 是仅由一个实数 a 构成的集合 $\{a\}$.

一般地, 关于数列 $\{a_n\}$, 若对任意实数 μ, 存在自然数 $n_0(\mu)$, 使得只要 $n > n_0(\mu)$, 就有 $a_n > \mu$, 那么就说数列 $\{a_n\}$**发散**(diverge) 于**正无穷大**, 记为

$$\lim_{n \to \infty} a_n = +\infty.$$

没有上界的单调非减数列, 发散于正无穷大.

同理, 若对于任意 μ, 存在自然数 $n_0(\mu)$, 使得只要 $n > n_0(\mu)$, 就有 $a_n < \mu$, 那么就说数列 $\{a_n\}$**发散**于**负无穷大**, 记为

$$\lim_{n \to \infty} a_n = -\infty.$$

没有下界的单调非增数列, 发散于负无穷大.

数列 $\{a_n\}$ 发散于正无穷大或发散于负无穷大时, 虽然可以记为 $\lim\limits_{n \to \infty} a_n = +\infty$ 或 $\lim\limits_{n \to \infty} a_n = -\infty$, 但此时极限 $\lim\limits_{n \to \infty} a_n$ **不存在**. 要说极限 $\lim\limits_{n \to \infty} a_n$ 存在的话, 就意味着数列 $\{a_n\}$ 收敛于其极限.

c) 上极限和下极限

已知有界数列 $\{a_n\}$, 从数列 $\{a_n\}$ 中除去开始的 m 项, 把剩余的 $a_{m+1}, a_{m+2}, \cdots,$ $a_{m+n}, \cdots$ 的下确界设为 α_m, 并记为

$$\alpha_m = \inf_n a_{m+n}.$$

显然, 数列 $\{\alpha_m\}$ 单调非减且有界. 所以, 根据定理 1.20, $\{\alpha_m\}$ 收敛. 把极限 $\lim\limits_{m \to \infty} \alpha_m$ 叫作数列的**下极限**(inferior limit), 并记为 $\liminf\limits_{n \to \infty} a_n$ 或 $\varliminf\limits_{n \to \infty} a_n$. $\alpha = \liminf\limits_{n \to \infty} a_n$ 具有下面的性质: 对任意给定的正实数 ε, 以下两条结论成立:

(i) 使 $a_n \leqslant \alpha - \varepsilon$ 成立的项 a_n 至多有有限个;

(ii) 使 $a_n < \alpha + \varepsilon$ 成立的项 a_n 有无数个.

究其原因, 由于 α 是 $\{\alpha_m\}$ 的上确界, 所以对应于 ε 存在自然数 $m_0(\varepsilon)$, 使得 $m > m_0(\varepsilon)$ 时, $\alpha - \varepsilon < \alpha_m \leqslant \alpha$ 成立. 因为 $\alpha_m = \inf_n a_{m+n}$, 即 $\alpha_m = \inf\limits_{n > m} a_n$. 因此, 若 $n > m$, 则 $a_n \geqslant \alpha_m > \alpha - \varepsilon$, 换言之, 若 $a_n \leqslant \alpha - \varepsilon$, 则 $n \leqslant m$. 又对于各个 $n > m$, 存在 a_n 使得 $a_n < \alpha_m + \varepsilon$ 成立. 所以满足 $a_n < \alpha + \varepsilon$ 的项 a_n 有无数个.

同理, 设 $\beta_m = \sup_n a_{m+n}$, 则单调非增数列 $\{\beta_m\}$ 收敛, 其极限 $\lim\limits_{m \to \infty} \beta_m$ 叫作数列 $\{a_n\}$ 的**上极限**(superior limit), 记为 $\limsup\limits_{n \to \infty} a_n$, 或 $\varlimsup\limits_{n \to \infty} a_n$. 设 $\beta = \limsup\limits_{n \to \infty} a_n$, 则对任意给定的正实数 ε, 下面两个结论成立:

(i) 使 $a_n \geqslant \beta + \varepsilon$ 成立的项 a_n 至多有有限个;

(ii) 使 $a_n > \beta - \varepsilon$ 成立的项 a_n 有无数个.

总之, 有界数列 $\{a_n\}$ 总是存在上极限 $\limsup\limits_{n\to\infty} a_n$ 和下极限 $\liminf\limits_{n\to\infty} a_n$. 因为 $\inf\limits_{n} a_{m+n}$ $\leqslant \sup\limits_{n} a_{m+n}$, 所以

$$\liminf_{n\to\infty} a_n \leqslant \limsup_{n\to\infty} a_n.$$

其中等式成立的充分必要条件是数列 $\{a_n\}$ 收敛.

[证明] 首先假设等式成立, 令

$$a = \liminf_{n\to\infty} a_n = \limsup_{n\to\infty} a_n,$$

根据上极限和下极限的性质 (i), 任意给定正实数 ε 时, 除了有限个项 a_n 外, 都有

$$a - \varepsilon < a_n < a + \varepsilon.$$

所以根据定理 1.12, 数列 $\{a_n\}$ 收敛于 a. 反之, 假定数列 $\{a_n\}$ 收敛于 a, 对任意的正实数 ε, 存在自然数 $m_0(\varepsilon)$, 只要 $n > m_0(\varepsilon)$, 就有 $a - \varepsilon < a_n < a + \varepsilon$. 若设 $\alpha_m = \inf\limits_{n} a_{m+n}, \beta_m = \sup\limits_{n} a_{m+n}$, 则当 $m > m_0(\varepsilon)$ 时, $a - \varepsilon \leqslant \alpha_m \leqslant \beta_m \leqslant a + \varepsilon$. 所以, 例如取 $n_0(\varepsilon) = m_0(\varepsilon/2)$, 则当 $m > n_0(\varepsilon)$ 时, $|\alpha_m - a| < \varepsilon, |\beta_m - a| < \varepsilon$. 因此

$$\lim_{m\to\infty} \alpha_m = \lim_{m\to\infty} \beta_m = a,$$

即

$$\liminf_{n\to\infty} a_n = \limsup_{n\to\infty} a_n = a. \qquad \square$$

于是有界数列 $\{a_n\}$ 收敛的充分必要条件是 $\{a_n\}$ 的上极限和下极限一致. $\{a_n\}$ 收敛时, 易知

$$\liminf_{n\to\infty} a_n = \limsup_{n\to\infty} a_n = \lim_{n\to\infty} a_n.$$

数列 $\{a_n\}$ 无上界时, 其上极限定义为

$$\limsup_{n\to\infty} a_n = +\infty,$$

数列 $\{a_n\}$ 无下界时, 其下极限定义为

$$\liminf_{n\to\infty} a_n = -\infty.$$

数列 $\{a_n\}$ 无上界但有下界时, 存在 $\alpha_m = \inf\limits_{n} a_{m+n}$ 且数列 $\{\alpha_m\}$ 是单调非减数列. 因此, 数列 $\{\alpha_m\}$ 或是收敛, 或是发散于 $+\infty$. 无论哪种情况 $\lim\limits_{m\to\infty} \alpha_m$ 都可确定, 故定义为

$$\liminf_{n\to\infty} a_n = \lim_{m\to\infty} \alpha_m.$$

当 $\lim_{n \to \infty} \inf a_n = +\infty$ 时, 如果 $n > m$, 那么 $\alpha_m \leqslant a_n$, 所以 $\lim_{n \to \infty} a_n = +\infty$. 除此之外, 下极限 $\alpha = \lim_{n \to \infty} \inf a_n$ 与 $\{a_n\}$ 是有界情况时的下极限具有同样的性质 (i) 和 (ii).

数列 $\{a_n\}$ 无下界但有上界时的上极限 $\lim_{n \to \infty} \sup a_n$ 也可同样定义.

例 1.2 设 α 是满足 $\alpha > 1$ 的实数, 并且 k 是自然数, 则

$$\lim_{n \to \infty} \frac{\alpha^n}{n^k} = +\infty.$$

[证明] 设 $a_n = \alpha^n / n^k$, 因为

$$\lim_{n \to \infty} \frac{(n+1)^k}{n^k} = \lim_{n \to \infty} \left(1 + \frac{1}{n}\right)^k = \left(1 + \lim_{n \to \infty} \frac{1}{n}\right)^k = 1^k = 1,$$

所以

$$\lim_{n \to \infty} \frac{a_{n+1}}{a_n} = \lim_{n \to \infty} \alpha \frac{n^k}{(n+1)^k} = \alpha \lim_{n \to \infty} \frac{n^k}{(n+1)^k} = \alpha > 1.$$

因此, 若 $n > n_0$, 则 $a_{n+1}/a_n > 1$, 即能确定使 $a_{n+1} > a_n$ 成立的自然数 n_0. 当 $n > n_0$ 时数列 $\{a_n\}$ 是单调递增数列, 因此 $\{a_n\}$ 或是发散于 $+\infty$, 或是收敛. 现假定数列 $\{a_n\}$ 收敛于 β, 则

$$\alpha = \lim_{n \to \infty} \frac{a_{n+1}}{a_n} = \frac{\lim_{n \to \infty} a_{n+1}}{\lim_{n \to \infty} a_n} = \frac{\beta}{\beta} = 1.$$

这与 $\alpha > 1$ 相矛盾. 所以数列 $\{a_n\}$ 发散于 $+\infty$. □

此结果也可通过直接计算进行确认. 即设 $\alpha = 1 + \sigma$, $\sigma > 0$, 则根据二项式定理

$$\alpha^n = (1+\sigma)^n = 1 + \binom{n}{1}\sigma + \cdots + \binom{n}{k+1}\sigma^{k+1} + \cdots,$$

当 $n > 2k$ 时

$$\frac{\alpha^n}{n^k} > \frac{1}{n^k}\binom{n}{k+1}\sigma^{k+1} = \frac{n(n-1)(n-2)\cdots(n-k+1)(n-k)}{n^k(k+1)!}\sigma^{k+1}$$

$$= \left(1 - \frac{1}{n}\right)\left(1 - \frac{2}{n}\right)\cdots\left(1 - \frac{k-1}{n}\right)\frac{\sigma^{k+1}}{(k+1)!}(n-k)$$

$$> \frac{\sigma^{k+1}}{2^{k-1}(k+1)!}(n-k).$$

所以 $\lim_{n \to \infty} \alpha^n / n^k = +\infty$.

d) 无穷级数

对给定的数列 $\{a_n\}$, 如下形式

$$a_1 + a_2 + a_3 + \cdots + a_n + \cdots$$

叫作**无穷级数**(infinite series), 或简称为**级数**(series), 把 a_n 称作其**第 n 项**(n-th term). 并且, 把这级数表示为

$$\sum_{n=1}^{\infty} a_n.$$

无穷级数 $\displaystyle\sum_{n=1}^{\infty} a_n$ 的前 n 项之和

$$s_n = a_1 + a_2 + \cdots + a_n = \sum_{k=1}^{n} a_k$$

叫作这个级数的**部分和**(partial sum). 这个部分和构成的数列 $\{s_n\}$ 收敛时, 称级数 $\displaystyle\sum_{n=1}^{\infty} a_n$ **收敛**. 把 $s = \lim_{n\to\infty} s_n$ 叫作这个无穷级数的**和**(sum), 并记为

$$s = a_1 + a_2 + a_3 + \cdots + a_n + \cdots$$

或

$$s = \sum_{n=1}^{\infty} a_n.$$

数列 $\{s_n\}$ 不收敛时, 称级数 $\displaystyle\sum_{n=1}^{\infty} a_n$ **发散**.

a_n 的各项是非负实数时, $\{s_n\}$ 是单调非减数列, 所以如果 $\{s_n\}$ 不收敛, 它就向正无穷发散. 此时就称级数 $\displaystyle\sum_{n=1}^{\infty} a_n$ 发散于 $+\infty$. 记为

$$\sum_{n=1}^{\infty} a_n = +\infty.$$

定理 1.21　如果以级数 $\displaystyle\sum_{n=1}^{\infty} a_n$ 的项的绝对值 $|a_n|$ 作为项的级数 $\displaystyle\sum_{n=1}^{\infty} |a_n|$ 收敛, 则原级数 $\displaystyle\sum_{n=1}^{\infty} a_n$ 也收敛.

证明　若设 $s_n = \displaystyle\sum_{k=1}^{n} a_k$, $\sigma_n = \displaystyle\sum_{k=1}^{n} |a_k|$, 则当 $m < n$ 时,

$$|s_n - s_m| = \left| \sum_{k=m+1}^{n} a_k \right| \leqslant \sum_{k=m+1}^{n} |a_k| = |\sigma_n - \sigma_m|,$$

所以根据 Cauchy 判别法, 若 $\{\sigma_n\}$ 收敛, 则 $\{s_n\}$ 也收敛. $\qquad\qquad\qquad$ $\square$

当 $\displaystyle\sum_{n=1}^{\infty}|a_n|$ 收敛时, 称级数 $\displaystyle\sum_{n=1}^{\infty}a_n$ **绝对收敛**(converge absolutely). 因为 $\displaystyle\sum_{n=1}^{\infty}|a_n|$ 或是收敛于非负实数或是向 $+\infty$ 发散, 所以不等式

$$\sum_{n=1}^{\infty}|a_n| < +\infty$$

蕴含着级数 $\displaystyle\sum_{n=1}^{\infty}a_n$ 绝对收敛.

定理 1.22 已知收敛级数 $\displaystyle\sum_{n=1}^{\infty}r_n, r_n \geqslant 0$. 对于级数 $\displaystyle\sum_{n=1}^{\infty}a_n$, 如果存在自然数 m, 使得当 $n \geqslant m$ 时, $|a_n| \leqslant r_n$ 成立, 则 $\displaystyle\sum_{n=1}^{\infty}a_n$ 绝对收敛.

证明 假设 $n > m$, 则

$$\sum_{k=1}^{n}|a_k| \leqslant \sum_{k=1}^{m-1}|a_k| + \sum_{k=m}^{n}r_k \leqslant \sum_{k=1}^{m-1}|a_k| + \sum_{n=1}^{\infty}r_n < +\infty.$$

所以 $\displaystyle\sum_{n=1}^{\infty}|a_n| < +\infty$. $\qquad\qquad\qquad$ $\square$

用收敛性已知的标准级数 $\displaystyle\sum_{n=1}^{\infty}r_n, r_n \geqslant 0$ 与级数 $\displaystyle\sum_{n=1}^{\infty}a_n$ 进行比较, 并根据定理 1.22 来验证级数 $\displaystyle\sum_{n=1}^{\infty}a_n$ 绝对收敛性是很常用的方法. 作为标准级数常用的是等比级数 $\displaystyle\sum_{n=1}^{\infty}ar^n, 0 < r < 1$.

幂级数 把 $\displaystyle\sum_{n=0}^{\infty}a_nx^n$ 形式的级数叫作**幂级数**(power series), 或者叫作 x 的幂级数. 幂级数是最基本的级数.

例 1.3 考察 x 为任意实数的幂级数 $\displaystyle\sum_{n=0}^{\infty}x^n/n!$. 若 m 是 $m \geqslant 2|x|$ 的自然数, 则 $n \geqslant m$ 时

$$\frac{|x|^n}{n!} = \frac{|x|^m}{m!} \cdot \frac{|x|}{m+1} \cdot \frac{|x|}{m+2} \cdots \frac{|x|}{n} \leqslant \frac{2^m|x|^m}{m!}\left(\frac{1}{2}\right)^n.$$

若 $M = 2^m|x|^m/m!$, 则

$$\sum_{n=0}^{\infty}M\left(\frac{1}{2}\right)^n = 2M < +\infty.$$

因此, 根据定理 1.22, $\displaystyle\sum_{n=0}^{\infty} x^n/n!$ 绝对收敛.

级数 $\displaystyle\sum_{n=0}^{\infty} 1/n!$ 的和用 e 表示:

$$\mathrm{e} = 1 + \frac{1}{1!} + \frac{1}{2!} + \frac{1}{3!} + \cdots + \frac{1}{n!} + \cdots. \tag{1.16}$$

e 是数学中最重要的常数之一, 其值为 e $=2.718\,28\cdots$.

$$\mathrm{e} = \lim_{n\to\infty} \left(1 + \frac{1}{n}\right)^n. \tag{1.17}$$

为证明此等式, 若设 $e_n = (1+1/n)^n$, 根据二项式定理, 可得

$$e_n = 1 + \frac{n}{1!}\frac{1}{n} + \frac{n(n-1)}{2!}\frac{1}{n^2} + \frac{n(n-1)(n-2)}{3!}\frac{1}{n^3} + \cdots + \frac{1}{n^n}.$$

若设

$$a_{n,k} = \frac{n(n-1)(n-2)\cdots(n-k+1)}{k!}\frac{1}{n^k},$$

即

$$e_n = 1 + \sum_{k=1}^{n} a_{n,k}.$$

因为

$$a_{n,k} = \frac{1}{k!}\left(1 - \frac{1}{n}\right)\left(1 - \frac{2}{n}\right)\cdots\left(1 - \frac{k-1}{n}\right),$$

$$a_{n,k} < a_{n+1,k} < \frac{1}{k!},$$

所以

$$e_n < e_{n+1} < 1 + \sum_{k=1}^{\infty} \frac{1}{k!} = \mathrm{e}.$$

于是 $\{e_n\}$ 是单调递增数列并且 $\displaystyle\lim_{n\to\infty} e_n \leqslant \mathrm{e}$. 另一方面, 因为 $\displaystyle\lim_{n\to\infty} a_{n,k} = 1/k!$, 对任意的 m,

$$\lim_{n\to\infty} e_n \geqslant \lim_{n\to\infty}\left(1 + \sum_{k=1}^{m} a_{n,k}\right) = 1 + \sum_{k=1}^{m} \frac{1}{k!}.$$

因此 $\displaystyle\lim_{n\to\infty} e_n \geqslant 1 + \sum_{k=1}^{\infty} \frac{1}{k!} = \mathrm{e}$. 所以 $\displaystyle\lim_{n\to\infty} e_n = \mathrm{e}$, 即式 (1.17) 成立.

下面我们证明 e 是无理数. 假设 e$=q/m$, m, q 为自然数, 则 $m!e$ 是整数, 又因为 $m!(1+1/1!+\cdots+1/m!)$ 也是整数, 所以根据式 (1.16), $m!\sum\limits_{k=1}^{\infty}\dfrac{1}{(m+k)!}$ 也必是整数. 这与

$$m!\sum_{k=1}^{\infty}\frac{1}{(m+k)!}=\sum_{k=1}^{\infty}\frac{1}{(m+1)(m+2)\cdots(m+k)}<\sum_{k=1}^{\infty}\frac{1}{(m+1)^k}=\frac{1}{m}<1$$

相矛盾. 所以 e 是无理数.

若级数 $\sum\limits_{n=1}^{\infty}a_n$ 收敛, 则 $\lim\limits_{n\to\infty}a_n=0$. 事实上, 因为 $s_n=a_1+a_2+\cdots+a_n$, 若设 $s=\lim\limits_{n\to\infty}s_n$, 则

$$\lim_{n\to\infty}a_n=\lim_{n\to\infty}(s_n-s_{n-1})=\lim_{n\to\infty}s_n-\lim_{n\to\infty}s_{n-1}=s-s=0.$$

从而, $\lim\limits_{n\to\infty}a_n=0$ 是级数 $\sum\limits_{n=1}^{\infty}a_n$ 收敛的必要条件, 当然它不是充分条件.

例 1.4 虽然 $\lim\limits_{n\to\infty}1/n=0$, 但级数 $\sum\limits_{n=1}^{\infty}1/n$ 发散.

[证明] 对自然数 k, 取满足条件 $2^k<n\leqslant 2^{k+1}$ 的 2^k 个自然数 n, 求它们的倒数和, 则

$$\sum_{n=2^k+1}^{2^{k+1}}\frac{1}{n}>\frac{2^k}{2^{k+1}}=\frac{1}{2}.$$

所以, 对于任意的自然数 m

$$\sum_{n=1}^{\infty}\frac{1}{n}>1+\frac{1}{2}+\sum_{k=1}^{m}\sum_{n=2^k+1}^{2^{k+1}}\frac{1}{n}>1+\frac{m}{2}.$$

所以 $\sum\limits_{n=1}^{\infty}\dfrac{1}{n}=+\infty.$ □

当级数 $\sum\limits_{n=1}^{\infty}a_n$ 收敛, 但不是绝对收敛时, 称级数 $\sum\limits_{n=1}^{\infty}a_n$ 是**条件收敛**(converge conditionally). 正负项交错出现的级数叫作**交错级数**(alternating series).

定理 1.23 如果数列 $\{a_n\}$, $a_n>0$ 是收敛于 0 的单调递减数列, 则交错级数

$$a_1-a_2+a_3-a_4+a_5-\cdots$$

收敛. 如果其和设为 s, 部分和设为

$$s_n=a_1-a_2+a_3-a_4+\cdots+(-1)^{n+1}a_n,$$

则

$$s_{2n-1}>s>s_{2n}.$$

证明 因为

$$s_{2n-1} = a_1 - (a_2 - a_3) - (a_4 - a_5) - \cdots - (a_{2n-2} - a_{2n-1}),$$
$$s_{2n} = (a_1 - a_2) + (a_3 - a_4) + \cdots + (a_{2n-1} - a_{2n}), \quad s_{2n-1} - s_{2n} = a_{2n},$$

所以

$$s_1 > s_3 > s_5 > \cdots > s_{2n-1} > \cdots > s_{2n} > \cdots > s_4 > s_2.$$

进一步, 当 $n \to \infty$ 时 $s_{2n-1} - s_{2n} = a_{2n} \to 0$, 所以数列 $\{s_{2n-1}\}, \{s_{2n}\}$ 都收敛, 并且 $\lim\limits_{n\to\infty} s_{2n-1} = \lim\limits_{n\to\infty} s_{2n}$. 所以数列 $\{s_n\}$ 也收敛, 并且若 $s = \lim\limits_{n\to\infty} s_n$ 则 $s_{2n-1} > s > s_{2n}$. □

例 1.5 $1 - 1/2 + 1/3 - 1/4 + \cdots$ 收敛. 如例 1.4 所证, 因级数 $\sum\limits_{n=1}^{\infty} 1/n$ 发散, 所以这是条件收敛级数的一个例子.

除交错级数外, 通常判断一个非绝对收敛级数是否是条件收敛是很困难的.

e) 区间

如我们在高中所学的, 对两个实数 $a, b, a < b$, 集合:

$$(a,b) = \{r \in \mathbf{R} | a < r < b\},$$
$$[a,b] = \{r \in \mathbf{R} | a \leqslant r \leqslant b\},$$
$$[a,b) = \{r \in \mathbf{R} | a \leqslant r < b\},$$
$$(a,b] = \{r \in \mathbf{R} | a < r \leqslant b\},$$

叫作**区间**(interval). 这里, 例如 $\{r \in \mathbf{R} \mid a < r < b\}$ 表示由满足不等式 $a < r < b$ 的全体实数 r 组成的集合, 这是显然的.

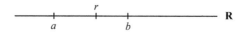

(a,b) 是数轴 $\mathbf{R}$ 上 "在 a 和 b 之间的点 r" 的全体集合. $[a,b)$ 是在 (a,b) 左端上添加点 a 后的集合, $[a,b]$ 是在 (a,b) 两端添加点 a 和 b 后的集合. (a,b) 叫作**开区间**(open interval), $[a,b]$ 叫作**闭区间**(closed interval). 这在高中数学中已经学过. 开区间和闭区间的区别很重要. 把 $b - a$ 叫作区间 (a,b), $[a,b]$, $[a,b)$, $(a,b]$ 的**幅度**或**长度**.

另外一些集合:

$$(a, +\infty) = \{r \in \mathbf{R} | a < r\},$$
$$[a, +\infty) = \{r \in \mathbf{R} | a \leqslant r\},$$
$$(-\infty, b) = \{r \in \mathbf{R} | r < b\},$$
$$(-\infty, b] = \{r \in \mathbf{R} | r \leqslant b\},$$
$$(-\infty, +\infty) = \mathbf{R}$$

也叫作区间. 其中, 把 $(a, +\infty), (-\infty, b), (-\infty, +\infty)$ 叫作开区间.

闭区间套法

定理 1.24 闭区间列 $I_n = [a_n, b_n]$: $I_1, I_2, \cdots, I_n, \cdots$, 如果满足以下两个条件 (i) 和 (ii), 则存在唯一的实数 c 属于所有这些闭区间 $[a_n, b_n]$:

(i) $I_1 \supset I_2 \supset I_3 \supset \cdots \supset I_n \supset \cdots$,

(ii) $\lim\limits_{n \to \infty} (b_n - a_n) = 0$.

证明 根据条件 (i)

$$a_1 \leqslant a_2 \leqslant \cdots \leqslant a_n \leqslant \cdots \leqslant b_n \leqslant \cdots \leqslant b_2 \leqslant b_1.$$

因此数列 $\{a_n\}$ 单调非减, $\{b_n\}$ 单调非增, 并且都有界. 所以根据定理 1.20, 数列 $\{a_n\}$ 收敛于其上确界 a, $\{b_n\}$ 收敛于其下确界 b. 因为 $a_n < b_n$, $a = \lim\limits_{n \to \infty} a_n$, $b = \lim\limits_{n \to \infty} b_n$, 所以根据定理 1.14, $a \leqslant b$, 又因为 a 是 $\{a_n\}$ 的上确界, b 是 $\{b_n\}$ 的下确界, 所以 $a_n \leqslant a, b \leqslant b_n$. 即

$$a_n \leqslant a \leqslant b \leqslant b_n.$$

因此

$$0 \leqslant b - a \leqslant b_n - a_n,$$

根据条件 (ii), 因为 $\lim\limits_{n \to \infty} (b_n - a_n) = 0$, 所以 $b - a = \lim\limits_{n \to \infty} b_n - \lim\limits_{n \to \infty} a_n = 0$, 即 $a = b$. 若设 $c = a = b$, 则

$$a_n \leqslant c \leqslant b_n,$$

即 c 属于所有的 I_n.

假设属于所有 I_n 的实数除了 c 之外, 还有一个 c', 则对于所有的 n

$$a_n \leqslant c' \leqslant b_n,$$

所以必有

$$a \leqslant c' \leqslant b,$$

即 $c' = a = b = c$. □

利用定理 1.24 证明实数 c 的存在叫作闭区间套法. 在定理 1.24 中, 最本质之处是 I_n 为闭区间. 例如如果 I_n 是开区间, $I_n = (0, 1/n)$, 则不存在属于所有 I_n 的实数.

f) 可数集合和不可数集合

设 S 是无限集合, 给 S 的全部元素加上号码, 如果能表示为

$$S = \{s_1, s_2, s_3, \cdots, s_n, \cdots\},$$

则称 S 是**可数的**, 或**可添号码的**. 把 S 叫作**可数集合**(countable set) 或**可添号码集合**. 如果用 $\mathbf{N}$ 表示全体自然数的集合, 则 $n \in \mathbf{N}$ 和 $s_n \in S$ 是一一对应的. 即 S 与 $\mathbf{N}$ 之间存在一一对应的关系时, 我们称 S 是可数集合. 把不是可数的无限集合叫作**不可数集合.**

可数集合的无限子集显然是可数集合. 有限集合和可数集合的并集明显是可数集合. 两个可数集合的并集也是可数集合. 这是因为

$$S = \{s_1, s_2, s_3, \cdots, s_n, \cdots\},$$
$$T = \{t_1, t_2, t_3, \cdots, t_n, \cdots\},$$

所以,

$$S \cup T = \{s_1, t_1, s_2, t_2, \cdots, s_n, t_n, \cdots\}.$$

因此根据定义结论显然成立.

对集合 S 与 T, S 的元素 s 与 T 的元素 t 组成的对 (s, t) 的全体集合称为 S 和 T 的**直积**(direct product), 或者称为**直积集合**, 记为 $S \times T$. $\mathbf{N} \times \mathbf{N}$ 是可数集合. 为了验证它, 我们把 $\mathbf{N} \times \mathbf{N}$ 的元素 (j, k), 看成平面上坐标为 (j, k) 的点.

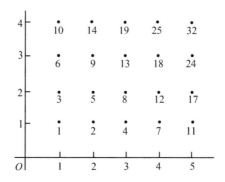

如上图所示, 添加号码, 则满足 $i + h < j + k$ 的点 $(i, h) \in \mathbf{N} \times \mathbf{N}$ 的个数是

$$\frac{1}{2}(j + k - 2)(j + k - 1),$$

所以 (j, k) 的号码就是

$$n = \frac{1}{2}(j + k - 2)(j + k - 1) + k.$$

当然

$$(j, k) \to n = \frac{1}{2}(j + k - 2)(j + k - 1) + k$$

给出 $\mathbf{N} \times \mathbf{N}$ 和 $\mathbf{N}$ 之间的一一对应关系, 这通过计算很容易验证. $\mathbf{N} \times \mathbf{N}$ 是可数集合, 蕴涵两个可数集合的直积是可数集合.

全体有理数集合 $\mathbf{Q}$ 是可数集合.

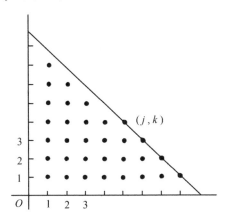

[证明] 设 $\mathbf{Q}^+$ 是正有理数集合, $\mathbf{Q}^-$ 是负有理数集合, 则

$$\mathbf{Q} = \{0\} \cup \mathbf{Q}^+ \cup \mathbf{Q}^-,$$

并且 $r \to -r$ 给出了 $\mathbf{Q}^+$ 与 $\mathbf{Q}^-$ 之间的一一对应关系. 因此, 要验证 $\mathbf{Q}$ 是可数集合, 只需证明 $\mathbf{Q}^+$ 是可数集合即可. 正有理数 r 都可用不可约分数表示: $r = q/p$, p, q 互为素数. 设 P 是互素的自然数 p, q 组成的对 (p, q) 全体组成的 $\mathbf{N} \times \mathbf{N}$ 的子集合. 如果让每个不可约分数 $r = q/p \in \mathbf{Q}^+$ 对应 $(p, q) \in P$, 则在 $\mathbf{Q}^+$ 与 P 之间建立了一一对应关系. 因为 $\mathbf{N} \times \mathbf{N}$ 是可数集合, 因此, $\mathbf{Q}^+$ 也是可数集合. $\qquad\square$

对于任意实数 $a, b\,(a < b)$, 满足条件 $a \leqslant \rho \leqslant b$ 的实数 ρ 的全体集合, 即闭区间 $I = [a, b]$ 是不可数集合.

[证明] 如果 I 可数, 即由

$$I = \{\rho_1, \rho_2, \rho_3, \cdots, \rho_n, \cdots\}$$

可推得矛盾. 事实上, 给定一个比 I 的长度 $b - a$ 小的正实数 ε, 对每个 n, 取 ρ_n 为长度为 $\varepsilon/2^n$ 的开区间的中点, 记

$$U_n = \left(\rho_n - \frac{\varepsilon}{2^{n+1}}, \ \rho_n + \frac{\varepsilon}{2^{n+1}}\right),$$

则 I 被 $U_1, U_2, \cdots, U_n, \cdots$ 覆盖:

$$I \subset U_1 \cup U_2 \cup U_3 \cup \cdots \cup U_n \cup \cdots.$$

从而我们容易想象区间 U_n 的长度的总和：

$$\sum_{n=1}^{\infty} \frac{\varepsilon}{2^n} = \varepsilon$$

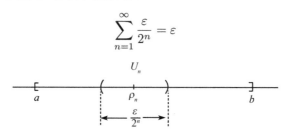

如果比 I 的长度 $b-a$ 小, 就会产生矛盾. 为了推出这一矛盾, 首先运用闭区间套法证明, I 被有限个 U_n 所覆盖, 即存在使

$$I \subset U_1 \cup U_2 \cup U_3 \cup \cdots \cup U_m$$

成立的自然数 m. 为此, 设

$$W_n = U_1 \cup U_2 \cup U_3 \cup \cdots \cup U_n,$$

并且对于所有的 n, I 不包含于 W_n: 假定 $I \not\subset W_n$. 区间 I 被其中点 $c = (a+b)/2$ 分割成两个区间:

$$I = [a, c] \cup [c, b].$$

若 $[a,c] \subset W_m, [c,b] \subset W_l$, 若取 m 和 l 中大的一个为 n, 则 $I \subset W_n$ 与假设矛盾. 所以两个区间 $[a,c]$ 和 $[c,b]$ 中至少有一个不被 W_n 包含. 不妨设这个区间是 $I_1 = [a_1, b_1]$, 则

$$I_1 \subset I, \quad b_1 - a_1 = \frac{1}{2}(b-a),$$

并且对所有的 n, $I_1 \not\subset W_n$. 若相同的讨论也适用于 I_1, 则

$$I_2 = [a_2, b_2] \subset I_1, \quad b_2 - a_2 = \frac{1}{2}(b_1 - a_1) = \frac{1}{2^2}(b-a),$$

并且对所有的 n, 可得满足 $I_2 \not\subset W_n$ 的闭区间 I_2. 重复相同的过程, 对所有的 n, 可得满足 $I_k \not\subset W_n$ 的闭区间

$$I_k = [a_k, b_k], \quad b_k - a_k = \frac{1}{2^k}(b-a)$$

的列 $I_1, I_2, \cdots, I_k, \cdots$, 并且

$$I_1 \supset I_2 \supset I_3 \supset \cdots \supset I_k \supset \cdots.$$

因此, $\lim\limits_{k\to\infty}(b_k - a_k) = 0$, 所以根据闭区间套法, 对所有的 k, 存在实数 $c \in I_k$. 因为 $c \in I$, c 和 ρ_n 中的某一个一致, $c = \rho_m$, 即 c 属于长度为 $\varepsilon/2^m$ 的开区间. 因为

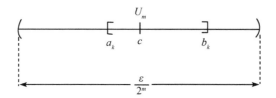

$c \in I_k = [a_k, b_k]$, $\lim\limits_{k\to\infty}(b_k - a_k) = 0$, 从而只要 k 充分大, 就有 $I_k \subset U_m \subset W_m$. 这与对所有的 $n, I_k \not\subset W_n$ 相矛盾.

于是, 对某个自然数 m,

$$I \subset W_m = U_1 \cup U_2 \cup U_3 \cup \cdots \cup U_m.$$

所以 I 的长度比 $U_1, U_2, \cdots, U_m$ 的长度的总和小:

$$b - a < \sum_{n=1}^{m} \frac{\varepsilon}{2^n} < \varepsilon.$$

这与 $\varepsilon < b - a$ 相矛盾. □

上面证明的最后阶段中, 一般地, 如果闭区间 $I = [a, b]$ 被有限个开区间 $U_n = (u_n, v_n)$, $n = 1, 2, \cdots, m$ 覆盖, 则

$$b - a < \sum_{n=1}^{m}(v_n - u_n),$$

这是显然的. 但为慎重起见, 我们给出开区间的个数是 m 时的归纳法证明. 假设 I 被 $m - 1$ 个开区间覆盖时结论成立. 因为 b 属于 U_n 中的某一个, 适当地替换 $U_1, U_2, \cdots, U_m$ 的号码, 使得 $b \in U_m$. 此时, 如果 $u_m \leqslant a$, 那么, 显然

$$b - a < v_m - u_m \leqslant \sum_{n=1}^{m}(v_n - u_n).$$

当 $u_m > a$ 时, 从 I 中除去用 U_m 覆盖的部分,

剩下的是闭区间 $[a, u_m]$. 并且因为 $[a, u_m]$ 被 U_n $(n = 1, 2, \cdots, m - 1)$ 覆盖, 所以根据归纳假设

$$u_m - a < \sum_{n=1}^{m-1}(v_n - u_n).$$

所以

$$b - a = u_m - a + b - u_m < \sum_{n=1}^{m-1} (v_n - u_n) + v_m - u_m,$$

即

$$b - a < \sum_{n=1}^{m} (v_n - u_n).$$

至此, 我们证明了所有闭区间 $[a, b], a < b$ 都是不可数集合. 因为开区间 $(a, b), a < b$ 也包含闭区间, 所以它是不可数集合. 实数全体集合 $\mathbf{R}$ 当然也是不可数集合. 所谓集合 S 可数, 是指从 S 中把其元素按适当的次序取出并添加号码表示为 $s_1, s_2, s_3, \cdots$, 使得给 S 的全部元素都标上号码, 即

$$S = \{s_1, s_2, s_3, \cdots, s_n, \cdots\}.$$

S 为不可数集合时, 不论从 S 中按照什么顺序取它的元素 $s_1, s_2, s_3, \cdots$, 被取出元素全体的集合:

$$\{s_1, s_2, s_3, \cdots, s_n, \cdots\}$$

中, 都仍有属于 S 的元素没有被取到. 可数集合与不可数集合都是由无数个元素组成, 但不可数集合比可数集合包含更多的元素.

因为有理数全体集合 $\mathbf{Q}$ 可数, 所以可表示为

$$\mathbf{Q} = \{r_1, r_2, r_3, \cdots, r_n, \cdots\}.$$

另一方面, $\mathbf{Q}$ 在数轴 $\mathbf{R}$ 上处处稠密. 即在 $\mathbf{R}$ 上无论取什么样的区间 $(c, d), c < d$, 属于 (c, d) 的有理数有无数个. 现在对各有理数 r_n, 取 $\mathbf{R}$ 上包含 r_n 的开区间 $U_n = (u_n, v_n), u_n < r_n < v_n$, 若

$$W = U_1 \cup U_2 \cup U_3 \cup \cdots \cup U_n \cup \cdots,$$

则由 $\mathbf{Q}$ 在 $\mathbf{R}$ 上的稠密性, 我们可能会认为 W 覆盖 $\mathbf{R}$ 全体, 但事实并非如此. 取一个正实数 ε, 取以 r_n 为中点、长度为 $\varepsilon/2^n$ 的开区间 U_n, 则根据与上述闭区间是不可数集合的证明相同的讨论, 在 $\mathbf{R}$ 上取满足条件 $b - a > \varepsilon$ 的任何闭区间 $[a, b]$, 都有

$$[a, b] \not\subset W.$$

开区间 U_n 的长度的总和为 $\sum_{n=1}^{\infty} \varepsilon/2^n = \varepsilon$, 它不拘泥于 $\mathbf{Q}$ 在 $\mathbf{R}$ 上的稠密性, 可以看作 $\mathbf{Q}$ 不过仅占 $\mathbf{R}$ 上的极小一部分.

g) 对角线法

例如要验证区间 $(0,1)$ 是不可数集合, 一般采用如下的证明. 设 $(0,1)$ 是可数集合, 即

$$(0,1) = \{\rho_1, \rho_2, \rho_3, \cdots, \rho_n, \cdots\},$$

并且令 $\rho_1, \rho_2, \rho_3, \cdots, \rho_n, \cdots$ 的十进制小数表示是

$$\rho_1 = 0.k_{11}k_{12}k_{13}\cdots k_{1m}\cdots$$
$$\rho_2 = 0.k_{21}k_{22}k_{23}\cdots k_{2m}\cdots$$
$$\rho_3 = 0.k_{31}k_{32}k_{33}\cdots k_{3m}\cdots$$
$$\cdots$$
$$\rho_n = 0.k_{n1}k_{n2}k_{n3}\cdots k_{nm}\cdots$$
$$\cdots$$

这里出现的数字 k_{nm} 中, 我们关注 "对角线上排列" 的数字 $k_{11}, k_{22}, k_{33}, \cdots, k_{nn}, \cdots$, 对于任意的 n, 任选

$$k_n \neq k_{nn}, \quad 1 \leqslant k_n \leqslant 8$$

的数字 k_n, 并设

$$\rho = 0.k_1k_2k_3\cdots k_n\cdots,$$

则因为 $1 \leqslant k_n \leqslant 8$, 所以实数 ρ 的十进制小数仅此一个. 又因为 ρ 属于区间 $(0,1)$, 所以它应与 ρ_n 中的某一个一致. 若 $\rho = \rho_n$, 则必有 $k_n = k_{nn}$ 成立. 这与 $k_n \neq k_{nn}$ 相矛盾. 所以 $(0,1)$ 不可数. $\qquad\square$

把这个证明方法叫作 Cantor **对角线法**. 对角线法在集合论中是最基本的.

1.6　平面上点的集合

如在初中数学中所讲, 如果在平面上给定一个坐标系, 则平面上的点 P 可以用 P 的坐标 (x,y) 来表示. 这里 x, y 都是实数. 若用上一节所述的表示直积的符号 $\times$ 来表示, 则两个实数 x, y 的对 (x,y) 的全体集合就是 $\mathbf{R} \times \mathbf{R}$. 因此若把平面上各点 P 与其坐标 (x,y) 视为同一, 则平面上的所有点的集合与直积集合 $\mathbf{R} \times \mathbf{R}$ 是一致的.

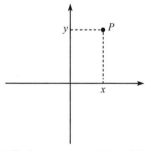

若把平面看成它上面全体点的集合, 则平面就是直积集合 $\mathbf{R} \times \mathbf{R}$. 可是, 直到高中数学我们还没有对平面进行严格的定义. 最初就把它作为我们原本就了解的东西, 通过对纸上描绘的图形观察, 以培养起来的平面图形的感观印象为基础, 导入平面上点的坐标的概念, 然后说明了平面是直积集合 $\mathbf{R} \times \mathbf{R}$.

在本节, 我们将采用相反的过程, 首先定义平面是 $\mathbf{R} \times \mathbf{R}$, 然后阐述平面上点的集合的基本性质. 这些性质是从理论上把平面看作 $\mathbf{R} \times \mathbf{R}$ 而严密推出的. 为了掌握其含义, 必须通过画图对其印象有一种直观的把握.

a) 平面

直积集合 $\mathbf{R} \times \mathbf{R}$ 称为**平面**, 其元素 $(x, y) \in \mathbf{R} \times \mathbf{R}$ 称为平面上的**点**. 用 $\mathbf{R}^2$ 来表示平面 $\mathbf{R} \times \mathbf{R}$. 在以下的论述中, 因为在给定平面 $\mathbf{R}^2$ 上考虑其上的点, 如果不加特殊说明, 点就是指平面 $\mathbf{R}^2$ 上的点.

对于两个点 $P = (x, y), Q = (u, v)$, 把 $\sqrt{(x-u)^2 + (y-v)^2}$ 叫作两点 P 与 Q 之间的**距离** (distance), 并记为 $|PQ|$:

$$|PQ| = \sqrt{(x-u)^2 + (y-v)^2}. \tag{1.18}$$

当 $P \neq Q$ 时, 把点 $(\lambda x + (1-\lambda)u, \lambda y + (1-\lambda)v), \lambda \in [0,1]$ 的全体集合叫作连接 P 与 Q 的**线段**, 用 PQ 表示. 若 $\mu = 1 - \lambda$, 即

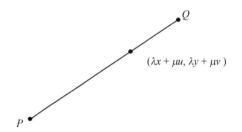

$$PQ = \{(\lambda x + \mu u, \lambda y + \mu v)\,|\,\mu = 1 - \lambda, \lambda \in [0,1]\}. \tag{1.19}$$

把 $|PQ|$ 叫作线段 PQ 的**长度**[①].

在高中数学中, (1.18) 和 (1.19) 是定理, 但从平面定义为 $\mathbf{R} \times \mathbf{R}$ 的立场上来看, (1.18) 和 (1.19) 是定义. 当然, 在高中数学中学过的事实构成了定义 (1.18) 和 (1.19) 的背景. 但如果我们不知道这一事实, 就不能理解为什么距离和线段要用 (1.18) 和 (1.19) 来定义. 以我们在高中数学中学过的事实为背景, 不仅是线段, 还有直线、圆周、正方形等各种图形, 从我们的角度如何来定义好它们, 自然是显而易见的事.

对于两点 $P = (x, y), Q = (u, v), P \neq Q$,

$$l = \{(\lambda x + \mu u, \lambda y + \mu v)\,|\,\mu = 1 - \lambda, \lambda \in \mathbf{R}\}$$

叫作过两点 P, Q 的**直线**.

---

① 在高中数学里, 线段和其长度同用记号 PQ 表示, 但在这里, 线段用 PQ 表示, 其长度用 $|PQ|$ 表示.

已知点 P 和正实数 r, 与 P 的距离为 r 的点 Q 的全体集合

$$\{Q||QP| = r\}$$

叫作以 P 为圆心、r 为半径的**圆周**.

关于距离, 仅当 $P = Q$ 时, $|PQ| = 0$, 这是显然的. 对于任意三点 P, Q, R, 不等式:

$$|PR| \leqslant |PQ| + |QR| \tag{1.20}$$

成立, 并称它为**三角不等式**(triangle inequality). 这个不等式可以通过简单的计算证明. 即设 $P = (x, y), Q = (s, t), R = (u, v)$. 若

$$\xi = x - s, \quad \eta = y - t, \quad \sigma = s - u, \quad \tau = t - v,$$

则不等式 (1.20) 可以写成

$$\sqrt{(\xi + \sigma)^2 + (\eta + \tau)^2} \leqslant \sqrt{\xi^2 + \eta^2} + \sqrt{\sigma^2 + \tau^2}.$$

一般地, 当 $\alpha \geqslant 0, \beta \geqslant 0$ 时, 由 $\alpha^2 - \beta^2 = (\alpha + \beta)(\alpha - \beta)$ 易知, 若 $\alpha^2 \leqslant \beta^2$ 则 $\alpha \leqslant \beta$. 所以要证明这个不等式, 只需证明两边平方后所得不等式:

$$(\xi + \sigma)^2 + (\eta + \tau)^2 \leqslant \xi^2 + \eta^2 + 2\sqrt{\xi^2 + \eta^2}\sqrt{\sigma^2 + \tau^2} + \sigma^2 + \tau^2,$$

即证明

$$\xi\sigma + \eta\tau \leqslant \sqrt{\xi^2 + \eta^2}\sqrt{\sigma^2 + \tau^2}$$

即可. 为此, 只需说明

$$(\xi\sigma + \eta\tau)^2 \leqslant (\xi^2 + \eta^2)(\sigma^2 + \tau^2)$$

即可, 这可由

$$(\xi^2 + \eta^2)(\sigma^2 + \tau^2) - (\xi\sigma + \eta\tau)^2 = (\xi\tau - \eta\sigma)^2 \geqslant 0$$

轻易得出.

以后三角不等式 (1.20) 可以自由放心地使用.

设 P 是 $\mathbf{R}^2$ 上的一点, ε 是正实数, 满足 $|QP| < \varepsilon$ 的点 $Q \in \mathbf{R}^2$ 的全体组成的集合叫作 P 的 **ε 邻域** (ε-neighborhood), 用 $U_\varepsilon(P)$ 表示为:

$$U_\varepsilon(P) = \{Q \in \mathbf{R}^2||QP| < \varepsilon\}.$$

$U_\varepsilon(P)$ 是以 P 为中心、ε 为半径的圆的内部.

b) 内点、边界点和聚点

设 S 是点集合, 即 $\mathbf{R}^2$ 的子集, P 是 $\mathbf{R}^2$ 上的点. 这里, "点集合" 意味着 "点的集合".

若存在正实数 ε, 使 $U_\varepsilon(P) \subset S$ 成立, 则 P 叫作 S 的**内点**(inner point). 因为 $P \in U_\varepsilon(P)$, 所以 S 的内点全部属于 S.

对任意的正实数 ε, 当 $U_\varepsilon(P) \not\subset S, U_\varepsilon(P) \cap S \neq \varnothing$ (空集) 时, 把 P 叫作 S 的**边界点**(boundary point), 且 S 的全体边界点的集合叫作 S 的**边界**(boundary). S 和 S 的边界的并集叫作 S 的**闭包**(closure), 记为 $[S]$[1]. 显然, 点 Q 属于 $[S]$ 的充分必要条件是对任意的正实数 ε, $U_\varepsilon(Q) \cap S \neq \varnothing$. 所以若 $T \subset S$, 则 $[T] \subset [S]$.

例如, 对于 $S = U_\varepsilon(P)$, 对所有的正实数 δ, $U_\delta(Q) \cap U_\varepsilon(P) \neq \varnothing$ 的充分必要条件是 $|QP| \leqslant \varepsilon$.[2] 所以, $[U_\varepsilon(P)]$ 是以 P 为中心、ε 为半径的闭圆盘:

$$[U_\varepsilon(P)] = \{Q \mid |QP| \leqslant \varepsilon\}.$$

如果 $Q \in U_\varepsilon(P)$, 那么 $|QP| < \varepsilon$, 所以对满足 $\delta \leqslant \varepsilon - |QP|$ 的正实数 δ,

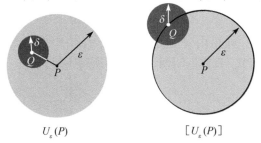

$$U_\varepsilon(P) \qquad\qquad [U_\varepsilon(P)]$$

$U_\delta(Q) \subset U_\varepsilon(P)$ 成立, 因此, Q 是 $U_\varepsilon(P)$ 的内点. 故 $U_\varepsilon(P)$ 的边界是以 P 为中心、ε 为半径的圆周. 以上的论证是基于三角不等式的.

例 1.6 设 $S = \{(x,y) \in \mathbf{R}^2 \mid 0 < x < 1, 0 \leqslant y \leqslant 1\}$, $A = (0,0), B = (1,0), C = (1,1), D = (0,1)$, S 的边界是 4 条线段 AB, BC, CD, DA 的并集: $AB \cup BC \cup CD \cup DA$.

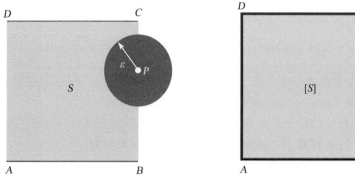

----

① 还没有固定的符号来表示闭包, 这里采用了高木贞治《解析概论》的记法.
② $|QP| = \varepsilon$ 时, 线段 PQ 上存在属于 $U_\delta(Q) \cap U_\varepsilon(P)$ 的点.

DA 或 BC 上的点是 S 的边界点, 但不属于 S. S 的闭包是正方形:

$$ABCD = \{(x, y) \in \mathbf{R}^2 | 0 \leqslant x \leqslant 1, 0 \leqslant y \leqslant 1\}.$$

又 S 的内点只能是正方形内部的点.

例 1.7　设 S 是线段 PQ. S 没有内点, S 的边界与 S 一致. 因此 $[S] = S$.

例 1.8　设 $S = \mathbf{Q} \times \mathbf{Q} = \{(x, y) \in \mathbf{R}^2 \mid x \in \mathbf{Q}, y \in \mathbf{Q}\}$, $\mathbf{R}^2$ 的全部的点是 S 的边界点. 因此, S 没有内点, $[S] = \mathbf{R}^2$.

　　设 S 是点集合, T 是 S 的子集, 如果 $[T] \supset S$, 那么, T 在 S 中**稠密**(dense), 或者说 T 在 S 中处处稠密. 例 1.8 的集合 S 在 $\mathbf{R}^2$ 中**稠密**.

　　若对所有的正实数 ε, 都存在 $U_\varepsilon(P)$ 包含 S 的无数个点, 即 $U_\varepsilon(P) \cap S$ 为无限集合, 就把 P 叫作 S 的**聚点**(accumulating point). 明显地, S 的内点都是 S 的聚点. S 的聚点是 S 的内点或 S 的边界点. 这也是显然的. *如果 S 的边界点 P 不属于 S, 那么 P 是 S 的聚点.*

　　[证明] 假设 P 不是 S 的聚点, 则对于某个正实数 ε, $U_\varepsilon(P) \cap S$ 是有限集合:

$$U_\varepsilon(P) \cap S = \{Q_1, Q_2, \cdots, Q_k, \cdots, Q_n\}.$$

此时, 因为 $Q_k \in S, P \notin S$, 所以 $Q_k \neq P$. 因此 $0 < |Q_k P| < \varepsilon$.

　　故, 存在满足

$$\delta < |Q_k P| < \varepsilon, \quad k = 1, 2, \cdots, n$$

的正实数 δ. 如果给定这样的 δ, 则

$$U_\delta(P) \cap S \subset U_\varepsilon(P) \cap S,$$

并且 $U_\delta(P)$ 不包含 Q_k. 所以, $U_\delta(P) \cap S$ 必是空集, 但这与 P 是 S 的边界点矛盾.□

　　属于 S 的点 P 不是 S 的聚点时, P 叫作 S 的**孤立点**(isolated point). P 是 S 的孤立点的充分必要条件是存在正实数 ε, 使得 $U_\varepsilon(P) \cap S = \{P\}$ 成立. S 所有点都是 S 的孤立点时, S 叫作**离散集合**(discrete set).

　　c) 开集和闭集

　　属于集合 $S \subset \mathbf{R}^2$ 的点如果都是 S 的内点, 则 S 叫作**开集**(open set). 例如 ε 邻域 $U_\varepsilon(P)$ 是开集. 包含点 P 的任意开集叫作 P 的**邻域**. S 的边界点都被 S 包含时, S 叫作**闭集**(closed set). 即 $[S] = S$ 时, S 叫作闭集. 因为不属于 S 的 S 的边界点是 S 的聚点, 所以 S 是闭集的充分必要条件是 S 的聚点都属于 S. $\varnothing$ 和 $\mathbf{R}^2$ 既是开集又是闭集.

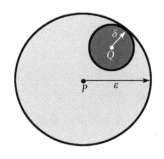

任意的点集合 S 的闭包 $[S]$ 是闭集.

[证明] 只需说明 $[S]$ 的边界点 P 是 S 的边界点即可. 为此只需证明, 对任意的正实数 ε, $U_\varepsilon(P) \cap S$ 不是空集. 因为 P 是 $[S]$ 的边界点, 所以 $U_\varepsilon(P)$ 包含属于 $[S]$ 的点 Q. 此时, 若 $\delta = \varepsilon - |QP|$, 则 $\delta > 0, U_\delta(Q) \subset U_\varepsilon(P)$. 因为 Q 属于 $[S]$, 所以 $U_\delta(Q) \cap S$ 不是空集. 因此, $U_\varepsilon(P) \cap S$ 也不是空集. □

设 S 既不是 $\varnothing$ 也不是 $\mathbf{R}^2$ 的点集合, S' 是 S 在 $\mathbf{R}^2$ 中的补集. P 是 S 的边界点的充分必要条件是, 因为对所有的正实数 ε, $U_\varepsilon(P) \cap S \neq \varnothing, U_\varepsilon(P) \cap S' \neq \varnothing$, 所以 S 的边界是 S' 的边界. 因此, 若 S 是开集, 则 S' 的边界被 S' 包含. 故如果 S 是开集, 那么 S' 是闭集. 如果 S 是闭集, 那么 S' 不包含其边界点. 所以, 若 S 是闭集, 则 S' 是开集.

几个 (有限个或无数个) 闭集的公共部分 (交集, intersection) 是闭集.

[证明] 设 $\mathcal{U}$ 是几个闭集 S 的集合, 这些闭集 S 的交集是 $T = \bigcap\limits_{S \in \mathcal{U}} S$. 一般地, 若 $T \subset S$, 则 $[T] \subset [S]$. 所以

$$[T] \subset \bigcap_{S \in \mathcal{U}} [S] = \bigcap_{S \in \mathcal{U}} S = T.$$

因此 $[T] = T$, 即 T 是闭集. □

几个开集的并集是开集.

[证明] 设 $\mathcal{U}$ 是几个开集 U 的集合, 这些开集 U 的并集设为 $W = \bigcup\limits_{U \in \mathcal{U}} U$. 因为 U 的补集 U' 是闭集, 所以根据上述结果, W 的补集 $W' = \bigcap\limits_{U \in \mathcal{U}} U'$ 也为闭集. 所以 W 是开集. □

有限个开集的交集是开集.

[证明] 设 $U_1, U_2, \cdots, U_n$ 是开集, $U = U_1 \cap U_2 \cap \cdots \cap U_n$. 如果任取 $P \in U$, 因为 $P \in U_k$, 所以存在正实数 ε_k 使得 P 的 ε_k 邻域 $U_{\varepsilon_k}(P)$ 包含于 U_k: $U_{\varepsilon_k}(P) \subset U_k$. 若取 $\varepsilon_1, \varepsilon_2, \cdots, \varepsilon_n$ 的最小值 ε, 则 $U_\varepsilon(P)$ 包含于所有的 U_k. 所以, $U_\varepsilon(P) \subset U$, 即 P 是 U 的内点. 因此 U 是开集. □

有限个闭集的并集是闭集.

[证明] 设 $S_1, S_2, \cdots, S_n$ 是闭集, 若 $S = S_1 \cup S_2 \cup \cdots \cup S_n$, 则 S_k' 是开集. 因此, $S' = S_1' \cap S_2' \cap \cdots \cap S_n'$ 是开集, 所以, S 是闭集. □

d) 点列的极限

如 $P_1, P_2, \cdots, P_n, \cdots$ 这样把点 $P_n \in \mathbf{R}^2$ 排成一列叫作**点列**, 并用 $\{P_n\}$ 表示. 其中的每点 P_n 叫作点列 $\{P_n\}$ 的项.

存在点 A, 当

$$\lim_{n\to\infty} |P_n A| = 0$$

时, 称点列 $\{P_n\}$ 收敛于 A, 也称 A 是点列 $\{P_n\}$ 的极限, 记为

$$\lim_{n\to\infty} P_n = A.$$

又当 $\{P_n\}$ 收敛于某一点时, 点列 $\{P_n\}$ 叫作收敛.

设 $P_n = (x_n, y_n), A = (a, b)$, 因为

$$|P_n A| = \sqrt{(x_n - a)^2 + (y_n - b)^2},$$

所以 $\lim_{n\to\infty} |P_n A| = 0$ 与 $\lim_{n\to\infty} |x_n - a| = \lim_{n\to\infty} |y_n - b| = 0$ 等价, 因此 $\lim_{n\to\infty} P_n = A$ 与 $\lim_{n\to\infty} x_n = a$ 且 $\lim_{n\to\infty} y_n = b$ 等价. 另外, 点列 $\{P_n\}$ 收敛于 A 的充分必要条件是对任意给定的正实数 ε, 除了有限个 n 外, $P_n \in U_\varepsilon(A)$. 因此, 如果收敛点列 $\{P_n\}$ 的各项 P_n 属于 S, 则极限 $\lim_{n\to\infty} P_n$ 包含于 S 的闭包 $[S]$.

定理 1.25 (Cauchy 判别法)　点列 $\{P_n\}$ 收敛的充分必要条件是对任意正实数 ε, 存在与 ε 相关的自然数 $n_0(\varepsilon)$, 使得当 $n > n_0(\varepsilon)$, $m > n_0(\varepsilon)$ 时, $|P_n P_m| < \varepsilon$ 成立.

证明　设 $P_n = (x_n, y_n)$, 则如上所述, 点列 $\{P_n\}$ 收敛与数列 $\{x_n\}$, $\{y_n\}$ 同时收敛等价. 另一方面, 因为

$$|P_n P_m| = \sqrt{(x_n - x_m)^2 + (y_n - y_m)^2},$$

所以, 只要 $|P_n P_m| < \varepsilon$, 就有 $|x_n - x_m| < \varepsilon$, $|y_n - y_m| < \varepsilon$ 成立. 如果 $|x_n - x_m| < \varepsilon$, $|y_n - y_m| < \varepsilon$, 那么 $|P_n P_m| < \sqrt{2}\varepsilon$. 所以, 由数列的 Cauchy 判别法 (定理 1.13), 定理 1.25 成立. □

P 是 S 的聚点的充分必要条件是存在点列 $\{P_n\}$ 满足: $P_n \in S, P_n \neq P, \lim_{n\to\infty} P_n = P$. 为证明这个结论, 首先令 P 是 S 的聚点. 则对每个自然数 $n, U_{1/n}(P) \cap S$ 是无限集合, 所以可以选出一点 P_n, 使得 $P_n \in U_{1/n}(P) \cap S$, $P_n \neq P$ 成立. 显然, $\lim_{n\to\infty} P_n = P$. 反之, 如果存在点列 $\{P_n\}$, 使得 $P_n \in S, P_n \neq P$, $\lim_{n\to\infty} P_n = P$, 则对任意给定的正实数 ε, 除了有限个 n 外, 有 $P_n \in U_\varepsilon(P)$. 又因为 $P_n \neq P$, $\lim_{n\to\infty} P_n = P$, 所以在这些 P_n 中, 有无数个互异的点. 因此 $U_\varepsilon(P) \cap S$ 是无限集合, 所以 P 是 S 的聚点.

e) 有界集合

如果属于 S 的点 P 与原点 $O = (0, 0)$ 的距离 $|PO|$ 有上界, 即不超过一定的正实数 μ 时, 称 S **有界**(bounded). 若 S 有界, 那么属于 S 的两点 P, Q 的距离 $|PQ|$

也有上界, 从而 $|PQ|$ 的上确界存在. 这个上确界叫作 S 的**直径**(diameter), 记为 $\delta(S)$:

$$\delta(S) = \sup_{P,Q \in S} |PQ|.$$

下面的定理是形成闭区间套法基础的定理 1.24 的扩展.

定理 1.26　非空有界闭集合列 $S_1, S_2, \cdots, S_n, \cdots$, 若满足以下两个条件, 则存在唯一的点 P 属于所有这些闭集 S_n:

(i) $S_1 \supset S_2 \supset S_3 \supset \cdots \supset S_n \supset \cdots$,

(ii) $\lim_{n \to \infty} \delta(S_n) = 0$.

证明　对每个 n, 若选取属于 S_n 的点 P_n, 则点列 $\{P_n\}$ 收敛. 事实上, 根据 (ii), 对于任意的正实数 ε, 存在自然数 $n_0(\varepsilon)$, 只要 $n > n_0(\varepsilon)$, 就有 $\delta(S_n) < \varepsilon$. 当 $n, m > n_0(\varepsilon)$ 时, 如果 $m \geqslant n$, 则根据 (i), $P_m \in S_m \subset S_n$, 所以,

$$|P_m P_n| < \delta(S_n) < \varepsilon,$$

因此根据 Cauchy 判别法, $\{P_n\}$ 收敛. 于是, 令 $P = \lim_{n \to \infty} P_n$, 则对每个 n, 若 $m \geqslant n$, 则 $P_m \in S_n$, 因此 $P = \lim_{m \to \infty} P_m$ 属于 $[S_n]$. 根据假设, $[S_n] = S_n$, 所以 P 属于所有的 S_n. □

紧致集合

一般地, 对于以集合作为元素的集合 $\mathcal{U}$, 属于 $\mathcal{U}$ 的所有集合的并集用记号 $\bigcup_{U \in \mathcal{U}} U$ 来表示. 设 S 是点集合, $\mathcal{U}$ 是以点集合作为元素的集合. 此时如果

$$S \subset \bigcup_{U \in \mathcal{U}} U,$$

那么就说 S 被属于 $\mathcal{U}$ 的集合覆盖. 把 $\mathcal{U}$ 叫作 S 的**覆盖**(covering). 特别地, 覆盖 $\mathcal{U}$ 的所有的元素都是开集合时, 把 $\mathcal{U}$ 叫作 S 的**开覆盖**(open covering). 又, S 的覆盖 $\mathcal{U}$ 是有限集合, 即由有限个点集合组成时, 把 $\mathcal{U}$ 叫作 S 的**有限覆盖**(finite covering). S 的覆盖 $\mathcal{V}$ 是覆盖 $\mathcal{U}$ 的子集合时, 把 $\mathcal{V}$ 叫作 $\mathcal{U}$ 的**子覆盖**.

定义 1.7　如果 S 的任意开覆盖都有有限子覆盖时, 把 S 叫作**紧致的**(compact).

如果 S 是紧致的, 则意味着 S 具有以下的性质: 存在以开集合为元素的集合 $\mathcal{U}$, 若 S 被属于 $\mathcal{U}$ 的集合覆盖, 则 S 被属于 $\mathcal{U}$ 的有限个开集覆盖.

定理 1.27　紧致集合 S 是有界的闭集.

证明　首先, 对于每个 $Q \in S$, 设它的 ε 邻域是 $U(Q)$, 则显然 $\mathcal{U} = \{U(Q) \mid Q \in S\}$ 是 S 的开覆盖, 因此 S 由有限个 $U(Q)$ 覆盖. 所以 S 有界. 其次, 为证明 S 是闭集, 取不属于 S 的点 P, 对于每点 $Q \in S$, 令 $U_Q = U_{\varepsilon_Q}(Q)$, $\varepsilon_Q = \dfrac{1}{3}|QP|$, 则

$\{U(Q) \mid Q \in S\}$ 是 S 的开覆盖. 所以 S 由有限个 $U(Q)$ 覆盖:

$$S \subset U_{Q_1} \cup U_{Q_2} \cup \cdots \cup U_{Q_k} \cup \cdots \cup U_{Q_m}.$$

设正实数 $\varepsilon_{Q_k}, k = 1, 2, \cdots, m$ 中最小值是 ε, 因为 $U_{Q_k} \cap U_\varepsilon(P) = \varnothing$, $S \cap U_\varepsilon(P) = \varnothing$, 即 P 不是 S 的边界点. 这样, 不属于 S 的点 P 不是 S 的边界点. 所以 S 的边界点都属于 S. 即 S 是闭集. $\qquad\square$

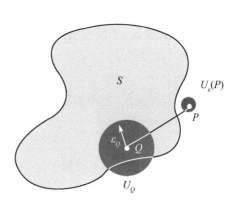

定理 1.28 (Heine-Borel 覆盖定理) 有界闭集是紧致的.

证明 设 S 是有界闭集, $\mathcal{U}$ 为 S 的开覆盖. 为证明 S 被属于 $\mathcal{U}$ 的有限个开集覆盖, 假设 S 不能被属于 $\mathcal{U}$ 的有限个开集覆盖. 因为 S 有界, 适当选取闭区间 $I = [a, b]$, 那么 S 包含于正方形 $\Delta = I \times I$:

$$S \subset \Delta = I \times I = \{(x, y) \in \mathbf{R}^2 \mid a \leqslant x \leqslant b, a \leqslant y \leqslant b\}.$$

Δ 的直径 $\delta = \sqrt{2}(b - a)$. 把 I 以其中点 $c = (a + b)/2$ 分割成两个闭区间, $I' = [a, c]$, $I'' = [c, b]$. 则 Δ 被 4 个直径为 $\delta/2$ 的正方形 $\Delta' = I' \times I'$, $\Delta'' = I'' \times I'$, $\Delta''' = I' \times I''$, $\Delta'''' = I'' \times I''$ 分割:

$$\Delta = \Delta' \cup \Delta'' \cup \Delta''' \cup \Delta''''.$$

与之对应, S 被 4 个闭集 $S' = S \cap \Delta'$, $S'' = S \cap \Delta''$, $S''' = S \cap \Delta'''$, $S'''' = S \cap \Delta''''$ 分割:

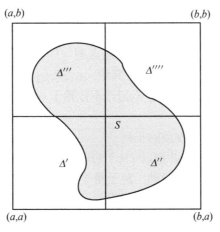

$$S = S' \cup S'' \cup S''' \cup S''''.$$

在这 4 个闭集中, 如果每一个都被属于 $\mathcal{U}$ 的有限个开集覆盖, 那么 S 也被属于 $\mathcal{U}$ 的有限个开集覆盖. 这与假设相反. 所以, S', S'', S''', S'''' 中至少有一个不被属于 $\mathcal{U}$ 的有限个开集覆盖, 不妨设它是 S_1, 则

$$S_1 \subset S, \quad \delta(S_1) \leqslant \frac{\delta}{2}.$$

对 S_1 进行同样操作, 把不被属于 $\mathcal{U}$ 的有限个开集覆盖的闭集设为 S_2. 则得

$$S_2 \subset S_1, \quad \delta(S_2) \leqslant \frac{\delta}{2^2}.$$

重复进行此操作, 可得不被属于 $\mathcal{U}$ 的有限个开集覆盖的闭集列 S_n: $S_1, S_2, \cdots,$ $S_n, \cdots$, 并且

$$S \supset S_1 \supset S_2 \supset \cdots \supset S_n \supset \cdots, \quad \delta(S_n) \leqslant \frac{\delta}{2^n}.$$

根据定理 1.26, 存在属于所有 S_n 的点 P. 因为 $P \in S$, S 被属于 $\mathcal{U}$ 的开集覆盖, 所以 P 属于 $\mathcal{U}$ 的开集之一 U. 取 $P \in U$, $U_\varepsilon(P) \subset U$ 成立的正实数 ε, 若给定一自然数 n, 则 $P \in S_n$, $\delta(S_n) \leqslant \delta/2^n < \varepsilon$, 因此, $S_n \subset U$. 这与 S_n 不被属于 $\mathcal{U}$ 的有限个开集覆盖相矛盾. 所以, S 被属于 $\mathcal{U}$ 的有限个开集覆盖. 即 S 是紧致集合. □

紧致的概念是现代数学中最重要的概念之一.

定理 1.29 (Weierstrass 定理) 有界的无限集合有聚点.

证明 只需证明没有聚点的有界集合 S 是有限集合即可. 因为若存在不属于 S 的 S 的边界点, 则它必是 S 的聚点, 所以 S 的边界点都属于 S. 即, S 是闭集. 属于 S 的点 P 不是 S 的聚点, 即, $U_\varepsilon(P) \cap S$ 具有有限集合 $U_P = U_\varepsilon(P)$, S 被 $U_P, P \in S$ 覆盖. 而另一方面, 因为 S 是有界闭集, 所以据定理 1.28, S 是紧致的. 因此, S 被有限个 U_P 覆盖. 所以, S 是有限集合. □

从点列 $\{P_n\}$ 中选无数个项, 按照与点列 $\{P_n\}$ 中的同样顺序排列得到点列 $P_{n_1}, P_{n_2}, P_{n_3}, \cdots$ 叫作 $\{P_n\}$ 的**子列**. 其中, $n_1, n_2, n_3, \cdots$ 是单调增加的自然数列. 又, P_n 和 $O = (0,0)$ 的距离 $|P_n O|$ 不超过不依赖于 n 的常实数时, 点列 $\{P_n\}$ 称为有界.

定理 1.30 有界的点列有收敛的子列.

证明 设 $\{P_n\}$ 是有界点列, 并把以 $\{P_n\}$ 的项出现的点的全体集合设为 S. $P_n = P$ 的项 P_n 存在无数个时, 结论显然. 对于每个 $P \in S$, $P_n = P$ 的项 P_n 只有有限个, 则因为 S 是有界的无限集合, 所以根据定理 1.29, S 具有聚点. 若取其中的一个聚点 Q, 则对于任意正实数 ε, $U_\varepsilon(Q) \cap S$ 是无限集合. 因此, $P_n \in U_\varepsilon(Q)$ 的项 P_n 存在无数个. 于是, 首先取 P_{n_1} 使得它是满足 $P_n \in U_1(Q)$ 的项 P_n 之一. 其次取

P_{n_2} 使得它是满足 $P_n \in U_{1/2}(Q), n > n_1$ 的项 P_n 之一. 接着取 P_{n_3} 使得它是满足 $P_n \in U_{1/3}(Q), n > n_2$ 的项 P_n 之一. 以下同样确定 $P_{n_4}, P_{n_5}, \cdots$ 就可以得到 P_n 的子列: $P_{n_1}, P_{n_2}, P_{n_3}, \cdots, P_{n_m}, \cdots, P_{n_m} \in U_{1/m}(Q)$. 显然, 此子列收敛于 Q. □

f) 复平面

在高中数学中, 把形如 $z = x + \mathrm{i}y(x, y$ 为实数, $\mathrm{i} = \sqrt{-1})$ 的数叫作复数 (complex number). 两个复数 $z = x + \mathrm{i}y, w = u + \mathrm{i}v$ 的和、差、积可以如下给出:

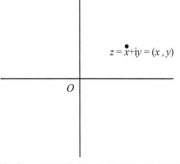

$$z + w = (x + u) + \mathrm{i}(y + v),$$
$$z - w = (x - u) + \mathrm{i}(y - v),$$
$$zw = (xu - yv) + \mathrm{i}(xv + yu).$$

这样定义的复数的加法、减法和乘法的结合律、交换律、分配律的成立很容易得到验证.

数轴 $\mathbf{R}$ 上的点 x 即为实数 x. 同理, 把平面 $\mathbf{R}^2$ 上的点 (x, y) 考虑成复数 $z = x + \mathrm{i}y$ 时, 把 $\mathbf{R}^2$ 叫作**复平面**. 把复平面用 $\mathbf{C}$ 表示. 复数 $z = x + \mathrm{i}y$ 的**绝对值**(absolute value) 定义为

$$|z| = \sqrt{x^2 + y^2}.$$

对于两个复数 $z = x + \mathrm{i}y, w = u + \mathrm{i}v,$

$$|z - w| = \sqrt{(x - u)^2 + (y - v)^2}$$

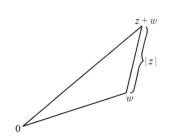

是平面 $\mathbf{C}$ 上点 z 与点 w 之间的距离. 特别地, $|z|$ 是 z 与原点 0 的距离. 因此, 根据三角不等式 (1.20),

$$|z + w| \leqslant |z| + |w|.$$

对于 $z = x + \mathrm{i}y$, 把 $x - \mathrm{i}y$ 叫作 z 的**共轭复数** (conjugate), 记为 $\bar{z}$:

$$\bar{z} = x - \mathrm{i}y.$$

显然有

$$\bar{\bar{z}} = z, \quad \overline{z + w} = \bar{z} + \bar{w}, \quad \overline{z - w} = \bar{z} - \bar{w}, \quad \overline{z \cdot w} = \bar{z} \cdot \bar{w}.$$

又

$$|z|^2 = |\bar{z}|^2 = x^2 + y^2 = z \cdot \bar{z}.$$

因此

$$|zw|^2 = zw\overline{zw} = zw\bar{z}\ \bar{w} = z\bar{z}w\bar{w} = |z|^2|w|^2,$$

所以

$$|zw| = |z||w|.$$

如果 $z \neq 0$, 那么 $|z| > 0$, 所以 $z \cdot \bar{z}/|z|^2 = 1$. 即非 0 的复数 z 具有倒数 $1/z = \bar{z}/|z|^2$. 所以复数全体集合 **C** 成为域. 把域 **C** 叫作**复数域**(the field of complex numbers).

对于 $z = x + \mathrm{i}y$, 把 x 叫作 z 的**实部**(real part), 用 $\mathrm{Re}\ z$ 表示. 把 y 叫作 z 的**虚部**(imaginary part), 用 $\mathrm{Im}\ z$ 表示. 显然

$$\mathrm{Re}\ z = \frac{z + \bar{z}}{2}, \quad \mathrm{Im}\ z = \frac{z - \bar{z}}{2\mathrm{i}}.$$

因而 $\mathrm{Re}\ z \leqslant |z|$ 成立, 利用这个不等式可以简单地证明如下不等式:

$$\begin{aligned}|z + w|^2 &= (z + w)(\bar{z} + \bar{w}) = z\bar{z} + z\bar{w} + w\bar{z} + w\bar{w}\\ &= |z|^2 + 2\mathrm{Re}\ z\bar{w} + |w|^2 \leqslant |z|^2 + 2|z\bar{w}| + |w|^2\\ &= |z|^2 + 2|z||w| + |w|^2 = (|z| + |w|)^2,\end{aligned}$$

所以

$$|z + w| \leqslant |z| + |w|.$$

以上, 我们阐述了关于复数的加减乘除的基本法则. 由这些基本法则很容易导出各种公式. 首先, $z \neq 0$ 时, 因为 $\overline{(w/z)\bar{z}} = \overline{(w/z \cdot z)} = \bar{w}$, 所以

$$\overline{\left(\frac{w}{z}\right)} = \frac{\bar{w}}{\bar{z}}.$$

根据这个式子与上述关于和、差、积的共轭的法则, 若假定由有限个复数 $z_1, z_2, \cdots, z_n$ 通过有限次的加减乘除的演算, 得到复数 w, 则由 $\bar{z}_1, \bar{z}_2, \cdots, \bar{z}_n$ 通过同样的加减乘除的演算, 可得共轭复数 $\bar{w}$. 例如, 当 $z_1 \neq 0$ 时,

$$w = \sum_{k=1}^{n} \frac{1}{k}\left(\frac{z_2}{z_1}\right)^k, \quad \text{则} \quad \bar{w} = \sum_{k=1}^{n} \frac{1}{k}\left(\frac{\bar{z}_2}{\bar{z}_1}\right)^k.$$

反复运用公式 $|zw| = |z||w|$, 则得

$$|z_1 z_2 z_3 \cdots z_n| = |z_1||z_2||z_3|\cdots|z_n|.$$

特别地,

$$|az^n| = |a||z|^n.$$

又因为 $|z| \leqslant |z - w| + |w|$, 所以 $|z| - |w| \leqslant |z - w|$. 同理, $|w| - |z| \leqslant |w - z|$. 所以

$$||z| - |w|| \leqslant |z - w|.$$

根据不等式 $|z + w| \leqslant |z| + |w|$ 得

$$|z_1 + z_2 + \cdots + z_n| \leqslant |z_1| + |z_2| + \cdots + |z_n|.$$

因此,

$$|a_0 + a_1 z + \cdots + a_n z^n| \leqslant |a_0| + |a_1||z| + \cdots + |a_n||z|^n.$$

复平面 $\mathbf{C}$ 是平面 $\mathbf{R}^2$, 复数 $z = x + \mathrm{i}y$ 是 $\mathbf{R}^2$ 上的点 (x, y), 所以在本节中关于平面上点集合的叙述, 对于复平面上的复数照样成立. 例如, 复数列 $\{z_n\}$ 即点列 $\{z_n\}$ 收敛于复数 w: $\lim\limits_{n \to \infty} z_n = w$ 是指点列 $\{z_n\}$ 收敛于点 w. 即意味着

$$\lim_{n \to \infty} |z_n - w| = 0.$$

关于点列收敛的 Cauchy 判别法 (定理 1.25), 也同样对于复数成立. 即,

定理 1.31 复数列 $\{z_n\}$ 收敛的充分必要条件是, 对任意正实数 ε, 存在一个自然数 $n_0(\varepsilon)$, 只要 $n > n_0(\varepsilon)$, $m > n_0(\varepsilon)$, 就有 $|z_n - z_m| < \varepsilon$ 成立.

如果复数列 $\{z_n\}$ 收敛, 则 $\{|z_n|\}$ 也收敛, 并且

$$\left| \lim_{n \to \infty} z_n \right| = \lim_{n \to \infty} |z_n|.$$

这是因为, 由于 $\left| |z_n| - |w| \right| \leqslant |z_n - w|$, 若 $\lim\limits_{n \to \infty} z_n = w$, 则 $\lim\limits_{n \to \infty} |z_n| = |w|$.

同实数的无穷级数的情况相同, 对由复数 z_n 组成的无限级数 $\sum\limits_{n=1}^{\infty} z_n$, 即 $z_1 + z_2 + z_3 + \cdots + z_n + \cdots$, 其部分和

$$w_n = z_1 + z_2 + \cdots + z_n$$

构成的复数列 $\{w_n\}$ 收敛时, 称 $\sum\limits_{n=1}^{\infty} z_n$ 收敛. 把 $w = \lim\limits_{n \to \infty} w_n$ 叫作这个无穷级数的和, 记为

$$w = \sum_{n=1}^{\infty} z_n = z_1 + z_2 + z_3 + \cdots + z_n + \cdots.$$

定理 1.32 如果级数 $\sum\limits_{n=1}^{\infty} |z_n|$ 收敛, 那么 $\sum\limits_{n=1}^{\infty} z_n$ 也收敛.

证明 设 $w_n = z_1 + z_2 + z_3 + \cdots + z_n$, $\sigma_n = |z_1| + |z_2| + |z_3| + \cdots + |z_n|$, 如果 $m < n$, 则

$$|w_n - w_m| = \left| \sum_{k=m+1}^{n} z_k \right| \leqslant \sum_{k=m+1}^{n} |z_k| = |\sigma_n - \sigma_m|.$$

所以, 根据 Cauchy 判别法 (定理 1.31), 如果数列 $\{\sigma_n\}$ 收敛, 则数列 $\{w_n\}$ 也收敛. □

如果级数 $\sum_{n=1}^{\infty} |z_n|$ 收敛, 那么级数 $\sum_{n=1}^{\infty} z_n$ 叫作 **绝对收敛**.

定理 1.33 已知收敛级数 $\sum_{n=1}^{\infty} r_n$, $r_n \geqslant 0$. 对于级数 $\sum_{n=1}^{\infty} z_n$, 如果存在自然数 ν, 使得 $n > \nu$ 时, $|z_n| \leqslant r_n$ 成立, 那么 $\sum_{n=1}^{\infty} z_n$ 绝对收敛. 这是显然的.

如果级数 $\sum_{n=1}^{\infty} z_n$ 绝对收敛, 那么

$$\left| \sum_{n=1}^{\infty} z_n \right| \leqslant \sum_{n=1}^{\infty} |z_n|.$$

这个不等式的证明也很容易. 事实上, 如果 $w_n = \sum_{k=1}^{n} z_k$, 则 $|w_n| = \sum_{k=1}^{n} |z_k|$, 所以

$$\left| \sum_{n=1}^{\infty} z_n \right| = \left| \lim_{n \to \infty} w_n \right| = \lim_{n \to \infty} |w_n| \leqslant \lim_{n \to \infty} \sum_{k=1}^{n} |z_k| = \sum_{n=1}^{\infty} |z_n|.$$

考察关于任意复数 z 的级数 $\sum_{n=0}^{\infty} \dfrac{z^n}{n!}$. 这个级数绝对收敛的证明在 1.5 节的例 1.3 中已经给出. $z = x$ 是实数的证明也是相同的. 即满足 $\nu \geqslant 2|z|$ 的自然数 ν 给定时, 如果 $n > \nu$, 那么

$$\frac{|z|^n}{n!} = \frac{|z|^{\nu}}{\nu!} \frac{|z|}{\nu+1} \frac{|z|}{\nu+2} \cdots \frac{|z|}{n} < \frac{|z|^{\nu}}{\nu!} \left(\frac{1}{2} \right)^{n-\nu} = \frac{|2z|^{\nu}}{\nu!} \frac{1}{2^n}.$$

若 $M_{\nu} = \nu^{\nu}/\nu!$, 则 $|2z|^{\nu}/\nu! \leqslant M_{\nu}$. 所以 $n > \nu$ 时,

$$\frac{|z|^n}{n!} < \frac{M_{\nu}}{2^n}. \tag{1.21}$$

因为 $\sum_{n=0}^{\infty} M_{\nu}/2^n = 2M_{\nu}$, 所以根据定理 1.33, $\sum_{n=0}^{\infty} \dfrac{z^n}{n!}$ 绝对收敛. 若令

$$w_m = \sum_{n=0}^{m} \frac{z^n}{n!},$$

则当 $m \geqslant \nu$ 时,

$$\left| \sum_{n=0}^{\infty} \frac{z^n}{n!} - w_m \right| \leqslant \sum_{n=m+1}^{\infty} \frac{|z|^n}{n!} < \sum_{n=m+1}^{\infty} \frac{M_{\nu}}{2^n} = \frac{M_{\nu}}{2^m}. \tag{1.22}$$

其次证明等式

$$\lim_{n\to\infty}\left(1+\frac{z}{n}\right)^n=\sum_{n=0}^{\infty}\frac{z^n}{n!} \tag{1.23}$$

成立. 若 $p_n=(1+z/n)^n$, 根据二项式定理

$$p_n=1+\sum_{k=1}^{n}a_{n,k}z^k, \quad a_{n,k}=\binom{n}{k}\frac{1}{n^k}.$$

因为 $a_{n,k}=\dfrac{1}{k!}\left(1-\dfrac{1}{n}\right)\left(1-\dfrac{2}{n}\right)\cdots\left(1-\dfrac{k-1}{n}\right)$, 所以

$$0<a_{n,k}<\frac{1}{k!}, \quad \lim_{n\to\infty}a_{n,k}=\frac{1}{k!}.$$

因此, $n>m>\nu$ 时, 由式 (1.21)

$$\left|\sum_{k=m+1}^{n}a_{n,k}z^k\right|\leqslant\sum_{k=m+1}^{n}\frac{|z|^k}{k!}<\sum_{k=m+1}^{\infty}\frac{M_\nu}{2^k}=\frac{M_\nu}{2^m}.$$

所以若

$$p_{n,m}=1+\sum_{k=1}^{m}a_{n,k}z^k,$$

则当 $n>m>\nu$ 时,

$$|p_n-p_{n,m}|<\frac{M_\nu}{2^m}.$$

又因为 $\lim\limits_{n\to\infty}a_{n,k}=1/k!$, 所以,

$$\lim_{n\to\infty}p_{n,m}=1+\sum_{k=1}^{m}\frac{z^k}{k!}=w_m.$$

于是, 正实数 ε 任意给定时, 首先确定满足

$$\frac{M_\nu}{2^m}<\frac{\varepsilon}{4}$$

的自然数 $m(m>\nu)$, 其次确定 $n_0(\varepsilon)(n_0(\varepsilon)>m)$ 使得 $n>n_0(\varepsilon)$ 时, $|p_{n,m}-w_m|<\dfrac{\varepsilon}{4}$ 成立. 于是, $n>n_0(\varepsilon)$ 时,

$$|p_n-w_m|\leqslant|p_n-p_{n,m}|+|p_{n,m}-w_m|<\frac{M_\nu}{2^m}+\frac{\varepsilon}{4}<\frac{\varepsilon}{2}.$$

因此, 如果 $n, l > n_0(\varepsilon)$, 那么 $|p_n - p_l| \leqslant |p_n - w_m| + |p_l - w_m| < \varepsilon$. 所以, 由 Cauchy 判别法, 数列 $\{p_n\}$ 收敛, 其极限为 p:

$$p = \lim_{n \to \infty} \left(1 + \frac{z}{n}\right)^n.$$

如果 $n > n_0(\varepsilon)$ 时, 因为 $|p_n - w_m| < \varepsilon/2$, 所以

$$|p - w_m| \leqslant \frac{\varepsilon}{2}.$$

又根据式 (1.22)

$$\left|\sum_{n=0}^{\infty} \frac{z^n}{n!} - w_m\right| < \frac{M_\nu}{2^m} < \frac{\varepsilon}{2}.$$

因此得

$$\left|p - \sum_{n=0}^{\infty} \frac{z^n}{n!}\right| < \varepsilon,$$

因为 ε 是任意的正实数, 所以

$$p = \sum_{n=0}^{\infty} \frac{z^n}{n!}.$$

从而式 (1.23) 得证.

注　等式 (1.23) 的证明虽然麻烦, 但在式 (1.23) 中如果令 $p_n = 1 + \sum_{k=1}^{n} a_{n,k} z^k$, 当 $n \to \infty$ 时, 因为 $a_{n,k} z^k \to z^k/k!$, 就说 $p_n \to 1 + \sum_{k=1}^{\infty} z^k/k!$, 这样的证明不仅不严密, 而且在理论上是错误的. 例如设

$$q_n = \sum_{k=1}^{n} b_{n,k}, \quad b_{n,k} = \frac{1}{2^k} + \frac{1}{2^{n-k}},$$

则当 $n \to \infty$ 时, 是 $b_{n,k} \to 1/2^k$ 而不是 $q_n \to \sum_{k=1}^{\infty} 1/2^k = 1$. 因为 $q_n = 3 - 3/2^n$, 所以当 $n \to \infty$ 时, $q_n \to 3$.

g) n 维空间

与把两个实数对 (x, y) 的全体集合用 $\mathbf{R}^2$ 表示时相同, n 个实数组 $(x_1, x_2, x_3, \cdots, x_n)$ 的全体集合用 $\mathbf{R}^n$ 表示, 且把 $\mathbf{R}^n$ 叫作 n 维空间. $\mathbf{R}^n$ 的元素 $(x_1, x_2, \cdots, x_n)$ 叫作 n 维空间 $\mathbf{R}^n$ 的点. $\mathbf{R}^1 = \mathbf{R}$ 是数轴, $\mathbf{R}^2$ 是平面, $\mathbf{R}^3$ 是高中数学中学过的空间.

对于 $\mathbf{R}^n$ 的两点 $P = (x_1, x_2, x_3, \cdots, x_n)$, $Q = (y_1, y_2, y_3, \cdots, y_n)$, 把 $\sqrt{\sum_{k=1}^{n} (x_k - y_k)^2}$ 叫作 P 与 Q 的距离, 用 $|PQ|$ 表示:

$$|PQ| = \sqrt{(x_1 - y_1)^2 + (x_2 - y_2)^2 + \cdots + (x_n - y_n)^2}.$$

设 P 为 $\mathbf{R}^n$ 中的点, ε 为正实数时, 把

$$U_\varepsilon(P) = |Q \in \mathbf{R}^n||QP| < \varepsilon\}$$

叫作 P 的 ε 邻域. $U_\varepsilon(P)$ 是 $\mathbf{R}^n$ 中以 P 为中心、ε 为半径的球的内部. 给定 $\mathbf{R}^n$ 的点集 S, 如果存在正实数 ε, 使得 $U_\varepsilon(P) \subset S$, 则把 P 叫作 S 的内点. 对于所有的正实数 ε, 如果 $U_\varepsilon(P) \not\subset S, U_\varepsilon(P) \cap S \neq \varnothing$, 那么把 P 叫作 S 的边界点. 并且把 S 的边界点的全体集合叫作 S 的边界. S 与其边界集合的并集叫作 S 的闭包, 用 $[S]$ 表示. 同理, 在本节中关于平面上点集合的说明照样可以扩展到 $\mathbf{R}^n$ 的点集合上.

按我自己的理解, 数学就像物理学描述物理现象一样, 它描述的是数学现象. 要理解数学, 很重要的一点就是对数学现象要有一种直观的把握. 为此, 其数学现象表现全貌的各种情况中, 尽量去考察一些简单的情况是很有效率的. 其数学现象的全貌通过在其简单情况下的明确把握, 再把它推广到一般的情况中就非常容易了. 在本节阐述的有关点集合的现象, 即使不延伸到 $\mathbf{R}^n$, 在平面 $\mathbf{R}^2$ 中就可以展现其全貌. 并且, 在平面的情况下, 在纸上描绘出点集合的图, 那么现象是能 "看得见" 的. 这就是在本节中我们采用平面上点集合的原故. 当然, 不能用图代替论证过程. 图是把现象表示为记号, 而不是其现象本身. 例如: $U_\varepsilon(P)$ 和其闭包 $[U_\varepsilon(P)]$ 实际上都不能用图来区别. 但下图却是把其区别表示为记号.

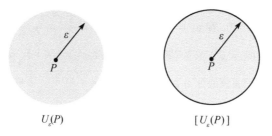

$$U_\varepsilon(P) \qquad\qquad [U_\varepsilon(P)]$$

数轴上的点集合

在数轴 $\mathbf{R}$ 上, 点 $a \in \mathbf{R}$ 的 ε 邻域是开区间: $U_\varepsilon(a) = (a-\varepsilon, a+\varepsilon)$, 开区间 (a, b) 是开集, 闭区间 $[a, b]$ 是闭集. $(a, b), [a, b]$ 的边界都是由两点 a, b 组成的集合 $\{a, b\}$. 又 (a, b) 的闭包是 $[a, b]$. 集合 $S \subset \mathbf{R}$ 有上界时, S 的上确界是 S 的最大边界点. S 有下界时, S 的下确界是 S 的最小边界点.

根据定理 1.28, 闭区间 $I = [a, b]$ 是紧致的. 因此, I 如果被无数个开区间 $U_1, U_2, U_3, \cdots$ 覆盖, 那么 I 也被其中的有限个 $U_1, U_2, \cdots, U_m$ 覆盖. 它已被用于 1.5 节的 f) 中 "闭区间是不可数集合" 的证明中.

开区间 $(a, +\infty), (-\infty, b), (-\infty, +\infty)$ 也是开集. 区间 $[a, +\infty), (-\infty, b]$ 是闭集, 但不把它叫作闭区间. 闭区间是指紧致的区间.

设 $\{a_n\}$ 是有界的数列, 并且 $n \neq m$ 时, $a_n \neq a_m$. 则根据 1.5 节的 c) 中阐述

过的 $\{a_n\}$ 的下极限的性质, 下极限 $\liminf\limits_{n\to\infty} a_n$ 是由项 a_n 全体构成的集合 S 的最小聚点. 同理, 上极限 $\limsup\limits_{n\to\infty} a_n$ 是由项 a_n 全体构成的集合 S 的最大聚点.

习　　题

1. 试由无限不循环小数表示所有无理数, 导出无理数在数轴上处处稠密地分布 (1.2 节 c)).

2. 对于任意实数 α, β, 证明 $|\alpha + \beta| \leqslant |\alpha| + |\beta|$(1.3 节定理 1.11).

3. 设数列 $\{a_n\}$ 收敛于实数 α, 证明若 $b_n = \dfrac{a_1 + a_2 + \cdots + a_n}{n}$, 则数列 $\{b_n\}$ 也收敛于实数 α.

4. 证明 $\displaystyle\sum_{k=1}^{\infty} \dfrac{1}{n^2} < 2$ 成立.

5. 证明有上界的数列 $\{a_n\}$ 具有收敛于其上极限 $\limsup\limits_{n\to\infty} a_n$ 的子列.

6. 根据有界数列具有收敛的子列, 证明有界点列具有收敛的子列 (1.6 节定理 1.30).

7. 证明 n 维空间 $\mathbf{R}^n$ 的三点 P, Q, R 的三角不等式 $|PR| \leqslant |PQ| + |QR|$ 成立.

8. 证明对于已知实数 $a, b, a > b > 0$, 若 $a_1 = \dfrac{1}{2}(a + b), b_1 = \sqrt{ab}, a_2 = \dfrac{1}{2}(a_1 + b_1), b_2 = \sqrt{a_1 b_1}, \cdots, a_n = \dfrac{1}{2}(a_{n-1} + b_{n-1}), b_n = \sqrt{a_{n-1} b_{n-1}}, \cdots$, 则数列 $\{a_n\}, \{b_n\}$ 收敛于同一极限值 (这个极限值叫作 a 和 b 的**算术几何平均**).

9. 证明对于已知实数 $a > 0$, 若 $a_1 = \dfrac{1}{2}\left(a + \dfrac{2}{a}\right), a_2 = \dfrac{1}{2}\left(a_1 + \dfrac{2}{a_1}\right), \cdots, a_n = \dfrac{1}{2}\left(a_{n-1} + \dfrac{2}{a_{n-1}}\right) \cdots$, 则 $\lim\limits_{n\to\infty} a_n = \sqrt{2}$ 成立 (藤原松三郎《微分積分学 I 》, p.132, 习题 4).

10. 证明 $\lim\limits_{n\to\infty} n^{1/n} = 1$ (首先验证 $n \geqslant 3$ 时 $n^{1/n} \geqslant (n+1)^{1/(n+1)}$ 成立).

第2章 函 数

2.1 函 数

设 $D \subset \mathbf{R}$ 是实数集合, 如果对 D 的每个实数 ξ 都对应一个实数 η, 则称这种对应是由 D 定义的**函数**(function). 设 f 是由 D 定义的函数, 通过 f 与 $\xi \in D$ 对应的实数 η 叫作在 ξ 处的 f 的**值**(value), 记为 $f(\xi)$:

$$f(\xi) = \eta.$$

D 叫作 f 的**定义域**(domain), f 的值 $f(\xi)$ 的全体集合:

$$\{f(\xi) | \xi \in D\}$$

叫作 f 的**值域**(range). 对于 D 的任意的子集 S, 属于 S 的实数 ξ 处的 f 的值 $f(\xi)$ 的全体集合用 $f(S)$ 来表示:

$$f(S) = \{f(\xi) | \xi \in S\}.$$

若采用这种记法, 则 f 的值域可以用 $f(D)$ 来表示.

函数 f 用 $f(x)$ 来表示, 则 x 称为**变量**(variable), D 称为 x 的变域, $f(x)$ 称为 x 的函数. 以 D 为变域的变量 x, 是代表属于 D 的实数的符号. 把 x 用属于 D 的特定实数 ξ 替换时, $f(\xi)$ 表示 ξ 处的函数 $f(x)$ 的值. 或者说, 变量 x 是一个符号, 在它的位置上可以代入属于 D 的任意实数 ξ. 即 x 是把函数 f 写成 $f(\ )$ 时, 表示 $(\ )$ 的记号. 根据一般习惯, 我们为了简单起见, 把属于 D 的实数和变量用同样的字母 x 表示.

令 $y = f(x)$, 我们就说 y 是 x 的函数, x 是**自变量**(independent variable), y 是**因变量**(dependent variable). "自变量" "因变量" 的术语是把伴随着量 x 的变动而变动的量 y 定义为 x 的 "函数" 的时代产物, 其细微差别用现代的方式很难明确地说明. 如果要解释的话, 可以说 x 是表示可以代入属于函数 f 的定义域 D 的任意实数 ξ 的位置的记号. y 是表示给 x 代入 ξ 时应代入 $f(\xi)$ 的位置的符号. 但称 "y 是 x 的函数" 时, 是基于 "y 是随着 x 的变动而变动的量", 把属于 D 的实数和变量同样用 x 表示的习惯也是基于 "x 是变动的量". 记 $y = f(x)$ 时, x 是变量还是属于 f 定义域中的一个实数, 这一般通过上下文就可以知晓, 不会产生混淆.

例 2.1   已知数列 $\{a_n\}$, 若 $f(n) = a_n$, 则可以得到由自然数全体集合 $\mathbf{N}$ 定义的函数 f. 此数列是以 $\mathbf{N}$ 为定义域的函数.

例 2.2   对实数 x $(0 < x < 1)$, x 是无理数时, $f(x) = 0$. x 是有理数时, 把 x 表示为不可约分数 $x = \dfrac{q}{p}$, p 和 q 为互素的自然数. 若令 $f(x) = 1/p$, 则可得在开区间 $(0, 1)$ 上定义的函数 f. f 的值域是 $\{0, 1/2, 1/3, 1/4, \cdots, 1/n, \cdots\}$.

例 2.3   设 D 是满足 $0 < x < 1$ 的有理数 x 的全体集合, 对于 $x \in D$, 与例 2.2 相同地把 x 表示为不可约分数 $x = \dfrac{q}{p}$. 若令 $f(x) = \dfrac{1}{p}$, 则确定以 $D = \mathbf{Q} \cap (0, 1)$ 为定义域的函数 f. f 的值域为 $\{1/2, 1/3, 1/4, \cdots\}$.

在本章, 我们主要讨论定义在区间或从区间上除去有限个点后的集合上的函数. 例如, 函数 f 是定义在从区间 I 中除去一点 a 的集合 $I - \{a\}$ 上的, 称 f 是在从 I 中除去点 a 的集合上定义的函数. 进一步, f 用 I 或 $I - \{a\}$ 来定义时, 称 f 是在 I, 或者至多从 I 中除去 a 的集合上定义的函数.

函数的极限   在 1.4 节中我们已经叙述了数列极限的明确定义. 关于函数的极限, 我们在高中数学中也学过, 但其明确的定义, 如果用 1.4 节中同样的方法叙述, 应该如下:

定义 2.1   设 $f(x)$ 是定义在 I 中至多除去点 a, $(a \in I)$ 上的函数, 并设 α 为实数. 对于任意正实数 ε, 存在正实数 $\delta(\varepsilon)$, 只要

$$0 < |x - a| < \delta(\varepsilon), \quad \text{就有} \quad |f(x) - \alpha| < \varepsilon \tag{2.1}$$

成立. 则 $x \to a$ 时, $f(x)$ 收敛于 α, 称 α 是 $x \to a$ 时的 $f(x)$ 的极限值, 记为

$$\lim_{x \to a} f(x) = \alpha,$$

或者记为

$$x \to a \text{ 时}, \quad f(x) \to \alpha.$$

把 "$x \to a$ 时, $f(x) \to \alpha$" 简写为 "$f(x) \to \alpha (x \to a)$". "$x \to a$ 时" 读作 "x 趋于 a 时".

严格说来, 式 (2.1) 应写成

$$\text{当 } 0 < |x - a| < \delta(\varepsilon), \quad x \in I \text{ 时}, \quad |f(x) - \alpha| < \varepsilon \text{ 成立}.$$

但因为 $x \notin I$ 时, $f(x)$ 未被定义, 所以式 (2.1) 是没有意义的. 要使式 (2.1) 有意义, 必须 $x \in I$, 所以省略了 "$x \in I$". 同样地, 以下在 $x \notin I$ 无意义的情况下, 省略条件 $x \in I$.

函数的极限与数列的极限之间存在密切的关系. 首先, $x \to a$ 时, 如果 $f(x)$ 收敛于 α, 那么, 对于收敛于 a 的所有数列 $\{x_n\}$, $x_n \neq a$, 数列 $\{f(x_n)\}$ 收敛于 α.

[证明]　因为数列 $\{x_n\}$ 收敛于 a, 对于任意正实数 δ, 存在 $n_0(\delta)$, 只要 $n > n_0(\delta)$, 就有 $|x_n-a| < \delta$ 成立. 所以, 根据式 (2.1), 对于任意实数 ε, 只要 $n > n_0(\delta(\varepsilon))$, 就有 $|f(x_n) - \alpha| < \varepsilon$ 成立, 即 $\{f(x_n)\}$ 收敛于 α. □

对于收敛于 a 的所有数列 $\{x_n\}$, $x_n \neq a$, 如果数列 $\{f(x_n)\}$ 收敛, 则 $x \to a$ 时, $f(x)$ 收敛.

[证明]　根据假设, 对每一个收敛于 a 的数列 $\{x_n\}$, $x_n \neq a$, 确定 $\alpha = \lim\limits_{n \to \infty} f(x_n)$, 但此极限 α 事实上不依赖于数列 $\{x_n\}$. 因为, 若数列 $\{x_n\}$, $x_n \neq a$, 和数列 $\{y_n\}$, $y_n \neq a$, 都收敛于 a, 则把 x_n 与 y_n 交叉排列的数列 $x_1, y_1, x_2, y_2, x_3, y_3, \cdots, x_n, y_n, \cdots$ 也收敛于 a. 这个数列用 $\{z_n\}$ 表示, 则

$$\lim_{n \to \infty} f(y_n) = \lim_{n \to \infty} f(z_n) = \lim_{n \to \infty} f(x_n) = \alpha,$$

即 $\alpha = \lim\limits_{n \to \infty} f(x_n)$ 不依赖于数列 $\{x_n\}$.

为证明 $x \to a$ 时, $f(x)$ 收敛于 α, 先假设 $x \to a$ 时, $f(x)$ 不收敛于 α. 则对于任意正实数 ε_0, 不论取什么样的正实数 δ, 若

$$0 < |x - a| < \delta, \text{ 则 } |f(x) - \alpha| < \varepsilon_0$$

未必成立, 即存在满足 $0 < |x-a| < \delta$ 并且 $|f(x) - \alpha| \geq \varepsilon_0$ 的 x. 若 $\delta = 1/n, n$ 是自然数, 则存在点 x_n 满足 $0 < |x_n - a| < \dfrac{1}{n}$, $|f(x_n) - \alpha| \geq \varepsilon_0$. 这样得到的数列 $\{x_n\}$, $x_n \neq a$, 收敛于 a, 所以, $\lim\limits_{n \to \infty} f(x_n) = \alpha$. 这与 $|f(x_n) - \alpha| \geq \varepsilon_0$ 相矛盾. □

Cauchy 判别法　关于函数的收敛, 也有和数列一样的 Cauchy 判别法.

定理 2.1 (Cauchy 判别法)　设 $f(x)$ 是定义在区间 I 或者 I 中至多除去点 a ($a \in I$) 后的集合上的函数. $x \to a$ 时, $f(x)$ 收敛的充分必要条件是对于任意正实数 ε, 存在正实数 $\delta(\varepsilon)$, 使得只要

$$0 < |x - a| < \delta(\varepsilon), \quad 0 < |y - a| < \delta(\varepsilon), \text{ 就有 } |f(x) - f(y)| < \varepsilon \tag{2.2}$$

成立.

证明　同数列的情况一样, 必要性的证明直接从收敛的定义可得. 为了证明充分性, 先假设这个条件成立, 若取收敛于 a 的任意数列 $\{x_n\}$, $x_n \neq a$, 则对于任意正实数 δ, 存在 $n_0(\delta)$, 使得 $n > n_0(\delta)$ 时 $|x_n - a| < \delta$ 成立. 所以根据式 (2.2), 对于任意正实数 ε, 只要 $m, n > n_0(\delta(\varepsilon))$ 就有 $|f(x_m) - f(x_n)| < \varepsilon$ 成立. 因此, 根据数列收敛的 Cauchy 判别法, 数列 $\{f(x_n)\}$ 收敛. 故根据上述结果, 当 $x \to a$ 时, $f(x)$ 收敛. □

函数的极限也有和数列极限相同的运算法则成立. 如果 $x \to a$ 时, $f(x)$ 和 $g(x)$ 同时收敛, 则它们的一次组合 $c_1 f(x) + c_2 g(x)$ 及它们的积 $f(x)g(x)$ 也收敛, 其

中 c_1, c_2 是常数, 并且

$$\lim_{x \to a}(c_1 f(x) + c_2 g(x)) = c_1 \lim_{x \to a} f(x) + c_2 \lim_{x \to a} g(x),$$

$$\lim_{x \to a}(f(x)g(x)) = \lim_{x \to a} f(x) \cdot \lim_{x \to a} g(x).$$

进而, 若 $\lim\limits_{x \to a} g(x) \neq 0$, 那么, 商 $f(x)/g(x)$ 也收敛, 并且

$$\lim_{x \to a}\left(\frac{f(x)}{g(x)}\right) = \frac{\lim\limits_{x \to a} f(x)}{\lim\limits_{x \to a} g(x)}.$$

要证明这些运算法则, 我们只要运用上述函数的极限和数列极限之间的关系, 把它归结为数列极限的运算法则就可以了.

在上述定义 2.1 中, 例如 $I = [a, b)$ 时, $x \in I$, 所以式 (2.1) 与

$$0 < x - a < \delta(\varepsilon) \text{ 时}, \quad |f(x) - \alpha| < \varepsilon$$

等价. 因此, $\alpha = \lim\limits_{x \to a} f(x)$ 是 x 从右趋于 a 时 $f(x)$ 的极限值.

a 是 I 的内点时, 有时也讨论 x 从右或者从左趋于 a 时的极限值. 即, 对于任意正实数 ε, 存在正实数 $\delta(\varepsilon)$, 使得

$$0 < x - a < \delta(\varepsilon)\text{时}, \ |f(x) - \alpha| < \varepsilon \tag{2.1)$^+$}$$

成立, 那么, 称 α 是 x 从右趋于 a 时的 $f(x)$ 的极限值, 记为

$$\alpha = \lim_{x \to a+0} f(x). \tag{2.3}$$

x 从左边趋于 a 时的 $f(x)$ 的极限值, 同样可以定义为

$$\beta = \lim_{x \to a-0} f(x).$$

作为函数极限值的 $\pm\infty$ 的含义也和数列的情况相同. 例如, 对于任意的实数 μ, 存在正实数 $\delta(\mu)$, 使得

$$|x - a| < \delta(\mu) \text{ 时, 有 } f(x) > \mu$$

成立, 那么称函数 $f(x)$ 在 $x \to a$ 时向 $+\infty$ 发散. 记为

$$\lim_{x \to a} f(x) = +\infty.$$

又, 对于任意正实数 ε, 存在正实数 $\nu(\varepsilon)$, 使得

$$x > \nu(\varepsilon) \text{ 时, 有 } |f(x) - \alpha| < \varepsilon$$

成立, 那么称 $f(x)$ 在 $x \to +\infty$ 时收敛于 α. 记为

$$\lim_{x \to +\infty} f(x) = \alpha.$$

函数的图像

一般地, 对于在实数集合 $D \subset \mathbf{R}$ 上定义的函数 f, $x \in D$ 与 f 在 x 处的值 $f(x)$ 构成的数对 $(x, f(x))$ 的全体组成的 $\mathbf{R} \times \mathbf{R} = \mathbf{R}^2$ 的子集, 叫作函数的**图像**(graph), 用 G_f 表示.

$$G_f = \{(x, f(x)) \in \mathbf{R}^2 | x \in D\}.$$

我们在高中数学中学到的图像是曲线或几个曲线的连接, 如上述例 2.3 的函数 $f(x)$ 的图像 G_f, 只是离散的点的集合, 并不可能把 G_f 的图像全部描绘出来.

2.2 连 续 函 数

a) 连续函数

定义 2.2 设 $f(x)$ 是在某区间 I 上定义的函数. 此时, 如果在点 $a \in I$ 处,

$$\lim_{x \to a} f(x) = f(a),$$

那么就说 $f(x)$ 在点 a 处**连续**, 或者说在 $x = a$ 处连续. 函数 $f(x)$ 在属于其定义域 I 的每一点处都连续时, 称 $f(x)$ 是**连续函数**, 或称 $f(x)$ 为 x 的连续函数.

我们在高中数学中已经学过了这个连续函数的定义, 但那时, 极限 $\lim\limits_{x \to a} f(x)$ 尚未被明确定义. 我们可追溯到极限的定义来考虑: 对于任意实数 ε, 选取一个正实数 $\delta(\varepsilon)$, 如果 $|x - a| < \delta(\varepsilon)$ 时, $|f(x) - f(a)| < \varepsilon$ 成立, 那么我们就称 $f(x)$ 在点 a 处连续. 因为 $x = a$ 时, $f(x) = f(a)$, 所以在这个定义中, 就不需要 (2.1) 的条件 $0 < |x - a|$.

例 2.4 我们来考察例 2.2 的开区间 $(0, 1)$ 上定义的函数 $f(x)$. 设 a 是 $0 < a < 1$ 的有理数时, a 可用不可约分数 $a = q/p$ 表示, 因为 $f(a) = 1/p$, 所以对于 $\varepsilon = 1/2p$, 无论取什么样的正实数 δ, 存在 $|x - a| < \delta$ 的无理数 x, 使得 $f(x) = 0$ 成立. 因此, $|f(x) - f(a)| = 1/p > \varepsilon$, 所以 $f(x)$ 在有理点 a 处不连续. a 为 $0 < a < 1$ 的无理数时, 对于任意给定的正实数 ε, 因为 $p \leqslant 1/\varepsilon$ 的不可约分数 q/p $(0 < q/p < 1)$ 只有有限个, 所以能够选择正实数 δ, 使得开区间 $(a - \delta, a + \delta)$ 不包含任一满足 $p \leqslant 1/\varepsilon$ 的不可约分数 q/p. 这样选择 δ 时, 若满足 $|x - a| < \delta$ 的 x 是有理数, 则 x 可

表示为 $p > 1/\varepsilon$ 的不可约分数: $x = q/p$ 并且 $f(x) = 1/p$. 因此 $f(a) = 0$, 所以, $|f(x) - f(a)| = 1/p < \varepsilon$. 若 x 为无理数, 那么, 当然 $|f(x) - f(a)| = 0 < \varepsilon$. 不论哪种情况, $|x - a| < \delta$ 时, $|f(x) - f(a)| < \varepsilon$, 所以, $f(x)$ 在无理点 a 连续. 总之, $f(x)$ 是在开区间 $(0, 1)$ 上任意有理点处不连续但在所有的无理点处连续的函数.

　　若 $f(x), g(x)$ 是定义在区间 I 上的连续函数, 则它们的一次组合 $c_1 f(x) + c_2 g(x)$ (c_1, c_2 为常数) 以及它们的积 $f(x)g(x)$ 也是定义在区间 I 上的连续函数. 进而, 若对属于 I 的各点 x, $g(x) \neq 0$, 则它们的商 $f(x)/g(x)$ 也是定义在区间 I 上的连续函数. 根据函数极限的运算法这些结论是显然的.

　　在数轴 $\mathbf{R}$ 上, x 显然是 x 的函数. 因此, $x^2 = x \cdot x$, $x^3 = x \cdot x^2, \cdots, x^n = x \cdot x^{n-1}, \cdots$ 是 x 的连续函数, 所以它们的线性组合即多项式

$$f(x) = c_0 x^n + c_1 x^{n-1} + \cdots + c_n$$

是 x 的连续函数. 除去使 $g(x) = 0$ 的点, 有理式 $f(x)/g(x)$ 是连续的.

　　设 $f(x)$ 是定义在区间 I 上的函数, 如果在点 $a \in I$ 处,

$$\lim_{x \to a+0} f(x) = f(a),$$

就称函数 $f(x)$ 在点 a 处**右连续**, 如果

$$\lim_{x \to a-0} f(x) = f(a),$$

就称函数 $f(x)$ 在点 a 处**左连续**. 当点 a 是区间 I 的左端时, 例如 $I = [a, b)$ 时, $f(x)$ 在点 a 处连续, 是指在点 a 处右连续. 点 a 是区间 I 的右端时, 也是同理.

　　一般地, 在实数集合 D 上有定义的函数 f, 以 $E \subset D$ 作为 D 的任一子集时, 缩小 f 的定义域到 E, 得到的函数叫作 f 在 E 上的**限制**(restriction), 用 $f|E$ 或 f_E 表示. f_E 是以 E 为定义域的函数, 当 $x \in E$ 时, $f_E(x) = f(x)$.

　　设 $f(x)$ 是定义在区间 I 上的函数, $J \subset I$ 是 I 的子区间. 当 $f(x)$ 在 J 的限制 $f_J(x)$ 是连续函数时, 称 $f(x)$ 在区间 J 上连续. 一般地, 对于函数的某个性质 $\mathcal{A}$, 当 $f_J(x)$ 具有 $\mathcal{A}$ 时, 称 $f(x)$ 在 J 上具有 $\mathcal{A}$.

　　例如, 设 $a < c < b$. 如果在区间 (a, b) 上, 当 $a < x < c$ 时, 把 $f(x)$ 定义为 $f(x) = x$, 当 $c \leqslant x < b$ 时, 把 $f(x)$ 定义为 $f(x) = x - 1$, 那么 $f(x)$ 在 c 点处不连续, 但在区间 $[c, b)$ 上连续. 因为 $f_{[c,b)}(x)$ 在点 c 处连续, 是意味着 $f(x)$ 在 c 点处右连续.

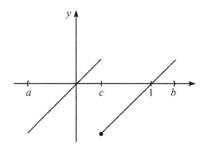

当 $f_J(x)$ 具有 $\mathcal{A}$ 时, 称 $f(x)$ 在 J 上具有 $\mathcal{A}$, 这只限于 $J \subset I$ 是 I 的子区间, 并不适用于任意的子集 $E \subset I$. 例如, 当 $E = \{a\}$ 只是由一点 $a \in I$ 组成的集合时, 说由一点 a 定义的函数 $f_{\{a\}}(x)$ 连续等是没有意义的.

b) 连续函数的性质

首先, 我们来叙述高中数学中学过的中值定理的严格的证明.

定理 2.2 (中值定理) 如果函数 $f(x)$ 在闭区间 $[a,b]$ 上连续, 并且 $f(a) \neq f(b)$, 那么, 对于在 $f(a)$ 与 $f(b)$ 之间的任意实数 μ, 存在使得

$$f(c) = \mu, \quad a < c < b$$

成立的实数 c.

证明 因为 $f(a) < f(b)$ 或 $f(a) > f(b)$, 所以我们仅对 $f(a) < f(b)$ 的情况进行证明. 此时, $f(a) < \mu < f(b)$. 设 S 是满足 $f(x) \leqslant \mu$, $a \leqslant x < b$ 的实数 x 的全体集合. 因为 $f(a) < \mu$, 所以 $a \in S$. 设 S 的上确界为 c, 如果 $c \notin S$, 则存在收敛于 c 的数列 $\{x_n\}$, $x_n \in S$, 因此 $f(c) = \lim\limits_{n \to \infty} f(x_n) \leqslant \mu$. 从而 $c \in S$ 并且 $f(c) \leqslant \mu$. 这里, 若假设 $f(c) < \mu$, 因为 $f(x)$ 是连续函数, 所以满足条件 $|x - c| < \delta$, $f(x) < \mu$ 的正实数 δ 一定存在. 因此, 如果 $c < x < c + \delta$, 则 $x \in S$. 这与 c 是 S 的上确界相矛盾, 所以 $f(c) = \mu$. $\qquad\square$

定理 2.2 中, $f(x)$ 的定义域若包含区间 $[a,b]$, 则显然 $f(x)$ 在 $[a,b]$ 连续, 即若 $f_{[a,b]}(x)$ 是连续函数, 则定理 2.2 成立. 这就是 "$f(x)$ 在 I 上具有 $\mathcal{A}$" 这种说法的便利之处.

设 $f(x)$ 是 I 上的连续函数, 如果 ε 是任意给定的正实数, 那么对给定的每个点 $a \in I$, 存在正实数 $\delta(\varepsilon)$, 使得

$$|x - a| < \delta(\varepsilon) \text{ 时}, \quad \text{有} \quad |f(x) - f(a)| < \varepsilon \tag{2.4}$$

成立, 可是并不一定存在一个与 a 无关的 $\delta(\varepsilon)$, 即未必存在 $\delta(\varepsilon)$, 使得式 (2.4) 对所有的 $a \in I$ 同时成立. 如果这样的 $\delta(\varepsilon)$ 存在, 那么就说 $f(x)$ 在 I 上是一致连续的, 即

定义 2.3　对于任意给定的正实数 ε, 总存在一个正实数 $\delta(\varepsilon)$, 使得当 $|x-y| < \delta(\varepsilon)$, $x \in I$, $y \in I$ 时, 就有 $|f(x) - f(y)| < \varepsilon$ 成立, 那么称 $f(x)$ 在 I 上是**一致连续的**(uniformly continuous).

　　显然, 在 I 上一致连续的函数在 I 上是连续的.

例 2.5　考察在区间 $(0,1]$ 上连续的函数 $f(x) = 1/x$. 这里, 因为 $|1/x - 1/a| = |x-a|/xa$. 所以要使 (2.4) 成立, 必须有

$$\delta(\varepsilon) \leqslant \frac{\varepsilon a^2}{1 + \varepsilon a},$$

但对所有的 a, $0 < a \leqslant 1$, 不存在满足这个不等式的正实数 $\delta(\varepsilon)$, 即 $f(x) = 1/x$ 在区间 $(0,1]$ 上不是一致连续的.

定理 2.3　如果函数在闭区间 $[b,c]$ 上连续, 那么它在该区间上一致连续.

证明　设 $f(x)$ 是 $I = [b,c]$ 上的连续函数, ε 为任意给定的正实数. 因为 $f(x)$ 在 I 上连续, 所以对于每点 $a \in I$, 存在正实数 δ_a, 只要

$$|x - a| < \delta_a, \quad \text{就有} \quad |f(x) - f(a)| < \frac{\varepsilon}{2}$$

成立. 若 U_a 为 a 的 $\delta_a/2$ 邻域:

$$U_a = \left(a - \frac{1}{2}\delta_a, \quad a + \frac{1}{2}\delta_a\right),$$

则 I 被这个邻域 U_a, $a \in I$ 覆盖. 因为 I 是有界闭集, 所以根据定理 1.28, I 是紧致集合. 所以 I 被有限个 U_a 覆盖, 即 $I \subset \bigcup\limits_{k=1}^{m} U_{a_k}$. 如果把 m 个正实数 $\delta_{a_k}/2$, $k = 1, 2, \cdots, m$, 中最小的一个设为 δ, 那么如下可证, 当 $|x-y| < \delta$ 时, $|f(x) - f(y)| < \varepsilon$ 成立. 事实上, 因为 $y \in I$, 所以 y 属于 U_{a_k} 中的某一个, $y \in U_{a_k}$, 即

$$|y - a_k| < \frac{1}{2}\delta_{a_k}.$$

因此

$$|f(y) - f(a_k)| < \frac{\varepsilon}{2}.$$

又因为 $|x-y| < \delta$, 所以

$$|x - a_k| \leqslant |x - y| + |y - a_k| < \delta + \frac{1}{2}\delta_{a_k} \leqslant \delta_{a_k}.$$

故

$$|f(x) - f(a_k)| < \frac{\varepsilon}{2}.$$

从而

$$|f(x) - f(y)| \leqslant |f(x) - f(a_k)| + |f(a_k) - f(y)| < \varepsilon. \qquad \square$$

一般地, 设 $f(x)$ 是定义域为 $D \subset \mathbf{R}$ 的函数, 如果存在属于其值域 $f(D) = \{f(x)|x \in D\}$ 的最大数, 那么就称它为 $f(x)$ 的**最大值**. 如果存在最小的数, 那么就称它为 $f(x)$ 的**最小值**. 当 $f(D)$ 有界时, 就称函数 $f(x)$ 有界.

例 2.6 如果在区间 $(-1, +1)$ 上的函数 $f(x)$ 定义为 $f(x) = 1/(1 - x^2)$, 那么 $f(x)$ 有最小值是 1, 但不存在最大值.

定理 2.4 在闭区间上定义的连续函数, 具有最大值和最小值.

证明 设 $f(x)$ 是定义在 $I = [b, c]$ 上的连续函数. 根据定理 2.3, 因为 $f(x)$ 在 I 上一致连续, 因此存在正实数 δ, 使得当 $|x - y| < \delta$, $x \in I, y \in I$ 时, $|f(x) - f(y)| < 1$ 成立. 设 m 是满足 $m\delta > c - b$ 的自然数. 对于任意 $x \in I$, 区间 $[b, x]$ 被 $m - 1$ 个点 $x_1, x_2, \cdots, x_{m-1}$ 分成 m 等份, 并且令 $x_0 = b, x_m = x$, 则

$$0 < x_k - x_{k-1} = \frac{1}{m}(x - b) \leqslant \frac{1}{m}(c - b) < \delta,$$

因此

$$|f(x_k) - f(x_{k-1})| < 1.$$

所以

$$|f(x) - f(b)| = \left| \sum_{k=1}^{m} (f(x_k) - f(x_{k-1})) \right| \leqslant \sum_{k=1}^{m} |f(x_k) - f(x_{k-1})| < m.$$

故 $f(x)$ 有界, 即 $f(I)$ 有界.

设 β 是 $f(I)$ 的上确界, 则 $f(x) \leqslant \beta$. 若假设 β 不是 $f(x)$ 的最大值, 则当 $x \in I$ 时, 恒有 $f(x) < \beta$ 成立. 因此, 若 $g(x) = 1/(\beta - f(x))$, 则 $g(x)$ 也是定义在 I 上的连续函数. 所以, 根据上述结果, $g(x)$ 有界, 即存在 $g(x) < \gamma$ 的正实数 γ:

$$\frac{1}{\beta - f(x)} = g(x) < \gamma,$$

因此

$$f(x) < \beta - \frac{1}{\gamma}.$$

这与 β 是 $f(I)$ 的上确界相矛盾. 所以, β 是 $f(x)$ 的最大值. 同理, 如果 α 是 $f(I)$ 的下确界, 那么 α 是 $f(x)$ 的最小值. $\qquad\square$

定理 2.5 定义在闭区间 I 上的连续函数 $f(x)$ 的值域 $f(I)$ 是闭区间.

证明 设 $f(x)$ 的最小值是 α, 最大值是 β, 取点 $a, b \in I$, 使得 $f(a) = \alpha, f(b) = \beta$. 则根据中值定理, 对于满足 $\alpha < \mu < \beta$ 的任意实数 μ, 存在实数 c 满足 $f(c) = \mu$, $a < c < b$. 所以, $f(I) = [\alpha, \beta]$. $\qquad\square$

当区间 I 未必是闭区间时, 下面的定理成立.

定理 2.6 定义在区间 I 上的连续函数的值域 $f(I)$ 是区间.

证明 I 作为非闭区间来证明. 把 I 用 $I_1 \subset I_2 \subset I_3 \subset \cdots$ 的闭区间列 $I_1, I_2, I_3, \cdots$ 的并集来表示: $I = \bigcup\limits_{n=1}^{\infty} I_n$. 根据定理 2.5, $f(I_n)$ 是闭区间, $f(I_1) \subset f(I_2) \subset f(I_3)$ $\subset \cdots$. 并且 $f(I)$ 是这些闭区间的并集. $f(I) = \bigcup\limits_{n=1}^{\infty} f(I_n)$, 所以 $f(I)$ 是区间. $\qquad\square$

复合函数 一般地, 在 $D \subset \mathbf{R}$ 上定义的函数 f 的值域 $f(D)$, 包含于函数 g 的定义域时,

$$h(x) = g(f(x))$$

叫作 f 和 g 的**复合函数**, 把 h 用 $g \circ f$ 表示.

设 $f(x)$ 是定义在区间 I 上的 x 的连续函数, $g(y)$ 是定义在区间 J 上的 y 的连续函数. 如果 $f(I) \subset J$, 那么, 复合函数 $g(f(x))$ 在 I 上连续. 这很容易验证. 事实上, 若 $a \in I, b = f(a)$, 则 $\lim\limits_{x \to a} f(x) = b$, $\lim\limits_{y \to b} g(y) = g(b)$, 所以 $\lim\limits_{x \to a} g(f(x)) = g(f(a))$.

注 当 $g(x)$ 不连续时, 即使 $\lim\limits_{x \to a} f(x) = b$, $\lim\limits_{y \to b} g(y) = c$, 也未必有 $\lim\limits_{x \to a} g(f(x)) = c$.

例 2.7 虽然我们将在后面论述三角函数, 但在这里, 我们通过灵活运用高中数学中学过的 $\sin x$, 来如下定义 $\mathbf{R}$ 上的函数 $f(x)$ 和 $g(x)$: $f(0) = 0$, 而 $x \neq 0$ 时, $f(x) = x \sin(\pi/x)$; $g(0) = 0$, 而 $x \neq 0$ 时, $g(x) = 1$. 因为 $|f(x)| \leqslant |x|$, 所以 $\lim\limits_{x \to 0} f(x) = 0$. 因此 $f(x)$ 是 $\mathbf{R}$ 上的连续函数. 又当 $0 < |x|$ 时, $g(x) = 1$. 所以 $\lim\limits_{x \to 0} g(x) = 1$. 当 $x = 1/m, m$ 为非 0 整数时, $f(x) = 0$. 否则, 因为 $f(0) \neq 0$, 因此当 $x = 1/m$ 时, $g(f(x)) = 0$, 当 $x \neq 1/m, m = \pm 1, \pm 2, \pm 3, \cdots$ 时, $g(f(x)) = 1$. 所以 $\lim\limits_{x \to 0} g(f(x))$ 不存在.

c) 单调函数和反函数

对属于 $f(x)$ 的定义域的任意两个数 x, y, 如果当 $x < y$ 时, 有 $f(x) < f(y)$, 那么称 $f(x)$ 为**单调递增**(monotone increasing); 如果当 $x < y$ 时, 有 $f(x) > f(y)$, 那么称 $f(x)$ 为**单调递减**(monotone decreasing). 把单调递增或单调递减的函数通称为**单调函数**.

一般地, 对属于定义在 $D \subset \mathbf{R}$ 上的函数 f 的值域 $f(D)$ 的每个实数 y, 存在唯

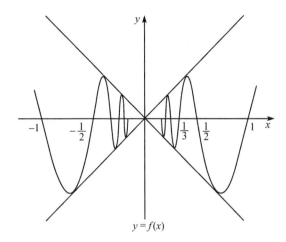

$$y = f(x)$$

一的 $x \in D$ 使得 $f(x) = y$ 成立时, 即对每个 y 存在唯一的 x 与之对应, 这种对应叫作 f 的**反函数**, 用 f^{-1} 表示. f^{-1} 的定义域是 f 的值域 $f(D)$, f^{-1} 的值域是 f 的定义域 D, 显然, 单调函数具有反函数.

定理 2.7 定义在区间上的连续单调递增 (递减) 函数的反函数, 是定义在区间上的连续单调递增 (递减) 函数.

证明 设 f 是定义在区间 I 上的连续单调递增函数. 根据定理 2.6, f 的反函数 f^{-1} 的定义域 $\Delta = f(I)$ 是一个区间. 任选两点 $x, a \in I$ 并且 $y = f(x)$, $b = f(a)$ 时, 因为 f 单调递增, $x \geqslant a$, 那么 $y \geqslant b$. 所以如果 $y < b$, 那么 $x = f^{-1}(y) < a = f^{-1}(b)$. 即 f^{-1} 是单调递增函数. 要证明 f^{-1} 连续, 假设 f^{-1} 在一点 $b \in \Delta$ 上不连续, 则对于某个正实数 ε 及任意自然数 n, 存在 $y_n \in \Delta$, 使得

$$|y_n - b| < \frac{1}{n}, \quad |f^{-1}(y_n) - f^{-1}(b)| \geqslant \varepsilon$$

成立. 若令 $x_n = f^{-1}(y_n)$, $a = f^{-1}(b)$, 则 $|x_n - a| \geqslant \varepsilon$, 即 $x_n \leqslant a - \varepsilon$ 或 $x_n \geqslant a + \varepsilon$, 因为 f 是单调递增函数. 所以, $y_n = f(x_n) \leqslant f(a - \varepsilon)$ 或 $y_n = f(x_n) \geqslant f(a + \varepsilon)$. 因为 $f(a) = b$, 所以 $y_n \leqslant f(a - \varepsilon) < b$ 或 $y_n \geqslant f(a + \varepsilon) > b$. 这与 $\lim\limits_{n \to \infty} y_n = b$ 相矛盾. □

对属于定义域的任意两个数 x, y, 当 $x < y$ 时, 有 $f(x) \leqslant f(y)$, 则称 $f(x)$ 为**单调非减**(monotone non-decreasing); 当 $x < y$ 时, 有 $f(x) \geqslant f(y)$, 则称 $f(x)$ 为**单调非增**(monotone non-increasing).

d) 取复数值的连续函数

属于区间 I 的每个实数 x 都分别对应一个复数 w, 把这种对应 f 叫作定义在 I 上的取复数值的函数, 根据 f 对应于 x 的复数 w 叫作 f 在 x 上的值, 并用 $f(x)$ 来表示. 把 x 看成以 I 为定义域的变量时, 称 $w = f(x)$ 是实变量 x 的取复数值的

函数. 当 $f(x)$ 没有强调必须取复数时, 把 $f(x)$ 叫作函数.

设 $f(x)$ 是定义在 I 上的取复数值的函数. 对于 I 上的一点 a,

$$\lim_{x \to a} |f(x) - f(a)| = 0$$

时, 称 $f(x)$ 在点 a 处连续. $f(x)$ 在 I 的任意点都连续时, 称 $f(x)$ 在 I 上连续或称 $f(x)$ 是连续函数. 若表示为

$$f(x) = u(x) + iv(x), \quad u(x) = \mathrm{Re}f(x), \quad v(x) = \mathrm{Im}f(x),$$

则

$$|f(x) - f(a)| = \sqrt{|u(x) - u(a)|^2 + |v(x) - v(a)|^2},$$

所以 $\lim_{x \to a} |f(x) - f(a)| = 0$ 等价于 $\lim_{x \to a} u(x) = u(a)$ 并且 $\lim_{x \to a} v(x) = v(a)$ 成立. 因此, $f(x)$ 连续等价于取实数值 x 的两个函数 $u(x)$ 和 $v(x)$ 同时连续.

2.3　指数函数和对数函数

在本节, 我们将对在高中数学中学过的指数函数和对数函数进行严格论述.

a) n 次方根, 有理指数的乘方

正实数全体集合用 $\mathbf{R}^+$ 来表示, 即 $\mathbf{R}^+ = (0, +\infty)$. 当 n 取自然数时, $f(x) = x^n$ 是定义在 $\mathbf{R}^+$ 上的连续单调递增函数. 根据定理 2.6, f 的值域 $f(\mathbf{R}^+)$ 是一个区间, 显然 $f(\mathbf{R}^+) \subset \mathbf{R}^+$. 又若 $x < 1$, 那么 $x^n \leqslant x$; 若 $x > 1$, 那么 $x^n \geqslant x$, 因此 $\lim_{x \to +0} f(x) = 0$, $\lim_{x \to +\infty} f(x) = +\infty$. 所以 $f(\mathbf{R}^+) = \mathbf{R}^+$. 因此根据定理 2.7, f 的反函数 f^{-1} 是定义在 $\mathbf{R}^+$ 上的连续单调递增函数. 对实数 $x \in \mathbf{R}^+$, 把 $f^{-1}(x)$ 叫作 x 的 n **次方根**, 记为 $x^{1/n}$ 或 $\sqrt[n]{x}$. 因为 $f^{-1}(\mathbf{R}^+) = \mathbf{R}^+$, 所以 $\lim_{x \to +0} x^{1/n} = 0$, $\lim_{x \to +\infty} x^{1/n} = +\infty$.

这就验证了正实数 x 的 n 次方根 $x^{1/n}$ 的存在性. 基于此, 对有理数 $r = q/n, n$ 为自然数, q 为整数时, x 的 r 次方定义为

$$x^r = (x^q)^{1/n}.$$

x^r 又叫作 x 的**乘方**. 如果设 $p/m = q/n, m$ 为自然数, p 为整数, 那么

$$((x^p)^{1/m})^{mn} = x^{pn} = x^{qm} = ((x^q)^{1/n})^{mn},$$

显然 x^r 不依赖于 r 的分数表示 q/n 的选择. x^r 是定义在 $\mathbf{R}^+$ 上的 x 的连续函数. 对于任意两个分数 $r = p/m, s = q/n$, 因为

$$((x^{np+mq})^{1/mn})^{mn} = x^{np+mq} = x^{np}x^{mq} = ((x^p)^{1/m}(x^q)^{1/n})^{mn},$$

所以 $(x^{r+s})^{mn} = (x^r x^s)^{mn}$, 因此

$$x^{r+s} = x^r x^s.$$

同理, 可得

$$(x^r)^s = (x^s)^r = x^{rs}.$$

对两个正实数 x, y, 同样可以验证下式

$$(xy)^r = x^r y^r$$

成立.

b) 指数函数

给定一个 $a > 1$ 的正实数 a, 并且把 a^r 看成定义在 $\mathbf{Q}$ 上的 r 的函数. 因为 $x^{1/n}$ 是 x 的单调递增函数, 所以若分数 $r = q/n$ 是正数, 则 $x^r = (x^q)^{1/n}$ 也是 x 的单调递增函数. 因此, 若 $r > 0$, 则 $a^r > 1^r = 1$. 所以当 $r > s$ 时,

$$a^r - a^s = a^s(a^{r-s} - 1) > 0,$$

即 a^r 是 r 的单调递增函数. 从而 $\{a^{1/n}\}$ 是单调递减数列, 并且 $a^{1/n} > 1$. 因此 $\{a^{1/n}\}$ 有下界. 所以根据定理 (1.20) 的 (2), 数列 $\{a^{1/n}\}$ 收敛于其下确界 α. 虽然 $\alpha \geqslant 1$, 但对于所有的 n, 因为 $a^{1/n} > \alpha$, 所以 $a > \alpha^n$. 若 $\alpha > 1$, 可得 $\lim\limits_{n \to \infty} \alpha^n = +\infty$, 产生矛盾. 例如, 根据二项式定理,

$$\alpha^n = (1 + (\alpha - 1))^n = 1 + \binom{n}{1}(\alpha - 1) + \cdots \geqslant 1 + n(\alpha - 1),$$

因此, 显然有 $\lim\limits_{n \to \infty} \alpha^n = +\infty$. 所以 $\alpha = 1$, 即

$$\lim_{n \to \infty} a^{1/n} = 1. \tag{2.5}$$

为了把定义在 $\mathbf{Q} \subset \mathbf{R}$ 上的单调递增函数 a^r 扩展为定义在 $\mathbf{R}$ 全体上的函数, 对无理数 ξ, 定义 a^ξ 为有上界的集合 $\{a^r | r < \xi, r \in \mathbf{Q}\}$ 的上确界:

$$a^\xi = \sup_{r < \xi, r \in \mathbf{Q}} a^r.$$

这样在 $\mathbf{R}$ 全体上定义的 x 的函数 a^x 是连续单调递增的函数. 要验证这一点, 我们用 x 和 y 表示实数, r 和 s 表示有理数, ξ 和 η 表示无理数. 若 $r < \xi$, 则存在满足 $r < s < \xi$ 的 s, 所以 $a^r < a^s \leqslant a^\xi$. 若 $\xi < r$, 则存在满足 $\xi < s < r$ 的 s, 所以 $a^\xi \leqslant a^s < a^r$. 若 $\xi < \eta$, 则存在满足 $\xi < r < \eta$ 的 r, 所以, $a^\xi < a^r < a^\eta$. 于是, a^x 是 x 的单调递增函数.

对给定的一个实数 β, 如果 $s < r < \beta$, 那么

$$a^r - a^s = a^s(a^{r-s} - 1) < a^\beta(a^{r-s} - 1).$$

任意给定正实数 ε, 根据式 (2.5), 存在自然数 n 使得 $a^\beta(a^{1/n} - 1) < \varepsilon$ 成立. 取其中一个设为 $n(\varepsilon)$, 并设 $\delta(\varepsilon) = 1/n(\varepsilon)$, 若当 $s < r < \beta$, $r - s < \delta(\varepsilon)$ 时,

$$a^r - a^s < a^\beta(a^{r-s} - 1) < a^\beta(a^{\delta(\varepsilon)} - 1) < \varepsilon.$$

如果 $y < x < \beta$, $x - y < \delta(\varepsilon)$, 那么存在满足 $s < y < x < r < \beta$, $r - s < \delta(\varepsilon)$ 的 r, s, 所以

$$a^x - a^y < a^r - a^s < \varepsilon.$$

即, 只要 $|x - y| < \delta(\varepsilon)$, $x < \beta$, $y < \beta$, 就有 $|a^x - a^y| < \varepsilon$ 成立. 这表示 x 的函数 a^x 在区间 $(-\infty, \beta)$ 上一致连续, 由于 β 是任意实数, 所以 a^x 在 $\mathbf{R} = (-\infty, +\infty)$ 上连续.

于是, 当 $a > 1$ 时, 对于任意实数 x, 我们已经定义了 a^x, 但当 $a = 1$ 时, 定义 $1^x = 1$; 当 $0 < a < 1$ 时, 定义 $a^x = (1/a)^{-x}$. 当 x 等于有理数 r 时, 因为 $(1/a)^{-r} = (a^{-1})^{-r} = a^r$, 所以此新定义的 a^x 与原来的 a^r 是一致的. 当 a 是不等于 1 的正实数时, 把 a^x 叫作以 a 为**底**(base) 的**指数函数**(exponential function).

如上所证明, 当 $a > 1$ 时, 指数函数 a^x 是定义在 $\mathbf{R}$ 上的 x 的连续单调递增函数. 并且 $\lim\limits_{n \to \infty} a^n = +\infty$, $\lim\limits_{n \to \infty} a^{-n} = 0$, 所以 $\lim\limits_{x \to +\infty} a^x = +\infty$, $\lim\limits_{x \to -\infty} a^x = 0$. 因此, 根据定理 2.6, a^x 的值域是 $\mathbf{R}^+ = (0, +\infty)$. 当 $0 < a < 1$ 时, $a^x = (1/a)^{-x}$ 是定义在 $\mathbf{R}$ 上的连续单调递减函数, 其值域是 $\mathbf{R}^+ = (0, +\infty)$.

对于任意的实数 x 和 y, 如果 $\{r_m\}$, $\{s_n\}$ 分别是收敛于 x, y 的有理数列,

$$(a^{r_m})^{s_n} = a^{r_m s_n}.$$

因此 a^x 是 x 的连续函数, 所以,

$$(a^x)^{s_n} = \lim_{m \to \infty} (a^{r_m})^{s_n} = \lim_{m \to \infty} a^{r_m s_n} = a^{x s_n},$$
$$(a^x)^y = \lim_{n \to \infty} (a^x)^{s_n} = \lim_{n \to \infty} a^{x s_n} = a^{xy}.$$

即

$$(a^x)^y = (a^y)^x = a^{xy}.$$

同理可以验证

$$a^{x+y} = a^x a^y, \qquad (ab)^x = a^x b^x.$$

从而 $a^x = (a/b)^x b^x$, 所以

$$\left(\frac{a}{b}\right)^x = \frac{a^x}{b^x}.$$

给定正实数 α 时, x^α 是定义在 $\mathbf{R}^+ = (0, +\infty)$ 上的 x 的连续单调递增函数, 并且 $\lim\limits_{x \to +\infty} x^\alpha = +\infty$, $\lim\limits_{x \to 0} x^\alpha = 0$.

[证明] 设 r, s 是满足 $r < \alpha < s$ 的有理数, 当 $x > 1$ 时, $x^r < x^\alpha < x^s$, 当 $x < 1$ 时, $x^r > x^\alpha > x^s$, 并且 x^r, x^s 是 x 的连续函数, 因此 $\lim\limits_{x \to 1} x^r = 1$, $\lim\limits_{x \to 1} x^s = 1$. 所以,

$$\lim_{x \to 1} x^\alpha = 1.$$

于是, 对任意的 $a \in \mathbf{R}^+$,

$$\lim_{x \to a} x^\alpha = a^\alpha \lim_{x \to a} \left(\frac{x}{a}\right)^\alpha = a^\alpha,$$

即函数 x^α 在 $\mathbf{R}^+$ 的各点 a 处连续. 因此, x^α 是 $\mathbf{R}^+$ 上 x 的连续函数.

当 $x > 1$ 时, $x^\alpha > x^0 = 1$, 当 $x < y$ 时, $y^\alpha/x^\alpha = (y/x)^\alpha > 1$, 因此 $x^\alpha < y^\alpha$, 即 x^α 是 x 的单调递增函数. 另一方面, 对于任意 $\xi \in \mathbf{R}^+$, 令 $x = \xi^{1/\alpha}$, 则 $x^\alpha = \xi$, 函数 x^α 的值域 $\mathbf{R}^+ = (0, +\infty)$. 所以, 必有 $\lim\limits_{x \to +\infty} x^\alpha = +\infty$, $\lim\limits_{x \to 0} x^\alpha = 0$. □

当 α 为负实数时, $x^\alpha = 1/x^{-\alpha}$ 是定义在 $\mathbf{R}^+$ 上的 x 的单调递减函数, 并且 $\lim\limits_{x \to +\infty} x^\alpha = 0$, $\lim\limits_{x \to 0} x^\alpha = +\infty$.

把 x 的函数 x^α 叫作**幂函数**.

例 2.8 设 a, k 为 $a > 1$, $k > 0$ 的实数时,

$$\lim_{x \to +\infty} \frac{a^x}{x^k} = +\infty. \tag{2.6}$$

这是 1.5 节例 1.2 的扩展.

[证明] 若令 $b = a^{1/k}$, 则 $b > 1$, 并且 $a^x/x^k = (b^x/x)^k$. 所以只需证明 $\lim\limits_{x \to +\infty} b^x/x = +\infty$ 即可. 对于 x, 设 n 是满足 $n \leqslant x < n+1$ 的自然数, 则 $b^{x-n} \geqslant b^0 = 1$, 所以

$$\frac{b^x}{x} = \frac{b^n}{n} \cdot \frac{n b^{x-n}}{x} \geqslant \frac{b^n}{n} \cdot \frac{n}{n+1}.$$

故当 $x \to +\infty$ 时, $n \to +\infty$. 又根据 1.5 节例 1.2, 因为 $\lim\limits_{n \to \infty} b^n/n = +\infty$, 所以 $\lim\limits_{x \to +\infty} b^x/x = +\infty$. □

以 $\mathrm{e} = \sum\limits_{n=0}^{\infty} 1/n!$ 为底的指数函数 e^x 是重要的函数. 不指定底时所说的指数函数, 一般都是指以 e 为底的指数函数 e^x. e^x 表示为

$$\mathrm{e}^x = \lim_{n \to \infty} \left(1 + \frac{x}{n}\right)^n. \tag{2.7}$$

要证明这个结论, 首先证明

$$\mathrm{e} = \lim_{t \to +\infty} \left(1 + \frac{1}{t}\right)^t \tag{2.8}$$

成立. 根据式 (1.17)

$$\mathrm{e} = \lim_{n \to \infty} \left(1 + \frac{1}{n}\right)^n.$$

对于 t, 取满足 $n \leqslant t < n+1$ 的自然数 n, 则

$$\left(1 + \frac{1}{n+1}\right)^n < \left(1 + \frac{1}{t}\right)^t < \left(1 + \frac{1}{n}\right)^{n+1},$$

当 $t \to +\infty$ 时, $n \to +\infty$, 并且

$$\lim_{n \to \infty} \left(1 + \frac{1}{n}\right)^{n+1} = \lim_{n \to \infty} \left(1 + \frac{1}{n}\right)^n \left(1 + \frac{1}{n}\right) = \mathrm{e},$$

同理

$$\lim_{n \to \infty} \left(1 + \frac{1}{n+1}\right)^n = \mathrm{e}.$$

所以, $\lim\limits_{t \to +\infty} (1 + 1/t)^t = \mathrm{e}$. 其次, 验证

$$\mathrm{e} = \lim_{t \to +\infty} \left(1 - \frac{1}{t}\right)^{-t}. \tag{2.9}$$

若设 $(1 - 1/t)^{-1} = 1 + 1/s$, 则通过简单计算可得 $s = t - 1$. 所以, 当 $t \to +\infty$ 时, $s \to +\infty$. 因此,

$$\lim_{t \to +\infty} \left(1 - \frac{1}{t}\right)^{-t} = \lim_{s \to +\infty} \left(1 + \frac{1}{s}\right)^{s+1} = \mathrm{e}.$$

于是, 当 $x > 0$ 时, 若令 $s = tx$, 因为指数函数 u^x 是 u 的连续函数, 所以

$$\mathrm{e}^x = \lim_{t \to +\infty} \left(1 + \frac{1}{t}\right)^{tx} = \lim_{s \to +\infty} \left(1 + \frac{x}{s}\right)^s = \lim_{n \to \infty} \left(1 + \frac{x}{n}\right)^n.$$

当 $x < 0$ 时, 若令 $x = -y$, $s = ty$, 则 $1/t = y/s$. 因此

$$\mathrm{e}^x = \lim_{t \to +\infty} \left(1 - \frac{1}{t}\right)^{-tx} = \lim_{s \to +\infty} \left(1 - \frac{y}{s}\right)^s = \lim_{n \to \infty} \left(1 + \frac{x}{n}\right)^n.$$

所以式 (2.7) 成立.

根据式 (2.7) 和式 (1.23), 可得指数函数的幂级数表示:

$$\mathrm{e}^x = \sum_{n=0}^{\infty} \frac{x^n}{n!}. \tag{2.10}$$

对它进行扩展, 对于任意的复数 z, 利用等式 (1.23), 把 "e 的 z 次方" 定义为

$$e^z = \lim_{n \to \infty} \left(1 + \frac{z}{n}\right)^n = \sum_{n=0}^{\infty} \frac{z^n}{n!}. \tag{2.11}$$

c) 对数函数

给定一个正实数 $a, a \neq 1$, 指数函数 $f(x) = a^x$ 是定义在 $\mathbf{R} = (-\infty, +\infty)$ 上的连续单调函数, 其值域 $f(\mathbf{R})$ 是 $\mathbf{R}^+ = (0, +\infty)$. 所以, 根据定理 2.7, f 的反函数 f^{-1} 是定义在 $\mathbf{R}^+$ 上的连续单调函数. 我们把这个反函数 $f^{-1}(x)$ 用 $\log_a x$ 来表示, 把它叫作以 a 为**底**(base) 的**对数函数**(logarithmic function). $\log_a x$ 在 $a > 1$ 时是单调递增的, 在 $0 < a < 1$ 时是单调递减, 其值域是 $\mathbf{R}$.

根据定义, 等式 $\log_a x = \xi$ 与 $x = a^\xi$ 等价. 由此, 我们可以导出高中学过的下列公式:

$$\log_a(xy) = \log_a x + \log_a y,$$
$$\log_a\left(\frac{y}{x}\right) = \log_a y - \log_a x,$$
$$\log_a(x^\lambda) = \lambda \log_a x, \quad \lambda \in \mathbf{R}.$$

若 $\log_a x = \xi$, 则 $x = a^\xi$. 若两边都取以 b 为底的对数, 则 $\log_b x = \xi \log_b a$, 即

$$\log_b x = \log_b a \cdot \log_a x. \tag{2.12}$$

以 $e = \sum_{n=0}^{\infty} 1/n!$ 为底的对数 $\log_e x$ 叫作**自然对数**. 自然对数 $\log_e x$ 可以省略底 e, 简写成 $\ln x$. $\ln x$ 是 x 的单调递增函数, 并且 $\lim_{x \to +\infty} \ln x = +\infty$, $\lim_{x \to 0} \ln x = -\infty$.

例 2.9 $\lim_{x \to +\infty} x/\ln x = +\infty$.

[证明] 根据例 2.8, 因为 $\lim_{t \to +\infty} e^t/t = +\infty$, 若令 $x = e^t$, 则

$$\lim_{x \to +\infty} \frac{x}{\ln x} = \lim_{t \to +\infty} \frac{e^t}{t} = +\infty. \qquad \square$$

2.4 三 角 函 数

我们在高中数学中已经学过, 在平面 $\mathbf{R}^2$ 上, 以原点 $O = (0,0)$ 为中心, 以 1 为半径, 画一个圆周 C_1, 在 C_1 上取一个点 $P = (c, s)$, 如果半径 OP 与 x 轴的正方向所成的角为 θ, 那么点 P 的坐标 c, s 分别表示为 $c = \cos\theta, s = \sin\theta$, 我们把 $\sin\theta$ 叫作 θ 的正弦 (sine), 把 $\cos\theta$ 叫作 θ 的余弦 (cosine). 我们在尝试着给 $\sin\theta$ 和 $\cos\theta$ 以明确定义时, 遇到的最大困难就是角的定义. 在高中数学中, 角的概念是我们从小学以来自然而然地体会到的, 但通过分析, 明确地阐述它并不是一件容易

的事 (关于角的严格的处理, 请参考弥永昌吉的《几何学序说》). 在本节中, 角 θ 是表示平面的旋转量的实数, 我们从这一角度来阐述 $\sin\theta$ 和 $\cos\theta$ 的严格定义.

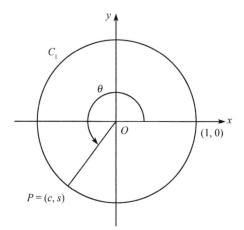

考察准备　如在高中学过的, 矩阵 $\begin{bmatrix} \cos\theta & -\sin\theta \\ \sin\theta & \cos\theta \end{bmatrix}$ 确定的一次变换:

$$\begin{bmatrix} x \\ y \end{bmatrix} \to \begin{bmatrix} x' \\ y' \end{bmatrix} = \begin{bmatrix} \cos\theta & -\sin\theta \\ \sin\theta & \cos\theta \end{bmatrix} \begin{bmatrix} x \\ y \end{bmatrix} \tag{2.13}$$

是以平面 $\mathbf{R}^2$ 上原点 O 为中心的角 θ 的旋转. 若 $1 = \begin{bmatrix} 1 & 0 \\ 0 & 1 \end{bmatrix}$, $\iota = \begin{bmatrix} 0 & -1 \\ 1 & 0 \end{bmatrix}$, 则

$$\begin{bmatrix} \cos\theta & -\sin\theta \\ \sin\theta & \cos\theta \end{bmatrix} = \cos\theta + \iota\sin\theta,$$

因此可得

$$\iota^2 = \begin{bmatrix} 0 & -1 \\ 1 & 0 \end{bmatrix} \begin{bmatrix} 0 & -1 \\ 1 & 0 \end{bmatrix} = \begin{bmatrix} -1 & 0 \\ 0 & -1 \end{bmatrix} = -1,$$

所以, 代数上可以看作 $\iota = \mathrm{i} = \sqrt{-1}$. 与此对应, 把 $\mathbf{R}^2$ 看作复平面 $\mathbf{C}$, 若设 $e(\theta) = \cos\theta + \mathrm{i}\sin\theta$, $z = x + \mathrm{i}y$, $z' = x' + \mathrm{i}y'$, 则

$$x' = \cos\theta \cdot x - \sin\theta \cdot y,$$
$$y' = \sin\theta \cdot x + \cos\theta \cdot y,$$

所以

$$z' = e(\theta) \cdot x + \mathrm{i}e(\theta) \cdot y = e(\theta) \cdot z,$$

即, 旋转式 (2.13) 可以表示为

$$z \to z' = e(\theta) \cdot z.$$

在这里, $|e(\theta)|^2 = \cos^2 \theta + \sin^2 \theta = 1$.

a) 平面的旋转

虽然在上面我们把 $\sin \theta$, $\cos \theta$ 作为已知, 旋转表示成了 $z \to z' = e(\theta) \cdot z$, 但是我们的目的就是重新对 $\sin \theta$ 和 $\cos \theta$ 进行严格定义. 让我们暂时忘掉 $\sin \theta$ 和 $\cos \theta$, 对绝对值等于 1 的任意复数 $e = c + is$, $|e|^2 = c^2 + s^2 = 1$, 可以把 **C** 到 **C** 的变换:

$$R_e : z \to z' = e \cdot z \tag{2.14}$$

定义为以 O 为中心的复平面 **C** 的旋转. 变换 R_e 实际上也具有 "旋转" 的性质, 这很容易进行验证. 首先 $0 = e \cdot 0$, 即 R_e 不变动原点 O. 若 $z' = e \cdot z$, $w' = e \cdot w$, 则 $|z' - w'| = |z - w|$, 即 R_e 不改变 **C** 上两点的距离. 若 $z' = e \cdot z$, 则 $|z'| = |z|$, 即把 C 作为以 O 为中心的任意的圆周时, R_e 是把 C 上的点 z 移动到 C 上的点 z'. 并且此时, 若 C 的半径为 r, 则 $|z - z'| = |e - 1|r$, 即 z' 与 z 的距离仅由 C 决定, 而不依赖于 C 上的点 z 的位置.

如果合成二次旋转后的 R_e 与 R_f, 则

$$R_f \circ R_e = R_{fe}$$

成立. 这显然由 "若 $z' = e \cdot z$, $z'' = f \cdot z'$, 则 $z'' = fe \cdot z$" 可得.

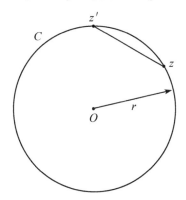

为了使 "旋转的量用称为角的实数来表示, 对应于任意的实数 θ, 存在角 θ 的旋转 $R_{e(\theta)} : z \to z' = e(\theta) \cdot z$", 首先必须存在一个关于 θ 的定义在数轴 **R** 上的绝对值为 1 的复数值函数 $e(\theta)$. 若说 "θ 表示旋转 $R_{e(\theta)}$ 的量", 则对应两个实数 θ, φ 的和 $\theta + \varphi$ 的旋转 $R_{e(\theta+\varphi)}$ 必定是 $R_{e(\theta)}$ 与 $R_{e(\varphi)}$ 的合成: $R_{e(\theta)} \circ R_{e(\varphi)}$, 即

$$R_{e(\theta+\varphi)} = R_{e(\theta)} \circ R_{e(\varphi)}.$$

对于函数 $e(\theta)$, 因为 $R_{e(\theta)} \circ R_{e(\varphi)} = R_{e(\theta)e(\varphi)}$, 所以必有

$$e(\theta + \varphi) = e(\theta)e(\varphi).$$

又对任意的旋转 R_e, 当 "其角度" 设为 θ 时, 应表示为 $R_e = R_{e(\theta)}$, 所以函数 $e(\theta)$ 的值域必定是单位圆周: $\{e \in \mathbf{C} \,|\, |e| = 1\}$. 进而, $e(\theta)$ 必然是 θ 的连续函数.

反之, 设 $e(\theta)$ 是以 $\mathbf{R}$ 为定义域, 以 $\{e \in \mathbf{C} \,|\, |e| = 1\}$ 为值域的连续函数, 若存在满足以下条件

$$e(\theta + \varphi) = e(\theta) \cdot e(\varphi), \quad \theta \in \mathbf{R}, \quad \varphi \in \mathbf{R} \tag{2.15}$$

的 $e(\theta)$, 则我们把 $R_{e(\theta)} : z \to z' = e(\theta) \cdot z$ 定义为角 θ 的旋转.

暂且假设存在这样的实数 $e(\theta)$, 那么 $e(\theta)$ 是个什么形式的函数呢? 首先, 在式 (2.15) 中, 若令 $\varphi = 0$, 则 $e(\theta) = e(\theta) \cdot e(0)$, 所以,

$$e(0) = 1.$$

又, 若令 $\varphi = -\theta$, 则 $1 = e(0) = e(\theta) \cdot e(-\theta)$, 所以

$$e(-\theta) = \frac{1}{e(\theta)} = \overline{e(\theta)}. \tag{2.16}$$

其次, 对任意的自然数 n, 根据式 (2.15), 可得 $e(n\theta) = e(\theta) \cdot e((n-1)\theta)$, 所以

$$e(n\theta) = e(\theta)^n, \tag{2.17}$$

因此,

$$e(\theta) = e\left(\frac{\theta}{n}\right)^n.$$

因为 $e(\theta)$ 是 θ 的连续函数, 并且 $e(0) = 1$, 所以只要给定一个实数 θ, $\theta \neq 0$, 就有 $\lim\limits_{n \to \infty} e(\theta/n) = 1$, 因此, 若令

$$e\left(\frac{\theta}{n}\right) = 1 + \sigma_n,$$

则

$$e(\theta) = (1 + \sigma_n)^n = \lim_{n \to \infty} (1 + \sigma_n)^n, \quad \lim_{n \to \infty} \sigma_n = 0.$$

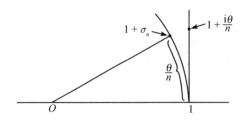

如果对于一个非常大的自然数 n, 把它很微小的旋转 $R_{e(\theta/n)}$ 的旋转量 θ/n 用圆弧 $\overparen{1e(\theta/n)}$ 的长度来测量, 虽然 "圆弧的长度" 尚未定义, 但 σ_n 大致等于 $\mathrm{i}\theta/n$. 即考虑为

$$\sigma_n = \frac{1}{n}(\mathrm{i}\theta + \tau_n), \quad \lim_{n\to\infty} \tau_n = 0,$$

因此, 我们可以很容易得出下式

$$e(\theta) = \lim_{n\to\infty}\left(1 + \frac{\mathrm{i}\theta}{n} + \frac{\tau_n}{n}\right)^n.$$

引理 2.1 对于复数列 $\{z_n\}$, 如果 $\lim\limits_{n\to\infty} z_n = 0$, 则 $\lim\limits_{n\to\infty}\left(1 + \dfrac{z_n}{n}\right)^n = 1$.

证明 因为 $\binom{n}{k}\dfrac{1}{n^k} \leqslant \dfrac{1}{k!}$, 所以, 根据二项定理可得

$$\left|\left(1 + \frac{z_n}{n}\right)^n - 1\right| = \left|\sum_{k=1}^{n}\binom{n}{k}\frac{z_n^k}{n^k}\right| \leqslant \sum_{k=1}^{n}\frac{|z_n|^k}{k!} \leqslant \mathrm{e}^{|z_n|} - 1.$$

根据假设, $\lim\limits_{n\to\infty}|z_n| = 0$, 所以 $\lim\limits_{n\to\infty}(\mathrm{e}^{|z_n|} - 1) = 0$. 因此, $\lim\limits_{n\to\infty}(1 + z_n/n)^n = 1$. $\quad\square$

因为

$$1 + \frac{\mathrm{i}\theta}{n} + \frac{\tau_n}{n} = \left(1 + \frac{\mathrm{i}\theta}{n}\right)\left(1 + \frac{z_n}{n}\right), \quad z_n = \frac{\tau_n}{1 + \dfrac{\mathrm{i}\theta}{n}},$$

并且 $\lim\limits_{n\to\infty} \tau_n = 0$, 因此 $\lim\limits_{n\to\infty} z_n = 0$. 所以根据引理 2.1,

$$e(\theta) = \lim_{n\to\infty}\left(1 + \frac{\mathrm{i}\theta}{n}\right)^n\left(1 + \frac{z_n}{n}\right)^n = \lim_{n\to\infty}\left(1 + \frac{\mathrm{i}\theta}{n}\right)^n.$$

这样, 函数 $e(\theta)$ 具有如下形式:

$$e(\theta) = \lim_{n\to\infty}\left(1 + \frac{\mathrm{i}\theta}{n}\right)^n.$$

于是, 基于这种想法, 把 $e(\theta)$ 重新定义为

$$e(\theta) = \lim_{n\to\infty}\left(1 + \frac{\mathrm{i}\theta}{n}\right)^n. \tag{2.18}$$

下面证明这个 $e(\theta)$ 是绝对值为 1 的关于 θ 的复值连续函数并且满足条件(2.15). 事实上, 我们已经在 (1.23) 中证明了式 (2.18) 右边的极限的存在性, 首先, 根据引理 2.1,

$$|e(\theta)|^2 = \lim_{n\to\infty}\left|1 + \frac{\mathrm{i}\theta}{n}\right|^{2n} = \lim_{n\to\infty}\left(1 + \frac{\theta^2}{n^2}\right)^n = 1.$$

其次, 因为

$$e(\theta)e(\varphi) = \lim_{n\to\infty} \left(1 + \frac{\mathrm{i}\theta}{n}\right)^n \left(1 + \frac{\mathrm{i}\varphi}{n}\right)^n,$$

若令 $\psi = \theta + \varphi$, 则

$$\left(1 + \frac{\mathrm{i}\theta}{n}\right)\left(1 + \frac{\mathrm{i}\varphi}{n}\right) = 1 + \frac{\mathrm{i}\psi}{n} - \frac{\theta\varphi}{n^2} = \left(1 + \frac{\mathrm{i}\psi}{n}\right)\left(1 + \frac{z_n}{n}\right),$$

这里, $z_n = -\theta\varphi/n(1 + \mathrm{i}\psi/n)$. 根据引理 2.1, 因为 $\lim\limits_{n\to\infty}(1 + z_n/n)^n = 1$, 所以

$$e(\theta)e(\varphi) = \lim_{n\to\infty}\left(1 + \frac{\mathrm{i}\psi}{n}\right)^n = e(\psi) = e(\theta + \varphi).$$

即函数 $e(\theta)$ 满足条件 (2.15). 要证明 $e(\theta)$ 是 θ 的连续函数, 根据式 (2.15) 可得

$$|e(\theta) - e(\varphi)| = |e(\varphi)(e(\theta - \varphi) - 1)| = |e(\theta - \varphi) - 1|,$$

所以, 只需证明

$$\lim_{\theta\to 0}|e(\theta) - 1| = 0$$

成立. 根据式 (1.23),

$$e(\theta) = 1 + \sum_{n=1}^{\infty}\frac{(\mathrm{i}\theta)^n}{n!} = 1 + \frac{\mathrm{i}\theta}{1!} - \frac{\theta^2}{2!} - \frac{\mathrm{i}\theta^3}{3!} + \frac{\theta^4}{4!} + \cdots, \tag{2.19}$$

所以, 若令 $|\theta| < 1$, 那么

$$|e(\theta) - 1| \leqslant \sum_{n=1}^{\infty}\frac{|\theta|^n}{n!} \leqslant \sum_{n=1}^{\infty}|\theta|^n = \frac{|\theta|}{1 - |\theta|}.$$

因此, $\lim\limits_{\theta\to 0}|e(\theta) - 1| = 0$, 所以 $e(\theta)$ 是 θ 的连续函数.

$e(\theta)$ 的实数部表示为 $c(\theta)$, 虚数部表示为 $s(\theta)$, 即

$$e(\theta) = c(\theta) + \mathrm{i}s(\theta),$$

$c(\theta)$ 和 $s(\theta)$ 是 θ 的连续函数, 并且 $c(\theta)^2 + s(\theta)^2 = 1$, $c(0) = 1, s(0) = 0$, 式 (2.15) 成为

$$\begin{cases} c(\theta + \varphi) = c(\theta)c(\varphi) - s(\theta)s(\varphi), \\ s(\theta + \varphi) = c(\theta)s(\varphi) + s(\theta)c(\varphi). \end{cases} \tag{2.20}$$

根据式 (2.19)

$$\begin{cases} c(\theta) = 1 - \dfrac{\theta^2}{2!} + \dfrac{\theta^4}{4!} - \dfrac{\theta^6}{6!} + \cdots, \\ s(\theta) = \theta - \dfrac{\theta^3}{3!} + \dfrac{\theta^5}{5!} - \dfrac{\theta^7}{7!} + \cdots. \end{cases} \tag{2.21}$$

当 $0 < \theta \leqslant 1$ 时, $\{\theta^{2n}/(2n)!\}$ 是收敛于 0 的单调递减数列, 所以根据定理 1.23,

$$c(\theta) \geqslant 1 - \frac{\theta^2}{2!} \geqslant \frac{1}{2}.$$

同理, 当 $0 < \theta \leqslant 1$ 时, 则

$$s(\theta) \geqslant \theta - \frac{\theta^3}{3!} = \theta\left(1 - \frac{\theta^2}{6}\right) \geqslant \frac{5}{6}\theta.$$

当 $0 \leqslant \varphi < \psi \leqslant 1$ 时, 若令 $\theta = \psi - \varphi$, 则 $s(\theta) \geqslant 5\theta/6 > 0, c(\theta) = \sqrt{1 - s(\theta)^2} < 1$, $c(\varphi) \geqslant 1/2, s(\varphi) \geqslant 0$. 所以根据式 (2.20),

$$c(\varphi) - c(\psi) = c(\varphi) - c(\theta)c(\varphi) + s(\theta)s(\varphi) > 0.$$

即, $c(\theta)$ 在闭区间 $[0,1]$ 上是 θ 的单调递减函数. 因此 $s(\theta) = \sqrt{1 - c(\theta)^2}$ 是单调递增函数. 因为 $((1 + \mathrm{i})/\sqrt{2})^2 = \mathrm{i}$, 所以令

$$\sqrt{\mathrm{i}} = \frac{1 + \mathrm{i}}{\sqrt{2}}.$$

因为 $s(0) = 0, s(1) \geqslant 5/6 > 1/\sqrt{2}$, 所以根据中值定理 (定理 2.22), 存在唯一的满足条件 $s(\gamma) = 1/\sqrt{2}$ 的实数 $\gamma, 0 < \gamma < 1$. 这个实数的 4 倍用 π 表示: $\pi = 4\gamma$. 这是从我们的立场给出的 π 的定义. 我们将在后面证明 2π 等于半径为 1 的圆周的长度. 因为 $\gamma = \pi/4, s(\pi/4) = 1/\sqrt{2}$, 因此 $c(\pi/4) = 1/\sqrt{2}$, 从而

$$e\left(\frac{\pi}{4}\right) = \sqrt{\mathrm{i}}.$$

在闭区间 $[0, \pi/4]$ 上, $s(\theta)$ 单调递增, $c(\theta)$ 单调递减, 并且 $s(0) = 0$, $s(\pi/4) = 1/\sqrt{2}, c(0) = 1, c(\pi/4) = 1/\sqrt{2}$.

当 $\pi/4 \leqslant \theta \leqslant \pi/2$ 时, 若令 $\varphi = \theta - \pi/4$, 则根据式 (2.20),

$$c(\theta) = \frac{1}{\sqrt{2}}(c(\varphi) - s(\varphi)), \qquad s(\theta) = \frac{1}{\sqrt{2}}(c(\varphi) + s(\varphi)).$$

因此 $c(\theta)$ 在闭区间 $[\pi/4, \pi/2]$ 上单调递减, 并且 $c(\pi/2) = 0$; $s(\theta) = \sqrt{1 - c(\theta)^2}$ 是单调递增的, 并且 $s(\pi/2) = 1$. 所以, 在闭区间 $[0, \pi/2]$ 上, $c(\theta)$ 单调递减, 并且 $c(0) = 1, c(\pi/2) = 0$; $s(\theta)$ 单调递增, 并且 $s(0) = 0, s(\pi/2) = 1$. 当 $\pi/2 \leqslant \theta \leqslant \pi$ 时, 根据式 (2.20),

$$c(\theta) = -s\left(\theta - \frac{\pi}{2}\right), \qquad s(\theta) = c\left(\theta - \frac{\pi}{2}\right),$$

所以, 在闭区间 $[\pi/2, \pi]$ 上, $c(\theta)$ 和 $s(\theta)$ 都是单调递减函数, 并且 $c(\pi) = -1, s(\pi) = 0$.

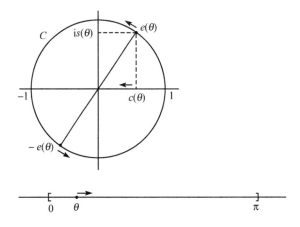

结果, 在闭区间 $[0, \pi]$ 上, $c(\theta)$ 单调递减, 并且 $c(0) = 1$, $c(\pi) = -1$, 在开区间 $(0, \pi)$ 上, $s(\theta) > 0$. 因此, 点 θ 在闭区间 $[0, \pi]$ 上从 0 到 π 向右移动时, 即

$$e(\theta) = c(\theta) + \mathrm{i}s(\theta)$$

是把单位圆周 $C = \{e \in \mathbf{C} \mid |e| = 1\}$ 的上半部分沿着逆时针方向, 从 1 移到 -1. 在闭区间 $[\pi, 2\pi]$ 上有,

$$e(\theta) = e(\pi)e(\theta - \pi) = e(\theta - \pi),$$

即点 θ 在从 π 到 2π 向右移动时, $e(\theta)$ 是把 C 的下半部分, 从 -1 移到 1. 所以对应的 $\theta \to e(\theta)$ 给出了区间 $[0, 2\pi)$ 与圆周 C 之间的一一对应. 因此, 函数 $e(\theta)$ 的值域是 C. 又 $e(\theta) = 1$ 成立的最小正实数 θ 是 2π. 对于任意的整数 m, 因为 $e(2m\pi) = e(2\pi)^m = 1$, 所以,

$$e(\theta + 2m\pi) = e(\theta).$$

即 $e(\theta)$, 或 $c(\theta)$ 和 $s(\theta)$ 是以 2π 为周期的 θ 的周期函数.

b) 圆弧的长度

设 ψ 是满足条件 $0 < \psi \leqslant 2\pi$ 的实数, 把对应于闭区间 $[0, \psi]$ 的 C 的子集:

$$\overset{\frown}{1e(\psi)} = \{e(\theta) \mid 0 \leqslant \theta \leqslant \psi\}$$

叫作**圆弧**. 在此, 我们来证明 ψ 等于圆弧 $\overset{\frown}{1e(\psi)}$ 的长度. 为此, 首先必须定义**圆弧的长度**. 在区间 $[0, \psi]$ 内, 取满足条件

$$0 = \theta_0 < \theta_1 < \cdots < \theta_{k-1} < \theta_k \cdots < \theta_m = \psi$$

的多个点 $\theta_0, \theta_1, \cdots, \theta_k, \cdots, \theta_m$, 在圆周 C 上把连接点 $e(\theta_k)$ 与 $e(\theta_{k-1})$ 的线段设为 L_k, L_k 的长度设为 l_k, 并且把 $L_1, L_2, \cdots, L_k, \cdots, L_m$ 顺次连接起来组成的折线设为 L, 则 L 的长度为 $l = \sum_{k=1}^{m} l_k$. 折线 L 的长度 l 由 $\Delta = \{\theta_0, \theta_1, \cdots, \theta_k, \cdots, \theta_m\}$ 而定, 所以把 l 写成 l_Δ. 如果 $\Delta \subset \Delta'$, 则显然有 $l_\Delta < l_{\Delta'}$. 把圆弧 $\overset{\frown}{1e(\psi)}$ 的长度定义为对应于所有选择方法 Δ 的 l_Δ 的上确界:

$$\overset{\frown}{1e(\psi)} \text{ 的长度} = \sup_\Delta l_\Delta.$$

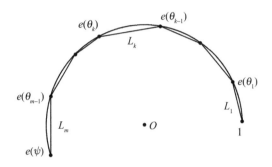

在这个定义中, 变量 θ 只是为了指定圆弧 $\overset{\frown}{1e(\psi)}$ 上各点的顺序而采用的.

要证明 $\psi = \sup_\Delta l_\Delta$, 只需说明对任意给定的正实数 ε, $\varepsilon < 1$, 存在一个正实数 $\delta(\varepsilon)$, 只要

$$|\theta_k - \theta_{k-1}| < \delta(\varepsilon), \ k = 1, 2, \cdots, m, \tag{2.22}$$

就有

$$|l_\Delta - \psi| < \varepsilon$$

成立即可. 事实上, 如果 $\Delta \subseteq \Delta'$, 那么 $l_\Delta \leqslant l_{\Delta'}$, 因此即使仅限于满足条件 (2.22) 的 Δ, 上确界 $\sup_\Delta l_\Delta$ 也不会改变. 所以,

$$|\sup_\Delta l_\Delta - \psi| \leqslant \varepsilon,$$

并且, 因为 ε 为任意的正实数, 所以 $\sup_\Delta l_\Delta = \psi$.

因为 $e(\theta_k) - e(\theta_{k-1}) = e(\theta_{k-1})(e(\theta_k - \theta_{k-1}) - 1)$, 所以

$$l_k = |e(\theta_k) - e(\theta_{k-1})| = |e(\theta_k - \theta_{k-1}) - 1|.$$

于是, 以 $0 < \theta < \delta < 1$ 来看 $|e(\theta) - 1|$, 根据式 (2.19),

$$e(\theta) - 1 = \mathrm{i}\theta + \sum_{n=2}^{\infty} \frac{(\mathrm{i}\theta)^n}{n!},$$

因此, 若令

$$e(\theta) - 1 = \mathrm{i}\theta(1 + \rho),$$

则

$$|\rho| = \left| \sum_{n=1}^{\infty} \frac{(\mathrm{i}\theta)^n}{(n+1)!} \right| < \sum_{n=1}^{\infty} \left(\frac{\theta}{2} \right)^n = \frac{\theta}{2 - \theta} < \delta.$$

所以,

$$\theta(1 - \delta) < |e(\theta) - 1| < \theta(1 + \delta),$$

因此, $|\theta_k - \theta_{k-1}| < \delta, k = 1, 2, \cdots, m$, 那么

$$(\theta_k - \theta_{k-1})(1 - \delta) < l_k < (\theta_k - \theta_{k-1})(1 + \delta).$$

因为 $l_\Delta = \displaystyle\sum_{k=1}^{m} l_k, \ \psi = \sum_{k=1}^{m}(\theta_k - \theta_{k-1})$, 所以

$$\psi(1 - \delta) < l_\Delta < \psi(1 + \delta),$$

因此,

$$|l_\Delta - \psi| < \psi\delta \leqslant 2\pi\delta.$$

故, 若令 $\delta(\varepsilon) = \varepsilon/2\pi$, 则当 Δ 满足条件 (2.22) 时,

$$|l_\Delta - \psi| < \varepsilon.$$

于是, ψ 等于圆弧 $\overparen{1e(\psi)}$ 的长度. 特别地, 这证明了 2π 等于半径为 1 的圆周 C 的长度.

c) 三角函数

基于以上结果, 对于任意的实数 θ, 把变换

$$R_{e(\theta)} : z \to z' = e(\theta)z$$

定义为以平面原点 O 为中心的**角 θ 的旋转**, θ 叫作线段 $0z'$ 与 $0z$ 形成的角, $s(\theta)$ 叫作 θ 的**正弦**, $c(\theta)$ 叫作角 θ 的**余弦**, 并且分别用 $\sin\theta, \cos\theta$ 来表示:

$$\sin\theta = s(\theta), \qquad \cos\theta = c(\theta).$$

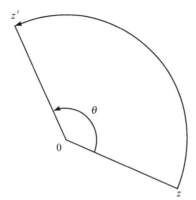

至此, 我们严格地定义了三角函数 $\sin\theta, \cos\theta$. $\sin\theta, \cos\theta$ 的主要性质已经在上述定义的过程中证明了. 即 $\sin\theta, \cos\theta$ 是定义在数轴 $\mathbf{R}$ 上的 θ 的连续函数, 并且是以 2π 为周期的周期函数.

$$\cos^2\theta + \sin^2\theta = 1.$$

又根据式 (2.16), 因为 $e(-\theta) = \overline{e(\theta)}$, 所以

$$\cos(-\theta) = \cos\theta, \qquad \sin(-\theta) = -\sin\theta.$$

式 (2.20) 即加法定理:

$$\begin{cases} \cos(\theta + \varphi) = \cos\theta\cos\varphi - \sin\theta\sin\varphi, \\ \sin(\theta + \varphi) = \sin\theta\cos\varphi + \cos\theta\sin\varphi. \end{cases} \tag{2.23}$$

若采用式 (2.11) 的记法, 则

$$c(\theta) + \mathrm{i}s(\theta) = e(\theta) = \mathrm{e}^{\mathrm{i}\theta},$$

所以

$$\cos\theta + \mathrm{i}\sin\theta = \mathrm{e}^{\mathrm{i}\theta}.$$

进而

$$\cos\theta = 1 - \frac{\theta^2}{2!} + \frac{\theta^4}{4!} - \frac{\theta^6}{6!} + \cdots,$$
$$\sin\theta = \theta - \frac{\theta^3}{3!} + \frac{\theta^5}{5!} - \frac{\theta^7}{7!} + \cdots.$$

在 $0, \pi/2, -\pi/2, \pi$ 处, $e(\theta)$ 的值分别为 $1, \mathrm{i}, -\mathrm{i}, -1$, $\sin\theta$ 的值为 $0, 1, -1, 0$, $\cos\theta$ 的值为 $1, 0, 0, -1$. 我们在高中数学中学过的 $\sin(\pi/2 - \theta) = \cos\theta, \cos(\pi - \theta) = -\cos(\theta)$, 这些公式都可由加法定理直接推导获得.

在高中我们定义了 $\tan\theta = \sin\theta/\cos\theta, \cot\theta = \cos\theta/\sin\theta$, 并且把 $\tan\theta$ 和 $\cot\theta$ 分别叫作正切 (tangent) 和余切 (cotangent). $\tan\theta$ 是定义在除去 $\cos\theta = 0$ 的点 θ, 即 $\pi/2 + m\pi$, m 为整数的数轴 $\mathbf{R}$ 上的连续函数. $\cot\theta$ 是定义在除去 $m\pi$, m 为整数的数轴 $\mathbf{R}$ 上的连续函数.

习 题

11. 证明 x 的函数 $\sin\dfrac{1}{x}$ 在区间 $(0, +\infty)$ 上是连续函数, 但不是一致连续函数.

12. 由有界数列具有收敛的子列 (定理 1.30), 证明在闭区间上定义的连续函数具有最大值和最小值 (定理 2.4).

13. 由有界数列具有收敛的子列, 证明在闭区间上定义的连续函数是一致连续函数 (定理 2.3).

14. 如果 x 的函数 $f(x)$ 在区间 $[a, +\infty)$ 上连续, 并且 $\lim\limits_{x\to+\infty}[f(x+1) - f(x)] = l$. 证明
$$\lim_{x\to+\infty}\frac{f(x)}{x} = l.$$

15. 设 $f(x)$ 是在区间 $[a, b]$ 上 x 的连续函数. 对于任意的 $x \; (a \leqslant x \leqslant b)$ 和 $y \; (a \leqslant y \leqslant b)$, 若等式
$$f\left(\frac{x+y}{2}\right) = \frac{1}{2}(f(x) + f(y))$$
恒成立, 证明 $f(x)$ 是 x 的一次函数 (取 x 的一次函数 $g(x) = Ax + B$ 满足 $g(a) = f(a), g(b) = f(b)$. 然后证明在区间 $[a, b]$ 上某个处处稠密的子集上 $f(x)$ 与 $g(x)$ 一致).

16. 设 $P_0(x), P_1(x), \cdots, P_n(x)$ 是 x 的多项式, 证明对于任意的实数 x, 使
$$P_0(x)\mathrm{e}^{nx} + P_1(x)\mathrm{e}^{(n-1)x} + \cdots + P_{n-1}(x)\mathrm{e}^{x} + P_n(x) = 0$$
成立仅限于恒等式 $P_0(x) = P_1(x) = \cdots = P_n(x) = 0$ 成立 [利用 2.3 节的式 (2.6)].

17. 对于数列 $\{a_n\}, a_n > 0$, 若 $\lim\limits_{n\to\infty} a_n = \alpha, \alpha > 0$, 证明 $\lim\limits_{n\to\infty}(a_1 a_2 a_3 \cdots a_n)^{1/n} = \alpha$ 成立.

18. 求极限 $\lim\limits_{n\to\infty}\dfrac{(n!)^{1/n}}{n}$ 的值 (把 $\left(1 + \dfrac{1}{n}\right)^n$ 代入习题 17 的 a_n 中).

19. 证明 $a > 0$ 时, $\lim\limits_{n\to\infty} n(a^{1/n} - 1) = \ln a$ 成立 (藤原松三郎《微分积分学 I》, p.120, 例题 1).

20. 求用 $\cos x$ 和 $\sin x$ 表示的 $\cos(nx)$ 和 $\sin(nx)$(n 为自然数) 的公式.

第 3 章 微 分 法 则

3.1 微分系数和导函数

设 $f(x)$ 是定义在区间 I 上的函数, 如果 a 是区间 I 内的一点, 那么 $\dfrac{f(x) - f(a)}{x - a}$ 是定义在区间 I 内除 a 以外的 x 点上的函数. 此时如果存在极限:

$$\lim_{x \to a} \frac{f(x) - f(a)}{x - a},$$

那么就称 $f(x)$ 在 a 点处**可微**(differentiable), 或者称在 $x = a$ 处可微, 并称此极限为函数 $f(x)$ 在点 a 处的**微分系数**(differentiable coefficient), 记为 $f'(a)$:

$$f'(a) = \lim_{x \to a} \frac{f(x) - f(a)}{x - a}. \tag{3.1}$$

当函数 $f(x)$ 在所属区间内的任意点 x 处均可微时, 则称函数 $f(x)$ 可微, 或称函数 $f(x)$ 关于 x 可微. 此时 $f'(x)$ 也是定义在区间 I 上的关于 x 的函数. 称 $f'(x)$ 为函数 $f(x)$ 的**导函数**(derived function derivative), 求函数 $f(x)$ 的导函数 $f'(x)$, 称为对函数 $f(x)$ **进行微分**, 或函数 $f(x)$ 关于 x **进行微分**. 在式 (3.1) 中如果用 x 替换 a, 用 $x + h$ 替换 x, 则

$$f'(x) = \lim_{h \to 0} \frac{f(x + h) - f(x)}{h}. \tag{3.2}$$

当 $y = f(x)$ 时, 用 $\mathrm{d}y/\mathrm{d}x$ 表示 $f'(x)$. 有时也称 $\mathrm{d}y/\mathrm{d}x$ 为**微商**(differential quotient). 令 $\Delta x = h, \Delta y = f(x + \Delta x) - f(x)$, 则

$$\frac{\mathrm{d}y}{\mathrm{d}x} = f'(x) = \lim_{\Delta x \to 0} \frac{\Delta y}{\Delta x}.$$

当自变量 x 增加 Δx 成为 $x + \Delta x$ 时, 相应地函数 y 也增加 Δy 成为 $y + \Delta y$. 因此把 Δx 和 Δy 分别称为 x 和 y 的**增量**(increment).

$f(x)$ 在 x 点可微时, 设

$$\frac{f(x + h) - f(x)}{h} = f'(x) + \varepsilon(h, x),$$

则 $\varepsilon(h, x)$ 是满足 $h \neq 0$ 的 h 的函数, 并且 $\lim\limits_{h \to 0} \varepsilon(h, x) = 0$. 虽然 $\varepsilon(h, x)$ 是定义在 $h \neq 0$ 的 h 的函数, 但当 $h = 0$ 时, 若定义 $\varepsilon(0, x) = 0$, 则对所有的 h,

$$f(x + h) - f(x) = f'(x)h + \varepsilon(h, x)h, \qquad \lim_{h \to 0} \varepsilon(h, x) = 0 \tag{3.3}$$

成立. 如果令函数 $y = f(x)$, 那么

$$\Delta y = \frac{\mathrm{d}y}{\mathrm{d}x}\Delta x + \varepsilon(\Delta x, x)\Delta x.$$

一般地, 若 $\lim\limits_{x \to 0} \alpha(x) = \alpha(0) = 0$, 则称函数 $\alpha(x)$ **为无穷小量**, 当 $\varepsilon(x)$, $\alpha(x)$ 是无穷小量时, 无穷小量 $\varepsilon(x)\alpha(x)$ 用符号 $o(\alpha(x))$ 表示, 即用小写字母 o 来代表 $\varepsilon(x)$. 在不关心函数 $\varepsilon(x)$ 的具体形式时, 用符号 $o(\alpha(x))$ 很方便. 如果使用这个符号, 那么上式为:

$$\Delta y = \frac{\mathrm{d}y}{\mathrm{d}x}\Delta x + o(\Delta x), \tag{3.4}$$

式 (3.3) 可写为:

$$f(x + h) - f(x) = f'(x)h + o(h). \tag{3.5}$$

如果用 a 替换 x, 用 x 替换 $x + h$, 那么

$$f(x) = f(a) + f'(a)(x - a) + o(x - a). \tag{3.6}$$

对在 a 点处可微的函数 $f(x)$, 把由线性方程式

$$y = f(a) + f'(a)(x - a) \tag{3.7}$$

确定的直线:

$$\{(x, y)|y = f(a) + f'(a)(x - a), x \in \mathbf{R}\}$$

称为定义在图像 $G_f = \{(x, f(x))|x \in I\}$ 上 $(a, f(a))$ 点处函数 $f(x)$ 的**切线**(tangent line). 在高中数学中, 也称它为在 $(a, f(a))$ 点处图像 G_f 的切线, 其方程式是 (3.7). 但在我们这里, 把方程式 (3.7) 所确定的直线定义为在 $(a, f(a))$ 点处 G_f 的切线.

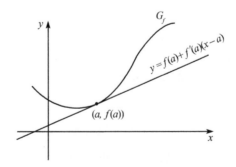

表示函数 $y = f(x)$ 的微分系数的符号除 $f'(x)$ 和 $\mathrm{d}y/\mathrm{d}x$ 之外, 还有 y', $\dot{y}$, $\mathrm{d}f(x)/\mathrm{d}x$, $(\mathrm{d}/\mathrm{d}x)f(x)$ 和 $\mathrm{D}f(x)$ 等. $\mathrm{d}y/\mathrm{d}x = \lim\limits_{\Delta x \to 0} \Delta y/\Delta x$ 的分母 $\mathrm{d}x$ 和分子 $\mathrm{d}y$ 分

别表示无穷小增量 Δx 和 Δy, 但在上述的定义中, $\mathrm{d}x$ 和 $\mathrm{d}y$ 无意义. 为使 $\mathrm{d}x$、$\mathrm{d}y$ 具有意义, 方法之一是, 定义函数 $y = f(x)$ 的**微分**(differential) 为:

$$\mathrm{d}y = \mathrm{d}f(x) = f'(x)\Delta x. \tag{3.8}$$

把微分 $\mathrm{d}y = \mathrm{d}f(x) = f'(x)\Delta x$ 作为变量 x 和变量 Δx 双方的函数. 特别地, 当把 x 看成 x 的函数时, 它的微分系数 $x' = \lim\limits_{\Delta x \to 0} \Delta x/\Delta x = 1$, 即 $\mathrm{d}x = \Delta x$. 所以

$$\frac{\mathrm{d}y}{\mathrm{d}x} = \frac{f'(x)\Delta x}{\Delta x} = f'(x).$$

定理 3.1 如果函数 $f(x)$ 在 x 点可微, 那么函数 $f(x)$ 在 x 点连续.

证明 对于 $y = f(x)$, 由公式 (3.4) 可知, $\Delta x \to 0$ 时, $\Delta y \to 0$. 即 $f(x+\Delta x) - f(x) \to 0$, 因此 $f(x)$ 在点 x 处连续. □

在此证明中, x 点属于区间 I, $f(x)$ 中的 x 是变量. Δx 是与 x 无关的其他变量 h, 虽然开始容易混淆, 但是采用这些符号能够缩短数学公式, 非常简练、实用. 例如, Δx 表示 $x + h$ 中的 h, 而不是表示 $t + h$ 中的 h, 如果习惯的话是很方便的.

推论 定义在某区间上的可微函数在该区间上是连续函数.

根据定理 3.1, 如果 $f(x)$ 在 x 点可微, 那么 $f(x)$ 在 x 点连续, 但我们不能确定 $f(x)$ 在 x 以外点的连续性.

例 3.1 在区间 $(0,1)$ 上定义函数 $f(x)$ 如下: 当 x 为无理数时, $f(x) = 0$; 当 x 为有理数时, $f(x) = 1/p^3$, 其中 $x = q/p$ 为不可约分数 (既约分数), p 和 q 是互素的自然数. 显然, 函数 $f(x)$ 在区间 $(0,1)$ 上的所有的有理点处都不连续. 如果 α 为区间 $(0,1)$ 内的无理数, 例如 $\alpha = b\sqrt{2}/a(a, b$ 为自然数), 那么函数 $f(x)$ 在 $x = \alpha$ 处可微.

[证明] 只需证明

$$\lim_{x \to \alpha} \frac{f(x) - f(\alpha)}{x - \alpha} = 0.$$

首先对于既约分数 $x = q/p$, $0 < q/p < 1$, 从下式来估计 $|q/p - \alpha|$.

$$\left(\frac{q}{p} + \alpha\right)\left(\frac{q}{p} - \alpha\right) = \frac{q^2}{p^2} - \alpha^2 = \frac{q^2}{p^2} - \frac{2b^2}{a^2},$$

则

$$a^2 p^2 \left(\frac{q}{p} + \alpha\right)\left(\frac{q}{p} - \alpha\right) = a^2 q^2 - 2b^2 p^2.$$

这个等式的左边不为 0, 右边为整数. 因此

$$a^2 p^2 \left(\frac{q}{p} + \alpha\right)\left|\frac{q}{p} - \alpha\right| \geqslant 1.$$

因为 q/p 和 α 介于 0 和 1 之间, 所以 $q/p + \alpha < 2$, 因此

$$\left| \frac{q}{p} - \alpha \right| > \frac{1}{2a^2p^2}. \tag{3.9}$$

如果 x $(x \neq \alpha)$ 为无理数, 那么根据函数 $f(x)$ 的定义显然有

$$\frac{f(x) - f(\alpha)}{x - \alpha} = 0,$$

所以令 x 是不可约分数, $x = q/p$, 于是

$$\frac{f(q/p) - f(\alpha)}{q/p - \alpha} = f\left(\frac{q}{p}\right) \bigg/ \left(\frac{q}{p} - \alpha\right) = \left(\frac{1}{p^3}\right) \bigg/ \left(\frac{q}{p} - \alpha\right),$$

因此根据式 (3.9),

$$\left| \frac{f(q/p) - f(\alpha)}{q/p - \alpha} \right| = \left(\frac{1}{p^3}\right) \bigg/ \left|\frac{q}{p} - \alpha\right| < \left(\frac{1}{p^3}\right) \bigg/ \frac{1}{(2a^2p^2)} = \frac{2a^2}{p}.$$

对于任意的正实数 M, 由于 $p < M$ 的不可约分数 q/p $(0 < q/p < 1)$ 仅有有限个, 所以当 $q/p \to \alpha$ 时, $p \to +\infty$, 因此, $2a^2/p \to 0$. 所以,

$$\lim_{\frac{q}{p} - \alpha} \frac{f(q/p) - f(\alpha)}{q/p - \alpha} = 0.$$

即 $f(x)$ 在 $x = \alpha$ 处可微, $f'(\alpha) = 0$. $\qquad\square$

显然无理点 α 稠密地分布在区间 $(0,1)$ 的各处. 因此, $f(x)$ 的不连续点和可微的点分别稠密地分布在区间 $(0,1)$ 的各处. 观察这些微妙的现象对掌握微分的准确含义是非常重要的.

微分系数的定义 $f'(a) = \lim\limits_{x \to a} (f(x) - f(a))/(x - a)$ 中, 当 a 是 $f(x)$ 的定义域 I 的左端点, 例如 $I = [a, b]$ 时, 如 2.1 节所述, $\lim\limits_{x \to a}$ 当 x 从右向 a 接近时的极限记作 $\lim\limits_{x \to a+0}$, 所以,

$$f'(a) = \lim_{x \to a+0} \frac{f(x) - f(a)}{x - a}.$$

一般地, 即使 a 是 I 的内点, 如果极限 $\lim\limits_{x \to a+0} (f(x) - f(a)) / (x - a)$ 存在, 则称此极限为 $f(x)$ 在 a 点处的**右微分系数**(right differential coefficient). 用 $\mathrm{D}^+ f(a)$ 表示:

$$\mathrm{D}^+ f(a) = \lim_{x \to a+0} \frac{f(x) - f(a)}{x - a}.$$

并且这时, 称 $f(x)$ 在 a 点处向右可微, 或**右可微**(right differentiable).

$$\mathrm{D}^+ f(x) = \lim_{h \to +0} \frac{f(x + h) - f(x)}{h},$$

又, 设 $y = f(x)$, 则

$$D^+y = \lim_{\Delta x \to +0} \frac{\Delta y}{\Delta x}.$$

同理可定义**左微分系数** $D^-f(x)$.

例如, 如果 $f(x)$ 是定义在区间 $I = [a, b]$ 上的可微函数, 则 $f'(a) = D^+f(a)$, $f'(b) = D^-f(b)$. 又, 如果定义在区间 I 上的函数 $f(x)$ 在 I 的内点 a 处左可微和右可微, 且 $D^+f(a) = D^-f(a)$, 那么 $f(x)$ 在 a 点处可微, 并且 $f'(a) = D^+f(a) = D^-f(a)$.

3.2 微 分 法 则

前一节, 我们在一个特定区间 I 上考察了函数 $f(x)$. 一般地, 令 $f(x)$ 是定义域包含 I 的函数, 并在区间 I 上我们考察 $f(x)$, 即考察 $f(x)$ 在 I 的限制 $f_I(x)$. 在这种情况下, 根据 2.2 节 a) 处的约定, 当 $f_I(x)$ 可微时, $f(x)$ 在 I 上可微, 或在 I 上关于 x 可微.

例如, 设 $I = [a, b)$, $f(x)$ 在 I 上可微, 意味着 $f(x)$ 在开区间 (a, b) 的各点 x 处可微, 在 a 处右可微. 此时, 只要在 $[a, b)$ 上考察 $f(x)$, 则就约定 $f'(a)$ 表示 $D^+f(a)$. 如果 $f(x)$ 在点 a 处可微, 由于 $D^+f(a)$ 与 $f(x)$ 在 a 点处的微分系数一致, 因此不会因为这个约定而引起混乱.

a) 函数的线性组合、积、商的微分

下面的定理我们在高中数学中已经学过.

定理 3.2 如果函数 $f(x)$ 和 $g(x)$ 在某区间上可微, 那么它们的线性组合 $c_1 f(x) + c_2 g(x)(c_1, c_2$ 为常数) 和它们的积 $f(x)g(x)$ 也在该区间上可微, 并且

$$\frac{\mathrm{d}}{\mathrm{d}x}(c_1 f(x) + c_2 g(x)) = c_1 f'(x) + c_2 g'(x), \tag{3.10}$$

$$\frac{\mathrm{d}}{\mathrm{d}x}(f(x)g(x)) = f'(x)g(x) + f(x)g'(x). \tag{3.11}$$

进一步, 如果在该区间上 $g(x) \neq 0$, 那么其商 $f(x)/g(x)$ 也在该区间上可微, 并且

$$\frac{\mathrm{d}}{\mathrm{d}x}\left(\frac{f(x)}{g(x)}\right) = \frac{f'(x)g(x) - f(x)g'(x)}{g(x)^2}. \tag{3.12}$$

虽然证明也与高中数学所学的相同, 但为了谨慎起见, 这里还是叙述一下关于积与商的微分法则的证明. 设 $y = f(x)$, $z = g(x)$, 则对应于 x 的增量 Δx 的 yz 的增量为

$$\Delta(yz) = (y + \Delta y)(z + \Delta z) - yz = \Delta y \cdot z + y \cdot \Delta z + \Delta y \Delta z.$$

于是

$$\frac{\Delta(yz)}{\Delta x} = \frac{\Delta y}{\Delta x}z + y\frac{\Delta z}{\Delta x} + \Delta y \cdot \frac{\Delta z}{\Delta x},$$

根据假设, 当 $\Delta x \to 0$ 时, $\Delta y/\Delta x \to f'(x), \Delta z/\Delta x \to g'(x)$, 又根据式 (3.4), 由于 $\Delta y \to 0$, 所以

$$\frac{\mathrm{d}(yz)}{\mathrm{d}x} = \lim_{\Delta x \to 0} \frac{\Delta(yz)}{\Delta x} = f'(x) \cdot z + y \cdot g'(x),$$

即

$$\frac{\mathrm{d}}{\mathrm{d}x}(f(x)g(x)) = f'(x)g(x) + f(x)g'(x).$$

如果 $z = g(x) \neq 0$, 那么

$$\Delta\left(\frac{1}{z}\right) = \frac{1}{z + \Delta z} - \frac{1}{z} = \frac{-\Delta z}{(z + \Delta z)z},$$

从而

$$\frac{\Delta\left(\dfrac{1}{z}\right)}{\Delta x} = -\frac{1}{(z + \Delta z)z} \cdot \frac{\Delta z}{\Delta x}.$$

所以

$$\frac{\mathrm{d}}{\mathrm{d}x}\left(\frac{1}{g(x)}\right) = \lim_{\Delta x \to 0} \frac{\Delta\left(\dfrac{1}{z}\right)}{\Delta x} = -\frac{1}{z^2}g'(x) = -\frac{g'(x)}{g(x)^2}.$$

因为 $f(x)/g(x) = f(x) \cdot 1/g(x)$, 所以利用已证明的式 (3.11), 就有

$$\frac{\mathrm{d}}{\mathrm{d}x}\left(\frac{f(x)}{g(x)}\right) = f'(x) \cdot \frac{1}{g(x)} - f(x) \cdot \frac{g'(x)}{g(x)^2} = \frac{f'(x)g(x) - f(x)g'(x)}{g(x)^2}. \qquad \square$$

在此证明中, 如果 $f(x)$ 和 $g(x)$ 在某点处可微, 则极限的计算在该点成立, 所以下面的结论成立.

定理 3.2′ 如果函数 $f(x)$ 和 $g(x)$ 在某区间内一点 x 处可微, 那么函数 $c_1 f(x) + c_2 g(x)$ 和 $f(x)g(x)$ 在点 x 处可微, 并且它们微分系数分别由式 (3.10) 和式 (3.11) 确定. 进一步, 如果在点 x 处, $g(x) \neq 0$, 那么 $f(x)/g(x)$ 在点 x 处也可微, 它的微分系数由式 (3.12) 确定.

b) 复合函数的微分

设 $f(x)$ 是定义在区间 I 上的 x 的函数, $g(y)$ 是定义在区间 J 上的 y 的函数, 并且 $f(x)$ 的值域 $f(I)$ 包含于 $g(y)$ 的定义域 J 内. 我们来研究 f 和 g 的复合函数 $g(f(x))$.

定理 3.3 如果函数 $f(x)$ 在 I 上关于 x 可微, $g(y)$ 在 J 上关于 y 可微, 那么复合函数 $g(f(x))$ 在 I 上关于 x 可微, 并且

$$\frac{\mathrm{d}}{\mathrm{d}x}g(f(x)) = g'(f(x))f'(x). \tag{3.13}$$

证明 设 $y = f(x), z = g(y) = g(f(x))$, 如果对应于 x 的增量 Δx 的 y 和 z 的增量分别为 Δy 和 Δz, 那么根据式 (3.4),

$$\Delta y = f'(x)\Delta x + o(\Delta x), \quad \Delta z = g'(y)\Delta y + o(\Delta y),$$

其中

$$o(\Delta x) = \varepsilon_1(\Delta x)\Delta x, \quad \lim_{\Delta x \to 0} \varepsilon_1(\Delta x) = \varepsilon_1(0) = 0,$$
$$o(\Delta y) = \varepsilon_2(\Delta y)\Delta y, \quad \lim_{\Delta y \to 0} \varepsilon_2(\Delta y) = \varepsilon_2(0) = 0.$$

所以

$$\Delta z = (g'(y) + \varepsilon_2(\Delta y))\Delta y = (g'(y) + \varepsilon_2(\Delta y))(f'(x) + \varepsilon_1(\Delta x))\Delta x.$$

从而, 若

$$\varepsilon(\Delta x) = (g'(y) + \varepsilon_2(\Delta y))\varepsilon_1(\Delta x) + f'(x)\varepsilon_2(\Delta y),$$

则

$$\Delta z = g'(y)f'(x)\Delta x + \varepsilon(\Delta x)\Delta x.$$

当 $\Delta x \to 0$ 时, $\Delta y \to 0, \varepsilon_1(\Delta x) \to 0$, 又当 $\Delta y \to 0$ 时, $\varepsilon_2(\Delta y) \to 0$. 进一步, 因为 $\varepsilon_2(0) = 0$, 所以当 $\Delta x \to 0$ 时, $\varepsilon_2(\Delta y) \to 0$, 从而

$$\lim_{\Delta x \to 0} \varepsilon(\Delta x) = 0.$$

所以

$$\lim_{\Delta x \to 0} \frac{\Delta z}{\Delta x} = g'(y)f'(x).$$

即 $g(f(x))$ 关于 x 可微, 并且

$$\frac{\mathrm{d}}{\mathrm{d}x}g(f(x)) = g'(y)f'(x), \quad y = f(x). \qquad \square$$

设 $y = f(x), z = g(y)$, 则式 (3.13) 可写成

$$\frac{\mathrm{d}z}{\mathrm{d}x} = \frac{\mathrm{d}z}{\mathrm{d}y} \cdot \frac{\mathrm{d}y}{\mathrm{d}x}. \tag{3.14}$$

如果采用微分的记号, 则为

$$\mathrm{d}z = g'(y)f'(x)\mathrm{d}x. \tag{3.15}$$

根据这个结果求 $\mathrm{d}z$, 只需把 $\mathrm{d}y = f'(x)\mathrm{d}x$ 代入 $\mathrm{d}z = g'(y)\mathrm{d}y$ 即可.

注 在上述定理 3.3 的证明中, 当 $\Delta x \to 0$ 时 $\Delta y \to 0$, 但即使 $\Delta x \neq 0$ 时 $\Delta y = 0$ 也有可能成立. 因此从极限的计算:

$$\lim_{\Delta x \to 0} \frac{\Delta z}{\Delta x} = \lim_{\Delta x \to 0} \left(\frac{\Delta z}{\Delta y} \cdot \frac{\Delta y}{\Delta x} \right) = \lim_{\Delta y \to 0} \left(\frac{\Delta z}{\Delta y} \right) \lim_{\Delta x \to 0} \left(\frac{\Delta y}{\Delta x} \right)$$

导出式 (3.14) 的证明一般不成立. 事实上, 当 $\Delta y = 0$ 时, $\Delta z / \Delta y$ 无意义. 在上述的证明中, 即使 $\Delta x \neq 0, \Delta y = 0$ 时也有 $\varepsilon_2 (\Delta y) = \varepsilon_2 (0) = 0$. 所以当 $\Delta x \to 0$ 时 $\varepsilon_2 (\Delta y) \to 0$. 从而 $\varepsilon (\Delta x) \to 0$.

定理 3.3′　如果 $f(x)$ 在 $x = a$ 处可微, $g(y)$ 在 $y = f(a)$ 处可微, 那么复合函数 $\sigma (x) = g (f(x))$ 在 $x = a$ 处可微, 并且

$$\sigma'(a) = g'(f(a))f'(a).$$

证明　在定理 3.3 的证明中, 把 x 用 a, y 用 $b = f(a)$ 替换即可. □

c) 反函数的微分

设 $y = f(x)$ 是定义在区间 I 上的 x 的连续单调函数, 则根据定理 2.7, 它的反函数 $x = f^{-1}(y)$ 在区间 $f(I)$ 上是 y 的连续单调函数. 此时, 有下面结论:

定理 3.4　如果函数 $y = f(x)$ 在区间 I 上关于 x 可微, 且 $f'(x) \neq 0$, 那么函数 $x = f^{-1}(y)$ 在区间 $f(I)$ 上关于 y 可微, 并且

$$\frac{\mathrm{d}x}{\mathrm{d}y} = 1 \left/ \left(\frac{\mathrm{d}y}{\mathrm{d}x} \right) \right. . \tag{3.16}$$

证明　设 y 的增量为 Δy, 与 y 对应的 x 的增量为 Δx. 因为 $f^{-1}(y)$ 连续并且单调, 所以当 $\Delta y \to 0$ 时, $\Delta x \to 0$; 当 $\Delta y \neq 0$ 时 $\Delta x \neq 0$. 因此

$$\frac{\mathrm{d}x}{\mathrm{d}y} = \lim_{\Delta y \to 0} \frac{\Delta x}{\Delta y} = \lim_{\Delta x \to 0} \left(1 \left/ \left(\frac{\Delta y}{\Delta x} \right) \right. \right) = 1 \left/ \left(\frac{\mathrm{d}y}{\mathrm{d}x} \right) \right. . \qquad □$$

即使 $y = f(x)$ 是连续并且单调递增的函数, 但在某些点 x 处 $f'(x) = 0$. 例如, 若 $f(x) = x^3$, 则 $f'(0) = \lim\limits_{\Delta x \to 0} (\Delta x)^3 / \Delta x = \lim\limits_{\Delta x \to 0} (\Delta x)^2 = 0$. 这时因为 $\Delta y = (\Delta x)^3$, 所以

$$\lim_{\Delta y \to 0} \frac{\Delta x}{\Delta y} = \lim_{\Delta x \to 0} \frac{1}{(\Delta x)^2} = +\infty,$$

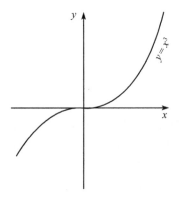

即 $f^{-1}(y) = y^{1/3}$ 在 $y = 0$ 处不可微.

d) 初等函数的导函数

(1) 多项式和有理式　我们在高中时学过 $x^n(n$ 是自然数$)$ 的导函数为 nx^{n-1}. 此结果可以根据关于 n 的归纳法获得. 即当 $n = 1$ 时, $dx/dx=1$; 当 $n \geqslant 2$ 时, 如果假设 $(d/dx)\, x^{n-1} = (n-1)\, x^{n-2}$ 成立, 那么根据函数乘积的微分法则, $(d/dx)\, x^n = (d/dx)\, (x \cdot x^{n-1}) = 1 \cdot x^{n-1} + x \cdot (n-1)\, x^{n-2} = nx^{n-1}$. 因而, 根据归纳法,

$$\frac{d}{dx} x^n = nx^{n-1}.$$

从而, 多项式

$$f(x) = a_0 x^n + a_1 x^{n-1} + \cdots + a_{n-1} x + a_n$$

的导函数为

$$f'(x) = na_0 x^{n-1} + (n-1)a_1 x^{n-2} + \cdots + a_{n-1}.$$

求有理式 $f(x)/g(x)$ 的导函数时, 先求 $f'(x)$ 和 $g'(x)$, 再利用商的微分法则即可, 其中 $f(x), g(x)$ 为多项式.

(2) 对数函数　研究以不等于 1 的正实数 a 为底的对数函数 $\log_a x$. 其定义域是 $\mathbf{R}^+ = (0, +\infty)$. 由式 (2.8) 和式 (2.9) 知,

$$e = \lim_{t \to +\infty} \left(1 + \frac{1}{t}\right)^t = \lim_{t \to -\infty} \left(1 + \frac{1}{t}\right)^t,$$

因而, 如果令 $s = 1/t$, 那么

$$e = \lim_{s \to 0} (1 + s)^{1/s}. \tag{3.17}$$

于是, 因为

$$\frac{1}{h}(\log_a(x + h) - \log_a x) = \frac{1}{h} \log_a \left(\frac{x + h}{x}\right) = \log_a \left(1 + \frac{h}{x}\right)^{1/h},$$

所以, 若令 $s = h/x$, 则

$$\frac{1}{h}(\log_a(x + h) - \log_a x) = \log_a(1 + s)^{1/sx} = \frac{1}{x} \log_a(1 + s)^{1/s}.$$

故由式 (3.17) 和 $\log_a x$ 的连续性,

$$\lim_{h \to 0} \frac{1}{h}(\log_a(x + h) - \log_a x) = \frac{1}{x} \lim_{s \to 0} \log_a(1 + s)^{1/s} = \frac{1}{x} \log_a e.$$

即

$$\frac{d}{dx} \log_a x = (\log_a e)\frac{1}{x}, \tag{3.18}$$

特别地, 若 $a = \mathrm{e}$, 则

$$\frac{\mathrm{d}}{\mathrm{d}x} \ln x = \frac{1}{x}. \tag{3.19}$$

由等式 (3.19) 知, 对数函数的底取 e 是很自然的.

(3) 指数函数、幂函数　以不等于 1 的正实数 a 为底的指数函数 $y = a^x$ 是定义在实直线 $\mathbf{R}$ 上的连续单调函数, 其反函数为对数函数: $x = \log_a y$. 根据式 (3.18), $\mathrm{d}x/\mathrm{d}y = \log_a \mathrm{e} \cdot 1/y$, 又根据式 (2.12), $\log_a \mathrm{e} \cdot \log_{\mathrm{e}} a = 1$. 所以由反函数的微分法则

$$\frac{\mathrm{d}y}{\mathrm{d}x} = 1 \bigg/ \left(\frac{\mathrm{d}x}{\mathrm{d}y} \right) = (\ln a)y,$$

即

$$\frac{\mathrm{d}}{\mathrm{d}x} a^x = (\ln a)a^x, \tag{3.20}$$

特别地,

$$\frac{\mathrm{d}}{\mathrm{d}x} \mathrm{e}^x = \mathrm{e}^x. \tag{3.21}$$

虽然以上是通过求对数函数的导函数来求指数函数的导函数, 但如果用 e^x 的幂级数表示式 (2.10), 也可以如下直接证明式 (3.21). 因为

$$\frac{\mathrm{e}^{x+h} - \mathrm{e}^x}{h} = \mathrm{e}^x \cdot \frac{\mathrm{e}^h - 1}{h},$$

所以, 要证明式 (3.21), 只需证明 $\lim\limits_{h \to 0} (\mathrm{e}^h - 1)/h = 1$ 即可. 由式 (2.10),

$$\mathrm{e}^h = 1 + h + \sum_{n=2}^{\infty} \frac{h^n}{n!},$$

从而

$$\frac{\mathrm{e}^h - 1}{h} = 1 + \sum_{n=2}^{\infty} \frac{h^{n-1}}{n!},$$

当 $|h| < 1$ 时,

$$\left| \sum_{n=2}^{\infty} \frac{h^{n-1}}{n!} \right| \leqslant \sum_{n=1}^{\infty} |h|^n = \frac{|h|}{1 - |h|}.$$

所以

$$\lim_{h \to 0} \frac{\mathrm{e}^h - 1}{h} = 1.$$

于是式 (3.21) 得证. 又因为 $a^x = \left(\mathrm{e}^{\ln a} \right)^x = \mathrm{e}^{x \ln a}$, 若令 $y = x \ln a$, 则 $a^x = \mathrm{e}^y$, 因此由复合函数的微分法则, 有

$$\frac{\mathrm{d}}{\mathrm{d}x} a^x = \frac{\mathrm{d}y}{\mathrm{d}x} \frac{\mathrm{d}}{\mathrm{d}y} \mathrm{e}^y = \ln a \cdot \mathrm{e}^y = \ln a \cdot a^x.$$

从而式 (3.20) 得证.

对于任意给定的实数 α, 幂函数 x^α 的定义域是 $\mathbf{R}^+ = (0, +\infty)$, 它可表示为 $x^\alpha = \mathrm{e}^{\alpha \ln x}$. 令 $y = \alpha \ln x$, 则 $x^\alpha = \mathrm{e}^y$. 所以由式 (3.19) 和式 (3.21),

$$\frac{\mathrm{d}x^\alpha}{\mathrm{d}x} = \frac{\mathrm{d}\mathrm{e}^y}{\mathrm{d}y} \cdot \frac{\mathrm{d}y}{\mathrm{d}x} = \mathrm{e}^y \alpha \frac{1}{x} = \alpha x^\alpha x^{-1} = \alpha x^{\alpha-1},$$

即

$$\frac{\mathrm{d}}{\mathrm{d}x} x^\alpha = \alpha x^{\alpha-1}. \tag{3.22}$$

(4) 三角函数 由加法定理 (2.23)

$$\sin(x + h) = \sin h \cos x + \cos h \sin x,$$

所以

$$\frac{\sin(x + h) - \sin x}{h} = \frac{\sin h}{h} \cos x + \frac{\cos h - 1}{h} \sin x.$$

从而要求 $\sin x$ 的导函数, 只需求当 $h \to 0$ 时, $\sin h/h$ 和 $(\cos h - 1)/h$ 的极限即可. 由式 (2.25),

$$\frac{\sin h}{h} = 1 - \frac{h^2}{3!} + \frac{h^4}{5!} - \frac{h^6}{7!} + \cdots.$$

当 $0 < |h| < 1$ 时, 此式右边的交错级数的各项绝对值构成的数列 $\{h^{2n}/(2n+1)!\}$ 单调递减并且收敛于 0. 因此, 由定理 1.23,

$$1 - \frac{h^2}{6} < \frac{\sin h}{h} < 1, \quad 0 < |h| < 1,$$

所以

$$\lim_{h \to 0} \frac{\sin h}{h} = 1. \tag{3.23}$$

因为 $\sin^2 h = 1 - \cos^2 h = (1 + \cos h)(1 - \cos h)$, 所以

$$\frac{1 - \cos h}{h} = \frac{\sin h}{1 + \cos h} \cdot \frac{\sin h}{h}.$$

因此, 当 $h \to 0$ 时, $\cos h \to 1$, $\sin h \to 0$, 由式 (3.23),

$$\lim_{h \to 0} \frac{1 - \cos h}{h} = 0. \tag{3.24}$$

所以

$$\lim_{h \to 0} \frac{\sin(x + h) - \sin x}{h} = \cos x,$$

即

$$\frac{\mathrm{d}}{\mathrm{d}x}\sin x = \cos x. \tag{3.25}$$

根据加法定理 (2.23),

$$\frac{\cos(x+h)-\cos x}{h} = \frac{\cos h-1}{h}\cos x - \frac{\sin h}{h}\sin x,$$

同理,

$$\frac{\mathrm{d}}{\mathrm{d}x}\cos x = -\sin x. \tag{3.26}$$

利用商的微分法则, 可以由式 (3.25) 和式 (3.26) 直接得

$$\frac{\mathrm{d}}{\mathrm{d}x}\tan x = \frac{1}{\cos^2 x}, \quad x \neq \frac{\pi}{2} \pm m\pi, \quad m \text{为整数}. \tag{3.27}$$

3.3   导函数的性质

定理 3.5 (中值定理)   如果函数 $f(x)$ 在闭区间 $[a,b]$ 上连续, 在开区间 (a,b) 上可微, 则存在点 ξ 满足条件

$$f'(\xi) = \frac{f(b)-f(a)}{b-a}, \quad a < \xi < b. \tag{3.28}$$

对于函数 f 的图像 G_f, 式 (3.28) 意味着在 G_f 上点 $(\xi, f(\xi))$ 处的切线平行于过 G_f 两端 $(a, f(a))$ 和 $(b, f(b))$ 的直线 l.

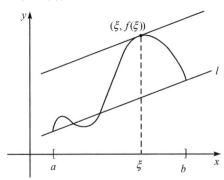

首先把这个定理的特殊情况作为引理进行证明.

引理 3.1 (Rolle 定理)   如果函数 $f(x)$ 在闭区间 $[a,b]$ 上连续, 在开区间 (a,b) 上可微, 并且 $f(a) = f(b)$, 那么存在一点 $\xi \in (a,b)$, 使得 $f'(\xi) = 0$.

证明   设 $\gamma = f(a) = f(b)$, 如果在 $[a,b]$ 上 $f(x)$ 恒等于 γ, 那么对于所有的 $\xi\,(a < \xi < b)$, 都有 $f'(\xi) = 0$. 因此下面我们不考虑这种情况. 由定理 2.4, 在闭

区间 $[a,b]$ 上定义的连续函数 $f(x)$ 存在最大值 $\beta = f(\xi)\,(a \leqslant \xi \leqslant b)$ 和最小值 $\alpha = f(\eta)\,(a \leqslant \eta \leqslant b)$. 由于不考虑 $\beta = \alpha = \gamma$ 的情况, 所以或者 $\beta > \gamma$ 或者 $\alpha < \gamma$. 如果 $\beta = f(\xi) > \gamma$, 那么 $a < \xi < b$. 则由假设条件, 存在

$$f'(\xi) = \lim_{h \to 0} \frac{f(\xi+h) - f(\xi)}{h}.$$

因为 $f(\xi+h) - f(\xi) \leqslant 0$, 所以由 $h > 0$ 或 $h < 0$, 可知 $(f(\xi+h) - f(\xi))/h \leqslant 0$ 或 $(f(\xi+h) - f(\xi))/h \geqslant 0$. 因此

$$f'(\xi) = \lim_{h \to +0} \frac{f(\xi+h) - f(\xi)}{h} \leqslant 0,$$

$$f'(\xi) = \lim_{h \to -0} \frac{f(\xi+h) - f(\xi)}{h} \geqslant 0.$$

所以 $f'(\xi) = 0$.

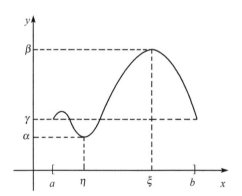

如果 $\alpha = f(\eta) < \gamma$, 那么 $a < \eta < b$, 同理可证 $f'(\eta) = 0$. □

定理 3.5 的证明

如果设

$$q = \frac{f(b) - f(a)}{b - a},$$

则过 f 的图像 G_f 的两端点 $(a, f(a)), (b, f(b))$ 的直线 l 的方程式为:

$$y = f(a) + q(x - a).$$

若令 $f(x)$ 与方程式右边相减所得的差为

$$g(x) = f(x) - f(a) - q(x - a).$$

则 $g(x)$ 在 $[a,b]$ 上连续, 在 (a,b) 内可导, 并且 $g(a) = g(b) = 0$, 所以由引理 3.1, 存在一点 $\xi \in (a,b)$, 使得 $g'(\xi) = 0$. 因为 $g'(x) = f'(x) - q$, 所以 $f'(\xi) = q$. □

定理 3.6　设 $f(x)$ 是定义在区间 I 上的可微函数. 在区间 I 上, 若恒有 $f'(\varepsilon) > 0$, 那么 $f(x)$ 是单调递增函数; 恒有 $f'(\varepsilon) < 0$, 那么 $f(x)$ 是单调递减函数; 若恒有 $f'(\xi) = 0$, 那么 $f(x)$ 是常值函数.

证明　对于 I 内的任意两点 s, t, $s < t$, 由中值定理, 存在 ξ, 使得

$$f(t) - f(s) = f'(\xi)(t-s), \quad s < \xi < t$$

成立. 所以在区间 I 上, 若恒有 $f'(x) > 0$, 则 $f(s) < f(t)$; 若恒有 $f'(x) < 0$, 则 $f(s) > f(t)$; 若恒有 $f'(x) = 0$, 则 $f(s) = f(t)$.　□

尽管函数 $f(x)$ 在区间 I 上可微且单调递增, 但在 I 上也未必恒有 $f'(x) > 0$. 例如, 虽然 $f'(x) = x^3$ 在 **R** 上单调递增, 但 $f'(0) = 0$, 即 $f'(x) > 0$ 恒成立只是单调递增的充分条件, 而不是必要条件.

定理 3.7　设函数 $f(x)$ 是定义在区间 I 上的可微函数. 函数 $f(x)$ 是单调非减的充分必要条件是在区间 I 上, 恒有 $f'(x) \geqslant 0$. 函数 $f(x)$ 是单调非增的充分必要条件是在区间 I 上, 恒有 $f'(x) \leqslant 0$.

证明　如果 $y = f(x)$ 单调非减, 那么当 $\Delta x > 0$ 时, $\Delta y \geqslant 0$; 当 $\Delta x < 0$ 时, $\Delta y \leqslant 0$. 所以

$$f'(x) = \lim_{\Delta x \to 0} \frac{\Delta y}{\Delta x} \geqslant 0.$$

反之, 在区间 I 上, 如果恒有 $f'(x) \geqslant 0$, 那么对于区间 I 内任意两点 $s, t\,(s < t)$, 根据中值定理, 至少存在一点 ξ, 使得

$$f(t) - f(s) = f'(\xi)(t-s), \quad s < \xi < t,$$

所以 $f(t) \geqslant f(s)$. 即 $f(x)$ 单调非减. 关于 $f(x)$ 的单调非增的情况, 同理可证.　□

定理 3.8　定义在区间 I 上的可微函数 $f(x)$ 是单调递增的充分必要条件是, 在区间 I 上恒有 $f'(x) \geqslant 0$, 并且满足 $f'(x) > 0$ 的点 x 的集合在 I 内稠密.

证明　如果 $f(x)$ 单调递增, 那么根据上一个定理, 在区间 I 上恒有 $f'(x) \geqslant 0$. 假设满足 $f'(x) > 0$ 的点 x 的集合在 I 内不稠密, 则存在闭区间 $[s, t] \subset I$, $s < t$, 并且在该区间上不存在满足 $f'(x) > 0$ 的点 x. 即如果 $s < x < t$, 那么 $f'(x) = 0$. 因此由定理 3.6, 有 $f(s) = f(t)$. 这与函数 $f(x)$ 是单调递增函数相矛盾. 所以, 满足 $f'(x) > 0$ 的点 x 的集合在 I 内稠密.

反之, 假设在区间 I 上恒有 $f'(x) \geqslant 0$ 并且满足 $f'(x) > 0$ 的点 x 的集合在区间 I 内稠密, 则根据前一个定理可知函数 $f(x)$ 单调非减. 如果函数 $f(x)$ 非单调递增, 那么对于区间 I 内的两点 $s, t\,(s < t)$, 有 $f(s) = f(t)$. 因此, $s < x < t$ 时, $f(x) = f(s)$, 所以 $f'(x) = 0$. 这与假设相矛盾. 所以 $f(x)$ 单调递增.　□

关于单调递减的情况, 类似定理也同样成立.

例 3.2 $f(x) = \ln x / x$, 则 $f'(x) = (1 - \ln x)/x^2$. 于是当 $x < e$ 时, $f'(x) > 0$; 当 $x > e$ 时, $f'(x) < 0$. 因此 $\ln x / x$ 在区间 $(0, e]$ 上单调递增, 在 $[e, +\infty)$ 上单调递减. 由 2.3 节例 2.9, $\lim\limits_{x \to +\infty} \ln x / x = 0$, 若令 $t = 1/x$, $x \to +0$ 时 $t \to +\infty$. 所以 $\lim\limits_{x \to +0} \ln x / x = -\lim\limits_{t \to +\infty} t \ln t = -\infty$. 在 $(0, +\infty)$ 上定义的函数 $\ln x / x$ 在 $x = e$ 处取最大值 $1/e$.

下面的定理是中值定理的推广.

定理 3.9 设函数 $f(x), g(x)$ 在闭区间 $[a, b]$ 上连续, 在开区间 (a, b) 上可微, 并且设 $f'(x), g'(x)$ 在 (a, b) 内任意点 x 处不同时为 0. 如果 $g(a) \neq g(b)$, 则存在一点 ξ, 使得

$$\frac{f'(\xi)}{g'(\xi)} = \frac{f(b) - f(a)}{g(b) - g(a)}, \quad a < \xi < b \tag{3.29}$$

成立.

证明 设 $\lambda = f(b) - f(a)$, $\mu = g(b) - g(a)$, 定义辅助函数

$$\varphi(x) = \mu(f(x) - f(a)) - \lambda(g(x) - g(a)),$$

则 $\varphi(x)$ 在闭区间 $[a, b]$ 上连续, 在开区间 (a, b) 上可微, 并且 $\varphi(a) = \varphi(b) = 0$, 所以由引理 3.1, 存在一点 $\xi (a < \xi < b)$, 使得 $\varphi'(\xi) = 0$. 因为 $\varphi'(x) = \mu f'(x) - \lambda g'(x)$, 所以 $\mu f'(\xi) = \lambda g'(\xi)$, 即

$$(g(b) - g(a))f'(\xi) = (f(b) - f(a))g'(\xi).$$

如果设 $g'(\xi) = 0$, 那么因为 $g(b) - g(a) \neq 0$, 所以 $f'(\xi) = 0$. 这与假设矛盾. 故 $g'(\xi) \neq 0$. 因此

$$\frac{f'(\xi)}{g'(\xi)} = \frac{f(b) - f(a)}{g(b) - g(a)}. \qquad \Box$$

关于可微性与连续性的关系有必要进行说明. 在某区间上可微的函数在该区间上必连续 (定理 3.1 的推论), 但连续的函数未必可微.

例 3.3 如果函数 $f(x)$ 定义为: 当 $x \neq 0$ 时, $f(x) = x \sin(1/x)$; 当 $x = 0$ 时, $f(0) = 0$. 那么 $x \neq 0$ 时, 显然 $f(x)$ 连续. 又因为 $|f(x) - f(0)| \leqslant |x|$, 所以函数 $f(x)$ 在 $x = 0$ 处也连续. 但是因为

$$\lim_{h \to 0} \frac{f(h) - f(0)}{h} = \lim_{h \to 0} \sin \frac{1}{h}$$

不存在, 所以函数 $f(x)$ 在 $x = 0$ 处不可微. 当 $x \neq 0$ 时, 函数 $f(x)$ 可微, 并且

$$f'(x) = \sin \frac{1}{x} - \frac{1}{x} \cos \frac{1}{x}.$$

例 3.4 设

$$f(x) = \sum_{n=1}^{\infty} \frac{1}{2^n} |\sin(\pi n! x)|,$$

对任意实数 x, 等式右边的级数显然绝对收敛. $f(x)$ 是定义在实直线 **R** 上的 x 的连续函数, 但在有理点 r 处不可微.

[证明] 函数 $f(x)$ 的连续性将在第 5 章中证明. $|\sin(\pi x)|$ 是连续函数, 并且在实直线 **R** 上除整数点外的每一点处可微, 在每个整数点处左可微或右可微

$$\mathrm{D}^+|\sin(\pi k)| = \pi, \quad \mathrm{D}^-|\sin(\pi k)| = -\pi.$$

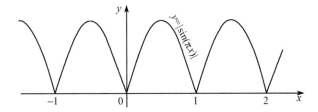

假设 $f(x)$ 在有理点 r 处可微, 并且把使得 $n! r$ 为整数的最小自然数 n 设为 m. 那么当 $n < m$ 时, $n! r$ 不是整数. 所以 $|\sin(\pi n! x)|$ 在 $x = r$ 处可微, 因此

$$f_m(x) = \sum_{n=m}^{\infty} \frac{1}{2^n} |\sin(\pi n! x)|$$

也在 $x = r$ 处可微. 另一方面, 如果设 $\sigma_m(x) = |\sin(\pi m! x)|/2^m$, 那么

$$f_m(x) \geqslant \sigma_m(x), \quad f_m(r) = \sigma_m(r) = 0,$$

又因为当 $x \to r+0$ 时 $x - r > 0$; 当 $x \to r-0$ 时, $x - r < 0$, 所以

$$f'_m(r) = \lim_{x \to r+0} \frac{f_m(x)}{x - r} \geqslant \lim_{x \to r+0} \frac{\sigma_m(x)}{x - r} = \mathrm{D}^+ \sigma_m(r) = \frac{m!\pi}{2^m},$$

$$f'_m(r) = \lim_{x \to r-0} \frac{f_m(x)}{x - r} \leqslant \lim_{x \to r-0} \frac{\sigma_m(x)}{x - r} = \mathrm{D}^- \sigma_m(r) = -\frac{m!\pi}{2^m}.$$

这是矛盾的. □

Weierstrass 证明了, 定义为

$$f(x) = \sum_{n=1}^{\infty} \frac{1}{2^n} \cos(k^n \pi x), \quad k \text{ 为奇数}, k \geqslant 13$$

的连续函数 $f(x)$ 在实直线 **R** 上的各点 x 处是不可微的 [①].

---

① 参考藤原松三郎的《微分积分学 I》, pp.160-164.

在某区间上可微, 从而连续的函数的导函数未必在该区间上连续.

例 3.5 定义函数 $f(x)$ 为: 当 $x \neq 0$ 时, $f(x) = x^2 \sin(1/x)$; 当 $x = 0$ 时, $f(0) = 0$. 则

$$f'(0) = \lim_{h \to 0} \frac{f(h) - f(0)}{h} = \lim_{h \to 0} h \sin \frac{1}{h} = 0,$$

当 $x \neq 0$ 时,

$$f'(x) = 2x \sin \frac{1}{x} - \cos \frac{1}{x}.$$

即 $f(x)$ 在 **R** 上的各点 x 处可微. 但是, 如果设 $h_n = 1/n\pi$ (n 为自然数), 则当 $n \to \infty$ 时, $h_n \to 0$, 并且 $f'(h_n) = (-1)^{n+1}$. 因而 $f'(x)$ 在 $x = 0$ 处不连续, 并且 $\lim_{x \to +0} f'(x)$ 和 $\lim_{x \to -0} f'(x)$ 都不存在.

定理 3.10 如果定义在区间 $[c, b)$ 上的连续函数 $f(x)$ 在开区间 (c, b) 上可微, 并且 $\lim_{x \to c+0} f'(x)$ 存在, 那么 $f(x)$ 在 c 处也可微, 并且

$$f'(c) = \lim_{x \to c+0} f'(x).$$

证明 设 $c < x < b$, 则根据中值定理, 存在一点 ξ, 使得

$$\frac{f(x) - f(c)}{x - c} = f'(\xi), \quad c < \xi < x,$$

当然 ξ 未必只有一点, 如果对应各个 x, 选取一点 ξ, 当 $x \to c+0$ 时, $\xi \to c+0$, 则

$$\lim_{x \to c+0} \frac{f(x) - f(c)}{x - c} = \lim_{\xi \to c+0} f'(\xi).$$

即 $f(x)$ 在 c 处可微且 $f'(c) = \lim_{x \to c+0} f'(x)$. □

同理, 如果定义在 $(a, c]$ 上的连续函数 $f(x)$ 在 (a, c) 上可微, 并且 $\lim_{x \to c-0} f'(x)$ 存在, 则 $f(x)$ 在点 c 处也可微, 并且 $f'(c) = \lim_{x \to c-0} f'(x)$.

推论 设函数 $f(x)$ 在区间 (a, b) 上连续, 并且在区间内除 c 点外可微. 如果 $\lim_{x \to c} f'(x)$ 存在, 那么 $f(x)$ 在点 c 处也可微, 并且 $f'(c) = \lim_{x \to c} f'(x)$.

设函数 $f(x)$ 在区间 (a, b) 上可微, $a < c < b$. 如果 $\lim_{x \to c+0} f'(x)$ 和 $\lim_{x \to c-0} f'(x)$ 同时存在, 则 $\lim_{x \to c+0} f'(x) = f'(c)$, $\lim_{x \to c-0} f'(x) = f'(c)$, 即 $f'(x)$ 在点 c 处连续; 导函数 $f'(x)$ 不含有满足 $\lim_{x \to c+0} f'(x)$ 和 $\lim_{x \to c-0} f'(x)$ 同时存在, 而 $\lim_{x \to c+0} f'(x) \neq \lim_{x \to c-0} f'(x)$ 的不连续点.[①]

---

① 设函数 $f(x)$ 在区间 (a, b) 上可微, 则导函数 $f'(x)$ 在 (a, b) 上不存在可去间断点和第一类间断点.

—— 译者注

光滑函数　函数 $f(x)$ 在区间 I 上可微, 并且它的导函数 $f'(x)$ 在 I 上连续时, 称函数 $f(x)$ 在 I 上是**光滑的**(smooth), 或**连续可微的**.

在有限区间 I 上连续的函数 $f(x)$, 如果满足以下的条件, 那么就称函数 $f(x)$ 在区间 I 上**分段光滑**(piecewise smooth): 函数 $f(x)$ 在区间 I 上除有限个点 $a_1, a_2, \cdots,$ $a_k, \cdots, a_m$ 外光滑, 在各点 a_k 处函数 $f(x)$ 左右可微, 并且

$$\lim_{x \to a_k+0} f'(x) = D^+ f(a_k), \qquad \lim_{x \to a_k-0} f'(x) = D^- f(a_k).$$

此时, 若设 $I = (a, b), a_1 < \cdots < a_{k-1} < a_k < \cdots < a_m$, 则区间 I 被分割为 $m+1$ 个子区间 $I_1 = (a, a_1], \cdots, I_k = [a_{k-1}, a_k], \cdots, I_{m+1} = [a_m, b]$, 并且在各子区间 I_k 上 $f(x)$ 是光滑的函数. 这就是称它为分段光滑函数的原因. 在实际应用上, 比起单纯的可微函数, 光滑函数或分段光滑函数更常见.

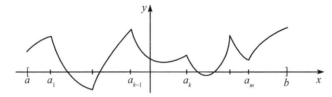

在无限区间例如 $[0, +\infty)$ 上连续的函数 $f(x)$, 如果在包含于 $[0, +\infty)$ 的任意有限区间 I 上分段光滑, 那么称函数 $f(x)$ 在 $[0, +\infty)$ 上分段光滑. 例如, 函数 $|\sin x|$ 在 $(-\infty, +\infty)$ 上分段光滑.

3.4　高 阶 微 分

a) 高阶导函数

在区间 I 上定义的可微函数 $f(x)$ 的导函数 $f'(x) = (d/dx) f(x)$ 也在区间 I 上可微时, 称函数 $f(x)$ 在区间 I 上 2 阶可微. 把 $f'(x)$ 的导函数 $(d/dx) f'(x)$ 称作 $f(x)$ 的 **2 阶导函数**(second derivative). $f(x)$ 的 2 阶导函数用 $f''(x)$ 或 $(d^2/dx^2) f(x)$ 表示. 当然 $(d^2/dx^2) f(x)$ 表示 $(d/dx)((d/dx) f(x))$. 进而, 如果 $f''(x)$ 在区间 I 上可微, 则称 $f(x)$ 在区间 I 上 **3 阶可微**, 把 $f''(x)$ 的导函数 $(d/dx) f''(x)$ 称为 $f(x)$ 的**3 阶导数**(third derivative), 记为 $f'''(x)$ 或 $(d^3/dx^3) f(x)$. 同样可以定义 4 阶, 5 阶, $\cdots, n$ 阶, $\cdots$ 的导函数. 一般地, 如果 $f(x)$ 的 $n-1$ 阶导函数 $f^{(n-1)}(x) = (d^{n-1}/dx^{n-1}) f(x)$ 在区间 I 上可微, 则称 $f(x)$ 在区间 I 上 n 阶可微, $f^{(n-1)}(x)$ 的导函数 $(d/dx) f^{(n-1)}(x)$ 是 $f(x)$ 的 **n 阶导函数**(n-th derivative, n-th derived function), 记为 $f^{(n)}(x)$ 或 $(d^n/dx^n) f(x)$. n 阶导函数也称**第 n 阶导函数**. 在区间 I 内点 a 处的 $f^{(n)}(x)$ 的值 $f^{(n)}(a)$ 是 $f(x)$ 在点 a 处的 **n 阶微分系数**.

表示函数 $y = f(x)$ 的 n 阶导函数的符号除 $f^{(n)}(x)$, $(\mathrm{d}^n/\mathrm{d}x^n)f(x)$ 外, 还有 $\mathrm{d}^n y/\mathrm{d}x^n, y^{(n)}, (\mathrm{d}/\mathrm{d}x)^n f(x), \mathrm{D}^n f(x)$ 等.

一般地, 函数 $f(x)$ 的定义域包含区间 I 时, 根据 2.2 节 a) 的约定, 如果 $f(x)$ 在区间 I 上的限制 $f_I(x)$ 在区间 I 上 n 阶可微, 那么称函数 $f(x)$ 在 I 上 n 阶可微, 或者在 I 上关于 x 是 n 阶可微的.

定理 3.11 如果函数 $y = f(x)$ 和 $z = g(x)$ 在区间 I 上 n 阶可微, 则它们的线性组合 $c_1 y + c_2 z = c_1 f(x) + c_2 g(x), c_1, c_2$ 为常数, 及它们的积 $yz = f(x)g(x)$ 也在 I 上 n 阶可微, 并且

$$\frac{\mathrm{d}^n}{\mathrm{d}x^n}(c_1 y + c_2 z) = c_1 y^{(n)} + c_2 z^{(n)}, \tag{3.30}$$

$$\frac{\mathrm{d}^n}{\mathrm{d}x^n}(yz) = y^{(n)}z + \binom{n}{1}y^{(n-1)}z' + \cdots + \binom{n}{k}y^{(n-k)}z^{(k)} + \cdots + yz^{(n)}. \tag{3.31}$$

进而, 如果在区间 I 上 $g(x) \neq 0$, 那么商 $f(x)/g(x)$ 亦在 I 上 n 阶可微.

证明 $c_1 y + c_2 z$ 是 n 阶可微, 并且易知式 (3.30) 成立.

yz 的 n 阶可微性及式 (3.31) 成立, 可以通过对 n 用归纳法证明. 即假设 yz 是 $n-1$ 阶可微, 并且

$$\frac{\mathrm{d}^{n-1}}{\mathrm{d}x^{n-1}}(yz) = \sum_{k=0}^{n-1} \binom{n-1}{k} y^{(n-1-k)} z^{(k)}$$

成立. 这里我们约定 $y^{(0)} = y, z^{(0)} = z$. 根据假设, 因为 y 和 z 是 n 阶可微, 所以式子右边的 $y^{(n-1-k)}$ 和 $z^{(k)}$ 至少 1 阶可微, 从而 $(\mathrm{d}^{n-1}/\mathrm{d}x^{n-1})(yz)$ 可微, 即 yz 是 n 阶可微.

因为

$$\frac{\mathrm{d}}{\mathrm{d}x}(y^{(n-1-k)}z^{(k)}) = y^{(n-k)}z^{(k)} + y^{(n-k-1)}z^{(k+1)}$$

成立, 所以利用公式 $\binom{n-1}{k} + \binom{n-1}{k-1} = \binom{n}{k}$, 可得

$$\begin{aligned}
\frac{\mathrm{d}^n}{\mathrm{d}x^n}(yz) &= \sum_{k=0}^{n-1} \binom{n-1}{k} y^{(n-k)} z^{(k)} + \sum_{k=0}^{n-1} \binom{n-1}{k} y^{(n-k-1)} z^{(k+1)} \\
&= y^{(n)}z + \sum_{k=1}^{n-1} \left[\binom{n-1}{k} + \binom{n-1}{k-1} \right] y^{(n-k)} z^{(k)} + yz^{(n)} \\
&= y^{(n)}z + \sum_{k=1}^{n-1} \binom{n}{k} y^{(n-k)} z^{(k)} + yz^{(n)}.
\end{aligned}$$

即式 (3.31) 成立.

要证明 $z = g(x) \neq 0$ 时, $y/z = f(x)/g(x)$ 是 n 阶可微, 只需证明 $1/z$ 是 n 阶可微即可. 因为 $(\mathrm{d}/\mathrm{d}x)(1/z) = -z'/z^2$, 所以

$$\frac{\mathrm{d}^2}{\mathrm{d}x^2}\left(\frac{1}{z}\right) = -\frac{z''}{z^2} + \frac{2z'^2}{z^3} = \frac{-zz'' + 2z'^2}{z^3},$$

同理,

$$\frac{\mathrm{d}^3}{\mathrm{d}x^3}\left(\frac{1}{z}\right) = \frac{6zz'z'' - z^2z''' - 6z'^3}{z^4}.$$

计算到此, 对于 $m = 4, 5, 6, \cdots, n$, 如果 $1/z$ 是 m 阶可微, 那么我们猜测它的 m 阶导函数可用 $z, z', z'', \cdots, z^{(m)}$ 的某个多项式 $P_m\left(z, z', z'', \cdots, z^{(m)}\right)$ 来表示:

$$\frac{\mathrm{d}^m}{\mathrm{d}x^m}\left(\frac{1}{z}\right) = \frac{P_m(z, z', z'', \cdots, z^{(m)})}{z^{m+1}}, \tag{3.32}$$

这通过 m 的归纳法容易证明, 即如果假设 $1/z$ 是 $m-1$ 阶可微, 并且假设

$$\frac{\mathrm{d}^{m-1}}{\mathrm{d}x^{m-1}}\left(\frac{1}{z}\right) = \frac{P_{m-1}(z, z', \cdots, z^{(m-1)})}{z^m},$$

那么因为 $z \neq 0, m \leqslant n$, 所以此式的右边可微, 从而 $(\mathrm{d}^{m-1}/\mathrm{d}x^{m-1})(1/z)$ 也可微, 即 $1/z$ 是 m 阶可微, 并且

$$\frac{\mathrm{d}^m}{\mathrm{d}x^m}\left(\frac{1}{z}\right) = \frac{1}{z^{m+1}}\left(z\frac{\mathrm{d}}{\mathrm{d}x}P_{m-1} - mz'P_{m-1}\right).$$

此式右边 $z(\mathrm{d}/\mathrm{d}x)P_{m-1}(z, z', \cdots, z^{(m-1)}) - mz'P_{m-1}(z, z', \cdots, z^{(m-1)})$ 显然是 z', $z'', \cdots, z^{(m)}$ 的多项式, 于是如果用 $P_m(z, z', z'', \cdots, z^{(m)})$ 来表示 $1/z$ 的 m 阶导数, 那么式 (3.32) 就可直接获得. □

积的高阶导函数式 (3.31) 称为 **Leibniz 法则**. 多项式 $P_m(z, z', \cdots, z^{(m)})$ 不能用简单的形式表示.

设 $f(x)$ 是定义在区间 I 上的 x 的函数, $g(y)$ 是定义在区间 J 上的 y 的函数. 在此考察 $f(I)$ 包含于区间 J 时的复合函数 $g(f(x))$.

定理 3.12 如果函数 $f(x)$ 在区间 I 上 n 阶可微, $g(y)$ 在 J 上 n 阶可微. 那么复合函数 $g(f(x))$ 在区间 I 上关于 x 是 n 阶可微的, 它的 n 阶导数 $(\mathrm{d}^n/\mathrm{d}x^n)g(f(x))$ 可表示为 $f'(x), f''(x), \cdots, f^{(n)}(x), g'(f(x)), g''(f(x)), \cdots, g^{(n)}(f(x))$ 的多项式.

证明 设 $y = f(x)$, 则由复合函数的微分法,

$$\frac{\mathrm{d}}{\mathrm{d}x}g(f(x)) = g'(f(x))f'(x) = g'(y)y'.$$

因为 $(\mathrm{d}/\mathrm{d}x)g'(y) = g''(y)y'$, 则 $(\mathrm{d}/\mathrm{d}x)g(f(x))$ 可微, 并且

$$\frac{\mathrm{d}^2}{\mathrm{d}x^2}g(f(x)) = g''(y)y'^2 + g'(y)y''.$$

同理,
$$\frac{\mathrm{d}^3}{\mathrm{d}x^3}g(f(x)) = g'''(y)y'^3 + 3g''(y)y'y'' + g'(y)y'''.$$

当 $m = 4, 5, 6, \cdots, n$ 时, $g(f(x))$ 是 m 阶可微, 并且 m 阶导函数 $(\mathrm{d}^m/\mathrm{d}x^m)\, g(f(x))$ 是关于 $f'(x), f''(x), \cdots, f^{(m)}(x), g'(f(x)), g''(f(x)), \cdots, g^{(m)}(f(x))$ 的多项式. 这可通过 m 的归纳法很容易地证明. $\qquad\qquad\qquad\qquad\qquad\qquad\qquad\qquad\qquad\square$

设 $y = f(x)$ 是定义在区间 I 上的 x 的可微的单调函数. 如果在区间 I 上恒有 $f'(x) \neq 0$, 那么根据 2.2 节的定理 2.7 及 3.2 节的定理 3.4, 反函数 $x = f^{-1}(y)$ 是定义在区间 $f(I)$ 上的 y 的可微的单调函数. 这时有下面结论成立:

定理 3.13 如果函数 $y = f(x)$ 在区间 I 上关于 x 是 n 阶可微的, 那么 $x = f^{-1}(y)$ 是 $f(I)$ 上关于 y 的 n 阶可微函数, 并且它的 n 阶导函数可用 $f', f'', \cdots, f^{(n)}$ 的某个多项式 $\Phi_n\left(f', f'', \cdots, f^{(n)}\right)$ 来表示.

$$\frac{\mathrm{d}^n x}{\mathrm{d}y^n} = \frac{\Phi_n(f'(x), f''(x), \cdots, f^{(n)}(x))}{(f'(x))^{2n-1}}, \quad x = f^{-1}(y). \tag{3.33}$$

证明 由式 (3.16),
$$\frac{\mathrm{d}x}{\mathrm{d}y} = \frac{1}{f'(x)}, \quad x = f^{-1}(y),$$

如果 $f(x)$ 是 2 阶可微的, 那么 $1/f'(x)$ 关于 x 可微, 又因为 $x = f^{-1}(y)$ 关于 y 可微, 所以 $\mathrm{d}x/\mathrm{d}y$ 关于 y 可微, 并且

$$\frac{\mathrm{d}^2 x}{\mathrm{d}y^2} = \frac{\mathrm{d}}{\mathrm{d}y}\left(\frac{1}{f'(x)}\right) = \frac{\mathrm{d}x}{\mathrm{d}y}\frac{\mathrm{d}}{\mathrm{d}x}\left(\frac{1}{f'(x)}\right) = \frac{1}{f'(x)}\left(\frac{-f''(x)}{(f'(x))^2}\right) = \frac{-f''(x)}{(f'(x))^3}.$$

下面利用 n 的归纳法. 假设函数 $f(x)$ 是 $n-1$ 阶可微的, 函数 $x = f^{-1}(y)$ 关于 y 是 $n-1$ 阶可微的, 并且

$$\frac{\mathrm{d}^{n-1} x}{\mathrm{d}y^{n-1}} = \frac{\Phi_{n-1}(f'(x), \cdots, f^{(n-1)}(x))}{(f'(x))^{2n-3}}, \quad x = f^{-1}(y), \tag{3.34}$$

那么当 $f(x)$ 是 n 阶可微时, 因为式 (3.34) 的右边关于 x 可微, $x = f^{-1}(y)$ 关于 y 可微, 所以 $\mathrm{d}^{n-1}x/\mathrm{d}y^{n-1}$ 关于 y 可微, 即函数 $x = f^{-1}(y)$ 关于 y 是 n 阶可微的. 并且

$$\frac{\mathrm{d}^n x}{\mathrm{d}y^n} = \frac{\mathrm{d}x}{\mathrm{d}y}\frac{\mathrm{d}}{\mathrm{d}x}\left(\frac{\Phi_{n-1}}{(f')^{2n-3}}\right) = \frac{1}{(f')^{2n-1}}\left(f'\frac{\mathrm{d}}{\mathrm{d}x}\Phi_{n-1} - (2n-3)f''\Phi_{n-1}\right).$$

因为 $\Phi_{n-1}\left(f', f'', \cdots, f^{(n-1)}\right)$ 是 $f', f'', \cdots, f^{(n-1)}$ 的多项式. 所以

$$f'(x)\frac{\mathrm{d}}{\mathrm{d}x}\Phi_{n-1}(f'(x), \cdots, f^{(n-1)}(x)) - (2n-3)f''(x)\Phi_{n-1}(f'(x), \cdots, f^{(n-1)}(x))$$

可表示为 $f'(x), f''(x), \cdots, f^{(n)}(x)$ 的多项式. 因此只要把它改写为 $\Phi_n(f'(x),$ $f''(x), \cdots, f^{(n)}(x))$, 就能直接获得式 (3.33). $\qquad\square$

多项式 $\Phi_n(f', f'', \cdots, f^{(n)})$ 不能用简单的形式来表示.

b) 初等函数的高阶导函数、多项式、有理式

关于 x 的幂 x^k, k 是自然数, 因为 $(\mathrm{d}/\mathrm{d}x)x^k = kx^{k-1}$, 所以

$$当 n \leqslant k \text{ 时}, \quad \frac{\mathrm{d}^n}{\mathrm{d}x^n}x^k = k(k-1)(k-2)\cdots(k-n+1)x^{k-n},$$

$$当 n > k \text{ 时}, \quad \frac{\mathrm{d}^n}{\mathrm{d}x^n}x^k = 0.$$

因此, k 阶多项式 $f(x) = a_0 + a_1 x + a_2 x^2 + \cdots + a_k x^k$ 在实直线 $\mathbf{R}$ 上任意阶可微, 并且当 $n > k$ 时, $(\mathrm{d}^n/\mathrm{d}x^n)f(x) = 0$. 根据定理 3.11, 有理式 $f(x)/g(x)$, $f(x), g(x)$ 是多项式, 并且它们在 $\mathbf{R}$ 上除去方程式 $g(x) = 0$ 的根外任意阶可微.

幂函数 对于任意的实数 α, 在 $\mathbf{R}^+ = (0, +\infty)$ 上定义的幂函数 x^α, 因为 $(\mathrm{d}/\mathrm{d}x)x^\alpha = \alpha x^{\alpha-1}$, 所以幂函数 x^α 任意阶可微, 并且

$$\frac{\mathrm{d}^n}{\mathrm{d}x^n}x^\alpha = \alpha(\alpha-1)(\alpha-2)\cdots(\alpha-n+1)x^{\alpha-n}. \tag{3.35}$$

指数函数和对数函数 因为 $(\mathrm{d}/\mathrm{d}x)\mathrm{e}^x = \mathrm{e}^x$, 所以无论对指数函数 e^x 微分多少次, 它都不会改变:

$$\frac{\mathrm{d}^n}{\mathrm{d}x^n}\mathrm{e}^x = \mathrm{e}^x.$$

因为 $(\mathrm{d}/\mathrm{d}x)\ln x = x^{-1}$, 所以对数函数 $\ln x$ 也任意阶可微. 根据式 (3.35), $(\mathrm{d}^{n-1}/\mathrm{d}x^{n-1})x^{-1} = (-1)^{n-1}(n-1)!x^{-n}$, 所以

$$\frac{\mathrm{d}^n}{\mathrm{d}x^n}\ln x = \frac{(-1)^{n-1}(n-1)!}{x^n}. \tag{3.36}$$

三角函数 因为 $(\mathrm{d}/\mathrm{d}x)\sin x = \cos x, (\mathrm{d}/\mathrm{d}x)\cos x = -\sin x$, 所以 $\sin x, \cos x$ 任意阶可微, 并且

$$\frac{\mathrm{d}^{2n-1}}{\mathrm{d}x^{2n-1}}\sin x = (-1)^{n-1}\cos x, \quad \frac{\mathrm{d}^{2n}}{\mathrm{d}x^{2n}}\sin x = (-1)^n\sin x, \tag{3.37}$$

$$\frac{\mathrm{d}^{2n-1}}{\mathrm{d}x^{2n-1}}\cos x = (-1)^n\sin x, \quad \frac{\mathrm{d}^{2n}}{\mathrm{d}x^{2n}}\cos x = (-1)^n\cos x. \tag{3.38}$$

因此, 根据定理 3.11, 除去使 $\tan x = \sin x/\cos x$ 中的 $\cos x = 0$ 的点 x, 即 $\pi/2 + m\pi$, m 为整数外, $\tan x$ 是任意阶可微的.

c) Taylor 公式

定理 3.14 设 $f(x)$ 是在区间 I 上 n 阶可微的函数, 点 a 属于区间 I. 则对于属于区间 I 的任意点 x, 存在介于 x 和 a 之间的一点 ξ, 使得

$$f(x) = f(a) + \sum_{k=1}^{n-1} \frac{f^{(k)}(a)}{k!}(x-a)^k + \frac{f^n(\xi)}{n!}(x-a)^n$$

成立.

此式子称为 **Taylor 公式.** 该式最后一项 $\left(f^{(n)}(\xi)/n!\right)(x-a)^n$ 叫作**余项** (remainder), 并用 R_n 表示. 习惯上把介于 x 和 a 之间的 ξ 写为: $\xi = a+\theta(x-a), 0 < \theta < 1$. 按这种写法, Taylor 公式又可表示为:

$$\begin{aligned}f(x) =& f(a) + \frac{f'(a)}{1!}(x-a) + \frac{f''(a)}{2!}(x-a)^2 + \cdots \\ &+ \frac{f^{(n-1)}(a)}{(n-1)!}(x-a)^{n-1} + R_n,\end{aligned} \tag{3.39}$$

$$R_n = \frac{f^{(n)}(\xi)}{n!}(x-a)^n, \quad \xi = a + \theta(x-a), \quad 0 < \theta < 1.$$

当 $n = 1$ 时, 式 (3.39) 可以归结为中值定理 (3.28). Taylor 公式可看作是中值定理的推广.

定理 3.14 的证明　设

$$F(x) = R_n = f(x) - f(a) - \sum_{k=1}^{n-1} \frac{f^{(k)}(a)}{k!}(x-a)^k,$$

$F(x)$ 可看作 x 的函数. 则 $F(x)$ 是 I 上的 n 阶可微函数. 当 $m \leqslant k$ 时,

$$\frac{\mathrm{d}^m}{\mathrm{d}x^m}\left(\frac{(x-a)^k}{k!}\right) = \frac{(x-a)^{k-m}}{(k-m)!},$$

所以, 当 $m \leqslant n-1$ 时,

$$F^{(m)}(x) = f^{(m)}(x) - f^{(m)}(a) - \frac{f^{(m+1)}(a)}{1!}(x-a) - \cdots - \frac{f^{(n-1)}(a)}{(n-1-m)!}(x-a)^{n-1-m}.$$

从而,

$$F(a) = F'(a) = F''(a) = \cdots = F^{(n-1)}(a) = 0.$$

因为 $F(x)$ 是余项 R_n, 所以只需证明 $F(x)/(x-a)^n$ 可表示为 $f^{(n)}(\xi)/n!$ 即可. 为此, 令 $G(x) = (x-a)^n$, 则当 $m \leqslant n-1$ 时,

$$G^{(m)}(x) = n(n-1)\cdots(n-m+1)(x-a)^{n-m},$$

当 $m = n$ 时, $G^{(n)}(x) = n!$. 所以,

$$G(a) = G'(a) = G''(a) = \cdots = G^{(n-1)}(a) = 0,$$

又, 如果 $x \neq a$, 那么

$$G(x) \neq 0, \quad G'(x) \neq 0, \quad \cdots, \quad G^{(n-1)}(x) \neq 0.$$

于是, 因为在 $a < x$ 和 $a > x$ 两种情况下证明相同, 所以我们仅讨论 $a < x$ 的情况. 当 $F(a) = G(a) = 0, x \neq a$ 时, $G'(x) \neq 0$, 所以根据 3.3 节的定理 3.9, 存在 ξ_1 满足

$$\frac{F(x)}{G(x)} = \frac{F(x) - F(a)}{G(x) - G(a)} = \frac{F'(\xi_1)}{G'(\xi_1)}, \quad a < \xi_1 < x.$$

再由定理 3.9, 存在 ξ_2 满足

$$\frac{F'(\xi_1)}{G'(\xi_1)} = \frac{F'(\xi_1) - F'(a)}{G'(\xi_1) - G'(a)} = \frac{F''(\xi_2)}{G''(\xi_2)}, \quad a < \xi_2 < \xi_1.$$

同理, 当 $m = 3, 4, 5, \cdots, n - 1$ 时, 存在 ξ_m 使得

$$\frac{F^{(m-1)}(\xi_{m-1})}{G^{(m-1)}(\xi_{m-1})} = \frac{F^{(m)}(\xi_m)}{G^{(m)}(\xi_m)}, \quad a < \xi_m < \xi_{m-1}$$

成立. 所以

$$\frac{F(x)}{G(x)} = \frac{F^{(n-1)}(\xi_{n-1})}{G^{(n-1)}(\xi_{n-1})}, \quad a < \xi_{n-1} < x.$$

因为 $F^{(n-1)}(x) = f^{(n-1)}(x) - f^{(n-1)}(a), G^{(n-1)}(x) = n!(x - a)$, 所以, 根据中值定理, 存在 ξ 满足

$$\frac{F^{(n-1)}(\xi_{n-1})}{G^{(n-1)}(\xi_{n-1})} = \frac{f^{(n-1)}(\xi_{n-1}) - f^{(n-1)}(a)}{n!(\xi_{n-1} - a)} = \frac{f^{(n)}(\xi)}{n!}, \quad a < \xi < \xi_{n-1}.$$

故

$$\frac{F(x)}{(x-a)^n} = \frac{F(x)}{G(x)} = \frac{f^{(n)}(\xi)}{n!}, \quad a < \xi < x. \qquad \square$$

在上述证明的最后一段中, 我们是利用中值定理证明的, 但如果改用式 (3.6), 则有

$$\frac{f^{(n-1)}(\xi_{n-1}) - f^{(n-1)}(a)}{\xi_{n-1} - a} = f^{(n)}(a) + \varepsilon(\xi_{n-1} - a),$$

这里, $\varepsilon(h)$ 表示满足 $\lim\limits_{h \to 0} \varepsilon(h) = \varepsilon(0) = 0$ 的函数. 因为 ξ_{n-1} 介于 x 和 a 之间, 所以 $(1/n!)\varepsilon(\xi_{n-1} - a)(x - a)^n = o((x - a)^n)$, 因此

$$F(x) = \frac{f^{(n)}(a)}{n!}(x - a)^n + o((x - a)^n).$$

所以,

$$f(x) = f(a) + \frac{f'(a)}{1!}(x-a) + \cdots + \frac{f^{(n)}(a)}{n!}(x-a)^n + o((x-a)^n). \qquad (3.40)$$

如果 $f^{(n-1)}(x)$ 在点 a 处可微, 那么此式证明中所用的式 (3.6) 成立. 因此, 如果 $f(x)$ 在 I 上 $n-1$ 阶可微, 并且 $f^{(n-1)}(x)$ 在点 a 处可微, 那么式 (3.40) 成立. 所以式 (3.40) 是式 (3.6) 的推广.

如果 $f(x)$ 在区间 I 上可微, 并且 $f'(x)$ 在区间 I 内的一点 a 处可微, 那么当 $a+h, a-h$ 都属于区间 I 时, 由式 (3.40),

$$f(a+h) = f(a) + f'(a)h + \frac{f''(a)}{2}h^2 + o(h^2),$$

$$f(a-h) = f(a) - f'(a)h + \frac{f''(a)}{2}h^2 + o(h^2),$$

因此,

$$f(a+h) + f(a-h) - 2f(a) = f''(a)h^2 + o(h^2).$$

所以,

$$f''(a) = \lim_{h \to 0} \frac{f(a+h) + f(a-h) - 2f(a)}{h^2}. \qquad (3.41)$$

Taylor 公式 (3.39) 的余项 R_n, 当给定满足 $0 \leqslant q \leqslant n-1$ 的一个整数 q 时, 可用

$$R_n = \frac{f^{(n)}(\xi)(1-\theta)^q}{(n-1)!(n-q)}(x-a)^n, \quad \xi = a + \theta(x-a), \quad 0 < \theta < 1 \qquad (3.42)$$

表示.

[证明] 对给定的点 x, 余项

$$R_n = f(x) - f(a) - \frac{f'(a)}{1!}(x-a) - \cdots - \frac{f^{(n-1)}(a)}{(n-1)!}(x-a)^{n-1}$$

可看作 a 的函数, 并为了方便观察, 将 x 与 a 互换, 令

$$F(x) = f(a) - f(x) - \frac{f'(x)}{1!}(a-x) - \cdots - \frac{f^{(n-1)}(x)}{(n-1)!}(a-x)^{n-1}.$$

则根据假设, $f(x)$ 在区间 I 上 n 次可微, 从而 $F(x)$ 在 I 上是关于 x 可微的函数. 因为

$$F'(x) = -f'(x) + \frac{f'(x)}{1!} - \frac{f''(x)}{1!}(a-x) + \frac{f''(x)}{1!}(a-x) - \frac{f'''(x)}{2!}(a-x)^2 + \cdots,$$

所以,

$$F'(x) = -\frac{f^{(n)}(x)}{(n-1)!}(a-x)^{n-1},$$

并且易见 $F(a) = 0$. 令 $G(x) = (a-x)^{n-q}$, 则由 3.3 节的定理 3.9, 在 x 和 a 之间存在满足

$$\frac{F(x)}{(a-x)^{n-q}} = \frac{F(x) - F(a)}{G(x) - G(a)} = \frac{F'(\xi)}{G'(\xi)}$$

的一点 ξ. 因为 $G'(\xi) = -(n-q)(a-\xi)^{n-q-1}$, 所以

$$F(x) = \frac{F'(\xi)}{G'(\xi)}(a-x)^{n-q} = \frac{f^{(n)}(\xi)}{(n-1)!} \frac{(a-\xi)^q}{(n-q)}(a-x)^{n-q}.$$

若再将 x 与 a 互换回来, 则

$$R_n = \frac{f^{(n)}(\xi)}{(n-1)!} \frac{(x-\xi)^q}{(n-q)}(x-a)^{n-q}.$$

这里, 若令 $\xi = a + \theta(x-a), 0 < \theta < 1$, 则 $x - \xi = (1-\theta)(x-a)$, 所以

$$R_n = \frac{f^{(n)}(\xi)}{(n-1)!} \frac{(1-\theta)^q}{(n-q)}(x-a)^n. \qquad \Box$$

式 (3.42) 右边称为 **Schlömilch 余项**. 若令 $q = n - 1$, 则式 (3.42) 变成:

$$R_n = \frac{f^{(n)}(\xi)}{(n-1)!}(1-\theta)^{n-1}(x-a)^n, \quad \xi = a + \theta(x-a), \quad 0 < \theta < 1. \qquad (3.43)$$

此式的右边称为 **Cauchy 余项**. 当 $q = 0$ 时, 式 (3.42) 变成:

$$R_n = \frac{f^{(n)}(\xi)}{n!}(x-a)^n, \quad \xi = a + \theta(x-a), \quad 0 < \theta < 1.$$

此式的右边称为 **Lagrange 余项**. Taylor 公式 (3.39) 的余项就是 Lagrange 余项. 当 $q = 0$ 时, 式 (3.42) 的上述证明给出了 Taylor 公式 (3.39) 的另一种证法. 可是在此证法中, 在函数 $f^{(n-1)}(x)$ 在一点 a 处可微的假设之下, 不能证明式 (3.40).

设 $f(x)$ 是区间 I 上任意阶可微的函数, 则对于任意的自然数 n, Taylor 公式:

$$f(x) = f(a) + \frac{f'(a)}{1!}(x-a) + \cdots + \frac{f^{(n-1)}(a)}{(n-1)!}(x-a)^{n-1} + R_n$$

成立. 此时, 如果在区间 I 内的每一点

$$\lim_{n \to \infty} R_n = 0,$$

则 $f(x)$ 在区间 I 上用 $x - a$ 的幂级数的和

$$f(x) = f(a) + \frac{f'(a)}{1!}(x-a) + \frac{f''(a)}{2!}(x-a)^2 + \cdots + \frac{f^{(n)}(a)}{n!}(x-a)^n + \cdots \quad (3.44)$$

来表示. 这个幂级数称为以 a 为中心的 **Taylor 级数**, 或者称为 $f(x)$ 的以 a 为中心的 **Taylor 展开**(Taylor expansion). 另外, $f(x)$ 表示为式 (3.44) 的形式时, 称该形式为 $f(x)$ 在区间 I 上以 a 为中心的 Taylor **级数展式**.

例 3.6 考察 e^x 的以 $a = 0$ 为中心的 Taylor 级数展式. 设 $f(x) = e^x$, 则 $f^{(n)}(x) = e^x$, 所以 $f^{(n)}(0) = 1$. 因此有 $R_n = (e^\xi/n!)\, x^n$. 又因为 ξ 介于 x 和 0 之间, 所以 $|\xi| < |x|$, 从而

$$|R_n| < e^{|x|} \frac{|x|^n}{n!} \to 0 \quad (n \to \infty).$$

所以, e^x 是在实直线 $\mathbf{R}$ 上, 以 0 为中心的 Taylor 级数展式:

$$e^x = 1 + x + \frac{x^2}{2!} + \cdots + \frac{x^n}{n!} + \cdots.$$

这正是我们在 2.3 节中得到的 e^x 的幂级数表示式 (2.10).

同理, $\cos x$ 和 $\sin x$ 的以 0 为中心的 Taylor 展式即是它的幂级数表示式 (2.24) 和式 (2.25).

例 3.7 $\ln x$ 的 Taylor 展开. 设 $f(x) = \ln x$, 则根据式 (3.36), $f^{(n)}(x) = (-1)^{n-1}(n-1)!/x^n$. 因此, $f^{(n)}(a)/n! = (-1)^{n-1}/na^n$, $R_n = ((-1)^{n-1}/n) \cdot ((x-a)/\xi)^n$. 因为 $\ln x$ 的定义域是 $\mathbf{R}^+ = (0, +\infty)$, 所以 $x > 0, a > 0$. 当 $a < x$ 时, $a < \xi < x$. 所以, 如果 $x \leqslant 2a$, 则

$$\frac{x-a}{\xi} < \frac{x-a}{a} \leqslant 1,$$

当 $x < a$ 时, $x < \xi < a$. 所以, 如果 $x \geqslant a/2$, 则

$$\left| \frac{x-a}{\xi} \right| = \frac{a-x}{\xi} < \frac{a-x}{x} \leqslant 1.$$

即, 如果 $a/2 \leqslant x \leqslant 2a$, 则 $|(x-a)/\xi| \leqslant 1$, 因此

$$|R_n| = \frac{1}{n} \left| \frac{x-a}{\xi} \right|^n \to 0 \quad (n \to \infty).$$

对 $0 < x < a/2$ 的情形, 为证明 $R_n \to 0 (n \to \infty)$, 如果采用 Cauchy 余项 (3.43), 则

$$R_n = \frac{(-1)^{n-1}}{\xi^n}(1-\theta)^{n-1}(x-a)^n, \quad \xi = a + \theta(x-a), \quad 0 < \theta < 1.$$

设 $0 < x < a, r = (a-x)/a$, 则 $0 < r < 1$, 且

$$\left| \frac{x-a}{\xi} \right| = \frac{a-x}{a+\theta(x-a)} = \frac{r}{1-\theta r} \leqslant \frac{r}{1-\theta},$$

因此

$$|R_n| \leqslant \left| \frac{x-a}{\xi} \right| r^{n-1} = \left(\frac{a-x}{\xi} \right) r^{n-1} \leqslant \left(\frac{a-x}{x} \right) r^{n-1} \to 0 \quad (n \to \infty).$$

所以, 在区间 $(0, 2a]$ 上, $\ln x$ 的以 a 为中心的 Taylor 级数展式为:

$$\ln x = \ln a + \sum_{n=1}^{\infty} (-1)^{n-1} \frac{1}{n} \left(\frac{x-a}{a} \right)^n. \tag{3.45}$$

如果 $x > 2a$, 则 $(x-a)/a > 1$. 因此, 当 $n \to \infty$ 时, $(1/n)((x-a)/a)^n \to +\infty$. 所以 Taylor 展开 (3.45) 式不成立. 即当 $x > 2a, n \to \infty$ 时, $R_n \to 0$ 不成立. 在式 (3.45) 中如果令 $a = 1, x = 2$, 则得

$$\ln 2 = 1 - \frac{1}{2} + \frac{1}{3} - \frac{1}{4} + \frac{1}{5} - \frac{1}{6} + \cdots. \tag{3.46}$$

d) 凸函数和凹函数

设 $f(x)$ 是关于 x 的函数, 且区间 I 包含于 $f(x)$ 的定义域. 对于区间 I 内的任意两点 x_1 和 x_2 $(x_1 \neq x_2)$, 以及使得 $\lambda + \mu = 1$ 的任意正实数 λ 和 μ, 如果恒有不等式

$$f(\lambda x_1 + \mu x_2) \leqslant \lambda f(x_1) + \mu f(x_2) \tag{3.47}$$

成立, 则称函数 $f(x)$ 在区间 I 上是**凸的**(convex), 或向下凸. 如果恒有不等式

$$f(\lambda x_1 + \mu x_2) < \lambda f(x_1) + \mu f(x_2) \tag{3.48}$$

成立, 则称函数 $f(x)$ 在 I 上**严格凸**(strictly convex).

设 G_f 是函数 $f(x)$ 的图像, 并且令 $P_1 = (x_1, f(x_1)), P_2 = (x_2, f(x_2))$, 则

$$P = (\lambda x_1 + \mu x_2, \lambda f(x_1) + \mu f(x_2))$$

是线段 $P_1 P_2$ 上的点,

$$Q = (\lambda x_1 + \mu x_2, f(\lambda x_1 + \mu x_2))$$

是 G_f 上的点. 因此, 不等式 (3.47) 恒成立意味着线段 $P_1 P_2$ 上每一点 P 或者在图像 G_f 的 "上侧", 或者是在图像 G_f 上; 不等式 (3.48) 恒成立意味着线段 $P_1 P_2$ 上每一点 P, $P \neq P_1 \neq P_2$, 均在图像 G_f 的 "上侧".

对于 I 内的任意两点 x_1 和 x_2, 以及使 $\lambda + \mu = 1$ 的任意正实数 λ 和 μ, 使式 (3.47) 的不等号取相反符号时, 即不等式

$$f(\lambda x_1 + \mu x_2) \geqslant \lambda f(x_1) + \mu f(x_2)$$

恒成立, 则称函数 $f(x)$ 在 I 上是**凹的**(concave), 或向上凸. 若不等式

$$f(\lambda x_1 + \mu x_2) > \lambda f(x_1) + \mu f(x_2)$$

恒成立, 则称 $f(x)$ 在 I 上**严格凹的**(strictly concave). 如果函数 $f(x)$ 在 I 上凹或严格凹, 那么函数 $-f(x)$ 在 I 上凸或严格凸. 所以下面我们将主要考察凸函数.

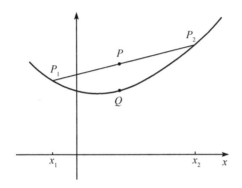

定义在区间 I 上的函数 $f(x)$ 在 I 上凸时, 称 $f(x)$ 为**凸函数**(convex function). 进而 $f(x)$ 在 I 上严格凸时, 称 $f(x)$ 为**严格凸函数**(strictly convex function). 也可同样定义**凹函数**和**严格凹函数**.

定理 3.15　设函数 $f(x)$ 在区间 I 上 2 阶可微.

(1) 函数 $f(x)$ 在 I 上凸的充分必要条件是在 I 的内点 x 处恒有 $f''(x) \geqslant 0$.

(2) 如果在 I 的内点 x 处恒有 $f''(x) > 0$, 则 $f(x)$ 在 I 上严格凸.

证明　(1) 首先假设 $f(x)$ 在 I 上凸, 证其在 I 的内点 x 处恒有 $f''(x) \geqslant 0$. 由假设, 不等式 (3.47), 即

$$f(\lambda x_1 + \mu x_2) \leqslant \lambda f(x_1) + \mu f(x_2)$$

成立. 若 x 是 I 的内点, 令 $x_1 = x - h, x_2 = x + h, \lambda = \mu = 1/2$, 则 $\lambda x_1 + \mu x_2 = x$. 因此

$$f(x) \leqslant \frac{1}{2}f(x - h) + \frac{1}{2}f(x + h).$$

所以由式 (3.41),

$$f''(x) = \lim_{h \to 0} \frac{f(x + h) + f(x - h) - 2f(x)}{h^2} \geqslant 0.$$

反之, 假设在 I 的内点 x 处恒有 $f''(x) \geqslant 0$, 证函数 $f(x)$ 在 I 上凸. 为此, 把不等式 (3.47) 两边的差表示为:

$$\Delta = \lambda f(x_1) + \mu f(x_2) - f(\lambda x_1 + \mu x_2).$$

当 $x_1 < x_2$ 时, 令 $a = \lambda x_1 + \mu x_2$, 则由 Taylor 公式 (3.39),

$$f(x_1) - f(a) = f'(a)(x_1 - a) + \frac{1}{2}f''(\xi_1)(x_1 - a)^2, \quad x_1 < \xi_1 < a,$$

$$f(x_2) - f(a) = f'(a)(x_2 - a) + \frac{1}{2}f''(\xi_2)(x_2 - a)^2, \quad a < \xi_2 < x_2.$$

在两个等式两边分别乘以 λ, μ, 再将两个等式同边相加, 则因为 $\lambda(x_1 - a) + \mu(x_2 - a) = \lambda x_1 + \mu x_2 - a = 0$, 所以

$$\Delta = \frac{1}{2}\lambda f''(\xi_1)(x_1 - a)^2 + \frac{1}{2}\mu f''(\xi_2)(x_2 - a)^2. \tag{3.49}$$

因为 ξ_1, ξ_2 都是区间 I 的内点, 所以由假设, $f''(\xi_1) \geqslant 0, f''(\xi_2) \geqslant 0$, 故 $\Delta \geqslant 0$, 即不等式 (3.47) 成立. 因此函数 $f(x)$ 在 I 上凸.

(2) 假设在 I 的内点 x 处恒有 $f''(x) > 0$, 则在式 (3.49) 中, 因为 $f''(\xi_1) > 0, f''(\xi_2) > 0$, 所以 $\Delta > 0$. 即不等式 (3.48) 成立. 所以函数 $f(x)$ 在 I 上严格凸. □

推论 $f(x)$ 在区间 I 上 2 阶可微.

(1) 函数 $f(x)$ 在 I 上凹的充分必要条件是在 I 的内点 x 处恒有 $f''(x) \leqslant 0$ 成立.

(2) 在 I 的内点 x 处如果恒有 $f''(x) < 0$, 则 $f(x)$ 在 I 上严格凹.

e) 极大和极小

关于极大和极小我们已经在高中数学中学过. 设 $f(x)$ 是区间 I 上的连续函数, a 是区间 I 的内点. 对于某个正实数 ε, 当 $0 < |x - a| < \varepsilon$ 时, 如果 $f(x) < f(a)$ 成立, 那么称 $f(a)$ 是函数 $f(x)$ 的**极大值**; 当 $0 < |x - a| < \varepsilon$ 时, 如果 $f(x) > f(a)$ 成立, 那么称 $f(a)$ 是函数 $f(x)$ 的**极小值**. 将极大值、极小值统称为**极值**. 这里 a 因为是 I 的内点, 所以可以认为 a 的 ε 邻域 $(a - \varepsilon, a + \varepsilon)$ 包含在 I 内. 于是, 当 $f(a)$ 是函数 $f(x)$ 的极大值时, $f(a)$ 也是区间 $(a - \varepsilon, a + \varepsilon)$ 上的 $f(x)$ 的最大值; 当 $f(a)$ 是函数 $f(x)$ 的极小值时, $f(a)$ 也是区间 $(a - \varepsilon, a + \varepsilon)$ 上的 $f(x)$ 的最小值. 因此, 可由与 3.3 节中引理 3.1(Rolle 定理) 的完全相同的证明方法, 获得下面的定理:

定理 3.16 如果在区间 I 上可微的函数 $f(x)$ 在 I 的内点 a 处取极值, 那么 $f'(a) = 0$.

由定理 3.16, $f'(a) = 0$ 是 $f(a)$ 成为函数 $f(x)$ 极值的必要条件, 但它并不是充分条件. 假设 $f(x)$ 在区间 I 上 2 阶可微, 则根据 Taylor 公式 (3.40), 当 $f'(a) = 0$ 时, 有

$$f(x) = f(a) + \frac{f''(a)}{2}(x - a)^2 + o((x - a)^2).$$

当 $f''(a) < 0$ 时, 如果取正实数 ε 充分小, 则只要 $0 < |x - a| < \varepsilon$, 就有 $\frac{f''(a)}{2}(x - a)^2 + o((x - a)^2) < 0$ 成立, 所以 $f(a)$ 是函数 $f(x)$ 的极大值. 同理, 如果 $f''(a) > 0$, 则 $f(a)$ 是函数 $f(x)$ 的极小值.

下面我们为了讨论 $f''(a) = 0$ 的情况, 考察当 $a = 0$ 时, 满足 $f'(0) = f''(0) = 0$ 的典型函数 $f(x) = x^n$, n 是大于等于 3 的自然数.

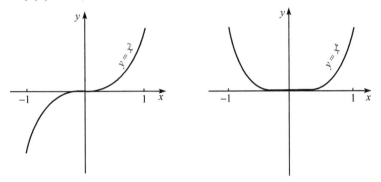

因为 $f^{(k)}(x) = n(n-1)\cdots(n-k+1)x^{n-k}$, 所以

$$f(0) = f'(0) = f''(0) = \cdots = f^{(n-1)}(0) = 0, \quad f^{(n)}(0) = n!,$$

并且当 n 是奇数时, 如果 $x > 0$, 那么 $x^n > 0$; 如果 $x < 0$, 那么 $x^n < 0$. 所以 $f(0) = 0$ 不是函数 $f(x) = x^n$ 的极值. 当 n 是偶数时, 如果 $x \neq 0$, 那么 $x^n > 0$, 所以 $f(0) = 0$ 是 $f(x) = x^n$ 的极小值.

一般地, 下面的结论成立:

定理 3.17　设函数 $f(x)$ 在区间 I 上 n 阶可微, $n \geqslant 2$, 并且 $f(x)$ 在 I 的内点 a 处, 有

$$f'(a) = f''(a) = \cdots = f^{(n-1)}(a) = 0, \quad f^{(n)}(a) \neq 0,$$

那么, 当 n 是奇数时, $f(a)$ 不是函数 $f(x)$ 的极值. 当 n 是偶数时, 若 $f^{(n)}(a) > 0$, 则 $f(a)$ 是 $f(x)$ 的极小值; 若 $f^{(n)}(a) < 0$ 时, 则 $f(a)$ 是 $f(x)$ 的极大值.

证明　根据 Taylor 公式 (3.40),

$$f(x) = f(a) + \frac{f^{(n)}(a)}{n!}(x-a)^n + o((x-a)^n).$$

因此, 如果取正实数 ε 充分小, 那么当 $0 < |x-a| < \varepsilon$ 时, $f(x) - f(a)$ 的符号和 $\left(f^{(n)}(a)/n!\right)(x-a)^n$ 的符号一致, 从而易证定理 3.17 成立.　□

当 $f(x)$ 在区间 I 上 n 阶可微, 并且在区间 I 的内点 a 处, $f'(a) = f''(a) = \cdots = f^{(n-1)}(a), f^{(n)}(a) \neq 0, n$ 是大于等于 3 的奇数时, 称 $f(a)$ 为函数 $f(x)$ 的**平稳值**(stationary value), a 为 $f(x)$ 的**平稳点**. 当 $f(a)$ 是 $f(x)$ 的平稳值时, 由 Taylor 公式,

$$f''(x) = \frac{f^{(n)}(a)}{(n-2)!}(x-a)^{n-2} + o((x-a)^{n-2}).$$

所以, 如果 $f^{(n)}(a) > 0$, 那么在点 a 的邻域内, 当 $x > a$ 时, $f''(x) > 0$; 当 $x < a$ 时, $f''(x) < 0$. 因此如果取正实数 ε 充分小, 那么根据定理 3.15 和它的推论, 函数 $f(x)$ 在区间 $[a, a+\varepsilon]$ 上严格凸, 在区间 $[a-\varepsilon, a]$ 上严格凹. 同样, 如果 $f^{(n)}(a) < 0$, 那么函数 $f(x)$ 在区间 $[a, a+\varepsilon]$ 上严格凹, 在区间 $[a-\varepsilon, a]$ 上严格凸. 因此, 在平稳点的邻域内, $x < a$ 时和 $x > a$ 时, 函数的凹凸性正好相反.

正如我们在高中所学过的, 当函数 $f(x)$ 给定时, 通过考察 $f(x)$ 的增减、极值、凹凸, 就容易画出函数的近似图像 G_f, 并且易于了解函数 $f(x)$ 的性质.

例 3.8 考察定义在区间 $(0, +\infty)$ 上的函数 $f(x) = \ln x / x^2$. 由 2.3 节的例 2.9,

$$\lim_{x \to +\infty} \frac{\ln x}{x^2} = \lim_{x \to +\infty} \frac{1}{x} \cdot \frac{\ln x}{x} = 0,$$

设 $t = 1/x$, 则

$$\lim_{x \to +0} \frac{\ln x}{x^2} = -\lim_{t \to +\infty} t^2 \ln t = -\infty,$$

并且显然有 $f(1) = 0$. 因为

$$f'(x) = \frac{1 - 2\ln x}{x^3}, \quad f''(x) = \frac{6\ln x - 5}{x^4},$$

所以 $f'(\sqrt{e}) = 0$, 并且当 $x < \sqrt{e}$ 时, $f'(x) > 0$; 当 $x > \sqrt{e}$ 时, $f'(x) < 0$. 因此, 根据 3.3 节的定理 3.6, $f(x)$ 在区间 $(0, \sqrt{e}]$ 上单调递增, 在区间 $(\sqrt{e}, +\infty)$ 上单调递减. 所以 $f(\sqrt{e}) = 1/(2e)$ 是 $f(x)$ 的最大值. 进而, 当 $x < e^{5/6}$ 时, $f''(x) < 0$; 当 $x > e^{5/6}$ 时, $f''(x) > 0$. 因此根据定理 3.15 及它的推论, 函数 $f(x)$ 在区间 $(0, e^{5/6})$ 上严格凹, 在区间 $[e^{5/6}, +\infty)$ 严格凸, 并且 $f(e^{5/6}) = (5/6)(1/e^{5/3})$.

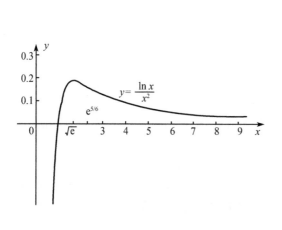

x	$f(x)$
0.8	-0.349
0.9	-0.130
1	0.000
1.1	0.079
1.2	0.127
1.3	0.155
1.4	0.172
1.5	0.180
$\sqrt{e} = 1.65$	0.184
2	0.173
$e^{5/6} = 2.3$	0.157
2.5	0.147
3	0.122
4	0.087
5	0.064
6	0.050
7	0.040
8	0.032
9	0.027

f) 函数的级

如果定义在区间 I 上的函数 $f(x)$ 是 n 阶可微的, 并且它的 n 阶导函数 $f^{(n)}(x)$ 连续时, 称函数 $f(x)$ 在 I 上 n 阶**连续可微**(n-times continuously differentiablc), 并称 $f(x)$ 是 $\mathscr{C}^n$ **类**的函数 (function of class $\mathscr{C}^n$). $\mathscr{C}^1$ 类的函数即是光滑函数. 当函数 $f(x)$ 任意阶可微时, 称函数 $f(x)$ 是**无限阶可微**(infinitely differentiable), 或者称函数 $f(x)$ 是 $\mathscr{C}^\infty$ **类**的函数 (function of class $\mathscr{C}^\infty$), 或者 $\mathscr{C}^\infty$ **函数**.

在现代数学中, 处理 n 阶连续可微函数的机会要比处理 n 阶可微函数多. 这是因为既然已假设存在 n 阶导函数, 再连带假设它连续是很自然的事情. $\mathscr{C}^\infty$ 类函数在流形理论等方面有广泛的应用.

用 "n 阶连续可微" 将上述定理 3.11、定理 3.12 和定理 3.13 中的 "n 阶可微" 替换后, 定理依然成立.

定理 3.18　(1) 如果函数 $f(x), g(x)$ 是 $\mathscr{C}^n$ 类函数, 则它们的线形组合 $c_1 f(x) + c_2 g(x)$ 以及它们的积 $f(x)g(x)$ 也是 $\mathscr{C}^n$ 类函数, 并且如果恒有 $g(x) \neq 0$ 时, 则商 $f(x)/g(x)$ 也是 $\mathscr{C}^n$ 类函数.

(2) 设函数 $f(x)$ 是关于 x 的 $\mathscr{C}^n$ 类函数, $g(y)$ 是关于 y 的 $\mathscr{C}^n$ 类函数, 则复合函数 $g(f(x))$ 是关于 x 的 $\mathscr{C}^n$ 类函数.

(3) 如果 $y = f(x)$ 是关于 x 的 $\mathscr{C}^n$ 类单调函数, 并且恒有 $f'(x) \neq 0$, 则反函数 $x = f^{-1}(y)$ 是 y 的 $\mathscr{C}^n$ 类单调函数.

这里, 函数 f 和 g 的定义域与定理 3.11、定理 3.12 和定理 3.13 中的假设是同样的.

证明　(1) 由定理 3.11 和式 (3.32), 函数 $c_1 f(x) + c_2 g(x)$, $f(x)g(x)$ 和 $f(x)/g(x)$ 是 n 阶可微的, 它的 n 阶导函数是 $f(x), f'(x), \cdots, f^{(n)}(x), g(x), g'(x), \cdots, g^{(n)}(x)$ 的多项式或者是以 $(g(x))^{n+1}$ 为分母的有理式. 因此它们是连续函数.

(2) 根据定理 3.12, $g(f(x))$ 是 n 阶可微函数, 并且 $(\mathrm{d}^n/\mathrm{d}x^n)\, g\,(f(x))$ 是 $f'(x), \cdots,$ $f^{(n)}(x), g'(f(x)), \cdots, g^{(n)}(f(x))$ 的多项式. 由假设, 因为 $f'(x), \cdots, f^{(n)}(x), g'(y), \cdots,$ $g^{(n)}(y)$ 是连续函数, 所以 $(\mathrm{d}^n/\mathrm{d}x^n)\, g\,(f(x))$ 也是连续函数.

(3) 根据定理 3.13, $x = f^{-1}(y)$ 是关于 y 的 n 阶可微函数, 并且

$$\frac{\mathrm{d}^n x}{\mathrm{d}y^n} = \frac{\varPhi_n(f'(x), \cdots, f^{(n)}(x))}{(f'(x))^{2n-1}}, \quad x = f^{-1}(y).$$

根据假设, 因为 $f'(x), \cdots, f^{(n)}(x)$ 是关于 x 的连续函数, $f'(x) \neq 0$, $x = f^{-1}(y)$ 是关于 y 的连续函数, 所以, $\mathrm{d}^n x/\mathrm{d}y^n$ 是关于 y 的连续函数. □

因为对于所有的自然数 n, $\mathscr{C}^n$ 类的函数即是 $\mathscr{C}^\infty$ 类函数, 所以, 用 "$\mathscr{C}^\infty$ 类" 替换定理 3.18 的 "$\mathscr{C}^n$ 类" 则定理依然成立.

对于实直线 $\mathbf{R}$ 上的点 a, 把包含 a 的开区间 $U = (\alpha, \beta), \alpha < a < \beta$ 称为 a 的**邻域**. a 的 ε 邻域 $U_\varepsilon(a) = (a - \varepsilon, a + \varepsilon)$ 是 a 的一个邻域.

设 $f(x)$ 是定义在开区间 I 上的 $\mathscr{C}^\infty$ 类函数. 当 $f(x)$ 在以属于 I 内的各点 a 为中心的 a 的邻域上都可展成 Taylor 级数时, 称 $f(x)$ 为**实解析函数**(real analytic function), 或者称 $f(x)$ 在 I 上是**实解析的**(real analytic).

例 3.9　在 3.4 节的例 3.6 中, 把 e^x 展成了以 0 为中心的 Taylor 级数, 同样, e^x 也能以任意点 a 为中心展成 Taylor 级数. 即, 令 $f(x) = \mathrm{e}^x$ 时, 因为 $f^{(n)}(x) = \mathrm{e}^x$, 所以由 Taylor 公式 (3.39),

$$\mathrm{e}^x = \mathrm{e}^a + \frac{\mathrm{e}^a}{1!}(x - a) + \cdots + \frac{\mathrm{e}^a}{(n-1)!}(x-a)^{n-1} + \frac{\mathrm{e}^\xi}{n!}(x-a)^n,$$

并且因为 ξ 介于 a 与 x 之间, 所以当 $x > a$ 时, $\mathrm{e}^\xi < \mathrm{e}^x$; 当 $x \leqslant a$ 时, $\mathrm{e}^\xi \leqslant \mathrm{e}^a$. 无论哪种情况都有 $\lim\limits_{n \to \infty} (\mathrm{e}^\xi / n!)(x - a)^n = 0$ 成立. 因此,

$$\mathrm{e}^x = \mathrm{e}^a + \frac{\mathrm{e}^a}{1!}(x - a) + \frac{\mathrm{e}^a}{2!}(x-a)^2 + \cdots + \frac{\mathrm{e}^a}{n!}(x-a)^n + \cdots.$$

所以, e^x 是定义在实直线 $\mathbf{R}$ 上的实解析函数.

同样, $\cos x, \sin x$ 也是 $\mathbf{R}$ 上的实解析函数.

如例 3.7 所述, $\ln x$ 在以任意点 $a \in \mathbf{R}^+ = (0, +\infty)$ 为中心的 a 的邻域 $(0, 2a)$ 上可展成 Taylor 级数, 即 $\ln x$ 在 $\mathbf{R}^+$ 上是实解析函数.

$\mathscr{C}^\infty$ 类函数未必是实解析函数.

例 3.10　在实直线 $\mathbf{R}$ 上, 定义函数 $\psi(x)$ 如下:

$$\psi(x) = \begin{cases} 0, & x \leqslant 0, \\ \mathrm{e}^{-1/x}, & x > 0. \end{cases}$$

则函数 $\psi(x)$ 是 $\mathscr{C}^\infty$ 类函数.

[证明] 因为 $\lim\limits_{x \to +0} \mathrm{e}^{-1/x} = 0$, 所以 $\psi(x)$ 是实直线 $\mathbf{R}$ 上的连续函数. 根据定理 3.18, $\psi(x) = \mathrm{e}^{-1/x}$ 在区间 $(0, +\infty)$ 上是 $\mathscr{C}^\infty$ 类函数. 在区间 $(-\infty, 0]$ 上 $\psi(x)$ 当然也是 $\mathscr{C}^\infty$ 类函数, 并且对于所有的自然数 n, 都有 $\psi^{(n)}(x) = 0$. 当 $x > 0$ 时,

$$\psi'(x) = \frac{1}{x^2}\mathrm{e}^{-1/x}, \quad \psi''(x) = \frac{1-2x}{x^4}\mathrm{e}^{-1/x},$$

一般地,

$$\psi^{(n)}(x) = \frac{\varPsi_n(x)}{x^{2n}}\mathrm{e}^{-1/x}, \quad \varPsi_n(x) \text{是 } x \text{ 的多项式.} \tag{3.50}_n$$

这可由关于 n 的归纳法很容易地验证. 即, 如果假设 $(3.50)_{n-1}$ 成立, 则通过简单计算可得

$$\psi^{(n)}(x) = \frac{\mathrm{d}}{\mathrm{d}x}\left(\frac{\Psi_{n-1}(x)}{x^{2n-2}}\mathrm{e}^{-1/x}\right) = \frac{[1-(2n-2)x]\Psi_{n-1}(x) + x^2\Psi'_{n-1}(x)}{x^{2n}}\cdot\mathrm{e}^{-1/x}.$$

所以, 如果令

$$\Psi_n(x) = [1-(2n-2)x]\Psi_{n-1}(x) + x^2\Psi'_{n-1}(x), \tag{3.51}$$

则 $(3.50)_n$ 成立. $\Psi_1(x)=1$, $\Psi_2(x)=-2x+1$, 一般地, $\Psi_n(x)$ 是满足

$$\Psi_n(x) = (-1)^{n-1}n!x^{n-1} + \cdots + 1 \tag{$3.52)_n$}$$

的关于 x 的 $n-1$ 次多项式. 这是因为, 若假设 $(3.52)_{n-1}$ 成立, 则根据式 (3.51),

$$\begin{aligned}
\Psi_n(x) &= [1-(2n-2)x]\Psi_{n-1}(x) + x^2\Psi'_{n-1}(x) \\
&= [1-(2n-2)x]((-1)^n(n-1)!x^{n-2} + \cdots + 1) \\
&\quad + x^2((-1)^n(n-1)!(n-2)x^{n-3} + \cdots) \\
&= (-1)^{n-1}n!x^{n-1} + \cdots + 1.
\end{aligned}$$

因为当 $x>0$ 时, $\psi'(x)>0$, 所以 $\psi(x)$ 在区间 $(0,+\infty)$ 上单调递增, 显然, $\lim\limits_{x\to+\infty}\mathrm{e}^{-1/x}=1$. 又因为当 $0<x<1/2$ 时, $\psi''(x)>0$; 当 $x>1/2$ 时, $\psi''(x)<0$, 所以函数 $\psi(x)$ 在区间 $(0,1/2]$ 上严格凸, 在 $[1/2,+\infty)$ 上严格凹.

设 $t=1/x$, 则根据 2.3 节的式 (2.6), 对于任意的自然数 m,

$$\lim_{x\to+0}\frac{1}{x^m}\mathrm{e}^{-1/x} = \lim_{t\to+\infty}\frac{t^m}{\mathrm{e}^t} = 0.$$

所以, 根据 $(3.50)_n$ 和 $(3.52)_n$, $\lim\limits_{x\to+0}\psi^{(n)}(x)=0$. 又因为当 $x\leqslant 0$ 时, $\psi^{(n)}(x)=0$, 所以

$$\lim_{x\to 0}\psi^{(n)}(x) = 0.$$

利用此结果, 可如下验证 $\psi(x)$ 是 $\mathscr{C}^\infty$ 类函数. 首先, 函数 $\psi(x)$ 在 $\mathbf{R}$ 上连续, 并且除 $x=0$ 外是连续可微的, 且 $\lim\limits_{x\to 0}\psi'(x)=0$. 所以根据 3.3 节中定理 3.10 的推论, $\psi(x)$ 在 $x=0$ 处也可微, 并且 $\psi'(0)=\lim\limits_{x\to 0}\psi'(x)=0$, 即函数 $\psi(x)$ 在 $\mathbf{R}$ 上是 $\mathscr{C}^1$ 类函数. 现假设函数 $\psi(x)$ 在 $\mathbf{R}$ 上是 $\mathscr{C}^{n-1}$ 类函数, 则函数 $\psi^{(n-1)}(x)$ 在 $\mathbf{R}$ 上连续, 除 $x=0$ 外连续可微, 并且 $\lim\limits_{x\to 0}\psi^{(n)}(x)=0$. 所以, 再根据定理 3.10 的推论, $\psi^{(n-1)}(x)$ 也在 $x=0$ 处可微, 并且 $\psi^{(n)}(0)=\lim\limits_{x\to 0}\psi^{(n)}(x)=0$, 即 $\psi(x)$ 在 $\mathbf{R}$ 上也是 $\mathscr{C}^n$ 类函数. 所以, 根据关于 n 的归纳法, 函数 $\psi(x)$ 是 $\mathscr{C}^\infty$ 类函数. $\qquad\square$

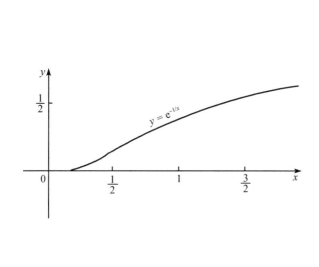

x	$\psi(x) = e^{-1/x}$
0.1	0.000
0.2	0.007
0.3	0.036
0.4	0.082
0.5	0.135
0.6	0.189
0.7	0.240
0.8	0.287
0.9	0.329
1.0	0.368
1.1	0.403
1.2	0.435
1.3	0.463
1.4	0.490
1.5	0.513
1.6	0.535
1.7	0.555
1.8	0.574
1.9	0.591
2.0	0.607

由上述讨论可知, 虽然函数 $\psi(x)$ 是 $\mathscr{C}^\infty$ 类函数, 但在 0 的任意邻域 $(-\varepsilon, +\varepsilon)$, $\varepsilon > 0$ 上, $\psi(x)$ 都不能展成以 0 为中心的 Taylor 级数. 事实上, 如果假设函数 $\psi(x)$ 在 $(-\varepsilon, +\varepsilon)$ 上能展成以 0 为中心的 Taylor 级数:

$$\psi(x) = \psi(0) + \frac{\psi'(0)}{1!}x + \cdots + \frac{\psi^{(n)}(0)}{n!}x^n + \cdots,$$

那么 $\psi(0), \psi'(0), \cdots, \psi^{(n)}(0), \cdots$ 全部为 0, 这与当 $-\varepsilon < x < \varepsilon$ 时 $\psi(x) = 0$, 当 $x > 0$ 时 $\psi(x) = e^{1/x} > 0$ 相矛盾. 所以 $\psi(x)$ 不是实解析函数, 当然 Taylor 公式:

$$\psi(x) = \frac{\psi^{(n)}(\xi)}{n!}x^n, \quad \xi = \theta x, \quad 0 < \theta < 1$$

成立. 但当 $n \to \infty$ 时, $\left(\psi^{(n)}(\xi)/n!\right)x^n \to 0$ 不成立.

定理 3.19 对于实直线 $\mathbf{R}$ 上的任意两点 a 和 b, $a < b$, 存在满足以下条件的 $\mathbf{R}$ 上的 $\mathscr{C}^\infty$ 类函数 $\rho(x)$:

$$\begin{cases} \text{当 } x \leqslant a \text{ 时} & \rho(x) = 0, \\ \text{当 } a < x < b \text{ 时} & 0 < \rho(x) < 1, \\ \text{当 } x \geqslant b \text{ 时} & \rho(x) = 1. \end{cases} \tag{3.53}$$

证明 利用上面例 3.10 的函数 $\psi(x)$, 令

$$\rho(x) = \frac{\psi(x-a)}{\psi(x-a) + \psi(b-x)},$$

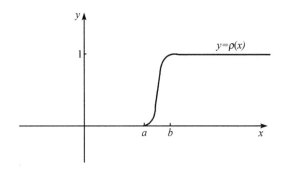

当 $x > a$ 时, $\psi(x-a) > 0$; 当 $x < b$ 时, $\psi(b-x) > 0$. 因此恒有 $\psi(x-a) \geqslant 0$, $\psi(b-x) \geqslant 0$. 所以对于任意 x, 都有 $\psi(x-a) + \psi(b-x) > 0$, 从而, 根据定理 3.18, 函数 $\rho(x)$ 是 **R** 上的 $\mathscr{C}^\infty$ 类函数. 显然, 函数 $\rho(x)$ 满足条件 (3.53). □

推论 对于 **R** 上的任意两点 $a, b, a < b$ 及任意正实数 ε, 存在满足下述条件的**R** 上的 $\mathscr{C}^\infty$ 类函数 $\rho(x)$: 恒有 $0 \leqslant \rho(x) \leqslant 1$, 并且

$$
\begin{cases}
当 \ a \leqslant x \leqslant b \ 时 \quad \rho(x) = 1, \\
当 \ x \leqslant a - \varepsilon \ 时 \quad \rho(x) = 0, \\
当 \ x \geqslant b + \varepsilon \ 时 \quad \rho(x) = 0.
\end{cases}
$$

证明 令函数 $\rho_1(x)$ 是恒满足 $0 \leqslant \rho_1(x) \leqslant 1$ 的 $\mathscr{C}^\infty$ 类函数, 并且当 $x \leqslant a - \varepsilon$ 时 $\rho_1(x) = 0$, 当 $x \geqslant a$ 时 $\rho_1(x) = 1$. $\rho_2(x)$ 是恒满足 $0 \leqslant \rho_2(x) \leqslant 1$ 的 $\mathscr{C}^\infty$ 类函数, 并且当 $x \leqslant b$ 时 $\rho_2(x) = 0$, 当 $x \geqslant b + \varepsilon$ 时 $\rho_2(x) = 1$. 则令

$$
\rho(x) = \rho_1(x)(1 - \rho_2(x))
$$

即可. □

当任意给定 **R** 上的 $\mathscr{C}^\infty$ 类函数 $f(x)$ 和 $g(x)$ 时, 选择一个满足上述推论条件 的函数 $\rho(x)$, 并令

$$
h(x) = (1 - \rho(x))f(x) + \rho(x)g(x),
$$

则 $h(x)$ 也是 **R** 上的 $\mathscr{C}^\infty$ 类函数, 并且

$$
\begin{cases}
当 \ a \leqslant x \leqslant b \ 时 \quad h(x) = g(x), \\
当 \ x \leqslant a - \varepsilon \ 时 \quad h(x) = f(x), \\
当 \ x \geqslant b + \varepsilon \ 时 \quad h(x) = f(x).
\end{cases}
$$

如上所述, 关于 $\mathscr{C}^\infty$ 类的函数, 对给定的 $\mathscr{C}^\infty$ 类函数 $f(x)$ 只将区间 $(a-\varepsilon, b+\varepsilon)$ 上的部分 "变形". 构造新的 $\mathscr{C}^\infty$ 类函数 $h(x)$, 在区间 $[a, b]$ 上 $h(x)$ 能和预先给定 的 $\mathscr{C}^\infty$ 类函数 $g(x)$ 一致, 即 $\mathscr{C}^\infty$ 类函数能够自由变形.

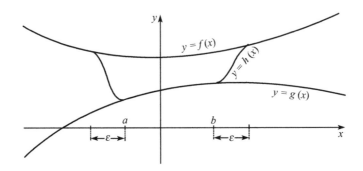

实解析函数不能这样变形. 即:

定理 3.20　设函数 $f(x), g(x)$ 都是开区间 I 上的实解析函数. 如果在区间 I 上的一点 a 的一个邻域上, $f(x)$ 与 $g(x)$ 一致, 则在整个区间 I 上 $f(x)$ 与 $g(x)$ 一致.

证明　设 $I = (b, c), b < a < c$. 首先证明在区间 $[a, c)$ 上, $f(x)$ 与 $g(x)$ 一致. 由假设可知, 存在正实数 ε, 使得当 $a \leqslant x < a + \varepsilon$ 时, $f(x) = g(x)$ 成立. 于是, 令 $a \leqslant x < t$ 时, 满足 $f(x) = g(x)$ 的 t $(a < t \leqslant c)$ 的全体集合为 T, T 的上确界为 $s : s = \sup\limits_{t \in T}(t)$. 则显然, $a + \varepsilon \leqslant s \leqslant c$, 并且如果 $a \leqslant x < s$, 则存在满足 $x < t < s$ 的一点 $t \in T$, 所以 $f(x) = g(x)$. 即在区间 $[a, s)$ 上, $f(x)$ 与 $g(x)$ 一致, 为了说明 $s = c$, 我们假设 $s < c$. 则根据假设, 在 s 的某个邻域 $(s - \delta, s + \delta), \delta > 0$ 上函数 $f(x), g(x)$ 可以展成以 s 为中心的 Taylor 级数:

$$f(x) = f(s) + \frac{f'(s)}{1!}(x - s) + \cdots + \frac{f^{(n)}(s)}{n!}(x - s)^n + \cdots,$$

$$g(x) = g(s) + \frac{g'(s)}{1!}(x - s) + \cdots + \frac{g^{(n)}(s)}{n!}(x - s)^n + \cdots.$$

因为当 $a \leqslant x < s$ 时, 有 $f(x) = g(x)$, 对于所有的自然数 n, 当 $a \leqslant x < s$ 时, $f^{(n)}(x) = g^{(n)}(x)$, 因此根据 $f(x), g(x), f^{(n)}(x), g^{(n)}(x)$ 的连续性可知 $f(s) = g(s), f^{(n)}(s) = g^{(n)}(s)$, 即上述的 $f(x)$ 的 Taylor 级数与 $g(x)$ 的 Taylor 级数一致. 所以, 当 $a \leqslant x < s + \delta$ 时, $f(x) = g(x)$, 这与 s 是 T 的上确界相矛盾. 所以 $s = c$, 即在区间 $[a, c)$ 上, $f(x)$ 与 $g(x)$ 一致. 同理, 在区间 $(b, a]$ 上, $f(x)$ 与 $g(x)$ 一致. 所以, 在 $I = (b, c)$ 上, $f(x)$ 与 $g(x)$ 一致.

　　上面我们对 I 是有限开区间的情况进行了讨论, 当 $I = (b, +\infty)$ 时, 对于任意的 $c, a < c < +\infty$, 因为在区间 (b, c) 上 $f(x)$ 与 $g(x)$ 一致, 所以在 I 上, $f(x)$ 与 $g(x)$ 一致. 当 $I = (-\infty, c)$ 或 $I = (-\infty, +\infty)$ 时, 同样, 易知在 I 上 $f(x)$ 与 $g(x)$ 一致.□

推论　设 $f(x)$ 和 $g(x)$ 是定义在区间 I 上的实解析函数, a 是属于 I 的点. 如果 $f(a) = g(a)$, 并且对于所有的自然数 n, 都有 $f^{(n)}(a) = g^{(n)}(a)$, 那么在 I 全体上, $f(x)$ 和 $g(x)$ 一致.

证明 根据假设可知, $f(x)$ 和 $g(x)$ 的以 a 为中心的 Taylor 展式一致, 所以, 在 a 的邻域上 , $f(x)$ 与 $g(x)$ 一致. 从而在 I 全体上 $f(x)$ 与 $g(x)$ 一致. □

习 题

21. 通过直接计算极限 $\displaystyle\lim_{h \to 0} \frac{(x+h)^n - x^n}{h}$ 来证明 x 的函数 x^n (n 是自然数) 的导函数是 nx^{n-1} (3.2 节 d)).

22. 证明函数 $f(x)$ 在区间 $[a, +\infty)$ 上可微, 并且存在一点 ξ, $a < \xi < +\infty$, 使得当 $\displaystyle\lim_{x \to +\infty} f(x) = f(a)$ 时, $f'(\xi) = 0$ (Rolle 定理的扩展).

23. 设 $f(x)$ 和 $g(x)$ 在区间 $[a, b]$ 上连续, $f(a) = g(a) = 0$, 并且在 (a, b) 上可微, $g'(x) \neq 0$. 证明如果存在极限 $l = \displaystyle\lim_{x \to a+0} \frac{f'(x)}{g'(x)}$, 则 $\displaystyle\lim_{x \to a+0} \frac{f(x)}{g(x)} = l$.

24. 当 $a > 0, b > 0$ 时, 试求极限 $\displaystyle\lim_{x \to +0} \left(\frac{a^x + b^x}{2} \right)^{1/x}$ 的值.

25. 证明方程 $x - \cos x = 0$ 仅有唯一解.

26. 设 $\dfrac{\mathrm{d}^n}{\mathrm{d}x^n} \mathrm{e}^{-x^2} = (-1)^n H_n(x) \mathrm{e}^{-x^2}$, 则 $H_1(x) = 2x, H_2(x) = 4x^2 - 2$. 证明 $H_n(x)$ 是 x 的 n 次多项式, 代数方程式 $H_n(x) = 0$ 有 n 个相异的实根 [应用 Rolle 定理和它的推广 (习题 22)]. 称 $H_n(x)$ 为 **Hermite 多项式.**

27. 设 $f(x)$ 在区间 I 上是 2 阶可微的函数, 并且区间上恒有 $f''(x) \neq 0$. 中值定理

$$f(x+h) = f(x) + f'(x + \theta h)h, \quad 0 < \theta < 1$$

中的 θ 由 x 和 h 来唯一确定, 如果 x 给定, 试证 $\displaystyle\lim_{h \to 0} \theta = \frac{1}{2}$.

28. 设函数 $f(x)$ 在区间 $[a, b]$ 上是 2 阶可微的, 并且 $f''(x) > 0, f(a) < 0, f(b) > 0$. 则 $b_1 = b - \dfrac{f(b)}{f'(b)}, b_2 = b_1 - \dfrac{f(b_1)}{f'(b_1)}$. 一般地, 设

$$b_n = b_{n-1} - \frac{f(b_{n-1})}{f'(b_{n-1})}, \quad n = 3, 4, 5, \cdots,$$

试证数列 $\{b_n\}$ 收敛于方程式 $f(x) = 0$ 的介于 a, b 之间的唯一解 (试画函数 $f(x)$ 的图像考虑). 求 $f(x) = 0$ 的解的近似值 b_n 的方法称为**Newton 近似法**.

29. 设函数 $f(x)$ 在区间 $[a, b]$ 上 2 阶可微, 并且 $f''(x) > 0$. 证明对于任意的 $x_k, a \leqslant x_k \leqslant b, k = 1, 2, 3, \cdots, n$, 不等式

$$f\left(\frac{x_1 + x_2 + \cdots + x_n}{n} \right) \leqslant \frac{f(x_1) + f(x_2) + \cdots + f(x_n)}{n}$$

成立, 并且等号仅限于 $x_1 = x_2 = x_3 = \cdots = x_n$ 时成立.

30. 证明正实数 $a_1, a_2, \cdots, a_n$ 的几何平均数 $(a_1 a_2 \cdots a_n)^{1/n}$ 不超过算术平均数 $\dfrac{a_1 + a_2 + \cdots + a_n}{n}$ [习题 29 的不等式中, 用 $-\ln x$ 代 $f(x)$].

第4章 积 分 法

4.1 定 积 分

虽然我们在高中已经学过积分法, 但是本章仍然从定积分的定义开始.

a) 定积分的定义

设 $f(x)$ 是在闭区间 $[a,b]$ 上的连续函数. 在区间 $[a,b]$ 上取 $m+1$ 个点 $x_0, x_1,$ $x_2, \cdots, x_m$, 使得

$$a = x_0 < x_1 < x_2 < \cdots < x_{k-1} < x_k < \cdots < x_{m-1} < x_m = b,$$

这些点将区间任意分割成 m 个子区间 $[x_{k-1}, x_k]$, $k = 1, 2, 3, \cdots, m$, 由这 $m+1$ 个点的集合 $\Delta = \{x_0, x_1, x_2, \cdots, x_{m-1}, x_m\}$ 确定的分割叫作分割 Δ. 当分割 Δ 给定时, 对每一个 k, 取一点 ξ_k, 使得 $x_{k-1} \leqslant \xi_k \leqslant x_k$, 并设

$$\sigma_\Delta = \sum_{k=1}^{m} f(\xi_k)(x_k - x_{k-1}).$$

当在区间 $[a,b]$ 内恒有 $f(x) > 0$ 时, 因为 $f(\xi_k)(x_k - x_{k-1})$ 为矩形

$$R_k = [x_{k-1}, x_k] \times [0, f(\xi_k)] = \{(x,y) | x_{k-1} \leqslant x \leqslant x_k, 0 \leqslant y \leqslant f(\xi_k)\}$$

的面积, 所以 σ_Δ 是相互之间没有任何公共内点的 m 个矩形的并集 $R_1 \cup R_2 \cup \cdots \cup R_k \cup \cdots \cup R_m$ (即下图阴影部分) 的面积. 严格说来, 我们还没有定义平面上点集合的面积, 因此我们就将 σ_Δ 定义为 $R_1 \cup R_2 \cup \cdots \cup R_k \cup \cdots \cup R_m$ 的面积. 根据 2.2

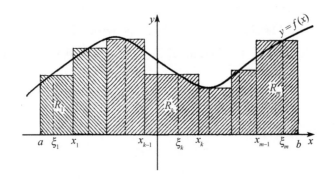

节的定理 2.4, 函数 $f(x)$ 在闭区间 $[x_{k-1}, x_k]$ 上有最大值和最小值. 设 $f(x)$ 在闭区间 $[x_{k-1}, x_k]$ 上的最大值为 M_k, 最小值为 μ_k, 并令

$$S_\Delta = \sum_{k=1}^{m} M_k(x_k - x_{k-1}),$$

$$s_\Delta = \sum_{k=1}^{m} \mu_k(x_k - x_{k-1}).$$

因为 $\mu_k \leqslant f(\xi_k) \leqslant M_k$, 所以

$$s_\Delta \leqslant \sigma_\Delta \leqslant S_\Delta. \tag{4.1}$$

由于 $f(x)$ 是闭区间 $[a, b]$ 上的连续函数, 所以根据 2.2 节的定理 2.3, 函数 $f(x)$ 在 $[a, b]$ 上是一致连续的, 即对于任意正实数 ε, 存在一个正实数 $\delta(\varepsilon)$, 使得对 $[a, b]$ 内任意两点 x 和 x',

只要 $|x - x'| < \delta(\varepsilon)$, 就有 $|f(x) - f(x')| < \varepsilon$ 成立.

又因为 $\mu_k = f(\alpha_k), M_k = f(\beta_k), x_{k-1} \leqslant \alpha_k \leqslant x_k, x_{k-1} \leqslant \beta_k \leqslant x_k$, 所以,

只要 $x_k - x_{k-1} < \delta(\varepsilon)$, 就有 $M_k - \mu_k < \varepsilon$ 成立.

因此, 如果 m 个区间 $[x_{k-1}, x_k]$ 的区间长度的最大值用

$$\delta[\Delta] = \max_k(x_k - x_{k-1})$$

来表示, 那么只要 $\delta[\Delta] < \delta(\varepsilon)$, 就有

$$S_\Delta - s_\Delta = \sum_{k=1}^{m}(M_k - \mu_k)(x_k - x_{k-1}) < \varepsilon \sum_{k=1}^{m}(x_k - x_{k-1}) < \varepsilon(b - a).$$

若将 $\delta(\varepsilon/(b-a))$ 重新改写成 $\delta(\varepsilon)$, 即

如果 $\delta[\Delta] < \delta(\varepsilon)$, 那么 $S_\Delta - s_\Delta < \varepsilon$. $\tag{4.2}$

对于区间 $[a, b]$ 的任意分割 $\Delta' = \{x_0', x_1', \cdots, x_{n-1}', x_n'\}, a = x_0' < x_1' < x_2' \cdots < x_n' = b$, 将 Δ 和 Δ' 的各分点合并, 所得到 $[a, b]$ 的分割设为 $\Delta'' = \Delta \cup \Delta' = \{x_0'', x_1'', x_2'', \cdots, x_{q-1}'', x_q''\}, a = x_0'' < x_1'' < \cdots < x_p'' < \cdots < x_{q-1}'' < x_q'' = b$. 对任一点 p, 取 $\xi_p'', x_{p-1}'' \leqslant \xi_p'' \leqslant x_p''$, 并令

$$\sigma_{\Delta''} = \sum_{p=1}^{q} f(\xi_p'')(x_p'' - x_{p-1}'').$$

现假设 $x_{k-1} = x_h''$, $x_k = x_j''$, 则分割 Δ'' 将区间 $[x_{k-1}, x_k]$ 分割成 $j - h$ 个子区间 $[x_{p-1}'', x_p'']$ $(p = h + 1, h + 2, \cdots, j)$, 并且因为 $\mu_k \leqslant f(\xi_p'')$, 所以

$$\mu_k(x_k - x_{k-1}) = \sum_{p=h+1}^{j} \mu_k(x_p'' - x_{p-1}'') \leqslant \sum_{p=h+1}^{j} f(\xi_p'')(x_p'' - x_{p-1}'').$$

因此,

$$s_\Delta \leqslant \sigma_{\Delta''}.$$

同样, 将 Δ 换成 Δ' 进行考虑, 得

$$\sigma_{\Delta''} \leqslant S_{\Delta'}.$$

所以

$$s_\Delta \leqslant S_{\Delta'}.$$

因此, 若考虑区间 $[a, b]$ 的所有分割 Δ, 则相应的 s_Δ 的全体的集合是有上界的. 因此存在上确界:

$$s = \sup_\Delta s_\Delta.$$

明显地, $s \leqslant S_{\Delta'}$. 又因为 Δ' 是任意的分割, 所以,

$$s_\Delta \leqslant s \leqslant S_\Delta.$$

因此, 根据式 (4.1) 和式 (4.2),

只要 $\delta[\Delta] < \delta(\varepsilon)$, 就有 $|\sigma_\Delta - s| < \varepsilon$ 成立.

即对任意正实数 ε, 存在正实数 $\delta(\varepsilon)$, 只要 $\delta[\Delta] < \delta(\varepsilon)$, 相应于分割 $\Delta = \{x_0, x_1, x_2, \cdots, x_{m-1}, x_m\}$, $a = x_0 < x_1 < x_2 < \cdots < x_{m-1} < x_m = b$, 无论点 $\xi_k, x_{k-1} \leqslant \xi_k \leqslant x_k, k = 1, 2, \cdots, m$ 如何选取, 都有

$$\left| \sum_{k=1}^{m} f(\xi_k)(x_k - x_{k-1}) - s \right| < \varepsilon.$$

此时当 $\delta[\Delta] \to 0$ 时, 称 $\sigma_\Delta = \sum_{k=1}^{m} f(\xi_k)(x_k - x_{k-1})$ 的极限为 s, 记为

$$s = \lim_{\delta[\Delta] \to 0} \sum_{k=1}^{m} f(\xi_k)(x_k - x_{k-1}).$$

当然, 当 $\delta[\Delta] \to 0$ 时, $m \to +\infty$.

定义 4.1 称 $s = \lim\limits_{\delta[\Delta]\to 0} \sum\limits_{k=1}^{m} f\left(\xi_k\right)\left(x_k - x_{k-1}\right)$ 是 $f\left(x\right)$ 在区间 $[a,b]$ 上的**定积分**(definite integral), 表示为

$$\int_a^b f(x)\mathrm{d}x = \lim\limits_{\delta[\Delta]\to 0} \sum\limits_{k=1}^{m} f(\xi_k)(x_k - x_{k-1}). \tag{4.3}$$

$f\left(x\right)$ 叫作定积分 $\int_a^b f(x)\mathrm{d}x$ 的**被积函数**(integrand), 定积分 $\int_a^b f(x)\mathrm{d}x$ 就叫作函数 $f\left(x\right)$ 关于 x 从 a 到 b 的**积分**(integrate). 另外 a,b 分别称为定积分 $\int_a^b f(x)\mathrm{d}x$ 的**下限**和**上限**. x 称为 $\int_a^b f\left(x\right)\mathrm{d}x$ 的**积分变量**.

例 4.1 在区间 $[a,b]$ 上, 当 $f(x) = c$ 是常数时, 因为 $\sum\limits_{k=1}^{m} c\left(x_k - x_{k-1}\right) = c\left(b-a\right)$, 所以,

$$\int_a^b c\,\mathrm{d}x = c(b-a).$$

例 4.2 试根据定积分的定义, 直接求解 $\int_0^b x^2\mathrm{d}x$. 当取定分割 $\Delta = \{x_0, x_1, x_2, \cdots, x_{m-1}, x_m\}$, $0 = x_0 < x_1 < \cdots < x_m = b$ 时,

$$3x_{k-1}^2 < x_k^2 + x_k x_{k-1} + x_{k-1}^2 < 3x_k^2,$$

所以根据中值定理, 存在满足

$$3\xi_k^2 = x_k^2 + x_k x_{k-1} + x_{k-1}^2, \quad x_{k-1} < \xi_k < x_k$$

的 ξ_k. 又因为

$$3\xi_k^2(x_k - x_{k-1}) = (x_k^2 + x_k x_{k-1} + x_{k-1}^2)(x_k - x_{k-1}) = x_k^3 - x_{k-1}^3,$$

所以

$$3\sum\limits_{k=1}^{m} \xi_k^2(x_k - x_{k-1}) = \sum\limits_{k=1}^{m} (x_k^3 - x_{k-1}^3) = b^3.$$

因此,

$$\int_0^b x^2\mathrm{d}x = \lim\limits_{\delta[\Delta]\to 0} \sum\limits_{k=1}^{m} \xi_k^2(x_k - x_{k-1}) = \frac{b^3}{3}.$$

一般说来, 根据定义直接求解定积分是非常困难的.

按照高中数学所学的内容, 在区间 $[a, b]$ 上 $f(x) > 0$ 恒成立时, $\displaystyle\int_a^b f(x)\mathrm{d}x$ 等于点的集合

$$K = \{(x, y) | a \leqslant x \leqslant b, \quad 0 \leqslant y \leqslant f(x)\}$$

的面积. 在现阶段, 我们称 $\displaystyle\int_a^b f(x)\mathrm{d}x$ 为 K 的面积.

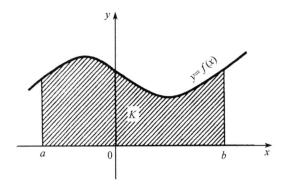

注 上述定积分的定义, 不仅仅适用于函数 $f(x)$ 在闭区间 $[a, b]$ 上连续的情形. 假设 $f(x)$ 是 $[a, b]$ 上的有界函数, 对于区间 $[a, b]$ 的分割 $\Delta = \{x_0, x_1, x_2, \cdots, x_{m-1}, x_m\}$, $a = x_0 < x_1 < x_2 < \cdots < x_{m-1} < x_m = b$, $f(x)$ 在每个子区间 $[x_{k-1}, x_k]$ 上的上确界和下确界分别设为 M_k 和 μ_k, 并且设

$$S_\Delta = \sum_{k=1}^m M_k(x_k - x_{k-1}),$$

$$s_\Delta = \sum_{k=1}^m \mu_k(x_k - x_{k-1}).$$

则对于 $[a, b]$ 的任意两个分割 Δ 和 Δ', $s_\Delta \leqslant S_{\Delta'}$. 因此对于 $[a, b]$ 的所有的分割 Δ, 如果 S_Δ 的下确界设为

$$S = \inf_\Delta S_\Delta,$$

s_Δ 的上确界设为

$$s = \sup_\Delta s_\Delta,$$

那么

$$s \leqslant S.$$

这里, 当等式 $s = S$ 成立时, 称函数 $f(x)$ 在区间 $[a, b]$ 上是**Riemann 可积**. 关于分割 Δ, 如果 $x_{k-1} \leqslant \xi_k \leqslant x_k$, 那么 $\mu_k \leqslant f(\xi_k) \leqslant M_k$, 因此

$$s_\Delta \leqslant \sum_{k=1}^m f(\xi_k)(x_k - x_{k-1}) \leqslant S_\Delta.$$

所以, $s = S$, 即如果函数 $f(x)$ 在 $[a, b]$ 上 Riemann 可积, 那么

$$\lim_{\delta[\Delta] \to 0} \sum_{k=1}^m f(\xi_k)(x_k - x_{k-1}) = s = S.$$

上式左边的极限叫作 $f(x)$ 在区间 $[a, b]$ 上的定积分, 用 $\int_a^b f(x)\mathrm{d}x$ 来表示, 即

$$\int_a^b f(x)\mathrm{d}x = \lim_{\delta[\Delta] \to 0} \sum_{k=1}^m f(\xi_k)(x_k - x_{k-1}).$$

这就是 Riemann 积分法.

在区间 $[a, b]$ 上的连续函数一定 Riemann 可积. 但是像在 $[a, b]$ 上有界或者除有限个点外是连续的函数, 虽然不是连续函数, 但在 $[a, b]$ 上也是 Riemann 可积的[1]. 另外, 在 $[a, b]$ 上有界的单调函数即使有无数个不连续点也可在 $[a, b]$ 上 Riemann 可积. 但并不是所有的有界函数都是 Riemann 可积的. 例如, 函数 $f(x), a \leqslant x \leqslant b$, 当 x 为有理数时 $f(x) = 1$, 当 x 为无理数时 $f(x) = 0$. 这样的函数 $f(x)$ 不可积. 事实上, 对于函数 $f(x)$, $M_k = 1$, $\mu_k = 0$, 所以对任意的分割 Δ, $S_\Delta = b - a, s_\Delta = 0$, 因此函数 $f(x)$ 不可积.

虽然传统的微积分学中仅涉及 Riemann 积分, 但是本书中把有限个点以外连续的函数的积分作为广义积分将在 4.3 节中讲述, 而把含无数不连续点的函数的积分让给 Lebesgue 积分处理, 这是因为 Lebesgue 积分论[2] 出现以后, Riemann 积分法就变成了它的一部分[3].

b) 定积分的性质

定理 4.1　设 $f(x), g(x)$ 是 $[a, b]$ 上的连续函数.

(1) 如果 $a < c < b$, 那么

$$\int_a^b f(x)\mathrm{d}x = \int_a^c f(x)\mathrm{d}x + \int_c^b f(x)\mathrm{d}x. \tag{4.4}$$

---

[1] 高木贞治《解析概論》, p.96.
[2] 《現代解析入門》下篇《測度と積分》.
[3] 高木贞治《解析概論》, p.110.

(2) 如果 c_1, c_2 是任意常数, 那么

$$\int_a^b (c_1 f(x) + c_2 g(x)) \mathrm{d}x = c_1 \int_a^b f(x) \mathrm{d}x + c_2 \int_a^b g(x) \mathrm{d}x. \tag{4.5}$$

(3) 如果在区间 $[a,b]$ 上, $f(x) \geqslant 0$ 恒成立, 那么

$$\int_a^b f(x) \mathrm{d}x \geqslant 0,$$

并且, 若在 $[a,b]$ 上不考虑恒等式 $f(x) = 0$ 的情况, 则

$$\int_a^b f(x) \mathrm{d}x > 0.$$

(4) 如果在区间 $[a,b]$ 上, 恒有 $f(x) \geqslant g(x)$, 那么

$$\int_a^b f(x) \mathrm{d}x \geqslant \int_a^b g(x) \mathrm{d}x,$$

并且, 若在 $[a,b]$ 上不考虑等式 $f(x) = g(x)$ 的情况, 那么

$$\int_a^b f(x) \mathrm{d}x > \int_a^b g(x) \mathrm{d}x.$$

(5)

$$\left| \int_a^b f(x) \mathrm{d}x \right| \leqslant \int_a^b |f(x)| \mathrm{d}x. \tag{4.6}$$

证明 (1) 在定积分的定义 4.1 中, 若作为 $[a,b]$ 的分割 Δ, 仅取 c 作为一个分点的分割 $\Delta = \{x_0, x_1, \cdots, x_j, \cdots, x_m\}$, $x_j = c$, 则

$$\sum_{k=1}^m f(\xi_k)(x_k - x_{x-1}) = \sum_{k=1}^j f(\xi_k)(x_k - x_{k-1}) + \sum_{k=j+1}^m f(\xi_k)(x_k - x_{k-1}).$$

等式两边当 $\delta[\Delta] \to 0$ 时, 若取极限值, 则可直接推导出 (4.4).

(2) 根据等式

$$\sum_{k=1}^m (c_1 f(\xi_k) + c_2 g(\xi_k))(x_k - x_{k-1})$$
$$= c_1 \sum_{k=1}^m f(\xi_k)(x_k - x_{k-1}) + c_2 \sum_{k=1}^m g(\xi_k)(x_k - x_{k-1}),$$

结果显然成立.

(3) 若在区间 $[a, b]$ 上恒有 $f(x) \geqslant 0$, 则 $\int_a^b f(x)\mathrm{d}x \geqslant 0$ 显然成立. 如果 $c \in [a, b]$, 且 $f(c) > 0$, 则因为 $f(x)$ 在 $[a, b]$ 上是连续函数, 所以当 $c \in [\alpha, \beta]$ 且 $a \leqslant \alpha < \beta \leqslant b$ 时, $f(x) > \gamma = f(c)/2$. 如果取 α, β 为分点的 $[a, b]$ 的一个分割 Δ: $\Delta = \{x_0, x_1, x_2, \cdots, x_{m-1}, x_m\}$, $a = x_0 < x_1 < \cdots < x_{m-1} < x_m = b$, $x_{j-1} = \alpha$, $x_h = \beta$, 则

$$\sum_{k=1}^m f(\xi_k)(x_k - x_{k-1}) \geqslant \sum_{k=j}^h f(\xi_k)(x_k - x_{k-1}) \geqslant \sum_{k=j}^h \gamma(x_k - x_{k-1}) = \gamma(\beta - \alpha).$$

所以

$$\int_a^b f(x)\mathrm{d}x = \lim_{\delta[\Delta] \to 0} \sum_{k=1}^m f(\xi_k)(x_k - x_{k-1}) \geqslant \gamma(\beta - \alpha) > 0.$$

(4) 根据 (2),

$$\int_a^b f(x)\mathrm{d}x - \int_a^b g(x)\mathrm{d}x = \int_a^b (f(x) - g(x))\mathrm{d}x,$$

所以, 为证明 (4), 只需把 (3) 中的 $f(x)$ 用 $f(x) - g(x)$ 替代即可.

(5) 因为 $-|f(x)| \leqslant f(x) \leqslant |f(x)|$, 所以根据 (2) 和 (4),

$$-\int_a^b |f(x)|\mathrm{d}x \leqslant \int_a^b f(x)\mathrm{d}x \leqslant \int_a^b |f(x)|\mathrm{d}x,$$

即式 (4.6) 成立. □

定理 4.2 (中值定理) 如果 $f(x)$ 是闭区间 $[a, b]$ 上的连续函数, 那么存在点 ξ, 使得

$$\frac{1}{b-a} \int_a^b f(x)\mathrm{d}x = f(\xi), \quad a < \xi < b \tag{4.7}$$

成立.

证明 因为 $f(x)$ 在 $[a, b]$ 上连续, 所以根据 2.2 节的定理 2.4, $f(x)$ 在 $[a, b]$ 上存在最大值 M 和最小值 μ. 如果 $\mu = M$, 式 (4.7) 显然成立. 所以, 下面仅考虑 $\mu < M$ 的情况. 在区间 $[a, b]$ 上, $\mu \leqslant f(x) \leqslant M$ 且不考虑恒等式 $f(x) = \mu, f(x) = M$, 所以根据定理 4.1 的 (4),

$$\mu(b-a) = \int_a^b \mu \mathrm{d}x < \int_a^b f(x)\mathrm{d}x < \int_a^b M\mathrm{d}x = M(b-a),$$

即

$$\mu < \frac{1}{b-a} \int_a^b f(x)\mathrm{d}x < M.$$

令 $\mu = f(\alpha), a \leqslant \alpha \leqslant b, M = f(\beta)$. 由于当 $a \leqslant \beta \leqslant b$ 时, 或者 $\alpha < \beta$ 或者 $\beta < \alpha$, 所以根据中值定理 (2.2 节的定理 2.2), 存在点 ξ 满足

$$f(\xi) = \frac{1}{b-a} \int_a^b f(x)\mathrm{d}x, \quad \alpha < \xi < \beta \text{ 或 } \beta < \xi < \alpha. \qquad \square$$

通常把定理 4.2 称为中值第一定理, 本书中称它为中值定理.

式 (4.7) 的左边 $\int_a^b f(x)\mathrm{d}x/(b-a)$, 叫作函数 $f(x)$ 在区间 $[a, b]$ 上的**平均值**(mean value). 如果 $x_k = a + k(b-a)/m, k = 0, 1, 2, \cdots, m$, 将区间 $[a, b]$ 分为 m 等份, 则 $x_k - x_{k-1} = (b-a)/m$. 所以

$$\frac{1}{b-a} \sum_{k=1}^m f(x_k)(x_k - x_{k-1}) = \frac{1}{m} \sum_{k=1}^m f(x_k).$$

因此,

$$\frac{1}{b-a} \int_a^b f(x)\mathrm{d}x = \lim_{m \to \infty} \frac{1}{m} \sum_{k=1}^m f(x_k).$$

即若将区间 $[a, b]$ 分成 m 等份, $\int_a^b f(x)\,\mathrm{d}x/(b-a)$ 是在等分点 x_k 处所有函数值 $f(x_k)(k = 1, 2, \cdots, m)$ 的平均值在 $m \to \infty$ 时的极限值.

下面的定理是上述中值定理的推广.

定理 4.3 设 $f(x), g(x)$ 都是闭区间 $[a, b]$ 上的连续函数. 如果在开区间 (a, b) 上恒有 $g(x) > 0$, 那么存在点 ξ 满足

$$\int_a^b f(x)g(x)\mathrm{d}x = f(\xi) \int_a^b g(x)\mathrm{d}x, \quad a < \xi < b. \qquad (4.8)$$

证明 设 $f(x)$ 在 $[a, b]$ 上的最大值和最小值分别是 M 和 μ. 当 $M = \mu$ 时, 式 (4.8) 显然成立. 所以, 我们下面仅考虑 $M > \mu$ 的情况. 在区间 $[a, b]$ 上, $\mu g(x) \leqslant f(x) g(x) \leqslant Mg(x)$, 并且因为不考虑恒等式 $\mu g(x) = f(x)g(x)$ 和 $f(x)g(x) = Mg(x)$, 所以根据定理 4.1 的 (4),

$$\mu \int_a^b g(x)\mathrm{d}x < \int_a^b f(x)g(x)\mathrm{d}x < M \int_a^b g(x)\mathrm{d}x.$$

设 $\gamma = \int_a^b g(x)\mathrm{d}x$, 则

$$\mu < \frac{1}{\gamma} \int_a^b f(x)g(x)\mathrm{d}x < M.$$

因此, 根据中值定理, 存在 ξ 满足

$$f(\xi) = \frac{1}{\gamma} \int_a^b f(x)g(x)\mathrm{d}x, \quad a < \xi < b. \qquad \square$$

4.2 原函数和不定积分

a) 原函数和不定积分

设 $f(x)$ 是区间 I 上的连续函数, a, b, c 是属于 I 的 3 点. 根据定理 4.1 的 (1), 若 $a < c < b$, 则等式

$$\int_a^b f(x)\mathrm{d}x = \int_a^c f(x)\mathrm{d}x + \int_c^b f(x)\mathrm{d}x \qquad (4.9)$$

成立. 但如果 $b < a$, 那么定义

$$\int_a^b f(x)\mathrm{d}x = -\int_b^a f(x)\mathrm{d}x,$$

如果 $b = a$, 那么定义

$$\int_a^a f(x)\mathrm{d}x = 0,$$

从而, 等式 (4.9) 成立就与 a, b, c 的大小无关.

[证明] 当 $a = c \leqslant b$ 及 $a \leqslant c = b$ 时, (4.9) 显然成立. 为便于观察, 将 $\int_a^b f(x)\mathrm{d}x$ 中的 $f(x)\mathrm{d}x$ 略去不写, 则当 $c \leqslant a \leqslant b$ 时, $\int_c^b = \int_c^a + \int_a^b$, 因此

$$\int_a^b = -\int_c^a + \int_c^b = \int_a^c + \int_c^b.$$

当 $c \leqslant b \leqslant a$ 时, $\int_c^a = \int_c^b + \int_b^a$, 因此,

$$\int_a^b = -\int_b^a = -\int_c^a + \int_c^b = \int_a^c + \int_c^b.$$

同理, 在其他情况下, (4.9) 一样成立. $\qquad \square$

假定 $a \in I$, 则对 I 中的任意一点 ξ, 若令

$$F(\xi) = \int_a^\xi f(x)\mathrm{d}x, \qquad (4.10)$$

则对每一个 $\xi \in I$, 确定与 $F(\xi)$ 相对应的函数 $F(x)$. 这样的函数用 $\displaystyle\int_a^x f(x)\mathrm{d}x$ 来表示:

$$F(x) = \int_a^x f(x)\mathrm{d}x. \tag{4.11}$$

其中, 右侧 $\displaystyle\int_a^x$ 的 x 是函数 $F(x)$ 的独立变量, $f(x)\mathrm{d}x$ 的 x 是积分变量. 虽然都用相同的字母 x 来表示, 但是积分变量 x 与独立变量 x 是完全不同的. 独立变量 x 若代入实数 ξ, 则式 (4.11) 变成式 (4.10). 如果积分变量不是用 x 而是用其他字母如 t 来表示, 并且将式 (4.10) 写成

$$F(x) = \int_a^x f(t)\mathrm{d}t,$$

那么, 独立变量和积分变量的区别就一目了然了.

严格说来, 如 2.1 节所述, 变量 x 表示的是一个符号, 在它的位置上可以代入属于定义域 I 内任意实数 ξ, 相当于 (), 所以式 (4.11) 的右侧是 $\displaystyle\int_a^{()} f(x)\mathrm{d}x$, 它作为定积分就没有意义了. 因此将 $\displaystyle\int_a^x f(x)\mathrm{d}x$ 定义为每一个 $\xi \in I$ 所对应的函数 $\displaystyle\int_a^\xi f(x)\mathrm{d}x$. 只是出于一般的习惯, 将属于 I 的实数和变量用相同的字母 x 来表示. 式 (4.11) 可以理解成, 对于属于 I 的任意实数 x, 函数 $F(x)$ 在 x 处的值 $F(x)$ 等于定积分 $\displaystyle\int_a^x f(x)\mathrm{d}x$.

定理 4.4　设 $f(x)$ 是区间 I 上的连续函数, $a \in I$. 对于任意 $x \in I$, 如果

$$F(x) = \int_a^x f(x)\mathrm{d}x,$$

那么

$$\frac{\mathrm{d}}{\mathrm{d}x} F(x) = f(x). \tag{4.12}$$

证明　根据式 (4.9),

$$F(x+h) - F(x) = \int_a^{x+h} f(x)\mathrm{d}x - \int_a^x f(x)\mathrm{d}x = \int_x^{x+h} f(x)\mathrm{d}x,$$

所以, 当 $h > 0$ 时, 根据中值定理 (定理 4.2), 存在满足

$$\frac{F(x+h) - F(x)}{h} = \frac{1}{h} \int_x^{x+h} f(x)\mathrm{d}x = f(\xi)$$

的点 $\xi, x < \xi < x + h$. 又当 $h < 0$ 时, 存在满足

$$\frac{F(x+h) - F(x)}{h} = \frac{1}{h} \int_x^{x+h} f(x)\mathrm{d}x = \frac{1}{|h|} \int_{x-|h|}^x f(x)\mathrm{d}x = f(\xi)$$

的点 $\xi, x + h < \xi < x$. 所以, 当 $h \neq 0$ 时,

$$\frac{F(x+h) - F(x)}{h} = f(\xi), \quad \xi = x + \theta h, \quad 0 < \theta < 1.$$

因此,

$$\lim_{h \to 0} \frac{F(x+h) - F(x)}{h} = \lim_{\xi \to x} f(\xi) = f(x),$$

即式 (4.12) 成立. □

因为 $\int_x^a f(x)\mathrm{d}x = -\int_a^x f(x)\mathrm{d}x$, 所以根据式 (4.12),

$$\frac{\mathrm{d}}{\mathrm{d}x} \int_x^a f(x)\mathrm{d}x = -f(x). \tag{4.13}$$

一般地, 给定一个定义在 I 上的函数 $f(x)$, 设 $F(x)$ 以 $f(x)$ 作为导函数, 即 $F'(x) = f(x)$, 此时定义在区间 I 上的函数 $F(x)$ 叫作 $f(x)$ 的**原函数**(primitive function). 当然, 给定函数 $f(x)$, 它不一定存在原函数. 例如, $f(x)$ 在区间 I 的内点 c 处不连续, 并且 $\lim_{x \to c-0} f(x)$, $\lim_{x \to c+0} f(x)$ 同时存在, 而 $\lim_{x \to c-0} f(x) \neq \lim_{x \to c+0} f(x)$, 则根据 3.3 节定理 3.10 的推论相关的结果, 函数 $f(x)$ 不存在原函数.

如果 $f(x)$ 存在原函数, 那么它的原函数除加法常数 (additive constant) 外唯一确定. 即如果 $F_0(x)$ 是 $f(x)$ 的一个原函数, 那么 $f(x)$ 的任意原函数可以表示为

$$F(x) = F_0(x) + C,$$

其中 C 是常数. 事实上,

$$\frac{\mathrm{d}}{\mathrm{d}x}(F(x) - F_0(x)) = F'(x) - F_0'(x) = f(x) - f(x) = 0,$$

所以根据 3.3 节的定理 3.6, $F(x) - F_0(x)$ 必是常数.

设 $f(x)$ 是区间 I 上的连续函数, $a \in I$. 则根据式 (4.12), 在 I 上定义的 x 的函数 $\int_a^x f(x)\mathrm{d}x$ 是 $f(x)$ 的原函数. 因此, $f(x)$ 的任意原函数 $F(x)$ 可表示为

$$F(x) = \int_a^x f(x)\mathrm{d}x + C, \quad C \text{ 是常数}. \tag{4.14}$$

其中, 右边的 C 叫作**积分常数**.

对 I 内任意两点 b 和 c 应用式 (4.9), 由式 (4.14), 得

$$F(b) - F(c) = \int_a^b f(x)\mathrm{d}x - \int_a^c f(x)\mathrm{d}x = \int_c^b f(x)\mathrm{d}x.$$

即下面结论成立:

定理 4.5   设 $f(x)$ 是区间 I 上的连续函数, $F(x)$ 是 $f(x)$ 的原函数. 则

$$\int_a^b f(x)\mathrm{d}x = F(b) - F(a). \tag{4.15}$$

式 (4.15) 叫作**微积分的基本公式**.

定义在区间 I 上的函数 $f(x)$ 的原函数也可称为 $f(x)$ 的**不定积分**(indefinite integral). 用符号 $\int f(x)\,\mathrm{d}x$ 来表示.

注   不定积分的定义似乎还不统一. 《岩波数学辞典第 3 版》, p.522 中将 x 的函数 $\int_a^x f(x)\mathrm{d}x$ 称为 $f(x)$ 的不定积分. 高木贞治《解析概論》, pp.101-102 中说当没有指定 $\int_a^x f(x)\mathrm{d}x$ 的下限 a 时, 记为 $\int f(x)\mathrm{d}x$, 并表示 $f(x)$ 的不定积分. 本书采用了藤原松三郎《微分積分学 I》, p.293 中的定义, 即不定积分就是原函数.

b) 用初等函数表示的原函数

$f(x) = F'(x)$	$F(x)$
$x^\alpha(\alpha \neq -1)$	$\dfrac{x^{\alpha+1}}{\alpha+1}$
$\dfrac{1}{x}(x \neq 0)$	$\ln|x|$
$\dfrac{1}{1-x^2}(x \neq \pm 1)$	$\dfrac{1}{2}\ln\left|\dfrac{1+x}{1-x}\right|$
$\dfrac{1}{\sqrt{x^2-1}}(|x| > 1)$	$\ln|x + \sqrt{x^2-1}|$
$\dfrac{1}{\sqrt{x^2+1}}$	$\ln(x + \sqrt{x^2+1})$
e^x	e^x
$a^x(a > 0, a \neq 1)$	$\dfrac{a^x}{\ln a}$
$\sin x$	$-\cos x$
$\cos x$	$\sin x$
$\dfrac{1}{\sin^2 x}$	$-\dfrac{1}{\tan x}$
$\dfrac{1}{\cos^2 x}$	$\tan x$
$\tan x$	$-\ln|\cos x|$

从例 4.2 可知, 根据定积分的定义直接求解 $\int_a^b f(x)\mathrm{d}x$ 比较困难, 但如果知道 $f(x)$ 的原函数 $F(x)$, 就可以由基本公式 (4.15) 直接求解定积分 $\int_a^b f(x)\mathrm{d}x$. 上表中给出了由初等函数来表示的基本原函数.

此表的右侧的函数是左侧函数所对应的原函数. 这可通过对右侧的函数进行微分获得验证. 例如, 对第二行的 $\ln|x|$ 进行微分, 则当 $x > 0$ 时, 根据式 (3.9),

$(\mathrm{d}/\mathrm{d}x)\ln x = 1/x$, 当 $x < 0$ 时, $y = |x| = -x$, 则

$$\frac{\mathrm{d}}{\mathrm{d}x}\ln|x| = \frac{\mathrm{d}y}{\mathrm{d}x}\frac{\mathrm{d}}{\mathrm{d}y}\ln y = -\frac{1}{y} = \frac{1}{x},$$

即, 当 $x \neq 0$ 时

$$\frac{\mathrm{d}}{\mathrm{d}x}\ln|x| = \frac{1}{x}.$$

对任意的可微函数 $f(x)$, 若 $y = f(x)$, 则当 $y \neq 0$ 时, 根据该结果得

$$\frac{\mathrm{d}}{\mathrm{d}x}\ln|f(x)| = \frac{\mathrm{d}y}{\mathrm{d}x}\frac{\mathrm{d}}{\mathrm{d}y}\ln|y| = \frac{\mathrm{d}y}{\mathrm{d}x}\frac{1}{y} = \frac{f'(x)}{f(x)}.$$

即

$$\frac{\mathrm{d}}{\mathrm{d}x}\ln|f(x)| = \frac{f'(x)}{f(x)}, \quad f(x) \neq 0. \tag{4.16}$$

右侧包含 $\ln$ 的函数的导函数都可以用式 (4.16) 求解. 例如对于 $\ln|x + \sqrt{x^2 - 1}|$, 若令 $y = x^2 - 1$, 则

$$\frac{\mathrm{d}}{\mathrm{d}x}\sqrt{x^2 - 1} = \frac{\mathrm{d}y}{\mathrm{d}x}\frac{\mathrm{d}}{\mathrm{d}y}y^{1/2} = 2x \cdot \frac{1}{2}y^{-1/2} = \frac{x}{\sqrt{x^2 - 1}},$$

所以

$$\frac{\mathrm{d}}{\mathrm{d}x}(x + \sqrt{x^2 - 1}) = 1 + \frac{x}{\sqrt{x^2 - 1}} = \frac{x + \sqrt{x^2 - 1}}{\sqrt{x^2 - 1}},$$

因此

$$\frac{\mathrm{d}}{\mathrm{d}x}\ln|x + \sqrt{x^2 - 1}| = \frac{1}{\sqrt{x^2 - 1}}.$$

显然, 右侧不包含 $\ln$ 的函数的导函数恰好是与其相对应的左侧的函数.

下面讨论与原函数相关的**反三角函数**, 即三角函数的反函数. 因为

$$\sin\left(x - \frac{\pi}{2}\right) = -\cos x,$$

如 2.4 节 a) 中所述, $\cos x$ 在区间 $[0, \pi]$ 上单调递减, 所以 $\sin x$ 在区间 $[-\pi/2, \pi/2]$ 上单调递增. 若假设在区间 $[-\pi/2, \pi/2]$ 上函数 $f(x) = \sin x$, 则 $f(-\pi/2) = -1$, $f(\pi/2) = 1$. 所以根据 2.2 节的定理 2.7, $y = f(x)$ 的反函数 $f^{-1}(y)$ 在区间 $[-1, 1]$ 上是连续单调递增函数, 并且其值域为 $[-\pi/2, \pi/2]$. 该反函数 $f^{-1}(y)$ 用 $\operatorname{Arcsin} y$ 表示.

对任意给定的一个实数 y, $-1 \leqslant y \leqslant 1$, 满足方程式 $\sin x = y$ 的实数 x 用 $x = \arcsin y$ 表示. $\sin x$ 是以 2π 为周期的周期函数, 且 $\sin(x + \pi) = -\sin x$, 所以对于任意整数 m,

$$\sin x = (-1)^m \sin(x - m\pi).$$

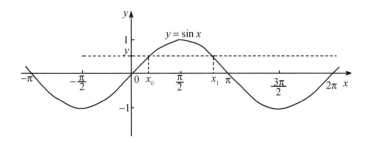

若 $\sin x = y$, $-\pi/2 + m\pi \leqslant x \leqslant \pi/2 + m\pi$, 则 $\sin(x - m\pi) = (-1)^m y$, $-\pi/2 \leqslant x - m\pi \leqslant \pi/2$, 所以

$$x = \operatorname{Arcsin}((-1)^m y) + m\pi.$$

若 $\sin x = y$, 则 $\sin(-x) = -y$. 所以 $\operatorname{Arcsin}(-y) = -\operatorname{Arcsin} y$, 因此上式可改写成

$$x = (-1)^m \operatorname{Arcsin} y + m\pi.$$

从而, 在条件 $-\pi/2 + m\pi \leqslant x \leqslant \pi/2 + m\pi$ 之下, 函数 $x = \arcsin y$ 成为 y 的函数 $(-1)^m \operatorname{Arcsin} y + m\pi$. 若没有该条件限制, 则

$$\arcsin y = (-1)^m \operatorname{Arcsin} y + m\pi, \quad m = 0, \pm 1, \pm 2, \pm 3, \cdots.$$

即对于 $\arcsin y$ 的每个实数 y, $-1 \leqslant y \leqslant 1$, 有无数个实数 $x_m = (-1)^m \operatorname{Arcsin} y + m\pi, m = 0, \pm 1, \pm 2, \cdots$ 与之对应, $\arcsin y$ 是 y 的多值函数. $\arcsin y$ 虽然不是 2.1 节中定义的意义下的函数, 但它也可以看成是对每一个实数 y, $-1 \leqslant y \leqslant 1$, 对应无数个值 $x_0, x_1, x_{-1}, x_2, x_{-2}, \cdots, x_m, x_{-m}, \cdots$ 的一种函数, 称 $\arcsin y$ 为 y 的**多值函数**(many-valued function). 并且把 $\operatorname{Arcsin} y$ 称为 $\arcsin y$ 的**主值**(pricipal value). $\arcsin y$ 也可以写成 $\sin^{-1} y$.

　　关于 $\cos x$ 的反函数也可同样讨论. 即在区间 $[0, \pi]$ 上, x 的函数 $y = \cos x$ 的反函数用 $\operatorname{Arccos} y$ 表示. $\operatorname{Arccos} y$ 在 $[-1, 1]$ 上是连续单调递减函数, 值域为 $[0, \pi]$. 对于实数 $y, -1 \leqslant y \leqslant 1$, 满足方程 $\cos x = y$ 的 x 表示为 $x = \arccos y$, 则

$$\arccos y = (-1)^m \operatorname{Arccos} y + m\pi + (1 - (-1)^m)\pi/2, \quad m = 0, \pm 1, \pm 2, \cdots.$$

称 $\operatorname{Arccos} y$ 为 $\arccos y$ 的主值.

　　根据式 (3.27), $\tan x = \sin x / \cos x$ 在开区间 $(-\pi/2, \pi/2)$ 上可微, 并且

$$\frac{\mathrm{d}}{\mathrm{d}x} \tan x = \frac{1}{\cos^2 x} > 0.$$

所以, 根据 3.3 节的定理 3.6, $\tan x$ 在 $(-\pi/2, \pi/2)$ 上单调递增.

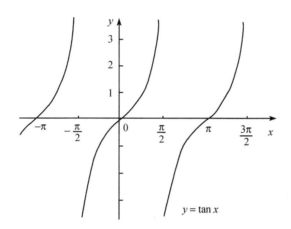

$y = \tan x$

又因为 $\lim\limits_{x \to -\pi/2+0} \tan x = -\infty$, $\lim\limits_{x \to \pi/2-0} \tan x = +\infty$, 所以如果在开区间 $(-\pi/2,$ $\pi/2)$ 上 x 的函数 $y = \tan x$ 的反函数用 Arctan y 来表示, 那么根据定理 2.7, Arctan y 是在数轴 $\mathbf{R} = (-\infty, +\infty)$ 上的连续单调递增函数, 其值域为 $(-\pi/2, \pi/2)$. 对于任意实数 y, 满足方程式 $\tan x = y$ 的 x 用 $x = \arctan y$ 表示. 对于任意整数 m, 因为

$$\tan x = \tan(x - m\pi),$$

所以,

$$\arctan y = \text{Arctan } y + m\pi, \quad m = 0, \pm 1, \pm 2, \pm 3, \cdots.$$

即 $x = \arctan y$ 是在每个开区间 $(-\pi/2 + m\pi, \pi/2 + m\pi)$ 上分别取值的多值函数.

另外, 若 $y = \sin x$, 则在开区间 $(-\pi/2, \pi/2)$ 上 $\mathrm{d}y/\mathrm{d}x = \cos x > 0$. 因此, 根据反函数的微分法 (3.2 节定理 3.4), $x = \text{Arcsin } y$ 在开区间 $(-1, 1)$ 上关于 y 可微, 并且

$$\frac{\mathrm{d}}{\mathrm{d}y}\text{Arcsin } y = \frac{\mathrm{d}x}{\mathrm{d}y} = \frac{1}{\left(\dfrac{\mathrm{d}y}{\mathrm{d}x}\right)} = \frac{1}{\cos x} = \frac{1}{\sqrt{1 - \sin^2 x}} = \frac{1}{\sqrt{1 - y^2}}.$$

若将 y 换成 x, 则

$$\frac{\mathrm{d}}{\mathrm{d}x}\text{Arcsin } x = \frac{1}{\sqrt{1 - x^2}}, \quad -1 < x < 1. \tag{4.17}$$

当 $x = -1$ 或 $x = 1$ 时, Arcsin x 不可微. 根据式 (4.17), 可直接得

$$\int \frac{\mathrm{d}x}{\sqrt{1 - x^2}} = \text{Arcsin } x, \quad |x| < 1. \tag{4.18}$$

若 $y = \tan x$, 则因为 $\mathrm{d}y/\mathrm{d}x = 1/\cos^2 x$, 所以

$$\frac{\mathrm{d}}{\mathrm{d}y}\operatorname{Arctan} y = \frac{\mathrm{d}x}{\mathrm{d}y} = \frac{1}{\left(\dfrac{\mathrm{d}y}{\mathrm{d}x}\right)} = \cos^2 x = \frac{1}{\tan^2 x + 1} = \frac{1}{y^2 + 1}.$$

若将 y 换成 x, 则

$$\frac{\mathrm{d}}{\mathrm{d}x}\operatorname{Arctan} x = \frac{1}{x^2 + 1}. \tag{4.19}$$

因此

$$\int \frac{\mathrm{d}x}{x^2 + 1} = \operatorname{Arctan} x. \tag{4.20}$$

c) 分部积分法

设 $f(x), g(x)$ 都是区间 I 上的连续可微函数. 则根据式 (3.11),

$$\frac{\mathrm{d}}{\mathrm{d}x}(f(x)g(x)) = f'(x)g(x) + f(x)g'(x),$$

所以,

$$f(x)g(x) = \int f'(x)g(x)\mathrm{d}x + \int f(x)g'(x)\mathrm{d}x.$$

因此,

$$\int f(x)g'(x)\mathrm{d}x = f(x)g(x) - \int f'(x)g(x)\mathrm{d}x. \tag{4.21}$$

一般地, 当 $h(x)$ 在 I 上连续时, 对 I 上任意两点 $a, b, h(b) - h(a)$ 可用符号 $[h(x)]_a^b$ 或 $h(x)|_a^b$ 表示:

$$[h(x)]_a^b = h(x)|_a^b = h(b) - h(a).$$

若采用此记法, 则根据式 (4.21),

$$\int_a^b f(x)g'(x)\mathrm{d}x = [f(x)g(x)]_a^b - \int_a^b f'(x)g(x)\mathrm{d}x. \tag{4.22}$$

我们把式 (4.21) 和式 (4.22) 叫作**分部积分**(integration by parts) 公式.

例 4.3   若在式 (4.21) 中令 $g(x) = x$, 则

$$\int f(x)\mathrm{d}x = xf(x) - \int xf'(x)\mathrm{d}x. \tag{4.23}$$

若令 $f(x) = \ln x$, 则 $f'(x) = 1/x$, 所以

$$\int \ln x \ \mathrm{d}x = x\ln x - x.$$

另外, 当 $|x| < 1$ 时, 若令 $f(x) = \sqrt{1-x^2}$, 则

$$xf'(x) = \frac{-x^2}{\sqrt{1-x^2}} = \frac{1-x^2}{\sqrt{1-x^2}} - \frac{1}{\sqrt{1-x^2}} = \sqrt{1-x^2} - \frac{1}{\sqrt{1-x^2}},$$

所以, 根据式 (4.18) 得,

$$\int \sqrt{1-x^2}\mathrm{d}x = x\sqrt{1-x^2} - \int \sqrt{1-x^2}\mathrm{d}x + \text{Arcsin } x.$$

因此,

$$\int \sqrt{1-x^2}\mathrm{d}x = \frac{1}{2}(x\sqrt{1-x^2} + \text{Arcsin } x), \quad |x| < 1. \tag{4.24}$$

例 4.4 设 n 为自然数, $S_n = \displaystyle\int_0^{\pi/2}(\sin x)^n\mathrm{d}x$, 并且设 $f(x) = (\sin x)^{n-1}$, $g(x) = -\cos x$, 则 $(\sin x)^n = f(x)g'(x)$, 所以由分部积分公式 (4.22),

$$\begin{aligned}
S_n = \int_0^{\pi/2}(\sin x)^n\mathrm{d}x &= [-(\sin x)^{n-1}\cos x]_0^{\pi/2} + \int_0^{\pi/2}(n-1)(\sin x)^{n-2}\cos^2 x\mathrm{d}x\\
&= (n-1)\int_0^{\pi/2}(\sin x)^{n-2}(1-\sin^2 x)\mathrm{d}x\\
&= (n-1)S_{n-2} - (n-1)S_n.
\end{aligned}$$

因此 $nS_n = (n-1)S_{n-2}$, 即

$$S_n = \frac{n-1}{n}S_{n-2}. \tag{4.25}$$

此式中, 若令 $S_0 = \displaystyle\int_0^{\pi/2}1\,\mathrm{d}x = \pi/2$, 则当 $n \geqslant 2$ 时成立. 因为 $S_1 = \displaystyle\int_0^{\pi/2}\sin x\,\mathrm{d}x = 1$, 所以当分别考虑 n 为奇数和偶数时, 得

$$\begin{aligned}
S_{2n} &= \frac{2n-1}{2n}\cdot\frac{2n-3}{2n-2}\cdot\ \cdots\ \cdot\frac{3}{4}\cdot\frac{1}{2}\cdot\frac{\pi}{2},\\
S_{2n+1} &= \frac{2n}{2n+1}\cdot\frac{2n-2}{2n-1}\cdot\ \cdots\ \cdot\frac{4}{5}\cdot\frac{2}{3}.
\end{aligned}$$

因为,

$$\begin{aligned}
2n(2n-2)(2n-4)\cdots 4\cdot 2 &= 2^n n!,\\
(2n+1)(2n-1)(2n-3)\cdots 5\cdot 3 &= \frac{(2n+1)!}{2^n n!},
\end{aligned}$$

所以,

$$\begin{cases}
S_{2n} = \dfrac{(2n)!}{2^{2n}(n!)^2}\cdot\dfrac{\pi}{2},\\[3mm]
S_{2n+1} = \dfrac{2^{2n}(n!)^2}{(2n+1)!}.
\end{cases} \tag{4.26}$$

当 $0 < x < \pi/2$ 时, $(\sin x)^n > (\sin x)^{n+1}$, 所以根据定理 4.1 的 (4), $S_n > S_{n+1}$. 因此由式 (4.25) 得

$$1 > \frac{S_{2n+1}}{S_{2n}} > \frac{S_{2n+2}}{S_{2n}} = \frac{2n+1}{2n+2}.$$

故

$$\lim_{n\to\infty} \frac{S_{2n+1}}{S_{2n}} = 1. \tag{4.27}$$

根据式 (4.26), $S_{2n+1}S_{2n} = \pi/(4n+2)$, 再利用式 (4.27) 得

$$\lim_{n\to\infty} n(S_{2n+1})^2 = \lim_{n\to\infty} \frac{n}{4n+2}\frac{S_{2n+1}}{S_{2n}}\pi = \frac{\pi}{4},$$

所以

$$\lim_{n\to\infty} \sqrt{n}S_{2n+1} = \sqrt{\pi}/2. \tag{4.28}$$

此结果与式 (4.27) 和式 (4.26) 相结合, 可得

$$\sqrt{\pi}/2 = \lim_{n\to\infty} \sqrt{n}S_{2n+1} = \lim_{n\to\infty} \sqrt{n}S_{2n} = \frac{\pi}{2}\lim_{n\to\infty} \frac{\sqrt{n}(2n)!}{2^{2n}(n!)^2},$$

因此,

$$\sqrt{\pi} = \lim_{n\to\infty} \frac{2^{2n}(n!)^2}{\sqrt{n}(2n)!}. \tag{4.29}$$

d) Taylor 公式

根据分部积分法, 也可以证明 Taylor 公式 (3.39). 设 $f = f(x), g = g(x)$ 是定义在区间 I 上的 n 阶连续可微函数, 若对它们的 k 阶导函数 $f^{(k)} = f^{(k)}(x)$, $g^{(k)} = g^{(k)}(x)$ 重复使用分部积分法, 则

$$\begin{aligned}
\int fg^{(n)}\mathrm{d}x &= fg^{(n-1)} - \int f'g^{(n-1)}\mathrm{d}x \\
&= fg^{(n-1)} - f'g^{(n-2)} + \int f''g^{(n-2)}\mathrm{d}x \\
&= fg^{(n-1)} - f'g^{(n-2)} + f''g^{(n-3)} - \int f'''g^{(n-3)}\mathrm{d}x \\
&= \cdots \\
&= fg^{(n-1)} + \sum_{k=1}^{n-1}(-1)^k f^{(k)}g^{(n-1-k)} + (-1)^n \int f^{(n)}g\,\mathrm{d}x.
\end{aligned}$$

即

$$\int fg^{(n)}\mathrm{d}x = fg^{(n-1)} + \sum_{k=1}^{n-1}(-1)^k f^{(k)}g^{(n-1-k)} + (-1)^n \int f^{(n)}g\,\mathrm{d}x. \tag{4.30}$$

此处约定 $g^{(0)} = g$. 在 I 上任取一点 b, 使得

$$g = g(x) = \frac{(-1)^n}{(n-1)!}(b-x)^{n-1} = -\frac{1}{(n-1)!}(x-b)^{n-1}.$$

因为

$$\frac{\mathrm{d}^k}{\mathrm{d}x^k}(x-b)^{n-1} = (n-1)(n-2)\cdots(n-k)(x-b)^{n-1-k},$$

所以,

$$g^{(k)} = -\frac{1}{(n-k-1)!}(x-b)^{n-1-k}.$$

因此,

$$g^{(n-1-k)} = -\frac{1}{k!}(x-b)^k = -\frac{(-1)^k}{k!}(b-x)^k, \quad k = 0,1,2,\cdots,n-1,$$

特别地, $g^{(n-1)} = -1$, 或 $g^{(n)} = 0$. 所以根据式 (4.30),

$$0 = -f(x) - \sum_{k=1}^{n-1} \frac{f^{(k)}(x)}{k!}(b-x)^k + \int \frac{f^{(n)}(x)}{(n-1)!}(b-x)^{n-1}\mathrm{d}x.$$

当在区间 I 上取定一点 a 时, 从此式直接得

$$0 = \left[-f(x) - \sum_{k=1}^{n-1} \frac{f^{(k)}(x)}{k!}(b-x)^k\right]_a^b + \int_a^b \frac{f^{(n)}(x)}{(n-1)!}(b-x)^{n-1}\mathrm{d}x,$$

即

$$f(b) = f(a) + \sum_{k=1}^{n-1} \frac{f^{(k)}(a)}{k!}(b-a)^k + \frac{1}{(n-1)!}\int_a^b f^{(n)}(x)(b-x)^{n-1}\mathrm{d}x.$$

若将积分变量 x 换成 t, b 换成 x, 则

$$f(x) = f(a) + \sum_{k=1}^{n-1} \frac{f^{(k)}(a)}{k!}(x-a)^k + R_n,$$

$$R_n = \frac{1}{(n-1)!}\int_a^x f^{(n)}(t)(x-t)^{n-1}\mathrm{d}t. \tag{4.31}$$

当 $a < x$ 时, 若 $a \leqslant t < x$, 则 $(x-t)^{n-1} > 0$. 所以根据定理 4.3, 存在满足

$$\int_a^x f^{(n)}(t)(x-t)^{n-1}\mathrm{d}t = f^{(n)}(\xi)\int_a^x (x-t)^{n-1}\mathrm{d}t, \quad a < \xi < x$$

的 ξ. 当 $x < a$ 时, 存在满足

$$\int_x^a f^{(n)}(t)(t-x)^{n-1}\mathrm{d}t = f^{(n)}(\xi)\int_x^a (t-x)^{n-1}\mathrm{d}t, \quad x < \xi < a$$

的 ξ. 又因为 $(t-x)^{n-1}=(-1)^{n-1}(x-t)^{n-1}$, 所以

$$\int_a^x f^{(n)}(t)(x-t)^{n-1}\mathrm{d}t = f^{(n)}(\xi)\int_a^x (x-t)^{n-1}\mathrm{d}t.$$

总之, 无论哪种情况, 都存在满足

$$\int_a^x f^{(n)}(t)(x-t)^{n-1}\mathrm{d}t = f^{(n)}(\xi)\int_a^x (x-t)^{n-1}\mathrm{d}t$$
$$\xi = a+\theta(x-a), \quad 0<\theta<1$$

的 ξ. 因为 $\displaystyle\int_a^x (x-t)^{n-1}\,\mathrm{d}t = (1/n)(x-a)^n$, 所以

$$R_n = \frac{f^{(n)}(\xi)}{n!}(x-a)^n, \quad \xi = a+\theta(x-a), \quad 0<\theta<1. \tag{4.32}$$

于是 Taylor 公式 (3.39) 获得证明.

虽然对 Taylor 公式的证明, 积分法要比 3.4 节 c) 中的微分法更加通俗易懂, 但是用积分法时, 却需要假设 $f(x)$ 是 n 阶连续可微函数. 而在 3.4 节 c) 中 $f(x)$ 是 n 阶可微函数即可. 这种在假设上的细微差别, 在应用上却并不是那么重要. 与此相比, 式 (4.31) 中用定积分表示的余项 R_n 更值得研究. 为了从 R_n 的积分表示导出式 (4.32), 可将 $\displaystyle\int_a^x f^{(n)}(t)(x-t)^{n-1}\mathrm{d}t$ 的被积函数看成是 $f^{(n)}(t)$ 和 $(x-t)^{n-1}$ 的积, 再利用定理 4.3 来获得. 而被积分函数如果看成是 $f^{(n)}(t)(x-t)^q$ 和 $(x-t)^{n-1-q}$ $(0\leqslant q\leqslant n-1$ 且 q 为整数) 的积, 那么利用定理 4.3, 可知存在 ξ 满足

$$\int_a^x f^{(n)}(t)(x-t)^{n-1}\mathrm{d}t = f^{(n)}(\xi)(x-\xi)^q\int_a^x (x-t)^{n-1-q}\mathrm{d}t$$
$$= f^{(n)}(\xi)(x-\xi)^q\frac{(x-a)^{n-q}}{n-q},$$
$$\xi = a+\theta(x-a), \quad 0<\theta<1.$$

因为 $x-\xi=(1-\theta)(x-a)$, 所以

$$R_n = \frac{f^{(n)}(\xi)(1-\theta)^q}{(n-1)!(n-q)}(x-a)^n, \quad \xi = a+\theta(x-a), \quad 0<\theta<1.$$

这正是 Schlömilch 的余项 (3.42).

4.3　广　义　积　分

4.1 节中定义了区间 $[a,b]$ 上连续函数 $f(x)$ 的定积分 $\displaystyle\int_a^b f(x)\mathrm{d}x$. 在本节中, 将推广定积分的定义, 研究在 $[a,b]$ 上有有限个不连续点, 甚至在如 $[a,+\infty)$ 这样的

无限区间内定义的函数 $f(x)$ 的定积分. 无限区间是指无界的区间, 相应地, **有限区间**就是有界的区间.

a) 积分定义的扩张

首先, 从在区间 $[a,b)$ 上连续但在 $[a,b]$ 上未必连续的函数 $f(x)$ 的积分 $\int_a^b f(x)\mathrm{d}x$ 的定义开始讨论.

例 4.5 x 的函数 $1/\sqrt{1-x^2}$, 在区间 $[0,1)$ 上连续并且 $\lim\limits_{x\to 1-0}(1/\sqrt{1-x^2}) = +\infty$.

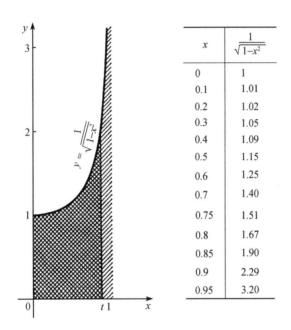

x	$\dfrac{1}{\sqrt{1-x^2}}$
0	1
0.1	1.01
0.2	1.02
0.3	1.05
0.4	1.09
0.5	1.15
0.6	1.25
0.7	1.40
0.75	1.51
0.8	1.67
0.85	1.90
0.9	2.29
0.95	3.20

由上图可知, 显然此函数的积分应定义为

$$\int_0^1 \frac{\mathrm{d}x}{\sqrt{1-x^2}} = \lim_{t\to 1-0} \int_0^t \frac{\mathrm{d}x}{\sqrt{1-x^2}}.$$

则根据式 (4.18),

$$\int_0^1 \frac{\mathrm{d}x}{\sqrt{1-x^2}} = \lim_{t\to 1-0} \operatorname{Arcsin} t = \operatorname{Arcsin} 1 = \frac{\pi}{2}.$$

一般地, 如果在区间 $[a,b)$ 上连续的函数 $f(x)$ 存在极限 $\lim\limits_{t\to b-0}\int_a^t f(x)\mathrm{d}x$, 那么定义

$$\int_a^b f(x)\mathrm{d}x = \lim_{t\to b-0} \int_a^t f(x)\mathrm{d}x. \tag{4.33}$$

同样, 如果在区间 $(a,b]$ 上连续的函数 $f(x)$ 存在极限 $\displaystyle\lim_{s\to a+0}\int_s^b f(x)\mathrm{d}x$, 那么定义

$$\int_a^b f(x)\mathrm{d}x = \lim_{s\to a+0}\int_s^b f(x)\mathrm{d}x, \tag{4.34}$$

如果在区间 (a,b) 上连续的函数 $f(x)$ 存在 $\displaystyle\lim_{\substack{t\to b-0\\s\to a+0}}\int_s^t f(x)\mathrm{d}x$, 那么定义

$$\int_a^b f(x)\mathrm{d}x = \lim_{\substack{t\to b-0\\s\to a+0}}\int_s^t f(x)\mathrm{d}x. \tag{4.35}$$

这里, 式 (4.35) 确定了对应于任意的正实数 ε 的一个正实数 $\delta(\varepsilon)$, 当 $b-\delta(\varepsilon)<t<b, a<s<a+\delta(\varepsilon)$ 时, 蕴涵着

$$\left|\int_a^b f(x)\mathrm{d}x - \int_s^t f(x)\mathrm{d}x\right| < \varepsilon$$

成立, 但若确定一点 $c, a<c<b$, 则

$$\int_s^t f(x)\mathrm{d}x = \int_s^c f(x)\mathrm{d}x + \int_c^t f(x)\mathrm{d}x,$$

所以

$$\lim_{\substack{t\to b-0\\s\to a+0}}\int_s^t f(x)\mathrm{d}x = \lim_{s\to a+0}\int_s^c f(x)\mathrm{d}x + \lim_{t\to b-0}\int_c^t f(x)\mathrm{d}x,$$

因此, 式 (4.35) 可改写为

$$\int_a^b f(x)\mathrm{d}x = \lim_{s\to a+0}\int_s^c f(x)\mathrm{d}x + \lim_{t\to b-0}\int_c^t f(x)\mathrm{d}x. \tag{4.36}$$

在式 (4.33)、式 (4.34) 和式 (4.35) 中定义的积分 $\displaystyle\int_a^b f(x)\mathrm{d}x$ 称为**广义积分**(improper integral). 当广义积分 $\displaystyle\int_a^b f(x)\mathrm{d}x$ 存在时, 也就是式 (4.33)、式 (4.34) 或者式 (4.35) 右侧的极限存在时, 称广义积分 $\displaystyle\int_a^b f(x)\mathrm{d}x$ **收敛**. 当广义积分 $\displaystyle\int_a^b f(x)\mathrm{d}x$ 不存在时, 称广义积分**发散**. 把不存在的东西, 称为发散, 虽然从理论上来讲是不恰当的, 但这与无穷级数是发散的称法类似, 此时可以理解为广义积分形式上是 $\displaystyle\int_a^b f(x)\mathrm{d}x$, 但 $\displaystyle\int_a^b f(x)\mathrm{d}x$ 的值不存在.

当 $f(x)$ 在闭区间 $[a,b]$ 上连续时, 我们已经定义了定积分 $\int_a^b f(x)\mathrm{d}x$, 所以需要验证广义积分 $\int_a^b f(x)\mathrm{d}x$ 与定积分 $\int_a^b f(x)\mathrm{d}x$ 一致. 为此, 对给定的一点 c, $a < c < b$, 令 $F(t) = \int_c^t f(x)\mathrm{d}x$, 则 $F(t)$ 是 $[a,b]$ 上关于 t 的连续函数. 例如式 (4.33) 的右边变为

$$\lim_{t\to b-0} \int_a^t f(x)\mathrm{d}x = \lim_{t\to b-0} (F(t) - F(a)) = F(b) - F(a),$$

与定积分 $\int_a^b f(x)\,\mathrm{d}x = F(b) - F(a)$ 一致.

同样, 假如 $f(x)$ 在 $[a,b)$ 上连续, 则广义积分 $\int_a^b f(x)\mathrm{d}x$ 的两个定义式 (4.33) 和式 (4.35) 是一致的.

当 $f(x)$ 在区间 (a,b) 上除了有限个点 $c_1, c_2, \cdots, c_m, a < c_1 < c_2 < \cdots < c_m < b$ 外连续时, 若广义积分 $\int_a^{c_1} f(x)\mathrm{d}x, \int_{c_1}^{c_2} f(x)\mathrm{d}x, \cdots, \int_{c_m}^b f(x)\mathrm{d}x$ 都收敛, 则广义积分 $\int_a^b f(x)\mathrm{d}x$ 定义为

$$\int_a^b f(x)\mathrm{d}x = \int_a^{c_1} f(x)\mathrm{d}x + \int_{c_1}^{c_2} f(x)\mathrm{d}x + \cdots + \int_{c_m}^b f(x)\mathrm{d}x, \tag{4.37}$$

并称广义积分 $\int_a^b f(x)\mathrm{d}x$ 是收敛的. 此时, $f(x)$ 在 $c_1, c_2, \cdots, c_m$ 上没有定义也可以. 另外, 即使 $f(x)$ 在 $c_1, c_2, \cdots, c_m$ 有定义, 广义积分 $\int_a^b f(x)\mathrm{d}x$ 也与 $c_1, c_2, \cdots, c_m$ 上 $f(x)$ 的值 $f(c_1), f(c_2), \cdots, f(c_m)$ 无关. 当 $f(x)$ 在 $c_1, c_2, \cdots, c_m$ 上没有定义时, 任意选实数 $\alpha_1, \alpha_2, \cdots, \alpha_m$, 使得 $f(c_1) = \alpha_1, f(c_2) = \alpha_2, \cdots, f(c_m) = \alpha_m$, 即将 $c_1, c_2, \cdots, c_m$ 追加到 $f(x)$ 的定义域中, 则广义积分 $\int_a^b f(x)\mathrm{d}x$ 也不会改变. 因此, 在考察区间 (a,b) 上除有限点 $c_1, c_2, \cdots, c_m$ 外连续的函数 $f(x)$ 的广义积分 $\int_a^b f(x)\mathrm{d}x$ 时, 函数 $f(x)$ 在 $c_1, c_2, \cdots, c_m$ 上即使没有定义也可以.

进而, 若函数 $f(x)$ 是对所有的点 $t, t > a$, 在 (a,t) 上除至多有限个点外连续的函数, 且当广义积分 $\int_a^t f(x)\,\mathrm{d}x$ 收敛时, 极限 $\lim_{t\to +\infty} \int_a^t f(x)\mathrm{d}x$ 存在, 则广义积分 $\int_a^{+\infty} f(x)\mathrm{d}x$ 可定义为

$$\int_a^{+\infty} f(x)\mathrm{d}x = \lim_{t\to +\infty} \int_a^t f(x)\mathrm{d}x, \tag{4.38}$$

并且称广义积分 $\int_a^{+\infty} f(x)\mathrm{d}x$ 收敛. 同样, 可以定义广义积分:

$$\int_{-\infty}^b f(x)\mathrm{d}x = \lim_{s\to-\infty} \int_s^b f(x)\mathrm{d}x, \tag{4.39}$$

$$\int_{-\infty}^{+\infty} f(x)\mathrm{d}x = \lim_{\substack{t\to+\infty \\ s\to-\infty}} \int_s^t f(x)\mathrm{d}x. \tag{4.40}$$

特别地, 当 $f(x)$ 在 $[a,+\infty)$ 上连续时, 式 (4.38) 右边的积分 $\int_a^t f(x)\mathrm{d}x$ 是定义 4.1 意义上的定积分.

例 4.6 函数 $1/(x^2+1)$ 是区间 $(-\infty,+\infty)$ 上关于 x 的连续函数. 根据式 (4.20), $\int \dfrac{\mathrm{d}x}{x^2+1} = \mathrm{Arctan}\,x$, 所以

$$\int_0^{+\infty} \frac{\mathrm{d}x}{x^2+1} = \lim_{t\to+\infty} \int_0^t \frac{\mathrm{d}x}{x^2+1} = \lim_{t\to+\infty} \mathrm{Arctan}\,t = \frac{\pi}{2}.$$

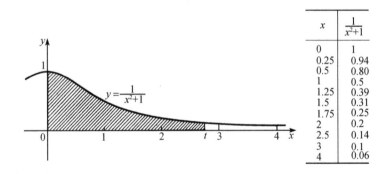

x	$\dfrac{1}{x^2+1}$
0	1
0.25	0.94
0.5	0.80
1	0.5
1.25	0.39
1.5	0.31
1.75	0.25
2	0.2
2.5	0.14
3	0.1
4	0.06

b) 广义积分的性质

定理 4.1 证明的定积分的性质同样适用于广义积分.

定理 4.6 设 $f(x), g(x)$ 是区间 (a,b) 上除至多有限个点外连续的函数, 且广义积分 $\int_a^b f(x)\mathrm{d}x, \int_a^b g(x)\mathrm{d}x$ 收敛.

(1) 若 $a < c < b$, 则

$$\int_a^b f(x)\mathrm{d}x = \int_a^c f(x)\mathrm{d}x + \int_c^b f(x)\mathrm{d}x. \tag{4.41}$$

(2) 若 c_1, c_2 为常数, 则广义积分 $\int_a^b (c_1 f(x) + c_2 g(x))\mathrm{d}x$ 也收敛, 并且

$$\int_a^b (c_1 f(x) + c_2 g(x))\mathrm{d}x = c_1 \int_a^b f(x)\mathrm{d}x + c_2 \int_a^b g(x)\mathrm{d}x. \tag{4.42}$$

(3) 若在区间 (a, b) 上, 恒有 $f(x) \geqslant g(x)$, 则

$$\int_a^b f(x)\mathrm{d}x \geqslant \int_a^b g(x)\mathrm{d}x, \tag{4.43}$$

并且式 (4.43) 中, 仅当 $f(x), g(x)$ 除不连续点外, 恒有 $f(x) = g(x)$ 时, 等号才成立.

(4) 进而, 若广义积分 $\displaystyle\int_a^b |f(x)|\mathrm{d}x$ 收敛, 则

$$\left| \int_a^b f(x)\mathrm{d}x \right| \leqslant \int_a^b |f(x)|\mathrm{d}x. \tag{4.44}$$

证明 首先假设在区间 (a, b) 上, $f(x), g(x)$ 同为连续函数.

(1) 当 $a < c < b$ 时, 根据式 (4.36), 等式 (4.41) 显然成立.

(2) 因为广义积分 $\displaystyle\int_a^b$ 是定积分 $\displaystyle\int_s^t$, $a < s < t < b$, 当 $t \to b - 0, s \to a + 0$ 时的极限, 所以根据定理 4.1 的 (2), 广义积分 $\displaystyle\int_a^b (c_1 f(x) + c_2 g(x))\mathrm{d}x$ 收敛.

(3) 同理, 当 (a, b) 上恒有 $f(x) \geqslant g(x)$ 时, 根据定理 4.1 的 (4) 可得不等式 (4.43) 成立. 现假设在 (a, b) 上, 恒等式 $f(x) = g(x)$ 不成立, 并且设 $h(x) = f(x) - g(x)$, 则 $h(x)$ 在 (a, b) 上连续, $h(x) \geqslant 0$, 并且存在点 c $(a < c < b)$ 使得 $h(c) > 0$. 所以, 如果在充分接近 c 点处取两点 s, t 使得 $a < s < c < t < b$, 那么在区间 $[s, t]$ 上, 恒有 $h(x) > 0$. 因此根据式 (4.41)、式 (4.43) 和定理 4.1 的 (4),

$$\int_a^b h(x)\mathrm{d}x = \int_a^s h(x)\mathrm{d}x + \int_s^t h(x)\mathrm{d}x + \int_t^b h(x)\mathrm{d}x \geqslant \int_s^t h(x)\mathrm{d}x > 0.$$

从而根据式 (4.42),

$$\int_a^b f(x)\mathrm{d}x = \int_a^b h(x)\mathrm{d}x + \int_a^b g(x)\mathrm{d}x > \int_a^b g(x)\mathrm{d}x.$$

所以, 式 (4.43) 的等号成立, 仅当在 (a, b) 上 $f(x) = g(x)$ 成立.

结论 (4) 根据定理 4.1 的结论 (5) 即不等式 (4.6) 显然成立.

至此, 在 $f(x), g(x)$ 在 (a, b) 上连续的情况下, 我们证明了定理 4.6. 其次当 $f(x), g(x)$ 在 (a, b) 上除有限个点 $c_1, c_2, \cdots, c_k, \cdots, c_m, a < c_1 < c_2 < \cdots < c_k < \cdots < c_m < b$ 外连续的情况下, 如果设 $c_0 = a, c_{m+1} = b$, 那么根据广义积分的定义 (4.37) 和式 (4.41),

$$\int_a^b f(x)\mathrm{d}x = \sum_{k=1}^{m+1} \int_{c_{k-1}}^{c_k} f(x)\mathrm{d}x, \qquad \int_a^b g(x)\mathrm{d}x = \sum_{k=1}^{m+1} \int_{c_{k-1}}^{c_k} g(x)\mathrm{d}x.$$

由于 $f(x), g(x)$ 在各区间 (c_{k-1}, c_k) 上都连续, 所以定理 4.6 在每个区间 (c_{k-1}, c_k) 上都成立, 从而在区间 (a, b) 上也成立. $\qquad\qquad\square$

推论 对于广义积分 $\displaystyle\int_a^{+\infty}, \int_{-\infty}^b, \int_{-\infty}^{+\infty}$, 上述的 (1), (2), (3) 和 (4) 也成立.

对于广义积分也约定 $\displaystyle\int_a^a f(x)\mathrm{d}x = 0$, 并当 $a < b$ 时,

$$\int_b^a f(x)\mathrm{d}x = -\int_a^b f(x)\mathrm{d}x,$$

则和 4.2 节 a) 一样, 等式 (4.41) 的成立与 a, b, c 的大小无关. 更进一步, 若约定

$$\int_{+\infty}^a f(x)\mathrm{d}x = -\int_a^{+\infty} f(x)\mathrm{d}x, \qquad \int_{+\infty}^{-\infty} f(x)\mathrm{d}x = -\int_{-\infty}^{+\infty} f(x)\mathrm{d}x$$

等, 则式 (4.41) 的 a, b, c 中的一个或两个换写成 $+\infty, -\infty$, 等式都成立.

定理 4.7 设 $f(x)$ 是在开区间 (a, b) 上的关于 x 的连续函数.

(1) 若广义积分 $\displaystyle\int_a^b f(x)\mathrm{d}x$ 收敛, 并任取一点 c 使 $a < c < b$,

$$F(x) = \int_c^x f(x)\mathrm{d}x,$$

则 $F(x)$ 在闭区间 $[a, b]$ 上连续, 在开区间 (a, b) 上可微, 并且 $F'(x) = f(x)$.

(2) 设 $F(x)$ 是闭区间 $[a, b]$ 上的连续函数. 若 $F(x)$ 在开区间 (a, b) 上可微且 $F'(x) = f(x)$, 则广义积分 $\displaystyle\int_a^b f(x)\mathrm{d}x$ 收敛, 并且

$$\int_a^b f(x)\mathrm{d}x = F(b) - F(a).$$

证明 (1) 根据定理 4.4, 显然 $F(x)$ 在 (a, b) 上可微, 且 $F'(x) = f(x)$. 所以, 也只需验证 $F(x)$ 在 $[a, b]$ 上连续即可.

$$\lim_{x\to b-0} F(x) = \lim_{x\to b-0} \int_c^x f(x)\mathrm{d}x = \int_c^b f(x)\mathrm{d}x = F(b).$$

另外, 当 $a < x < c$ 时, 因为 $\displaystyle\int_c^x f(x)\mathrm{d}x = -\int_x^c f(x)\mathrm{d}x$, 所以

$$\lim_{x\to a+0} F(x) = -\lim_{x\to a+0} \int_x^c f(x)\mathrm{d}x = -\int_a^c f(x)\mathrm{d}x = \int_c^a f(x)\mathrm{d}x = F(a).$$

因此, $F(x)$ 在 $[a, b]$ 上连续.

(2) 若 $a < s < t < b$, 则由微积分基本公式 (4.15), $\int_s^t f(x)\mathrm{d}x = F(t) - F(s)$. 所以

$$\lim_{\substack{t \to b-0 \\ s \to a+0}} \int_s^t f(x)\mathrm{d}x = \lim_{t \to b-0} F(t) - \lim_{s \to a+0} F(s) = F(b) - F(a).$$

因此,

$$\int_a^b f(x)\mathrm{d}x = F(b) - F(a). \qquad \square$$

在开区间 (a, b) 上定义的连续函数 $f(x)$ 的极限 $\lim\limits_{x \to a+0} f(x), \lim\limits_{x \to b-0} f(x)$ 同时存在时, 若令 $f(a) = \lim\limits_{x \to a+0} f(x), f(b) = \lim\limits_{x \to b-0} f(x)$, 则 $f(x)$ 是闭区间 $[a, b]$ 上的连续函数. 所以广义积分 $\int_a^b f(x)\mathrm{d}x$ 成为定积分 $\int_a^b f(x)\mathrm{d}x$. 因此

$$F(x) = \int_c^x f(x)\mathrm{d}x, \quad a < c < b$$

在闭区间 $[a, b]$ 上可微, 并且 $F'(x) = f(x)$ 也在 $[a, b]$ 上连续. 即 $F(x)$ 是 $[a, b]$ 上的光滑函数.

定理 4.8 设 $f(x)$ 是开区间 (a, b) 上除有限个点 $c_1, c_2, \cdots, c_m, a < c_1 < c_2 < \cdots < c_m < b$ 外连续的函数.

(1) 若广义积分 $\int_a^b f(x)\mathrm{d}x$ 收敛,

$$F(x) = \int_a^x f(x)\mathrm{d}x + C, \quad C \text{ 是常数,}$$

则 $F(x)$ 在闭区间 $[a, b]$ 上连续, 除 $a, c_1, c_2, \cdots, c_m, b$ 外都可微, 并且 $F'(x) = f(x)$.

(2) 设 $F(x)$ 是闭区间 $[a, b]$ 上的连续函数. 如果 $F(x)$ 除点 $a, c_1, c_2, \cdots, c_m, b$ 以外都可微, 并且 $F'(x) = f(x)$, 那么广义积分 $\int_a^b f(x)\mathrm{d}x$ 收敛, 并且

$$\int_a^x f(x)\mathrm{d}x = F(x) - F(a), \quad a \leqslant x \leqslant b. \tag{4.45}$$

证明 (1) 设 $c_0 = a, c_{m+1} = b$. 当 $c_{k-1} \leqslant x \leqslant c_k$ 时, 若取定一点 c, 使得 $c_{k-1} < c < c_k$, 则由式 (4.41),

$$F(x) = \int_c^x f(x)\mathrm{d}x + \int_a^c f(x)\mathrm{d}x + C.$$

因此, 根据上述定理 4.7 的 (1), $F(x)$ 在 $[c_{k-1}, c_k]$ 上连续, 在 (c_{k-1}, c_k) 上可微, 并且 $F'(x) = f(x)$. 由此可得, 在每个闭区间 $[c_{k-1}, c_k], k = 1, 2, \cdots, m+1$ 上连续的函数 $F(x)$ 在闭区间 $[a, b]$ 上显然也是连续的.

(2) 在 $c_k < x \leqslant c_{k+1}$ 的闭区间 $[c_{j-1}, c_j]$，$j = 1, 2, \cdots, k$ 及 $[c_k, x]$ 上，对 $F(x)$ 应用定理 4.7 的 (2) 可得，

$$\int_{c_{j-1}}^{c_j} f(x)\mathrm{d}x = F(c_j) - F(c_{j-1}), \quad \int_{c_k}^{x} f(x)\mathrm{d}x = F(x) - F(c_k).$$

又因为 $c_0 = a$，所以

$$\int_a^x f(x)\mathrm{d}x = \sum_{j=1}^{k} \int_{c_{j-1}}^{c_j} f(x)\mathrm{d}x + \int_{c_k}^{x} f(x)\mathrm{d}x = F(x) - F(a). \qquad \square$$

在区间 $(a, +\infty)$ 上，函数 $f(x)$ 对于所有的 t $(t > a)$ 在区间 (a, t) 上，除至多有限个点以外连续，则当广义积分 $\displaystyle\int_a^t f(x)\mathrm{d}x$ 收敛时，$F(x) = \displaystyle\int_a^x f(x)\mathrm{d}x + C$ 是区间 $(a, +\infty)$ 上关于 x 的连续函数，其中 C 是常数. 并且

$$\int_a^t f(x)\mathrm{d}x = [F(x)]_a^t = F(t) - F(a),$$

所以，如果极限 $\displaystyle\lim_{t \to +\infty} F(t)$ 存在，那么广义积分 $\displaystyle\int_a^{+\infty} f(x)\mathrm{d}x$ 收敛，并且

$$\int_a^{+\infty} f(x)\mathrm{d}x = \lim_{t \to +\infty} [F(x)]_a^t.$$

此式右边用符号 $[F(x)]_a^{+\infty}$ 来表示：

$$[F(x)]_a^{+\infty} = \lim_{t \to +\infty} [F(t)]_a^t = \lim_{t \to +\infty} F(t) - F(a). \tag{4.46}$$

则

$$\int_a^{+\infty} f(x)\mathrm{d}x = [F(x)]_a^{+\infty}.$$

符号 $[F(x)]_{-\infty}^{b}$ 以及 $[F(x)]_{-\infty}^{+\infty}$ 所表达的含义也是一样的.

函数 $f(x)$ 在闭区间 $[a, b]$ 上除有限个点 $c_1, c_2, \cdots, c_k, \cdots, c_m$，$a < c_1 < c_2 < \cdots < c_k < \cdots < c_m < b$ 外连续，并且在每一点 c_k 处的左、右极限 $\displaystyle\lim_{x \to c_k - 0} f(x)$，$\displaystyle\lim_{x \to c_k + 0} f(x)$ 同时存在时，称函数 $f(x)$ 在区间 $[a, b]$ 上**分段连续**(piecewise continuous). 此时，若将 $[a, b]$ 分割成 $m+1$ 个子区间，$I_1 = [a, c_1]$，$I_2 = [c_1, c_2], \cdots, I_k = [c_{k-1}, c_k], \cdots, I_{m+1} = [c_m, b]$，则

$$F(x) = \int_a^x f(x)\mathrm{d}x + C, \quad C\text{是常数},$$

在各个子区间 I_k 上是光滑函数, 因此 $F(x)$ 在 3.3 节的意义下是区间 $[a,b]$ 上的分段光滑函数.

反之, 如果 $F(x)$ 在 $[a,b]$ 上是分段光滑函数, 并且除点 $c_1, c_2, \cdots, c_k, \cdots, c_m, a < c_1 < c_2 < \cdots < c_k < \cdots < c_m < b$ 外都光滑, 那么当 $a \leqslant x \leqslant b$, $x \neq c_k$, $k = 1, 2, \cdots, m$ 时, $f(x) = F'(x)$; 当 $c = c_k$ 时, 如令 $f(c_k) = \mathrm{D}^+F(c_k)$, 则 $f(x)$ 在区间 $[a,b]$ 上分段连续. 此时函数 $F(x)$ 在每个闭区间 $I_k = [c_{k-1}, c_k]$ 上是光滑的, 即 $F(x)$ 在 I_k 上的限制 $F_{I_k}(x)$ 是光滑函数, 但 $f(x)$ 未必在 I_k 上连续. 一般地,

$$f_{I_k}(c_k) = \mathrm{D}^+F(c_k) \neq \mathrm{D}^-F(c_k) = \lim_{x \to c_k - 0} F'(x) = \lim_{x \to c_k - 0} f_{I_k}(x)$$

定义在如 $[a, +\infty)$ 这样的无限区间上的函数 $f(x)$, 对于任意实数 $t, t > a$, 在 $[a, t]$ 上分段连续时, 称 $f(x)$ 在 $[a, +\infty)$ 上是分段连续的. 例如, $f(x)$ 定义为:

当 $m\pi \leqslant x < (m+1)\pi$ 时, $f(x) = (-1)^m \cos x$, m 是整数,

那么, $f(x)$ 是区间 $(-\infty, +\infty)$ 上的分段连续函数, 并且

$$F(x) = \int_0^x f(x)\mathrm{d}x$$

是分段光滑函数, 即 $F(x) = |\sin x|$.

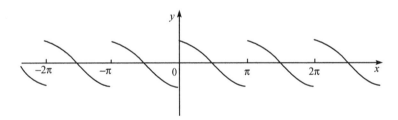

c) 收敛条件

当 $f(x)$ 在区间 $[a, b)$ 上连续时, 若 $F(t) = \displaystyle\int_a^t f(x)\mathrm{d}x, a < t < b$, 则广义积分 $\displaystyle\int_a^b f(x)\mathrm{d}x$ 收敛意味着当 $t \to b - 0$ 时, 函数 $F(t)$ 收敛. 根据 Cauchy 判别法 (2.1 节定理 2.1), 当 $t \to b - 0$ 时, $F(t)$ 收敛的充分必要条件是对于任意的正实数 ε, 存在正实数 $\delta(\varepsilon)$, 使得

只要 $b - \delta(\varepsilon) < s < t < b$, 就有 $|F(t) - F(s)| < \varepsilon$

成立. 因为 $F(t) - F(s) = \displaystyle\int_s^t f(x)\mathrm{d}x$, 所以广义积分 $\displaystyle\int_a^b f(x)\mathrm{d}x$ 收敛的充分必要条件是对于任意的正实数 ε, 存在正实数 $\delta(\varepsilon)$, 使得

只要 $b - \delta(\varepsilon) < s < t < b$, 就有 $\left| \displaystyle\int_s^t f(x)\,\mathrm{d}x \right| < \varepsilon$ \hfill (4.47)

成立. 这是判断广义积分收敛的 **Cauchy 判别法**. 不言而喻, 当 $f(x)$ 在 $(a,b]$ 或 (a,b) 上连续时, 广义积分 $\displaystyle\int_a^b f(x)\mathrm{d}x$ 的 Cauchy 判别法同样成立.

根据 Cauchy 判别法, 在区间 (a,b) 上连续且有界的函数 $f(x)$ 的广义积分 $\displaystyle\int_a^b f(x)\mathrm{d}x$ 总是收敛的. 这是因为根据假设, 当 $a < x < b$ 时, 存在 $|f(x)| \leqslant C$ 的常数 C, 所以根据定理 4.1 的 (4) 和 (5), 若 $b - \delta < s < t < b$, 则

$$\left|\int_s^t f(x)\mathrm{d}x\right| \leqslant \int_s^t |f(x)|\mathrm{d}x \leqslant \int_s^t C\mathrm{d}x = C(t-s) < C \cdot \delta.$$

在区间 $[a, +\infty)$ 上连续的函数 $f(x)$ 的广义积分 $\displaystyle\int_a^{+\infty} f(x)\mathrm{d}x$ 收敛的充分必要条件是, 对于任意的正实数 ε, 存在实数 $\nu(\varepsilon)$, 使得

$$\text{只要 } \nu(\varepsilon) < s < t, \text{就有} \left|\int_s^t f(x)\,\mathrm{d}x\right| < \varepsilon \tag{4.48}$$

成立. 此 Cauchy 判别法仍适用于当函数 $f(x)$ 在区间 $[a, +\infty)$ 上不连续, 但对应所有的 $t, t > a$, 在 $[a, t]$ 上除有限个点外连续, 且广义积分 $\displaystyle\int_a^t f(x)\mathrm{d}x$ 收敛时的情况. 同理, 关于广义积分 $\displaystyle\int_{-\infty}^b f(x)\mathrm{d}x$ 和 $\displaystyle\int_{-\infty}^{+\infty} f(x)\mathrm{d}x$ 的收敛的判定, Cauchy 判别法也同样成立.

定理 4.9 (1) 设 $f(x)$ 在区间 $[a,b)$ 上连续. 若广义积分 $\displaystyle\int_a^b |f(x)|\mathrm{d}x$ 收敛, 则广义积分 $\displaystyle\int_a^b f(x)\mathrm{d}x$ 也收敛.

(2) 设 $f(x)$ 在区间 $[a, +\infty)$ 上连续. 若广义积分 $\displaystyle\int_a^{+\infty} |f(x)|\mathrm{d}x$ 收敛, 则广义积分 $\displaystyle\int_a^{+\infty} f(x)\mathrm{d}x$ 也收敛.

证明 设 $a < s < t < b$, 则根据式 (4.6),

$$\left|\int_s^t f(x)\mathrm{d}x\right| \leqslant \int_s^t |f(x)|\mathrm{d}x. \tag{4.49}$$

因此, 根据上述的 Cauchy 判别法可知: (1) 若 $\displaystyle\int_a^b |f(x)|\mathrm{d}x$ 收敛, 则 $\displaystyle\int_a^b f(x)\mathrm{d}x$ 也收敛; (2) 若 $\displaystyle\int_a^{+\infty} |f(x)|\mathrm{d}x$ 收敛, 则 $\displaystyle\int_a^{+\infty} f(x)\mathrm{d}x$ 也收敛.   □

此证明的核心是不等式 (4.49), 因此对于 $f(x)$ 具有若干个不连续点的一般情况, 定理 4.9 仍然成立.

定理 4.10 (1) 设 $f(x)$ 在区间 (a,b) 上除至多有限个点外连续. 若广义积分 $\int_a^b |f(x)|\mathrm{d}x$ 收敛, 则广义积分 $\int_a^b f(x)\mathrm{d}x$ 也收敛.

(2) 设 $f(x)$ 对应所有的 $t, t > a$, 在 (a,t) 上除至多有限个点外连续, 若广义积分 $\int_a^{+\infty} |f(x)|\mathrm{d}x$ 收敛, 则广义积分 $\int_a^{+\infty} f(x)\mathrm{d}x$ 也收敛.

对于广义积分 $\int_{-\infty}^b f(x)\mathrm{d}x$ 和 $\int_{-\infty}^{+\infty} f(x)\mathrm{d}x$, 相应的结论也仍然成立.

当广义积分 $\int_a^b |f(x)|\mathrm{d}x$ 收敛时, 称广义积分 $\int_a^b f(x)\mathrm{d}x$**绝对收敛**. 广义积分 $\int_a^{+\infty} f(x)\mathrm{d}x$, $\int_{-\infty}^b f(x)\mathrm{d}x$, $\int_{-\infty}^{+\infty} f(x)\mathrm{d}x$ 的绝对收敛的含义也是一样的. 收敛的广义积分未必是绝对收敛的, 这与收敛的无穷级数未必绝对收敛的现象类似.

例 4.7 根据式 (3.23), $\lim\limits_{x \to 0} (\sin x/x) = 1$, 所以当 $x = 0$ 时, 定义 $\sin x/x$ 的值为 1, 则 $\sin x/x$ 在 $(-\infty, +\infty)$ 上为连续函数. 现考察这个函数的广义积分 $\int_0^{+\infty} (\sin x/x)\mathrm{d}x$. 设 $0 < s < t$, 则由分部积分公式 (4.22),

$$\int_s^t \frac{\sin x}{x}\mathrm{d}x = \left[-\frac{\cos x}{x}\right]_s^t - \int_s^t \frac{\cos x}{x^2}\mathrm{d}x,$$

又因为

$$\int_s^t \left|\frac{\cos x}{x^2}\right|\mathrm{d}x \leqslant \int_s^t \frac{\mathrm{d}x}{x^2} = \left[-\frac{1}{x}\right]_s^t = \frac{1}{s} - \frac{1}{t},$$

所以,

$$\left|\int_s^t \frac{\sin x}{x}\mathrm{d}x\right| \leqslant \frac{1}{t} + \frac{1}{s} + \frac{1}{s} - \frac{1}{t} = \frac{2}{s}.$$

因此根据 Cauchy 判别法, 广义积分 $\int_0^{+\infty} (\sin x/x)\mathrm{d}x$ 收敛. 但是 $\int_0^{+\infty} (\sin x/x)\mathrm{d}x$ 不是绝对收敛的.

[证明] 对自然数 $n, n \geqslant 2$,

$$\int_{n\pi-\pi}^{n\pi} \left|\frac{\sin x}{x}\right|\mathrm{d}x \geqslant \frac{1}{n\pi} \int_{n\pi-\pi}^{n\pi} |\sin x|\mathrm{d}x,$$

因为在区间 $(n\pi - \pi, n\pi)$ 上 $\sin x$ 的符号是一定的, 所以

$$\int_{n\pi-\pi}^{n\pi} |\sin x|\mathrm{d}x = \left|\int_{n\pi-\pi}^{n\pi} \sin x\mathrm{d}x\right| = |\cos(n\pi - \pi) - \cos(n\pi)| = 2.$$

所以,

$$\int_\pi^{m\pi} \left|\frac{\sin x}{x}\right|\mathrm{d}x = \sum_{n=2}^m \int_{n\pi-\pi}^{n\pi} \left|\frac{\sin x}{x}\right|\mathrm{d}x \geqslant \frac{2}{\pi}\left(\frac{1}{2} + \frac{1}{3} + \cdots + \frac{1}{m}\right).$$

因此由 1.5 节的例 1.4 得,

$$\lim_{m \to +\infty} \int_\pi^{m\pi} \left| \frac{\sin x}{x} \right| \mathrm{d}x = +\infty.$$

即广义积分 $\displaystyle\int_0^{+\infty} |\sin x/x| \mathrm{d}x$ 是发散的.　　　　　　　　　□

　　一般地, 若 $F(t)$ 是定义在区间 $[a,b)$ 上的关于 t 的单调非减函数, 则或者 $\lim\limits_{t \to b-0} F(t) = \alpha, \alpha$ 为实数, 或者 $\lim\limits_{t \to b-0} F(t) = +\infty$.

　　[证明] 取 $I = [a,b)$, 考察函数 $F(t)$ 的值域 $F(I) = \{F(t) \mid a \leqslant t < b\}$. 当 $F(I)$ 有上界时, 设 $F(I)$ 的上确界为 α, 则对于任意正实数 ε, 存在满足 $\alpha - \varepsilon < F(\tau)$ 的 $\tau, a < \tau < b$. 因为 $F(t)$ 单调非减, 所以若 $\tau < t < b$, 则 $\alpha - \varepsilon < F(t) \leqslant \alpha$. 因此 $\lim\limits_{t \to b-0} F(t) = \alpha$. 当 $F(I)$ 没有上界时, 对于任意实数 μ, 存在满足 $F(\tau) > \mu$ 的 $\tau, a < \tau < b$, 使得当 $\tau < t < b$ 时, $F(t) > \mu$. 因此 $\lim\limits_{t \to b-0} F(t) = +\infty$.　　　　□

　　设 $f(x)$ 是区间 $[a,b)$ 上的连续函数, 并且 $F(t) = \displaystyle\int_a^t |f(x)| \mathrm{d}x$. 则当 $a \leqslant s < t < b$ 时,

$$F(t) - F(s) = \int_s^t |f(x)| \mathrm{d}x \geqslant 0,$$

即 $F(t)$ 是区间 $[a,b)$ 上关于 t 的单调非减函数. 因此, 根据上述结果, 或者 $\lim\limits_{t \to b-0} F(t) = \alpha, \alpha$ 为实数, 或者 $\lim\limits_{t \to b-0} F(t) = +\infty$, 必有一个成立. 因此当广义积分 $\displaystyle\int_a^b |f(x)| \mathrm{d}x$ 不收敛时,

$$\lim_{t \to b-0} \int_a^t |f(x)| \mathrm{d}x = +\infty.$$

此时, 也称广义积分 $\displaystyle\int_a^b |f(x)| \mathrm{d}x$ 向 $+\infty$ 方向发散, 记为

$$\int_a^b |f(x)| \mathrm{d}x = +\infty.$$

不等式 $\displaystyle\int_a^b |f(x)| \mathrm{d}x < +\infty$ 蕴涵着广义积分 $\displaystyle\int_a^b f(x) \mathrm{d}x$ 是绝对收敛的.

　　上述结果在一般情况下也成立. 即当 $f(x)$ 在区间 (a,b) 上除至多有限个点外连续时, 广义积分 $\displaystyle\int_a^b |f(x)| \mathrm{d}x$ 要么收敛, 要么发散于 $+\infty$, 并且 $\displaystyle\int_a^b |f(x)| \mathrm{d}x < +\infty$ 蕴涵着广义积分 $\displaystyle\int_a^b f(x) \mathrm{d}x$ 是绝对收敛的. 对于广义积分 $\displaystyle\int_a^{+\infty} f(x) \mathrm{d}x, \int_{-\infty}^b f(x) \mathrm{d}x, \int_{-\infty}^{+\infty} f(x) \mathrm{d}x$ 也有相应的结论.

和级数的情况一样, 为了证明函数 $f(x)$ 的广义积分是绝对收敛的, 我们经常采用把 $|f(x)|$ 与广义积分收敛的标准函数 $r(x), r(x) \geqslant 0$ 相比较的方法.

定理 4.11 (1) 设 $f(x)$ 是区间 $[a, b]$ 上的连续函数, 并且对某个指数 $\alpha, 0 < \alpha < 1$, 若满足不等式

$$|f(x)| \leqslant \frac{C}{(b-x)^\alpha}, \quad C \text{是常数,}$$

则广义积分 $\displaystyle\int_a^b f(x)\mathrm{d}x$ 绝对收敛.

(2) 设 $f(x)$ 在区间 $[a, +\infty), a > 0$, 上连续, 并且对某个指数 $\alpha(\alpha > 1)$, 若满足不等式

$$|f(x)| \leqslant \frac{C}{x^\alpha}, \quad C \text{是常数,}$$

则广义积分 $\displaystyle\int_a^{+\infty} f(x)\mathrm{d}x$ 是绝对收敛的.

证明 (1) 当 $0 < \alpha < 1$ 时, $(b-x)^{1-\alpha}/(\alpha-1)$ 在 $[a, b]$ 上连续, 在 $[a, b)$ 上可微, 其导函数

$$\frac{\mathrm{d}}{\mathrm{d}x} \frac{(b-x)^{1-\alpha}}{\alpha-1} = \frac{1}{(b-x)^\alpha}$$

在 $[a, b)$ 上连续. 所以根据定理 4.7 的 (2),

$$\int_a^b \frac{1}{(b-x)^\alpha}\mathrm{d}x = \left[\frac{(b-x)^{1-\alpha}}{\alpha-1}\right]_a^b = \frac{(b-a)^{1-\alpha}}{1-\alpha},$$

因此

$$\int_a^b |f(x)|\mathrm{d}x \leqslant \int_a^b \frac{C}{(b-x)^\alpha}\mathrm{d}x = C\frac{(b-a)^{1-\alpha}}{1-\alpha} < +\infty.$$

(2) 的证明相同. 即当 $\alpha > 1$ 时,

$$\int_a^{+\infty} |f(x)|\mathrm{d}x \leqslant \int_a^{+\infty} \frac{C}{x^\alpha}\mathrm{d}x = \left[\frac{C}{(1-\alpha)x^{\alpha-1}}\right]_a^{+\infty} = \frac{C}{(\alpha-1)a^{\alpha-1}} < +\infty. \quad \square$$

对 (2) 的证明中采用了式 (4.46) 的符号 $[\ ]_a^{+\infty}$.

例 4.8 关于 x 的函数 $\mathrm{e}^{-x}x^{s-1}$ 在区间 $(0, +\infty)$ 上连续, 并且恒有 $\mathrm{e}^{-x}x^{s-1} > 0$, 当 $s > 0$ 时, 广义积分

$$\Gamma(s) = \int_0^{+\infty} \mathrm{e}^{-x}x^{s-1}\mathrm{d}x \tag{4.50}$$

是收敛的.

[证明] 根据式 (2.6), $\displaystyle\lim_{x \to +\infty} \mathrm{e}^{-x}x^{s+1} = 0$. 所以存在满足若 $x \geqslant c$, 则 $\mathrm{e}^{-x}x^{s+1} \leqslant 1$ 的正实数 c. 若给定了这样的一个 c, 则当 $x \geqslant c$ 时,

$$|\mathrm{e}^{-x}x^{s-1}| = \frac{\mathrm{e}^{-x}x^{s+1}}{x^2} \leqslant \frac{1}{x^2},$$

因此根据定理 4.11 的 (2), 广义积分 $\displaystyle\int_c^{+\infty} \mathrm{e}^{-x}x^{s-1}\mathrm{d}x$ 收敛. 当 $0 < x \leqslant c$ 时, 在 $0 < s < 1$ 的情况下,

$$|\mathrm{e}^{-x}x^{s-1}| = \mathrm{e}^{-x}x^{s-1} < \frac{1}{x^{1-s}},$$

所以根据定理 4.11 的 (1) 得, 广义积分 $\displaystyle\int_0^c \mathrm{e}^{-x}x^{s-1}\mathrm{d}x$ 收敛. 而在 $s \geqslant 1$ 的情况下,

$$|\mathrm{e}^{-x}x^{s-1}| \leqslant x^{s-1} \leqslant c^{s-1},$$

所以, 显然 $\displaystyle\int_0^c \mathrm{e}^{-x}x^{s-1}\mathrm{d}x$ 是收敛的. 故广义积分

$$\int_0^{+\infty} \mathrm{e}^{-x}x^{s-1}\mathrm{d}x = \int_0^c \mathrm{e}^{-x}x^{s-1}\mathrm{d}x + \int_c^{+\infty} \mathrm{e}^{-x}x^{s-1}\mathrm{d}x$$

收敛. □

$\Gamma(s) = \displaystyle\int_0^{+\infty} \mathrm{e}^{-x}x^{s-1}\mathrm{d}x$ 是定义在区间 $(0, +\infty)$ 上的关于 s 的函数, 这样的函数叫作 **Γ 函数**(gamma function). 若 $0 < \varepsilon < t$, 则根据分部积分公式 (4.22) 得

$$\int_s^t \mathrm{e}^{-x}x^s\mathrm{d}x = [-\mathrm{e}^{-x}x^s]_s^t + \int_s^t \mathrm{e}^{-x}sx^{s-1}\mathrm{d}x,$$

取 $s > 0, \varepsilon \to +0, t \to +\infty$ 时的极限为

$$\lim_{\substack{t \to +\infty \\ s \to +0}} [\mathrm{e}^{-x}x^s]_s^t = \lim_{t \to +\infty} \mathrm{e}^{-t}t^s - \lim_{\varepsilon \to +0} \mathrm{e}^{-\varepsilon}\varepsilon^s = 0,$$

所以

$$\int_0^{+\infty} \mathrm{e}^{-x}x^s\mathrm{d}x = s\int_0^{+\infty} \mathrm{e}^{-x}x^{s-1}\mathrm{d}x,$$

即

$$\Gamma(s + 1) = s\Gamma(s), \quad s > 0. \tag{4.51}$$

当自然数 n 给定时, 重复利用式 (4.51) 得

$$\Gamma(n + 1) = n\Gamma(n) = n(n-1)\Gamma(n-1) = n(n-1)(n-2)\Gamma(n-2) = \cdots = n!\Gamma(1).$$

$$\Gamma(1) = \int_0^{+\infty} \mathrm{e}^{-x}\mathrm{d}x = [-\mathrm{e}^{-x}]_0^{+\infty} = 1,$$

所以

$$\Gamma(n + 1) = n!. \tag{4.52}$$

d) 中值定理

积分法中的中值定理 (定理 4.2) 对于广义积分同样成立.

定理 4.12 (中值定理) 若关于 x 的函数 $f(x)$ 在开区间 (a,b) 上连续, 并且广义积分 $\int_a^b f(x)\mathrm{d}x$ 收敛, 则存在点 ξ 满足

$$\frac{1}{b-a}\int_a^b f(x)\mathrm{d}x = f(\xi), \quad a < \xi < b. \tag{4.53}$$

证明 取定一点 $c, a < c < b$, 使得

$$F(x) = \int_c^x f(x)\mathrm{d}x,$$

则根据定理 4.7 的 (1), 函数 $F(x)$ 在 $[a,b]$ 上连续, 并且在 (a,b) 上可微. 所以根据微分法的中值定理 (3.3 节定理 3.5), 存在点 ξ 满足

$$\frac{F(b) - F(a)}{b-a} = F'(\xi), \quad a < \xi < b. \tag{4.54}$$

又由于 $F(b) - F(a) = \int_a^b f(x)\mathrm{d}x$, $F'(\xi) = f(\xi)$, 所以式 (4.54) 就是式 (4.53). □

由此证明可知, 积分法的中值定理和微分法的中值定理在本质上是同一个定理.

如果不用微分法的中值定理来证明定理 4.12, 则证明如下: 设

$$\mu = \frac{1}{b-a}\int_a^b f(x)\mathrm{d}x,$$

并且对所有的 $\xi, a < \xi < b$, 假设 $f(\xi) \neq \mu$, 则由中值定理 (2.2 节定理 2.2), 在开区间 (a,b) 上, 恒有 $f(x) > \mu$ 或恒有 $f(x) < \mu$. 因此根据定理 4.6 的 (3),

$$\int_a^b f(x)\mathrm{d}x > \int_a^b \mu\mathrm{d}x = \mu(b-a) \ 或 \ \int_a^b f(x)\mathrm{d}x < \mu(b-a),$$

这与 μ 的定义矛盾. 因此存在满足 $f(\xi) = \mu(a < \xi < b)$ 的点 ξ.

扩张的中值定理: 定理 4.3 也对广义积分成立.

定理 4.13 设 $f(x), g(x)$ 在开区间 (a,b) 上连续, 当 $g(x) > 0$ 时, 若广义积分 $\int_a^b f(x)g(x)\,\mathrm{d}x$ 和 $\int_a^b g(x)\mathrm{d}x$ 都收敛, 则存在点 ξ 满足

$$\int_a^b f(x)g(x)\mathrm{d}x = f(\xi)\int_a^b g(x)\mathrm{d}x, \quad a < \xi < b. \tag{4.55}$$

证明 取定点 $c \ (a < c < b)$, 令

$$F(x) = \int_a^x f(x)g(x)\mathrm{d}x, \ G(x) = \int_a^x g(x)\mathrm{d}x,$$

则 $F(x), G(x)$ 在 $[a,b]$ 上连续, 在 (a,b) 上可微, 在 (a,b) 上 $G'(x) = g(x) > 0$, 并且 $G(b) - G(a) = \int_a^b g(x)\mathrm{d}x > 0$. 因此根据 3.3 节的定理 3.9, 存在点 ξ 满足

$$\frac{F(b) - F(a)}{G(b) - G(a)} = \frac{F'(\xi)}{G'(\xi)}, \quad a < \xi < b,$$

又因为 $F(b) - F(a) = \int_a^b f(x)g(x)\mathrm{d}x$, $F'(\xi)/G'(\varepsilon) = f(\xi)$. 所以, 关于 ξ 式 (4.55) 成立. $\qquad\square$

4.4   积分变量的变换

设 $f(x)$ 是区间 I 上关于 x 的连续函数, $\varphi(t)$ 是定义在区间 J 上的关于 t 的连续可微函数, φ 的值域 $\varphi(J) \subset I$, 现考察 f 和 φ 的复合函数 $f(\varphi(t))$. 根据假设 $\varphi(t)$ 的导函数 $\varphi'(t)$ 是关于 t 的连续函数.

定理 4.14   设 $\alpha, \beta, \alpha \neq \beta$ 是 J 内两点. 若 $a = \varphi(\alpha)$, $b = \varphi(\beta)$, 则

$$\int_a^b f(x)\mathrm{d}x = \int_\alpha^\beta f(\varphi(t))\varphi'(t)\mathrm{d}t. \tag{4.56}$$

证明   设

$$F(x) = \int_a^x f(x)\mathrm{d}x,$$

则 $F(x)$ 是 I 上关于 x 的可微函数, 并且 $F'(x) = f(x)$. 所以由复合函数的微分法, $F(\varphi(t))$ 关于 t 可微, 并且

$$\frac{\mathrm{d}}{\mathrm{d}t} F(\varphi(t)) = F'(\varphi(t))\varphi'(t) = f(\varphi(t))\varphi'(t). \tag{4.57}$$

所以

$$F(b) - F(a) = F(\varphi(\beta)) - F(\varphi(\alpha)) = \int_\alpha^\beta f(\varphi(t))\varphi'(t)\mathrm{d}t,$$

因此

$$\int_a^b f(x)\mathrm{d}x = \int_\alpha^\beta f(\varphi(t))\varphi'(t)\mathrm{d}t. \qquad\square$$

将式 (4.56) 左边的定积分用右边的形式表达时, 叫作积分变量 x **变换**为变量 t. 另外有时也将函数 φ 称为**变换**. 因为 $\mathrm{d}\varphi(t) = \varphi'(t)\mathrm{d}t$, 所以式 (4.56) 右边可将左边的 x, a, b 分别用 $\varphi(t), \varphi(\alpha), \varphi(\beta)$ 替换得到. 因此式 (4.56) 被称为**换元积分公式**. 式 (4.57) 也可用

$$\int f(x)\mathrm{d}x = \int f(\varphi(t))\varphi'(t)\mathrm{d}t \tag{4.58}$$

来表示.

通常, 当 $\varphi'(t) > 0, I = \varphi(J)$ 时, 根据 3.3 节定理 3.6, $x = \varphi(t)$ 是关于 t 的单调递增函数, 根据 3.4 节定理 3.18 的 (3), 反函数 $t = \varphi^{-1}(x)$ 也是关于 x 的连续可微的单调递增函数, 并且根据对应 $x = \varphi(t)$, I 上每一点 x 与 J 上每一点 t 是一一对应的. 因此, 此时 t 可以看作是 $x = \varphi(t)$ 的新坐标, φ^{-1} 看作是将坐标 x 变换成新坐标 t 的**坐标变换**.

例 4.9 $\displaystyle\int_0^1 \frac{\ln(1+x)}{1+x^2}\mathrm{d}x = \frac{\pi}{8}\ln 2.$

[证明] $x = \tan t$ 是在区间 $(-\pi/2, \pi/2)$ 上关于 t 的连续可微的单调递增函数, 并且

$$\frac{\mathrm{d}x}{\mathrm{d}t} = \frac{1}{\cos^2 t} = 1 + \tan^2 t = 1 + x^2.$$

因此, 根据式 (4.56),

$$\int_0^1 \frac{\ln(1+x)}{1+x^2}\mathrm{d}x = \int_0^{\pi/4} \ln(1+\tan t)\mathrm{d}t.$$

又因为 $1 + \tan t = (\cos t + \sin t)/\cos t$, 所以根据加法定理,

$$\cos\left(\frac{\pi}{4} - t\right) = \cos\frac{\pi}{4}\cos t + \sin\frac{\pi}{4}\sin t = \frac{1}{\sqrt{2}}(\cos t + \sin t),$$

所以

$$\ln(1+\tan t) = \ln\frac{\sqrt{2}\cos\left(\dfrac{\pi}{4} - t\right)}{\cos t} = \ln\sqrt{2} + \ln\cos\left(\frac{\pi}{4} - t\right) - \ln\cos t.$$

设 $t = \pi/4 - s$, 因为 $\mathrm{d}t/\mathrm{d}s = -1$, 所以根据式 (4.56),

$$\int_0^{\pi/4} \ln\cos\left(\frac{\pi}{4} - t\right)\mathrm{d}t = -\int_{\pi/4}^0 \ln\cos s\,\mathrm{d}s = \int_0^{\pi/4} \ln\cos s\,\mathrm{d}s.$$

因此

$$\int_0^{\pi/4} \ln(1+\tan t)\mathrm{d}t = \int_0^{\pi/4} \ln\sqrt{2}\,\mathrm{d}t = \frac{\pi}{4}\ln\sqrt{2} = \frac{\pi}{8}\ln 2. \qquad \square$$

换元积分公式 (4.56) 对广义积分也成立.

定理 4.15 设 $f(x)$ 是开区间 (a, b) 上关于 x 的连续函数, $\varphi(t)$ 是 (α, β) 上关于 t 的连续可微函数. 当 $\alpha < t < \beta$ 时, 假设 $a < \varphi(t) < b$, $a = \lim\limits_{t\to\alpha+0}\varphi(t)$, $b = \lim\limits_{t\to\beta-0}\varphi(t)$. 则广义积分 $\displaystyle\int_a^b f(x)\mathrm{d}x$ 收敛的充分必要条件是: 广义积分 $\displaystyle\int_\alpha^\beta f(\varphi(t))\varphi'(t)\mathrm{d}t$ 收敛, 并且等式

$$\int_a^b f(x)\mathrm{d}x = \int_\alpha^\beta f(\varphi(t))\varphi'(t)\mathrm{d}t \tag{4.59}$$

成立.

证明   设 $\alpha < \rho < \sigma < \beta, r = \varphi(\rho), s = \varphi(\sigma)$, 则根据定理 4.14,

$$\int_r^s f(x)\mathrm{d}x = \int_\rho^\sigma f(\varphi(t))\varphi'(t)\mathrm{d}t.$$

根据假设, 当 $\rho \to \alpha+0$ 时, $r \to a+0$; 当 $\sigma \to \beta-0$ 时, $s \to b-0$. 所以若广义积分

$$\int_a^b f(x)\mathrm{d}x = \lim_{\substack{s \to b-0 \\ r \to a+0}} \int_r^s f(x)\mathrm{d}x$$

收敛, 则

$$\lim_{\substack{\sigma \to \beta-0 \\ \rho \to \alpha+0}} \int_\rho^\sigma f(\varphi(t))\varphi'(t)\mathrm{d}t = \lim_{\substack{s \to b-0 \\ r \to a+0}} \int_r^s f(x)\mathrm{d}x = \int_a^b f(x)\mathrm{d}x,$$

即广义积分 $\int_\alpha^\beta f(\varphi(t))\varphi'(t)\,\mathrm{d}t$ 也收敛, 并且等式 (4.59) 成立.

反之, 若广义积分

$$\int_\alpha^\beta f(\varphi(t))\varphi'(t)\mathrm{d}t = \lim_{\substack{\sigma \to \beta-0 \\ \rho \to \alpha+0}} \int_\rho^\sigma f(\varphi(t))\varphi'(t)\mathrm{d}t$$

收敛, 则广义积分

$$\int_a^b f(x)\mathrm{d}x = \lim_{\substack{s \to b-0 \\ r \to a+0}} \int_r^s f(x)\mathrm{d}x$$

也收敛. 为证明极限 $\displaystyle\lim_{\substack{s \to b-0 \\ r \to a+0}} \int_r^s f(x)\,\mathrm{d}x$ 存在, 如在 2.1 节所述, 对于满足 $a < r_n < s_n < b$, $\displaystyle\lim_{n \to \infty} r_n = a$, $\displaystyle\lim_{n \to \infty} s_n = b$ 的所有数列 $\{r_n\}, \{s_n\}$, 只需证明极限 $\displaystyle\lim_{n \to \infty} \int_{r_n}^{s_n} f(x)\mathrm{d}x$ 收敛即可. 根据假设 $\displaystyle\lim_{t \to \alpha+0} \varphi(t) = a$, $\displaystyle\lim_{t \to \beta-0} \varphi(t) = b$. 所以由中值定理, 对每一个 r_n, s_n, 存在满足 $r_n = \varphi(\rho_n), s_n = \varphi(\sigma_n)$ 的 $\rho_n, \sigma_n, \alpha < \rho_n < \beta, \alpha < \sigma_n < \beta$. 为了验证数列 $\{\rho_n\}$ 收敛于 α, 我们假设 $\{\rho_n\}$ 不收敛于 α, 则对某个正实数 ε, 存在无数个满足 $\alpha + \varepsilon \leqslant \rho_n < \beta$ 的项 ρ_n. 根据 1.6 节的定理 1.30, 由这无数个项 ρ_n 组成的 $\{\rho_n\}$ 的子列包含收敛的子列 $\rho_{n_1}, \rho_{n_2}, \cdots, \rho_{n_m}, \cdots$. 设该极限为 $\omega = \displaystyle\lim_{m \to \infty} \rho_{n_m}$, 则 $\alpha + \varepsilon \leqslant \rho_{n_m} < \beta$, 所以 $\alpha + \varepsilon \leqslant \omega \leqslant \beta$. 若 $\omega = \beta$, 则

$$\lim_{m \to \infty} \varphi(\rho_{n_m}) = \lim_{t \to \beta-0} \varphi(t) = b > a,$$

若 $\omega < \beta$, 则

$$\lim_{m \to \infty} \varphi(\rho_{n_m}) = \varphi(\omega) > a,$$

不论哪种情况, 都与

$$\lim_{m\to\infty} \varphi(\rho_{n_m}) = \lim_{m\to\infty} r_{n_m} = \lim_{n\to\infty} r_n = a$$

相矛盾. 因此 $\lim_{n\to\infty} \rho_n = \alpha$, 同理 $\lim_{n\to\infty} \sigma_n = \beta$. 所以

$$\lim_{n\to\infty} \int_{r_n}^{s_n} f(x)\mathrm{d}x = \lim_{n\to\infty} \int_{\rho_n}^{\sigma_n} f(\varphi(t))\varphi'(t)\mathrm{d}t = \int_{\alpha}^{\beta} f(\varphi(t))\varphi'(t)\mathrm{d}t.$$

即广义积分 $\int_a^b f(x)\mathrm{d}x$ 收敛, 并且等式 (4.59) 成立. □

在定理 4.15 中, 若用 $b = \lim_{t\to\alpha+0} \varphi(t)$ 和 $a = \lim_{t\to\beta-0} \varphi(t)$ 分别代替 $a = \lim_{t\to\alpha+0} \varphi(t)$ 和 $b = \lim_{t\to\beta-0} \varphi(t)$, 则只是等式 (4.59) 变为

$$\int_b^a f(x)\mathrm{d}x = \int_{\alpha}^{\beta} f(\varphi(t))\varphi'(t)\mathrm{d}t, \tag{4.60}$$

其他的都不变, 定理仍然成立. 定理 4.15 中 a, b, α, β 中的任意几个换写成 $+\infty$ 或 $-\infty$, 定理 4.15 仍然成立. 证明过程按换写的方式加以整理即可. 例如, 将 β 换成 $+\infty$ 时, 对于 "假设 $\{\rho_n\}$ 不收敛于 α, 则对于某个正实数 ε, 存在无数个满足 $\alpha+\varepsilon \leqslant \rho_n < +\infty$ 的项 ρ_n" 以上的部分, 其证明与定理 4.15 证明相同. 由这无数个项 ρ_n 组成的 $\{\rho_n\}$ 的子列如果没有界, 则它包含发散于 $+\infty$ 的子列 $\rho_{n_1}, \rho_{n_2}, \cdots, \rho_{n_m}, \cdots$; 如果有界, 则它包含收敛于某个 $\omega, \alpha + \varepsilon \leqslant \omega < +\infty$ 的子列 $\rho_{n_1}, \rho_{n_2}, \cdots, \rho_{n_m}, \cdots$. 所以, 或者

$$\lim_{m\to\infty} \varphi(\rho_{n_m}) = \lim_{t\to+\infty} \varphi(t) = b > a,$$

或者

$$\lim_{m\to\infty} \varphi(\rho_{n_m}) = \varphi(\omega) > a,$$

这都与

$$\lim_{m\to\infty} \varphi(\rho_{n_m}) = \lim_{m\to\infty} r_{n_m} = a$$

相矛盾. 所以 $\lim_{n\to\infty} \rho_n = a$. 同理, 假设 $\lim_{n\to\infty} \sigma_n = +\infty$ 不成立, 则因为 $\alpha \leqslant \sigma_n$, 所以数列 $\{\sigma_n\}$ 包含收敛于某个 $\omega, \alpha \leqslant \omega < +\infty$ 的子列 $\sigma_{n_1}, \sigma_{n_2}, \cdots, \sigma_{n_m}, \cdots$, 并且 $\lim_{m\to\infty} \varphi(\sigma_{n_m})$ 等于 a 或 $\varphi(\omega), \alpha < \omega < +\infty$. 这与

$$\lim_{m\to\infty} \varphi(\sigma_{n_m}) = \lim_{m\to\infty} s_{n_m} = b$$

相矛盾. 所以 $\lim_{n\to\infty} \sigma_n = +\infty$, 因此

$$\lim_{n\to\infty} \int_{r_n}^{s_n} f(x)\mathrm{d}x = \lim_{n\to\infty} \int_{\rho_n}^{\sigma_n} f(\varphi(t))\varphi'(t)\mathrm{d}t = \int_{\alpha}^{+\infty} f(\varphi(t))\varphi'(t)\mathrm{d}t. \quad □$$

$x = -t$ 是积分变量变换的最简单的例子. 将这样的变换代入式 (4.60) 中, 则 $\mathrm{d}x = -\mathrm{d}t$, 所以

$$\int_a^b f(x)\mathrm{d}x = -\int_{-a}^{-b} f(-t)\mathrm{d}t = \int_{-b}^{-a} f(-t)\mathrm{d}t.$$

右边积分的积分变量 t 用 x 替换, 可得

$$\int_a^b f(x)\mathrm{d}x = \int_{-b}^{-a} f(-x)\mathrm{d}x. \tag{4.61}$$

此公式中若把 (a,b) 换成 $(a,+\infty)$, $(-\infty,b)$ 或 $(-\infty,+\infty)$ 时, 结果仍然成立. $f(x)$ 的定义域在变换 $x \to -x$ 下定义域不变, 并且满足恒等式 $f(-x) = f(x)$ 时, 称 $f(x)$ 是关于 x 的**偶函数**(even function); 满足恒等式 $f(-x) = -f(x)$ 时, 称 $f(x)$ 是关于 x 的**奇函数**(odd function). 例如, $\cos x$ 是关于 x 的偶函数, $\sin x$ 是关于 x 的奇函数. 根据式 (4.61), 若 $f(x)$ 是关于 x 的偶函数, 则

$$\int_a^b f(x)\mathrm{d}x = \int_{-b}^{-a} f(x)\mathrm{d}x,$$

若 $f(x)$ 是关于 x 的奇函数, 则

$$\int_a^b f(x)\mathrm{d}x = -\int_{-b}^{-a} f(x)\mathrm{d}x.$$

这若用 $f(x)$ 的图像描绘出来就一目了然了.

例 4.10 $\displaystyle\int_0^{\pi/2} \ln\sin x\,\mathrm{d}x = -\frac{\pi}{2}\ln 2.$

[证明] 在区间 $(0,\pi/2]$ 上 $\ln\sin x$ 连续, 并且 $\displaystyle\lim_{x\to+0} \ln\sin x = -\infty$. 广义积分 $\displaystyle\int_0^{\pi/2} \ln\sin x\,\mathrm{d}x$ 收敛, 事实上, 因为

$$\ln\sin x = \ln\left(\frac{\sin x}{x}\right) + \ln x,$$

并且根据式 (3.23) 得, $\displaystyle\lim_{x\to+0} \ln(\sin x/x) = 0$, 根据式 (4.23) 得, $\displaystyle\int \ln x\,\mathrm{d}x = x\ln x - x$, 根据 2.3 节的例 2.9 得, $\displaystyle\lim_{x\to+0} x\ln x = -\lim_{x\to+0} x\ln(1/x) = 0$, 令

$$S = \int_0^{\pi/2} \ln\sin x\,\mathrm{d}x.$$

进行积分变量变换 $x = \pi - t$, 则 $\mathrm{d}x = -\mathrm{d}t$, 所以

$$S = -\int_\pi^{\pi/2} \ln\sin(\pi - t)\mathrm{d}t = \int_{\pi/2}^\pi \ln\sin t\,\mathrm{d}t = \int_{\pi/2}^\pi \ln\sin x\,\mathrm{d}x.$$

因此,

$$2S = \int_0^\pi \ln \sin x \mathrm{d}x.$$

在此若进行变量变换 $x = 2t$, 则 $\mathrm{d}x = 2\mathrm{d}t$, 并且

$$\ln \sin(2t) = \ln(2\sin t \cdot \cos t) = \ln 2 + \ln \sin t + \ln \cos t,$$

所以,

$$S = \int_0^{\pi/2} \ln \sin(2t) \mathrm{d}t = \frac{\pi}{2} \ln 2 + \int_0^{\pi/2} \ln \sin t \mathrm{d}t + \int_0^{\pi/2} \ln \cos t \mathrm{d}t,$$

令 $t = \pi/2 - u$, 则

$$\int_0^{\pi/2} \ln \cos t \mathrm{d}t = -\int_{\pi/2}^0 \ln \cos \left(\frac{\pi}{2} - u \right) \mathrm{d}u = \int_0^{\pi/2} \ln \sin u \mathrm{d}u.$$

因此

$$S = \frac{\pi}{2} \ln 2 + 2S,$$

所以

$$S = -\frac{\pi}{2} \ln 2. \qquad \square$$

例 4.11 $\displaystyle\int_{-\infty}^{+\infty} \mathrm{e}^{-x^2} \mathrm{d}x = \sqrt{\pi}.$

[证明] 因为 e^{-x^2} 是关于 x 的偶函数, 根据式 (4.61) 得

$$\int_{-\infty}^0 \mathrm{e}^{-x^2} \mathrm{d}x = \int_0^{+\infty} \mathrm{e}^{-x^2} \mathrm{d}x.$$

所以只需证明

$$\int_0^{+\infty} \mathrm{e}^{-x^2} \mathrm{d}x = \frac{\sqrt{\pi}}{2}$$

即可. 又根据 Taylor 公式 (3.39) 得

$$\mathrm{e}^x = 1 + x + \frac{1}{2} \mathrm{e}^{\theta x} x^2, \quad 0 < \theta < 1,$$

所以, 当 $x \neq 0$ 时, $\mathrm{e}^x > 1 + x$. 将 x 换成 x^2 或 $-x^2$ 可得, $\mathrm{e}^{x^2} > 1 + x^2$, $\mathrm{e}^{-x^2} > 1 - x^2$, 即

$$1 - x^2 < \mathrm{e}^{-x^2} < \frac{1}{1 + x^2}.$$

所以, 对于任意的自然数 n, 有

$$(1-x^2)^n < \mathrm{e}^{-nx^2} < \frac{1}{(1+x^2)^n},$$

所以

$$\int_0^1 (1-x^2)^n \mathrm{d}x < \int_0^{+\infty} \mathrm{e}^{-nx^2} \mathrm{d}x < \int_0^{+\infty} \frac{1}{(1+x^2)^n} \mathrm{d}x. \qquad (4.62)$$

这里广义积分的收敛可以通过 4.3 节的例 4.6 得出的

$$\int_0^{+\infty} \frac{\mathrm{d}x}{(1+x^2)^n} \leqslant \int_0^{+\infty} \frac{\mathrm{d}x}{1+x^2} = \frac{\pi}{2}$$

来推得. 为了求解式 (4.62) 左边和右边的积分值, 考察 4.2 节的例 4.4 中出现的定积分 $S_n = \int_0^{\pi/2} (\sin x)^n \mathrm{d}x$. 首先将 $x = \cot t = 1/\tan t$ 中的积分变量 x 替换成 t. $\cot t$ 是区间 $(0, \pi/2]$ 上关于 t 的连续可微函数, 因为 $0 \leqslant \cot t < +\infty$, $\lim\limits_{t \to +0} \cot t = +\infty$, $\cot(\pi/2) = 0$, $\mathrm{d}(\cot t)/\mathrm{d}t = -1/\sin^2 t$. 又由于 $1+x^2 = 1/\sin^2 t$, 所以根据定理 4.15,

$$\int_0^{+\infty} \frac{\mathrm{d}x}{(1+x^2)^n} = -\int_{\pi/2}^0 (\sin t)^{2n-2} \mathrm{d}t = \int_0^{\pi/2} (\sin t)^{2n-2} \mathrm{d}t = S_{2n-2}.$$

同理, 若 $x = \cos t, 0 \leqslant t \leqslant \pi/2$, $\mathrm{d}(\cos t)/\mathrm{d}t = -\sin t, 1 - x^2 = \sin^2 t$, 则

$$\int_0^1 (1-x^2)^n \mathrm{d}x = \int_0^{\pi/2} (\sin t)^{2n+1} \mathrm{d}t = S_{2n+1}.$$

另一方面, 根据变量变换 $x = t/\sqrt{n}$,

$$\int_0^{+\infty} \mathrm{e}^{-nx^2} \mathrm{d}x = \frac{1}{\sqrt{n}} \int_0^{+\infty} \mathrm{e}^{-t^2} \mathrm{d}t,$$

根据式 (4.62) 可得

$$\sqrt{n} S_{2n+1} < \int_0^{+\infty} \mathrm{e}^{-x^2} \mathrm{d}x < \sqrt{n} S_{2n-2}.$$

根据式 (4.27) 和式 (4.28) 得

$$\lim_{n \to \infty} \sqrt{n} S_{2n-2} = \lim_{n \to \infty} \sqrt{n} S_{2n+1} = \frac{\sqrt{\pi}}{2}.$$

因此

$$\int_0^{+\infty} \mathrm{e}^{-x^2} \mathrm{d}x = \frac{\sqrt{\pi}}{2}. \qquad \square$$

对 $\displaystyle\int_{-\infty}^{+\infty} e^{-x^2}dx = \sqrt{\pi}$ 进行变量变换 $x = t/\sqrt{2}$, 则可得 $\displaystyle\int_{-\infty}^{+\infty} e^{-t^2/2}dt = \sqrt{2\pi}$, 即

$$\int_{-\infty}^{+\infty} \frac{e^{-x^2/2}}{\sqrt{2\pi}}dx = 1.$$

$\dfrac{e^{-x^2/2}}{\sqrt{2\pi}}$ 是高中数学中所学的标准正态分布的概率密度.

习　　题

31. 将下面的不定积分用初等函数表示 (试用变量变换 $t = e^x$, $t = \sin x$, $t = \tan x$, $t = \tan \dfrac{x}{2}$ 等):

(i) $\displaystyle\int \frac{dx}{e^x + e^{-x}}$, (ii) $\displaystyle\int \cos^3 x\, dx$, (iii) $\displaystyle\int \frac{dx}{a\cos^2 x + b\sin^2 x}$, $\quad a > 0, b > 0$

(iv) $\displaystyle\int \frac{dx}{\sin x}$, (v) $\displaystyle\int \frac{dx}{\cos x + a}$, $\quad a > 1$.

32. 将下面的不定积分用初等函数表示 (试用分部积分法):

(i) $\displaystyle\int \frac{dx}{(x^2 + 1)^2}$, (ii) $\displaystyle\int e^{px} \cos(qx)dx$, $\displaystyle\int e^{px} \sin(qx)dx$, p, q 是常数,

(iii) $\displaystyle\int x^n e^{-x}dx$, n 是自然数, (iv) $\displaystyle\int \cos^4 x\, dx$.

33. 求下列定积分的值:

(i) $\displaystyle\int_0^1 x^\alpha \ln x\, dx$, $\quad \alpha > -1$, (ii) $\displaystyle\int_0^{\pi/2} \frac{dx}{a\cos^2 x + b\sin^2 x}$, $\quad a > 0, b > 0$,

(iii) $\displaystyle\int_0^\pi \frac{dx}{\cos x + a}$, $\quad a > 1$, (iv) $\displaystyle\int_0^{+\infty} \sin(ax)e^{-x}dx$, $\quad a > 0$.

34. 求积分 $\displaystyle\int_0^{+\infty} |\sin x|e^{-x}dx$ 的值 (三村征雄《微分积分学》[①], p.149).

35. 关于习题 26 中 Hermite 多项式 $H_n(x)$, 证明

$$\int_{-\infty}^{+\infty} x^m H_n(x)e^{-x^2}dx = \begin{cases} 0, & m < n \\ n!\sqrt{\pi}, & m = n \end{cases}$$

成立.

36. 试证对于在区间 $[a,b]$ 上连续的任意函数 $f(x), g(x)$, **Schwarz 不等式**

$$\left(\int_a^b f(x)g(x)dx \right)^2 \leqslant \int_a^b f(x)^2 dx \int_a^b g(x)^2 dx$$

成立.

---

① 三村征雄编《大学演习微分积分学》, 裳華房.

37. 设函数 $\varphi(y)$ 在区间 I 上关于 y 是 2 阶连续可微的, 并且 $\varphi''(y) > 0$. 证明: 当定义在区间 $[a, b]$ 内的连续函数 $f(x)$ 的值域包含在 I 内时, 不等式

$$\varphi\left(\frac{1}{b-a}\int_a^b f(x)\mathrm{d}x\right) \leqslant \frac{1}{b-a}\int_a^b \varphi(f(x))\mathrm{d}x$$

成立 (参考习题 29).

第5章 无穷级数

5.1 绝对收敛与条件收敛

已知级数 $\displaystyle\sum_{n=1}^{\infty} a_n$, 通过变换其项的顺序得到新的级数 $\displaystyle\sum_{n=1}^{\infty} a_n'$. 例如

$$1 + \frac{1}{3} - \frac{1}{2} + \frac{1}{5} + \frac{1}{7} - \frac{1}{4} + \frac{1}{9} + \frac{1}{11} - \frac{1}{6} + \cdots$$

是由交错级数

$$1 - \frac{1}{2} + \frac{1}{3} - \frac{1}{4} + \frac{1}{5} - \frac{1}{6} + \frac{1}{7} - \frac{1}{8} + \frac{1}{9} - \cdots$$

变换其项的顺序得到的级数. 如果新级数 $\displaystyle\sum_{n=1}^{\infty} a_n'$ 的第 n 项 a_n' 是原来级数 $\displaystyle\sum_{n=1}^{\infty} a_n$ 的第 $\gamma(n)$ 项 $a_{\gamma(n)}$, 则新级数 $\displaystyle\sum_{n=1}^{\infty} a_n'$ 可写作 $\displaystyle\sum_{n=1}^{\infty} a_{\gamma(n)}$. 若用 $\mathbf{N}$ 表示全体自然数的集合, 则 $\gamma : n \to m = \gamma(n)$ 是从 $\mathbf{N}$ 到 $\mathbf{N}$ 的一一对应. 例如将对应 γ 定义为 $\gamma(1) = 1$, 并且对于任意的自然数 k, 定义为 $\gamma(3k) = 2k, \gamma(3k-1) = 4k-1, \gamma(3k+1) = 4k+1$, 则

$$\sum_{n=1}^{\infty} a_{\gamma(n)} = a_1 + a_3 + a_2 + a_5 + a_7 + a_4 + a_9 + a_{11} + a_6 + \cdots.$$

在本节中, 将假定 γ 是从 $\mathbf{N}$ 到 $\mathbf{N}$ 的一一对应, 并且将由 $\displaystyle\sum_{n=1}^{\infty} a_n$ 变换其项的顺序得到的级数记作 $\displaystyle\sum_{n=1}^{\infty} a_{\gamma(n)}$.

将绝对收敛的级数和条件收敛的级数的项的顺序变换, 得到的新级数与原级数具有完全不同的性质.

定理 5.1 (1) 若级数 $\displaystyle\sum_{n=1}^{\infty} a_n$ 绝对收敛, 则即使变换级数项的顺序, 其和 $s = \displaystyle\sum_{n=1}^{\infty} a_n$ 不变.

(2) 若级数 $\displaystyle\sum_{n=1}^{\infty} a_n$ 条件收敛, 则对于任意给定的实数 ξ, 能够变换 $\displaystyle\sum_{n=1}^{\infty} a_n$ 项的顺序, 使得 $\displaystyle\sum_{n=1}^{\infty} a_{\gamma(n)} = \xi$; 且可以通过变更项的顺序, 使 $\displaystyle\sum_{n=1}^{\infty} a_{\gamma(n)}$ 发散于 $+\infty$ 或 $-\infty$.

证明 已知级数 $\sum\limits_{n=1}^{\infty} a_n, a_n \neq 0$, 我们先来考察级数 $\sum\limits_{n=1}^{\infty} |a_n|$. 级数 $\sum\limits_{n=1}^{\infty} |a_n|$ 或者收敛或者发散于 $+\infty$, 并且 $\sum\limits_{n=1}^{\infty} |a_n| < +\infty$ 意味着级数 $\sum\limits_{n=1}^{\infty} |a_n|$ 收敛. 用 $\sum\limits_{n=1}^{\infty} a_{\gamma(n)}$ 表示变换级数 $\sum\limits_{n=1}^{\infty} a_n$ 的项的顺序得到的级数. 对于自然数 m, 若取自然数 $\gamma(1)$, $\gamma(2), \cdots, \gamma(m)$ 中最大的一个, 并且设其为 l, 则

$$\sum_{n=1}^{m} |a_{\gamma(n)}| \leqslant \sum_{n=1}^{l} |a_n|.$$

所以, 如果 $\sum\limits_{n=1}^{\infty} |a_n| < +\infty$, 那么

$$\sum_{n=1}^{m} |a_{\gamma(n)}| \leqslant \sum_{n=1}^{\infty} |a_n|,$$

因此

$$\sum_{n=1}^{\infty} |a_{\gamma(n)}| \leqslant \sum_{n=1}^{\infty} |a_n|.$$

当 $\sum\limits_{n=1}^{\infty} |a_n| = +\infty$ 时, 此不等式显然成立. 若把 $\sum\limits_{n=1}^{\infty} a_n$ 和 $\sum\limits_{n=1}^{\infty} a_{\gamma(n)}$ 替换一下来考虑, 则得

$$\sum_{n=1}^{\infty} |a_n| \leqslant \sum_{n=1}^{\infty} |a_{\gamma(n)}|,$$

所以

$$\sum_{n=1}^{\infty} |a_n| = \sum_{n=1}^{\infty} |a_{\gamma(n)}|. \tag{5.1}$$

即若级数 $\sum\limits_{n=1}^{\infty} |a_n|$ 收敛, 则变换其项的顺序后得到的级数 $\sum\limits_{n=1}^{\infty} |a_{\gamma(n)}|$ 也收敛, 并且等式 (5.1) 成立. 如果 $\sum\limits_{n=1}^{\infty} |a_n|$ 发散, 那么 $\sum\limits_{n=1}^{\infty} |a_{\gamma(n)}|$ 也发散.

从这个结果可知, 对于收敛级数 $\sum\limits_{n=1}^{\infty} a_n, a_n \neq 0$, 当负项 a_n 至多有有限个时, 即使改变项的顺序, 其和 $s = \sum\limits_{n=1}^{\infty} a_n$ 也不变. 事实上, 除了那些至多有有限个负的项,

都有 $a_n = |a_n|$. 所以这时级数 $\displaystyle\sum_{n=1}^{\infty} a_n$ 绝对收敛. 当级数只有有限个正项时, 若考虑

级数 $\displaystyle\sum_{n=1}^{\infty} (-a_n)$, 则它又可归结为只有有限个负项的情况.

于是, 下面我们只需考虑级数 $\displaystyle\sum_{n=1}^{\infty} a_n \ a_n \neq 0$ 是含有正项和负项都有无数个的

情况. 若从 $\displaystyle\sum_{n=1}^{\infty} a_n$ 中只取出正项, 按相同的顺序排列得到的级数设为 $\displaystyle\sum_{n=1}^{\infty} p_n$; 只取

出负项, 按相同的顺序排列得到的级数设为 $\displaystyle\sum_{n=1}^{\infty} (-q_n)$. 在部分和 $\displaystyle\sum_{n=1}^{m} a_n$ 中, 将正项

的个数设为 $\lambda(m)$, 负项的个数设为 $\nu(m)$, 则

$$\sum_{n=1}^{m} a_n = \sum_{n=1}^{\lambda(m)} p_n - \sum_{n=1}^{\nu(m)} q_n, \quad \lambda(m) + \nu(m) = m, \tag{5.2}$$

$$\sum_{n=1}^{m} |a_n| = \sum_{n=1}^{\lambda(m)} p_n + \sum_{n=1}^{\nu(m)} q_n, \quad p_n > 0, \ q_n > 0. \tag{5.3}$$

当 $m \to \infty$ 时, $\lambda(m) \to +\infty, \nu(m) \to +\infty$.

(1) 假设级数 $\displaystyle\sum_{n=1}^{\infty} a_n$ 绝对收敛, 则根据式 (5.3), 级数 $\displaystyle\sum_{n=1}^{\infty} p_n$ 和级数 $\displaystyle\sum_{n=1}^{\infty} q_n$ 都收

敛. 所以根据式 (5.2),

$$\sum_{n=1}^{\infty} a_n = \sum_{n=1}^{\infty} p_n - \sum_{n=1}^{\infty} q_n. \tag{5.4}$$

如上所述, 即使改变级数项的顺序, 和 $P = \displaystyle\sum_{n=1}^{\infty} p_n, Q = \displaystyle\sum_{n=1}^{\infty} q_n$ 都不变. 从而即使改

变项的顺序, 和 $s = \displaystyle\sum_{n=1}^{\infty} a_n$ 也不变.

(2) 假设级数 $\displaystyle\sum_{n=1}^{\infty} a_n$ 条件收敛, 若 $\displaystyle\sum_{n=1}^{\infty} q_n$ 收敛的话, 则根据式 (5.2), $\displaystyle\sum_{n=1}^{\infty} p_n$ 也

收敛, 所以根据式 (5.3), $\displaystyle\sum_{n=1}^{\infty} |a_n| < +\infty$, 这与假设矛盾. 所以级数 $\displaystyle\sum_{n=1}^{\infty} q_n$ 发散. 同

理, 级数 $\displaystyle\sum_{n=1}^{\infty} p_n$ 也发散, 即 $\displaystyle\sum_{n=1}^{\infty} p_n = +\infty, \displaystyle\sum_{n=1}^{\infty} q_n = +\infty$. 所以, 若令

$$P_m = \sum_{n=1}^{m} p_n, \quad Q_m = \sum_{n=1}^{m} q_n,$$

则数列 $\{P_m\}$ 和 $\{Q_m\}$ 同时单调递增, 并且当 $m \to \infty$ 时, $P_m \to +\infty$, $Q_m \to +\infty$. 因此, 当实数 ξ 给定时, 对于每一个自然数 m, 可确定满足下式

$$P_{k(m)-1} < \xi + Q_m \leqslant P_{k(m)} \tag{5.5}$$

的自然数 $k(m)$. 但是, 当 $\xi + Q_m \leqslant p_1$ 时, 令 $k(m)=1$ 并且把式 (5.5) 用 $\xi + Q_m \leqslant P_1, P_1 = p_1$ 来替换. 显然

$$k(m - 1) \leqslant k(m), \quad m \to \infty \text{ 时 } \quad k(m) \to +\infty.$$

根据式 (5.5),

$$P_{k(m)} - Q_m - p_{k(m)} < \xi \leqslant P_{k(m)} - Q_m, \tag{5.6}$$

因为级数 $\sum\limits_{n=1}^{\infty} a_n$ 收敛, 所以当 $n \to \infty$ 时, $a_n \to 0$. 因此, 当 $m \to \infty$ 时, $p_{k(m)} \to 0$. 所以

$$\xi = \lim_{m \to \infty} (P_{k(m)} - Q_m). \tag{5.7}$$

于是, 令

$$\Delta_1 = P_{k(1)} - Q_1,$$
$$\Delta_m = P_{k(m)} - Q_m - (P_{k(m-1)} - Q_{m-1}), \quad m = 2, 3, 4, 5, \cdots,$$

因为

$$P_{k(m)} - Q_m = \Delta_1 + \Delta_2 + \Delta_3 + \cdots + \Delta_m,$$

所以根据式 (5.7),

$$\xi = \sum_{m=1}^{\infty} \Delta_m = \Delta_1 + \Delta_2 + \cdots + \Delta_m + \cdots. \tag{5.8}$$

若 $k(m - 1) < k(m)$, 则

$$\Delta_m = p_{k(m-1)+1} + p_{k(m-1)+2} + \cdots + p_{k(m)} - q_m,$$

若 $k(m - 1) = k(m)$, 则

$$\Delta_m = -q_m,$$

并且式 (5.8) 的右边可以写成

$$a_{\gamma(1)} + a_{\gamma(2)} + a_{\gamma(3)} + \cdots + a_{\gamma(n)} + \cdots.$$

这样得到的级数 $\sum\limits_{n=1}^{\infty} a_{\gamma(n)}$ 是由级数 $\sum\limits_{n=1}^{\infty} a_n$ 变换其项的顺序之后得到的, 其部分和或者为

$$\sum_{n=1}^{l} a_{\gamma(n)} = \Delta_1 + \Delta_2 + \cdots + \Delta_m + p_{k(m)+1} + \cdots + p_{k(m)+j}, \quad k(m)+j \leqslant k(m+1),$$

或者为

$$\sum_{n=1}^{l} a_{\gamma(n)} = \Delta_1 + \Delta_2 + \cdots + \Delta_m.$$

根据式 (5.8), 当 $m \to \infty$ 时, $\Delta_m \to 0$, 所以,

$$p_{k(m)+1} + \cdots + p_{k(m+1)} = P_{k(m+1)} - P_{k(m)} = \Delta_{m+1} + q_{m+1} \to 0 \quad (m \to \infty).$$

因此根据式 (5.8),

$$\sum_{n=1}^{\infty} a_{\gamma(n)} = \xi.$$

当级数 $\sum\limits_{n=1}^{\infty} a_n$ 条件收敛时, 为了说明改变它的项的顺序就能够使级数 $\sum\limits_{n=1}^{\infty} a_{\gamma(n)}$ 发散于 $+\infty$, 在上述证明中, 把不等式 (5.5) 替换为

$$P_{k(m)-1} < m + Q_m \leqslant P_{k(m)}$$

即可. 进一步, 要使级数 $\sum\limits_{n=1}^{\infty} a_{\gamma(n)}$ 发散于 $-\infty$, 只需改变原级数的项的顺序, 使 $\sum\limits_{n=1}^{\infty} (-a_{\gamma(n)})$ 发散于 $+\infty$ 即可. $\qquad\square$

为求绝对收敛级数的和 $s = \sum\limits_{n=1}^{\infty} a_n$, 根据式 (5.4), 只需分别求出正项和 $\sum\limits_{n=1}^{\infty} p_n$ 与负项和 $\sum\limits_{n=1}^{\infty} (-q_n)$, 然后相加即可, 即 $s = \sum\limits_{n=1}^{\infty} p_n - \sum\limits_{n=1}^{\infty} q_n$. 这表明和 s 是无数个实数 a_n 的 "总和". 对条件收敛的级数的和 $s = \sum\limits_{n=1}^{\infty} a_n$, 如果改变级数的项的顺序, 那么其和就会改变. 所以不能认为此和是 a_n 的总和.

关于绝对收敛的两个级数的和的积, 分配律成立. 即级数 $\sum\limits_{n=1}^{\infty} a_n$ 和级数 $\sum\limits_{n=1}^{\infty} b_n$ 都绝对收敛时, 若令 $s = \sum\limits_{n=1}^{\infty} a_n$, $t = \sum\limits_{n=1}^{\infty} b_n$, 则有

$$s \cdot t = a_1 b_1 + a_2 b_1 + a_1 b_2 + a_3 b_1 + a_2 b_2 + a_1 b_3 + a_4 b_1 + a_3 b_2 + \cdots, \qquad (5.9)$$

并且右边的级数绝对收敛.

[证明] 令 $\sigma_m = \sum_{n=1}^{m} |a_n|$, $\tau_m = \sum_{n=1}^{m} |b_n|$, $\sigma = \sum_{n=1}^{\infty} |a_n|$, $\tau = \sum_{n=1}^{\infty} |b_n|$, 再令

$$\rho_n = |a_n||b_1| + |a_{n-1}||b_2| + |a_{n-2}||b_3| + \cdots + |a_1||b_n|.$$

则 $\sum_{n=1}^{m} \rho_n$ 是式 (5.9) 右边级数的前 $m(m+1)/2$ 项的绝对值的和, 并且

$$\sum_{n=1}^{m} \rho_n \leqslant \sigma_m \tau_m \leqslant \sigma \tau.$$

所以式 (5.9) 右边的级数绝对收敛. 进而, $\sum_{n=1}^{\infty} \rho_n \leqslant \sigma \tau$. 因为

$$\sigma_m \tau_m \leqslant \sum_{n=1}^{2m-1} \rho_n,$$

所以

$$\sigma \tau = \lim_{m \to \infty} \sigma_m \tau_m = \sum_{n=1}^{\infty} \rho_n.$$

因此

$$\lim_{m \to \infty} \left(\sigma_m \tau_m - \sum_{n=1}^{m} \rho_n \right) = 0,$$

若令 $s_m = \sum_{n=1}^{m} a_n$, $t_m = \sum_{n=1}^{m} b_n$, 则

$$\left| s_m t_m - \sum_{n=1}^{m} (a_n b_1 + a_{n-1} b_2 + \cdots + a_1 b_n) \right| \leqslant \sigma_m \tau_m - \sum_{n=1}^{m} \rho_n.$$

所以

$$st = \lim_{m \to \infty} s_m t_m = \sum_{n=1}^{\infty} (a_n b_1 + a_{n-1} b_2 + \cdots + a_1 b_n).$$

即式 (5.9) 成立. □

关于条件收敛级数, 分配律 (5.9) 未必成立. 例如, 若 $a_n = b_n = (-1)^{n-1}/\sqrt{n}$, 根据 1.5 节的定理 1.23, 交错级数 $\sum\limits_{n=1}^{\infty} a_n$ 和 $\sum\limits_{n=1}^{\infty} b_n$ 收敛. 因为 $(n - k + 1)k \leqslant (n+1)^2/4$, 所以

$$|a_n b_1 + a_{n-1} b_2 + \cdots + a_1 b_n| = \sum_{k=1}^{n} \frac{1}{\sqrt{n-k+1}\sqrt{k}} \geqslant \frac{2n}{n+1} \geqslant 1,$$

所以式 (5.9) 右边的级数不收敛.

上述关于级数的绝对收敛的结果, 对复数级数 $\sum\limits_{n=1}^{\infty} w_n, w_n = a_n + \mathrm{i} b_n$ (a_n, b_n 为实数) 也成立. 即若 $\sum\limits_{n=1}^{\infty} |w_n| < +\infty$, 则即使改变项的顺序, 其和 $s = \sum\limits_{n=1}^{\infty} w_n$ 也不变. 这是因为此时 $\sum\limits_{n=1}^{\infty} a_n$ 和 $\sum\limits_{n=1}^{\infty} b_n$ 同时绝对收敛, 并且 $s = \sum\limits_{n=1}^{\infty} a_n + \mathrm{i} \sum\limits_{n=1}^{\infty} b_n$. 此外分配律 (5.9) 成立.

5.2 收敛的判别法

a) 标准级数

我们在 1.5 节 d) 中已经阐述过: 要证明级数 $\sum\limits_{n=1}^{\infty} a_n$ 绝对收敛, 往往采用它与标准级数相比较的方法. 当级数的每一个项 a_n 都是正实数时, 称级数 $\sum\limits_{n=1}^{\infty} a_n$ 为**正项级数**. $\sum\limits_{n=1}^{\infty} a_n, a_n \neq 0$ 绝对收敛, 是指正项级数 $\sum\limits_{n=1}^{\infty} |a_n|$ 收敛. 所以, 我们考察绝对收敛时, 开始就考察正项级数即可. 设 $\sum\limits_{n=1}^{\infty} a_n$ 是给定的正项级数, 并设 $\sum\limits_{n=k}^{\infty} r_n$ (k 是自然数) 是标准的正项级数. 如果存在自然数 $n_0(n_0 \geqslant k)$ 和常数 $A(A > 0)$, 使得

$$\text{当 } n > n_0 \text{ 时,} \quad \text{有 } a_n \leqslant A r_n \tag{5.10}$$

成立, 那么, 若 $\sum\limits_{n=k}^{\infty} r_n$ 收敛, 则级数 $\sum\limits_{n=1}^{\infty} a_n$ 也收敛. 事实上, 因为正项级数或者收敛, 或者发散于 $+\infty$, 并且当 $\sum\limits_{n=n_0}^{\infty} r_n < +\infty$ 时, 根据式 (5.10), $\sum\limits_{n=n_0}^{\infty} a_n < +\infty$. 同理, 如果存在自然数 $n_0(n_0 \geqslant k)$ 和常数 $A(A > 0)$, 使得

$$当 n > n_0 \text{ 时}, \quad 有 a_n \geqslant A r_n \tag{5.11}$$

成立, 那么, 若 $\displaystyle\sum_{n=k}^{\infty} r_n$ 发散, 则 $\displaystyle\sum_{n=1}^{\infty} a_n$ 也发散.

作为标准级数, 最一般的是等比级数 $\displaystyle\sum_{n=1}^{\infty} r^n$, $r > 0$, 此外,

$$\sum_{n=1}^{\infty} \frac{1}{n^s}, \quad \sum_{n=2}^{\infty} \frac{1}{n(\ln n)^s}, \quad s > 0$$

等也屡屡作为标准级数被运用. 要判别这些级数的收敛性, 与广义积分进行比较是简单的做法.

定理 5.2   设 $r(x)$ 是区间 $[k, +\infty)$ (k 为自然数) 上的连续单调递减函数, 且 $r(x) > 0$, $\displaystyle\lim_{x \to +\infty} r(x) = 0$. 并且对于每个自然数 n, $n \geqslant k$, 设 $r_n = r(n)$. 那么, 若广义积分 $\displaystyle\int_{k}^{+\infty} r(x)\mathrm{d}x$ 收敛, 则级数 $\displaystyle\sum_{n=k}^{\infty} r_n$ 也收敛; 若广义积分 $\displaystyle\int_{k}^{+\infty} r(x)\mathrm{d}x$ 发散, 则级数 $\displaystyle\sum_{n=k}^{\infty} r_n$ 也发散.

证明   根据假设, 若 $k \leqslant n-1 < x < n$ 时, $r(x) > r_n$; 若 $k \leqslant n < x < n+1$ 时, $r_n > r(x)$. 所以

$$\int_{n-1}^{n} r(x)\mathrm{d}x - r_n > 0, \quad r_n - \int_{n}^{n+1} r(x)\mathrm{d}x > 0,$$

因此

$$\int_{k}^{m} r(x)\mathrm{d}x - \sum_{n=k+1}^{m} r_n = \sum_{n=k+1}^{m} \left(\int_{n-1}^{n} r(x)\mathrm{d}x - r_n \right) > 0, \tag{5.12}$$

$$\sum_{n=k}^{m-1} r_n - \int_{k}^{m} r(x)\mathrm{d}x = \sum_{n=k}^{m-1} \left(r_n - \int_{n}^{n+1} r(x)\mathrm{d}x \right) > 0. \tag{5.13}$$

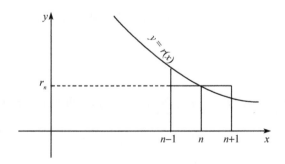

所以

$$r_k + \int_k^m r(x)\mathrm{d}x > \sum_{n=k}^m r_n > \int_k^m r(x)\mathrm{d}x,$$

并且, 若 $\int_k^{+\infty} r(x)\mathrm{d}x$ 收敛, 则级数 $\sum_{n=k}^\infty r_n$ 也收敛; 若 $\int_k^{+\infty} r(x)\mathrm{d}x$ 发散, 则级数 $\sum_{n=k}^\infty r_n$ 也发散. □

根据式 (5.13) 和式 (5.12),

$$\sum_{n=k}^{m-1}\left(r_n - \int_n^{n+1} r(x)\mathrm{d}x\right) < r_k + \sum_{n=k+1}^m r_n - \int_k^m r(x)\mathrm{d}x < r_k,$$

所以, 正项级数

$$\sum_{n=k}^\infty \left(r_n - \int_n^{n+1} r(x)\mathrm{d}x\right)$$

收敛. 若设其和为 γ, 则 γ 可以表示为下图的 "阴影部分的面积". 因为

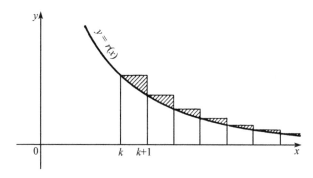

$$\sum_{n=k}^m r_n - \int_k^m r(x)\mathrm{d}x = \sum_{n=k}^{m-1}\left(r_n - \int_n^{n+1} r(x)\mathrm{d}x\right) + r_m,$$

并且 $r_m \to 0\,(m \to \infty)$, 所以,

$$\lim_{m\to\infty}\left(\sum_{n=k}^m r_n - \int_k^m r(x)\mathrm{d}x\right) = \gamma. \tag{5.14}$$

在上面的定理 5.2 中, 若令 $r(x) = x^{-s}$, $s > 0$, $k = 1$, 则当 $s \neq 1$ 时, $\int x^{-s}\mathrm{d}x = x^{1-s}/(1-s)$; 当 $s = 1$ 时, $\int x^{-1}\mathrm{d}x = \ln x$. 所以, 广义积分 $\int_1^{+\infty} x^{-s}\mathrm{d}x$, 当 $s > 1$ 时收敛, 当 $s \leqslant 1$ 时发散. 所以级数

$$\sum_{n=1}^\infty \frac{1}{n^s}, \quad s > 0,$$

当 $s > 1$ 时收敛, 当 $s \leqslant 1$ 时发散.

若令 $r(x) = x^{-1}(\ln x)^{-s}$, $s > 0$, $k = 2$, 则当 $s \neq 1$ 时, $\int x^{-1}(\ln x)^{-s}\,\mathrm{d}x = (\ln x)^{1-s}/(1-s)$; 当 $s = 1$ 时, $\int (x\ln x)^{-1}\,\mathrm{d}x = \ln\ln x$. 所以, 广义积分 $\displaystyle\int_2^{+\infty} x^{-1}(\ln x)^{-s}\,\mathrm{d}x$ 当 $s > 1$ 时收敛, $s \leqslant 1$ 时发散. 因此级数

$$\sum_{n=2}^{\infty} \frac{1}{n(\ln n)^s}, \quad s > 0,$$

当 $s > 1$ 时收敛, 当 $s \leqslant 1$ 时发散. 同理, 级数

$$\sum_{n=3}^{\infty} \frac{1}{n\ln n(\ln\ln n)^s}, \quad s > 0,$$

当 $s > 1$ 时收敛, 当 $s \leqslant 1$ 时发散.

在式 (5.14) 中, 设 $r(x) = 1/x$, $k = 1$, 则极限

$$\mathrm{C} = \lim_{n\to\infty} \left(1 + \frac{1}{2} + \frac{1}{3} + \cdots + \frac{1}{n} - \ln n \right) \tag{5.15}$$

存在. 我们把这个极限 C 叫作 **Euler 常数**. C 的值是 $0.577\,216\cdots$. 关于其数论的性质, C 是否为有理数, 尚未得到确认.

例 5.1 根据式 (3.46),

$$\ln 2 = 1 - \frac{1}{2} + \frac{1}{3} - \frac{1}{4} + \frac{1}{5} - \frac{1}{6} + \cdots,$$

应用式 (5.15), 可以变换这个交错级数右边的项, 分别由每 p 个正项和 q 个负项进行交叉排列, 我们可以具体求出这样交叉排列得到的级数的和. 用我们在 3.1 节中阐述过的表示无穷小的记号 o 来代表 $\lim\limits_{n\to\infty}\varepsilon_n = 0$ 的数列 $\{\varepsilon_n\}$ 的项 ε_n, 则根据式 (5.15),

$$1 + \frac{1}{2} + \frac{1}{3} + \cdots + \frac{1}{n} = \ln n + \mathrm{C} + o.$$

若令

$$P_n = 1 + \frac{1}{3} + \frac{1}{5} + \cdots + \frac{1}{2n-1},$$

$$Q_n = \frac{1}{2} + \frac{1}{4} + \frac{1}{6} + \cdots + \frac{1}{2n},$$

则

$$P_n + Q_n = \ln(2n) + \mathrm{C} + o,$$

$$Q_n = \frac{1}{2}\ln n + \frac{1}{2}\mathrm{C} + o,$$

所以

$$P_n = \ln 2 + \frac{1}{2}\ln n + \frac{1}{2}\mathrm{C} + o,$$

因此

$$P_{np} - Q_{nq} = \ln 2 + \frac{1}{2}\ln\frac{p}{q} + o,$$

所以

$$\lim_{n\to\infty}(P_{np} - Q_{nq}) = \ln 2 + \frac{1}{2}\ln\frac{p}{q}.$$

例如, 若取 $p = 2$, $q = 1$, 则

$$P_{2n} - Q_n = 1 + \frac{1}{3} + \frac{1}{5} + \cdots + \frac{1}{4n-1} - \frac{1}{2} - \frac{1}{4} - \cdots - \frac{1}{2n}$$

$$= 1 + \frac{1}{3} - \frac{1}{2} + \frac{1}{5} + \frac{1}{7} - \frac{1}{4} + \cdots + \frac{1}{4n-3} + \frac{1}{4n-1} - \frac{1}{2n},$$

所以

$$1 + \frac{1}{3} - \frac{1}{2} + \frac{1}{5} + \frac{1}{7} - \frac{1}{4} + \frac{1}{9} + \frac{1}{11} - \frac{1}{6} + \cdots = \ln 2 + \frac{1}{2}\ln 2.$$

一般地, 变换交错级数 $1 - \frac{1}{2} + \frac{1}{3} - \frac{1}{4} + \frac{1}{5} - \frac{1}{6} + \cdots$ 的项的顺序, 得到的分别由每 p 个正项和 q 个负项交叉排列的级数

$$1 + \frac{1}{3} + \frac{1}{5} + \cdots + \frac{1}{2p-1} - \frac{1}{2} - \cdots - \frac{1}{2q} + \frac{1}{2p+1} + \cdots + \frac{1}{4p-1} - \frac{1}{2q+2} - \cdots$$

的和 s 等于级数的前 $np + nq$ 项的部分和 $P_{np} - Q_{nq}$, 所以可以给出下列公式

$$s = \ln 2 + \frac{1}{2}\ln\frac{p}{q}.$$

b) 级数收敛的判别法

在正项级数 $\sum\limits_{n=1}^{\infty} a_n$ 与标准的正项级数 $\sum\limits_{n=k}^{\infty} r_n$ 进行比较时, 根据式 (5.10) 和式 (5.11), 与其对它们进行直接的比较, 倒不如对其相邻的两项比 a_n/a_{n+1} 和 r_n/r_{n+1} 进行比较, 这样应用起来更加方便. 我们将阐述, 在原项中, 相邻两项的比 a_n/a_{n+1} 同 $\sum\limits_{n=1}^{\infty} r^n$, $\sum\limits_{n=1}^{\infty} 1/n^s$ 等级数中相对应的相邻两项之比进行比较得到的收敛性的判别法.

定理 5.3 对于正项级数 $\sum\limits_{n=1}^{\infty} u_n$ 和 $\sum\limits_{n=1}^{\infty} v_n$, 如果存在自然数 n_0, 使得

$$当 n \geqslant n_0 \text{ 时}, \quad 有 \frac{u_n}{u_{n+1}} \geqslant \frac{v_n}{v_{n+1}} \tag{5.16}$$

成立. 那么

(1) 若 $\displaystyle\sum_{n=1}^{\infty} v_n$ 收敛, 则级数 $\displaystyle\sum_{n=1}^{\infty} u_n$ 收敛.

(2) 若 $\displaystyle\sum_{n=1}^{\infty} u_n$ 发散, 则级数 $\displaystyle\sum_{n=1}^{\infty} v_n$ 发散.

证明 根据式 (5.16),

$$当 n \geqslant n_0 \text{ 时}, \quad 有 \frac{u_n}{v_n} \geqslant \frac{u_{n+1}}{v_{n+1}},$$

即当 $n \geqslant n_0$ 时, 数列 $\{u_n/v_n\}$ 是单调非增的. 所以

$$当 n \geqslant n_0 \text{ 时}, \quad 有 \frac{u_n}{v_n} \leqslant \frac{u_{n_0}}{v_{n_0}}.$$

若令 $A = u_{n_0}/v_{n_0}$, 则

$$当 n \geqslant n_0 \text{ 时} \quad u_n \leqslant A v_n.$$

所以, 若级数 $\displaystyle\sum_{n=1}^{\infty} v_n$ 收敛, 则级数 $\displaystyle\sum_{n=1}^{\infty} u_n$ 也收敛. 因此, 若级数 $\displaystyle\sum_{n=1}^{\infty} u_n$ 发散, 则级数 $\displaystyle\sum_{n=1}^{\infty} v_n$ 也发散. □

运用这个定理, 通过对正项级数 $\displaystyle\sum_{n=1}^{\infty} a_n$ 和等比级数相比较, 可以获得下列 **Cauchy 判别法**.

(1) 对于正项级数 $\displaystyle\sum_{n=1}^{\infty} a_n$, 如果极限 $\rho = \lim\limits_{n \to \infty} (a_{n+1}/a_n)$ 存在, 那么若 $\rho < 1$, 则级数 $\displaystyle\sum_{n=1}^{\infty} a_n$ 收敛; 若 $\rho > 1$, 则级数 $\displaystyle\sum_{n=1}^{\infty} a_n$ 发散.

[证明] 当 $\rho < 1$ 时, 对满足 $\rho < r < 1$ 的实数 r, 若取 n_0 充分大, 则

$$只要 n \geqslant n_0, \quad 就有 \frac{a_n}{a_{n+1}} > \frac{1}{r} = \frac{r^n}{r^{n+1}},$$

所以级数 $\displaystyle\sum_{n=1}^{\infty} r^n$ 收敛, 从而级数 $\displaystyle\sum_{n=1}^{\infty} a_n$ 也收敛. 同理可得, 当 $\rho > 1$ 时, 级数 $\displaystyle\sum_{n=1}^{\infty} a_n$ 发散. □

一般地, 当 $\lim\limits_{n \to \infty} \alpha_n = 0$ 时, 称 α_n 为无穷小. 当 ε_n, α_n 是无穷小时, 无穷小 $\varepsilon_n \alpha_n$ 用记号 $o(\alpha_n)$ 表示. 即我们把 3.1 节中阐述的在函数情况下的无穷小的记号

o 援引到数列的情况中. 进而, α_n 为无穷小时, 形如 $\gamma_n\alpha_n$, $|\gamma_n| \leqslant \mu(\mu$ 为常数) 的所有无穷小都用符号 $O(\alpha_n)$ 来表示. 用小写的 o 表示无穷小, 即 o 代表收敛于 0 的数列 $\{\varepsilon_n\}$, 而用大写的 O 来表示有界数列 $\{\gamma_n\}$.

在极限 $\rho = \lim\limits_{n \to \infty} (a_{n+1}/a_n)$ 等于 1 的情况下, 仅通过与等比级数相比较, 不能判断级数 $\sum\limits_{n=1}^{\infty} a_n$ 收敛还是发散. 此时, 通过级数 $\sum\limits_{n=1}^{\infty} a_n$ 与级数 $\sum\limits_{n=1}^{\infty} 1/n^s$ 和 $\sum\limits_{n=1}^{\infty} 1/(n \ln n)$ 相比较, 可以获得下面的 **Gauss 判别法**.

(2) 对于正项级数 $\sum\limits_{n=1}^{\infty} a_n$, 设

$$\frac{a_n}{a_{n+1}} = 1 + \frac{\sigma}{n} + O\left(\frac{1}{n^{1+\delta}}\right), \quad \delta > 0. \tag{5.17}$$

那么, 若 $\sigma > 1$, 则级数 $\sum\limits_{n=1}^{\infty} a_n$ 收敛; 若 $\sigma \leqslant 1$, 则级数 $\sum\limits_{n=1}^{\infty} a_n$ 发散.

[证明] 当 $\sigma > 1$ 时, 若给定满足 $\sigma > s > 1$ 的实数 s, 则根据 Taylor 公式 (3.40),

$$\frac{(n+1)^s}{n^s} = \left(1 + \frac{1}{n}\right)^s = 1 + \frac{s}{n} + O\left(\frac{1}{n^2}\right).$$

所以根据假设 (5.17),

$$\frac{a_n}{a_{n+1}} - \frac{(n+1)^s}{n^s} = \frac{\sigma - s}{n} + O\left(\frac{1}{n^{1+\delta}}\right) - O\left(\frac{1}{n^2}\right),$$

并且因为 $\sigma - s > 0$, 若取 n_0 充分大, 那么

$$\text{只要 } n \geqslant n_0, \quad \text{就有 } \frac{a_n}{a_{n+1}} > \frac{(n+1)^s}{n^s} = \frac{n^{-s}}{(n+1)^{-s}},$$

又因为 $s > 1$, 所以级数 $\sum\limits_{n=1}^{\infty} n^{-s}$ 收敛, 从而级数 $\sum\limits_{n=1}^{\infty} a_n$ 也收敛.

当 $\sigma < 1$ 时,

$$\frac{n+1}{n} - \frac{a_n}{a_{n+1}} = \frac{1-\sigma}{n} + O\left(\frac{1}{n^{1+\delta}}\right),$$

若取 n_0 充分大,

$$\text{只要 } n \geqslant n_0, \quad \text{就有 } \frac{n+1}{n} - \frac{a_n}{a_{n+1}} > 0.$$

从而, 因为级数 $\sum\limits_{n=1}^{\infty} 1/n$ 发散, 所以级数 $\sum\limits_{n=1}^{\infty} a_n$ 也发散.

当 $\sigma = 1$ 时, 将级数 $\sum\limits_{n=1}^{\infty} a_n$ 与发散级数 $\sum\limits_{n=2}^{\infty} r_n$, $r_n = 1/(n\ln n)$ 相比较. 因为 $\mathrm{d}(x\ln x)/\mathrm{d}x = \ln x + 1$, 所以根据中值定理,

$$(n+1)\ln(n+1) - n\ln n = \ln(n+\theta) + 1 > \ln n + 1, \quad 0 < \theta < 1,$$

因此

$$\frac{r_n}{r_{n+1}} = 1 + \frac{(n+1)\ln(n+1) - n\ln n}{n\ln n} > 1 + \frac{1}{n} + \frac{1}{n\ln n}.$$

所以

$$\frac{r_n}{r_{n+1}} - \frac{a_n}{a_{n+1}} = \frac{1}{n\ln n} - O\left(\frac{1}{n^{1+\delta}}\right) = \frac{1}{n\ln n}\left(1 - O\left(\frac{\ln n}{n^{\delta}}\right)\right),$$

因此, 根据 2.3 节的例 2.9, $\lim\limits_{n\to\infty} \ln n/n^{\delta} = (1/\delta)\lim\limits_{n\to\infty} \ln n^{\delta}/n^{\delta} = 0$. 所以若取 n_0 充分大, 则

$$只要 n \geqslant n_0, \quad 就有 \frac{r_n}{r_{n+1}} > \frac{a_n}{a_{n+1}},$$

所以级数 $\sum\limits_{n=1}^{\infty} a_n$ 发散.   □

例 5.2   设级数

$$\sum_{n=1}^{\infty} \frac{\alpha(\alpha+1)\cdots(\alpha+n-1)\beta(\beta+1)\cdots(\beta+n-1)}{\gamma(\gamma+1)\cdots(\gamma+n-1)n!}$$

的第 n 项为 a_n, 则

$$\frac{a_n}{a_{n+1}} = \frac{(n+1)(n+\gamma)}{(n+\alpha)(n+\beta)} = 1 + \frac{\gamma+1-\alpha-\beta}{n} + O\left(\frac{1}{n^2}\right).$$

所以根据上述判别法 (2), 这个级数在 $\gamma+1-\alpha-\beta > 1$ 时收敛, 在 $\gamma+1-\alpha-\beta \leqslant 1$ 时发散. 这里, γ 是正整数.

c) Abel 级数变换公式

在 4.3 节的例 4.7 中, 我们利用分部积分公式, 证明了广义积分 $\int_0^{+\infty} (\sin x/x)\mathrm{d}x$ 虽然不绝对收敛, 但是收敛. 与级数和的分部积分公式相当的是 Abel 级数变换公式, 并且运用这个公式, 有时也可以证明给出的级数是条件收敛的.

设级数 $\sum\limits_{n=1}^{\infty} a_n$ 和 $\sum\limits_{n=1}^{\infty} b_n$ 的部分和分别为 $s_m = \sum\limits_{n=1}^{m} a_n$ 和 $t_m = \sum\limits_{n=1}^{m} b_n$, 我们来考察级数 $\sum\limits_{n=1}^{\infty} a_n t_n$. 这里, a_n, b_n 也可以为复数. 若 $s_0 = 0$, 并且 $k \geqslant 1$, 则

$$\sum_{n=k}^{m} a_n t_n = (s_k - s_{k-1})t_k + (s_{k+1} - s_k)t_{k+1} + \cdots + (s_m - s_{m-1})t_m$$

$$= -s_{k-1}t_k - s_k(t_{k+1} - t_k) - \cdots - s_{m-1}(t_m - t_{m-1}) + s_m t_m$$

$$= s_m t_m - s_{k-1}t_k - s_k b_{k+1} - s_{k+1}b_{k+2} - \cdots - s_{m-1}b_m,$$

即

$$\sum_{n=k}^{m} a_n t_n = [s_m t_m - s_{k-1}t_k] - \sum_{n=k}^{m-1} s_n b_{n+1}. \tag{5.18}$$

这就是 **Abel 级数变换公式**. 如果 $|s_n| \leqslant \mu < +\infty$, $\sum_{n=1}^{\infty} |b_n| < +\infty$, 那么, $\sum_{n=k}^{\infty} |s_n b_{n+1}| \leqslant$ $\mu \sum_{n=1}^{\infty} |b_n| < +\infty$, 即级数 $\sum_{n=k}^{\infty} s_n b_{n+1}$ 绝对收敛. 所以当级数 $\sum_{n=k}^{\infty} a_n t_n$ 任意给定时, 若 $b_n = t_n - t_{n-1} (n \geqslant 2)$, $b_1 = t_1$, 则根据式 (5.18), 直接可以获得下面的级数收敛的判别法.

(1) 如果级数 $\sum_{n=1}^{\infty} a_n$ 收敛, 并且级数 $\sum_{n=2}^{\infty} (t_n - t_{n-1})$ 绝对收敛, 那么级数 $\sum_{n=1}^{\infty} a_n t_n$ 也收敛.

(2) 如果部分和 $s_m = \sum_{n=1}^{m} a_n$ 构成的数列 $\{s_m\}$ 有界, $\{t_n\}$, $t_n > 0$ 为单调递减数列, 并且 $\lim_{n \to \infty} t_n = 0$, 那么级数 $\sum_{n=1}^{\infty} a_n t_n$ 收敛.

例 5.3 设 θ 是非 2π 整数倍的实数. 若令 $a_n = e^{in\theta}$, 则因为 $e^{i\theta} \neq 1$, 所以, $s_m = e^{i\theta}(e^{im\theta} - 1)/(e^{i\theta} - 1)$, 因此 $|s_m| \leqslant 2/|e^{i\theta} - 1|$. 所以根据上述 (2), 对于任意收敛于 0 的单调递减数列 $\{t_n\}$, 级数 $\sum_{n=1}^{\infty} t_n e^{in\theta}$ 收敛, 即级数 $\sum_{n=1}^{\infty} t_n \cos(n\theta)$ 和级数 $\sum_{n=1}^{\infty} t_n \sin(n\theta)$ 都收敛. 当 $\theta = \pi$ 时, 级数 $\sum_{n=1}^{\infty} t_n \cos(n\theta)$ 是交错级数 $\sum_{n=1}^{\infty} (-1)^n t_n$, 所以, 这个结果是关于交错级数收敛的 1.5 节定理 1.23 的推广.

5.3 一 致 收 敛

a) 函数序列的极限

如 $f_1(x), f_2(x), f_3(x), \cdots, f_n(x), \cdots$ 这样把函数排成一列叫作**函数序列**. 函数序列用 $\{f_n(x)\}$ 来表示. 与数列一样, 函数序列也是把其中的每个函数 $f_n(x)$ 叫作它的项. 函数序列 $\{f_n(x)\}$ 的各项 $f_n(x)$ 的定义域未必需要全部相同, 但在本节我们首先来考察由定义在某一区间 I 上的函数 $f_n(x)$ 构成的函数序列 $\{f_n(x)\}$. 当

函数序列 $\{f_n(x)\}$ 的所有各项 $f_n(x)$ 都是定义在区间 I 上的函数时, 称 $\{f_n(x)\}$ 为定义在 I 上的函数序列.

设 $\{f_n(x)\}$ 是定义在区间 I 上的函数序列. 当属于 I 的点 ξ 给定时, $\{f_n(\xi)\}$ 成为一个数列. 若此数列 $\{f_n(\xi)\}$ 收敛时, 则称函数序列 $\{f_n(x)\}$ 在 ξ 处收敛. 当 $\{f_n(x)\}$ 在属于 I 的所有点 ξ 处收敛时, 若令 $f(\xi) = \lim\limits_{n\to\infty} f_n(\xi)$, 则可确定定义在 I 上的函数 $f(x)$. 我们称此函数 $f(x)$ 为函数序列 $\{f_n(x)\}$ 的极限, 记为 $f(x) = \lim\limits_{n\to\infty} f_n(x)$. 并且称函数序列 $\{f_n(x)\}$ 收敛于函数 $f(x)$. 若把属于 I 的实数 ξ 用习惯上采用的变量 x 来表示, 则这个函数序列极限的定义可描述为: 数列 $\{f_n(x)\}$ 在属于 I 的每一点收敛时, 称函数 $f(x) = \lim\limits_{n\to\infty} f_n(x)$ 为函数序列 $\{f_n(x)\}$ 的极限, 并且称函数序列 $\{f_n(x)\}$ 收敛于函数 $f(x)$.

函数序列 $\{f_n(x)\}$ 收敛于 $f(x)$ 时, 根据数列极限的定义, 在每一点 $x \in I$, 对于任意的正实数 ξ, 存在自然数 $n_0(\varepsilon, x)$, 使得

$$当 \ n > n_0(\varepsilon, x) \ 时, \quad 有 \ |f_n(x) - f(x)| < \varepsilon$$

成立. 一般地, $n_0(\varepsilon, x)$ 不仅与 ε 有关, 而且与 x 也有关. 如果 $n_0(\varepsilon, x)$ 不依赖于点 $x \in I$ 而确定, 就称函数序列 $\{f_n(x)\}$ 一致收敛于 $f(x)$.

定义 5.1 设 $f(x), f_n(x), n = 1, 2, 3, \cdots$ 是定义在区间 I 上的函数. 如果对于任意的正实数 ε, 存在自然数 $n_0(\varepsilon)$, 使得对于任意的点 $x \in I$,

$$当 \ n > n_0(\varepsilon) \ 时, \quad 就有 \ |f_n(x) - f(x)| < \varepsilon \tag{5.19}$$

成立. 那么称函数序列 $\{f_n(x)\}$**一致收敛**(converge uniformly) 于函数 $f(x)$.

一致收敛(uniform convergence) 的含义可通过下面收敛而未必一致收敛的函数序列的例子弄清楚.

例 5.4 在区间 $I = [0,1]$ 上定义 $f_n(x) = x^n$. 则函数序列 $\{f_n(x)\}$ 收敛, 并且极限 $f(x) = \lim\limits_{n\to\infty} f_n(x)$ 是 $f(1) = 1$, 在 $0 \leqslant x < 1$ 时使得 $f(x) = 0$ 成立的函数. 但此函数序列收敛而不一致收敛.

[证明] 要想证明式 (5.19) 成立, 只需证明如果 $n > n_0(\varepsilon)$, 当 $0 \leqslant x < 1$ 时 $x^n < \varepsilon$ 恒成立即可. 但是, 因为 $\lim\limits_{x\to 1-0} x^n = 1$, 所以只要不是 $\varepsilon \geqslant 1$, 这就不可能成立. $\quad\square$

定理 5.4 (Cauchy 判别法) 定义在区间 I 上的函数序列 $\{f_n(x)\}$ 一致收敛的充分必要条件是, 对于任意的正实数 ε, 存在一个自然数 $n_0(\varepsilon)$, 使得在所有的点 $x \in I$ 处,

$$当 \ n > n_0(\varepsilon), \quad m > n_0(\varepsilon) \ 时, \quad 有 \ |f_n(x) - f_m(x)| < \varepsilon \tag{5.20}$$

成立.

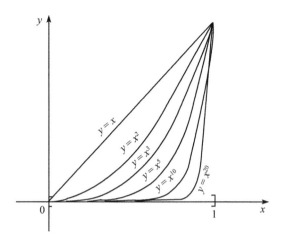

x	x^2	x^3	x^4	x^5	x^{10}	x^{20}
0.1	0.01	0.001	0			
0.2	0.04	0.008	0.002			
0.3	0.09	0.027	0.008	0.002		
0.4	0.16	0.064	0.026	0.010		
0.5	0.25	0.125	0.063	0.031	0.001	
0.6	0.36	0.216	0.130	0.078	0.006	
0.7	0.49	0.343	0.240	0.168	0.028	0.001
0.75	0.563	0.422	0.316	0.237	0.056	0.003
0.8	0.64	0.512	0.410	0.328	0.107	0.012
0.85	0.723	0.614	0.522	0.444	0.197	0.039
0.9	0.81	0.729	0.656	0.590	0.349	0.122
0.95	0.903	0.857	0.815	0.774	0.599	0.358
0.97	—	—	—	—	0.737	0.544
0.98	—	—	—	—	0.817	0.668
0.99	—	—	—	—	0.904	0.818

证明　若 $\{f_n(x)\}$ 一致收敛, 则条件成立是显然的. 于是我们反过来假设条件成立. 根据数列的 Cauchy 判别法, 在每一点 $x \in I$ 上, $\{f_n(x)\}$ 收敛, 所以存在极限 $f(x) = \lim\limits_{m \to \infty} f_m(x)$. 若取 $m \to \infty$ 时的极限, 则

$$\text{当 } n > n_0(\varepsilon) \text{ 时,}\quad \text{有 } |f_n(x) - f(x)| \leqslant \varepsilon$$

成立. 因此, 在所有的点 $x \in I$ 处,

$$\text{当 } n > n_0(\varepsilon/2) \text{ 时,}\quad \text{有 } |f_n(x) - f(x)| < \varepsilon$$

成立. 所以函数序列 $\{f_n(x)\}$ 一致收敛于 $f(x)$. $\qquad\square$

对于以定义在区间 I 上的函数 $f_n(x)$ 为项的级数 $\sum\limits_{n=1}^{\infty} f_n(x)$, 如果取其部分和

为

$$s_m(x) = \sum_{n=1}^{m} f_n(x),$$

那么, 若函数序列 $\{s_m(x)\}$ 收敛于函数 $s(x)$, 则级数 $\sum_{n=1}^{\infty} f_n(x)$ 收敛于 $s(x)$, 并且

称级数 $\sum_{n=1}^{\infty} f_n(x)$ 的和为 $s(x)$, 记为

$$s(x) = \sum_{n=1}^{\infty} f_n(x).$$

此时, 若 $\{s_m(x)\}$ 一致收敛于 $s(x)$, 则称级数 $\sum_{n=1}^{\infty} f_n(x)$ **一致收敛**于 $s(x)$. 进而, 当

级数 $\sum_{n=1}^{\infty} |f_n(x)|$ 一致收敛时, 称级数 $\sum_{n=1}^{\infty} f_n(x)$ **一致绝对收敛**.

绝对收敛的级数必收敛, 这是显然的. 设

$$s_{n,m}(x) = s_m(x) - s_n(x) = f_{n+1}(x) + f_{n+2}(x) + \cdots + f_m(x),$$

则根据定理 5.4, 定义在 I 上的级数 $\sum_{n=1}^{\infty} f_n(x)$ 一致收敛的充分必要条件是, 对于任

意的正实数 ε, 存在自然数 $n_0(\varepsilon)$, 使得对所有的点 $x \in I$,

$$只要 \ m > n > n_0(\varepsilon), \ 就有 \ |s_{n,m}(x)| < \varepsilon \tag{5.21}$$

成立. 设

$$\sigma_{n,m}(x) = |f_{n+1}(x)| + |f_{n+2}(x)| + \cdots + |f_m(x)|, \tag{5.22}$$

因为

$$|s_{n,m}(x)| \leqslant \sigma_{n,m}(x),$$

所以, 若级数 $\sum_{n=1}^{\infty} f_n(x)$ 一致绝对收敛, 则它也一致收敛.

例如, 定义在 $(-\infty, +\infty)$ 上的级数 $\sum_{n=1}^{\infty} x^n/n$, 在 $-1 \leqslant x < 1$ 时收敛, 在 $x < -1$

或 $x \geqslant 1$ 时发散. 此时, 若在区间 $I = [-1, 1)$ 上定义 $f_n(x) = x^n/n$, 则级数 $\sum_{n=1}^{\infty} f_n(x)$

收敛. 正如在 2.2 节中阐述的, 当区间 I 被函数 $f(x)$ 的定义域包含时, 我们把 $f(x)$

在 I 上的限制, 即 $f(x)$ 的定义域限制到 I 所得到的函数用 $f_I(x)$ 或者 $(f|I)(x)$ 来

表示. 若采用这个符号, 则级数 $\sum_{n=1}^{\infty} (x^n/n)|I$ 收敛. 但是, 此时函数 x^n/n 的自然的

定义域是 $(-\infty, +\infty)$. 因此, 与其说级数 $\displaystyle\sum_{n=1}^{\infty}(x^n/n)|I$ 收敛, 倒不如说级数 $\displaystyle\sum_{n=1}^{\infty}x^n/n$ 在 I 上收敛更自然一些.

一般地, 当区间 I 被 $f_n(x), n=1,2,3,\cdots$ 的定义域包含时, 若级数 $\displaystyle\sum_{n=1}^{\infty}(f_n|I)(x)$ 收敛, 则称级数 $\displaystyle\sum_{n=1}^{\infty}f_n(x)$ 在 I 上也收敛; 若级数 $\displaystyle\sum_{n=1}^{\infty}(f_n|I)(x)$ 一致收敛, 则称级数 $\displaystyle\sum_{n=1}^{\infty}f_n(x)$ 在 I 上也一致收敛. 另外, 若函数序列 $\{(f_n|I)(x)\}$ 收敛, 则称函数序列 $\{f_n(x)\}$ 在 I 上收敛; 若函数序列 $\{(f_n|I)(x)\}$ 一致收敛, 则称函数序列 $\{f_n(x)\}$ 在 I 上一致收敛. 进而, 若级数 $\displaystyle\sum_{n=1}^{\infty}|(f_n|I)(x)|$ 收敛, 则称级数 $\displaystyle\sum_{n=1}^{\infty}f_n(x)$ 在 I 上绝对收敛; 若级数 $\displaystyle\sum_{n=1}^{\infty}|(f_n|I)(x)|$ 一致收敛, 则称级数 $\displaystyle\sum_{n=1}^{\infty}f_n(x)$ 在 I 上一致绝对收敛.

根据一致收敛的定义易知, 函数序列 $\{f_n(x)\}$ 在区间 I 上一致收敛于函数 $f(x)$ 蕴涵着, 当 $n\to\infty$ 时, $|f_n(x)-f(x)|$ 在 I 上的上确界收敛于 0, 即

$$\lim_{n\to\infty}\sup_{x\in I}|f_n(x)-f(x)|=0.$$

b) 一致收敛与连续性

定理 5.5 设函数 $f_n(x), n=1,2,3,\cdots$ 在区间 I 上连续.

(1) 如果函数序列 $\{f_n(x)\}$ 在 I 上一致收敛, 那么其极限 $f(x)=\displaystyle\lim_{n\to\infty}f_n(x)$ 在 I 上连续.

(2) 如果级数 $\displaystyle\sum_{n=1}^{\infty}f_n(x)$ 在 I 上一致收敛, 那么其和 $s(x)=\displaystyle\sum_{n=1}^{\infty}f_n(x)$ 在 I 上连续.

证明 因为 (2) 是 (1) 的推论, 所以证明 (1) 即可. 为此, 只需证明在属于 I 的每一点 a 处, $f(x)$ 是连续的即可. 所以我们考虑给定的点 $a\in I$. 对任意的正实数 ε, 根据假设, 存在自然数 $n_0(\varepsilon)$, 使得在所有的点 $x\in I$ 处,

$$\text{只要 } n>n_0(\varepsilon), \quad \text{就有 } |f_n(x)-f(x)|<\varepsilon$$

成立. 又因为 $f_n(x)$ 在点 a 连续, 所以存在正实数 $\delta_n(\varepsilon)$,

$$\text{只要 } |x-a|<\delta_n(\varepsilon), \quad \text{就有 } |f_n(x)-f_n(a)|<\varepsilon$$

成立. 于是, 确定满足 $n>n_0(\varepsilon)$ 的自然数 n, 并取 $\delta(\varepsilon)=\delta_n(\varepsilon)$. 因为

$$|f(x)-f(a)| \leqslant |f(x)-f_n(x)|+|f_n(x)+f_n(a)|+|f_n(a)-f(a)|,$$

所以

$$|f(x) - f(a)| < 2\varepsilon + |f_n(x) - f_n(a)|.$$

故

只要 $|x - a| < \delta(\varepsilon)$,   就有 $|f(x) - f(a)| < 3\varepsilon$,

因为 ε 为任意的正实数, 所以函数 $f(x)$ 在点 a 连续.   □

在区间 I 上连续的函数序列 $\{f_n(x)\}$ 在 I 上收敛, 但未必一致收敛时, 如上述例 5.4 中证明的, 函数序列的每一项 $f_n(x)$ 的极限 $f(x) = \lim\limits_{n \to \infty} f_n(x)$ 未必在 I 上连续.

例 5.5   对于每一个自然数 n, 在区间 $[0,3]$ 上连续的函数 $f_n(x)$ 定义如下:

$$\begin{cases} 0 \leqslant x \leqslant \dfrac{1}{n} \text{时}, & f_n(x) = nx, \\[2mm] \dfrac{1}{n} < x \leqslant \dfrac{2}{n} \text{时}, & f_n(x) = 2 - nx, \\[2mm] \dfrac{2}{n} < x \leqslant 3 \text{时}, & f_n(x) = 0. \end{cases}$$

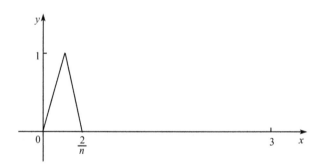

当 $f_n(0) = 0$, 并且任意给定 x, $0 < x \leqslant 3$ 时, 若 $n > 2/x$, 则 $f_n(x) = 0$. 所以 $\lim\limits_{n \to \infty} f_n(x) = 0$. 因此在区间 $[0,3]$ 上函数序列 $\{f_n(x)\}$ 收敛, 并且极限 $\lim\limits_{n \to \infty} f_n(x) = 0$ 连续. 但是, $f_n(1/n) = 1$, 所以在 $[0,3]$ 上收敛但非一致收敛.

定理 5.6   比较级数 $\sum\limits_{n=1}^{\infty} f_n(x)$ 与收敛的正项级数 $\sum\limits_{n=1}^{\infty} a_n$ 时, 如果在区间 I 上恒有 $|f_n(x)| \leqslant a_n$, 那么

(1) 级数 $\sum\limits_{n=1}^{\infty} f_n(x)$ 在区间 I 上一致绝对收敛.

(2) 若每项 $f_n(x)$ 在区间 I 上连续, 则其和 $s(x) = \sum\limits_{n=1}^{\infty} f_n(x)$ 在区间 I 上连续.

证明   设

$$\sigma_{n,m}(x) = |f_{n+1}(x)| + |f_{n+2}(x)| + \cdots + |f_m(x)|,$$

则在区间 I 上, 恒有

$$\sigma_{n,m}(x) \leqslant a_{n+1} + a_{n+2} + \cdots + a_m,$$

则根据 Cauchy 判别法, $\sum\limits_{n=1}^{\infty} f_n(x)$ 在 I 上一致绝对收敛. 因此 $\sum\limits_{n=1}^{\infty} f_n(x)$ 在 I 上一致收敛. 所以若每项 $f_n(x)$ 在 I 上连续, 那么, 根据定理 5.5 的 (2), $s(x) = \sum\limits_{n=1}^{\infty} f_n(x)$ 在区间 I 上连续. □

例 5.6 在 3.3 节例 3.4 中, 我们约定了函数

$$f(x) = \sum_{n=1}^{\infty} \frac{1}{2^n} |\sin(\pi n! x)|,$$

它在数轴 $\mathbf{R}$ 上的连续性将在本章中证明. 如果我们留意在 $\mathbf{R}$ 上, 恒有

$$0 \leqslant \frac{1}{2^n} |\sin(\pi n! x)| \leqslant \frac{1}{2^n}$$

成立, 则根据上述定理 5.6, 结论显然成立.

例 5.7 如我们在 1.5 节 f) 中阐述的, 全体有理数的集合 $\mathbf{Q}$ 是可数的, 并且可以表示为 $\mathbf{Q} = \{r_1, r_2, r_3, \cdots, r_m, \cdots\}$. 设

$$f_n(x) = \sum_{m=1}^{\infty} \frac{1}{2^m(1 + n^2(x - r_m)^2)}, \tag{5.23}$$

则根据定理 5.6, 式 (5.23) 右边的级数在区间 $(-\infty, +\infty)$ 上一致绝对收敛, 并且 $f_n(x)$ 是区间 $(-\infty, +\infty)$ 上关于 x 的连续函数. 式 (5.23) 右边级数的各项中, 除去满足 $r_m = x$ 的项, 其余各项随着 n 的增加, 呈单调递减. 所以在每点 x 处, $\{f_n(x)\}$ 是单调递减序列, 并且显然有 $f_n(x) > 0$. 故可确定极限 $f(x) = \lim\limits_{n \to \infty} f_n(x)$. 函数 $f(x)$ 具有下列性质: 在无理点 x 处, $f(x) = 0$; 在有理点 r_m 处, $f(r_m) = 1/2^m$.

证明 根据式 (5.23),

$$\left| f_n(x) - \sum_{m=1}^{k} \frac{1}{2^m(1 + n^2(x - r_m)^2)} \right| \leqslant \sum_{m=k+1}^{\infty} \frac{1}{2^m} = \frac{1}{2^k}.$$

若 $r_m \neq x$, 则 $\lim\limits_{n \to \infty} 1/(1 + n^2(x - r_m)^2) = 0$, 所以如果取这个不等式在 $n \to \infty$ 时的极限, 那么, 当 x 是无理数时,

$$|f(x)| \leqslant \frac{1}{2^k},$$

当 $x = r_m, m \leqslant k$ 时,

$$\left| f(x) - \frac{1}{2^m} \right| \leqslant \frac{1}{2^k}$$

成立. 在此, 若取 $k \to \infty$, 则在无理点 x 处, $f(x) = 0$; 在有理点 r_m 处, $f(r_m) = 1/2^m$. $\qquad\qquad\square$

函数 $f(x) = \lim\limits_{n \to \infty} f_n(x)$ 与 2.2 节例 2.4 的函数一样, 在每个有理点 r_m 处不连续; 在每个无理点处是连续函数. 若

$$g_n(x) = f_n(x - 1/\sqrt{n}),$$

则

$$\left| g_n(x) - \sum_{m=1}^{k} \frac{1}{2^m(1 + n^2(x - r_m - 1/\sqrt{n})^2)} \right| \leqslant \frac{1}{2^k}.$$

在包含 $x = r_m$ 的点 x 处, 因为 $\lim\limits_{n \to \infty} 1/(1 + n^2(x - r_m - 1/\sqrt{n})^2) = 0$, 所以对于 k, 存在自然数 $n_0(k, x)$, 使得

$$只要 \; n > n_0(k, x), \quad 就有 \; |g_n(x)| \leqslant \frac{1}{2^{k-1}}$$

成立. 所以 $\lim\limits_{n \to \infty} g_n(x) = 0$, 即函数序列 $\{g_n(x)\}$ 在区间 $(-\infty, +\infty)$ 上收敛于 0. 但是, 收敛的函数序列 $\{g_n(x)\}$ 在任意的区间 $(a, a + \varepsilon)$, $\varepsilon > 0$ 上非一致收敛. 事实上, 若取属于 $(a, a + \varepsilon)$ 的一个有理点 r_m, 则

$$\lim_{n \to \infty} g_n(r_m + 1/\sqrt{n}) = \lim_{n \to \infty} f_n(r_m) = f(r_m) = 1/2^m,$$

因此

$$\liminf_{n \to \infty} (\sup_{a < x < a + \varepsilon} g_n(x)) \geqslant 1/2^m > 0.$$

因为 $f_n(x) = g_n(x + 1/\sqrt{n})$, 所以函数 $y = f_n(x)$ 的图像 G_{f_n} 是把 $y = g_n(x)$ 的图像 "沿着 x 轴向左平移 $1/\sqrt{n}$" 得到的. 通过每一图像的单纯平移, 由收敛于 0 的函数序列 $\{g_n(x)\}$, 获得收敛于在所有有理点处不连续的函数 $f(x)$ 的函数序列 $\{f_n(x)\}$.

关于单调连续函数序列的收敛, 下列定理成立.

定理 5.7(Dini 定理) 如果以在闭区间 $[a, b]$ 上的连续函数 $f_n(x)$ 作为项的单调非增函数序列, 即满足

$$f_1(x) \geqslant f_2(x) \geqslant f_3(x) \geqslant \cdots \geqslant f_n(x) \geqslant \cdots, \quad a \leqslant x \leqslant b$$

的函数序列 $\{f_n(x)\}$ 收敛于 $[a, b]$ 上的连续函数 $f(x)$, 那么函数序列 $\{f_n(x)\}$ 在 $[a, b]$ 上一致收敛于 $f(x)$.

证明 设 $g_n(x) = f_n(x) - f(x)$, 则只需证明函数序列 $\{g_n(x)\}$ 在 $[a, b]$ 上一致收敛于 0 即可. 据假设 $g_n(x)$ 在区间 $[a, b]$ 上连续, 函数序列 $\{g_n(x)\}$ 单调非增, 并

且收敛于 0. 若假设它在 $[a,b]$ 上非一致收敛, 则对于某个正实数 ε_0, 无论取什么样的自然数 n, 当 $m > n$ 时, 在 $[a,b]$ 上不等式 $g_m(x) < \varepsilon_0$ 未必成立. 即对于每个自然数 n, 存在满足 $g_m(c_n) \geqslant \varepsilon_0$ 的自然数 $m > n$ 和点 c_n, $a \leqslant c_n \leqslant b$. 则, 因为 $g_n(c_n) \geqslant g_m(c_n)$, 所以

$$g_n(c_n) \geqslant \varepsilon_0. \tag{5.24}$$

根据 1.6 节的定理 1.30, 这个 c_n 构成的点列 $\{c_n\}$ 具有收敛的子列 $c_{n_1}, c_{n_2}, c_{n_3}, \cdots$, $c_{n_j}, \cdots$, 若设此极限为 $c = \lim\limits_{j \to \infty} c_{n_j}$, 因为函数 $g_n(x)$ 关于 x 连续, 所以

$$g_n(c) = \lim_{j \to \infty} g_n(c_{n_j}).$$

若 $n_j > n$, 则根据式 (5.24),

$$g_n(c_{n_j}) \geqslant g_{n_j}(c_{n_j}) \geqslant \varepsilon_0,$$

因此

$$g_n(c) \geqslant \varepsilon_0 > 0.$$

这与函数序列收敛于 0 相矛盾. 故函数序列 $\{g_n(x)\}$ 在 $[a,b]$ 上一致收敛于 0.　□

当然, 对于单调非减的函数序列, 与定理 5.7 相应的结论也同样成立.

例 5.7 中的函数序列 $\{f_n(x)\}$ 是单调递减序列且收敛, 它提供了一个在任何区间 $[a,b]$, $a < b$, 非一致收敛的连续函数序列的例子. $\{f_n(x)\}$ 在 $[a,b]$ 上的非一致收敛性, 根据定理 5.5 的 (1), 可由函数 $f(x) = \lim\limits_{n \to \infty} f_n(x)$ 在所有的有理点不连续获得.

5.4　无穷级数的微分和积分

a) 一致收敛级数

定理 5.8　设 $f_n(x), n = 1, 2, 3, \cdots$ 是定义在区间 $[a,b]$ 上的连续函数, 若函数序列 $\{f_n(x)\}$ 在 $[a,b]$ 上一致收敛, 则极限 $f(x) = \lim\limits_{n \to \infty} f_n(x)$ 也在 $[a,b]$ 上连续, 并且

$$\int_a^b f(x)\mathrm{d}x = \lim_{n \to \infty} \int_a^b f_n(x)\mathrm{d}x, \quad f(x) = \lim_{n \to \infty} f_n(x). \tag{5.25}$$

证明　关于函数 $f(x)$ 在 $[a,b]$ 上的连续性, 我们已经在定理 5.5 的 (1) 中证明. 根据假设, 对于任意的正实数 ε, 存在自然数 $n_0(\varepsilon)$, 当 $a \leqslant x \leqslant b$ 时,

$$\text{只要 } n > n_0(\varepsilon), \quad \text{就有 } |f_n(x) - f(x)| < \varepsilon$$

成立. 所以, 根据 4.1 节的定理 4.1,

$$\left| \int_a^b f_n(x)\mathrm{d}x - \int_a^b f(x)\mathrm{d}x \right| \leqslant \int_a^b |f_n(x) - f(x)|\mathrm{d}x < \int_a^b \varepsilon\mathrm{d}x = \varepsilon(b-a).$$

故 $\displaystyle\lim_{n\to\infty}\int_a^b f_n(x)\mathrm{d}x = \int_a^b f(x)\mathrm{d}x.$ □

例 5.8 设 $f_n(x)$ 是例 5.5 中定义的区间 $[0,3]$ 上的连续函数. 若 $g_n(x)=nf_n(x)$, 在每一个点 x 处 ($0\leqslant x\leqslant 3$) 恒有 $\displaystyle\lim_{n\to\infty}g_n(x)=0$, 但 $\displaystyle\int_0^3 g_n(x)\mathrm{d}x = n\int_0^3 f_n(x)\mathrm{d}x = 1$. 所以 $\displaystyle\lim_{n\to\infty}\int_0^3 g_n(x)\mathrm{d}x = 1$ 与 $\displaystyle\int_0^3 \lim_{n\to\infty}g_n(x)\mathrm{d}x = 0$ 不等, 即式 (5.25) 在无条件下不成立.

定理 5.9 设函数 $f_n(x)$ 在全体区间 I 上连续.

(1) 若级数 $\displaystyle\sum_{n=1}^{\infty}f_n(x)$ 在 I 上一致收敛, 则对属于 I 的任意两点 c, x 有

$$\int_c^x \sum_{n=1}^{\infty}f_n(x)\mathrm{d}x = \sum_{n=1}^{\infty}\int_c^x f_n(x)\mathrm{d}x. \tag{5.26}$$

(2) 若每个函数 $f_n(x)$ 在 I 上连续可微, $\displaystyle\sum_{n=1}^{\infty}f_n(x)$ 在 I 上收敛, 并且 $\displaystyle\sum_{n=1}^{\infty}f_n'(x)$ 在 I 上一致收敛, 则 $\displaystyle\sum_{n=1}^{\infty}f_n(x)$ 也在 I 上连续可微, 并且

$$\frac{\mathrm{d}}{\mathrm{d}x}\sum_{n=1}^{\infty}f_n(x) = \sum_{n=1}^{\infty}f_n'(x). \tag{5.27}$$

证明 (1) 设 $\displaystyle s_m(x)=\sum_{n=1}^{m}f_n(x), s(x)=\sum_{n=1}^{\infty}f_n(x)$. 则根据定理 5.5 的 (2), $s(x)$ 在区间 I 上连续, 并且根据假设, 函数序列 $\{s_m(x)\}$ 在 I 上一致收敛于 $s(x)$, 所以根据定理 5.8,

$$\int_c^x s(x)\mathrm{d}x = \lim_{m\to\infty}\int_c^x s_m(x)\mathrm{d}x = \lim_{m\to\infty}\sum_{n=1}^{m}\int_c^x f_n(x)\mathrm{d}x,$$

即式 (5.26) 成立.

(2) 设 $\displaystyle t(x)=\sum_{n=1}^{\infty}f_n'(x)$, 则 $t(x)$ 在 I 上连续, 并且根据 (1),

$$\int_c^x t(x)\mathrm{d}x = \sum_{n=1}^{\infty}\int_c^x f_n'(x)\mathrm{d}x = \sum_{n=1}^{\infty}(f_n(x)-f_n(c)),$$

所以

$$\sum_{n=1}^{\infty}f_n(x) = \int_c^x t(x)\mathrm{d}x + \mathrm{C}, \quad \mathrm{C}=\sum_{n=1}^{\infty}f_n(c).$$

因此, $\displaystyle\sum_{n=1}^{\infty} f_n(x)$ 在 I 上连续可微, 并且 $(\mathrm{d}/\mathrm{d}x)\displaystyle\sum_{n=1}^{\infty} f_n(x) = t(x)$, 即 (5.27) 成立. $\quad\square$

定理 5.9 表明: 在一定条件下, 要把级数的和 $\displaystyle\sum_{n=1}^{\infty} f_n(x)$ 进行积分或者微分, 只要把它的各项分别进行积分或者微分即可. 把级数的各项分别进行积分或者微分, 称为**逐项积分**或者**逐项微分**.

b) 一致有界的函数序列

定理 5.8 中, 用 $\{f_n(x)\}$ 的一致有界性替代函数序列 $\{f_n(x)\}$ 的一致收敛性, 结论也成立.

定理 5.10(Arzelà定理) 设在闭区间 $[a,b]$ 上, 函数 $f_n(x), n = 1,2,3,\cdots$ 连续, 并且一致有界, 即存在不依赖于 n 的常量 M, 使得在 $[a,b]$ 上恒有 $|f_n(x)| \leqslant M$ 成立. 如果函数序列 $\{f_n(x)\}$ 收敛, 并且其极限 $f(x) = \lim\limits_{n\to\infty} f_n(x)$ 在 $[a,b]$ 上连续, 那么

$$\int_a^b f(x)\mathrm{d}x = \lim_{n\to\infty}\int_a^b f_n(x)\mathrm{d}x, \quad f(x) = \lim_{n\to\infty} f_n(x).$$

这个定理是 Lebesgue 积分论中 Lebesgue 逐项积分定理[①]的特殊情况, 由于在本书中也是便于应用的定理, 在此, 我们介绍由 Hausdorff 给出的初级的证明[②].

证明 因为

$$\left|\int_a^b f_n(x)\mathrm{d}x - \int_a^b f(x)\mathrm{d}x\right| \leqslant \int_a^b |f_n(x) - f(x)|\mathrm{d}x,$$

所以, 如果令 $g_n(x) = |f_n(x) - f(x)|$, 只需证明

$$\lim_{n\to\infty}\int_a^b g_n(x)\mathrm{d}x = 0$$

成立即可. 根据关于 $f_n(x)$ 和 $f(x)$ 的假设, 函数 $g_n(x)$ 在区间 $[a,b]$ 上连续, 并且恒有 $0 \leqslant g_n(x) \leqslant 2M$, $\lim\limits_{n\to\infty} g_n(x) = 0$ 成立. 因此, 只需最初就假定 $f_n(x)$ 在区间 $[a,b]$ 上连续, 并且恒有 $0 \leqslant f_n(x) \leqslant M$, $\lim\limits_{n\to\infty} f_n(x) = 0$ 成立, 并且证明

$$\lim_{n\to\infty}\int_a^b f_n(x)\mathrm{d}x = 0 \tag{5.28}$$

成立即可.

---

① 岩波基础数学选书,《现代解析入门》下篇《測度と積分》, 参考 §4.4.

② F. Hausdorff "Beweis eines Satzes von Arzelà", Math. Zeit 26(1927), pp.135-137. 参照藤原松三郎《微分积分学I》, pp.365-370.

在每一点 x $(a \leqslant x \leqslant b)$ 处, 数列 $f_n(x), f_{n+1}(x), f_{n+2}(x), \cdots, f_m(x), \cdots$ 的上确界设为 $s_n(x)$, 则

$$s_n(x) = \sup_{m \geqslant n} f_m(x).$$

显然,

$$M \geqslant s_1(x) \geqslant s_2(x) \geqslant \cdots \geqslant s_n(x) \geqslant \cdots, \quad a \leqslant x \leqslant b, \tag{5.29}$$

并且 $\lim\limits_{n \to \infty} f_n(x) = 0$, 所以

$$\lim_{n \to \infty} s_n(x) = \limsup_{n \to \infty} f_n(x) = 0. \tag{5.30}$$

因此, 函数 $s_n(x)$ 在区间 $[a, b]$ 上连续时, 根据 Dini 定理 (定理 5.7), 函数序列 $\{s_n(x)\}$ 在 $[a, b]$ 上一致收敛于 0, 从而, 根据定理 5.8,

$$\lim_{n \to \infty} \int_a^b s_n(x)\mathrm{d}x = 0,$$

由 $0 \leqslant f_n(x) \leqslant s_n(x)$, 可得式 (5.28). 但这种情况下函数序列 $\{f_n(x)\}$ 也在 $[a, b]$ 上一致收敛于 0, 所以定理 5.10 可以归结为定理 5.8.

一般情况下, $s_n(x)$ 未必连续, 因此积分 $\int_a^b s_n(x)\mathrm{d}x$ 也未必一定有意义. 在此, 我们用如下定义的 S_n 代替 $\int_a^b s_n(x)\mathrm{d}x$: 考虑区间 $[a, b]$ 上有定义的连续函数 $g(x)$ 的全体, 使得 $g(x) \leqslant s_n(x)$ 恒成立, 并且把其积分 $\int_a^b g(x)\mathrm{d}x$ 的上确界设为 S_n,

$$S_n = \sup_{g \leqslant s_n} \int_a^b g(x)\mathrm{d}x. \tag{5.31}$$

这里, $g \leqslant s_n$ 意味着 $g(x) \leqslant s_n(x)$ 恒成立. 若 $g \leqslant s_n$, 则根据式 (5.29), 恒有 $g(x) \leqslant M$, 所以 $\int_a^b g(x)\mathrm{d}x \leqslant M(b-a)$. 若 $g \leqslant s_n$, 则 $g \leqslant s_{n-1}$. 所以, $S_n \leqslant S_{n-1}$, 即

$$M(b-a) \geqslant S_1 \geqslant S_2 \geqslant S_3 \geqslant \cdots \geqslant S_n \geqslant \cdots.$$

因为 $0 \leqslant f_n(x) \leqslant s_n(x)$, 所以根据式 (5.31),

$$0 \leqslant \int_a^b f_n(x)\mathrm{d}x \leqslant S_n.$$

因此, 只需证明当 $n \to \infty$ 时, $S_n \to 0$ 即可. 为此, 对任意给定的正实数 ε, 若令 $\varepsilon_n = \varepsilon/2^n$, 则根据式 (5.31), 在 $[a, b]$ 上存在连续的函数 $g_n(x)$, 使得

$$\int_a^b g_n(x)\mathrm{d}x > S_n - \varepsilon_n, \quad g_n(x) \leqslant s_n(x), \quad a \leqslant x \leqslant b \tag{5.32}$$

成立. 在每一点 $x, a \leqslant x \leqslant b$, 取 $g_1(x), g_2(x), \cdots, g_n(x)$ 的最小值为 $h_n(x)$:

$$h_n(x) = \min\{g_1(x), g_2(x), \cdots, g_n(x)\}.$$

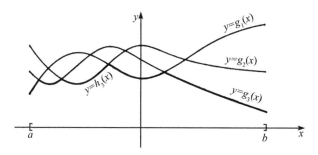

则根据上图, $h_n(x)$ 在 $[a, b]$ 上的连续性是一目了然的, 但要通过计算来证明, 只需进行如下操作即可. 对于实数 $\xi, \eta, \xi + \eta - |\xi - \eta|$ 的值, 当 $\xi \geqslant \eta$ 时等于 2η, 当 $\xi \leqslant \eta$ 时等于 2ξ, 即

$$\min\{\xi, \eta\} = \frac{1}{2}(\xi + \eta - |\xi - \eta|). \tag{5.33}$$

因此, 一般情况下, 若 $\varphi(x), \psi(x)$ 是区间 I 上的关于 x 的连续函数, 则

$$\min\{\varphi(x),\ \psi(x)\} = \frac{1}{2}(\varphi(x) + \psi(x) - |\varphi(x) - \psi(x)|)$$

也是 I 上的关于 x 的连续函数. 所以, $h_1(x) = g_1(x)$, 并且 $n \geqslant 2$ 时

$$h_n(x) = \min\{h_{n-1}(x), g_n(x)\},$$

所以, 根据关于 n 的归纳法, $h_n(x)$ 在区间 $[a, b]$ 上连续. 显然

$$h_1(x) \geqslant h_2(x) \geqslant \cdots \geqslant h_n(x) \geqslant \cdots, h_n(x) \leqslant g_n(x) \leqslant s_n(x). \tag{5.34}$$

关于这个连续函数 $h_n(x)$, 为了通过关于 n 的归纳法来证明不等式

$$\int_a^b h_n(x)\mathrm{d}x > S_n - \varepsilon_1 - \varepsilon_2 - \cdots - \varepsilon_n \tag{$5.35)_n$}$$

成立, 把 $\mu_n(x)$ 设为 $h_{n-1}(x), g_n(x)$ 中较大的一个 (严格地说, 应该是不小的一个):

$$\mu_n(x) = \max\{h_{n-1}(x),\ g_n(x)\}.$$

与式 (5.33) 相同, 因为

$$\max\{\xi, \eta\} = \frac{1}{2}(\xi + \eta + |\xi - \eta|),$$

所以

$$\mu_n(x) = \frac{1}{2}(h_{n-1}(x) + g_n(x) + |h_{n-1}(x) - g_n(x)|),$$

因此, $\mu_n(x)$ 也在区间 $[a, b]$ 上连续, 并且

$$\max\{\xi, \eta\} + \min\{\xi, \eta\} = \xi + \eta,$$

所以

$$h_n(x) + \mu_n(x) = h_{n-1}(x) + g_n(x).$$

故

$$\int_a^b h_n(x)\mathrm{d}x = \int_a^b h_{n-1}(x)\mathrm{d}x + \int_a^b g_n(x)\mathrm{d}x - \int_a^b \mu_n(x)\mathrm{d}x.$$

因为 $h_{n-1}(x) \leqslant s_{n-1}(x)$, $g_n(x) \leqslant s_n(x) \leqslant s_{n-1}(x)$, 所以 $\mu_n(x) \leqslant s_{n-1}(x)$. 因此根据式 (5.31), $\int_a^b \mu_n(x)\mathrm{d}x \leqslant S_{n-1}$. 所以, 根据式 (5.32),

$$\int_a^b h_n(x)\mathrm{d}x > \int_a^b h_{n-1}(x)\mathrm{d}x + S_n - \varepsilon_n - S_{n-1}.$$

因此, 若假设式 $(5.35)_{n-1}$ 成立, 则式 $(5.35)_n$ 成立. 式 $(5.35)_1$ 是 $h_1(x) = g_1(x)$, 所以根据式 (5.32) 显然成立. 从而根据关于 n 的归纳法, 对所有的自然数 n, 式 $(5.35)_n$ 成立. 因为 $\sum\limits_{n=1}^{\infty} \varepsilon_n = \varepsilon$, 所以

$$\int_a^b h_n(x)\mathrm{d}x > S_n - \varepsilon. \tag{5.36}$$

$h_n(x)$ 在闭区间 $[a, b]$ 上连续, 根据式 (5.34) 函数序列 $\{h_n(x)\}$ 单调非增, 并且 $0 \leqslant h_n(x) \leqslant s_n(x)$. 因此根据式 (5.30), $\lim\limits_{n\to\infty} h_n(x) = 0$. 因此, 根据 Dini 定理 (定理 5.7), $\{h_n(x)\}$ 在 $[a, b]$ 上一致收敛于 0. 所以

$$\lim_{n\to\infty} \int_a^b h_n(x)\mathrm{d}x = 0.$$

从而, 根据式 (5.36),

$$\lim_{n\to\infty} S_n \leqslant \varepsilon,$$

其中, ε 是任意的实数. 所以

$$\lim_{n\to\infty} S_n = 0. \qquad \square$$

上述定理 5.10 中, 若把闭区间 $[a, b]$ 换成开区间 (a, b), 结论仍然成立.

定理 5.11 设函数 $f_n(x), n = 1, 2, 3, \cdots$ 在开区间 (a, b) 上连续, 并且一致有界. 则函数序列 $\{h_n(x)\}$ 收敛, 并且如果其极限 $f(x) = \lim\limits_{n \to \infty} f_n(x)$ 在 (a, b) 上连续, 那么

$$\int_a^b f(x)\mathrm{d}x = \lim_{n \to \infty} \int_a^b f_n(x)\mathrm{d}x, \quad f(x) = \lim_{n \to \infty} f_n(x).$$

证明 只需证明 $\lim\limits_{n \to \infty} f_n(x) = 0$ 时, $\lim\limits_{n \to \infty} \int_a^b f_n(x)\mathrm{d}x = 0$ 即可. 根据假设, 在区间 (a, b) 上恒有 $|f_n(x)| \leqslant M$, M 是与 n 无关的常数. 对于任意给定的正实数 ε , 若取正实数 δ, 使得 $4M\delta < \varepsilon$, $2\delta < b - a$ 成立, 则

$$\int_a^b f_n(x)\mathrm{d}x = \int_a^{a+\delta} f_n(x)\mathrm{d}x + \int_{a+\delta}^{b-\delta} f_n(x)\mathrm{d}x + \int_{b-\delta}^b f_n(x)\mathrm{d}x,$$

并且

$$\left| \int_a^{a+\delta} f_n(x)\mathrm{d}x \right| \leqslant M\delta, \qquad \left| \int_{b-\delta}^b f_n(x)\mathrm{d}x \right| \leqslant M\delta,$$

所以

$$\left| \int_a^b f_n(x)\mathrm{d}x \right| \leqslant \left| \int_{a+\delta}^{b-\delta} f_n(x)\mathrm{d}x \right| + 2M\delta.$$

$f_n(x)$ 在闭区间 $[a + \delta, b - \delta]$ 上连续且一致有界, 并且 $\lim\limits_{n \to \infty} f_n(x) = 0$, 所以根据定理 5.10,

$$\lim_{n \to \infty} \int_{a+\delta}^{b-\delta} f_n(x)\mathrm{d}x = 0,$$

因此, 对于 ε, 存在自然数 $n_0(\varepsilon)$, 使得

$$只要 \ n > n_0(\varepsilon), \quad 就有 \ \left| \int_{a+\delta}^{b-\delta} f_n(x)\mathrm{d}x \right| < \frac{\varepsilon}{2}$$

成立. 因此,

$$只要 \ n > n_0(\varepsilon), \quad 就有 \ \left| \int_a^b f_n(x)\mathrm{d}x \right| < 2M\delta + \frac{\varepsilon}{2} < \varepsilon$$

成立, 即

$$\lim_{n \to \infty} \int_a^b f_n(x)\mathrm{d}x = 0. \qquad \square$$

c) 具有强函数的函数序列

设 $f_n(x), n = 1, 2, 3, \cdots$ 是定义在区间 I 上的连续函数. 如果存在在 I 上定义的连续函数 $\sigma(x)$, $\sigma(x) > 0$, 并且对于所有的 n, 使得 $|f_n(x)| \leqslant \sigma(x)$ 恒成立, 那么称 $\sigma(x)$ 是函数序列 $\{f_n(x)\}$ 的**强函数**(majorant). 当函数序列非一致有界, 但具有强函数时, 可以将定理 5.11 进行如下推广.

定理 5.12　如果函数 $\sigma(x)$, $\sigma(x) > 0$ 在区间 $(a, +\infty)$ 上连续, $\int_a^{+\infty} \sigma(x)\mathrm{d}x < +\infty$, 函数 $f_n(x), n = 1, 2, 3, \cdots$ 连续, 并且恒有 $|f_n(x)| \leqslant \sigma(x)$. 那么, 若函数序列 $\{f_n(x)\}$ 收敛, 并且其极限 $f(x) = \lim\limits_{n \to \infty} f_n(x)$ 连续, 则

$$\int_a^{+\infty} f(x)\mathrm{d}x = \lim_{n \to \infty} \int_a^{+\infty} f_n(x)\mathrm{d}x, \quad f(x) = \lim_{n \to \infty} f_n(x). \tag{5.37}$$

证明　对给定点 $c, a < c$, 设

$$\psi(x) = \int_c^x \sigma(x)\mathrm{d}x,$$

并且将式 (5.37) 两边的积分变量 x 换成 $t = \psi(x)$. 因为 $\psi'(x) = \sigma(x) > 0$, 所以根据 3.3 节的定理 3.6, $t = \psi(x)$ 是定义在区间 $(a, +\infty)$ 上的关于 x 的连续可微的单调递增函数, 并且因为假定 $\int_a^{+\infty} \sigma(x)\mathrm{d}x < +\infty$, 所以存在极限

$$\alpha = \lim_{x \to a+0} \psi(x) = -\int_a^c \sigma(x)\mathrm{d}x, \quad \beta = \lim_{x \to +\infty} \psi(x) = \int_c^{+\infty} \sigma(x)\mathrm{d}x,$$

并且 $\psi(x)$ 的值域是开区间 (α, β). 因此, 若取 $t = \psi(x)$ 的反函数为 $x = \varphi(t) = \psi^{-1}(t)$, 则根据 2.2 节的定理 2.7 和 3.2 节的定理 3.4, $\varphi(t)$ 是区间 (α, β) 上可微的单调递增函数, 并且

$$\varphi'(t) = \frac{1}{\psi'(x)} = \frac{1}{\sigma(x)}, \quad x = \varphi(t),$$

从而, $\varphi'(t) = 1/\sigma(\varphi(t))$ 也是关于 t 的连续函数. 因此, 根据积分变换公式 (4.56),

$$\int_a^{+\infty} f_n(x)\mathrm{d}x = \int_\alpha^\beta f_n(\varphi(t))\varphi'(t)\mathrm{d}t = \int_\alpha^\beta \frac{f_n(\varphi(t))}{\sigma(\varphi(t))}\mathrm{d}t,$$

同理,

$$\int_a^{+\infty} f(x)\mathrm{d}x = \int_\alpha^\beta \frac{f(\varphi(t))}{\sigma(\varphi(t))}\mathrm{d}t.$$

根据假设, 因为 $|f_n(x)| \leqslant \sigma(x)$, $f(x) = \lim\limits_{n \to \infty} f_n(x)$, 所以

$$\left|\frac{f_n(\varphi(t))}{\sigma(\varphi(t))}\right| \leqslant 1, \quad \frac{f(\varphi(t))}{\sigma(\varphi(t))} = \lim_{n \to \infty} \frac{f_n(\varphi(t))}{\sigma(\varphi(t))}.$$

故, 根据定理 5.11,

$$\int_\alpha^\beta \frac{f(\varphi(t))}{\sigma(\varphi(t))}\mathrm{d}t = \lim_{n\to\infty}\int_\alpha^\beta \frac{f_n(\varphi(t))}{\sigma(\varphi(t))}\mathrm{d}t,$$

因此

$$\int_a^{+\infty} f(x)\mathrm{d}x = \lim_{n\to\infty}\int_a^{+\infty} f_n(x)\mathrm{d}x. \qquad\qquad \square$$

将定理 5.12 中区间 $(a, +\infty)$ 换成任意的区间 I, 结论仍然成立.

下面关于无穷级数的逐项积分的定理是定理 5.12 的推论.

定理 5.13   设函数 $\sigma(x) > 0$ 在区间 $(a, +\infty)$ 上连续, 并且 $\displaystyle\int_a^{+\infty}\sigma(x)\mathrm{d}x < +\infty$.

如果函数 $f_n(x)$, $n = 1, 2, 3, \cdots$ 在区间 $(a, +\infty)$ 上连续, 级数 $\displaystyle\sum_{n=1}^\infty f_n(x)$ 收敛, 其和

$s(x) = \displaystyle\sum_{n=1}^\infty f_n(x)$ 连续, 并且部分和 $s_m(x) = \displaystyle\sum_{n=1}^m f_n(x)$ 恒满足不等式 $|s_m(x)| \leqslant \sigma(x)$,

那么

$$\int_a^{+\infty}\sum_{n=1}^\infty f_n(x)\mathrm{d}x = \sum_{n=1}^\infty\int_a^{+\infty} f_n(x)\mathrm{d}x.$$

5.5   幂　级　数

a) 收敛半径

下面我们来考察 x 的幂级数 $\displaystyle\sum_{n=0}^\infty a_n x^n$ 的收敛性. 如果将 x 用 $x - c$ 置换, 那

么考察的结果可以直接应用到 $x - c$ 的幂级数 $\displaystyle\sum_{n=0}^\infty a_n(x - c)^n$ 上. 在数轴 $\mathbf{R}$ 上的一

点 x 处, 若级数 $\displaystyle\sum_{n=0}^\infty a_n x^n$ 收敛, 则当 $n \to \infty$ 时, $a_n x^n \to 0$. 所以, 对于所有的 n,

存在满足 $|a_n x^n| \leqslant M$ 的正的常数 M, 从而

$$|x||a_n|^{1/n} \leqslant M^{1/n}.$$

一般地, 对于所有的 n, 如果 $b_n \leqslant c_n$, 那么 $\displaystyle\limsup_{n\to\infty} b_n \leqslant \limsup_{n\to\infty} c_n$. 又根据式 (2.5),

因为 $\displaystyle\lim_{n\to\infty} M^{1/n} = 1$, 所以

$$|x|\limsup_{n\to\infty}|a_n|^{1/n} \leqslant \limsup_{n\to\infty} M^{1/n} = 1. \qquad\qquad (5.38)$$

故, 当 $0 < \displaystyle\limsup_{n\to\infty}|a_n|^{1/n} < +\infty$ 时, 如果设

$$r = \frac{1}{\displaystyle\limsup_{n\to\infty}|a_n|^{1/n}},$$

那么

$$|x| \leqslant r. \tag{5.39}$$

当 $\limsup\limits_{n\to\infty} |a_n|^{1/n} = +\infty$ 时, 令 $r = 0$, 如果 $|x| > 0$, 那么根据式 (5.38), $\limsup\limits_{n\to\infty} |a_n|^{1/n}$ $< +\infty$. 所以, 此时 $|x| = 0$, 即式 (5.39) 成立. $\limsup\limits_{n\to\infty} |a_n|^{1/n} = 0$ 时, 令 $r = +\infty$, 此时式 (5.39) 显然成立. 对于这样定义的 r, 下列定理成立:

定理 5.14 幂级数 $\sum\limits_{n=0}^{\infty} a_n x^n$ 在 $|x| < r$ 时绝对收敛, 在 $|x| > r$ 时发散.

证明 首先, 当 $|x| < r$ 时, 若选取一个满足 $|x| < \rho < r$ 的实数 ρ, 则 $1/\rho > 1/r = \limsup\limits_{n\to\infty} |a_n|^{1/n}$. 所以根据在 1.5 节 c) 中阐述的上极限的性质 (i), 存在自然数 n_0, 使得

只要 $n > n_0$, 就有 $|a_n|^{1/n} < \dfrac{1}{\rho}$ 成立, 从而 $|a_n| < \dfrac{1}{\rho^n}$.

所以

只要 $n > n_0$, 就有 $|a_n x^n| < \left(\dfrac{|x|}{\rho}\right)^n$ 成立.

根据假设, 因为 $|x|/\rho < 1$, 所以正项等比级数 $\sum\limits_{n=0}^{\infty} (|x|/\rho)^n$ 收敛. 所以根据 1.5 节的定理 1.22, 幂级数 $\sum\limits_{n=0}^{\infty} a_n x^n$ 绝对收敛.

其次, 当 $|x| > r$ 时, 若级数 $\sum\limits_{n=0}^{\infty} a_n x^n$ 收敛, 则根据式 (5.39), $|x| \leqslant r$, 这与条件相矛盾. 所以此时级数 $\sum\limits_{n=0}^{\infty} a_n x^n$ 发散. $\qquad\square$

定理 5.14 中的 r 称为 x 的幂级数 $\sum\limits_{n=0}^{\infty} a_n x^n$ 的**收敛半径**(radius of convergence). 若约定 $1/+\infty$ 等于 0, $1/0$ 等于 $+\infty$, 则幂级数 $\sum\limits_{n=0}^{\infty} a_n x^n$ 的收敛半径 r, 也包含 $\limsup\limits_{n\to\infty} |a_n|^{1/n} = +\infty$ 以及 $=0$ 的情况, 并且由**Cauchy-Hadamard 公式**

$$r = \frac{1}{\limsup\limits_{n\to\infty} |a_n|^{1/n}} \tag{5.40}$$

给出.

当 $0 < r < +\infty$ 时, $|x| = r$, 即或者 $x = -r$ 或者 $x = r$, 则幂级数 $\sum\limits_{n=0}^{\infty} a_n x^n$ 既

可能收敛也可能发散. 因此使级数 $\sum\limits_{n=0}^{\infty} a_n x^n$ 收敛的 x 的集合是区间 $(-r,r)$, $[-r,r]$, $[-r,r)$, $(-r,r]$ 之一.

例 5.9 考察幂级数 $\sum\limits_{n=1}^{\infty} x^n/n$. 根据 2.3 节的例 2.9,

$$\lim_{n\to\infty} \ln n^{1/n} = \lim_{n\to\infty} \frac{\ln n}{n} = 0,$$

因此

$$\lim_{n\to\infty} n^{1/n} = 1. \tag{5.41}$$

所以级数 $\sum\limits_{n=1}^{\infty} x^n/n$ 的收敛半径是 $r=1$. 级数 $\sum\limits_{n=1}^{\infty} x^n/n$ 在 $x=1$ 处发散; 在 $x = -1$ 处, 根据 1.5 节的定理 1.23, 收敛. 使级数 $\sum\limits_{n=1}^{\infty} x^n/n$ 收敛的 x 的集合是区间 $[-1, 1)$.

关于幂级数的收敛, 如果考虑以复数 c_n 为系数的复数 z 的幂级数 $\sum\limits_{n=0}^{\infty} c_n z^n$, 那么定理 5.14 也仍然成立.

定理 5.15 设

$$r = \frac{1}{\limsup\limits_{n\to\infty} |c_n|^{1/n}},$$

则幂级数 $\sum\limits_{n=0}^{\infty} c_n z^n$ 在 $|z| < r$ 时绝对收敛, 在 $|z| > r$ 时发散.

证明 仅利用绝对值的性质, 定理 5.14 的证明在此仍然适用. □

定理 5.15 中的 r 称为幂级数 $\sum\limits_{n=0}^{\infty} c_n z^n$ 的 **收敛半径**. 当然此处 $0 \leqslant r \leqslant +\infty$.

当 $0 < r < +\infty$ 时, 复平面 $\mathbf{C}$ 上以 0 为中心、半径是 r 的圆周 $C = \{z||z| = r\}$ 称为幂级数 $\sum\limits_{n=0}^{\infty} c_n z^n$ 的 **收敛圆**(circle of convergence). 根据定理 5.15, 点 z 若在收敛圆 C 的内部, 则幂级数 $\sum\limits_{n=0}^{\infty} c_n z^n$ 绝对收敛; 若在收敛圆的外部, 则发散. 点 z 若在收敛圆 C 上, 则级数 $\sum\limits_{n=0}^{\infty} c_n z^n$ 既可能收敛又可能发散. 把 r 称为收敛半径是因为它是收敛圆的半径.

b) 幂级数的微分和积分

设幂级数 $\sum\limits_{n=0}^{\infty} a_n x^n$ 的收敛半径是 r, $0 < r \leqslant +\infty$, 在开区间 $(-r, r)$ 上考察其

和

$$f(x) = \sum_{n=0}^{\infty} a_n x^n,$$

根据定理 5.14, 当 $|x| < r$ 时, 幂级数 $\sum_{n=0}^{\infty} a_n x^n$ 绝对收敛, 但是它在其收敛区间 $(-r, r)$ 上未必一致收敛. 例如, 当 $|x| < 1$ 时,

$$\frac{1}{1-x} = \sum_{n=0}^{\infty} x^n,$$

此式右边的等比级数收敛, 但是在 $(-1, 1)$ 上非一致收敛. 因为, 若假设此级数一致收敛, 则对于任意的正实数 ε, 存在自然数 $m_0(\varepsilon)$, 使得当 $m > m_0(\varepsilon)$ 时, 只要 $-1 < x < 1$, 就有

$$\left| \frac{1}{1-x} - \sum_{n=0}^{m} x^n \right| < \varepsilon$$

恒成立. 这与 $\lim_{x \to 1-0} 1/(1-x) = +\infty$ 相矛盾. 但是下面的定理成立:

定理 5.16　对于满足 $0 < \rho < r$ 的任意实数 ρ, 幂级数 $\sum_{n=0}^{\infty} a_n x^n$ 在闭区间 $[-\rho, \rho]$ 上一致绝对收敛.

证明　对于给定的满足 $\rho < \sigma < r$ 的一个实数 σ, 因为幂级数 $\sum_{n=0}^{\infty} a_n \sigma^n$ 收敛, 所以 $|a_n \sigma^n| \leqslant M$, 即存在常数 M, 使得

$$|a_n| \leqslant \frac{M}{\sigma^n} \tag{5.42}$$

成立. 所以, 当 $-\rho \leqslant x \leqslant \rho$ 时,

$$|a_n x^n| \leqslant |a_n| \rho^n \leqslant M \left(\frac{\rho}{\sigma} \right)^n,$$

又因为 $\rho/\sigma < 1$, 所以 $\sum_{n=0}^{\infty} M(\rho/\sigma)^n < +\infty$, 故根据 5.3 节定理 5.6 的 (1), 级数 $\sum_{n=0}^{\infty} a_n x^n$ 在区间 $[-\rho, \rho]$ 上一致绝对收敛. □

因为每一项 $a_n x^n$ 在数轴 $\mathbf{R}$ 上是关于 x 的连续函数, 所以根据定理 5.5 的 (2), $f(x) = \sum_{n=0}^{\infty} a_n x^n$ 是区间 $[-\rho, \rho]$ 上关于 x 的连续函数, 其中 ρ 是满足 $0 < \rho < r$ 的任意实数. 因此, $f(x) = \sum_{n=0}^{\infty} a_n x^n$ 是开区间 $(-r, r)$ 上的关于 x 的连续函数.

下面, 为了证明 $f(x)$ 在 $(-r, r)$ 上连续可微, 我们来考察, 对级数 $\sum\limits_{n=0}^{\infty} a_n x^n$ 进行逐项微分得到的幂级数

$$\sum_{n=1}^{\infty} n a_n x^{n-1}.$$

显然, 级数 $\sum\limits_{n=1}^{\infty} n a_n x^{n-1}$ 与幂级数 $\sum\limits_{n=1}^{\infty} n a_n x^n$ 同时收敛, 同时发散. 从而级数 $\sum\limits_{n=1}^{\infty} n a_n x^{n-1}$ 的收敛半径与 $\sum\limits_{n=1}^{\infty} n a_n x^n$ 的收敛半径相等. 根据式 (5.41), 因为 $\lim\limits_{n \to \infty} n^{1/n} = 1$, 所以对于任意的正实数 ε, 存在自然数 $n_0(\varepsilon)$, 使得当 $n > n_0(\varepsilon)$ 时,

$$1 < n^{1/n} < 1 + \varepsilon,$$

因此

$$|a_n|^{1/n} \leqslant |n a_n|^{1/n} \leqslant (1 + \varepsilon)|a_n|^{1/n}.$$

故

$$\limsup_{n \to \infty} |a_n|^{1/n} \leqslant \limsup_{n \to \infty} |n a_n|^{1/n} \leqslant (1 + \varepsilon) \limsup_{n \to \infty} |a_n|^{1/n},$$

所以

$$\limsup_{n \to \infty} |n a_n|^{1/n} = \limsup_{n \to \infty} |a_n|^{1/n} = \frac{1}{r}.$$

即, 幂级数 $\sum\limits_{n=1}^{\infty} n a_n x^n$ 的收敛半径是 r. 从而, 级数 $\sum\limits_{n=1}^{\infty} n a_n x^{n-1}$ 的收敛半径也是 r.

所以, 根据定理 5.16, 对于任意的实数 ρ $(0 < \rho < r)$ 幂级数 $\sum\limits_{n=1}^{\infty} n a_n x^{n-1}$ 在区间 $[-\rho, \rho]$ 上一致绝对收敛. 因此根据定理 5.9 的 (2), $f(x) = \sum\limits_{n=0}^{\infty} a_n x^n$ 在区间 $[-\rho, \rho]$ 上连续可微, 并且

$$f'(x) = \sum_{n=1}^{\infty} n a_n x^{n-1},$$

其中, ρ 是 $0 < \rho < r$ 的任意实数. 所以 $f(x)$ 在区间 $(-r, r)$ 上连续可微, 并且

$$f'(x) = \sum_{n=1}^{\infty} n a_n x^{n-1}, \quad |x| < r.$$

根据相同的讨论, 可以证明 $f'(x)$ 同样在区间 $(-r, r)$ 上连续可微, 并且

$$f''(x) = \sum_{n=2}^{\infty} n(n-1) a_n x^{n-2}.$$

同理, $f(x)$ 在区间 $(-r, r)$ 上可任意次连续可微, 其 m 阶导函数由

$$f^{(m)}(x) = \sum_{n=m}^{\infty} n(n-1)(n-2)\cdots(n-m+1)a_n x^{n-m} \tag{5.43}$$

给出.

这里, 若取 $x=0$, 则 $f^{(m)}(0) = m!a_m$, 即

$$a_m = \frac{f^{(m)}(0)}{m!}.$$

因此, 幂级数 $\sum_{n=0}^{\infty} a_n x^n$ 在区间 $(-r, r)$ 上, 与以 $f(x)$ 的原点 0 为中心的 Taylor 级数

$$\sum_{n=0}^{\infty} \frac{f^{(n)}(0)}{n!} x^n$$

一致.

对于区间 $(-r, r)$ 内的任意点 c, $f(x)$ 可以在 c 的某个邻域, 以 c 为中心展成 Taylor 级数.

[证明] 根据 Taylor 公式 (3.39),

$$f(x) = f(c) + \frac{f'(c)}{1!}(x-c) + \cdots + \frac{f^{(m-1)}(c)}{(m-1)!}(x-c)^{m-1} + R_m,$$

$$R_m = \frac{f^m(\xi)}{m!}(x-c)^m, \quad \xi = c + \theta(x-c), \quad 0 < \theta < 1.$$

在 c 的某个邻域, 当 $m \to \infty$ 时, 为证明 $R_m \to 0$, 我们取满足 $|c| < \sigma < r$ 的一个实数 σ, 则根据式 (5.42),

$$|a_n| \leqslant \frac{M}{\sigma^n},$$

因此, 根据式 (5.43), 当 $|x| < \sigma$ 时,

$$|f^{(m)}(x)| \leqslant M \sum_{n=m}^{\infty} n(n-1)(n-2)\cdots(n-m+1)\frac{|x|^{n-m}}{\sigma^n}.$$

此式右边的幂级数的和可以如下容易地求出: 当 $|x| < \sigma$ 时,

$$\sum_{n=0}^{\infty} \frac{x^n}{\sigma^n} = \frac{1}{1 - x/\sigma} = \frac{\sigma}{\sigma - x}.$$

把两边关于 x 进行 m 次微分, 则根据式 (5.43),

$$\sum_{n=m}^{\infty} n(n-1)(n-2)\cdots(n-m+1)\frac{x^{n-m}}{\sigma^n} = \frac{\mathrm{d}^m}{\mathrm{d}x^m}\left(\frac{\sigma}{\sigma - x}\right),$$

例如, 通过关于 m 的归纳法, 即可容易得

$$\frac{\mathrm{d}^m}{\mathrm{d}x^m}\left(\frac{\sigma}{\sigma-x}\right) = \frac{m!\sigma}{(\sigma-x)^{m+1}}.$$

故

$$\sum_{n=m}^{\infty} n(n-1)(n-2)\cdots(n-m+1)\frac{|x|^{n-m}}{\sigma^n} = \frac{m!\sigma}{(\sigma-|x|)^{m+1}}.$$

从而

$$|f^{(m)}(x)| \leqslant \frac{Mm!\sigma}{(\sigma-|x|)^{m+1}}, \quad |x| < \sigma. \tag{5.44}$$

所以

$$|R_m| \leqslant \frac{M\sigma}{\sigma-|\xi|}\left(\frac{|x-c|}{\sigma-|\xi|}\right)^m, \quad |x| < \sigma.$$

因此, 当 $|x-c| < \sigma - |\xi|$ 时, 只要 $m \to \infty$, 就有 $R_m \to 0$ 成立. 于是, 设 $\sigma - |c| = 2\delta$, 则因为 ξ 介于 x 和 c 之间, 所以当 $|x-c| < \delta$ 时,

$$\sigma - |\xi| > \sigma - |c| - \delta = \delta,$$

因此, $|x-c| < \sigma - |\varepsilon|$ 成立. 从而, 当 $m \to \infty$ 时, $R_m \to 0$. 所以 $f(x)$ 在开区间 $(c-\delta, c+\delta)$ 上可以展成以 c 为中心的 Taylor 级数

$$f(x) = f(c) + \frac{f'(c)}{1!}(x-c) + \frac{f''(c)}{2!}(x-c)^2 + \cdots + \frac{f^{(n)}(c)}{n!}(x-c)^n + \cdots. \tag{5.45}$$

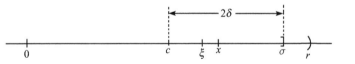

因为 c 是区间 $(-r, r)$ 内的任意一点, 所以根据 3.4 节 f) 中的定义, $f(x)$ 是开区间 $(-r, r)$ 上的关于 x 的实解析函数.

若 Taylor 展式 (5.45) 右边的幂级数的收敛半径取为 r_c, 则根据式 (5.44)

$$\frac{1}{r_c} = \limsup_{n \to \infty}\left|\frac{f^{(n)}(c)}{n!}\right|^{1/n} \leqslant \limsup_{n \to \infty}\left(\frac{M\sigma}{\sigma-|c|}\right)^{1/n} \cdot \frac{1}{\sigma-|c|} = \frac{1}{\sigma-|c|},$$

即

$$r_c \geqslant \sigma - |c|,$$

其中, σ 是满足 $|c| < \sigma < r$ 的任意实数, 故

$$r_c \geqslant r - |c|. \tag{5.46}$$

因此, 若设式 (5.45) 右边的幂级数的和是

$$f_c(x) = f(c) + \frac{f'(c)}{1!}(x-c) + \frac{f''(c)}{2!}(x-c)^2 + \cdots + \frac{f^{(n)}(c)}{n!}(x-c)^n + \cdots,$$

则 $f_c(x)$ 是在区间 $(c - r_c, c + r_c)$ 上定义的实解析函数. 若 $I = (-r, r) \cap (c - r_c, c + r_c)$, 则 $f(x)$ 和 $f_c(x)$ 都是区间 I 上的关于 x 的实解析函数.

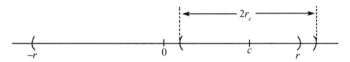

并且根据式 (5.45), 在点 $c \in I$ 的邻域 $(c - \delta, c + \delta)$ 上, $f(x)$ 与 $f_c(x)$ 一致. 所以根据 3.4 节的定理 3.20, 在区间 I 上, $f(x)$ 与 $f_c(x)$ 一致. 因为 $r_c \geqslant r - |c|$, 此结果表明: $f(x)$ 的 Taylor 展式 (5.45) 在 $|x - c| < |r| - |c|$ 时成立. 根据以上的讨论, 可以获得下面的定理:

定理 5.17 设幂级数 $\sum\limits_{n=0}^{\infty} a_n x^n$ 的收敛半径为 r, 如果 $0 < r \leqslant +\infty$, 则其和

$$f(x) = \sum_{n=0}^{\infty} a_n x^n$$

在开区间 $(-r, r)$ 上是关于 x 的实解析函数, 并且 $f(x)$ 的 m 阶导函数是

$$f^{(m)}(x) = \sum_{n=m}^{\infty} n(n-1)(n-2)\cdots(n-m+1)a_n x^{n-m}.$$

对于区间 $(-r, r)$ 内的任意点 c, $f(x)$ 在区间 $(c - r + |c|, c + r - |c|)$ 上可以展成 Taylor 级数

$$f(x) = f(c) + \frac{f'(c)}{1!}(x-c) + \frac{f''(c)}{2!}(x-c)^2 + \cdots + \frac{f^{(n)}(c)}{n!}(x-c)^n + \cdots.$$

例 5.10 如 3.4 节例 3.7 所示, 对于任意的点 $c, c > 0$, $\ln x$ 在区间 $(0, 2c]$ 上可以展成以 c 为中心的 Taylor 级数:

$$\ln x = \ln c + \sum_{n=1}^{\infty} \frac{(-1)^{n-1}}{nc^n}(x-c)^n. \tag{5.47}$$

因为 $\lim\limits_{n\to\infty} (nc^n)^{1/n} = c$, 所以此右边幂级数的收敛半径是 c. 特别地, 设 $c = 1$, 并且把 x 用 $x + 1$ 来置换, 则

$$\ln(1+x) = \sum_{n=1}^{\infty} \frac{(-1)^{n-1}}{n} x^n = x - \frac{x^2}{2} + \frac{x^3}{3} - \cdots, \quad -1 < x \leqslant 1. \tag{5.48}$$

此式右边的幂级数的收敛半径当然是 1. 当 $0 < c < 1$ 时, 若将 (5.47) 的 x 和 c 分别用 $1 + x$ 和 $1 + c$ 来置换, 则

$$\ln(1+x) = \ln(1+c) + \sum_{n=1}^{\infty} \frac{(-1)^{n-1}}{n(1+c)^n}(x-c)^n.$$

此式右边的幂级数的收敛半径是 $r_c = 1 + c$. $\ln(1+x)$ 的 Taylor 级数 (5.48) 给出了一个在式 (5.46) 中不等式 $r_c > r - |c|$ 成立的例子.

例 5.11 若 μ 是任意实数时,

$$(1+x)^{\mu} = 1 + \sum_{n=1}^{\infty} \frac{\mu(\mu-1)(\mu-2)\cdots(\mu-n+1)}{n!}x^n, \quad |x| < 1. \tag{5.49}$$

若 μ 为正整数时, 式 (5.49) 归结为二项式定理:

$$(1+x)^{\mu} = 1 + \sum_{n=1}^{\mu} \binom{\mu}{n} x^n.$$

把式 (5.49) 的右边称为**二项级数**. 下面我们利用 Taylor 公式 (3.39) 来证明式 (5.49).

[证明] 因为

$$\frac{\mathrm{d}^k}{\mathrm{d}x^k}(1+x)^{\mu} = \mu(\mu-1)(\mu-2)\cdots(\mu-k+1)(1+x)^{\mu-k},$$

所以

$$(1+x)^{\mu} = 1 + \sum_{k=1}^{n-1} \frac{\mu(\mu-1)(\mu-2)\cdots(\mu-k+1)}{k!}x^k + R_n,$$

并且, 根据 Cauchy 余项公式 (3.43),

$$R_n = \frac{\mu(\mu-1)(\mu-2)\cdots(\mu-n+1)}{(n-1)!}(1+\theta x)^{\mu-n}(1-\theta)^{n-1}x^n, \quad 0 < \theta < 1,$$

即

$$R_n = \mu \prod_{k=1}^{n-1}\left(\frac{\mu-k}{k}\right) \cdot (1+\theta x)^{\mu-1}\left(\frac{1-\theta}{1+\theta x}\right)^{n-1}x^n.$$

因为当 μ 是正整数或 0 时, 若 $n \geqslant \mu + 1$, 则 $R_n = 0$. 所以, 我们将排除这种情况. 由已知条件 $|x| < 1$, 所以

$$1 + \theta x \geqslant 1 - |x|\theta \geqslant 1 - \theta,$$

因此

$$\left|\frac{1-\theta}{1+\theta x}\right| \leqslant 1.$$

又因为 $0 < \theta < 1$, 所以 $1 - |x| \leqslant 1 + \theta x \leqslant 1 + |x|$. 因此, 若 $\mu - 1 > 0$, 则 $(1 + \theta x)^{\mu-1} \leqslant (1 + |x|)^{\mu-1}$; 若 $\mu - 1 < 0$, 则 $(1 + \theta x)^{\mu-1} \leqslant (1 - |x|)^{\mu-1}$. 若令

$$\alpha(x) = (1 + |x|)^{\mu-1} + (1 - |x|)^{\mu-1},$$

则必有 $(1 + \theta x)^{\mu-1} < \alpha(x)$. 故

$$|R_n| \leqslant |\mu x| \alpha(x) \prod_{k=1}^{n-1} \left| \left(1 + \frac{|\mu|}{k}\right) x \right|.$$

因为 $|x| < 1$, 对应于 x, 存在满足 $|(1 + |\mu|/m) x| < 1$ 成立的自然数 m. 若令 $\beta = |(1 + |\mu|/m) x|$, 则

$$|R_n| \leqslant |\mu x| \alpha(x) \prod_{k=1}^{m-1} \left| \left(1 + \frac{|\mu|}{k}\right) x \right| \cdot \beta^{n-m}, \quad 0 \leqslant \beta < 1.$$

所以, 当 $n \to \infty$ 时, $R_n \to 0$, 从而式 (5.49) 成立. □

定理 5.18 设幂级数 $\sum\limits_{n=0}^{\infty} a_n x^n$ 的收敛半径为 r, $0 < r < +\infty$. 若级数 $\sum\limits_{n=0}^{\infty} a_n r^n$ 收敛, 则关于 x 的函数 $f(x) = \sum\limits_{n=0}^{\infty} a_n x^n$ 在区间 $(-r, r]$ 上连续. 若级数 $\sum\limits_{n=0}^{\infty} a_n (-r)^n$ 收敛, 则函数 $f(x) = \sum\limits_{n=0}^{\infty} a_n x^n$ 在区间 $[-r, r)$ 上连续.

证明 我们考察级数 $\sum\limits_{n=0}^{\infty} a_n r^n$ 收敛的情况. 因为函数 $f(x) = \sum\limits_{n=0}^{\infty} a_n x^n$ 在开区间 $(-r, r)$ 上连续, 所以只需证明函数 $f(x)$ 在区间 $(0, r]$ 上连续即可. 为此, 根据 5.3 节定理 5.5 的 (2), 只需证明幂级数 $\sum\limits_{n=0}^{\infty} a_n x^n$ 在区间 $(0, r]$ 上一致收敛即可. 根据假设, 因为级数 $\sum\limits_{n=0}^{\infty} a_n r^n$ 收敛, 若令

$$s_{m,k} = \sum_{n=k}^{m} a_n r^n,$$

则对于任意正实数 ε, 存在自然数 $m_0(\varepsilon)$, 使得

只要 $m > k > m_0(\varepsilon)$,   就有 $|s_{m,k}| < \varepsilon$ 成立.

对于属于区间 $(0, r]$ 的任意点 x, 若令 $x = rt$, $0 < t \leqslant 1$, 则

$$\sum_{n=k}^{m} a_n x^n = \sum_{n=k}^{m} a_n r^n t^n = s_{k,k} t^k + \sum_{n=k+1}^{m} (s_{n,k} - s_{n-1,k}) t^n,$$

所以根据 5.2 节 c) 中阐述过的 Abel 级数变换公式,

$$\sum_{n=k}^{m} a_n x^n = s_{m,k} t^m + \sum_{n=k}^{m-1} s_{n,k}(t^n - t^{n+1}).$$

因此, $|s_{n,k}| < \varepsilon$, $t^n - t^{n+1} > 0$, $t^m > 0$. 所以

$$\left| \sum_{n=k}^{m} a_n x^n \right| < \varepsilon t^m + \sum_{n=k}^{m-1} \varepsilon(t^n - t^{n+1}) = \varepsilon t^k \leqslant \varepsilon.$$

即在属于 $(0, r]$ 上的所有点 x 处,

$$只要 \ m > k > m_0 \, (\varepsilon), \quad 就有 \left| \sum_{n=k}^{m} a_n x^n \right| < \varepsilon.$$

故幂级数 $\displaystyle\sum_{n=0}^{\infty} a_n x^n$ 在区间 $(0, r]$ 上一致收敛. □

关于幂级数的积分, 下面结论成立:

定理 5.19 如果幂级数 $\displaystyle\sum_{n=0}^{\infty} a_n x^n$ 的收敛半径是 r, $0 < r \leqslant +\infty$, 那么

$$\int_0^x \left(\sum_{n=0}^{\infty} a_n x^n \right) \mathrm{d}x = \sum_{n=0}^{\infty} \frac{a_n}{n+1} x^{n+1}, \quad |x| < r. \tag{5.50}$$

证明 对于实数 ρ, $0 < \rho < r$, 根据定理 5.16, 幂级数 $\displaystyle\sum_{n=0}^{\infty} a_n x^n$ 在区间 $[-\rho, \rho]$ 上一致绝对收敛. 所以, 根据 5.4 节的定理 5.9, 当 $|x| \leqslant \rho$ 时,

$$\int_0^x \left(\sum_{n=0}^{\infty} a_n x^n \right) \mathrm{d}x = \sum_{n=0}^{\infty} \int_0^x a_n x^n \mathrm{d}x = \sum_{n=0}^{\infty} a_n \frac{x^{n+1}}{n+1},$$

其中, ρ 可以在 $0 < \rho < r$ 中任意选择. 因此式 (5.50) 成立. □

例 5.12 因为

$$\frac{1}{1+x} = 1 - x + x^2 - x^3 + x^4 - \cdots, \quad |x| < 1,$$

所以

$$\ln(1 + x) = \int_0^x \frac{\mathrm{d}x}{1+x} = x - \frac{x^2}{2} + \frac{x^3}{3} - \frac{x^4}{4} + \cdots, \ -1 < x < 1.$$

此式右边的幂级数, 在 $x=1$ 时也收敛, 所以, 根据定理 5.18, 它在区间 $(-1, 1]$ 上连续. 又因为 $\ln(1 + x)$ 在区间 $(-1, +\infty)$ 上连续, 所以此不等式在区间 $(-1, 1]$ 上成立. 于是, 我们得到了式 (5.48) 的另外的一种证明方法.

例 5.13   因为

$$\frac{1}{1+x^2} = 1 - x^2 + x^4 - x^6 + \cdots, \quad |x| < 1,$$

所以, 根据 4.2 节的式 (4.20),

$$\text{Arctan } x = \int_0^x \frac{\mathrm{d}x}{1+x^2} = x - \frac{x^3}{3} + \frac{x^5}{5} - \frac{x^7}{7} + \cdots, \quad -1 < x < 1.$$

此式右边的幂级数也在点 $x = 1$ 处收敛, 所以, 根据定理 5.18, 它在区间上 $(-1, 1]$ 上连续. 所以, 若 $x = 1$, 则

$$\frac{\pi}{4} = \text{Arctan } 1 = 1 - \frac{1}{3} + \frac{1}{5} - \frac{1}{7} + \cdots.$$

例 5.14   根据式 (4.18), 当 $|x| < 1$ 时,

$$\text{Arcsin } x = \int_0^x \frac{\mathrm{d}x}{\sqrt{1-x^2}}.$$

为将它展成 x 的幂级数, 在式 (5.49) 中, 令 $\mu = -1/2$, 则

$$\frac{1}{\sqrt{1+x}} = 1 + \sum_{n=1}^\infty \frac{(-1)^n \cdot 3 \cdot 5 \cdot 7 \cdot \cdots \cdot (2n-1)}{n! 2^n} x^n, \quad |x| < 1.$$

将 x 用 $-x^2$ 置换, 则

$$\frac{1}{\sqrt{1-x^2}} = 1 + \sum_{n=1}^\infty \frac{3 \cdot 5 \cdot 7 \cdot \cdots \cdot (2n-1)}{n! 2^n} x^{2n}, \quad |x| < 1.$$

所以, 当 $|x| < 1$ 时,

$$\text{Arcsin } x = \int_0^x \frac{\mathrm{d}x}{\sqrt{1-x^2}} = x + \sum_{n=1}^\infty \frac{3 \cdot 5 \cdot 7 \cdot \cdots \cdot (2n-1)}{n! 2^n} \frac{x^{2n+1}}{2n+1}$$

$$= x + \frac{1}{2} \cdot \frac{x^3}{3} + \frac{1}{2} \cdot \frac{3}{4} \cdot \frac{x^5}{5} + \frac{1}{2} \cdot \frac{3}{4} \cdot \frac{5}{6} \cdot \frac{x^7}{7} + \cdots.$$

把这个幂级数记为

$$x + \sum_{n=1}^\infty a_n x^{2n+1}, \quad a_n = \frac{1 \cdot 3 \cdot 5 \cdot \cdots \cdot (2n-1)}{2 \cdot 4 \cdot 6 \cdot \cdots \cdot 2n \cdot (2n+1)},$$

则

$$\frac{a_n}{a_{n+1}} = \frac{(2n+2)(2n+3)}{(2n+1)^2} = 1 + \frac{3}{2n} + O\left(\frac{1}{n^2}\right),$$

所以, 根据在 5.2 节 b) 中的 Gauss 判别法, 正项级数 $\sum\limits_{n=1}^{\infty} a_n$ 收敛. 故幂级数 $x + \sum\limits_{n=1}^{\infty} a_n x^{2n+1}$ 在 $|x| = 1$ 处也收敛. 从而, 根据定理 5.18, 其和在 $-1 \leqslant x \leqslant 1$ 上是关于 x 的连续函数. 所以, 上述的 Arcsin x 的幂级数展式在 $-1 \leqslant x \leqslant 1$ 时成立. 特别地, $x = 1$ 时,

$$\frac{\pi}{2} = \text{Arcsin } 1 = 1 + \frac{1}{2 \cdot 3} + \frac{1 \cdot 3}{2 \cdot 4 \cdot 5} + \frac{1 \cdot 3 \cdot 5}{2 \cdot 4 \cdot 6 \cdot 7} + \cdots.$$

c) 指数函数

设 $D \subset \mathbf{C}$ 是复平面上的点的集合. 对于属于 D 的每一点 z, 都对应一个复数 w, z 到 w 的对应关系 f 称为定义在 D 上的函数, 并且把通过 f 与 z 相对应的 w 用 $f(z)$ 表示. 如在 2.1 节中阐述的 $D \subset \mathbf{R}$ 的情况一样, 我们把 z 看作是代表属于 D 的点的变量. 把函数 f 记为 $f(z)$, 并且称 $f(z)$ 是复变量 z 的函数. D 又称为函数 $f(z)$ 的定义域, $f(D) = \{f(z) | z \in D\}$ 称为函数 $f(z)$ 的值域.

设 $\sum\limits_{n=0}^{\infty} c_n z^n$ 是以复数 c_n 为系数的 z 的幂级数, 如果此级数的收敛半径 r 满足 $0 < r \leqslant +\infty$, 那么根据定理 5.15, 当 $|z| < r$ 时, 级数 $\sum\limits_{n=0}^{\infty} c_n z^n$ 绝对收敛. 所以若令

$$f(z) = \sum_{n=0}^{\infty} c_n z^n,$$

则函数 $f(z)$ 是定义在 $D = \{z \in \mathbf{C} | |z| < r\}$ 上的关于复变量 z 的函数. 当 $r = +\infty$ 时, $D = \mathbf{C}$; 当 $r < +\infty$ 时, D 是幂级数 $\sum\limits_{n=0}^{\infty} c_n z^n$ 的收敛圆的内部.

在 2.3 节式 (2.11) 中, 把 "e 的 z 次幂" 定义为

$$\mathrm{e}^z = \lim_{n \to \infty} \left(1 + \frac{z}{n}\right)^n = \sum_{n=0}^{\infty} \frac{z^n}{n!},$$

则如我们在 1.6 节 f) 中所证, 此式右边的幂级数在复平面的所有点 z 处绝对收敛, 所以其收敛半径为 $+\infty$. 把定义在 $\mathbf{C}$ 上的关于复变量 z 的函数 $\mathrm{e}^z = \sum\limits_{n=0}^{\infty} z^n/n!$ 称为指数函数. 实变量的指数函数 e^x 是把 e^x 的定义域限制到 $\mathbf{R}$ 上的函数.

对于任意的复数 z 和 w, 等式

$$\mathrm{e}^z \mathrm{e}^w = \mathrm{e}^{z+w} \tag{5.51}$$

成立.

[证明] 因为 $e^z = \sum_{n=0}^{\infty} z^n/n!$, $e^w = \sum_{n=0}^{\infty} w^n/n!$, 所以根据 5.1 节中证明的分配律 (5.9),

$$
\begin{aligned}
e^z e^w &= \sum_{n=0}^{\infty} \left(\frac{z^n}{n!} + \frac{z^{n-1}w}{(n-1)!1!} + \cdots + \frac{z^{n-k}w^k}{(n-k)!k!} + \cdots + \frac{w^n}{n!} \right) \\
&= \sum_{n=0}^{\infty} \frac{1}{n!} \left(z^n + \binom{n}{1} z^{n-1} w + \cdots + \binom{n}{k} z^{n-k} w^k + \cdots + w^n \right).
\end{aligned}
$$

所以, 根据二项式定理,

$$
e^z e^w = \sum_{n=0}^{\infty} \frac{1}{n!} (z+w)^n = e^{z+w}. \qquad \square
$$

关于 $e(\theta) = e^{i\theta}$ 的等式 (2.15): $e(\theta) e(\varphi) = e(\theta + \varphi)$ 是等式 (5.51) 的特殊情况.

任意的复数 z 可以表示为

$$
z = re^{i\theta}, \quad r = |z|, \quad e^{i\theta} = \cos\theta + i\sin\theta, \quad \theta 是实数. \tag{5.52}
$$

[证明] 当 $z = 0$ 时式 (5.52) 显然成立. 所以, 令 $z \neq 0$, 并且设 $r = |z|$. 因为 $|z/r| = 1$, 所以根据 2.4 节, 存在实数 θ 使得 $z/r = e(\theta) = e^{i\theta}$ 成立.

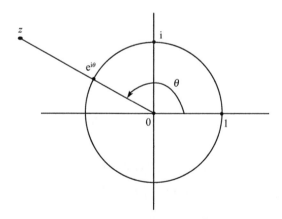

从而, $z = re^{i\theta}$. $\qquad \square$

我们把 θ 称为 $z = re^{i\theta}$ ($z \neq 0$) 的 **辐角**(argument, amplitude). 若设 $z = x + iy$, x 和 y 是实数, 则根据式 (5.51),

$$
e^z = e^x e^{iy} = e^x (\cos y + i \sin y).
$$

所以 $|e^z| = e^x > 0$, 因此 $e^z \neq 0$. 反之, 任意的复数 w ($w \neq 0$) 可以表示为 $w = e^z$.
因为, 根据式 (5.52), $w = |w|e^{i\theta}$, θ 是实数, 所以, 若 $z = \ln|w| + i\theta$, 则

$$e^z = e^{\ln|w|}e^{i\theta} = |w|e^{i\theta} = w.$$

即指数函数 e^x 的值域是从复平面 $\mathbf{C}$ 中除去原点 0 所得到的集合: $\mathbf{C}^* = \mathbf{C} - \{0\}$.

5.6　无　穷　乘　积

对给定的数列 $\{a_n\}$, $a_n \neq 0$, 称形式

$$a_1 a_2 a_3 a_4 \cdots a_n \cdots$$

为**无穷乘积**(infinite product), 用 $\displaystyle\prod_{n=1}^{\infty} a_n$ 来表示. 并且称

$$p_m = a_1 a_2 a_3 \cdots a_m = \prod_{n=1}^{m} a_n$$

为其**部分积** (partial product). 当部分积 p_m 构成的数列 $\{p_m\}$ 收敛, 并且其极限 $p = \lim_{m \to \infty} p_m$ 非 0 时, 称无穷乘积**收敛**于 p. 记为

$$p = \prod_{n=1}^{\infty} a_n = a_1 a_2 a_3 \cdots a_n \cdots.$$

排除 $p=0$ 的情况, 是因为 0 是关于乘法运算没有逆元的奇异的数. 当数列 $\{p_n\}$ 不收敛或者是收敛于 0 时, 称无穷乘积 $\displaystyle\prod_{n=1}^{\infty} a_n$ **发散**. 若 $\displaystyle\prod_{n=1}^{\infty} a_n$ 收敛于 p, 则有

$$\lim_{n \to \infty} a_n = \lim_{n \to \infty} \frac{p_n}{p_{n-1}} = \frac{\lim_{n \to \infty} p_n}{\lim_{n \to \infty} p_{n-1}} = \frac{p}{p} = 1,$$

所以, 从头来考察一下

$$a_n = 1 + u_n, \quad u_n > -1, \quad u_n \to 0(n \to \infty)$$

时的无穷乘积 $\displaystyle\prod_{n=1}^{\infty} (1 + u_n)$. 目标是通过 u_n 的简单的表达式, 求出 $\displaystyle\prod_{n=1}^{\infty} (1 + u_n)$ 收敛的充分条件.

为此, 令

$$l_n = \ln(1 + u_n),$$

并且把无穷乘积 $\prod\limits_{n=1}^{\infty}(1+u_n)$ 转换为无穷级数 $\sum\limits_{n=1}^{\infty}l_n$. 因为

$$\ln p_m = \ln \prod_{n=1}^{m}(1+u_n) = \sum_{n=1}^{m}l_n,$$

所以, 若 $\lim\limits_{m\to\infty}p_m = p \neq 0$ 存在, 则根据 $\ln x$ 的连续性,

$$\sum_{n=1}^{\infty}l_n = \lim_{m\to\infty}\sum_{n=1}^{m}l_n = \lim_{m\to\infty}\ln p_m = \ln p.$$

反之, 因为

$$p_m = \mathrm{e}^{s_m}, \quad s_m = \sum_{n=1}^{m}l_n,$$

所以, 若 $s = \lim\limits_{m\to\infty}s_m$ 存在, 则

$$\lim_{m\to\infty}p_m = \mathrm{e}^s \neq 0.$$

即, 无穷乘积 $\prod\limits_{n=1}^{\infty}(1+u_n)$ 收敛的充分必要条件是无穷级数 $\sum\limits_{n=1}^{\infty}l_n$ 收敛. 若收敛, 则

$$\prod_{n=1}^{\infty}(1+u_n) = \mathrm{e}^s, \quad s = \sum_{n=1}^{\infty}l_n. \tag{5.53}$$

若 $p = \lim\limits_{m\to\infty}p_m = 0$, 则 $\sum\limits_{n=1}^{\infty}l_n = -\infty$. 所以, 如果不排除 $p=0$ 的情况, 那么无穷乘积收敛的结果不成立.

定理 5.20   无穷级数 $\sum\limits_{n=1}^{\infty}u_n$ 绝对收敛, 那么无穷乘积 $\prod\limits_{n=1}^{\infty}(1+u_n)$ 收敛.

证明   因为 $u_n \to 0$ $(n \to \infty)$, 所以存在自然数 n_0, 使得

$$只要 \ n > n_0, \quad 就有 \ |u_n| < \frac{1}{2} \ 成立.$$

因为 $(\mathrm{d}/\mathrm{d}u)\ln(1+u) = 1/(1+u)$, 所以根据中值定理 (定理 3.5),

$$l_n = \ln(1+u_n) = \frac{u_n}{1+\theta_n u_n}, \quad 0 < \theta_n < 1.$$

若 $|u_n| < 1/2$, 则 $1+\theta_n u_n \geqslant 1-|u_n| > 1/2$, 因此

$$只要 \ n > n_0, \quad 就有 \ |l_n| \leqslant 2|u_n| \ 成立.$$

所以, 若级数 $\sum\limits_{n=1}^{\infty} u_n$ 绝对收敛, 则级数 $\sum\limits_{n=1}^{\infty} l_n$ 也绝对收敛. 从而, 无穷乘积 $\prod\limits_{n=1}^{\infty}(1+u_n)$ 收敛. □

级数 $\sum\limits_{n=1}^{\infty} u_n$ 绝对收敛时, 称无穷乘积 $\prod\limits_{n=1}^{\infty}(1+u_n)$ 绝对收敛. 此时, 因为级数 $\sum\limits_{n=1}^{\infty} l_n$ 也绝对收敛, 所以根据 5.1 节定理 5.1 的 (1), 即使改变项 l_n 的顺序, 其和 $s = \sum\limits_{n=1}^{\infty} l_n$ 也不改变. 故根据式 (5.53), 即使改变项 $1 + u_n$ 的顺序, 无穷乘积 $p = \prod\limits_{n=1}^{\infty}(1+u_n)$ 也不改变.

无穷乘积 $\prod\limits_{n=1}^{\infty}(1+u_n)$ 收敛而非绝对收敛时, 称无穷乘积 $\prod\limits_{n=1}^{\infty}(1+u_n)$ 条件收敛. 根据中值定理,

$$u_n = e^{l_n} - 1 = e^{\theta l_n} l_n, \quad 0 < \theta < 1.$$

所以, 当 $|l_n| < 1$ 时,

$$|u_n| = |e^{\theta l_n}||l_n| \leqslant e \cdot |l_n|.$$

因此, 若级数 $\sum\limits_{n=1}^{\infty} l_n$ 绝对收敛, 则级数 $\sum\limits_{n=1}^{\infty} u_n$ 也绝对收敛. 故, 无穷乘积 $\prod\limits_{n=1}^{\infty}(1+u_n)$ 条件收敛时, 级数 $\sum\limits_{n=1}^{\infty} l_n$ 也条件收敛. 因此, 根据定理 5.1 的 (2), 对于任意给定的实数 ξ, 能够变换级数 $\sum\limits_{n=1}^{\infty} l_n$ 项的顺序满足 $\sum\limits_{n=1}^{\infty} l_{\gamma(n)} = \xi$. 所以, 根据式 (5.53), 对于任意的正实数 $\eta = e^{\xi}$, 能够改变无穷乘积 $\prod\limits_{n=1}^{\infty}(1+u_n)$ 的项的顺序, 使得

$$\prod_{n=1}^{\infty}(1+u_{\gamma(n)}) = \eta$$

成立. 只有在绝对收敛情况下, 无穷乘积 $p = \prod\limits_{n=1}^{\infty}(1+u_n)$ 即使改变其项的顺序也不会改变.

例 5.15 $\sum\limits_{n=1}^{\infty} 1/n^2$ 是 5.2 节 a) 中阐述的收敛的标准正项级数之一. 所以, 无穷乘积 $\prod\limits_{n=1}^{\infty}\left(1 - 1/4n^2\right)$ 绝对收敛, 并且其值

$$\prod_{n=1}^{\infty}\left(1-\frac{1}{4n^2}\right)=\frac{2}{\pi}. \tag{5.54}$$

称式 (5.54) 为 **Wallis 公式**.

[证明] 关于 $S_n = \int_0^{\pi/2}(\sin x)^n dx$, 根据在 4.2 节例 4.4 的结果,

$$S_{2n} = \frac{\pi}{2}\cdot\frac{1}{2}\cdot\frac{3}{4}\cdot\frac{5}{6}\cdot\,\cdots\,\cdot\frac{2n-1}{2n},$$

$$S_{2n+1} = \frac{2}{3}\cdot\frac{4}{5}\cdot\frac{6}{7}\cdot\,\cdots\,\cdot\frac{2n}{2n+1},$$

进而, 根据式 (4.27), 当 $n\to\infty$ 时, $S_{2n}/S_{2n+1}\to 1$. 因为

$$\frac{S_{2m}}{S_{2m+1}} = \frac{\pi}{2}\cdot\frac{1\cdot 3}{2^2}\cdot\frac{3\cdot 5}{4^2}\cdot\,\cdots\,\cdot\frac{(2m-1)(2m+1)}{(2m)^2} = \frac{\pi}{2}\prod_{n=1}^{m}\left(1-\frac{1}{(2n)^2}\right),$$

所以

$$\prod_{n=1}^{\infty}\left(1-\frac{1}{4n^2}\right) = \lim_{m\to\infty}\prod_{n=1}^{m}\left(1-\frac{1}{(2n)^2}\right) = \frac{2}{\pi}\lim_{m\to\infty}\frac{S_{2m}}{S_{2m+1}} = \frac{2}{\pi}. \qquad\Box$$

例 5.16　在式 (4.50) 中定义的 Γ 函数 $\Gamma(s)$ 可以表示为

$$\Gamma(s) = \lim_{m\to\infty}\frac{(m-1)!m^s}{s(s+1)(s+2)\cdots(s+m-1)}, \quad s>0. \tag{5.55}$$

[证明] 因为

$$\frac{(m-1)!m^s}{(s+1)(s+2)\cdots(s+m-1)} = \prod_{n=1}^{m-1}\frac{n(n+1)^s}{(s+n)n^s},$$

所以, 若令

$$\frac{n(n+1)^s}{(s+n)n^s} = \left(1+\frac{1}{n}\right)^s\bigg/\left(1+\frac{s}{n}\right) = 1+u_n.$$

则式 (5.55) 的右边可以写成

$$\frac{1}{s}\prod_{n=1}^{\infty}(1+u_n).$$

根据 Taylor 公式,

$$(1+x)^s = 1+sx+\frac{1}{2}s(s-1)(1+\theta x)^{s-2}x^2, \quad 0<\theta<1,$$

所以

$$\left(1+\frac{s}{n}\right)u_n = \left(1+\frac{1}{n}\right)^s - 1 - \frac{s}{n} = \frac{1}{2}s(s-1)\left(1+\frac{\theta}{n}\right)^{s-2}\frac{1}{n^2}, \quad 0<\theta<1,$$

并且显然有 $(1 + \theta/n)^{s-2} < 2^s$. 因此

$$u_n < 2^{s-1}s(s-1)\frac{1}{n^2},$$

从而, 正项级数 $\sum\limits_{n=1}^{\infty} u_n$ 收敛. 故根据定理 5.20, 无穷乘积 $\prod\limits_{n=1}^{\infty}(1 + u_n)$ 收敛, 即式 (5.55) 右边的极限存在.

为证明此极限等于 $\Gamma(s)$, 我们考察广义积分

$$\int_0^1 t^{s-1}(1-t)^m \mathrm{d}t.$$

因为 $s > 0$, 所以, 根据 4.3 节的定理 4.11, 这个广义积分显然收敛. 根据分部积分公式 (4.22),

$$\int_0^1 t^{s-1}(1-t)^m \mathrm{d}t = \left[\frac{t^s}{s}(1-t)^m\right]_0^1 + \frac{m}{s}\int_0^1 t^s(1-t)^{m-1}\mathrm{d}t,$$

并且 $[(t^s/s)(1-t)^m]_0^1 = 0$. 所以,

$$\begin{aligned}
\int_0^1 t^{s-1}(1-t)^m \mathrm{d}t &= \frac{m}{s}\int_0^1 t^s(1-t)^{m-1}\mathrm{d}t = \cdots \\
&= \frac{m}{s}\cdot\frac{m-1}{s+1}\cdot\frac{m-2}{s+2}\cdot\ \cdots\ \cdot\frac{1}{s+m-1}\int_0^1 t^{s+m-1}\mathrm{d}t \\
&= \frac{m!}{s(s+1)\cdots(s+m)}.
\end{aligned}$$

因此, 若令 $t = x/m$, 并且把积分变量 t 变换为 x, 则

$$\int_0^m x^{s-1}\left(1 - \frac{x}{m}\right)^m \mathrm{d}x = \frac{m!m^s}{s(s+1)(s+2)\cdots(s+m)}.$$

所以, 要证明式 (5.55), 只需证明

$$\lim_{m\to\infty}\int_0^m x^{s-1}\left(1 - \frac{x}{m}\right)^m \mathrm{d}x = \int_0^{+\infty} x^{s-1}\mathrm{e}^{-x}\mathrm{d}x = \Gamma(s)$$

成立即可. 为此, 令

$$\begin{cases} 0 < x \leqslant m\text{时}, & f_m(x) = x^{s-1}\left(1 - \dfrac{x}{m}\right)^m, \\ x > m\text{时}, & f_m(x) = 0, \end{cases}$$

并且利用 5.4 节 c) 中阐述的具有强函数的函数序列的定理 5.12. 函数 $f_m(x)$ 是在定义区间上的 x 的连续函数, 并且根据式 (2.7), $\lim\limits_{m\to\infty}(1 - x/m)^m = \mathrm{e}^{-x}$, 所以

$$\lim_{m\to\infty} f_m(x) = x^{s-1}\mathrm{e}^{-x},$$

又

$$0 \leqslant f_m(x) \leqslant x^{s-1}\mathrm{e}^{-x}.$$

事实上, 因为

$$1 - \frac{x}{m} \leqslant 1 - \frac{x}{m} + \frac{x^2}{4m^2} = \left(1 - \frac{x}{2m}\right)^2,$$

所以, 当 $0 < x \leqslant m$ 时,

$$\left(1 - \frac{x}{m}\right)^m \leqslant \left(1 - \frac{x}{2m}\right)^{2m} \leqslant \left(1 - \frac{x}{4m}\right)^{4m} \leqslant \cdots,$$

从而

$$\left(1 - \frac{x}{m}\right)^m \leqslant \lim_{k \to \infty} \left(1 - \frac{x}{2^k m}\right)^{2^k m} = \mathrm{e}^{-x}.$$

总之, $x^{s-1}\mathrm{e}^{-x}$ 是函数序列 $\{f_m(x)\}$ 的强函数, 并且根据式 (4.50),

$$\int_0^{+\infty} x^{s-1}\mathrm{e}^{-x}\mathrm{d}x = \Gamma(s) < +\infty.$$

故根据定理 5.12,

$$\lim_{m \to \infty} \int_0^m x^{s-1}\left(1 - \frac{x}{m}\right)^m \mathrm{d}x = \lim_{m \to \infty} \int_0^{+\infty} f_m(x)\mathrm{d}x = \int_0^{+\infty} x^{s-1}\mathrm{e}^{-x}\mathrm{d}x = \Gamma(s)$$

成立. □

　　关于未必绝对收敛的无穷乘积, 有下列收敛的判别法.

定理 5.21　若级数 $\sum\limits_{n=1}^{\infty} u_n$ 和 $\sum\limits_{n=1}^{\infty} u_n^2$ 同时收敛, 则无穷乘积 $\prod\limits_{n=1}^{\infty}(1 + u_n)$ 收敛.

证明　首先证明, 若 $|u_n| < 1/4$, 则

$$u_n - u_n^2 \leqslant l_n = \ln(1 + u_n) \leqslant u_n. \tag{5.56}$$

令 $u = u_n$, 则根据 Taylor 公式 (3.39),

$$\ln(1 + u) = u - \frac{1}{2(1 + \theta u)^2}u^2, \quad 0 < \theta < 1,$$

所以, $\ln(1 + u) \leqslant u$ 显然成立. 因为 $|u| < 1/4$, 所以 $1 + \theta u \geqslant 1 - |u| > 3/4$. 因此,

$$\ln(1 + u) - u + u^2 = \left(1 - \frac{1}{2(1 + \theta u)^2}\right)u^2 \geqslant u^2/9 \geqslant 0,$$

即不等式 (5.56) 成立. 所以取满足如下条件的 k_0: 当 $n > k_0$ 时, $|u_n| < 1/4$ 成立; 当 $m > k > k_0$ 时,

$$\sum_{n=k}^{m} u_n - \sum_{n=k}^{m} u_n^2 \leqslant \sum_{n=k}^{m} l_n \leqslant \sum_{n=k}^{m} u_n. \tag{5.57}$$

一般地, 级数 $\sum\limits_{n=1}^{\infty} a_n$ 收敛的充分必要条件是, 根据 Cauchy 判别法, 对于任意的正实数 ε, 存在自然数 $n_0(\varepsilon)$, 使得当 $m > k > n_0(\varepsilon)$ 时, 就有 $\left| \sum\limits_{n=k}^{m} a_n \right| < \varepsilon$ 成立. 因此, 根据式 (5.57), 若级数 $\sum\limits_{n=1}^{\infty} u_n$ 和 $\sum\limits_{n=1}^{\infty} u_n^2$ 同时收敛, 则级数 $\sum\limits_{n=1}^{\infty} l_n$ 也收敛. 从而无穷乘积 $\prod\limits_{n=1}^{\infty}(1+u_n)$ 收敛. □

根据此定理知, 无穷乘积 $\prod\limits_{n=1}^{\infty}\left(1 + (-1)^n / n\right)$ 是条件收敛的.

习　　题

38. 对于级数 $\sum\limits_{n=1}^{\infty} a_n$ 和 $\sum\limits_{n=1}^{\infty} b_n$, 设 $c_n = a_1 b_n + a_2 b_{n-1} + \cdots + a_n b_1$. 证明: 若级数 $\sum\limits_{n=1}^{\infty} a_n$ 绝对收敛, 级数 $\sum\limits_{n=1}^{\infty} b_n$ 收敛, 则级数 $\sum\limits_{n=1}^{\infty} c_n$ 也收敛. 并且证明分配律 $\sum\limits_{n=1}^{\infty} c_n = \sum\limits_{n=1}^{\infty} a_n \sum\limits_{n=1}^{\infty} b_n$ 成立 (藤原松三郎《微分积分学 I》, p.72).

39. 证明级数 $1 + \left(\dfrac{1}{2}\right)^p + \left(\dfrac{1\cdot 3}{2\cdot 4}\right)^p + \left(\dfrac{1\cdot 3\cdot 5}{2\cdot 4\cdot 6}\right)^p + \cdots$ 当 $p > 2$ 时收敛; 当 $p \leqslant 2$ 时发散 (藤原松三郎《微分积分学 I》, p.137, 习题 51)(利用 Gauss 判别法).

40. 证明正项级数 $\sum\limits_{n=1}^{\infty} a_n$ 当 $\liminf\limits_{n\to\infty} n\left(\dfrac{a_n}{a_{n+1}} - 1\right) > 1$ 时收敛; 当 $\limsup\limits_{n\to\infty} n\left(\dfrac{a_n}{a_{n+1}} - 1\right) < 1$ 时发散 (Raabe 判别法).

41. 证明当 $b - 1 > a > 0$ 时级数 $1 + \dfrac{a}{b} + \dfrac{a(a+1)}{b(b+1)} + \dfrac{a(a+1)(a+2)}{b(b+1)(b+2)} + \cdots$ 收敛.

42. 举例说明, 存在满足 $\displaystyle\int_0^{+\infty} f_n(x)\,\mathrm{d}x = 1$, 并且在区间 $[0, +\infty)$ 上一致收敛于 0 的连续函数序列 $\{f_n(x)\}$.

43. 求出幂级数 $1 + \sum\limits_{n=1}^{\infty} \dfrac{(n!)^2}{(2n)!} x^n$ 的收敛半径.

44. 设 $f_n(x), n = 1, 2, 3, \cdots$ 是在区间 I 上关于 x 的连续函数, 并且 $f_n(x) > -1$. 证明: 若级数 $\sum\limits_{n=1}^{\infty} f_n(x)$ 在区间 I 上一致绝对收敛, 则无穷乘积 $\prod\limits_{n=1}^{\infty}(1 + f_n(x))$ 是 I 上关于 x 的连续函数.

第6章 多元函数

6.1 二元函数

设 $D \subset \mathbf{R}^2$ 是平面 $\mathbf{R}^2$ 上点的集合. 如 1.6 节 a) 中定义所述, 平面 $\mathbf{R}^2$ 是直积集合 $\mathbf{R} \times \mathbf{R}$, 即实数对 (ξ, η) 全体的集合. 如果属于 D 的每一个点 $P = (\xi, \eta)$ 分别与一个实数 ζ 相对应, 那么称这种对应为定义在 D 上的函数. 当 f 是定义在 D 上的函数时, 通过 f 与 $P = (\xi, \eta) \in D$ 相对应的实数 ζ 称为 f 在 $P = (\xi, \eta)$ 处的值. 用 $f(P)$ 或 $f(\xi, \eta)$ 表示:

$$\zeta = f(P) = f(\xi, \eta).$$

设 S 是 D 的任意子集, $f(P)(P \in S)$ 的全体构成的集合用 $f(S)$ 表示:

$$f(S) = \{f(P)|P \in S\}.$$

并且称 D 是函数 f 的定义域, f 的值 $f(P)$ 的全体构成的集合 $f(D)$ 称为函数 f 的值域.

函数 f 用 $f(x, y)$ 来表示, 称 x, y 为变量, $f(x, y)$ 是两个变量 x 和 y 的二元函数. 与此相对应, 2.1 节中引入的函数 $f(x)$ 称为单变量 x 的一元函数. 函数 $f(x, y)$ 中, x, y 只是一种符号, x, y 处可以代入属于 D 的任意点 $P = (\xi, \eta)$ 的**坐标** ξ, η, 或者表示应当代入坐标 ξ, η 处的符号, 这与一元函数的情况相同. 以下根据一般的习惯, 将属于 D 的点的坐标也用 x, y 来表示. 因此属于 D 的点 $P = (\xi, \eta)$ 可以用 $P = (x, y)$ 表示. 令 $z = f(x, y)$, 称 z 是 x 和 y 的函数, x, y 是自变量, z 是因变量. 当 z 是自变量 x, y 的函数时, 虽然可以认为 "z 是随着 x, y 的变化而变化的量", 但在形式上用如上所述的方式来定义函数. 为了在实际论证时不出现错误, 严格的形式定义是有必要的.

作为二元函数简单的例子有: 关于 x, y 的多项式, 如 $x^4 + y^4 - 4x^3 y$; 有理式, 如 $2xy/(x^2 + y^2)$; 多项式的初等函数, 如 $\ln(1 - (x^2 + y^2 - 2)^2)$; 初等函数的有理式等. 关于 x, y 的多项式的定义域当然是平面 $\mathbf{R}^2$. 对数函数 $\ln$ 的定义域是 $\mathbf{R}^+ = (0, +\infty)$, 所以 $\ln(1 - (x^2 + y^2 - 2)^2)$ 的定义域是 $|x^2 + y^2 - 2| < 1$, 即满足

$$1 < x^2 + y^2 < 3$$

的所有点 (x, y) 的集合, 即以原点 O 为中心, 以 1 为半径的圆周与以 $\sqrt{3}$ 为半径的圆周中间的部分.

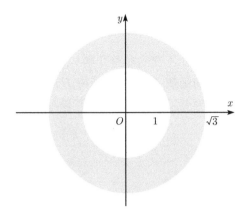

对于平面 $\mathbf{R}^2$ 的任意子集 D, 可以自由地讨论以 D 为定义域的二元函数 $f(x,y)$. 但是当 D 是极端 "狭窄" 集合时, 例如 $D = \{(x,y)|y = x^2, 0 \leqslant x \leqslant 1\}$ 时, 定义在 D 上的函数 $f(x,y)$ 实际上是一元函数 $f(x,x^2)$.

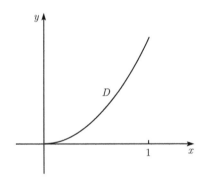

例 6.1 "人为地构造" 两个变量 x, y 的函数的例子. 设实数 $x\,(0 < x < 1)$ 和 $y\,(0 < y < 1)$ 的十进制小数表示分别为

$$x = 0.h_1h_2h_3 \cdots h_n \cdots = \frac{h_1}{10} + \frac{h_2}{10^2} + \frac{h_3}{10^3} + \cdots + \frac{h_n}{10^n} + \cdots,$$

$$y = 0.k_1k_2k_3 \cdots k_n \cdots = \frac{k_1}{10} + \frac{k_2}{10^2} + \frac{k_3}{10^3} + \cdots + \frac{k_n}{10^n} + \cdots,$$

并且令

$$f(x,y) = 0.h_1k_1h_2k_2 \cdots h_nk_n \cdots = \frac{h_1}{10} + \frac{k_1}{10^2} + \frac{h_2}{10^3} + \frac{k_2}{10^4} + \cdots.$$

当 x 或 y 是有限小数, 将其用十进制小数表示时, 根据 1.4 节的 f), x, y 的十进制表示唯一确定, 并且 $f(x,y)$ 是在正方形内部: $D = \{(x,y)|0 < x < 1, 0 < y < 1\}$ 定义的函数. 该函数的值域 $f(D)$ 是从开区间 $(0,1)$ 中除去形如

$$z = 0.l_1l_2l_3 \cdots l_{m-2}9l_m9l_{m+2}9 \cdots l_{m+2n}9l_{m+2n+2}9 \cdots$$

的所有无限小数而得到的集合.

a) 领域和闭领域

平面 $\mathbf{R}^2$ 上的开集 U 是两个不交的非空开集 V,W 的并集: $U=V\cup W,V\cap W=\varnothing$ 时, 若要考察定义在 U 上的函数 $f(x,y)$, 只需将 $f(x,y)$ 分别在 V 和 W 上考察即可. 当开集 U 不能表示为两个不交的非空开集的并集时, 称 U 是**连通的**(connected).

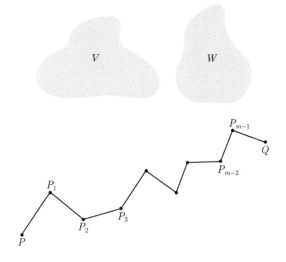

对于平面 $\mathbf{R}^2$ 上的两点 P,Q, 把由有限个线段 $PP_1,P_1P_2,P_2P_3,\cdots,P_{m-1}Q$ 依次连接而成的集合, 即并集

$$L=PP_1\cup P_1P_2\cup P_2P_3\cup\cdots\cup P_{m-2}P_{m-1}\cup P_{m-1}Q$$

称为连接两点 P 和 Q 的折线. 若属于开区间 U 内的任意两点 P,Q 都可以通过 U 内的折线连接, 则 U 是连通的. [证明] 假设 U 不是连通的, 即 $U=V\cup W,V\cap W=\varnothing$, V,W 是非空开集. 任取点 $P\in V,Q\in W$, 则根据假设, U 内存在连接 P,Q 的折线:

$$L=\bigcup_{k=1}^{m}P_{k-1}P_k,\qquad P_0=P,\qquad P_m=Q.$$

显然对某个 k, $P_{k-1}\in V,P_k\in W$ 成立. 令 $P_k=(u_k,v_k)$, 则

$$P_{k-1}P_k=\{R|R=(\lambda u_{k-1}+\mu u_k,\lambda v_{k-1}+\mu v_k),\ \mu=1-\lambda,0\leqslant\lambda\leqslant1\},$$

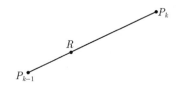

并且 R 与 P_{k-1} 的距离为

$$r = |RP_{k-1}| = \mu\sqrt{(u_k - u_{k-1})^2 + (v_k - v_{k-1})^2} = \mu|P_k P_{k-1}|.$$

因此, 如令 $\rho = |P_k P_{k-1}|$, 并且用 $P(r)$ 来表示 R, 则

$$P_{k-1}P_k = \{P(r)|0 \leqslant r \leqslant \rho\}.$$

显然 $P(0) = P_{k-1} \in V, P(\rho) = P_k \in W$. 令满足 $P(r) \in V$ 的实数 $r, 0 \leqslant r \leqslant \rho$ 的上确界为

$$s = \sup_{P(r) \in V} r.$$

若假设 $P(s) \in V$, 因为 V 是开集, 所以 V 包含 $P(s)$ 的 ε 邻域 $U_\varepsilon(P(s)), \varepsilon > 0$. 从而, 若 $s \leqslant r < s + \varepsilon$, 则 $P(r) \in V$, 这与 s 的定义相矛盾. 因此 $P(s) \notin V$. 同理, 若假设 $P(s) \in W$, 则对于某一个正实数 $\varepsilon > 0$, 当 $s - \varepsilon < r \leqslant s$ 时, $P(r) \in W$, 从而 $P(r) \notin V$, 这也与 s 的定义相矛盾. 因此 $P(s) \notin W$, 即 $P(s) \notin V \cup W = U$, 这与 $P(s) \in P_{k-1}P_k \subset U$ 相矛盾. 因此 U 是连通的. □

反之, 若 U 是连通开集, 则属于 U 的任意两点 P, Q 可以由 U 内的某一折线连接. [证明] 如果在 U 内任取一点 $P \in U$, 并且设 V 是可以通过 U 内某一折线与 P 相连接的点 $Q \in U$ 的全体集合, 从 U 中将属于 V 的所有点除去后的集合记为 $W = U - V$, 那么只需证明 U 和 V 一致, 即 W 是空集即可. 为此只需验证 V 和 W 都是开集. 这是因为 $U = V \cup W, V \cap W = \varnothing$, 且 U 是连通的. 因为 U 是开集, 所以每一点 $Q \in U$ 分别具有 ε 邻域 $U_\varepsilon(Q) \subset U$. 任取点 $R \in U_\varepsilon(Q)$, 则线段 QR 显然属于 U, 所以如果 P 和 Q 能够由 U 内某折线连接, 那么 P 和 R 在 U 内就能够由某折线连接, 即若 $Q \in V$, 则 $R \in V$, 所以 $U_\varepsilon(Q) \subset V$. 因此 V 是开集. 同理, 如果 P 和 R 在 U 内能够由某个折线连接, 那么 P 和 Q 在 U 内也必能由某折线连接. 换言之, 若 $U_\varepsilon(Q)$ 和 V 有公共点 R, 则 $Q \in V$. 因此, 若 $Q \in W$, 则 $U_\varepsilon(Q) \subset W$, 即 W 也是开集. □

通过上面的证明可得, 开集 U 是连通的充分必要条件是属于 U 的任意两点 P, Q 都能够由属于 U 的某一折线连接.

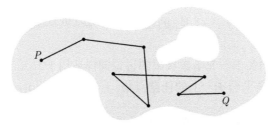

至此我们对连通的含义有了清楚的了解. 我们称连通开集为**领域**(domain, region)[①], 领域的闭包称为**闭领域**. 本书将主要讨论在领域以及闭领域上定义的函数.

点集 $D \subset \mathbf{R}^2$ 的内点全体构成的集合 U 称为 D 的**开核**(open kernel). 若 D 是闭领域, 则 D 的开核 U 是领域, 并且 D 是 U 的闭包: $D = [U]$. [证明] 假设 D 是某领域 Ω 的闭包: $D = [\Omega]$. 因为每一点 $P \in \Omega$ 是 D 的内点, 所以 $\Omega \subset U$, 因此 $D = [\Omega] = [U]$. 因为 U 是开集, 所以下面证明 U 是连通的即可. 假设 $U = V \cup W, V \cap W = \varnothing, V, W$ 是开集, 由于 Ω 是连通的且 $\Omega \subset V \cup W$, 所以 $\Omega \subset V$ 或 $\Omega \subset W$. 若 $\Omega \subset V$ 则 $W = W \cap D = W \cap [\Omega] \subset W \cap [V] = \varnothing$. 同理, 若 $\Omega \subset W$, 则 $V = \varnothing$. 因此, U 是连通的. □

假设 $f(x, y)$ 是定义在 $D \subset \mathbf{R}^2$ 上的函数, $A = (a, b)$ 是属于 D 的点, 则 $f(x, b)$ 为在实数 ξ 处取值的关于 x 的函数, 其中 ξ 满足 $(\xi, b) \in D$. $f(x, b)$ 的定义域是 $\{\xi | (\xi, b) \in D\}$. 例如, 当 $D = \{(x, y) | y = x^2, 0 \leqslant x \leqslant 1\}$ 时, 若 $(\xi, b) \in D$, 则 $\xi = \sqrt{b}$, 所以若 $f(x, b)$ 只是定义在由一个实数 $\sqrt{b}$ 组成的集合 $\{\sqrt{b}\}$ 上, 其意义不大. 而当 D 是领域时, 只要 $|\xi - a| < \varepsilon$, 就能够确定满足 $(\xi, b) \in D$ 的正实数 ε, 所以 $f(x, b)$ 的定义域包含开区间 $(a - \varepsilon, a + \varepsilon)$, 并且 $f(x, b)$ 实际上是 x 的函数.

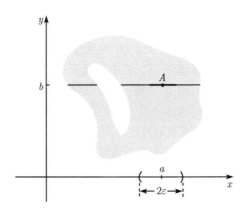

当我们考虑用常数 b 替换函数 $f(x, y)$ 的变量 y 而得到的关于 x 的函数 $f(x, b)$ 时, 通常会省略用 b 替代 y 的过程, 仍然用 y 表示常数. 此时, 称固定 y 后的函数 $f(x, y)$ 为关于 x 的函数. 显然这种说法也是以 "$z = f(x, y)$ 是随着 x 和 y 的变化而变化的量" 这一想法为背景的. 固定 x 后的 $f(x, y)$ 为关于 y 的函数, 也蕴含着同样的含义. 当 y 固定时, 若 $f(x, y)$ 是 x 的连续函数, 那么就称函数 $f(x, y)$ 关于 x 连续.

b) 极限

2.1 节中叙述的关于一元函数极限的讨论同样适用于二元函数的极限. 首先:

定义 6.1 设 D 是平面 $\mathbf{R}^2$ 上的任意点集, $f(P) = f(x, y)(P = (x, y))$ 是定义在

D 上的函数, 并且 A 是 D 的聚点, α 是实数. 如果对于任意正实数 ε, 存在正实数 $\delta(\varepsilon)$, 使得

$$\text{只要 } 0 < |PA| < \delta(\varepsilon), \text{ 就有 } |f(P) - \alpha| < \varepsilon \text{ 成立,} \tag{6.1}$$

则称当 $P \to A$ 时 $f(P)$ 收敛于 α, 并且称 α 是 $P \to A$ 时 $f(P)$ 的极限. 记为

$$\lim_{P \to A} f(P) = \alpha$$

或者

$$P \to A \text{ 时}, \quad f(P) \to \alpha.$$

式 (6.1) 中 P 作为 D 中的点来考虑, 这与一元函数的情况一样. 把 A 假设为 D 的聚点是为了排除满足 $0 < |PA| < \delta(\varepsilon)$, 而 $P \notin D$ 的情况.

若 $P \to A$ 时, $f(P)$ 收敛于 α, 则对于收敛于 A 的所有的点列 $\{P_n\}, P_n \in D, P_n \neq A$ 对应的数列 $\{f(P_n)\}$ 收敛于 α. 这是显然的.

对于收敛于 A 的所有点列 $\{P_n\}, P_n \in D, P_n \neq A$, 若对应的数列 $\{f(P_n)\}$ 是收敛的, 则 $P \to A$ 时 $f(P)$ 收敛. 证明过程与 2.1 节中一元函数的情况相同. 根据这个结果, 与一元函数的情况相同, 可推导出 Cauchy 判别法.

定理 6.1 (Cauchy 判别法) 设 $f(P)$ 是定义在 D 上的函数, A 是 D 的聚点. 当 $P \to A$ 时, $f(P)$ 收敛的充分必要条件是对于任意正实数 ε, 存在正实数 $\delta(\varepsilon)$, 使得

$$\text{只要 } 0 < |PA| < \delta(\varepsilon), \ 0 < |QA| < \delta(\varepsilon), \text{ 就有 } |f(P) - f(Q)| < \varepsilon \text{ 成立.}$$

以下推导过程也和一元函数时相同: 当 $P \to A$ 时, 函数 $f(P)$ 和 $g(P)$ 同时收敛, 则它们的线性组合 $c_1 f(P) + c_2 g(P)(c_1, c_2$ 为常数), 以及它们的积 $f(P)g(P)$ 也收敛, 并且

$$\lim_{P \to A}(c_1 f(P) + c_2 g(P)) = c_1 \lim_{P \to A} f(P) + c_2 \lim_{P \to A} g(P),$$

$$\lim_{P \to A}(f(P)g(P)) = \lim_{P \to A} f(P) \cdot \lim_{P \to A} g(P).$$

进而, 若 $\lim_{P \to A} g(P) \neq 0$, 则商 $f(P)/g(P)$ 也收敛, 并且

$$\lim_{P \to A}(f(P)/g(P)) = \lim_{P \to A} f(P) / \lim_{P \to A} g(P).$$

c) 连续性

设 D 是平面 $\mathbf{R}^2$ 上任意点集, $f(P) = f(x, y)(P = (x, y))$ 是定义在 D 上的函数, $A = (a, b)$ 是 D 中的点.

定义 6.2 如果对于任意正实数 ε, 存在正实数 $\delta(\varepsilon)$, 使得

$$\text{只要 } |PA| < \delta(\varepsilon), \quad \text{就有 } |f(P) - f(A)| < \varepsilon \text{成立,} \tag{6.2}$$

那么称函数 $f(P)$ 在点 A 处连续.

因为 $|PA| = \sqrt{(x-a)^2 + (y-b)^2}$, 所以定义 6.2 若用坐标来描述, 则成为: 对于任意正实数 ε, 存在正实数 $\delta(\varepsilon)$, 使得

只要 $|x-a| < \delta(\varepsilon), |y-b| < \delta(\varepsilon)$, 就有 $|f(x,y) - f(a,b)| < \varepsilon$ 成立, (6.3)

那么称函数 $f(x,y)$ 在点 (a,b) 处连续.

上述定义 6.2 中, 因为 $D \subset \mathbf{R}^2$ 是任意点集, 所以也存在 A 是 D 的孤立点的情况, 这时若取正实数 δ 非常小, 只要 $|PA| < \delta, P \in D$, 就有 $P = A$, 从而得到以 D 为定义域的函数都在点 A 处连续这样平凡的结论. 若将这种情况排除, 则 A 是 D 的聚点, 并且函数 $f(P)$ 在点 A 处连续蕴含

$$\lim_{P \to A} f(P) = f(A).$$

函数 $f(x,y)$ 在定义域 D 内所有的点处都连续时, 称 $f(x,y)$ 是**连续函数**, 或者称为两个变量 x,y 的二元连续函数. 此时称函数 $f(x,y)$ 在 D 上连续, 或者在 D 上关于变量 x,y 连续.

若以某领域 D 为定义域的函数 $f(x,y)$ 在 D 上连续, 则根据式 (6.3), 显然有: 将 y 固定时, $f(x,y)$ 关于 x 连续; 将 x 固定时, $f(x,y)$ 关于 y 连续, 反之未必成立. 即尽管 $f(x,y)$ 在 y 固定时关于 x 连续, 在 x 固定时关于 y 连续, 但是 $f(x,y)$ 未必在 D 上连续.

例 6.2 当 $(x,y) \neq (0,0)$ 时, 令 $f(x,y) = 2xy/(x^2+y^2)$, 并且令 $f(0,0) = 0$, 则得到以 $\mathbf{R}^2$ 为定义域的函数 $f(x,y)$. 显然, 若 y 固定, 则 $f(x,y)$ 关于 x 连续; 若 x 固定, 则 $f(x,y)$ 关于 y 连续. 当 $x \neq 0$ 时, $f(x,x) = 1$, 所以作为两个变量 x,y 的二元函数 $f(x,y)$ 在原点 $O = (0,0)$ 处不连续.

若 $f(x,y)$ 和 $g(x,y)$ 都是定义在 $D \subset \mathbf{R}^2$ 上的连续函数, 则它们的线性组合 $c_1 f(x,y) + c_2 g(x,y), c_1, c_2$ 是常数, 以及乘积 $f(x,y)g(x,y)$ 也是定义在 D 上的连续函数. 进而, 若在 D 上 $g(x,y) \neq 0$, 商 $f(x,y)/g(x,y)$ 也是定义在 D 上的连续函数. 根据函数极限的运算法则这是显然的.

x 和 y 都是定义在平面 $\mathbf{R}^2$ 上的两个变量 x,y 的二元连续函数. 所以, 由上述结果, x 和 y 的多项式:

$$f(x,y) = \sum_{h=0}^{m} \sum_{k=0}^{n} a_{hk} x^h y^k, \quad a_{hk} \text{ 为常数},$$

是两个变量 x 和 y 的二元连续函数. 有理式 $f(x,y)/g(x,y)$ [其中 $f(x,y), g(x,y)$ 是多项式] 除去满足 $g(x,y) = 0$ 的点 (x,y) 外在 $\mathbf{R}^2$ 上连续.

d) 复合函数

设 $f(P) = f(x,y), g(P) = g(x,y)(P = (x,y))$ 是定义在 $D \subset \mathbf{R}^2$ 上的连续函数, $\varphi(u,v)$ 是定义在 $\Delta \subset \mathbf{R}^2$ 上关于 u, v 的连续函数, 并且设对于所有的 $P \in D$, $(f(P), g(P)) \in \Delta$. 那么, 复合函数 $\varphi(f(x,y), g(x,y))$ 在 D 上关于 x, y 连续. [证明] 证明是简单的. 任取点 $A \in D$, 若 $\alpha = f(A), \beta = g(A)$, 则 $(\alpha, \beta) \in \Delta$. 因为 f, g, φ 是连续函数, 所以对于任意正实数 ε, 存在正实数 $\delta_1(\varepsilon)$ 和 $\delta_2(\varepsilon)$, 使得

只要 $|PA| < \delta_1(\varepsilon)$,　就有 $|f(P) - f(A)| < \varepsilon$,　$|g(P) - g(A)| < \varepsilon$,

只要 $|u - \alpha| < \delta_2(\varepsilon)$,　$|v - \beta| < \delta_2(\varepsilon)$,　就有 $|\varphi(u,v) - \varphi(\alpha,\beta)| < \varepsilon$.

因此, 若令 $\delta(\varepsilon) = \delta_1(\delta_2(\varepsilon))$, 则

只要 $|PA| < \delta(\varepsilon)$, 就有 $|\varphi(f(P), g(P)) - \varphi(f(A), g(A))| < \varepsilon$ 成立.

即函数 $\varphi(f(x,y), g(x,y))$ 在点 A 处连续, 这里 A 是 D 中的任意点, 因此 $\varphi(f(x,y), g(x,y))$ 在 D 上连续.　　　　□

根据此结果和上述多项式的连续性, 若 $f(x,y), g(x,y)$ 在 D 上连续, 则

$$\sum_{h=0}^{m}\sum_{k=0}^{n} a_{hk} f(x,y)^h g(x,y)^k, \quad a_{hk} \text{ 为常数,}$$

在 D 上也连续.

e) 连续函数的性质

在 2.2 节 b) 中证明过的关于一元连续函数的定理 2.3 ～ 定理 2.6 很容易扩展到二元连续函数上.

定义 6.3　设 $f(P) = f(x,y)(P = (x,y))$ 是定义在 $D \subset \mathbf{R}^2$ 上的函数. 对于任意正实数 ε, 存在正实数 $\delta(\varepsilon)$, 使得

只要 $|PQ| < \delta(\varepsilon)$,　$P \in D$,　$Q \in D$,　就有　$|f(P) - f(Q)| < \varepsilon$ 成立,

那么称 $f(x,y)$ 在 D 上**一致连续**.

定理 6.2　定义在有界闭集 $D \subset \mathbf{R}^2$ 上的连续函数在 D 上一致连续.

证明　关于闭区间上连续函数的一致连续性的定理 2.3 的证明仅以闭区间是紧致的为基础, 并且根据 1.6 节 e) 中定理 1.28, D 是紧致的, 所以仍然适用于定理 6.2 的证明, 但是此处我们以定理 1.30 为基础介绍另外的证明方法.

假设定义在有界闭集 D 上的连续函数 $f(P) = f(x,y), P = (x,y)$ 在 D 上不一致连续, 则对于某一个正实数 ε, 无论取什么样的正实数 δ,

当 $|P - Q| < \delta$,　$P \in D$,　$Q \in D$ 时,　不等式　$|f(P) - f(Q)| < \varepsilon$ 都不成立.

因此, 对于每一个自然数 n, 都存在点 P_n, Q_n, 使得

当 $|P_n - Q_n| < \dfrac{1}{n}$,　$P_n \in D$,　$Q_n \in D$ 时,　$|f(P_n) - f(Q_n)| \geqslant \varepsilon$ 成立.　　(6.4)

因为点列 $\{P_n\}$ 有界, 所以根据定理 1.30, 此点列具有收敛的子列: $P_{n_1}, P_{n_2}, P_{n_3}, \cdots,$ $P_{n_j}, \cdots, n_1 < n_2 < n_3 < \cdots < n_j < \cdots$. 设该极限为 $A = \lim\limits_{j \to \infty} P_{n_j}$, 因为 D 是闭集, 所以 $A \in D$, 并且

$$|P_{n_j} - Q_{n_j}| < \frac{1}{n_j} \to 0 \quad (j \to \infty),$$

所以 $\lim\limits_{j \to \infty} Q_{n_j} = \lim\limits_{j \to \infty} P_{n_j} = A$. 根据假设, $f(P)$ 在 D 上连续, 因此

$$\lim_{j \to \infty} f(Q_{n_j}) = \lim_{j \to \infty} f(P_{n_j}) = f(A).$$

这与根据式 (6.4) 得出的 $|f(Q_{n_j}) - f(P_{n_j})| \geqslant \varepsilon$ 相矛盾. 所以, $f(x, y)$ 在 D 上一致连续. $\qquad \square$

注 若 A 是 D 的孤立点, 对于某个自然数 j_0, 当 $j > j_0$ 时, $Q_{n_j} = P_{n_j} = A$, 这与式 (6.4) 相矛盾.

定理 6.3 定义在有界闭集 D 上的连续函数有最大值和最小值.

证明 证明和定理 2.4 的证明相同: 设 $f(P)$ 是定义在有界闭集 D 上的连续函数. 为了证明 $f(P)$ 有界, 即值域 $f(D)$ 有界, 如果我们假设 $f(D)$ 无界, 那么当 $n \to \infty$ 时, 存在 $|f(P_n)| \to +\infty$ 的点列 $\{P_n\}$, $P_n \in D$. 由定理 1.30, $\{P_n\}$ 具有收敛的子列: $P_{n_1}, P_{n_2}, \cdots, P_{n_j}, \cdots$, $A = \lim\limits_{j \to \infty} P_{n_j} \in D$, 因为 $f(P)$ 连续, 所以 $\lim\limits_{j \to \infty} f(P_{n_j}) = f(A)$, 这与 $|f(P_n)| \to +\infty (n \to \infty)$ 相矛盾. 因此 , $f(D)$ 有界. 于是若设 $f(D)$ 的上确界是 β, 则 β 是 $f(P)$ 的最大值. 这是因为, 如果 β 不是 $f(P)$ 的最大值, 因为恒有 $f(P) < \beta$, 所以 $1/(\beta - f(P))$ 也是定义在 D 上的连续函数, 从而有界, 即存在满足

$$\frac{1}{\beta - f(P)} < \gamma$$

的常数 γ. 因此 $f(P) < \beta - 1/\gamma$ 与 β 是 $f(D)$ 的上确界相矛盾.

同理, 若 $f(D)$ 的下确界是 α, 则 α 是 $f(P)$ 的最小值. $\qquad \square$

定理 6.4 定义在领域 D 上的连续函数 $f(x, y)$ 的值域 $f(D)$ 是一个区间.

证明 若 $\alpha \in f(D)$, $\beta \in f(D)$, $\alpha < \mu < \beta$, 则只需证明 $\mu \in f(D)$. 为此, 假设 $\mu \notin f(D)$, 并且令

$$V = \{P | P \in D, f(P) < \mu\},$$

则 V 是开集. 这是因为 $f(x, y)$ 在 D 上连续, 所以若 $f(P) < \mu$, 则当 $|QP| < \varepsilon$ 时, 存在满足 $f(Q) < \mu$ 的正实数 ε, 这是因为 P 的邻域 $U_\varepsilon(P) \subset V$ 存在. 根据假设, 存在满足 $f(A) = \alpha < \mu$ 的点 $A \in D$, 所以 V 不是空集. 同理, 若

$$W = \{P | P \in D, f(P) > \mu\},$$

则 W 也不是空集, 并且显然有

$$D = V \cup W, \quad V \cap W = \varnothing.$$

这与 D 是连通的相矛盾, 因此 $\mu \in f(D)$. □

定理 6.5 定义在有界闭领域 D 上的连续函数 $f(x, y)$ 的值域 $f(D)$ 是闭区间.

证明 根据假设, D 是某个领域 U 的闭包: $D = [U]$. 根据定理 6.3, $f(x, y)$ 有最小值 $\alpha = f(A), A \in D$, 和最大值 $\beta = f(B), B \in D$. 另一方面, 根据定理 6.4, $f(U)$ 是一个区间. 因为

$$f(U) \subset f(D) \subset [\alpha, \beta], \quad \alpha \in f(D), \beta \in f(D),$$

所以, 若要证明 $f(D)$ 和闭区间 $[\alpha, \beta]$ 一致, 只需证明 α 和 β 都包含在区间 $f(U)$ 的闭包 $[f(U)]$ 中即可. 因为 $A \in D = [U]$, 若 $A \notin U$, 则 A 是 U 的聚点. 从而存在收敛于 A 的点列 $\{P_n\}, P_n \in U$. 因为函数 $f(x, y)$ 在 D 上连续, 所以 $\alpha = f(A) = \lim\limits_{n \to \infty} f(P_n) \in [f(U)]$. 若 $A \in U$, 则显然有 $\alpha \in [f(U)]$. 同理, $\beta \in [f(U)]$. □

实直线 $\mathbf{R}$ 上的领域就是开区间, 有界闭领域是闭区间, 所以上述定理 6.5 和定理 6.4 可以看作是由与单变量连续函数相关的定理 2.5 和定理 2.6 向二元函数的推广.

f) 函数的图像

一般地, 对于定义在点集 $D \subset \mathbf{R}^2$ 上的函数 f, 由点 $P \in D$ 和 f 在点 P 处的值 $f(P)$ 的数对 $(P, f(P))$ 的全体组成的 $\mathbf{R}^2 \times \mathbf{R} = \mathbf{R}^3$ 的子集称为函数 f 的图像, 记为 G_f. 这同一元函数时相同. 用坐标表示为,

$$G_f = \{(x, y, z) | z = f(x, y), (x, y) \in D\}.$$

将三维空间 $\mathbf{R}^3$ 内的图像 G_f 在二维的纸上描绘并不容易, 但在脑海中想象 G_f 的形状同样可以把握函数 f 的性质. 例如, 例 6.2 的函数 $f(x, y)$ 对每个变量 x, y 都连续, 但作为两个变量 x, y 的二元函数在原点 O 处不连续, 这通过考虑 f 的图像 G_f 的形状, 便可以容易理解.

6.2 微 分 法 则

a) 偏微分

设 $f(x, y)$ 是定义在平面 $\mathbf{R}^2$ 上的某个领域 D 上的函数, (a, b) 是 D 上的某一点. 若 x 的函数 $f(x, b)$ 在 a 处关于 x 可微, 则称两个变量 x, y 的二元函数 $f(x, y)$ 在点 (a, b) 处关于 x **可偏微**(partially differentiable), 函数 $f(x, b)$ 在 a 处的微分系数用 $f_x(a, b)$ 表示:

$$f_x(a, b) = \lim_{x \to a} \frac{f(x, b) - f(a, b)}{x - a}. \tag{6.5}$$

并且称 $f_x(a,b)$ 为 $f(x,y)$ 在点 (a,b) 处关于 x 的**偏微分系数**(partial differential coefficient). 因为 x 的函数 $f(x,b)$ 的定义域包含某个区间 $(a-\varepsilon, a+\varepsilon)$, $\varepsilon > 0$, 所以能够考虑式 (6.5) 右边的极限. 遵循属于 D 的点的坐标与变量用同样的文字表示的习惯, 将式 (6.5) 中的 a,b 分别用 x,y, 右边的 x 用 $x+h$ 来替换, 则

$$f_x(x,y) = \lim_{h \to 0} \frac{f(x+h,y) - f(x,y)}{h}. \tag{6.6}$$

令 $z = f(x,y)$ 时, $f_x(x,y)$ 用 $\partial z/\partial x$ 表示:

$$\frac{\partial z}{\partial x} = f_x(x,y), \quad z = f(x,y).$$

如果函数 $f(x,y)$ 在定义域 D 上的所有点 (x,y) 处关于 x 都可偏微, 则称函数 $f(x,y)$ 关于 x **可偏微**. 此时 $f_x(x,y)$ 也是定义在 D 上的两个变量 x,y 的二元函数. 该函数 $f_x(x,y)$ 称为 $f(x,y)$ 关于 x 的**偏导函数**(partial derivative), 把求 $f_x(x,y)$ 的过程称为对 $f(x,y)$ 关于 x **求偏微分**. $f(x,y)$ 关于 x 求偏微分就是固定 y, 把 $f(x,y)$ 看作是关于 x 的函数, 并对 x 微分. 函数 $z = f(x,y)$ 关于 x 的偏导函数的表示方法有 $f_x(x,y)$, $\partial z/\partial x$ 或 $\partial f(x,y)/\partial x$, $(\partial/\partial x)f(x,y)$, $D_x f(x,y)$ 等.

同理, 若点 (x,y) 处存在极限:

$$f_y(x,y) = \lim_{k \to 0} \frac{f(x,y+k) - f(x,y)}{k}, \tag{6.7}$$

则称函数 $f(x,y)$ 在点 (x,y) 处关于 y 可偏微, 称函数 $f_y(x,y)$ 为关于 y 的偏微分系数. 如果函数 $f(x,y)$ 在属于 D 的所有点处关于 y 都可偏微, 则称函数 $f(x,y)$ 关于 y 可偏微, 称函数 $f_y(x,y)$ 为 $f(x,y)$ 关于 y 的偏导函数. 若 $z = f(x,y)$, 则类似地 $f_y(x,y)$ 可用 $\partial z/\partial y$ 等表示.

若 $z = f(x,y)$ 关于 x 可偏微, 并且偏导函数 $\partial z/\partial x = f_x(x,y)$ 关于 x 或 y 可偏微, 则 $f_x(x,y)$ 关于 x 或 y 求偏微分, 可得二阶偏导函数:

$$\frac{\partial}{\partial x}\left(\frac{\partial z}{\partial x}\right) = \frac{\partial^2 z}{\partial x^2} = f_{xx}(x,y), \quad \frac{\partial}{\partial y}\left(\frac{\partial z}{\partial x}\right) = \frac{\partial^2 z}{\partial y \partial x} = f_{xy}(x,y),$$

$$\frac{\partial}{\partial x}\left(\frac{\partial z}{\partial y}\right) = \frac{\partial^2 z}{\partial x \partial y} = f_{yx}(x,y), \quad \frac{\partial}{\partial y}\left(\frac{\partial z}{\partial y}\right) = \frac{\partial^2 z}{\partial y^2} = f_{yy}(x,y).$$

同理可得三阶以上的偏导函数:

$$\frac{\partial}{\partial x}\left(\frac{\partial^2 z}{\partial y \partial x}\right) = \frac{\partial^3 z}{\partial x \partial y \partial x} = f_{xyx}(x,y),$$

$$\frac{\partial}{\partial x}\left(\frac{\partial^3 z}{\partial x^3}\right) = \frac{\partial^4 z}{\partial x^4} = f_{xxxx}(x,y).$$

例 6.3   6.1 节例 6.2 的函数 $f(x, y)$, 当 $y = 0$ 时, $f(x, 0) = 0$; 当 $y \neq 0$ 时, $f(x, y) = 2xy/(x^2 + y^2)$, 所以此函数关于 x 可偏微, 并且

$$f_x(x, 0) = 0, \text{ 当 } y \neq 0 \text{ 时, } \quad f_x(x, y) = \frac{2y^3 - 2x^2 y}{(x^2 + y^2)^2}.$$

同理, $f(x, y)$ 关于 y 可偏微. 但是 $f(x, y)$ 在原点 $(0, 0)$ 处不连续.

如例 6.3 所示, 定义在领域 D 上的函数 $f(x, y)$ 即使关于 x 及 y 都可偏微, 但作为两个变量 x, y 的二元函数也未必连续. 这是因为, 可偏微性是指变量 x, y 中 "固定一个而变动另一个" 时 $f(x, y)$ 的性质. 连续性是 x, y "同时变动" 时 $f(x, y)$ 的性质, 因此从可偏微性得不出连续性是理所当然的. 这与 $f(x, y)$ 关于 x, y 的可偏微性是不一样的, 所以应当定义作为两个变量 x, y 的二元函数 $f(x, y)$ 的可微性.

b) 可微性和全微分

与 3.1 节中所述的一元函数相同, 把满足 $\lim\limits_{(x,y) \to (0,0)} \alpha(x, y) = \alpha(0, 0) = 0$ 的函数 $\alpha(x, y)$ 称为无穷小. 当 $\varepsilon(x, y)$ 和 $\alpha(x, y)$ 是无穷小时, 无穷小 $\varepsilon(x, y)\alpha(x, y)$ 用符号 $o(\alpha(x, y))$ 表示. 例如:

$$o(\sqrt{x^2 + y^2}) = \varepsilon(x, y)\sqrt{x^2 + y^2}, \qquad \lim_{(x,y) \to (0,0)} \varepsilon(x, y) = \varepsilon(0, 0) = 0,$$

当一元函数 $f(x)$ 在 a 处可微时, 式 (3.6), 即

$$f(x) = f(a) + f'(a)(x - a) + o(x - a)$$

成立. 我们将它推广到二元函数的可微性:

定义 6.4   设 $f(x, y)$ 是定义在某领域 D 上两个变量 x, y 的二元函数, (a, b) 是 D 上一点. 如果存在常数 A, B, 使得

$$f(x, y) = f(a, b) + A(x - a) + B(y - b) + o(\sqrt{(x - a)^2 + (y - b)^2}) \qquad (6.8)$$

成立, 那么就称函数 $f(x, y)$ 在点 (a, b) 处可微.

设 $f(x, y)$ 是定义在领域 D 上的函数, (a, b) 是属于 D 的点. 根据式 (6.8),

$$\lim_{(x,y) \to (a,b)} f(x, y) = f(a, b).$$

所以, 若 $f(x, y)$ 在 (a, b) 处可微, 则 $f(x, y)$ 在 (a, b) 上连续. 若 $f(x, y)$ 在 (a, b) 处可微, 则 $f(x, y)$ 在 (a, b) 处关于 x, y 可偏微, 式 (6.8) 右边的常数 A, B 分别和偏微分系数 $f_x(a, b), f_y(a, b)$ 相等. 事实上, 这是因为, 式 (6.8) 中如果设 $y = b$, 则

$$f(x, b) = f(a, b) + A(x - a) + o(x - a),$$

所以

$$\lim_{x \to a} \frac{f(x,b) - f(a,b)}{x - a} = A,$$

同理

$$\lim_{y \to b} \frac{f(a,y) - f(a,b)}{y - b} = B.$$

因此, 若 $f(x,y)$ 在点 (a,b) 处可微, 则

$$f(x,y) = f(a,b) + f_x(a,b)(x - a) + f_y(a,b)(y - b) + o(\sqrt{(x-a)^2 + (y-b)^2}).$$

若将 a, b 用 x, y; x, y 用 $x+h, y+k$ 来替换, 则上式可改写为

$$f(x + h, y + k) = f(x,y) + f_x(x,y)h + f_y(x,y)k + o(\sqrt{h^2 + k^2}). \tag{6.9}$$

即当函数 $f(x,y)$ 在点 (x,y) 处可微时, 式 (6.9) 成立. 此时, 若函数 $f(x,y)$ 用 $z = f(x,y)$ 表示, 并且令 $\Delta x = h, \Delta y = k, \Delta z = f(x + \Delta x, y + \Delta y) - f(x,y)$, 则

$$\Delta z = \frac{\partial z}{\partial x}\Delta x + \frac{\partial z}{\partial y}\Delta y + o(\sqrt{(\Delta x)^2 + (\Delta y)^2}), \tag{6.10}$$

称 $\Delta x, \Delta y, \Delta z$ 分别是 x, y, z 的增量, 这与一元函数的情况相同. 式 (3.8) 中单变量 x 的函数 $y = f(x)$ 的微分定义为

$$\mathrm{d}y = \mathrm{d}f(x) = f'(x)\Delta x.$$

由此, 两个变量 x, y 的二元函数 $z = f(x,y)$ 的**全微分**(total differential) 定义为

$$\mathrm{d}z = \mathrm{d}f(x,y) = f_x(x,y)\Delta x + f_y(x,y)\Delta y \tag{6.11}$$

或者

$$\mathrm{d}z = \frac{\partial z}{\partial x}\Delta x + \frac{\partial z}{\partial y}\Delta y. \tag{6.12}$$

全微分 $\mathrm{d}z$ 是增量 Δz 的 "主部". 不称为 "微分" 而称为 "全微分" 是为了与 "偏微分" 相区别. 若考虑两个变量 x, y 的二元函数, 因为 $\partial x/\partial x = 1, \partial x/\partial y = 0$, 则全微分为 $\mathrm{d}x = \Delta x$, 同理 $\mathrm{d}y = \Delta y$. 因此式 (6.11) 和式 (6.12) 可以改写成

$$\mathrm{d}f(x,y) = f_x(x,y)\mathrm{d}x + f_y(x,y)\mathrm{d}y, \tag{6.13}$$

$$\mathrm{d}z = \frac{\partial z}{\partial x}\mathrm{d}x + \frac{\partial z}{\partial y}\mathrm{d}y. \tag{6.14}$$

当 $f(x,y)$ 在其定义域 D 上的所有点 (x,y) 处都可微时, 称函数 $f(x,y)$ 可微, 或者称关于两个变量 x, y 可微, 并且称 $f(x,y)$ 是可微函数. 可微函数 $f(x,y)$ 是连续函数, 并且关于 x 和 y 都可偏微.

一般地, 当给定函数 $f(x,y)$ 的定义域的子集 D 时, 将函数 $f(x,y)$ 的定义域缩小到 D 而获得的函数称为函数 $f(x,y)$ 在 D 上的限制, 并且用符号 $f_D(x,y)$ 或者 $(f|D)(x,y)$ 表示. $f_D(x,y)$ 是定义在 D 上的函数, 并且当 $(x,y) \in D$ 时, $f_D(x,y) = f(x,y)$. 当 D 是领域时, 若 $f_D(x,y)$ 是连续函数, 则称 $f(x,y)$ 在 D 上连续, 若 $f_D(x,y)$ 是可微函数时, 则称 $f(x,y)$ 在 D 上可微. 进一步, 对于与函数相关的某性质 $\mathcal{A}$, 当 $f_D(x,y)$ 是 $\mathcal{A}$ 时, 称 $f(x,y)$ 在 D 上是 $\mathcal{A}$ 的. 例如, 若函数 $f_D(x,y)$ 关于 x 可偏微, 则称函数 $f(x,y)$ 在 D 上关于 x 是可偏微的. 根据假设, D 是领域, 所以函数 $f(x,y)$ 若在 D 上连续可微, 关于 x 或 y 可偏微, 则 $f(x,y)$ 在 D 上的所有的点 (x,y) 处都连续可微, 关于 x 或 y 可偏微. 若 $f(x,y)$ 在 D 上关于 x 可偏微, 则称该函数在 D 上存在偏导函数 $f_x(x,y)$.

类似地, 当函数 $f(x,y)$ 的定义域的子集 D 是闭区间时, 若 $f_D(x,y)$ 是 $\mathcal{A}$ 时, 则称 $f(x,y)$ 在 D 上是 $\mathcal{A}$ 的. 但是, 此时即使 $f(x,y)$ 在 D 上连续, $f(x,y)$ 也未必在属于 D 的所有的点处都连续. 例如, 在 $\mathbf{R}^2$ 上若定义函数 $f(x,y)$ 为: 当 $x^2+y^2 \leqslant 1$ 时, $f(x,y) = x^2 + y^2$; 当 $x^2+y^2 > 1$ 时, $f(x,y) = 0$, 则函数 $f(x,y)$ 在闭区间 $D = \{(x,y)|x^2+y^2 \leqslant 1\}$ 上连续, 但 $f(x,y)$ 在 D 的边界点 $(x,y) \in \{(x,y)|x^2+y^2 = 1\}$ 上不连续.

我们虽然讨论了定义在闭区间 $[a,b]$ 上的一元函数 $f(x)$ 的边界点 a 或者 b 处的函数 $f(x)$ 的微分系数 $f'(a), f'(b)$, 但是, 对于定义在闭领域 $D = [U](U$ 为领域) 上的二元函数 $f(x,y)$, 我们通常不能考虑在 D 的边界点 (a,b) 上的偏微分系数. 一般地, 在闭领域边界处比较复杂, 因为, 当 (a,b) 是 D 的边界点时, 例如, 由于 $f(x,b)$ 的定义域 $\{x|(x,b) \in D\}$ 有可能是不包含任何含有 a 的区间的集合, 此时, $f(x,b)$ 在 $x=a$ 处的微分系数不能定义. 例如, 若 D 是单位圆盘 $D = \{(x,y)|x^2+y^2 \leqslant 1\}$ 时, 则函数 $f(x,1)$ 的定义域是仅由一个点组成的集合 $\{0\}$, 并且当 $D = \{(x,y)|y \leqslant x \leqslant 2y, 0 \leqslant y \leqslant 1\}$ 时, $f(x,0)$ 和 $f(0,y)$ 都是定义在仅由一个点组成的集合上的函数.

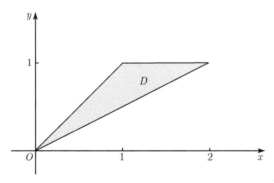

例 6.4 若我们考虑具有比较复杂边界的闭领域:

$$D = [U], \quad U = \{(x,y)| -\sin\frac{3\pi}{x} < y < 2, 0 < x < 3\}.$$

则 D 的边界是关于 x 的函数 $y = -\sin(3\pi/x), 0 < x < 3$ 的图像 G 和 3 条线段的并集:

$$G \cup \{(0,y)| -1 \leqslant y \leqslant 2\} \cup \{(x,2)|0 \leqslant x \leqslant 3\} \cup \{(3,y)|0 \leqslant y \leqslant 2\}.$$

例如, 原点 $(0,0)$ 是 D 的边界点, $\{(x,0)|(x,0) \in D\}$ 是在 x 轴上相互没有交点的无数个闭区间 $[3/3, 3/2]$, $[3/5, 3/4]$, $[3/7, 3/6]$, $\cdots$ 与由两点组成的集合$\{3, 0\}$的并集, 并且不含有任何包含 0 的区间.

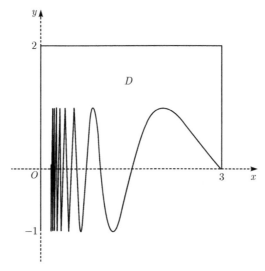

如上所述, $f(x,y)$ 的定义域的子集 D 是闭领域时, 由于一般不能考虑在 D 的边界点处 $f_D(x,y)$ 的偏微分系数, 所以我们不称函数 $f(x,y)$ 在 D 上关于 x 可偏微等. 但是, D 是如 $D = \{(x,y)|a \leqslant x \leqslant b, c \leqslant y \leqslant d\}$ 的闭矩形的情况例外. 例如, 对于满足 $c \leqslant y \leqslant d$ 的 x 的函数 $f(x,y)$, 若它在闭区间 $[a,b]$ 上可微, 则称 $f(x,y)$ 在 D 上关于 x 可偏微, 或者称它在 D 上存在偏导函数 $f_x(x,y)$.

定理 6.6　若函数 $f(x,y)$ 的偏导函数 $f_x(x,y), f_y(x,y)$ 在领域 D 上存在且连续, 则 $f(x,y)$ 在 D 上可微.

证明　只需证明在 D 的任意点 (x,y) 处,

$$f(x+h, y+k) = f(x,y) + f_x(x,y)h + f_y(x,y)k + o(\sqrt{h^2 + k^2}) \tag{6.15}$$

成立即可. 因为

$$f(x+h, y+k) - f(x,y) = f(x+h, y+k) - f(x, y+k) + f(x, y+k) - f(x,y),$$

又 $f(x+h, y+k)$ 是 h 的可微函数, 所以根据中值定理 (定理 3.5),

$$f(x+h, y+k) - f(x, y+k) = f_x(x+\theta h, y+k)h, \quad 0 < \theta < 1.$$

根据已知条件, $f_x(x, y)$ 在 D 上连续, 所以

$$f_x(x+\theta h, y+k) = f_x(x, y) + \varepsilon(h, k), \quad \lim_{(h,k) \to (0,0)} \varepsilon(h, k) = \varepsilon(0, 0) = 0,$$

从而, 若令 $o(h) = \varepsilon(h, k)h$, 则

$$f(x+h, y+k) - f(x, y+k) = f_x(x, y)h + o(h).$$

又因为 $f(x, y+k)$ 关于 k 可微, 所以,

$$f(x, y+k) - f(x, y) = f_y(x, y)k + o(k).$$

因此

$$f(x+h, y+k) - f(x, y) = f_x(x, y)h + f_y(x, y)k + o(h) + o(k),$$

即式 (6.15) 成立. 显然 $o(h) + o(k)$ 可表示为 $o(\sqrt{h^2 + k^2})$. □

如果在领域 D 上 $f_x(x, y)$ 和 $f_y(x, y)$ 都存在但不连续, 那么 $f(x, y)$ 也未必在 D 上可微. 例如, 设 $f(x, y)$ 是例 6.2 中引入的函数, 则在 $\mathbf{R}^2$ 上 $f_x(x, y)$ 和 $f_y(x, y)$ 存在, 但是在原点 $(0, 0)$ 处 $f(x, y)$ 不连续, 从而不可微. 此时, 若 $y \neq 0$, 则

$$f_x(x, y) = \frac{2y^3 - 2x^2 y}{(x^2 + y^2)^2}.$$

因此, $f_x(0, y) = 2/y$, 并且 $f_x(x, y)$ 在原点 $(0, 0)$ 处不连续.

在领域 D 上 $f_x(x, y), f_y(x, y)$ 存在且连续时, 称 $f(x, y)$ 在 D 上连续可微或者在 D 上光滑. 根据定理 6.6, D 上连续可微的函数在 D 上可微, 因而也连续.

例 6.5 在 3.3 节例 3.5 中, 已经证明了: 当 $f(0) = 0$, $x \neq 0$ 时, 关于 x 的函数 $f(x) = x^2 \sin(1/x)$ 在实直线上的每一点 x 处可微, 并且导函数 $f'(x)$ 在 $x = 0$ 处不连续. 同理, 若函数 $f(x, y)$ 定义为

$$f(x, y) = \begin{cases} 0, & \text{当 } (x, y) = (0, 0) \text{ 时,} \\ (x^2 + y^2) \sin\left(\dfrac{1}{\sqrt{x^2 + y^2}}\right), & \text{当 } (x, y) \neq (0, 0) \text{ 时,} \end{cases}$$

则 $f(x, y)$ 在平面 $\mathbf{R}^2$ 上每一点处都可微, 但是偏导函数 $f_x(x, y), f_y(x, y)$ 在原点 $(0, 0)$ 处不连续.

[证明] 当 $(x, y) \neq (0, 0)$ 时, $f(x, y)$ 关于 x 或者 y 可偏微, 并且

$$f_x(x, y) = 2x \sin\left(\frac{1}{\sqrt{x^2 + y^2}}\right) - \frac{x}{\sqrt{x^2 + y^2}} \cos\left(\frac{1}{\sqrt{x^2 + y^2}}\right),$$

$$f_y(x,y) = 2y \sin \left(\frac{1}{\sqrt{x^2 + y^2}} \right) - \frac{y}{\sqrt{x^2 + y^2}} \cos \left(\frac{1}{\sqrt{x^2 + y^2}} \right).$$

显然 $f_x(x,y)$, $f_y(x,y)$ 在 $(x,y) \neq (0,0)$ 处都连续. 所以根据定理 6.6, 函数 $f(x,y)$ 在 $(x,y) \neq (0,0)$ 处都可微. 在原点 $(0,0)$ 处, 因为 $f(0,0) = 0$, 并且 $|f(h,k)| \leqslant h^2 + k^2$, 所以

$$f(h,k) = f(0,0) + o(\sqrt{h^2 + k^2}).$$

即 $f(x,y)$ 在原点 $(0,0)$ 处可微. 但是, 若令 $y = 0$, 则当 $x \neq 0$ 时,

$$f_x(x,0) = 2x \sin \left(\frac{1}{|x|} \right) \pm \cos \left(\frac{1}{|x|} \right),$$

所以极限 $\lim\limits_{(x,y) \to (0,0)} f_x(x,y)$ 不存在. 从而 $f_x(x,y)$ 在点 $(0,0)$ 处不连续. 同理, $f_y(x,y)$ 在点 $(0,0)$ 处也不连续.

c) 偏微分的顺序

定理 6.7　如果函数 $f(x,y)$ 在领域 D 上存在偏导函数 $f_x(x,y)$, $f_y(x,y)$, $f_{xy}(x,y)$, $f_{yx}(x,y)$, 并且 $f_{xy}(x,y)$, $f_{yx}(x,y)$ 连续, 那么有

$$f_{yx}(x,y) = f_{xy}(x,y). \tag{6.16}$$

证明　设 (a,b) 是 D 上的任意一点, 并且

$$\Delta(h,k) = f(a+h,b+k) - f(a+h,b) - f(a,b+k) + f(a,b).$$

若令

$$\varphi(x) = f(x,b+k) - f(x,b),$$

根据已知条件知 $f_x(x,y)$ 存在, 所以 $\varphi(x)$ 是关于 x 的可微函数. 因此, 根据中值定理 (定理 3.5),

$$\Delta(h,k) = \varphi(a+h) - \varphi(a) = \varphi'(a+\theta h)h, \quad 0 < \theta < 1,$$

又因为 $\varphi'(a+\theta h) = f_x(a+\theta h, b+k) - f_x(a+\theta h, b)$, 并且根据已知条件, $f_{xy}(x,y)$ 存在且连续, 所以

$$\varphi'(a+\theta h) = f_{xy}(a+\theta h, b+\eta k)k, \qquad 0 < \eta < 1,$$
$$f_{xy}(a+\theta h, b+\eta k) = f_{xy}(a,b) + \varepsilon(h,k),$$
$$\lim_{(h,k) \to (0,0)} \varepsilon(h,k) = \varepsilon(0,0) = 0.$$

从而

$$\Delta(h,k) = (f_{xy}(a,b) + \varepsilon(h,k))hk. \tag{6.17}$$

因此, 若令 $k = h$, 则

$$\lim_{h \to 0} \frac{\Delta(h, h)}{h^2} = f_{xy}(a, b).$$

若令

$$\Delta(h, k) = f(a+h, b+k) - f(a, b+k) - f(a+h, b) + f(a, b),$$

并且将 x 和 y 交换代入, 同理可证,

$$\lim_{h \to 0} \frac{\Delta(h, h)}{h^2} = f_{yx}(a, b).$$

所以 $f_{yx}(a, b) = f_{xy}(a, b)$, 又因为 (a, b) 是 D 上的任意一点, 故等式 (6.16) 成立. $\qquad\square$

定理 6.8 (Young 定理) 如果在领域 D 上 $f(x, y)$ 的偏导函数 $f_x(x, y)$ 和 $f_y(x, y)$ 存在并且可微, 那么等式 $f_{xy}(x, y) = f_{yx}(x, y)$ 成立.

证明 在定理 6.7 的证明中得到的等式

$$\Delta(h, k) = (f_x(a+\theta h, b+k) - f_x(a+\theta h, b))h, \quad 0 < \theta < 1,$$

在此仍然成立. 根据已知条件,

$$f_x(a+h, b+k) = f_x(a, b) + f_{xx}(a, b)h + f_{xy}(a, b)k + o(\sqrt{h^2 + k^2}),$$

所以

$$f_x(a+\theta h, b+k) = f_x(a, b) + f_{xx}(a, b)\theta h + f_{xy}(a, b)k + o(\sqrt{h^2 + k^2}),$$
$$f_x(a+\theta h, b) = f_x(a, b) + f_{xx}(a, b)\theta h + o(h),$$

所以

$$\Delta(h, k) = f_{xy}(a, b)kh + ho(\sqrt{h^2 + k^2}).$$

此时, 若令 $k = h$, 则

$$\Delta(h, h) = f_{xy}(a, b)h^2 + o(h^2).$$

因此

$$\lim_{h \to 0} \frac{\Delta(h, h)}{h^2} = f_{xy}(a, b),$$

同理

$$\lim_{h \to 0} \frac{\Delta(h, h)}{h^2} = f_{yx}(a, b).$$

故

$$f_{xy}(a, b) = f_{yx}(a, b). \qquad\square$$

我们虽然在定理 6.7 中假设了 $f_{xy}(x,y), f_{yx}(x,y)$ 都存在且连续, 但实际上只要假设其中之一存在且连续即可.

定理 6.9 (Schwarz 定理) 如果函数 $f(x,y)$ 在领域 D 上的偏导函数 $f_x(x,y), f_y(x,y), f_{xy}(x,y)$ 存在, 并且 $f_{xy}(x,y)$ 连续, 则偏导函数 $f_{yx}(x,y)$ 也存在, 并且与 $f_{xy}(x,y)$ 相等, 即 $f_{xy}(x,y) = f_{yx}(x,y)$.

证明 设 (a,b) 是 D 上任意一点, 并且

$$\Delta(h,k) = f(a+h,b+k) - f(a+h,b) - f(a,b+k) + f(a,b),$$

则根据式 (6.17),

$$\Delta(h,k) = (f_{xy}(a,b) + \varepsilon(h,k))hk.$$

根据已知条件, $f_y(x,y)$ 存在, 所以, 当 $h \neq 0$ 时,

$$
\begin{aligned}
\lim_{k \to 0} (f_{xy}(a,b) + \varepsilon(h,k))h &= \lim_{k \to 0} \frac{\Delta(h,k)}{k} \\
&= \lim_{k \to 0} \frac{f(a+h,b+k) - f(a+h,b)}{k} - \lim_{k \to 0} \frac{f(a,b+k) - f(a,b)}{k} \\
&= f_y(a+h,b) - f_y(a,b).
\end{aligned}
$$

因此, 极限 $\lim_{k \to 0} \varepsilon(h,k)$ 存在, 使得

$$\frac{f_y(a+h,b) - f_y(a,b)}{h} = f_{xy}(a,b) + \lim_{k \to 0} \varepsilon(h,k).$$

$\lim_{(h,k) \to (0,0)} \varepsilon(h,k) = 0$ 蕴含: 对于任意正实数 ε, 存在正实数 $\delta(\varepsilon)$, 只要 $0 < \sqrt{h^2 + k^2} < \delta(\varepsilon)$, 就有 $|\varepsilon(h,k)| < \varepsilon$ 成立. 所以,

$$\text{若 } 0 < |h| < \delta(\varepsilon), \quad \text{则 } \left| \lim_{k \to 0} \varepsilon(h,k) \right| \leqslant \varepsilon,$$

即 $\lim_{h \to 0} \lim_{k \to 0} \varepsilon(h,k) = 0$ 成立. 因此,

$$\lim_{h \to 0} \frac{f_y(a+h,b) - f_y(a,b)}{h} = f_{xy}(a,b),$$

即 $f_y(x,y)$ 在点 (a,b) 处关于 x 可偏微, 并且偏微分系数为

$$f_{yx}(a,b) = f_{xy}(a,b). \qquad \square$$

等式 $f_{xy}(x,y) = f_{yx}(x,y)$ 在无条件限制下不成立.

例 6.6 在平面 $\mathbf{R}^2$ 上定义函数 $f(x,y)$ 为

$$f(x, y) = \begin{cases} 0, & \text{当 } (x, y) = (0, 0) \text{ 时,} \\ xy\dfrac{x^2 - y^2}{x^2 + y^2}, & \text{当 } (x, y) \neq (0, 0) \text{ 时.} \end{cases}$$

当 $(x, y) \neq (0, 0)$ 时, $f(x, y)$ 关于 x 可偏微, 即

$$f_x(x, y) = y\frac{x^4 - y^4 + 4x^2y^2}{(x^2 + y^2)^2},$$

函数 $f_x(x, y)$ 显然连续, 并且因为 $|f_x(x, y)| \leqslant 2|y|$, 所以 $\lim\limits_{(x,y) \to (0,0)} f_x(x, y) = 0$. 又因为 $f(x, 0) = 0$, 所以 $f_x(0, 0) = 0$. 因此函数 $f_x(x, y)$ 在 $\mathbf{R}^2$ 上连续. 同理, $f(x, y)$ 关于 y 可偏微, 并且 $f_y(x, y)$ 在 $\mathbf{R}^2$ 上连续. 当 $(x, y) \neq (0, 0)$ 时,

$$f_y(x, y) = x\frac{x^4 - y^4 - 4x^2y^2}{(x^2 + y^2)^2}.$$

因此, 当 $(x, y) \neq (0, 0)$ 时,

$$f_{xy}(x, y) = f_{yx}(x, y) = \frac{x^6 + 9x^4y^2 - 9x^2y^4 - y^6}{(x^2 + y^2)^3}.$$

在原点 $(0, 0)$ 处, 因为

$$f_x(0, y) = -y, \qquad f_y(x, 0) = x,$$

所以

$$f_{xy}(0, 0) = -1, \qquad f_{yx}(0, 0) = 1,$$

并且等式 $f_{xy}(0, 0) = f_{yx}(0, 0)$ 不成立. 因此, 根据定理 6.9, $f_{xy}(x, y)$ 不应是连续函数. 事实上, 当 $x \neq 0$ 时, $f_{xy}(x, 0) = 1$, $f_{xy}(x, y)$ 在原点 $(0, 0)$ 处不连续. 此外, 根据定理 6.8, $f_x(x, y)$ 和 $f_y(x, y)$ 均要可微, 事实上, $f_x(x, y)$ 在原点 $(0, 0)$ 处不可微. 这是因为, $f_{xy}(0, 0) = -1, f_x(x, 0) = 0$, 所以 $f_{xx}(0, 0) = 0$, 因此

$$f_x(h, k) - f_x(0, 0) - f_{xx}(0, 0)h - f_{xy}(0, 0)k = k\frac{h^4 - k^4 + 4h^2k^2}{(h^2 + k^2)^2} + k = k\frac{2h^4 + 6h^2k^2}{(h^2 + k^2)^2}$$

不等于 $o(\sqrt{h^2 + k^2})$.

如果函数 $f(x, y)$ 在某领域上的偏导函数 $f_x(x, y), f_y(x, y), f_{xy}(x, y)$ 存在且连续, 那么根据定理 6.9, 偏导函数 $f_{yx}(x, y)$ 也存在且连续. 但是, 此时 $f_{xx}(x, y)$, $f_{yy}(x, y)$ 未必存在.

例 6.7 例 3.4 的函数 $\varphi(t) = \sum\limits_{n=1}^{\infty} \dfrac{1}{2^n} |\sin(\pi n! t)|$ 虽然在实直线上连续, 但是在各有理点处不可微. 所以, 若令

$$f(x, y) = \psi(x)\psi(y), \quad \psi(u) = \int_0^u \varphi(t)\mathrm{d}t,$$

则 $f_x(x, y) = \varphi(x)\psi(y)$, $f_y(x, y) = \psi(x)\varphi(y)$, $f_{xy}(x, y) = f_{yx}(x, y) = \varphi(x)\varphi(y)$ 皆连续. 因为 $\varphi(x)$ 在有理点上不可微, 并且当 $y \neq 0$ 时, $\psi(y) \neq 0$. 所以当 a 为有理数, 并且 $b \neq 0$ 时, 在点 (a, b) 处不存在偏微分系数 $f_{xx}(a, b)$.

d) 函数的类

设 $f(x, y)$ 是定义在领域 D 上的两个变量 x, y 的二元函数. 如果 $f(x, y)$ 连续可微, 并且其偏导函数 $f_x(x, y)$, $f_y(x, y)$ 也连续可微, 那么就称 $f(x, y)$ 是二阶连续可微函数. 如果 $f(x, y)$ 是二阶连续可微函数, 并且其二阶偏导函数 $f_{xx}(x, y)$, $f_{xy}(x, y)$, $f_{yx}(x, y)$, $f_{yy}(x, y)$ 皆连续可微, 那么 $f(x, y)$ 是三阶连续可微函数. 一般地, 如果 $f(x, y)$ 是 $n - 1$ 阶连续可微函数, 并且其 $n - 1$ 阶偏导函数皆连续可微, 那么就称 $f(x, y)$ 是 n 阶连续可微函数. 函数 $f(x, y)$ 是 n 阶连续可微是指函数 $f(x, y)$ 的直至第 n 阶偏导函数都存在且连续. 称 n 阶连续可微函数为 $\mathscr{C}^n$ 类函数.

同理, 如果 $f(x, y)$ 是可微函数, 并且其偏导函数 $f_x(x, y)$, $f_y(x, y)$ 皆可微, 那么称 $f(x, y)$ 是二阶可微函数, 等等. 一般地, 如果 $f(x, y)$ 是 $n - 1$ 阶可微函数, 并且其 $n - 1$ 阶偏导函数皆可微, 那么就称 $f(x, y)$ 是 n 阶可微函数. 因为可微函数是连续的, 所以 n 阶可微函数是 $n - 1$ 阶连续可微的, 并且它与 n 阶连续可微函数的差异仅在于 n 阶偏导函数未必都连续. 如我们在 3.4 节 f) 中对一元函数叙述的那样, 现代数学中比起 n 阶可微函数, n 阶连续可微函数的应用更为普遍. 既然已经假设存在直至 n 阶的偏导函数, 那么顺便附加其连续性假设就很自然了.

如果 $f(x, y)$ 是任意阶连续可微函数, 那么就称函数 $f(x, y)$ 为无穷阶可微, 称 $f(x, y)$ 是 $\mathscr{C}^\infty$ 类函数, 或者 $\mathscr{C}^\infty$ 函数. 因为任意阶可微函数是任意阶连续可微的, 所以称无穷阶可微与称无穷阶连续可微是一致的.

以上是把领域 D 作为了 $f(x, y)$ 的定义域, 当领域 D 是 $f(x, y)$ 的定义域的子集时, 若 $f(x, y)$ 在 D 上的限制 $f_D(x, y)$ 是 n 阶可微、n 阶连续可微、$\mathscr{C}^\infty$ 类函数等时, 亦称 $f(x, y)$ 在 D 上 n 阶可微、在 D 上 n 阶连续可微、在 D 上是 $\mathscr{C}^\infty$ 类函数等.

如果定义在某领域上的两个变量 x, y 的二元函数 $z = f(x, y)$ 是二阶连续可微或者二阶可微, 那么根据定理 6.7 或者定理 6.8, $f_{yx}(x, y) = f_{xy}(x, y)$, 即

$$\frac{\partial^2 z}{\partial y \partial x} = \frac{\partial^2 z}{\partial x \partial y}.$$

因此, $z = f(x, y)$ 的二阶偏导函数为

$$\frac{\partial^2 z}{\partial x^2} = f_{xx}(x, y), \quad \frac{\partial^2 z}{\partial x \partial y} = f_{xy}(x, y), \quad \frac{\partial^2 z}{\partial y^2} = f_{yy}(x, y).$$

如果 $z = f(x, y)$ 是三阶连续可微, 或者三阶可微, 那么

$$\frac{\partial}{\partial y}\frac{\partial^2 z}{\partial x^2} = \frac{\partial}{\partial y}\frac{\partial}{\partial x}\frac{\partial z}{\partial x} = \frac{\partial}{\partial x}\frac{\partial}{\partial y}\frac{\partial z}{\partial x} = \frac{\partial}{\partial x}\frac{\partial}{\partial x}\frac{\partial z}{\partial y},$$

$$\frac{\partial}{\partial y}\frac{\partial^2 z}{\partial y \partial x} = \frac{\partial}{\partial y}\frac{\partial^2 z}{\partial x \partial y} = \frac{\partial}{\partial y}\frac{\partial}{\partial x}\frac{\partial z}{\partial y} = \frac{\partial}{\partial x}\frac{\partial}{\partial y}\frac{\partial z}{\partial y},$$

所以, $z = f(x,y)$ 的三阶偏导函数为

$$\frac{\partial^3 z}{\partial x^3},\quad \frac{\partial^3 z}{\partial x^2 \partial y},\quad \frac{\partial^3 z}{\partial x \partial y^2},\quad \frac{\partial^3 z}{\partial y^3}.$$

一般地, 如果 $z = f(x,y)$ 是 n 阶连续可微或者 n 阶可微, 那么其 n 阶以下的偏导函数在交换 $\frac{\partial}{\partial y}$ 和 $\frac{\partial}{\partial x}$ 的顺序时都不改变, 所以都可写成:

$$\frac{\partial^{p+q} z}{\partial x^p \partial y^q},\quad p+q \leqslant n.$$

e) 复合函数

设 D 是平面 $\mathbf{R}^2$ 上的领域, $\varphi(t)$, $\psi(t)$ 是定义在区间 I 上的函数, 并且 $t \in I$ 时, 恒有 $(\varphi(t), \psi(t)) \in D$. 当两个变量 x, y 的二元函数 $f(x,y)$ 将 D 作为其定义域的子集时, 复合函数 $f(\varphi(t), \psi(t))$ 是定义在 I 上的关于 t 的函数. 此时, 若 $\varphi(t), \psi(t)$ 连续, 并且 $f(x,y)$ 在 D 上连续, 则复合函数 $f(\varphi(t), \psi(t))$ 连续. [证明] 任取点 $\alpha \in I$, 并且令 $a = \varphi(\alpha), b = \psi(\alpha)$, 则 $(a,b) \in D$, 所以根据假设, 对于任意给定的正实数 ε, 存在正实数 $\delta_1(\varepsilon)$, 使得

只要 $|x - a| < \delta_1(\varepsilon)$, $|y - b| < \delta_1(\varepsilon)$, 就有 $|f(x,y) - f(a,b)| < \varepsilon$ 成立.

又因为, 对于 ε, 存在对应的正实数 $\delta_2(\varepsilon)$, 使得

只要 $|t - \alpha| < \delta_2(\varepsilon)$, 就有 $|\varphi(t) - \varphi(\alpha)| < \varepsilon$, $\quad |\psi(t) - \psi(\alpha)| < \varepsilon$ 成立.

因此, 若令 $\delta(\varepsilon) = \delta_2(\delta_1(\varepsilon))$, 则

当 $|t - \alpha| < \delta(\varepsilon)$ 时, 有 $|f(\varphi(t), \psi(t)) - f(\varphi(\alpha), \psi(\alpha))| < \varepsilon$.

即 $f(\varphi(t), \psi(t))$ 在 I 的任意点 α 处连续. $\qquad\square$

定理 6.10 如果函数 $\varphi(t), \psi(t)$ 关于 t 可微, 并且函数 $f(x,y)$ 在 D 上关于两个变量 x, y 可微, 那么复合函数 $f(\varphi(t), \psi(t))$ 关于 t 可微, 并且

$$\frac{\mathrm{d}}{\mathrm{d}t} f(\varphi(t), \psi(t)) = f_x(\varphi(t), \psi(t))\varphi'(t) + f_y(\varphi(t), \psi(t))\psi'(t). \tag{6.18}$$

证明 设 $x = \varphi(t), y = \psi(t), z = f(x,y) = f(\varphi(t), \psi(t))$, 并且对应于 t 的增量 Δt 的 x, y, z 的增量分别设为 $\Delta x = \varphi(t + \Delta t) - \varphi(t)$, $\Delta y = \psi(t + \Delta t) - \psi(t)$,

$\Delta z = f(x + \Delta x, y + \Delta y) - f(x, y)$, 则根据式 (3.4),

$$\Delta x = \varphi'(t)\Delta t + o(\Delta t), \quad \Delta y = \psi'(t)\Delta t + o(\Delta t),$$

所以, 根据式 (6.10),

$$\begin{aligned}\Delta z &= f_x(x, y)\Delta x + f_y(x, y)\Delta y + o(\sqrt{(\Delta x)^2 + (\Delta y)^2}) \\ &= (f_x(x, y)\varphi'(t) + f_y(x, y)\psi'(t))\Delta t + o(\Delta t).\end{aligned}$$

因此

$$\lim_{\Delta t \to 0} \frac{\Delta z}{\Delta t} = f_x(x, y)\varphi'(t) + f_y(x, y)\psi'(t),$$

即 $z = f(\varphi(t), \psi(t))$ 关于 t 可微, 并且式 (6.18) 成立. □

推论　如果函数 $\varphi(t), \psi(t)$ 关于 t 连续可微, 并且函数 $f(x, y)$ 在 D 上关于 x, y 连续可微, 那么 $f(\varphi(t), \psi(t))$ 是连续可微的函数.

证明　根据假设, $\varphi'(t), \psi'(t)$ 在 I 上连续, $f_x(x, y), f_y(x, y)$ 在 D 上连续, 所以根据式 (6.18), $\mathrm{d}f(\varphi(t), \psi(t))/\mathrm{d}t$ 在 I 上连续. □

设 $x = \varphi(t), y = \psi(t), z = f(x, y)$, 并且若将式 (6.18) 改写成

$$\frac{\mathrm{d}z}{\mathrm{d}t} = \frac{\partial z}{\partial x}\frac{\mathrm{d}x}{\mathrm{d}t} + \frac{\partial z}{\partial y}\frac{\mathrm{d}y}{\mathrm{d}t}, \tag{6.19}$$

则更易观察. 若采用微分符号, 则

$$\mathrm{d}z = f_x(x, y)\varphi'(t)\mathrm{d}t + f_y(x, y)\psi'(t)\mathrm{d}t. \tag{6.20}$$

定理 6.11　设函数 $\varphi(t), \psi(t)$ 关于 t 是 n 阶连续可微的, 并且函数 $f(x, y)$ 在 D 上关于 x, y 是 n 阶连续可微, 那么 $f(\varphi(t), \psi(t))$ 是 n 阶连续可微函数.

证明　用归纳法证明. 当 $n = 1$ 时, 在上一个定理的推论中已经证明. 假设当 $n = m - 1, m \geqslant 2$ 时, 定理 6.11 的结论成立, 现考察当 $n = m$ 时的情况. 根据定理 6.10, $f(\varphi(t), \psi(t))$ 可微, 并且

$$\frac{\mathrm{d}}{\mathrm{d}t}f(\varphi(t), \psi(t)) = f_x(\varphi(t), \psi(t))\varphi'(t) + f_y(\varphi(t), \psi(t))\psi'(t).$$

因为 $f(x, y)$ 是 m 阶连续可微的, 所以 $f_x(x, y), f_y(x, y)$ 是 $m-1$ 阶连续可微的, 因此根据归纳假设, $f_x(\varphi(t), \psi(t)), f_y(\varphi(t), \psi(t))$ 关于 t 是 $m-1$ 阶连续可微的. 又因为 $\varphi'(t), \psi'(t)$ 是 $m-1$ 阶连续可微的, 所以根据定理 3.18 的 (1), $\mathrm{d}f(\varphi(t), \psi(t))/\mathrm{d}t$ 关于 t 是 $m-1$ 阶连续可微的, 因此 $f(\varphi(t), \psi(t))$ 是 m 阶连续可微函数. □

令 $x = \varphi(t), y = \psi(t), z = f(x, y)$, 则根据式 (6.19),

$$\frac{\mathrm{d}z}{\mathrm{d}t} = \frac{\partial z}{\partial x}\frac{\mathrm{d}x}{\mathrm{d}t} + \frac{\partial z}{\partial y}\frac{\mathrm{d}y}{\mathrm{d}t},$$

因此

$$\frac{\mathrm{d}^2 z}{\mathrm{d}t^2} = \frac{\mathrm{d}}{\mathrm{d}t}\left(\frac{\partial z}{\partial x}\right)\frac{\mathrm{d}x}{\mathrm{d}t} + \frac{\mathrm{d}}{\mathrm{d}t}\left(\frac{\partial z}{\partial y}\right)\frac{\mathrm{d}y}{\mathrm{d}t} + \frac{\partial z}{\partial x}\frac{\mathrm{d}^2 x}{\mathrm{d}t^2} + \frac{\partial z}{\partial y}\frac{\mathrm{d}^2 y}{\mathrm{d}t^2}$$

$$= \frac{\partial^2 z}{\partial x^2}\left(\frac{\mathrm{d}x}{\mathrm{d}t}\right)^2 + 2\frac{\partial^2 z}{\partial x\partial y}\frac{\mathrm{d}x}{\mathrm{d}t}\frac{\mathrm{d}y}{\mathrm{d}t} + \frac{\partial^2 z}{\partial y^2}\left(\frac{\mathrm{d}y}{\mathrm{d}t}\right)^2 + \frac{\partial z}{\partial x}\frac{\mathrm{d}^2 x}{\mathrm{d}t^2} + \frac{\partial z}{\partial y}\frac{\mathrm{d}^2 y}{\mathrm{d}t^2}.$$

一般地, 根据关于 n 的归纳法, 容易验证

$$\frac{\mathrm{d}^n z}{\mathrm{d}t^n} = \sum_{p+q\leqslant n}\frac{\partial^{p+q} z}{\partial x^p \partial y^q}\varPhi_{pq}\left(\frac{\mathrm{d}x}{\mathrm{d}t}, \cdots, \frac{\mathrm{d}^n x}{\mathrm{d}t^n}, \frac{\mathrm{d}y}{\mathrm{d}t}, \cdots, \frac{\mathrm{d}^n y}{\mathrm{d}t^n}\right),$$

其中 $\varPhi_{pq}\left(\dfrac{\mathrm{d}x}{\mathrm{d}t}, \cdots, \dfrac{\mathrm{d}^n x}{\mathrm{d}t^n}, \dfrac{\mathrm{d}y}{\mathrm{d}t}, \cdots, \dfrac{\mathrm{d}^n y}{\mathrm{d}t^n}\right)$ 是 $\dfrac{\mathrm{d}x}{\mathrm{d}t}, \dfrac{\mathrm{d}^2 x}{\mathrm{d}t^2}, \cdots, \dfrac{\mathrm{d}^n x}{\mathrm{d}t^n}, \dfrac{\mathrm{d}y}{\mathrm{d}t}, \dfrac{\mathrm{d}^2 y}{\mathrm{d}t^2}, \cdots, \dfrac{\mathrm{d}^n y}{\mathrm{d}t^n}$ 的多项式.

其次, 设 $\varphi(s,t), \psi(s,t)$ 是定义在领域 E 上的两个变量 s, t 的二元函数, $(s,t)\in E$ 时, 若恒有 $(\varphi(s,t), \psi(s,t))\in D$, 并且在两个变量 x, y 的二元函数 $f(x,y)$ 的定义域包含领域 D 的假设条件下, 考虑复合函数 $f(\varphi(s,t), \psi(s,t))$. 那么, 若 $\varphi(s,t), \psi(s,t)$ 连续, 并且 $f(x,y)$ 在 D 上连续, 则 $f(\varphi(s,t), \psi(s,t))$ 连续.

定理 6.12 如果函数 $\varphi(s,t), \psi(s,t)$ 关于 s, t 连续可微, 并且函数 $f(x,y)$ 在 D 上关于 x, y 连续可微, 那么复合函数 $f(\varphi(s,t), \psi(s,t))$ 关于 s, t 连续可微.

证明 根据定理 6.10, $f(\varphi(s,t), \psi(s,t))$ 关于 s 和 t 都可偏微, 若简记为 $\varphi = \varphi(s,t), \psi = \psi(s,t)$, 则根据式 (6.18),

$$\frac{\partial}{\partial s}f(\varphi,\psi) = f_x(\varphi,\psi)\varphi_s(s,t) + f_y(\varphi,\psi)\psi_s(s,t),$$

$$\frac{\partial}{\partial t}f(\varphi,\psi) = f_x(\varphi,\psi)\varphi_t(s,t) + f_y(\varphi,\psi)\psi_t(s,t).$$

根据假设, $f_x(x,y), f_y(x,y)$ 是两个变量 x, y 的连续函数, 所以 $f_x(\varphi(s,t), \psi(s,t))$, $f_y(\varphi(s,t), \psi(s,t))$ 是两个变量 s, t 的连续函数, 又 $\varphi_s(s,t), \psi_s(s,t), \varphi_t(s,t), \psi_t(s,t)$ 也是 s, t 的连续函数. 因此 $\partial f(\varphi,\psi)/\partial s, \partial f(\varphi,\psi)/\partial t$ 关于两个变量 x, y 连续, 即 $f(\varphi,\psi) = f(\varphi(s,t), \psi(s,t))$ 是连续可微函数. $\qquad\square$

定理 6.13 如果函数 $\varphi(s,t), \psi(s,t)$ 关于两个变量 s, t 可微, 并且函数 $f(x,y)$ 在 D 上关于两个变量 x, y 可微, 那么复合函数 $f(\varphi(s,t), \psi(s,t))$ 关于 s, t 可微.

证明 设 $x = \varphi(s,t), y = \psi(s,t), z = f(x,y)$, 并且设对应于 s, t 的增量 $\Delta s, \Delta t$ 的 x, y, z 的增量分别为 $\Delta x, \Delta y, \Delta z$, 则根据式 (6.10),

$$\Delta x = \frac{\partial x}{\partial s}\Delta s + \frac{\partial x}{\partial t}\Delta t + o(\sqrt{(\Delta s)^2 + (\Delta t)^2}), \tag{6.21}$$

$$\Delta y = \frac{\partial y}{\partial s}\Delta s + \frac{\partial y}{\partial t}\Delta t + o(\sqrt{(\Delta s)^2 + (\Delta t)^2}), \tag{6.22}$$

$$\Delta z = \frac{\partial z}{\partial x}\Delta x + \frac{\partial z}{\partial y}\Delta y + o(\sqrt{(\Delta x)^2 + (\Delta y)^2}). \tag{6.23}$$

因此, 将式 (6.21) 和式 (6.22) 代入式 (6.23) 的右边得

$$\Delta z = \left(\frac{\partial z}{\partial x}\frac{\partial x}{\partial s} + \frac{\partial z}{\partial y}\frac{\partial y}{\partial s}\right)\Delta s + \left(\frac{\partial z}{\partial x}\frac{\partial x}{\partial t} + \frac{\partial z}{\partial y}\frac{\partial y}{\partial t}\right)\Delta t + o(\sqrt{(\Delta s)^2 + (\Delta t)^2}).$$

即 $z = f(\varphi(s,t), \psi(s,t))$ 是关于变量 s, t 的可微函数. □

如果 $x = \varphi(s,t), y = \psi(s,t)$ 是两个变量 s, t 的可微函数, 并且 $z = f(x,y)$ 是两个变量 x, y 的可微函数, 那么根据上述证明,

$$\begin{cases} \dfrac{\partial z}{\partial s} = \dfrac{\partial z}{\partial x}\dfrac{\partial x}{\partial s} + \dfrac{\partial z}{\partial y}\dfrac{\partial y}{\partial s}, \\[2mm] \dfrac{\partial z}{\partial t} = \dfrac{\partial z}{\partial x}\dfrac{\partial x}{\partial t} + \dfrac{\partial z}{\partial y}\dfrac{\partial y}{\partial t}. \end{cases} \tag{6.24}$$

另外, 对每个变量 x, y, 若利用式 (6.19) 也可以得到式 (6.24).

定理 6.14　如果函数 $\varphi(s,t), \psi(s,t)$ 关于 s, t 是 n 阶连续可微的, 并且函数 $f(x,y)$ 在 D 上关于 x, y 是 n 阶连续可微的, 那么复合函数 $f(\varphi(s,t), \psi(s,t))$ 关于 s, t 是 n 阶连续可微的.

证明　利用归纳法证明. 当 $n = 1$ 时, 此定理可归结于定理 6.12. 当 $n = m-1$, $m \geqslant 2$ 时, 假设定理 6.14 成立. 现考察 $n = m$ 时的情况. 令

$$F(s,t) = f(\varphi(s,t), \psi(s,t)),$$

因为关于 s, t 的函数 $F(s,t)$ 的 m 阶偏导函数是一阶偏导函数 $F_s(s,t)$ 或 $F_t(s,t)$ 的 $m-1$ 阶偏导函数, 所以为了证明 $F(s,t)$ 是 m 阶连续可微的, 先证明 $F_s(s,t)$ 及 $F_t(s,t)$ 是 $m-1$ 阶连续可微的即可.

根据式 (6.18),

$$F_s(s,t) = f_x(\varphi(s,t), \psi(s,t))\varphi_s(s,t) + f_y(\varphi(s,t), \psi(s,t))\psi_s(s,t). \tag{6.25}$$

因为 $f_x(x,y)$ 关于 x, y 是 $m-1$ 阶连续可微的, 所以根据归纳假设, $f_x(\varphi(s,t), \psi(s,t))$ 关于 s, t 是 $m-1$ 阶连续可微的, 并且 $\varphi_s(s,t)$ 关于 s, t 也是 $m-1$ 阶连续可微函数. 令 $p(x,y) = xy$, 则 $p(x,y)$ 关于 x, y 也是 $m-1$ 阶连续可微的. 所以, 根据归纳假设,

$$f_x(\varphi(s,t), \psi(s,t))\varphi_s(s,t) = p(f_x(\varphi(s,t), \psi(s,t)), \varphi_s(s,t))$$

关于 s, t 是 $m-1$ 阶连续可微的. 同理, $f_y(\varphi(s,t), \psi(s,t))\psi_s(s,t)$ 关于 s, t 也是 $m-1$ 阶连续可微函数. 因此, 根据式 (6.25), $F_s(s,t)$ 关于 s, t 是 $m-1$ 阶连续可微的, $F_t(s,t)$ 关于 s, t 也同样是 $m-1$ 阶连续可微的. □

推论　如果函数 $\varphi(s,t), \psi(s,t)$ 是 s, t 的 $\mathscr{C}^\infty$ 类函数, 并且 $f(x,y)$ 是 D 上的关于 x, y 的 $\mathscr{C}^\infty$ 类函数, 那么复合函数 $f(\varphi(s,t), \psi(s,t))$ 是 s, t 的 $\mathscr{C}^\infty$ 类函数.

例 6.8 设平面 $\mathbf{R}^2$ 上从原点 O 到点 $P = (x, y)$ 的距离为 r, 线段 OP 与 x 轴正向的夹角为 θ, 则根据 2.4 节中 $\sin\theta, \cos\theta$ 的定义,

$$x = r\cos\theta, \quad y = r\sin\theta,$$

称 (r, θ) 为点 $P = (x, y)$ 的极坐标. 因为 $x = r\cos\theta, y = r\sin\theta$ 是两个变量 r, θ 的 $\mathscr{C}^\infty$ 类函数, 所以若 $f(x, y)$ 是 $\mathbf{R}^2$ 上关于 x, y 的二阶连续可微函数, 则复合函数 $z = f(x, y) = f(r\cos\theta, r\sin\theta)$ 关于 r, θ 是二阶连续可微的.

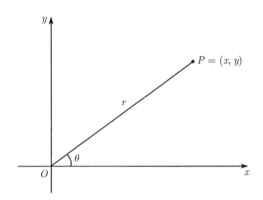

因为

$$\frac{\partial x}{\partial r} = \cos\theta, \quad \frac{\partial y}{\partial r} = \sin\theta, \quad \frac{\partial x}{\partial \theta} = -r\sin\theta, \quad \frac{\partial y}{\partial \theta} = r\cos\theta,$$

所以, 根据式 (6.24),

$$\frac{\partial z}{\partial r} = \frac{\partial z}{\partial x}\cos\theta + \frac{\partial z}{\partial y}\sin\theta, \quad \frac{\partial z}{\partial \theta} = -\frac{\partial z}{\partial x}r\sin\theta + \frac{\partial z}{\partial y}r\cos\theta.$$

因此

$$\frac{\partial^2 z}{\partial r^2} = \frac{\partial^2 z}{\partial x^2}\cos^2\theta + 2\frac{\partial^2 z}{\partial x\partial y}\cos\theta\sin\theta + \frac{\partial^2 z}{\partial y^2}\sin^2\theta,$$

$$\frac{\partial^2 z}{\partial \theta^2} = \frac{\partial^2 z}{\partial x^2}r^2\sin^2\theta - 2\frac{\partial^2 z}{\partial x\partial y}r^2\sin\theta\cos\theta + \frac{\partial^2 z}{\partial y^2}r^2\cos^2\theta - \frac{\partial z}{\partial x}r\cos\theta - \frac{\partial z}{\partial y}r\sin\theta,$$

$$\frac{\partial^2 z}{\partial r\partial \theta} = \left(\frac{\partial^2 z}{\partial y^2} - \frac{\partial^2 z}{\partial x^2}\right)r\sin\theta\cos\theta + \frac{\partial^2 z}{\partial x\partial y}r(\cos^2\theta - \sin^2\theta) - \frac{\partial z}{\partial x}\sin\theta + \frac{\partial z}{\partial y}\cos\theta.$$

从而, 得

$$\frac{\partial^2 z}{\partial r^2} + \frac{1}{r^2}\frac{\partial^2 z}{\partial \theta^2} + \frac{1}{r}\frac{\partial z}{\partial r} = \frac{\partial^2 z}{\partial x^2} + \frac{\partial^2 z}{\partial y^2}, \quad r > 0. \tag{6.26}$$

例如, 令 $z = \ln\sqrt{x^2 + y^2}$, 因为 $z = \ln r$, 所以 $\partial z/\partial r = 1/r, \partial^2 z/\partial r^2 = -1/r^2$. 因此根据式 (6.26),

$$\left(\frac{\partial^2}{\partial x^2} + \frac{\partial^2}{\partial y^2}\right)\ln\sqrt{x^2 + y^2} = 0, \quad (x, y) \neq (0, 0).$$

令 $f(x,y)$ 是关于 x 和 y 的多项式, 则 $f(x,y)$ 关于 x, y 可偏微, 并且其偏导函数 $f_x(x,y)$, $f_y(x,y)$ 也是多项式. 因此, x, y 的多项式关于 x, y 任意阶可微, 即关于 x, y 的多项式是 $\mathscr{C}^\infty$ 类函数. 因而, 若函数 $\varphi(s,t),\psi(s,t)$ 在某个领域 E 上 n 阶连续可微, 则根据定理 6.14, $\varphi(s,t)$, $\psi(s,t)$ 的多项式 $f(\varphi(s,t),\psi(s,t))$ 也在 E 上 n 阶连续可微.

关于 x, y 的有理式 $q(x,y) = f(x,y)/g(x,y)$(其中 $f(x,y),g(x,y)$ 是 x,y 的多项式), 若在领域 D 上 $g(x,y) \neq 0$, 则它关于 x, y 可偏微, 并且其偏导函数 $q_x(x,y),q_y(x,y)$ 是以 $(g(x,y))^2$ 为分母的有理式. 所以 $q(x,y)$ 是 D 上关于 x,y 的 $\mathscr{C}^\infty$ 类函数. 因此, 函数 $\varphi(s,t),\psi(s,t)$ 在 E 上 n 阶连续可微, 并且若 $g(\varphi(s,t),\psi(s,t)) \neq 0$, 则 $q(\varphi(s,t),\psi(s,t))$ 也在 E 上 n 阶连续可微. 即下面的结论成立.

定理 6.15 如果定义在某领域上的函数 $f(x,y),g(x,y)$ 是 $\mathscr{C}^n$ 类函数, 则 $f(x,y)$, $g(x,y)$ 的多项式为 $\mathscr{C}^n$ 类函数, 并且 $f(x,y),g(x,y)$ 的有理式, 若其分母不为 0, 则它是 $\mathscr{C}^n$ 类函数. 进而, 若 $f(x,y),g(x,y)$ 为 $\mathscr{C}^\infty$ 类函数, 则 $f(x,y),g(x,y)$ 的多项式为 $\mathscr{C}^\infty$ 类函数, 并且 $f(x,y),g(x,y)$ 的有理式, 若其分母不为 0, 则它是 $\mathscr{C}^\infty$ 类函数.

f) Taylor 公式

关于一元函数的 Taylor 公式 (3.39) 中, 将 x 用 $a+h$ 替换, 则可写成

$$f(a+h) = f(a) + \frac{f'(a)}{1!}h + \frac{f''(a)}{2!}h^2 + \cdots + \frac{f^{(n-1)}(a)}{(n-1)!}h^{n-1} + R_n,$$

$$R_n = \frac{f^{(n)}(a+\theta h)}{n!}h^n, \quad 0 < \theta < 1,$$

在本小节中我们将此公式推广到二元函数的情况.

设 $f(x,y)$ 是定义在领域 D 上的 $\mathscr{C}^n$ 类函数, $A = (a,b)$ 是属于 D 的点. 并且对于点 $P = (a+h,b+k)$, 设线段 $AP = \{(a+th,b+tk)|0 \leqslant t \leqslant 1\}$ 属于 D. 那么, 对于充分小的正实数 ε,

只要 $-\varepsilon < t < 1+\varepsilon$, 就有 $(a+th,b+tk) \in D$ 成立.

所以根据定理 6.11, $f(a+th,b+tk)$ 是定义在开区间 $(-\varepsilon,1+\varepsilon)$ 上的 n 阶连续可微函数. 再根据式 (6.18),

$$\frac{\mathrm{d}}{\mathrm{d}t}f(a+th,b+tk) = hf_x(a+th,b+tk) + kf_y(a+th,b+tk).$$

若将 $x = a+th, y = b+tk$ 代入上式右端, 得到两个变量 x, y 的二元函数:

$$\left(h\frac{\partial}{\partial x} + k\frac{\partial}{\partial y}\right)f(x,y) = hf_x(x,y) + kf_y(x,y),$$

则右边可写成

$$\left(h\frac{\partial}{\partial x} + k\frac{\partial}{\partial y}\right)f(a+th, b+tk),$$

即

$$\frac{\mathrm{d}}{\mathrm{d}t}f(a+th, b+tk) = \left(h\frac{\partial}{\partial x} + k\frac{\partial}{\partial y}\right)f(a+th, b+tk).$$

此式中将 $f(x,y)$ 用 $(h\,\partial/\partial x + k\,\partial/\partial y)f(x,y)$ 替换, 则可得

$$\frac{\mathrm{d}^2}{\mathrm{d}t^2}f(a+th, b+tk) = \left(h\frac{\partial}{\partial x} + k\frac{\partial}{\partial y}\right)^2 f(a+th, b+tk).$$

当然, 这里 $(h\,\partial/\partial x + k\,\partial/\partial y)^2$ 表示 $(h\,\partial/\partial x + k\,\partial/\partial y)(h\,\partial/\partial x + k\,\partial/\partial y)$. 同理, 对于小于 n 的任意自然数 m, 可得

$$\frac{\mathrm{d}^m}{\mathrm{d}t^m}f(a+th, b+tk) = \left(h\frac{\partial}{\partial x} + k\frac{\partial}{\partial y}\right)^m f(a+th, b+tk). \tag{6.27}$$

令 $F(t) = f(a+th, b+tk)$, 则根据 Taylor 公式 (3.39), 当 $-\varepsilon < t < 1+\varepsilon$ 时,

$$F(t) = F(0) + \frac{F'(0)}{1!}t + \frac{F''(0)}{2!}t^2 + \cdots + \frac{F^{(n-1)}(0)}{(n-1)!}t^{n-1} + R_n,$$

$$R_n = \frac{F^{(n)}(\theta t)}{n!}t^n, \quad 0 < \theta < 1.$$

显然此式当 $t=1$ 时也成立, 所以, 若令 $t=1$, 则根据式 (6.27),

$$f(a+h, b+k) = f(a,b) + \sum_{m=1}^{n-1}\frac{1}{m!}\left(h\frac{\partial}{\partial x} + k\frac{\partial}{\partial y}\right)^m f(a,b) + R_n, \tag{6.28}$$

$$R_n = \frac{1}{n!}\left(h\frac{\partial}{\partial x} + k\frac{\partial}{\partial y}\right)^n f(a+\theta h, b+\theta k), \quad 0 < \theta < 1.$$

这就是二元函数的 Taylor 公式.

根据定理 6.7, 在 $(h\,\partial/\partial x + k\,\partial/\partial y)^m f(x,y)$ 中, 因为 $(\partial/\partial x)(\partial/\partial y) = (\partial/\partial y)(\partial/\partial x)$, 所以根据二项式定理,

$$\left(h\frac{\partial}{\partial x} + k\frac{\partial}{\partial y}\right)^m f(x,y) = \sum_{q=0}^{m}\binom{m}{q}h^{m-q}k^q\frac{\partial^m f(x,y)}{\partial x^{m-q}\partial y^q}.$$

因为 $\binom{m}{q} = \dfrac{m!}{p!q!}, p = m-q$, 所以 Taylor 公式 (6.28) 可以改写成

$$f(a+h, b+k) = f(a,b) + \sum_{1\leqslant p+q\leqslant n-1}\frac{1}{p!q!}\frac{\partial^{p+q}f(a,b)}{\partial x^p \partial y^q}h^p k^q + R_n, \tag{6.29}$$

$$R_n = \sum_{p+q=n} \frac{1}{p!q!} \frac{\partial^n}{\partial x^p \partial y^q} f(a+\theta h, b+\theta k) h^p k^q, \quad 0 < \theta < 1,$$

其中, $\partial^{p+q} f(a,b)/\partial x^p \partial y^q$ 是偏导函数 $\partial^{p+q} f(x,y)/\partial x^p \partial y^q$ 在 $x=a, y=b$ 处的值, 并且 $\displaystyle\sum_{1 \leqslant p+q \leqslant n-1}$ 表示所有满足 $1 \leqslant p+q \leqslant n-1$ 的非负整数对 (p,q) 的和; $\displaystyle\sum_{p+q=n}$ 表示所有满足 $p+q=n$ 的非负整数对 (p,q) 的和, 称 R_n 为余项. 令 $x=a+h, y=b+k$, 则式 (6.29) 可以改写为

$$f(x,y) = f(a,b) + \sum_{1 \leqslant p+q \leqslant n-1} \frac{1}{p!q!} \frac{\partial^{p+q} f(a,b)}{\partial x^p \partial y^q} (x-a)^p (y-b)^q + R_n, \tag{6.30}$$

$$R_n = \sum_{p+q=n} \frac{1}{p!q!} \frac{\partial^{p+q} f(\xi,\eta)}{\partial x^p \partial y^q} (x-a)^p (y-b)^q,$$

$$\xi = a + \theta(x-a), \quad \eta = b + \theta(y-b), \quad 0 < \theta < 1.$$

使线段 AP 包含于 D 的点 $P=(x,y)$ 的全体集合用 D_A 表示: $D_A = \{P | AP \subset D\}$, 则 D_A 显然是 D 的子领域. 在 Taylor 公式 (6.30) 中当然假设了 $(x,y) \in D_A$. 若 $f(x,y)$ 为 $\mathscr{C}^\infty$ 类函数, 则对任意自然数 n, 式 (6.30) 成立. 此时, 若在某领域 $W (A \in W \subset D_A)$ 上的每一点处,

$$\lim_{n \to \infty} R_n = 0,$$

则 $f(x,y)$ 作为 W 上无穷级数的和, 可以表示为

$$f(x,y) = f(a,b) + \sum_{n=1}^{\infty} \sum_{p+q=n} \frac{1}{p!q!} \frac{\partial^{p+q} f(a,b)}{\partial x^p \partial y^q} (x-a)^p (y-b)^q. \tag{6.31}$$

g) 二重级数

运用上述公式 (6.31), 对二重级数进行阐述.

$$
\begin{array}{cccccccc}
\cdot & \cdot & \cdot & \cdot & \cdot & \cdot & \cdot & \cdot \\
\cdot & \cdot & \cdot & \cdot & \cdot & \cdot & \cdot & \cdot \\
\cdot & \cdot & \cdot & & & & & \\
a_{1n} & a_{2n} & a_{3n} & \cdot & \cdot & a_{mn} & \cdot & \cdot \\
\cdot & \cdot & \cdot & & & & & \\
\cdot & \cdot & \cdot & & & & & \\
a_{13} & a_{23} & a_{33} & \cdot & \cdot & a_{m3} & \cdot & \cdot \\
a_{12} & a_{22} & a_{32} & \cdot & \cdot & a_{m2} & \cdot & \cdot \\
a_{11} & a_{21} & a_{31} & \cdot & \cdot & a_{m1} & \cdot & \cdot \\
\end{array}
$$

称这样排列的实数为**二重序列**(double sequence), 记为 $\{a_{mn}\}$. 若全体自然数集合用 **N** 表示, 则二重序列 $\{a_{mn}\}$ 是定义在直积 $\mathbf{N} \times \mathbf{N}$ 上的两个变量 m, n 的二元函数: $a(m, n) = a_{mn}$. 有时 a_{mn} 也写成 $a_{m,n}$.

定义 6.5 设 $\{a_{mn}\}$ 是二重序列. 如果存在一个实数 α, 使得对于任意的正实数 ε, 存在自然数 $n_0(\varepsilon)$,

$$\text{只要 } m > n_0(\varepsilon), n > n_0(\varepsilon), \quad \text{就有} \quad |a_{mn} - \alpha| < \varepsilon \text{ 成立},$$

那么就称二重序列 $\{a_{mn}\}$ 收敛于 α, 记为

$$\lim_{\substack{m \to \infty \\ n \to \infty}} a_{mn} = \alpha.$$

并且称 α 为二重序列 $\{a_{mn}\}$ 的极限或极限值.

与数列的情况相同, 当二重序列收敛于某实数时, 称 $\{a_{mn}\}$ 收敛, 极限 $\lim_{\substack{m \to \infty \\ n \to \infty}} a_{mn}$ 存在等.

定理 6.16 (Cauchy 判别法) 二重序列 $\{a_{mn}\}$ 收敛的充分必要条件是对于任意正实数 ε, 存在自然数 $n_0(\varepsilon)$, 使得

$$\text{只要 } m \geqslant p > n_0(\varepsilon), \quad n \geqslant q > n_0(\varepsilon), \quad \text{就有 } |a_{mn} - a_{pq}| < \varepsilon \text{ 成立}. \tag{6.32}$$

证明 必要条件显然成立, 所以只需证明充分条件, 即证明满足条件的二重序列 $\{a_{mn}\}$ 收敛于某个实数 α 即可. 令 $a_n = a_{nn}$, 则根据式 (6.32),

$$\text{当 } n \geqslant q > n_0(\varepsilon) \text{ 时}, \quad |a_n - a_q| < \varepsilon.$$

因此根据 Cauchy 判别法 (1.4 节定理 1.13), 数列 $\{a_n\}$ 收敛, 并设其极限为 α. 在式 (6.32) 中如果分别用 m, n 替换 p, q, 用 q 替换 m, n, 那么

$$\text{当 } q \geqslant m > n_0(\varepsilon), \quad q \geqslant n > n_0(\varepsilon) \text{ 时}, \quad |a_{mn} - a_q| < \varepsilon.$$

因为 $\lim_{q \to \infty} a_q = \alpha$, 所以

$$\text{当 } m > n_0(\varepsilon), \quad n > n_0(\varepsilon) \text{ 时}, \quad |a_{mn} - \alpha| \leqslant \varepsilon.$$

其中 ε 是任意的正实数. 因此二重序列 $\{a_{mn}\}$ 收敛于 α. $\qquad \square$

二重序列的极限 $\lim_{\substack{m \to \infty \\ n \to \infty}} a_{mn}$ 与按顺序取极限所得的 $\lim_{n \to \infty} \lim_{m \to \infty} a_{mn}$ 和 $\lim_{m \to \infty} \lim_{n \to \infty} a_{mn}$ 具有不同的含义.

例 6.9　令 $a_{mn} = a_{m,n} = 2mn/(m^2 + n^2)$, 则 $\lim\limits_{m \to \infty} a_{mn} = 0$, $\lim\limits_{n \to \infty} a_{mn} = 0$, 从而 $\lim\limits_{n \to \infty} \lim\limits_{m \to \infty} a_{mn} = \lim\limits_{m \to \infty} \lim\limits_{n \to \infty} a_{mn} = 0$, 但是极限 $\lim\limits_{\substack{m \to \infty \\ n \to \infty}} a_{mn}$ 不存在. 这是因为, 任取自然数 k, 并且令 $m = kn$ 时,

$$a_{mn} = a_{kn,n} = \frac{2k}{k^2 + 1},$$

若极限 $\alpha = \lim\limits_{\substack{m \to \infty \\ n \to \infty}} a_{mn}$ 存在, 则对于所有自然数 k, $\alpha = 2k/(k^2 + 1)$, 由此产生矛盾.

例 6.10　令 $a_{mn} = (-1)^n/m + (-1)^m/n$, 则存在极限 $\lim\limits_{\substack{m \to \infty \\ n \to \infty}} a_{mn} = 0$, 但是 $\lim\limits_{m \to \infty} a_{mn}$ 和 $\lim\limits_{n \to \infty} a_{mn}$ 都不存在.

定理 6.17　设极限 $\alpha = \lim\limits_{\substack{m \to \infty \\ n \to \infty}} a_{mn}$ 存在. 如果对于每一个 n, 极限 $\lim\limits_{m \to \infty} a_{mn}$ 存在, 那么 $\lim\limits_{n \to \infty} \lim\limits_{m \to \infty} a_{mn} = \alpha$. 并且如果对于每一个 m, 极限 $\lim\limits_{n \to \infty} a_{mn}$ 存在, 那么 $\lim\limits_{m \to \infty} \lim\limits_{n \to \infty} a_{mn} = \alpha$.

证明　根据假设, 对于任意正实数 ε, 存在自然数 $n_0(\varepsilon)$, 使得

只要 $m > n_0(\varepsilon)$, 　$n > n_0(\varepsilon)$, 　就有 $|a_{mn} - \alpha| < \varepsilon$ 成立.

令 $l_n = \lim\limits_{m \to \infty} a_{mn}$, 则

当 $n > n_0(\varepsilon)$ 时, $|l_n - \alpha| \leqslant \varepsilon$ 成立.

因此, $\lim\limits_{n \to \infty} l_n = \alpha$.　　　　□

设 $\{a_{mn}\}$ 是二重序列, 则称具有

$$\sum_{m,n=1}^{\infty} a_{mn}$$

形式的式子为**二重级数**(double series), 并且称 a_{mn} 为它的项. 对于二重级数, 称级数 $\sum\limits_{n=1}^{\infty} a_n$ 为**简单级数**(simple series). 同简单级数的情况相同, 对于二重级数 $\sum\limits_{m,n=1}^{\infty} a_{mn}$, 我们考虑其部分和:

$$s_{mn} = \sum_{p=1}^{m} \sum_{q=1}^{n} a_{pq},$$

当二重序列 $\{s_{mn}\}$ 收敛时, 称二重级数 $\sum\limits_{m,n=1}^{\infty} a_{mn}$ 收敛. 称 $s = \lim\limits_{\substack{m \to \infty \\ n \to \infty}} s_{mn}$ 为二重级数的和, 并且记为

$$s = \sum_{m,n=1}^{\infty} a_{mn}.$$

当二重序列 $\{s_{mn}\}$ 不收敛时, 称二重级数 $\sum_{m,n=1}^{\infty} a_{mn}$ 发散. 另外, 以各项 a_{mn} 的绝

对值 $|a_{mn}|$ 为项的二重级数 $\sum_{m,n=1}^{\infty} |a_{mn}|$ 收敛时, 称二重级数 $\sum_{m,n=1}^{\infty} a_{mn}$ 为绝对收

敛.

令

$$\sigma_{mn} = \sum_{p=1}^{m} \sum_{q=1}^{n} |a_{pq}|,$$

则

$$\text{当 } m \geqslant p, n \geqslant q \text{ 时, } |s_{mn} - s_{pq}| \leqslant \sigma_{mn} - \sigma_{pq},$$

所以根据 Cauchy 判别法 (定理 6.16), 绝对收敛的二重级数是收敛的.

因为

$$\text{当 } m \geqslant p, \quad n \geqslant q \text{ 时, } \quad \sigma_{pq} \leqslant \sigma_{mn}, \tag{6.33}$$

所以若 $\{\sigma_{mn}\}$ 收敛, 则 $\sigma_{pq} \leqslant \lim_{\substack{m \to \infty \\ n \to \infty}} \sigma_{mn}$, 因此二重序列 $\{\sigma_{mn}\}$ 有界. 反之, 若 $\{\sigma_{mn}\}$

有界, 则 $\{\sigma_{mn}\}$ 收敛. 这是因为, 当 $\sigma_n = \sigma_{nn}$ 时, 序列 $\{\sigma_n\}$ 有界, 并且根据式 (6.33),

它单调非减. 从而根据 1.5 节定理 1.20, $\{\sigma_n\}$ 收敛. 并且根据式 (6.33), σ_{mn} 介于

σ_m 和 σ_n 之间, 即二重级数 $\sum_{m,n=1}^{\infty} a_{mn}$ 绝对收敛的充分必要条件是对于所有的自

然数 m, n, 存在满足

$$\sum_{p=1}^{m} \sum_{q=1}^{n} |a_{pq}| \leqslant M \tag{6.34}$$

的常数 M. 若 $\sum_{m,n=1}^{\infty} a_{m,n}$ 绝对收敛, 则按任意的顺序将所有的项 $a_{m,n}$ 排成一列得

到的简单级数也绝对收敛, 并且其和为 $\sum_{m,n=1}^{\infty} a_{m,n}$. 例如简单级数

$$a_{1,1} + a_{2,1} + a_{1,2} + \cdots + a_{n,1} + a_{n-1,2} + \cdots + a_{1,n} + \cdots$$

绝对收敛, 并且

$$\sum_{n=2}^{\infty} \sum_{p+q=n} a_{p,q} = \sum_{m,n=1}^{\infty} a_{m,n}. \tag{6.35}$$

根据式 (6.34), 将 $a_{m,n}$ 排成一列而得到的简单级数显然绝对收敛. 并且根据定理

5.1 的 (1), 绝对收敛的简单级数的和不会随各项顺序的变化而变化, 所以只需证明

等式 (6.35) 成立即可说明该级数的和等于 $\sum\limits_{m,n=1}^{\infty} a_{mn}$. 显然, 当 $m \to \infty$ 时,

$$\left| \sum_{p=1}^{m} \sum_{q=1}^{n} a_{p,q} - \sum_{n=2}^{m} \sum_{p+q=n} a_{p,q} \right| \leqslant \sum_{n=m+1}^{2m} \sum_{p+q=n} |a_{p,q}| \to 0,$$

所以

$$\sum_{n=2}^{\infty} \sum_{p+q=n} a_{p,q} = \lim_{m \to \infty} \sum_{p=1}^{m} \sum_{q=1}^{m} a_{p,q} = \sum_{m,n=1}^{\infty} a_{m,n},$$

即式 (6.35) 成立.

　　此外, 若 $\sum\limits_{m,n=1}^{\infty} a_{mn}$ 绝对收敛, 则对于每一个 m, 简单级数 $\sum\limits_{n=1}^{\infty} a_{mn}$ 绝对收敛, 以其和为项的简单级数 $\sum\limits_{m=1}^{\infty} \left(\sum\limits_{n=1}^{\infty} a_{mn} \right)$ 也绝对收敛, 并且等式

$$\sum_{m=1}^{\infty} \sum_{n=1}^{\infty} a_{mn} = \sum_{m,n=1}^{\infty} a_{mn} \tag{6.36}$$

成立. [证明] 根据假设, (6.34) 的不等式 $\sum\limits_{p=1}^{m} \sum\limits_{q=1}^{n} |a_{pq}| \leqslant M$ 成立. 所以, 对于每一个 m, $\sum\limits_{q=1}^{n} |a_{mq}| \leqslant M$, 因此 $\sum\limits_{n=1}^{\infty} a_{mn}$ 绝对收敛. 又因为

$$\sum_{p=1}^{m} \left| \sum_{n=1}^{\infty} a_{pn} \right| \leqslant \sum_{p=1}^{m} \sum_{n=1}^{\infty} |a_{pn}| \leqslant M,$$

所以 $\sum\limits_{m=1}^{\infty} \left(\sum\limits_{n=1}^{\infty} a_{mn} \right)$ 也绝对收敛. 若考虑部分和 $s_{mn} = \sum\limits_{p=1}^{m} \sum\limits_{q=1}^{n} a_{pq}$, 因为极限 $\lim\limits_{\substack{m \to \infty \\ n \to \infty}} s_{mn}$, $\lim\limits_{n \to \infty} s_{mn}$ 存在, 所以根据定理 6.17,

$$\lim_{m \to \infty} \lim_{n \to \infty} s_{mn} = \lim_{\substack{m \to \infty \\ n \to \infty}} s_{mn},$$

即式 (6.36) 成立.　　　　　　　　　　　　　　　　　　　　　　　　　□

　　同理, 若 $\sum\limits_{m,n=1}^{\infty} a_{mn}$ 绝对收敛, 则 $\sum\limits_{m=1}^{\infty} a_{mn}$ 绝对收敛, $\sum\limits_{n=1}^{\infty} \sum\limits_{m=1}^{\infty} a_{mn}$ 也绝对收敛, 并且

$$\sum_{n=1}^{\infty} \sum_{m=1}^{\infty} a_{mn} = \sum_{m,n=1}^{\infty} a_{mn}. \tag{6.37}$$

如果二重级数 $\displaystyle\sum_{m,n=1}^{\infty} a_{mn}$ 收敛, 但非绝对收敛时, 称二重级数 $\displaystyle\sum_{m,n=1}^{\infty} a_{mn}$ 为

条件收敛. 二重级数的条件收敛是复杂的. $\displaystyle\sum_{m,n=1}^{\infty} a_{mn}$ 的各项 a_{mn} 可以用部分和

$s_{m,n} = \displaystyle\sum_{p=1}^{m}\sum_{q=1}^{n} a_{pq}$ 表示为

$$a_{mn} = s_{m,n} - s_{m,n-1} - s_{m-1,n} + s_{m-1,n-1}.$$

所以, 若 $\displaystyle\sum_{m,n=1}^{\infty} a_{mn}$ 收敛, 则 $\displaystyle\lim_{\substack{m\to\infty\\ n\to\infty}} a_{mn} = 0$, 在条件收敛时, $\{a_{mn}\}$ 未必有界.

例 6.11　令 $a_{11} = -1, a_{n1} = a_{1n} = -n, a_{n2} = a_{2n} = n, n = 2,3,4,\cdots$, 则观察

$$
\begin{array}{ccccccccc}
\cdot & \cdot & \cdot & \cdot & \cdot & \cdot & \cdot & \cdot & \cdot \\
\cdot & \cdot & \cdot & \cdot & \cdot & \cdot & \cdot & \cdot & \cdot \\
-4 & 4 & a_{34} & a_{44} & a_{54} & \cdot & \cdot & \cdot & \cdot \\
-3 & 3 & a_{33} & a_{43} & a_{53} & \cdot & \cdot & \cdot & \cdot \\
-2 & 2 & 3 & 4 & 5 & \cdot & \cdot & \cdot & \cdot \\
-1 & -2 & -3 & -4 & -5 & \cdot & \cdot & \cdot & \cdot
\end{array}
$$

可知, 当 $m \geqslant 3, n \geqslant 3$ 时,

$$s_{m,n} = -3 + \sum_{p=3}^{m}\sum_{q=3}^{n} a_{pq}.$$

因此, 若二重级数 $\displaystyle\sum_{m,n=3}^{\infty} a_{mn}$ 收敛, 则 $\displaystyle\sum_{m,n=1}^{\infty} a_{mn}$ 也收敛, $\{a_{mn}\}$ 显然是无界的.

当 $\displaystyle\sum_{m,n=1}^{\infty} a_{mn}$ 绝对收敛时, $\{a_{mn}\}$ 一定有界.

形如 $\displaystyle\sum_{m,n=0}^{\infty} a_{mn} x^m y^n$ 的二重级数称为**两个变量 x, y 的幂级数**. 对于平面 $\mathbf{R}^2$ 上

的点 $(\xi,\eta), \xi \neq 0, \eta \neq 0$, 若二重序列 $\{a_{mn}\xi^m\eta^n\}$ 有界, 则当 $|x| < |\xi|, |y| < |\eta|$ 时,

幂级数 $\displaystyle\sum_{m,n=0}^{\infty} a_{mn} x^m y^n$ 绝对收敛. 当然二重序列 $\{a_{mn}\xi^m\eta^n\}$ 中的 m, n 的定义域

为全体非负整数 $\{0\} \cup \mathbf{N}$. [证明] 根据假设,

$$|a_{mn}\xi^m\eta^n| < M, \quad M \text{ 是常数},$$

所以

$$|a_{mn}| < \frac{M}{|\xi|^m |\eta|^n}.$$

又因为 $|x|/|\xi| < 1$, $|y|/|\eta| < 1$, 所以

$$\sum_{p=0}^{m} \sum_{q=0}^{n} |a_{pq} x^p y^q| \leqslant M \sum_{p=0}^{m} \left(\frac{|x|}{|\xi|}\right)^p \sum_{q=0}^{n} \left(\frac{|y|}{|\eta|}\right)^q \leqslant M \sum_{p=0}^{\infty} \left(\frac{|x|}{|\xi|}\right)^p \sum_{q=0}^{\infty} \left(\frac{|y|}{|\eta|}\right)^q$$

$$= \frac{M |\xi| |\eta|}{(|\xi| - |x|)(|\eta| - |y|)} < +\infty.$$

因此, $\displaystyle\sum_{m,n=0}^{\infty} a_{mn} x^m y^n$ 绝对收敛. □

令

$$U_{\xi,\eta} = \{(x,y) \,|\, |x| < |\xi|, \quad |y| < |\eta|\}, \tag{6.38}$$

即 $(x,y) \in U_{\xi,\eta}$ 时, 幂级数 $\displaystyle\sum_{m,n=0}^{\infty} a_{mn} x^m y^n$ 绝对收敛. 对于 $\{a_{mn} \xi^m \eta^n\}$ 有界的所有的点 (ξ, η), $\xi \neq 0, \eta \neq 0$, 根据式 (6.38) 可分别确定开矩形 $U_{\xi,\eta}$, 令其并集为

$$G = \cup U_{\xi,\eta},$$

G 显然是 $\mathbf{R}^2$ 上的领域, 并且若 $(x,y) \in G$, 则幂级数 $\displaystyle\sum_{m,n=0}^{\infty} a_{mn} x^m y^n$ 绝对收敛.

反之, 若 $\displaystyle\sum_{m,n=0}^{\infty} a_{mn} x^m y^n$ 绝对收敛, 则当 $x \neq 0, y \neq 0$ 时, (x,y) 属于 G 的闭包 $[G]$. 这是因为, 此时根据上面结果 $U_{x,y} \subset G$, 所以 $(x,y) \in [U_{x,y}] \subset [G]$. 因此当 $(x,y) \notin [G], x \neq 0, y \neq 0$ 时, 幂级数 $\displaystyle\sum_{m,n=0}^{\infty} a_{mn} x^m y^n$ 不绝对收敛. 称领域 G 为幂级数 $\displaystyle\sum_{m,n=0}^{\infty} a_{mn} x^m y^n$ 的**收敛域**. 当幂级数 $\displaystyle\sum_{m,n=0}^{\infty} a_{mn} x^m y^n$ 在所有的点 $(x,y), x \neq 0, y \neq 0$, 上都不绝对收敛时, 其收敛域为空集.

如在前一小节结尾处所述, 对于 $A \in W \subset D_A$ $(A = (a,b))$ 的某领域 W 的每一点 (x,y) 处, 若 Taylor 公式 (6.30) 的余项 R_n 当 $n \to \infty$ 时收敛于 0, 则在 W 上式 (6.31) 的公式:

$$f(x,y) = f(a,b) + \sum_{n=1}^{\infty} \sum_{p+q=n} \frac{1}{p! q!} \frac{\partial^{p+q} f(a,b)}{\partial x^p \partial y^q} (x-a)^p (y-b)^q$$

成立. 右边作为 $x - a, y - b$ 的幂级数, 写成

$$\sum_{m,n=0}^{\infty} \frac{1}{m! n!} \frac{\partial^{m+n} f(a,b)}{\partial x^m \partial y^n} (x-a)^m (y-b)^n,$$

假设其收敛域非空, 并令其收敛域为 G, 则根据式 (6.31) 和式 (6.35), 在点 (a,b) 的邻域 [1] $W \cap G$ 上, $f(x,y)$ 可以表示为 $x-a, y-b$ 的绝对收敛幂级数的和:

$$f(x,y) = \sum_{m,n=0}^{\infty} \frac{1}{m!n!} \frac{\partial^{m+n} f(a,b)}{\partial x^m \partial y^n} (x-a)^m (y-b)^n. \tag{6.39}$$

此公式右侧的幂级数称为以点 (a,b) 为中心的 **Taylor 级数**, 或者称为 $f(x,y)$ 的以 (a,b) 为中心的 **Taylor 展开**. 用式 (6.39) 的形式表示的 $f(x,y)$ 称为 $f(x,y)$ 的以 (a,b) 为中心的 Taylor 展开.

例 6.12　举一个非常简单的例子, 我们来看一看定义在领域 $D = \{(x,y) \,|\, |x+y| < 1\}$ 上的 $\mathscr{C}^{\infty}$ 类函数:

$$f(x,y) = \frac{1}{1-x-y}$$

以原点 $(0,0)$ 为中心的 Taylor 展开. 因为

$$\frac{\partial^{m+n} f(x,y)}{\partial x^m \partial y^n} = \frac{(m+n)!}{(1-x-y)^{m+n+1}},$$

所以, 以 $(0,0)$ 为中心的 $f(x,y)$ 的 Taylor 展开为:

$$\sum_{m,n=0}^{\infty} \frac{(m+n)!}{m!n!} x^m y^n. \tag{6.40}$$

若将上式改写成如式 (6.31) 右边的级数, 则根据二项式定理,

$$1 + \sum_{n=1}^{\infty} \sum_{p+q=n} \frac{n!}{p!q!} x^p y^q = 1 + \sum_{n=1}^{\infty} (x+y)^n.$$

显然, 当 $|x+y| < 1$ 时, 该级数绝对收敛, 并且其和等于 $1/(1-x-y) = f(x,y)$. 此时的 $f(x,y)$ 在定义域 D 的所有点处使得式 (6.31) 都成立. 所以当 $n \to \infty$ 时, Taylor 公式 (6.30) 的余项 R_n 收敛于 0. 但是, 当 $|x+y| \geqslant 1$ 时, Taylor 级数式 (6.40) 不一定绝对收敛. 若式 (6.40) 绝对收敛, 则根据式 (6.35),

$$\sum_{n=0}^{\infty} (|x|+|y|)^n = \sum_{n=0}^{\infty} \sum_{p+q=n} \frac{(p+q)!}{p!q!} |x|^p |y|^q = \sum_{m,n=0}^{\infty} \frac{(m+n)!}{m!n!} |x|^m |y|^n < +\infty,$$

因而, 必有 $|x| + |y| < 1$. 反之, 若 $|x| + |y| < 1$, 则

---

[1] 称包含平面上点 A 的任意开集合为 A 的**邻域**. 这已经在 1.6 节 c) 中阐述.

$$\sum_{p=0}^{m} \sum_{q=0}^{n} \frac{(p+q)!}{p!q!} |x|^p |y|^q \leqslant \sum_{n=0}^{\infty} (|x| + |y|)^n < +\infty,$$

所以, 式 (6.40) 绝对收敛. 因此 Taylor 级数式 (6.40) 的收敛域是 $G = \{(x,y) \,| |x| + |y| < 1\}$, 并且 Taylor 展开

$$\frac{1}{1 - x - y} = \sum_{m,n=0}^{\infty} \frac{(m+n)!}{m!n!} x^m y^n$$

仅在 G 上成立.

定义在领域 D 上的 $\mathscr{C}^{\infty}$ 类函数 $f(x,y)$, 当它在 D 上的每一点 (a,b) 的某个邻域上可以展成以 (a,b) 为中心的 Taylor 级数时, 称 $f(x,y)$ 为两个变量 x,y 的二元**实解析函数**.

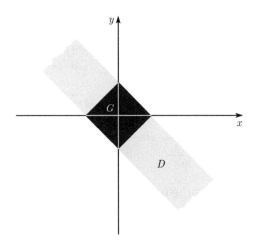

6.3   极限的顺序

a) 极限的顺序

假设二重序列 $\{a_{mn}\}$ 存在极限 $\alpha_m = \lim_{n \to \infty} a_{mn}$. $\alpha_m = \lim_{n \to \infty} a_{mn}$ 表示对于任意正实数 ε, 存在自然数 $n_0(\varepsilon, m)$, 使得

$$\text{当 } n > n_0(\varepsilon, m) \text{ 时,} \quad \text{有} \quad |a_{mn} - \alpha_m| < \varepsilon.$$

一般地, $n_0(\varepsilon, m)$ 也与 m 有关. 如果此处假设 $n_0(\varepsilon, m) = n_0(\varepsilon)$ 不依赖于 m, 则称当 $n \to \infty$ 时, 关于 m, a_{mn} 收敛于 α_m 是**一致**的, 或者称 $a_{mn} \to \alpha_m (n \to \infty)$ 关于 m 一致收敛, 或者称当 $n \to \infty$ 时, a_{mn} 关于 m 一致收敛于 α_m.

如上一小节例 6.9 所述, 即使 $\lim\limits_{m\to\infty}\lim\limits_{n\to\infty}a_{mn}$ 存在, $\lim\limits_{\substack{m\to\infty\\n\to\infty}}a_{mn}$ 也未必存在. 但是如果 $n\to\infty$ 时, a_{mn} 关于 m 一致收敛于 α_m, 并且 $m\to\infty$ 时, a_m 收敛于 α, 那么二重序列 $\{a_{mn}\}$ 收敛于 α: $\lim\limits_{\substack{m\to\infty\\n\to\infty}}a_{mn}=\alpha$. [证明] 对于任意正实数 ε, 存在自然数 $n_0(\varepsilon), m_0(\varepsilon)$, 使得

$$\text{当 } n>n_0(\varepsilon) \text{ 时,} \quad |a_{mn}-\alpha_m|<\varepsilon,$$
$$\text{当 } m>m_0(\varepsilon) \text{ 时,} \quad |\alpha_m-\alpha|<\varepsilon.$$

所以

$$\text{当 } m>m_0(\varepsilon),\, n>n_0(\varepsilon) \text{ 时,} \quad |a_{mn}-\alpha|<2\varepsilon \text{ 成立.}$$

因此, $\lim\limits_{\substack{m\to\infty\\n\to\infty}}a_{mn}=\alpha$. □

二重序列 $\{a_{mn}\}$ 是定义在 $\mathbf{N}\times\mathbf{N}$ 上的两个变量 m,n 的二元函数, 对于定义在实直线上的二个区间 I,J 的直积 $I\times J$ 上的两个变量 x,y 的二元函数 $f(x,y)$, 也有同样的结果成立.

如果当 x 固定时, $f(x,y)$ 关于 y 连续, 那么对于每一个 $b\in J$, $\lim\limits_{y\to b}f(x,y)=f(x,b)$. 当此收敛是关于 x 一致时, 则对于任意的正实数 ε, 存在不依赖于 x 的正实数 $\delta(\varepsilon)=\delta(\varepsilon,b)$, 使得

$$\text{若 } |y-b|<\delta(\varepsilon), \quad \text{则} \quad |f(x,y)-f(x,b)|<\varepsilon$$

成立, 称函数 $f(x,y)$ 关于 x 一致, 关于 y 连续.

如果函数 $f(x,y)$ 关于 x 连续, 并且关于 x 一致, 关于 y 连续, 那么 $f(x,y)$ 作为两个变量 x,y 的二元函数连续. [证明] 任取点 $(a,b)\in I\times J$, 则根据假设, 对于任意正实数 ε, 存在正实数 $\delta(\varepsilon)$, 使得

$$\text{只要 } |y-b|<\delta(\varepsilon), \quad \text{就有} \quad |f(x,y)-f(x,b)|<\varepsilon \text{ 成立.}$$

又因为 $f(x,b)$ 关于 x 连续, 所以存在正实数 $\gamma(\varepsilon)$, 使得

$$\text{只要 } |x-a|<\gamma(\varepsilon), \quad \text{就有} \quad |f(x,b)-f(a,b)|<\varepsilon \text{ 成立.}$$

所以

$$\text{只要 } |x-a|<\gamma(\varepsilon),\, |y-b|<\delta(\varepsilon), \quad \text{就有} \quad |f(x,y)-f(a,b)|<2\varepsilon \text{ 成立.}$$

因此 $\lim\limits_{(x,y)\to(a,b)}f(x,y)=f(a,b)$, 又因为 (a,b) 是 $I\times J$ 上任意点, 所以 $f(x,y)$ 是两个变量 x,y 的二元连续函数. □

令 $f(x, y)$ 是例 6.2 中的函数. $f(x, y)$ 关于 x 和 y 都连续, 但是作为两个变量 x, y 的二元函数在原点 $(0, 0)$ 处不连续. $f(x, 0) = 0$, 当 $y \neq 0$ 时, $f(x, y) = 2xy/(x^2 + y^2)$. 所以对于给定的 $\varepsilon, 0 < \varepsilon < 1$, 要证明

$$\text{只要 } |y| < \delta, \quad \text{就有} \quad |f(x, y) - f(x, 0)| < \varepsilon \text{ 成立},$$

显然, 必须要求不等式

$$\delta \leqslant |x| \varepsilon / (1 + \sqrt{1 - \varepsilon^2})$$

成立. 因此, 收敛的极限 $\lim\limits_{y \to 0} f(x, y) = f(x, 0)$ 关于 x 不一致收敛.

定理 6.18 如果二重序列 $\{a_{mn}\}$ 存在极限 $\alpha_m = \lim\limits_{n \to \infty} a_{mn}$ 和 $\lim\limits_{m \to \infty} a_{mn}$, 并且 $a_{mn} \to \alpha_m (n \to \infty)$ 的收敛关于 m 一致, 那么极限 $\lim\limits_{m \to \infty} \alpha_m = \lim\limits_{m \to \infty} \lim\limits_{n \to \infty} a_{mn}$ 和 $\lim\limits_{n \to \infty} \lim\limits_{m \to \infty} a_{mn}$ 都存在, 并且等式

$$\lim_{m \to \infty} \lim_{n \to \infty} a_{mn} = \lim_{n \to \infty} \lim_{m \to \infty} a_{mn} \tag{6.41}$$

成立.

证明 根据假设, 对于任意的正实数 ε, 存在自然数 $n_0(\varepsilon)$, 使得

$$\text{只要 } n > n_0(\varepsilon), \quad \text{就有} \quad |a_{mn} - \alpha_m| < \varepsilon \text{ 成立}. \tag{6.42}$$

又对于每一个 n, 存在自然数 $m_0(\varepsilon, n)$, 使得

$$\text{只要 } m > k > m_0(\varepsilon, n), \quad \text{就有} \quad |a_{mn} - a_{kn}| < \varepsilon \text{ 成立}.$$

因此, 对于给定的 ε, 若确定一个满足 $n > n_0(\varepsilon)$ 的 n, 并且令 $m_0(\varepsilon) = m_0(\varepsilon, n)$, 则

$$|\alpha_m - \alpha_k| \leqslant |\alpha_m - a_{mn}| + |a_{mn} - a_{kn}| + |a_{kn} - \alpha_k|,$$

所以

$$\text{只要 } m > k > m_0(\varepsilon), \quad \text{就有} \quad |\alpha_m - \alpha_k| < 3\varepsilon \text{ 成立},$$

其中 ε 是任意正实数. 因此根据 Cauchy 判别法, 极限 $\lim\limits_{m \to \infty} \alpha_m$ 存在. 再根据式 (6.42),

$$\text{当 } n > n_0(\varepsilon) \text{ 时}, \quad \left| \lim_{m \to \infty} a_{mn} - \lim_{m \to \infty} \alpha_m \right| \leqslant \varepsilon \text{ 成立}.$$

因此

$$\lim_{n \to \infty} \lim_{m \to \infty} a_{mn} = \lim_{m \to \infty} \alpha_m = \lim_{m \to \infty} \lim_{n \to \infty} a_{mn}. \qquad \square$$

根据定理 6.18, 在 $a_{mn} \to \alpha_m (n \to \infty)$ 的收敛是 "关于 m 一致" 这一假设下, 极限 $\lim\limits_{m \to \infty} \lim\limits_{n \to \infty} a_{mn}$ 与 $\lim\limits_{m \to \infty}$ 和 $\lim\limits_{n \to \infty}$ 的顺序无关, 即改变 $\lim\limits_{m \to \infty}$ 和 $\lim\limits_{n \to \infty}$ 顺序其值

不变. 但在没有条件限制时, 它不成立.

例 6.13 令 $a_{mn} = (-1)^n m/(m+n)$, 则 $\lim\limits_{n\to\infty} a_{mn} = 0$, $\lim\limits_{m\to\infty}\lim\limits_{n\to\infty} a_{mn} = 0$, $\lim\limits_{m\to\infty} a_{mn} = (-1)^n$, 但是极限 $\lim\limits_{n\to\infty}\lim\limits_{m\to\infty} a_{mn} = \lim\limits_{n\to\infty}(-1)^n$ 不存在.

又如, 若令 $a_{mn} = m/(m+n)$, 则 $\lim\limits_{n\to\infty} a_{mn} = 0$, $\lim\limits_{m\to\infty}\lim\limits_{n\to\infty} a_{mn} = 0$, $\lim\limits_{m\to\infty} a_{mn} = 1$, 并且极限 $\lim\limits_{n\to\infty}\lim\limits_{m\to\infty} a_{mn} = 1$ 存在, 但等式 (6.41) 不成立. 因此, 根据定理 6.18, $a_{mn} \to 0(n\to\infty)$ 的收敛不应该关于 m 一致. 事实上, 对给定的 $\varepsilon, 0 < \varepsilon < 1$, 若当 $n > n_0$ 时, $a_{mn} < \varepsilon$, 则 $m < \varepsilon(m+n_0+1)$, 所以 $n_0 > (1/\varepsilon-1)m - 1$. 因此, 对于所有的 m, 当 $n > n_0(\varepsilon)$ 时, 不存在满足 $a_{mn} < \varepsilon$ 的 $n_0(\varepsilon)$.

二重序列 $\{a_{mn}\}$ 是定义在 $\mathbf{N} \times \mathbf{N}$ 上的两个变量 m, n 的二元函数 $a(m,n) = a_{mn}$. 如果把定义在实直线 $\mathbf{R}$ 的某区间 I 上的函数序列 $\{f_n(x)\}$, 看作是定义在 $I \times \mathbf{N}$ 上的关于 x 和 n 的函数 $f(x,n) = f_n(x)$, 则关于函数 $f(x,n)$ 上述定理 6.18 的结论同样成立. 即当函数序列 $\{f_n(x)\}$ 在区间 I 上一致收敛时, 对于点 $c \in I$, 若极限 $\lim\limits_{x\to c} f_n(x)$ 存在, 则极限 $\lim\limits_{x\to c}\lim\limits_{n\to\infty} f_n(x)$ 和 $\lim\limits_{n\to\infty}\lim\limits_{x\to c} f_n(x)$ 都存在, 并且等式

$$\lim_{x\to c}\lim_{n\to\infty} f_n(x) = \lim_{n\to\infty}\lim_{x\to c} f_n(x) \tag{6.43}$$

成立. 特别地, 当函数 $f_n(x)$ 在区间 I 上连续且 $\{f_n(x)\}$ 一致收敛时, 对于任意点 $c \in I$, $\lim\limits_{x\to c} f_n(x) = f_n(c)$, 所以根据式 (6.43),

$$\lim_{x\to c}\lim_{n\to\infty} f_n(x) = \lim_{n\to\infty} f_n(c).$$

即 $f(x) = \lim\limits_{n\to\infty} f_n(x)$ 在 I 上连续. 此结果符合 5.3 节的定理 5.5 的 (1).

如果函数 $f_n(x)$ 在闭区间 $[a,b]$ 上是连续, 并且函数序列 $\{f_n(x)\}$ 在 $[a,b]$ 上一致收敛, 那么

$$\lim_{n\to\infty}\int_a^b f_n(x)\mathrm{d}x = \int_a^b \lim_{n\to\infty} f_n(x)\mathrm{d}x. \tag{6.44}$$

这是 5.4 节的定理 5.8. 因为定积分是有限和的极限, 所以定理 5.8 也是与极限的顺序有关的定理. 实际上用定理 6.18 可以如下直接证明式 (6.44): 如 4.1 节定理 4.2 所述, 若函数 $g(x)$ 在 $[a,b]$ 上连续, 则

$$\frac{1}{b-a}\int_a^b g(x)\mathrm{d}x = \lim_{m\to\infty}\frac{1}{m}\sum_{k=1}^m g(x_k), \quad x_k = a + \frac{k(b-a)}{m}.$$

根据已知条件, $\{f_n(x)\}$ 在 $[a,b]$ 上一致收敛, 所以 $f(x) = \lim\limits_{n\to\infty} f_n(x)$ 在 $[a,b]$ 上连续, 并且对于任意的正实数 ε, 存在自然数 $n_0(\varepsilon)$, 使得

当 $n > n_0(\varepsilon)$ 时, $|f_n(x) - f(x)| < \varepsilon$ 成立.

令

$$a_{mn} = \frac{1}{m} \sum_{k=1}^{m} f_n(x_k), \quad \alpha_m = \frac{1}{m} \sum_{k=1}^{m} f(x_k),$$

则

当 $n > n_0(\varepsilon)$ 时，$|a_{mn} - \alpha_m| < \varepsilon$ 成立.

即当 $n \to \infty$ 时, a_{mn} 关于 m 一致收敛于 α_m. 并且极限

$$\lim_{m \to \infty} a_{mn} = \frac{1}{b-a} \int_a^b f_n(x)\mathrm{d}x$$

存在. 因此, 根据定理 6.18,

$$\lim_{n \to \infty} \lim_{m \to \infty} a_{mn} = \lim_{m \to \infty} \lim_{n \to \infty} a_{mn} = \lim_{m \to \infty} \alpha_m = \frac{1}{b-a} \int_a^b f(x)\mathrm{d}x.$$

所以

$$\lim_{n \to \infty} \int_a^b f_n(x)\mathrm{d}x = \int_a^b f(x)\mathrm{d}x. \qquad \square$$

b) 积分号下的微积分

引理 6.1   设 $f(x,t)$ 是定义在 $\{(x,t) \,|\, a \leqslant x \leqslant b, 0 < |t-c| < \rho\}$ 上的两个变量 x, t 的二元有界函数, 并且当 t 固定时, $f(x,t)$ 是关于 x 的连续函数. 如果对于每一个 x, 极限 $f(x) = \lim_{t \to c} f(x,t)$ 存在, 并且 $f(x)$ 关于 x 连续, 那么

$$\lim_{t \to c} \int_a^b f(x,t)\mathrm{d}x = \int_a^b f(x)\mathrm{d}x, \quad f(x) = \lim_{t \to c} f(x,t). \tag{6.45}$$

证明   假设式 (6.45) 不成立, 则对于某正实数 ε, 存在满足

$$0 < |t_n - c| < \frac{1}{n}, \quad \left| \int_a^b f(x,t_n)\mathrm{d}x - \int_a^b f(x)\mathrm{d}x \right| \geqslant \varepsilon \tag{6.46}$$

的数列 $\{t_n\}$. 令 $f_n(x) = f(x,t_n)$, 则函数序列 $\{f_n(x)\}$ 在闭区间 $[a,b]$ 上一致有界, 并且 $\lim_{n \to \infty} f_n(x) = f(x)$. 因此根据 Arzelà 定理 (5.4 节定理 5.10), $\lim_{n \to \infty} \int_a^b f_n(x)\mathrm{d}x = \int_a^b f(x)\mathrm{d}x$, 这与式 (6.46) 矛盾. $\qquad \square$

当函数 $f(x,t)$ 的定义域是 $\{(x,t) \,|\, a \leqslant x \leqslant b, 0 < t - c < \rho\}$ 或者是 $\{(x,t) \,|\, a \leqslant x \leqslant b, -\rho < t - c < 0\}$ 时, 此引理仍然成立.

定理 6.19   设 $f(x,t)$ 是定义在矩形 $K = \{(x,t) \,|\, a \leqslant x \leqslant b, \alpha \leqslant t \leqslant \beta\}$ 上的有界函数, 并且当 t 固定时关于 x 连续, 当 x 固定时关于 t 连续. 那么

(1) $F(t) = \int_a^b f(x,t)\mathrm{d}x$ 是闭区间 $[\alpha,\beta]$ 上的关于 t 的连续函数.

(2) 若 $f(x,t)$ 关于 t 可偏微, 偏导函数 $f_t(x,t)$ 在 K 上有界且当 t 固定时关于 x 连续, 则 $F(t) = \int_a^b f(x,t)\mathrm{d}x$ 是关于 t 的可微函数, 并且其导函数为

$$F'(t) = \int_a^b f_t(x,t)\mathrm{d}x. \tag{6.47}$$

(3)

$$\int_\alpha^\beta \left(\int_a^b f(x,t)\mathrm{d}x \right) \mathrm{d}t = \int_a^b \left(\int_\alpha^\beta f(x,t)\mathrm{d}t \right) \mathrm{d}x. \tag{6.48}$$

证明　(1) 根据引理 6.1, 对于任意点 c, $\alpha \leqslant c \leqslant \beta$,

$$\lim_{t \to c} \int_a^b f(x,t)\mathrm{d}x = \int_a^b \lim_{t \to c} f(x,t)\mathrm{d}x = \int_a^b f(x,c)\mathrm{d}x,$$

即 $\lim\limits_{t \to c} F(t) = F(c)$. 所以, $F(t)$ 是关于 t, $\alpha \leqslant t \leqslant \beta$ 的连续函数.

(2) 对于任意的点 c, $\alpha \leqslant c \leqslant \beta$, 只需证明函数 $F(t)$ 在 $t = c$ 处可微, 并且 $F'(c) = \int_a^b f_t(x,c)\mathrm{d}x$ 即可. 为此, 令

$$q(x,t) = \frac{f(x,t) - f(x,c)}{t - c}, \quad \alpha \leqslant t \leqslant \beta, \quad t \neq c,$$

当 t 固定时, $q(x,t)$ 关于 x 连续. 根据中值定理 (定理 3.5),

$$q(x,t) = f_t(x, c + \theta(t - c)), \quad 0 < \theta < 1,$$

并且根据假设, $f_t(x,t)$ 有界从而 $q(x,t)$ 也有界. 进而根据假设, $\lim\limits_{t \to c} q(x,c) = f_t(x,c)$, 并且 $f_t(x,c)$ 关于 x 连续. 因此, 又根据引理 6.1,

$$\lim_{t \to c} \frac{F(t) - F(c)}{t - c} = \lim_{t \to c} \int_a^b q(x,t)\mathrm{d}x = \int_a^b f_t(x,c)\mathrm{d}x.$$

即 $F(t)$ 在 $t = c$ 处可微, 并且 $F'(c) = \int_a^b f_t(x,c)\mathrm{d}x$.

(3) 令

$$g(x,t) = \int_\alpha^t f(x,u)\mathrm{d}u, \quad \alpha \leqslant t \leqslant \beta,$$

首先验证 $g(x,t)$ 满足 (2) 中 $f(x,t)$ 的条件. 因为 $f(x,t)$ 在 K 上有界, 即存在常数 M 满足 $|f(x,t)| \leqslant M$, 所以 $|g(x,t)| \leqslant M(\beta - \alpha)$, 即 $g(x,t)$ 在 K 上也有界. 根据 (1), 当 t 固定时 $g(x,t)$ 关于 x 连续. 当 x 固定时, 显然 $g(x,t)$ 关于 t 连续可微, 并

且 $g_t(x,t) = f(x,t)$, 所以 $g_t(x,t)$ 在 K 上有界且关于 x 连续. 因此根据 (2), 对于函数 $g(x,t)$, 式 (6.47) 成立:

$$\frac{\mathrm{d}}{\mathrm{d}t} \int_a^b g(x,t)\mathrm{d}x = \int_a^b g_t(x,t)\mathrm{d}x = \int_a^b f(x,t)\mathrm{d}x.$$

根据 (1), 此式右侧是关于 t 的连续函数. 所以, 若两边取从 α 到 β 的关于 t 的积分, 则因为 $g(x,\alpha) = 0$, 得

$$\int_a^b g(x,\beta)\mathrm{d}x = \int_\alpha^\beta \left(\int_a^b f(x,t)\mathrm{d}x \right) \mathrm{d}t,$$

即得

$$\int_a^b \left(\int_\alpha^\beta f(x,t)\mathrm{d}t \right) \mathrm{d}x = \int_\alpha^\beta \left(\int_a^b f(x,t)\mathrm{d}x \right) \mathrm{d}t. \qquad \square$$

式 (6.47) 即是

$$\frac{\mathrm{d}}{\mathrm{d}t} \int_a^b f(x,t)\mathrm{d}x = \int_a^b \frac{\partial}{\partial t} f(x,t)\mathrm{d}x. \tag{6.49}$$

例如 $\displaystyle\int_\alpha^\beta \left(\int_a^b f(x,t)\mathrm{d}x \right) \mathrm{d}t$ 可以写成 $\displaystyle\int_\alpha^\beta \mathrm{d}t \int_a^b f(x,t)\mathrm{d}x$. 利用这种记法, 式 (6.48) 可改写成

$$\int_\alpha^\beta \mathrm{d}t \int_a^b f(x,t)\mathrm{d}x = \int_a^b \mathrm{d}x \int_\alpha^\beta f(x,t)\mathrm{d}t. \tag{6.50}$$

式 (6.49) 和式 (6.50) 表示, 在一定条件下, 对积分 $\displaystyle\int_a^b f(x,t)\mathrm{d}x$ 关于 t 进行微分或积分, 只需对它的被积分函数 $f(x,t)$ 关于 t 进行微分或积分即可. 积分 $\displaystyle\int_a^b f(x,t)\mathrm{d}x$ 的被积分函数 $f(x,t)$ 关于 t 的微分或积分称为 $\displaystyle\int_a^b f(x,t)\mathrm{d}x$ 在**积分号下的微分或积分**.

定义在矩形 $K = \{(x,t) \,|\, a \leqslant x \leqslant b, \alpha \leqslant t \leqslant \beta\}$ 上的函数 $f(x,t)$ 作为两个变量 x,t 的二元函数, 若在 K 上连续, 则根据 6.1 节的定理 6.3, $f(x,t)$ 在 K 上有界. 可是, 即使函数 $f(x,t)$ 当 t 固定时关于 x 连续; 当 x 固定时关于 t 连续, 也不能保证 $f(x,t)$ 在 K 上有界.

例 6.14   在正方形 $\{(x,t) \,|\, 0 \leqslant x \leqslant 1, \ 0 \leqslant t \leqslant 1\}$ 上, 若 $f(0,0) = 0, (x,t) \neq (0,0)$ 时, 定义函数 $f(x,t) = 2xt/(x^2 + t^2)^2$, 则函数 $f(x,t)$ 关于 x 和 t 都连续. 但是由于 $f(t,t) = 1/2t^2$, 所以 $f(x,t)$ 无界. 此时 $f(x,0) = 0$, 所以 $F(0) = \displaystyle\int_0^1 f(x,0)\mathrm{d}x = 0$, 当 $t > 0$ 时

$$F(t) = \int_0^1 f(x,t)\mathrm{d}x = \frac{1}{t(t^2 + 1)},$$

并且 $F(t)$ 在 $t=0$ 处不连续.

若 $f(x,t)$ 作为两个变量 x,t 的二元函数在 K 上连续, 则 $f(x,t)$ 在 K 上有界, 从而定理 6.19 的 (1) 和 (3) 都成立. 进而如果在 K 上存在偏导函数 $f_t(x,t)$, 使得当它作为二元函数时连续, 那么 (2) 也成立. 如果假定 $f(x,t)$ 或者 $f_t(x,t)$ 是两个变量 x,t 的二元连续函数, 那么通过对本节的 a) 相同的一致性收敛的讨论, 可以不用 Arzelà 定理也能证明定理 6.19[1]. 但在应用上, 在没有这样的限制之下证明定理 6.19 将更加方便. 这是因为, 给定的函数 $f(x,t)$ 或者其偏导函数 $f_t(x,t)$ 关于 x 和 t 都连续, 在应用时不经验证而承认这一事实.

设 $f(x,t)$ 是在矩形 $K = \{(x,t)\,|\,a \leqslant x \leqslant b, \alpha \leqslant t \leqslant \beta\}$ 上有界且关于 x 和 y 连续的函数, 并且其积分

$$\Phi(u,t) = \int_a^u f(x,t)\mathrm{d}x, \quad a \leqslant u \leqslant b$$

是两个变量 u,t 的二元函数, 则有下面定理.

定理 6.20 (1) $\Phi(u,t)$ 是两个变量 u,t 的二元连续函数.

(2) 若存在偏导函数 $f_t(x,t)$, 使得 $f(x,t), f_t(x,t)$ 都是两个变量 x,t 的二元连续函数, 则 $\Phi(u,t)$ 是关于两个变量 u,t 的二元连续可微函数, 并且其偏导函数为

$$\Phi_u(u,t) = f(u,t), \quad \Phi_t(u,t) = \int_a^u f_t(x,t)\mathrm{d}x.$$

证明 (1) 根据假设, 存在满足 $|f(x,t)| \leqslant M$ 的常数 M, 所以

$$|\Phi(u,t) - \Phi(c,t)| = \left|\int_c^u f(x,t)\mathrm{d}x\right| \leqslant M\,|u-c|.$$

因此, $\Phi(u,t)$ 关于 t 一致, 关于 u 连续. 根据定理 6.19 的 (1), 显然 $\Phi(u,t)$ 关于 t 连续, 所以根据前面 a) 中开始叙述的结果, $\Phi(u,t)$ 是两个变量 u,t 的二元连续函数.

(2) $\Phi_u(u,t) = f(u,t)$ 是显然的. 所以根据假设, $\Phi_u(u,t)$ 是两个变量 u,t 的二元连续函数. 此外, 根据定理 6.19 的 (2), $\Phi_t(u,t) = \int_a^u f_t(x,t)\mathrm{d}x$. 因此根据 (1), $\Phi_t(u,t)$ 也是两个变量 u,t 的二元连续函数. $\qquad\square$

例 6.15 为了对积分 $\int_0^1 x^t\mathrm{d}t$, $t>0$ 应用定理 6.19 的 (2), 我们令 $f(x,t) = x^t$, $0 \leqslant x \leqslant 1$, $t>0$, 然后讨论函数 $f(x,t)$ 和它的偏导函数 $f_t(x,t)$ 的性质. 幂函数 x^t 是定义在 $\mathbf{R}^+ = (0,+\infty)$ 上的关于 x 的函数 (2.3 节 b), 若定义 $f(0,t) = 0^t = \lim_{x\to+0} x^t = 0$, 则 $f(x,t)$ 是关于 x 的连续函数. 显然 $f(x,t)$ 关于 t 是连续的并且

$0 \leqslant f(x,t) \leqslant 1$. 当 $f_t(0,t) = 0$, $0 < x \leqslant 1$ 时, 根据式 (3.20),

$$f_t(x,t) = x^t \ln x.$$

若令 $y = 1/x^t$, 则根据例 2.9,

$$\lim_{x \to +0} f_t(x,t) = -\frac{1}{t} \lim_{y \to +\infty} \frac{\ln y}{y} = 0.$$

因此 $f_t(x,t)$ 关于 x 连续, 从而若固定 t, 则 $f_t(x,t)$ 有界: $|f_t(x,t)| \leqslant M_t$. 显然 $f_t(x,t)$ 关于 t 连续, 并且当 $t \geqslant \alpha > 0$ 时,

$$|f_t(x,t)| = x^t |\ln x| \leqslant x^\alpha |\ln x| \leqslant M_\alpha,$$

即对于任意的正实数 α, 当 $t \geqslant \alpha$ 时, $f_t(x,t)$ 有界. 所以根据定理 6.19 的 (2),

$$\frac{\mathrm{d}}{\mathrm{d}t} \int_0^1 x^t \mathrm{d}x = \int_0^1 x^t \ln x \mathrm{d}x.$$

因为 $\displaystyle\int_0^1 x^t \mathrm{d}x = \frac{1}{t+1}$, 所以

$$\int_0^1 x^t \ln x \mathrm{d}x = \frac{-1}{(t+1)^2}.$$

将此等式两边都对 t 进行微分, 则 $(\partial/\partial t)(x^t \ln x) = x^t (\ln x)^2$ 关于 x, t 都连续, 并且因为当 $t \geqslant \alpha > 0$ 时有界, 所以

$$\int_0^1 x^t (\ln x)^2 \mathrm{d}x = \frac{2}{(t+1)^3}, \quad t > 0.$$

以下同理, 一般地有

$$\int_0^1 x^t (\ln x)^n \mathrm{d}x = \frac{(-1)^n n!}{(t+1)^{n+1}}, \quad t > 0. \qquad \square$$

5.4 节的定理 5.12 是 Arzelà 定理在广义积分情况下的推广. 与此相对应, Arzelà 定理引出的定理 6.19 也可以推广到广义积分的情况.

引理 6.2　设 $\sigma(x)(\sigma(x) \geqslant 0)$ 是区间 $(a, +\infty)$ 上的连续函数, 并且 $\displaystyle\int_a^{+\infty} \sigma(x) \mathrm{d}x < +\infty$. 再设 $f(x,t)$ 是 $\{(x,t) \mid x > a, \ 0 < |t - c| < \rho\}$ 上满足不等式 $|f(x,t)| \leqslant \sigma(x)$ 的关于 x, t 的函数, 并且当 t 固定时关于 x 连续. 那么, 若极限 $f(x) = \lim\limits_{t \to c} f(x,t)$ 存在且关于 x 连续, 则

$$\lim_{t \to c} \int_a^{+\infty} f(x,t) \mathrm{d}x = \int_a^{+\infty} f(x) \mathrm{d}x. \tag{6.51}$$

证明 此证明是用定理 5.12 代替 Arzelà 定理, 除此之外与引理 6.1 的证明完全相同. 即若假设式 (6.51) 不成立, 则对于某正实数 ε, 存在满足

$$0 < |t_n - c| < \frac{1}{n}, \quad \left| \int_a^{+\infty} f(x, t_n) dx - \int_a^{+\infty} f(x) dx \right| \geqslant \varepsilon$$

的数列 $\{t_n\}$, 若令 $f_n(x) = f(x, t_n)$, 则在区间 $(a, +\infty)$ 上恒有 $|f_n(x)| \leqslant \sigma(x)$, 并且 $\lim\limits_{n \to \infty} f_n(x) = f(x)$. 所以根据定理 5.12, $\lim\limits_{n \to \infty} \int_a^{+\infty} f_n(x) dx = \int_a^{+\infty} f(x) dx$, 这与假设矛盾. 这里式 (6.51) 的广义积分 $\int_a^{+\infty} f(x, t) dx$ 和 $\int_a^{+\infty} f(x) dx$ 收敛, 显然可以通过 $|f(x, t)| \leqslant \sigma(x)$, 所以 $|f(x)| \leqslant \sigma(x)$, 因此 $\int_a^{+\infty} \sigma(x) dx < +\infty$ 而得出. □

定理 6.21 设 $f(x, t)$ 是定义在 $\{(x, t) \mid x > a, \alpha \leqslant t \leqslant \beta\}$ 上的 x, t 的函数, 当 t 固定时它关于 x 连续, 当 x 固定时它关于 t 连续, 并且存在区间 $(a, +\infty)$ 上的关于 x 的连续函数 $\sigma(x)$, 满足 $\sigma(x) \geqslant 0$ 时, $\int_a^{+\infty} \sigma(x) dx < +\infty$ 且不等式 $|f(x, t)| \leqslant \sigma(x)$ 恒成立. 则

(1) $F(t) = \int_a^{+\infty} f(x, t) dx$ 是关于 t 的连续函数.

(2) 设 $f(x, t)$ 关于 t 可偏微, 并且存在满足 $\int_a^{+\infty} \sigma_1(x) dx < +\infty$, $\sigma_1(x) \geqslant 0$ 的关于 x 的连续函数 $\sigma_1(x)$, 使得 $|f_t(x, t)| \leqslant \sigma_1(x)$ 恒成立, 并且 t 固定时 $f_t(x, t)$ 关于 x 连续, 则 $F(t) = \int_a^{+\infty} f(x, t) dx$ 关于 t 可微, 并且

$$\frac{\mathrm{d}}{\mathrm{d}t} \int_a^{+\infty} f(x, t) dx = \int_a^{+\infty} f_t(x, t) dx. \tag{6.52}$$

(3)

$$\int_\alpha^\beta \mathrm{d}t \int_a^{+\infty} f(x, t) dx = \int_a^{+\infty} \mathrm{d}x \int_\alpha^\beta f(x, t) dt. \tag{6.53}$$

证明 (1) 根据引理 6.2, 对于任意的 $c, \alpha \leqslant c \leqslant \beta$,

$$\lim_{t \to c} \int_a^{+\infty} f(x, t) dx = \int_a^{+\infty} \lim_{t \to c} f(x, t) dx = \int_a^{+\infty} f(x, c) dx.$$

从而 (1) 显然成立.

(2) 任取点 $c, \alpha \leqslant c \leqslant \beta$, 并且令

$$q(x, t) = \frac{f(x, t) - f(x, c)}{t - c}, \quad t \neq c,$$

则根据中值定理,

$$q(x, t) = f_t(x, c + \theta(t - c)), \quad 0 < \theta < 1,$$

所以

$$|q(x,t)| = |f_t(x, c + \theta(t-c))| \leqslant \sigma_1(x).$$

此外, 当 t 固定时 $q(x,t)$ 关于 x 连续且 $\lim\limits_{t \to c} q(x,t) = f_t(x,c)$. 因此, 根据引理 6.2,

$$\lim_{t \to c} \frac{F(t) - F(c)}{t - c} = \lim_{t \to c} \int_a^{+\infty} q(x,t)\mathrm{d}x = \int_a^{+\infty} f_t(x,c)\mathrm{d}x,$$

即 $F(t)$ 在 $t = c$ 处可微且 $F'(c) = \int_a^{+\infty} f_t(x,c)\mathrm{d}x$.

(3) 令

$$g(x,t) = \int_\alpha^t f(x,u)\mathrm{d}u, \quad \alpha \leqslant t \leqslant \beta,$$

则 $|f(x,t)| \leqslant \sigma(x)$, 故 $|g(x,t)| \leqslant (\beta - \alpha)\sigma(x)$. 根据 (1), 函数 $g(x,t)$ 关于 x 连续. 因为 $g(x,t)$ 关于 t 连续可微且 $g_t(x,t) = f(x,t)$, 所以 $g_t(x,t)$ 关于 x 连续且 $|g_t(x,t)| \leqslant \sigma(x)$. 因此根据 (2),

$$\frac{\mathrm{d}}{\mathrm{d}t} \int_a^{+\infty} g(x,t)\mathrm{d}x = \int_a^{+\infty} g_t(x,t)\mathrm{d}x = \int_a^{+\infty} f(x,t)\mathrm{d}x.$$

若两边关于 t 从 α 到 β 积分, 则

$$\int_a^{+\infty} \mathrm{d}x \int_\alpha^\beta f(x,t)\mathrm{d}t = \int_\alpha^\beta \mathrm{d}t \int_a^{+\infty} f(x,t)\mathrm{d}x. \qquad \square$$

定理 6.21 中将区间 $(a, +\infty)$ 换成任意的区间 I, 结论仍然成立.

例 6.16 考察例 4.8 中导入的 Γ 函数

$$\Gamma(s) = \int_0^{+\infty} \mathrm{e}^{-x} x^{s-1} \mathrm{d}x, \quad s > 0,$$

此式右边的广义积分的收敛性已经在例 4.8 中证明. 因为当 $0 < x < 1$ 时, x^s 是关于 s 的单调递减函数; 当 $x > 1$ 时, x^s 是关于 s 的单调递增函数, 所以将积分分为两部分, 写成

$$\Gamma(s) = F(s) + G(s),$$

$$F(s) = \int_0^1 \mathrm{e}^{-x} x^{s-1} \mathrm{d}x, \quad G(s) = \int_1^{+\infty} \mathrm{e}^{-x} x^{s-1} \mathrm{d}x.$$

任取实数 $\alpha, \beta, 0 < \alpha < \beta$, 并且令 $\alpha \leqslant s \leqslant \beta$, 则

当 $x \geqslant 1$ 时, $\mathrm{e}^{-x} x^{s-1} \leqslant \mathrm{e}^{-x} x^{\beta-1}$, $\int_1^{+\infty} \mathrm{e}^{-x} x^{\beta-1} \mathrm{d}x < \Gamma(\beta),$

所以根据定理 6.21 的 (1), $G(s)$ 是关于 s 的连续函数. 又因为

$$\frac{\partial}{\partial s} \mathrm{e}^{-x} x^{s-1} = \mathrm{e}^{-x} x^{s-1} \ln x = \mathrm{e}^{-x} x^s \frac{\ln x}{x},$$

所以

$$当 \ x \geqslant 1 \ 时, \quad 0 \leqslant \frac{\ln x}{x} \leqslant \frac{1}{\mathrm{e}}. \tag{6.54}$$

这是因为, 若令 $\varphi(x) = \ln x/x$, 则 $\varphi(1) = 0$, 当 $x > 1$ 时 $\varphi(x) > 0$, 并且导函数 $\varphi'(x) = (1 - \ln x)/x^2$, 在 $1 < x < \mathrm{e}$ 时为正, 在 $x > \mathrm{e}$ 时为负, 所以 $\varphi(x)$ 在 $x = \mathrm{e}$ 处有最大值 $\varphi(\mathrm{e}) = 1/\mathrm{e}$. 因此, 当 $x \geqslant 1$ 时,

$$\left| \frac{\partial}{\partial s} \mathrm{e}^{-x} x^{s-1} \right| \leqslant \mathrm{e}^{-x-1} x^s \leqslant \mathrm{e}^{-x-1} x^\beta, \quad \int_1^{+\infty} \mathrm{e}^{-x-1} x^\beta \mathrm{d}x < \frac{\Gamma(\beta+1)}{\mathrm{e}}.$$

从而根据定理 6.21 的 (2), $G(s)$ 可微, 并且

$$G'(s) = \int_1^{+\infty} \mathrm{e}^{-x} x^{s-1} \ln x \mathrm{d}x.$$

对于 $F(s)$, 因为

$$当 \ 0 < x \leqslant 1 \ 时, \quad \mathrm{e}^{-x} x^{s-1} \leqslant \mathrm{e}^{-x} x^{\alpha-1}, \quad \int_0^1 \mathrm{e}^{-x} x^{\alpha-1} \mathrm{d}x < \Gamma(\alpha),$$

所以 $F(s)$ 是关于 s 的连续函数. 对于任意给定的 ε, $0 < \varepsilon < \alpha$, 当 $0 < x \leqslant 1$ 时,

$$\left| \mathrm{e}^{-x} x^{s-1} \ln x \right| \leqslant \mathrm{e}^{-x} x^{\alpha-1} |\ln x| = \mathrm{e}^{-x} x^{\alpha-s-1} \cdot x^s |\ln x|.$$

若令 $y = 1/x^\varepsilon$, 则根据式 (6.54),

$$x^\varepsilon |\ln x| = \frac{\ln y}{\varepsilon y} \leqslant \frac{1}{\varepsilon \mathrm{e}}.$$

因此, 当 $0 < x \leqslant 1$ 时,

$$\left| \frac{\partial}{\partial s} \mathrm{e}^{-x} x^{s-1} \right| \leqslant \frac{\mathrm{e}^{-x} x^{\alpha-s-1}}{\varepsilon \mathrm{e}}, \quad \int_0^1 \mathrm{e}^{-x} x^{\alpha-s-1} \mathrm{d}x < \Gamma(\alpha - \varepsilon).$$

所以, $F(s)$ 可微, 并且

$$F'(s) = \int_0^1 \mathrm{e}^{-x} x^{s-1} \ln x \mathrm{d}x.$$

以上我们假定了 $\alpha \leqslant s \leqslant \beta$, 其中 α, β 为满足 $0 < \alpha < \beta$ 的任意实数. 因此 $\Gamma(s)$ 是区间 $(0, +\infty)$ 上的可微函数, 并且

$$\Gamma'(s) = \int_0^{+\infty} \mathrm{e}^{-x} x^{s-1} \ln x \mathrm{d}x, \quad s > 0.$$

在积分号下对 $\Gamma(s) = \displaystyle\int_0^{+\infty} \mathrm{e}^{-x} x^{s-1} \mathrm{d}x$ 微分可以得到导函数 $\Gamma'(s)$.

同理, $\Gamma(s)$ 的 n 阶导函数为

$$\Gamma^{(n)}(s) = \int_0^{+\infty} \mathrm{e}^{-x} x^{s-1} (\ln x)^n \mathrm{d}x, \quad s > 0. \tag{6.55}$$

例 6.17   作为定理 6.21 的应用例子, 现阐述著名的积分 $\displaystyle\int_0^{+\infty} \frac{\sin x}{x} \mathrm{d}x$ 的古典计算方法. 我们首先证明

$$\int_0^{+\infty} \mathrm{e}^{-px} \cos(qx) \mathrm{d}x = \frac{p}{p^2 + q^2}, \quad p > 0. \tag{6.56}$$

根据

$$\left| \mathrm{e}^{-px} \cos(qx) \right| \leqslant \mathrm{e}^{-px}, \quad \int_0^{+\infty} \mathrm{e}^{-px} \mathrm{d}x = \frac{1}{p},$$

显然式 (6.56) 左侧的广义积分是绝对收敛的. 根据分部积分公式 (4.21),

$$\int \mathrm{e}^{-px} \cos(qx) \mathrm{d}x = -\frac{1}{p} \mathrm{e}^{-px} \cos(qx) - \frac{q}{p} \int \mathrm{e}^{-px} \sin(qx) \mathrm{d}x,$$

$$\int \mathrm{e}^{-px} \sin(qx) \mathrm{d}x = -\frac{1}{p} \mathrm{e}^{-px} \sin(qx) + \frac{q}{p} \int \mathrm{e}^{-px} \cos(qx) \mathrm{d}x,$$

所以

$$\int_0^{+\infty} \mathrm{e}^{-px} \cos(qx) \mathrm{d}x = \frac{1}{p} - \frac{q}{p} \int_0^{+\infty} \mathrm{e}^{-px} \sin(qx) \mathrm{d}x = \frac{1}{p} - \frac{q^2}{p^2} \int_0^{+\infty} \mathrm{e}^{-px} \cos(qx) \mathrm{d}x.$$

因此式 (6.56) 成立. 此外, 若固定 p, 则 $\mathrm{e}^{-px} \cos(qx)$ 是关于 x 和 q 的连续函数, 并且 $\left| \mathrm{e}^{-px} \cos(qx) \right| \leqslant \mathrm{e}^{-px}$, $\displaystyle\int_0^{+\infty} \mathrm{e}^{-px} \mathrm{d}x < +\infty$, 所以根据定理 6.21 的 (3), 式 (6.56) 对 q 积分得,

$$\int_0^{+\infty} \mathrm{e}^{-px} \left(\int_0^q \cos(qx) \mathrm{d}q \right) \mathrm{d}x = p \int_0^q \frac{\mathrm{d}q}{p^2 + q^2},$$

即

$$\int_0^{+\infty} \mathrm{e}^{-px} \frac{\sin(qx)}{x} \mathrm{d}x = \operatorname{Arctan} \frac{q}{p}.$$

若再次对 q 积分, 则

$$\int_0^{+\infty} \mathrm{e}^{-px} \frac{1 - \cos(qx)}{x^2} \mathrm{d}x = \int_0^q \operatorname{Arctan} \frac{q}{p} \mathrm{d}q.$$

又根据式 (4.23),

$$\int \operatorname{Arctan} t \, \mathrm{d}t = t \operatorname{Arctan} t - \int \frac{t \mathrm{d}t}{t^2 + 1} = t \operatorname{Arctan} t - \frac{1}{2} \ln(t^2 + 1),$$

所以

$$\int_0^q \mathrm{Arctan}\frac{q}{p}\mathrm{d}q = q\mathrm{Arctan}\frac{q}{p} - \frac{p}{2}\ln\left(\frac{q^2}{p^2}+1\right).$$

因此, 若令 $q = 1$, 则

$$\int_0^{+\infty} \mathrm{e}^{-px}\frac{1-\cos x}{x^2}\mathrm{d}x = \mathrm{Arctan}\frac{1}{p} - \frac{p}{2}\ln(1+p^2) + p\ln p. \tag{6.57}$$

该等式是在 $p > 0$ 的情况下证明的. 当 $p \geqslant 0$ 时,

$$\left|\mathrm{e}^{-px}\frac{1-\cos x}{x^2}\right| \leqslant \frac{1-\cos x}{x^2} \quad , \quad \int_0^{+\infty}\frac{1-\cos x}{x^2}\mathrm{d}x < +\infty,$$

所以根据定理 6.21 的 (1), 当 $p \geqslant 0$ 时左侧的积分是关于 p 的连续函数. 因为关于 x 的函数

$$\frac{1-\cos x}{x^2} = \frac{1}{2!} - \frac{x^2}{4!} + \frac{x^4}{6!} - \cdots$$

在区间 $[0, +\infty)$ 上连续且 $x > 0$ 时, $0 \leqslant (1-\cos x)/x^2 \leqslant 2/x^2$, 所以根据 4.3 节定理 4.11 的 (2), 显然 $\int_0^{+\infty}\frac{1-\cos x}{x^2}\mathrm{d}x < +\infty$. 因此对等式 (6.57) 取当 $p \to +0$ 时的极限得

$$\int_0^{+\infty}\frac{1-\cos x}{x^2}\mathrm{d}x = \frac{\pi}{2}. \tag{6.58}$$

又根据分部积分公式,

$$\int\frac{\sin x}{x}\mathrm{d}x = \frac{1-\cos x}{x} + \int\frac{1-\cos x}{x^2}\mathrm{d}x,$$

从而

$$\int_0^{+\infty}\frac{\sin x}{x}\mathrm{d}x = \frac{\pi}{2}. \tag{6.59}$$

6.4 n 元 函 数

6.1 节和 6.2 节中对二元函数的结果同样可以推广到 n 元函数上. 下面阐述其要点.

n 维空间 $\mathbf{R}^n$ 是 n 元实数组 $(x_1, x_2, x_3, \cdots, x_n)$ 的全体的集合, 并且 $\mathbf{R}^n$ 的点为 n 个实数组成的实数组 $P = (x_1, x_2, \cdots, x_n)$(1.6 节 g). 如果对于点集 $D \subset \mathbf{R}^n$ 的每一个点 P, 分别有一个实数与之对应, 那么就称这种对应为定义在 D 上的函数 f. 通过对应 f, 与 $P = (x_1, x_2, \cdots, x_n)$ 所对应的实数 z 称为 f 在 P 处的值, 记为

$$z = f(P) = f(x_1, x_2, \cdots, x_n).$$

函数 f 用 $f(x_1, x_2, \cdots, x_n)$ 来表示, 并且称 $f(x_1, x_2, \cdots, x_n)$ 为 n 个变量 $x_1, x_2, \cdots,$ x_n 的函数. 函数的定义域、值域的含义与 6.1 节中叙述的平面上点集时相同, 当开集 $U(U \in \mathbf{R}^n)$ 不能表示为无共同点的两个非空集合的并集时, 称 U 为连通的, 并且称连通开集为领域, 领域的闭包为闭领域.

a) 函数的极限和连续性

6.1 节中的讨论适用于 n 元函数. 特别是与函数的收敛相关的 Cauchy 判别法 (定理 6.11), 与函数一致连续性相关的定理 6.2, 与连续函数的最大值和最小值相关的定理 6.3, 以及与定义在领域或闭领域上连续函数的值域相关的定理 6.4 和定理 6.5, 对 n 元函数仍然都成立. 此外, 如果 $f_1(P), f_2(P), \cdots, f_m(P)$, $P = (x_1, x_2, \cdots, x_n)$ 是定义在 $D \subset \mathbf{R}^n$ 上的连续函数, $\varphi(u_1, u_2, \cdots, u_m)$ 是定义在 $E \subset \mathbf{R}^m$ 上的关于 $u_1, u_2, \cdots, u_m$ 的连续函数, 并且对于所有的点 $P \in D$, $f_1(P), f_2(P), \cdots,$ $f_m(P) \in E$. 那么复合函数 $\varphi(f_1(P), f_2(P), \cdots, f_m(P))$ 是定义在 D 上的关于 $P = (x_1, x_2, \cdots, x_n)$ 的连续函数.

b) 偏微分

设 $z = f(x_1, x_2, \cdots, x_n)$ 是定义在领域 $D \subset \mathbf{R}^n$ 上的关于 $x_1, x_2, \cdots, x_n$ 的函数. 与 6.2 节 a) 中所述二元函数相同, 当固定 $x_1, \cdots, x_{j-1}, x_{j+1}, \cdots, x_n$, 把 $f(x_1, \cdots, x_{j-1}, x_j, x_{j+1}, \cdots, x_n)$ 作为 x_j 的一元函数时, 若 $f(x_1, \cdots, x_j, \cdots, x_n)$ 可微, 则称 n 元函数 $f(x_1, \cdots, x_j, \cdots, x_n)$ 关于 x_j 可偏微, 称作为单变量 x_j 的函数时的 $f(x_1, \cdots, x_j, \cdots, x_n)$ 的微分系数为 n 元函数 $z = f(x_1, \cdots, x_j, \cdots, x_n)$ 关于 x_j 的偏微分系数, 并且用 $\partial z / \partial x_j$, $f_{x_j}(x_1, \cdots, x_j, \cdots, x_n)$ 等符号表示. 例如

$$\frac{\partial z}{\partial x_1} = f_{x_1}(x_1, x_2, \cdots, x_n) = \lim_{h \to 0} \frac{f(x_1 + h, x_2, \cdots, x_n) - f(x_1, x_2, \cdots, x_n)}{h}.$$

如果 $f(x_1, \cdots, x_j, \cdots, x_n)$ 在 D 上的所有点处关于 x_j 可偏微, 就称 n 个变量 $x_1, \cdots, x_j, \cdots, x_n$ 的函数 $f_{x_j}(x_1, \cdots, x_j, \cdots, x_n)$ 为 $f(x_1, \cdots, x_j, \cdots, x_n)$ 关于 x_j 的偏导函数. 从而也容易理解高阶偏导函数

$$\frac{\partial^2 z}{\partial x_j \partial x_k} = \frac{\partial}{\partial x_j} \left(\frac{\partial z}{\partial x_k} \right) = f_{x_k x_j}(x_1, \cdots, x_j, \cdots, x_k, \cdots, x_n),$$

$$\frac{\partial^3 z}{\partial x_i \partial x_j \partial x_k} = \frac{\partial}{\partial x_i} \left(\frac{\partial^2 z}{\partial x_j \partial x_k} \right) = f_{x_k x_j x_i}(x_1, x_2, \cdots, x_n),$$

等的含义.

c) 可微性

设 $z = f(x_1, x_2, \cdots, x_n)$ 是定义某领域 $D \subset \mathbf{R}^n$ 上的 n 个变量 $x_1, x_2, \cdots, x_n$

的函数, 并且 $(a_1, a_2, \cdots, a_n)$ 是属于 D 的点. 如果存在常数 $A_1, A_2, \cdots, A_n$, 使得

$$f(x_1, \cdots, x_n) - f(a_1, \cdots, a_n) = \sum_{j=1}^{n} A_j(x_j - a_j) + o\left(\sqrt{\sum_{j=1}^{n}(x_j - a_j)^2}\right)$$

成立, 那么称函数 $f(x_1, \cdots, x_n)$ 在点 $(a_1, \cdots, a_n)$ 处可微, 或者在点 $(a_1, \cdots, a_n)$ 处关于 $x_1, x_2, \cdots, x_n$ 可微. 如果 $f(x_1, \cdots, x_n)$ 在 $(a_1, \cdots, a_n)$ 处可微, 那么 $f(x_1, \cdots, x_n)$ 在 $(a_1, \cdots, a_n)$ 处关于每一个变量 $x_j, j = 1, 2, \cdots, n$ 都可偏微, 并且

$$A_j = f_{x_j}(a_1, \cdots, a_j, \cdots a_n).$$

将 $a_1, \cdots, a_n$ 用 $x_1, \cdots, x_n$, $x_1, \cdots, x_n$ 用 $x_1 + \Delta x_1, \cdots, x_n + \Delta x_n$ 来替换, 并且令 $\Delta z = f(x_1 + \Delta x_1, \cdots, x_n + \Delta x_n) - f(x_1, \cdots, x_n)$, 则上式可以改写成

$$\Delta z = \sum_{j=1}^{n} \frac{\partial z}{\partial x_j} \Delta x_j + o\left(\sqrt{\sum_{j=1}^{n}(\Delta x_j)^2}\right).$$

定义 $z = f(x_1, x_2, \cdots, x_n)$ 的全微分为

$$dz = df(x_1, \cdots, x_n) = \sum_{j=1}^{n} f_{x_j}(x_1, \cdots, x_n)\Delta x_j.$$

因为 x_j 的全微分为 $dx_j = \Delta x_j$, 所以

$$dz = \sum_{j=1}^{n} \frac{\partial z}{\partial x_j} dx_j. \tag{6.60}$$

当函数 $f(x_1, x_2, \cdots, x_n)$ 在其定义域 D 的每一点处都可微时, 称函数 $f(x_1, x_2, \cdots, x_n)$ 可微. 可微的函数 $f(x_1, x_2, \cdots, x_n)$ 连续且关于每一变量 $x_j, j = 1, 2, \cdots, n$ 都可偏微.

以上我们假定了领域 D 是函数 $f(x_1, x_2, \cdots, x_n)$ 的定义域. 当领域 D 是函数 $f(x_1, x_2, \cdots, x_n)$ 的定义域的子集时, 函数 $f(x_1, x_2, \cdots, x_n)$ 在 D 上连续、可微等蕴含将 $f(x_1, x_2, \cdots, x_n)$ 的定义域限制到 D 而得到的函数 $f_D(x_1, x_2, \cdots, x_n)$ 是连续函数、可微函数等.

如果二元函数 $f(x, y)$ 在领域 D 上偏导函数 $f_x(x, y), f_y(x, y)$ 存在且连续, 那么 $f(x, y)$ 在 D 上可微 (定理 6.6).

定理 6.22　如果函数 $f(x_1, x_2, \cdots, x_n)$ 在领域 $D, D \subset \mathbf{R}^n$ 上各偏导函数 $f_{x_j}(x_1, x_2, \cdots, x_n), j = 1, 2, \cdots, n$ 存在且连续, 那么 $f(x_1, x_2, \cdots, x_n)$ 在 D 上可微.

证明与定理 6.6 的证明相同.

如果函数 $f(x_1, x_2, \cdots, x_n)$ 在领域 D 上的各偏导数 $f_{x_j}(x_1, x_2, \cdots, x_n), j = 1, 2, \cdots, n$ 存在且连续, 那么就称 $f(x_1, x_2, \cdots, x_n)$ 在 D 上连续可微. 根据定理 6.22, 连续可微的函数必可微.

d) 偏微分顺序

定理 6.23　如果函数 $f(x_1, x_2, \cdots, x_n)$ 的偏导函数 $f_{x_j}(x_1, \cdots, x_n), f_{x_k}(x_1, \cdots, x_n),$ $f_{x_j x_k}(x_1, \cdots, x_n), f_{x_k x_j}(x_1, \cdots, x_n)$ 在领域 D 上存在且连续, 那么

$$f_{x_k x_j}(x_1, \cdots, x_j, \cdots, x_k, \cdots, x_n) = f_{x_j x_k}(x_1, \cdots, x_j, \cdots, x_k, \cdots, x_n).$$

证明　将 $x_1, \cdots, x_{j-1}, x_{j+1}, \cdots, x_{k-1}, x_{k+1}, \cdots, x_n$ 固定, 则 $f(x_1, x_2, \cdots, x_n)$ 可以看作是关于 x_j, x_k 的二元函数, 从而这个定理可以归结到定理 6.7.　□

定理 6.24　如果函数 $f(x_1, x_2, \cdots, x_n)$ 在领域 D 上关于 x_j, x_k 可偏微, 并且偏导函数 $f_{x_j}(x_1, \cdots, x_n), f_{x_k}(x_1, \cdots, x_n)$ 可微, 那么

$$f_{x_k x_j}(x_1, \cdots, x_j, \cdots, x_k, \cdots, x_n) = f_{x_j x_k}(x_1, \cdots, x_j, \cdots, x_k, \cdots, x_n).$$

这个定理可归结到 Young 定理 (定理 6.8).

e) 函数的类

函数 $f(x_1, x_2, \cdots, x_n)$ 在领域 D 上 m 阶可微, 或者 m 阶连续可微的含义是显然的. 当定义在领域 D 上的函数 $f(x_1, x_2, \cdots, x_n)$ 在 D 上 m 阶连续可微时, 称 $f(x_1, x_2, \cdots, x_n)$ 为 $\mathscr{C}^m$ 类函数, 当 $f(x_1, x_2, \cdots, x_n)$ 在 D 上任意阶连续可微时, 称 $f(x_1, x_2, \cdots, x_n)$ 为 $\mathscr{C}^\infty$ 类函数.

定义在领域 D 上的函数 $z = f(x_1, x_2, \cdots, x_n)$ 是 m 阶可微时, 根据定理 6.24, 其直至 m 阶的偏导函数

$$\frac{\partial^q z}{\partial x_i \partial x_j \cdots \partial x_k} = \underbrace{\frac{\partial}{\partial x_i} \frac{\partial}{\partial x_j} \cdots \frac{\partial}{\partial x_k}}_{q \text{个}} z, \quad q \leqslant m,$$

与偏微分 $\partial/\partial x_i, \partial/\partial x_j, \cdots, \partial/\partial x_k$ 的顺序无关. 因此, 直至 m 阶为止的偏导函数都可写成

$$\frac{\partial^{q_1 + q_2 + \cdots + q_n} z}{\partial x_1^{q_1} \partial x_2^{q_2} \cdots \partial x_n^{q_n}}, \quad q_1 + q_2 + \cdots + q_n \leqslant m.$$

f) 复合函数

设 $z = g(y_1, y_2, \cdots, y_m)$ 是定义在领域 $E \subset \mathbf{R}^m$ 上的关于 $y_1, y_2, \cdots, y_m$ 的函数, $y_k = f_k(P) = f_k(x_1, x_2, \cdots, x_n), k = 1, 2, \cdots, m$ 是定义在领域 $D \subset \mathbf{R}^n$ 上的关于 $P = (x_1, x_2, \cdots, x_n)$ 的函数. 当 $P \in D$, $(f_1(P), f_2(P), \cdots, f_m(P)) \in D$ 时, 我们讨论复合函数 $z = g(f_1(P), f_2(P), \cdots, f_m(P))$.

定理 6.25　如果函数 $z = g(y_1, y_2, \cdots, y_m)$ 关于 $y_1, y_2, \cdots, y_m$ 可微, 并且 $y_k = f_k(x_1, \cdots, x_n)$, $k = 1, 2, \cdots, m$ 关于 $x_1, x_2, \cdots, x_n$ 可微, 那么复合函数 $z = g(f_1(x_1, \cdots, x_n), \cdots, f_m(x_1, \cdots, x_n))$ 关于 $x_1, x_2, \cdots, x_n$ 可微, 并且

$$\frac{\partial z}{\partial x_j} = \frac{\partial z}{\partial y_1}\frac{\partial y_1}{\partial x_j} + \frac{\partial z}{\partial y_2}\frac{\partial y_2}{\partial x_j} + \cdots + \frac{\partial z}{\partial y_m}\frac{\partial y_m}{\partial x_j}. \tag{6.61}$$

证明与定理 6.3 的证明相同.

推论　如果函数 $z = g(y_1, y_2, \cdots, y_m)$ 关于 $y_1, y_2, \cdots, y_m$ 连续可微, $y_k = f_k(x_1, \cdots, x_n)$, $k = 1, 2, \cdots, m$, 关于 $x_1, \cdots, x_n$ 连续可微, 那么复合函数 $z = g(f_1(x_1, \cdots, x_n), \cdots, f_m(x_1, \cdots, x_n))$ 是关于 $x_1, x_2, \cdots, x_n$ 的连续可微函数.

定理 6.26　如果 $z = g(y_1, y_2, \cdots, y_m)$ 关于 $y_1, y_2, \cdots, y_m$ 是 ν 阶连续可微的, $y_k = f_k(x_1, \cdots, x_n)$, $k = 1, 2, \cdots, m$, 关于 $x_1, x_2, \cdots, x_n$ 是 ν 阶连续可微的, 那么复合函数 $z = g(f_1(x_1, \cdots, x_n), \cdots, f_m(x_1, \cdots, x_n))$ 是关于 $x_1, x_2, \cdots, x_n$ 的 ν 阶连续可微函数.

证明　证明与定理 6.14 相同, 可以通过对 ν 使用归纳法来证明. 　　　□

推论　如果 $z = g(y_1, \cdots, y_m)$ 是关于 $y_1, \cdots, y_m$ 的 $\mathscr{C}^\infty$ 类函数, $y_k = f_k(x_1, \cdots, x_n)$, $k = 1, 2, \cdots, m$ 是关于 $x_1, \cdots, x_n$ 的 $\mathscr{C}^\infty$ 类函数, 那么复合函数 $z = g(f_1(x_1, \cdots, x_n), \cdots, f_m(x_1, \cdots, x_n))$ 是关于 $x_1, x_2, \cdots, x_n$ 的 $\mathscr{C}^\infty$ 类函数.

g) Taylor 公式

二元函数的 Taylor 公式 (6.30) 也可以推广到 n 元函数的情况. 设 $f(x_1, \cdots, x_n)$ 是领域 $D \subset \mathbf{R}^n$ 上的 m 阶连续可微函数, 并且 $A = (a_1, \cdots, a_n) \in D$, $D_A = \{P \in D \,|\, AP \subset D\}$. 为方便起见, 令

$$f^{(m_1, \cdots, m_n)}(x_1, \cdots, x_n) = \frac{\partial^{m_1 + m_2 + \cdots + m_n}}{\partial x_1^{m_1} \partial x_2^{m_2} \cdots \partial x_n^{m_n}} f(x_1, \cdots, x_n),$$

则当 $(x_1, x_2, \cdots, x_n) \in D_A$ 时,

$$f(x_1, \cdots, x_n) = \sum_{m_1 + \cdots + m_n \leqslant m-1} c_{m_1 \cdots m_n} (x_1 - a_1)^{m_1} \cdots (x_n - a_n)^{m_n} + R_m,$$

$$c_{m_1 \cdots m_n} = \frac{f^{(m_1, \cdots, m_n)}(a_1, \cdots, a_n)}{m_1! m_2! \cdots m_n!},$$

$$R_m = \sum_{m_1 + \cdots + m_n = m} \frac{f^{(m_1, \cdots, m_n)}(\xi_1, \cdots, \xi_n)}{m_1! m_2! \cdots m_n!} (x_1 - a_1)^{m_1} \cdots (x_n - a_n)^{m_n},$$

$$\xi_1 = a_1 + \theta(x_1 - a_1), \cdots, \xi_n = a_n + \theta(x_n - a_n), \quad 0 < \theta < 1.$$

这就是 Taylor 公式.

当 $f(x_1, x_2, \cdots, x_n)$ 是 D 上的 $\mathscr{C}^\infty$ 类函数时, 对于所有的自然数 m, Taylor 公式都成立. 所以, 若不考虑收敛, 则 "Taylor 级数" 可写成

$$\sum_{m_1, m_2, \cdots, m_n=0}^{\infty} c_{m_1 m_2 \cdots m_n} (x_1 - a_1)^{m_1} (x_2 - a_2)^{m_2} \cdots (x_n - a_n)^{m_n}.$$

n 个变量 $t_1, t_2, \cdots, t_n$ 的幂级数

$$\sum_{m_1, \cdots, m_n=0}^{\infty} c_{m_1 m_2 \cdots m_n} t_1^{m_1} t_2^{m_2} \cdots t_n^{m_n}$$

的绝对收敛性是显然的. 与 6.2 节 g) 中叙述的二元幂级数情况相同, 若对于 $\tau_1 > 0, \tau_2 > 0, \cdots, \tau_n > 0$, n 重数列

$$\{c_{m_1 m_2 \cdots m_n} \tau_1^{m_1} \tau_2^{m_2} \cdots \tau_n^{m_n}\}$$

有界, 则当 $|x_1 - a_1| < \tau_1, |x_2 - a_2| < \tau_2, \cdots, |x_n - a_n| < \tau_n$ 时, 幂级数

$$\sum_{m_1, m_2, \cdots, m_n=0}^{\infty} c_{m_1 m_2 \cdots m_n} (x_1 - a_1)^{m_1} (x_2 - a_2)^{m_2} \cdots (x_n - a_n)^{m_n} \tag{6.62}$$

绝对收敛. 对于满足 $\{c_{m_1 m_2 \cdots m_n} \tau_1^{m_1} \tau_2^{m_2} \cdots \tau_n^{m_n}\}$ 有界的所有的 $\tau_1 > 0, \tau_2 > 0, \cdots,$ $\tau_n > 0$, 称并集

$$G = \cup \{(x_1, x_2, \cdots, x_n) \,|\, |x_1 - a_1| < \tau_1, \cdots, |x_n - a_n| < \tau_n\}$$

为幂级数式 (6.62) 的收敛域. G 是非空集合时, 在点 $A = (a_1, \cdots, a_n)$ 的某个邻域 $W \subset G \cap D_A$ 处, 若当 $m \to \infty$ 时, 恒有 $R_m \to 0$, 则 $f(x_1, \cdots, x_n)$ 可以表示为 W 上绝对收敛的幂级数的和

$$f(x_1, \cdots, x_n) = \sum_{m_1, \cdots, m_n=0}^{\infty} c_{m_1 m_2 \cdots m_n} (x_1 - a_1)^{m_1} \cdots (x_n - a_n)^{m_n}. \tag{6.63}$$

称此式右边的幂级数为以点 $(a_1, a_2, \cdots, a_n)$ 为中心的 Taylor 级数, 或者称 $f(x_1, \cdots, x_n)$ 为以点 $(a_1, a_2, \cdots, a_n)$ 为中心的 Taylor 展开, 当 $f(x_1, \cdots, x_n)$ 表示为式 (6.63) 的形式时, 称函数 $f(x_1, \cdots, x_n)$ 展成以点 $(a_1, a_2, \cdots, a_n)$ 为中心的 Taylor 级数. 定义在领域 $D \subset \mathbf{R}^n$ 上的 n 个变量 $x_1, \cdots, x_n$ 的函数 $f(x_1, \cdots, x_n)$, 如果在属于 D 的每一点 $(a_1, \cdots, a_n)$ 的某邻域上能够展成以 $(a_1, \cdots, a_n)$ 为中心的 Taylor 级数, 则称 $f(x_1, \cdots, x_n)$ 为关于 $x_1, \cdots, x_n$ 的**实解析函数**.

习　题

45. 证明当 $f(0,0) = 0$, $(x,y) \neq (0,0)$ 时, 关于 x, y 的二元函数 $f(x,y) = \dfrac{x^3 - y^3}{x^2 + y^2}$ 在平面上处处连续, 并且关于 x, y 都可偏微, 但是在原点 $(0,0)$ 处不可微 (三村征雄《微分積分学》, p.237, 习题 4).

46. 设 $f(x,y)$ 是平面领域 D 上的关于 x, y 的二元可微函数. 试证: 若在点 $(x_0, y_0) \in D$ 处, $f(x,y)$ 取得最大值或者最小值, 则 $f_x(x_0, y_0) = f_y(x_0, y_0) = 0$.

47. 求在全平面上定义的关于 x, y 的二元函数 $\dfrac{x + y}{x^2 + y^2 + 1}$ 的最大值和最小值.

48. 求积分 $\displaystyle\int_0^{+\infty} \left(\dfrac{\sin x}{x}\right)^2 \mathrm{d}x$ 的值 (试对式 (6.58) 进行变形).

49. 求积分 $\displaystyle\int_0^{+\infty} \dfrac{\mathrm{d}x}{(x^2 + 1)^n}$ (n 是自然数) 的值 (对 $\displaystyle\int_0^{+\infty} \dfrac{\mathrm{d}x}{x^2 + t} = \dfrac{\pi}{2\sqrt{t}}$, $t > 0$ 的两边关于 t 进行 $n - 1$ 次微分).

50. 求积分 $\displaystyle\int_0^{+\infty} x^{2n} \mathrm{e}^{-x^2} \mathrm{d}x$ 的值.

51. 证明: 当函数 $f(x)$ 在区间 $[0, +\infty)$ 上连续且有界时,

$$\lim_{t \to +\infty} \int_0^{+\infty} f(x) \dfrac{\sin^2(tx)}{tx^2} \mathrm{d}x = \dfrac{\pi}{2} f(0).$$

第7章 积分法则 (多元)

7.1 积　　分

首先叙述二元函数的积分.

a) 积分的定义

当 I, J 是实直线 $\mathbf{R}$ 上的区间时, 称直积 $I \times J = \{(x,y)|x \in I, y \in J\}$ 为 $\mathbf{R}^2 = \mathbf{R} \times \mathbf{R}$ 上的区间. 当 $I = [a,b], J = [c,d]$ 是闭区间时, 称

$$K = I \times J = \{(x,y)|a \leqslant x \leqslant b, c \leqslant y \leqslant d\}$$

为平面 $\mathbf{R}^2$ 上的闭区间. 在本章中, 为方便起见又称闭区间 K 为**矩形**, 即本章中约定平面 $\mathbf{R}^2$ 上的矩形是指其边与坐标轴平行的矩形.

若 $f(x,y)$ 在矩形 $K = \{(x,y)|a \leqslant x \leqslant b, c \leqslant y \leqslant d\}$ 上是关于变量 x, y 的二元连续函数, 则在 K 上 $f(x,y)$ 的定积分的定义方法与单变量连续函数 $f(x)$ 的定积分 $\int_a^b f(x)\mathrm{d}x$ 的定义方法是相同的. 即若将区间 $I = [a,b], J = [c,d]$ 分别用分点 $x_1, x_2, \cdots, x_{m-1}$, $a < x_1 < x_2 < \cdots < x_{j-1} < x_j < \cdots < x_{m-1} < b$, $y_1, y_2, \cdots, y_{n-1}$, $c < y_1 < \cdots < y_{k-1} < y_k < \cdots < y_{n-1} < d$, 分割成 m 个区间 $I_j = [x_{j-1}, x_j], j = 1, 2, \cdots, m$ 和 n 个区间 $J_k = [y_{k-1}, y_k], k = 1, 2, \cdots, n$, 则矩形 $K = I \times J$ 被分割为 mn 个小矩形:

$$K_{jk} = I_j \times J_k = \{(x,y)|x_{j-1} \leqslant x \leqslant x_j, y_{k-1} \leqslant y \leqslant y_k\},$$

$$j = 1, 2, \cdots, m, \quad k = 1, 2, \cdots, n,$$

其中 $x_0 = a$, $x_m = b, y_0 = c, y_n = d$. 点集 $\{x_0, x_1, \cdots, x_m\}$ 和 $\{y_0, y_1, \cdots, y_n\}$ 组成的对用

$$\Delta = (\{x_0, x_1, \cdots, x_m\}, \{y_0, y_1, \cdots, y_n\})$$

表示, 并称此分割为矩形 K 的分割 Δ. 对于 K 的分割 Δ, 在每一个小矩形 K_{jk} 中任意选取一点 $P_{jk} = (\xi_{jk}, \eta_{jk}), x_{j-1} \leqslant \xi_{jk} \leqslant x_j, y_{k-1} \leqslant \eta_{jk} \leqslant y_k$, 并且令

$$\sigma_\Delta = \sum_{j=1}^m \sum_{k=1}^n f(\xi_{jk}, \eta_{jk})(x_j - x_{j-1})(y_k - y_{k-1}),$$

显然 $(x_j - x_{j-1})(y_k - y_{k-1})$ 是小矩形 K_{jk} 的面积. 小矩形 K_{jk} 的直径的最大值用

$$\delta[\Delta] = \max_{j,k} \sqrt{(x_j - x_{j-1})^2 + (y_k - y_{k-1})^2}$$

表示. 则当 $\delta[\Delta] \to 0$ 时, 存在 σ_Δ 的极限

$$s = \lim_{\delta[\Delta] \to 0} \sigma_\Delta,$$

即存在实数 s, 使得对于任意正实数 ε, 存在正实数 $\delta(\varepsilon)$, 只要 $\delta[\Delta] < \delta(\varepsilon)$, 那么无论 K 的分割 Δ 与点 $P_{jk} = (\xi_{jk}, \eta_{jk})$ 如何选取, 都有

$$|\sigma_\Delta - s| < \varepsilon.$$

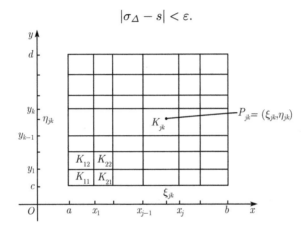

[证明] 证明过程与前文对一元函数的证明相同. 根据定理 6.3, $f(x,y)$ 在每一个矩形 K_{jk} 上都具有最大值 M_{jk} 和最小值 μ_{jk}. 令

$$S_\Delta = \sum_{j=1}^{m} \sum_{k=1}^{n} M_{jk}(x_j - x_{j-1})(y_k - y_{k-1}),$$

$$s_\Delta = \sum_{j=1}^{m} \sum_{k=1}^{n} \mu_{jk}(x_j - x_{j-1})(y_k - y_{k-1}),$$

则

$$\mu_{jk} \leqslant f(\xi_{jk}, \eta_{jk}) \leqslant M_{jk},$$

所以

$$s_\Delta \leqslant \sigma_\Delta \leqslant S_\Delta. \tag{7.1}$$

另一方面, 根据定理 6.2, $f(x,y)$ 在 K 上一致连续, 即对于任意正实数 ε, 存在正实数 $\delta(\varepsilon)$, 使得对于属于 K 的两点 (x,y) 和 (x',y'),

若 $\sqrt{(x-x')^2 + (y-y')^2} < \delta(\varepsilon)$, 则 $|f(x,y) - f(x',y')| < \varepsilon.$

所以, 只要 $\delta[\Delta] < \delta(\varepsilon)$, 就有 $M_{jk} - \mu_{jk} < \varepsilon$. 因此小矩形 K_{jk} 的面积 $(x_j - x_{j-1})(y_k - y_{k-1})$ 的总和与 K 的面积 $(b-a)(d-c)$ 相等, 从而

$$S_\Delta - s_\Delta < \varepsilon \sum_{j=1}^{m} \sum_{k=1}^{n} (x_j - x_{j-1})(y_k - y_{k-1}) = \varepsilon(b-a)(d-c).$$

若将 $\delta(\varepsilon/(b-a)(d-c))$ 改写成 $\delta(\varepsilon)$, 则

$$\text{只要 } \delta[\Delta] < \delta(\varepsilon), \quad \text{就有 } S_\Delta - s_\Delta < \varepsilon \text{ 成立}. \tag{7.2}$$

对于矩形 K 的任意分割 $\Delta' = (\{x_0', x_1', \cdots, x_h'\}, \{y_0', y_1', \cdots, y_l'\})$, 将 Δ 和 Δ' 的分点合并得到 K 的分割, 即由

$$\{x_0'', x_1'', \cdots, x_p''\} = \{x_0, x_1, \cdots, x_m\} \cup \{x_0', x_1', \cdots, x_h'\},$$

$$\{y_0'', y_1'', \cdots, y_q''\} = \{y_0, y_1, \cdots, y_n\} \cup \{y_0', y_1', \cdots, y_l'\}$$

得到 K 的分割为

$$\Delta'' = (\{x_0'', x_1'', \cdots, x_p''\}, \{y_0'', y_1'', \cdots, y_q''\}),$$

并且任意取点 $(\xi_{\lambda\nu}'', \eta_{\lambda\nu}''), x_{\lambda-1}'' \leqslant \xi_{\lambda\nu}'' \leqslant x_\lambda'', y_{\nu-1}'' \leqslant \eta_{\lambda\nu}'' \leqslant y_\nu''$, 令

$$\sigma_{\Delta''} = \sum_{\lambda=1}^{p} \sum_{\nu=1}^{q} f(\xi_{\lambda\nu}'', \eta_{\lambda\nu}'')(x_\lambda'' - x_{\lambda-1}'')(y_\nu'' - y_{\nu-1}'').$$

假设 $x_{j-1} = x_\rho'', x_j = x_\sigma'', y_{k-1} = y_\kappa'', y_k = y_\tau''$, 则小矩形 K_{jk} 在分割 Δ'' 之下被分割成 $(\sigma - \rho)(\tau - k)$ 个小矩形 $K_{\lambda\nu}'', \lambda = \rho+1, \rho+2, \cdots, \sigma, \nu = \kappa+1, \kappa+2, \cdots, \tau$ 且 $\mu_{jk} \leqslant f(\xi_{\lambda\nu}'', \eta_{\lambda\nu}'')$. 所以

$$\mu_{jk}(x_j - x_{j-1})(y_k - y_{k-1}) \leqslant \sum_{\lambda=\rho+1}^{\sigma} \sum_{\nu=\kappa+1}^{\tau} f(\xi_{\lambda\nu}'', \eta_{\lambda\nu}'')(x_\lambda'' - x_{\lambda-1}'')(y_\nu'' - y_{\nu-1}'').$$

因此

$$s_\Delta \leqslant \sigma_{\Delta''},$$

同理

$$\sigma_{\Delta''} \leqslant S_{\Delta'},$$

所以

$$s_\Delta \leqslant S_{\Delta'}.$$

因此, 若考虑矩形 K 所有的分割, 则可以确定对应于 s_Δ 的全体集合的上确界

$$s = \sup_\Delta s_\Delta.$$

显然 $s \leqslant S_{\Delta'}$, 又因为 Δ' 是任意的分割, 所以

$$s_\Delta \leqslant s \leqslant S_\Delta.$$

因此, 根据式 (7.1) 和式 (7.2), 当 $\delta[\Delta] < \delta(\varepsilon)$ 时, 就有 $|\sigma_\Delta - s| < \varepsilon$. □

定义 7.1 称 $s = \lim\limits_{\delta[\Delta] \to 0} \sigma_\Delta$ 为矩形 $K = \{(x, y) | a \leqslant x \leqslant b, c \leqslant y \leqslant d\}$ 上的函数 $f(x, y)$ 的积分, 或者函数 $f(x, y)$ 在 K 上的积分, 用符号 $\int_K f(x, y) \mathrm{d}x \mathrm{d}y$ 表示:

$$\int_K f(x, y) \mathrm{d}x \mathrm{d}y = \lim_{\delta[\Delta] \to 0} \sum_{j=1}^m \sum_{k=1}^n f(\xi_{jk}, \eta_{jk})(x_j - x_{j-1})(y_k - y_{k-1}). \tag{7.3}$$

求解积分 $\int_K f(x, y) \mathrm{d}x \mathrm{d}y$ 的过程称为在 K 上对 $f(x, y)$ 积分. 积分 $\int_K f(x, y) \mathrm{d}x \mathrm{d}y$ 又可以用符号 $\int_a^b \int_c^d f(x, y) \mathrm{d}x \mathrm{d}y$ 来表示:

$$\int_a^b \int_c^d f(x, y) \mathrm{d}x \mathrm{d}y = \lim_{\delta[\Delta] \to 0} \sum_{j=1}^m \sum_{k=1}^n f(\xi_{jk}, \eta_{jk})(x_j - x_{j-1})(y_k - y_{k-1}).$$

此式左边的这种形式称为**二重积分**(double integral). $\int_a^b \int_c^d f(x, y) \mathrm{d}x \mathrm{d}y$ 上的变量 x, y 称为积分变量, 这与一元函数的定积分的情况相同. 若令 $f(\xi_{jk}, \eta_{jk}) = f(P_{jk})$, $P_{jk} = (\xi_{jk}, \eta_{jk})$, $\omega_{jk} = (x_j - x_{j-1})(y_k - y_{k-1})$, 则式 (7.3) 可写成

$$\int_K f(x, y) \mathrm{d}x \mathrm{d}y = \lim_{\delta[\Delta] \to 0} \sum_{j=1}^m \sum_{k=1}^n f(P_{jk}) \omega_{jk}. \tag{7.4}$$

采用这种记法, 若令 $f(P) = f(x, y)$, $P = (x, y)$, 则积分 $\int_K f(x, y) \mathrm{d}x \mathrm{d}y$ 可以简记为 $\int_K f(P) \mathrm{d}\omega$.

b) 积分的性质

下面的定理与描述一元函数定积分性质的定理 4.1 类似.

定理 7.1 设 $f(P) = f(x, y), g(P) = g(x, y)(P = (x, y))$ 是定义在矩形 $K = \{(x, y) | a \leqslant x \leqslant b, c \leqslant y \leqslant d\}$ 上的连续函数.

(1) 设 $a = \alpha_0 < \alpha_1 < \cdots < \alpha_h < \cdots < \alpha_p = b, c = \gamma_0 < \gamma_1 < \cdots < \gamma_i < \cdots < \gamma_q = d$, 并且若将 K 分割成 pq 个小矩形

$$K_{hi} = \{(x,y)|\alpha_{h-1} \leqslant x \leqslant \alpha_h, \gamma_{i-1} \leqslant y \leqslant \gamma_i\}, \ h = 1, 2, \cdots, p, \ i = 1, 2, \cdots, q,$$

则有

$$\int_K f(x,y)\mathrm{d}x\mathrm{d}y = \sum_{h=1}^{p}\sum_{i=1}^{q}\int_{K_{hi}} f(x,y)\mathrm{d}x\mathrm{d}y. \tag{7.5}$$

(2) 当 c_1, c_2 为任意常数时,

$$\int_K (c_1 f(P) + c_2 g(P))\mathrm{d}\omega = c_1\int_K f(P)\mathrm{d}\omega + c_2\int_K g(P)\mathrm{d}\omega. \tag{7.6}$$

(3) 在矩形 K 上若恒有 $f(x,y) \geqslant g(x,y)$,

$$\int_K f(x,y)\mathrm{d}x\mathrm{d}y \geqslant \int_K g(x,y)\mathrm{d}x\mathrm{d}y,$$

并且除去 K 上 $f(x,y) = g(x,y)$ 的情况外,

$$\int_K f(x,y)\mathrm{d}x\mathrm{d}y > \int_K g(x,y)\mathrm{d}x\mathrm{d}y.$$

(4)

$$\left|\int_K f(x,y)\mathrm{d}x\mathrm{d}y\right| \leqslant \int_K |f(x,y)|\mathrm{d}x\mathrm{d}y. \tag{7.7}$$

证明　(1) 在积分定义 7.1 中, 选取分割 Δ 为 $\alpha_h \in \{x_0, x_1, \cdots, x_m\}, \gamma_i \in \{y_0, y_1, \cdots, y_n\}$, 并令 $\alpha_h = x_{j(h)}, \gamma_i = y_{k(i)}$, 则若采用式 (7.4) 的记法, 则

$$\sum_{j=1}^{m}\sum_{k=1}^{n} f(P_{jk})\omega_{jk} = \sum_{h=1}^{p}\sum_{i=1}^{q}\sum_{j=j(h-1)+1}^{j(h)}\sum_{k=k(i-1)+1}^{k(i)} f(P_{jk})\omega_{jk}.$$

在此式两边, 若当 $\delta[\Delta] \to 0$ 时取极限, 则可直接获得式 (7.5).

(2)、(3)、(4) 和定理 4.1 的 (2)、(3)、(4)、(5) 的证明过程相同.　　　□

(7.5) 又可改写成

$$\int_a^b \int_c^d f(x,y)\mathrm{d}x\mathrm{d}y = \sum_{h=1}^{p}\sum_{i=1}^{q}\int_{\alpha_{h-1}}^{\alpha_h}\int_{\gamma_{i-1}}^{\gamma_i} f(x,y)\mathrm{d}x\mathrm{d}y.$$

　　一般地, 对于点集 $S \subset \mathbf{R}^n$, S 的开核, 即 S 的内点全体组成的集合用 (S) 来表示[1]. 例如, 矩形 $K = \{(x,y)|a \leqslant x \leqslant b, c \leqslant y \leqslant d\}$ 的开核 $(K) = \{(x,y)|a <$

---

[1] 开核的表示没有统一的符号, 此处采用高木贞治《解析概論》的记法, 用 ( ) 来表示. 这与表示开区间的符号 (a, b) 类似.

$x < b, c < y < d$. 如果矩形 K 可以用任意两个都没有公共内点的有限个矩形 K_λ $(\lambda = 1, 2, \cdots, \nu)$ 的并集

$$K = K_1 \cup K_2 \cup \cdots \cup K_\lambda \cup \cdots \cup K_\nu, \quad (K_\lambda) \cap (K_\rho) = \varnothing \quad (\lambda \neq \rho)$$

表示, 那么就称 K 被**分割**成有限个矩形 $K_1, \cdots, K_\lambda, \cdots, K_\nu$. 定理 7.1 的 (1) 中, K 被分割成 pq 个矩形 K_{hi} 就是其中一例.

定理 7.2 设 $f(x, y)$ 在矩形 $K = \{(x, y) | a \leqslant x \leqslant b, c \leqslant y \leqslant d\}$ 上连续, 则当 K 被分割成 ν 个矩形 $K_1, K_2, \cdots, K_\lambda, \cdots, K_\nu$ 时, 就有

$$\int_K f(x, y) \mathrm{d}x \mathrm{d}y = \sum_{\lambda=1}^{\nu} \int_{K_\lambda} f(x, y) \mathrm{d}x \mathrm{d}y. \tag{7.8}$$

证明 取 $K_\lambda = \{(x, y) | a_\lambda \leqslant x \leqslant b_\lambda, c_\lambda \leqslant y \leqslant d_\lambda\}$, 并且设实数 $a_1, b_1, a_2, b_2, \cdots, a_\lambda$, $b_\lambda, \cdots, a_\nu, d_\nu$ 中互异的项按从小到大的顺序排列而得到的有限数列为 $\alpha_0, \alpha_1, \cdots,$ $\alpha_h, \cdots, \alpha_p$; 实数 $c_1, d_1, \cdots, c_\lambda, d_\lambda, \cdots, c_\nu, d_\nu$ 中互异的项按从小到大的顺序排列而得到的有限数列为 $\gamma_0, \gamma_1, \cdots, \gamma_i, \cdots, \gamma_q$. 则显然有 $a = \alpha_0 < \alpha_1 < \cdots < \alpha_p = b, c = \gamma_0 < \gamma_1 < \cdots < \gamma_q = d$. 令

$$K_{hi} = \{(x, y) | \alpha_{h-1} \leqslant x \leqslant \alpha_h, \gamma_{i-1} \leqslant y \leqslant \gamma_i\}.$$

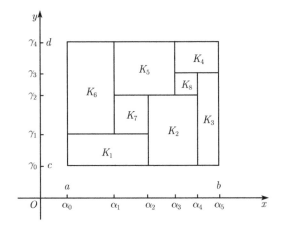

若 $a_\lambda = \alpha_{k(\lambda)}, b_\lambda = \alpha_{h(\lambda)}, c_\lambda = \gamma_{j(\lambda)}, d_\lambda = \gamma_{i(\lambda)}$, 则矩形 K_λ 被分割成 $(h(\lambda) - k(\lambda))(i(\lambda) - j(\lambda))$ 个小矩形 $K_{hi}, h = k(\lambda) + 1, \cdots, h(\lambda), i = j(\lambda) + 1, \cdots, i(\lambda)$. (参考上图, 例如, 若 $a_2 = \alpha_2, b_2 = \alpha_4, c_2 = \gamma_0, d_2 = \gamma_2$, 则 K_2 被分割成 4 个矩形 $K_{31}, K_{41}, K_{32}, K_{42}$.) 因此, 根据定理 7.1 的 (1),

$$\int_{K_\lambda} f(x, y) \mathrm{d}x \mathrm{d}y = \sum_{h=k(\lambda)+1}^{h(\lambda)} \sum_{i=j(\lambda)+1}^{i(\lambda)} \int_{K_{hi}} f(x, y) \mathrm{d}x \mathrm{d}y. \tag{7.9}$$

若首先将 K 分割成 ν 个矩形 K_λ, $\lambda = 1, 2, \cdots, \nu$, 然后将每一个 K_λ 分割成小矩形 K_{hi}, $h = k(\lambda) + 1, \cdots, h(\lambda), i = j(\lambda) + 1, \cdots, i(\lambda)$, 则 K 最终被分割成 pq 个小矩形 K_{hi}, $h = 1, 2, \cdots, p, k = 1, 2, \cdots, q$. 因此, 根据式 (7.5) 和式 (7.9),

$$\sum_{\lambda=1}^{\nu} \int_{K_\lambda} f(x,y)\mathrm{d}x\mathrm{d}y = \sum_{h=1}^{p} \sum_{i=1}^{q} \int_{K_{hi}} f(x,y)\mathrm{d}x\mathrm{d}y = \int_{K} f(x,y)\mathrm{d}x\mathrm{d}y. \qquad \square$$

c) 累次积分

若两个变量 x, y 的二元函数 $f(x,y)$ 在矩形 $K = \{(x,y) | a \leqslant x \leqslant b, c \leqslant y \leqslant d\}$ 上连续, 则根据定理 6.19 的 (1), $\int_a^b f(x,y)\mathrm{d}x$ 在区间 $[c, d]$ 上是关于 y 的连续函数, 从而定积分

$$\int_c^d \mathrm{d}y \int_a^b f(x,y)\mathrm{d}x = \int_c^d \left(\int_a^b f(x,y)\mathrm{d}x \right) \mathrm{d}y$$

存在.

定理 7.3

$$\int_a^b \int_c^d f(x,y)\mathrm{d}x\mathrm{d}y = \int_c^d \mathrm{d}y \int_a^b f(x,y)\mathrm{d}x. \qquad (7.10)$$

证明   考虑矩形 K 的任意分割 $\Delta = (\{x_0, x_1, \cdots, x_m\}, \{y_0, y_1, \cdots, y_n\})$, $a = x_0 < x_1 < \cdots < x_m = b, c = y_0 < y_1 < \cdots < y_n = d$. 虽然有

$$\int_c^d \mathrm{d}y \int_a^b f(x,y)\mathrm{d}x = \sum_{k=1}^{n} \int_{y_{k-1}}^{y_k} \mathrm{d}y \int_a^b f(x,y)\mathrm{d}x,$$

但是由于 $\int_a^b f(x,y)\mathrm{d}x$ 是 y 的连续函数, 所以根据中值定理 (定理 4.2), 存在 η_k 满足

$$\int_{y_{k-1}}^{y_k} \mathrm{d}y \int_a^b f(x,y)\mathrm{d}x = \int_a^b f(x,\eta_k)\mathrm{d}x \cdot (y_k - y_{k-1}), y_{k-1} < \eta_k < y_k,$$

因此

$$\int_c^d \mathrm{d}y \int_a^b f(x,y)\mathrm{d}x = \sum_{k=1}^{n} \int_a^b f(x,\eta_k)\mathrm{d}x \cdot (y_k - y_{k-1}).$$

同理, 根据中值定理, 存在 ξ_{jk} 满足

$$\int_{x_{j-1}}^{x_j} f(x,\eta_k)\mathrm{d}x = f(\xi_{jk},\eta_k)(x_j - x_{j-1}), \quad x_{j-1} < \xi_{jk} < x_j,$$

所以

$$\int_a^b f(x,\eta_k)\mathrm{d}x = \sum_{j=1}^{m} f(\xi_{jk},\eta_k)(x_j - x_{j-1}).$$

因此,

$$\int_c^d \mathrm{d}y \int_a^b f(x,y)\mathrm{d}x = \sum_{j=1}^m \sum_{k=1}^n f(\xi_{jk}, \eta_k)(x_j - x_{j-1})(y_k - y_{k-1}).$$

当 $\delta[\varDelta] \to 0$ 时, 对该等式取极限, 可得

$$\int_c^d \mathrm{d}y \int_a^b f(x,y)\mathrm{d}x = \int_a^b \int_c^d f(x,y)\mathrm{d}x\mathrm{d}y. \qquad \Box$$

定理 7.3 表明了二重积分就是一元函数积分的反复应用, 称 $\int_c^d \mathrm{d}y \int_a^b f(x,y)\mathrm{d}x$ 形式的积分为**累次积分**(repeated integral). 将 x 和 y 进行替换, 则

$$\int_a^b \int_c^d f(x,y)\mathrm{d}x\mathrm{d}y = \int_a^b \mathrm{d}x \int_c^d f(x,y)\mathrm{d}y, \qquad (7.11)$$

所以

$$\int_c^d \mathrm{d}y \int_a^b f(x,y)\mathrm{d}x = \int_a^b \mathrm{d}x \int_c^d f(x,y)\mathrm{d}y.$$

这就是等式 (6.50).

对于矩形 $K = \{(x,y)|a \leqslant x \leqslant b, c \leqslant y \leqslant d\}$ 上的连续函数 $f(x,y)$, 现讨论 x, y 的函数

$$F(x,y) = \int_a^x \int_c^y f(x,y)\mathrm{d}x\mathrm{d}y, \quad a < x \leqslant b, c < y \leqslant d.$$

根据式 (7.10),

$$F(x,y) = \int_c^y \mathrm{d}y \int_a^x f(x,y)\mathrm{d}x,$$

因此 $F(x,y)$ 是定义在 K 上的函数, 并且 $F(a,y) = F(x,c) = 0$. 将积分变量 x, y 用 t, u 替换, 则

$$F(x,y) = \int_c^y \mathrm{d}u \int_a^x f(t,u)\mathrm{d}t.$$

根据定理 6.20 的 (1),

$$\varPhi(x,u) = \int_a^x f(t,u)\mathrm{d}t$$

是两个变量 x, u 的二元连续函数. 由于偏导函数 $\varPhi_x(x,u) = f(x,u)$ 显然也是两个变量 x, u 的二元连续函数, 所以根据定理 6.20 的 (2),

$$F(x,y) = \int_c^y \varPhi(x,u)\mathrm{d}u$$

是关于 x, y 的二元连续可微函数, 并且

$$F_y(x, y) = \Phi(x, y) = \int_a^x f(t, y)\mathrm{d}t,$$

$$F_x(x, y) = \int_c^y \Phi_x(x, u)\mathrm{d}u = \int_c^y f(x, u)\mathrm{d}u.$$

因此存在偏导函数 $F_{yx}(x, y)$ 和 $F_{xy}(x, y)$, 并且

$$F_{yx}(x, y) = F_{xy}(x, y) = f(x, y). \tag{7.12}$$

若将 $F(x, y)$ 类似于单变量连续函数 $f(x)$ 的不定积分 $F(x) = \int_a^x f(x)\mathrm{d}x$ 考虑, 则式 (7.12) 类似于 $F'(x) = f(x)$. 反之, 在单变量情况时, 若函数 $F(x)$ 关于 x 可微, 并且 $F'(x) = f(x)$, 则 $\int_a^b f(x)\mathrm{d}x = F(b) - F(a)$ (微积分的基本公式 (4.15)). 与此相对应, 有下面的类似结论成立.

定理 7.4[①] 设 $f(x, y)$ 是矩形 $K = \{(x, y)|a \leqslant x \leqslant b, c \leqslant y \leqslant d\}$ 上的连续函数. 那么若 K 上 $F(x, y)$ 的偏导函数 $F_y(x, y), F_{yx}(x, y)$ 存在且连续, 并且

$$F_{yx}(x, y) = f(x, y), \tag{7.13}$$

则

$$\int_a^b \int_c^d f(x, y)\mathrm{d}x\mathrm{d}y = F(b, d) - F(a, d) - F(b, c) + F(a, c). \tag{7.14}$$

证明 令

$$F_0(x, y) = \int_a^x \int_c^y f(x, y)\mathrm{d}x\mathrm{d}y,$$

并且若取差

$$G(x, y) = F(x, y) - F_0(x, y),$$

则其在 K 上偏导函数 $G_y(x, y), G_{yx}(x, y)$ 存在且连续, 并且根据式 (7.12) 和式 (7.13),

$$G_{yx}(x, y) = 0.$$

因此 $G_y(x, y)$ 是不依赖于 x 的、仅与 y 有关的连续函数: $G_y(x, y) = \beta(y)$. 若令 $B(y) = \int_c^y \beta(y)\mathrm{d}y$, 则

$$\frac{\partial}{\partial y}(G(x, y) - B(y)) = 0.$$

---

① 龟谷俊司《解析入门》, p.303, 例 3.

因此, $G(x,y) - B(y)$ 是不依赖于 y 的、仅与 x 有关的连续函数 $A(x)$, 即

$$G(x,y) = A(x) + B(y),$$

所以

$$F(x,y) = F_0(x,y) + A(x) + B(y).$$

因此, $F_0(b,c) = F_0(a,d) = F_0(a,c) = 0$, 从而

$$F(b,d) - F(a,d) - F(b,c) + F(a,c) = F_0(b,d). \qquad \square$$

注 定理 7.4 表明对于二元连续函数 $f(x,y)$, 式 (7.13) 中的函数 $F(x,y)$ 与单变量连续函数 $f(x)$ 的不定积分 $F(x) = \int f(x)\mathrm{d}x$ 相类似, 但是并不称 $F(x,y)$ 是 $f(x,y)$ 的不定积分. 因为不考虑二元函数的不定积分, 所以当然没有必要特别地将 $\int_a^b \int_c^d f(x,y)\mathrm{d}x\mathrm{d}y$ 称为定积分, 因此我们将 $\int_a^b \int_c^d f(x,y)\mathrm{d}x\mathrm{d}y$ 单纯地称为积分.

在 (7.14) 中, 若将 b,d 用 x,y 替换, 则

$$F(x,y) = \int_a^x \int_c^y f(x,y)\mathrm{d}x\mathrm{d}y + F(x,c) + F(a,y) - F(a,c). \tag{7.15}$$

在定理 7.4 中我们没有假定偏导函数 $F_x(x,y)$ 存在, 但是若假定 $F_x(x,y)$ 存在, 则根据 Schwarz 定理 (定理 6.9), $F_{xy}(x,y)$ 存在且 $F_{xy}(x,y) = F_{yx}(x,y)$. 这可以根据式 (7.15) 直接推出. 事实上, 对于 $F_0(x,y) = \int_a^x \int_c^y f(x,y)\mathrm{d}x\mathrm{d}y$, 根据上述结果, $F_{0x}(x,y), F_{0xy}(x,y)$ 存在且 $F_{0xy}(x,y) = f(x,y)$. 所以

$$F_x(x,y) = F_{0x}(x,y) + F_x(x,c),$$

因此

$$F_{xy}(x,y) = f(x,y) = F_{yx}(x,y).$$

d) 矩形块上的积分

称平面 $\mathbf{R}^2$ 上的有限个矩形的并集为**矩形块**[①].

引理 7.1 如果对于给定的 $\mathbf{R}^2$ 上的有限个矩形 $K_\lambda = \{(x,y)|a_\lambda \leqslant x \leqslant b_\lambda, c_\lambda \leqslant y \leqslant d_\lambda\}$, 选取矩形 $K = \{(x,y)|a \leqslant x \leqslant b, c \leqslant y \leqslant d\}$ 和它的分割 $\Delta = (\{x_0, x_1, \cdots, x_m\}, \{y_0, y_1, \cdots, y_n\})$, $a = x_0 < x_1 < \cdots < x_m = b$, $c = y_0 < y_1 < \cdots < y_n = d$, 使得 $a_\lambda, b_\lambda \in \{x_0, x_1, \cdots, x_m\}, c_\lambda, d_\lambda \in \{y_0, y_1, \cdots, y_n\}$, 那么每个矩形 K_λ 是包含在 K_λ 中的小矩形 $K_{jk} = \{(x,y)|x_{j-1} \leqslant x \leqslant x_j, y_{k-1} \leqslant y \leqslant y_k\}$ 的并集:

---

① 高木贞治《解析概論》, p.422.

$$K_\lambda = \bigcup_{K_{jk} \subset K_\lambda} K_{jk}.$$

证明 根据假设 $a_\lambda = x_{i(\lambda)}$, $b_\lambda = x_{j(\lambda)}$, $c_\lambda = y_{h(\lambda)}$, $d_\lambda = y_{k(\lambda)}$, 所以

$$K_\lambda = \bigcup_{j=i(\lambda)+1}^{j(\lambda)} \bigcup_{k=h(\lambda)+1}^{k(\lambda)} K_{jk} = \bigcup_{K_{jk} \subset K_\lambda} K_{jk}. \qquad \square$$

矩形块可以表示成任意两个都没有公共内点的有限个矩形的并集. [证明] 对于给定的矩形块 $A = \bigcup_{\lambda=1}^{\nu} K_\lambda (K_\lambda$ 是矩形), 根据引理 7.1,

$$K_\lambda = \bigcup_{K_{jk} \subset K_\lambda} K_{jk},$$

因此,

$$A = \bigcup_{\lambda=1}^{\nu} K_\lambda = \bigcup_{K_{jk} \subset A} K_{jk}.$$

显然 K_{jk} 和 K_{ih}, $(i,h) \neq (j,k)$, 没有公共的内点. $\qquad \square$

如果矩形块 A 是任意两个都没有公共内点的矩形 K_λ, $\lambda = 1, 2, \cdots, \nu$ 的并集

$$A = K_1 \cup K_2 \cup \cdots \cup K_\lambda \cup \cdots \cup K_\nu, \quad (K_\lambda) \cap (K_\rho) = \varnothing \quad (\lambda \neq \rho),$$

那么就称 A 被分割成有限个矩形 $K_1, K_2, \cdots, K_\lambda, \cdots, K_\nu$. 假设函数 $f(x,y)$ 在矩形块 A 上连续. 此时, 若将 A 分割成有限个矩形 K_λ, $\lambda = 1, 2, \cdots, \nu$, 并且令

$$\sigma = \sum_{\lambda=1}^{\nu} \int_{K_\lambda} f(x,y) \mathrm{d}x \mathrm{d}y,$$

则 σ 仅由 A 确定, 并且与 A 分割成矩形 K_λ 的分割方法无关. [证明] 设 $L_1, L_2, \cdots, L_\mu$ 是用另外的分割方法将 A 分割成有限个矩形, 并且对于矩形 $K_1, K_2, \cdots, K_\nu, L_1, L_2, \cdots, L_\mu$ 应用引理 7.1, 则

$$K_\lambda = \bigcup_{K_{jk} \subset K_\lambda} K_{jk}, \quad L_\lambda = \bigcup_{K_{jk} \subset L_\lambda} K_{jk}.$$

因此, 根据定理 7.2,

$$\int_{K_\lambda} f(x,y) \mathrm{d}x \mathrm{d}y = \sum_{K_{jk} \subset K_\lambda} \int_{K_{jk}} f(x,y) \mathrm{d}x \mathrm{d}y.$$

虽然 $A = \bigcup_{\lambda=1}^{\nu} K_\lambda = \bigcup_{K_{jk} \subset A} K_{jk}$, 但是 K_λ 和 $K_\rho (\lambda \neq \rho)$ 没有公共的内点, 所以对于每一个 $K_{jk} \subset A$, 存在唯一的 K_λ 使得 $K_{jk} \subset K_\lambda$. 因此

$$\sigma = \sum_{\lambda=1}^{\nu} \sum_{K_{jk} \subset K_\lambda} \int_{K_{jk}} f(x,y) \mathrm{d}x \mathrm{d}y = \sum_{K_{jk} \subset A} \int_{K_{jk}} f(x,y) \mathrm{d}x \mathrm{d}y.$$

将右边的 $K_1, K_2, \cdots, K_\lambda, \cdots, K_\nu$ 换成 $L_1, L_2, \cdots, L_\lambda, \cdots, L_\mu$, 此等式不变, 即 σ 仅由 A 确定. $\qquad\qquad\qquad\qquad\qquad\qquad\qquad\qquad\qquad\qquad\qquad\qquad\quad$ □

定义 7.2 称 σ 是 A 上 $f(x, y)$ 的积分, 或者 $f(x, y)$ 在 A 上的积分, 记为 $\int_A f(x, y)\mathrm{d}x\mathrm{d}y$:

$$\int_A f(x, y)\mathrm{d}x\mathrm{d}y = \sum_{\lambda=1}^{\nu} \int_{K_\lambda} f(x, y)\mathrm{d}x\mathrm{d}y,$$

$$A = \bigcup_{\lambda=1}^{\nu} K_\lambda, (K_\lambda) \cap (K_\rho) = \varnothing \quad (\lambda \neq \rho). \tag{7.16}$$

当 $f(P) = f(x, y), P = (x, y)$ 时, 积分 $\int_A f(x, y)\mathrm{d}x\mathrm{d}y$ 记为 $\int_A f(P)\mathrm{d}\omega$ 等.

定理 7.5 设 $f(P) = f(x, y), g(P) = g(x, y)(P = (x, y))$ 是矩形块 A 上的连续函数.

(1) 如果 A 是没有公共内点的两个矩形块 B, E 的并集: $A = B \cup E, (B) \cap (E) = \varnothing$, 那么

$$\int_A f(x, y)\mathrm{d}x\mathrm{d}y = \int_B f(x, y)\mathrm{d}x\mathrm{d}y + \int_E f(x, y)\mathrm{d}x\mathrm{d}y. \tag{7.17}$$

(2) 当 c_1, c_2 是任意的实数时,

$$\int_A (c_1 f(P) + c_2 g(P))\mathrm{d}\omega = c_1 \int_A f(P)\mathrm{d}\omega + c_2 \int_A g(P)\mathrm{d}\omega.$$

(3) 在矩形块 A 上, 若恒有 $f(x, y) \geqslant g(x, y)$, 则

$$\int_A f(x, y)\mathrm{d}x\mathrm{d}y \geqslant \int_A g(x, y)\mathrm{d}x\mathrm{d}y,$$

并且除去 A 上 $f(x, y) = g(x, y)$ 的情况,

$$\int_A f(x, y)\mathrm{d}x\mathrm{d}y > \int_A g(x, y)\mathrm{d}x\mathrm{d}y.$$

(4)

$$\left| \int_A f(x, y)\mathrm{d}x\mathrm{d}y \right| \leqslant \int_A |f(x, y)|\mathrm{d}x\mathrm{d}y. \tag{7.18}$$

(5) 若矩形块 B 包含于 A: $B \subset A$, 则

$$\int_B |f(x, y)|\mathrm{d}x\mathrm{d}y \leqslant \int_A |f(x, y)|\mathrm{d}x\mathrm{d}y, \tag{7.19}$$

$$\left| \int_A f(P)\mathrm{d}\omega - \int_B f(P)\mathrm{d}\omega \right| \leqslant \int_A |f(P)|\mathrm{d}\omega - \int_B |f(P)|\mathrm{d}\omega. \tag{7.20}$$

证明 (1) 若将 B, E 分别分割成有限个矩形, 并且用 $B = \bigcup\limits_{\lambda=1}^{\mu} K_\lambda, E = \bigcup\limits_{\lambda=\mu+1}^{\nu} K_\lambda$ 表示, 则因为 $(B) \cap (E) = \varnothing$, 我们有 $A = \bigcup\limits_{\lambda=1}^{\nu} K_\lambda, (K_\lambda) \cap (K_\rho) = \varnothing (\lambda \neq \rho)$. 因此, 根据定义 7.2, 可直接获得式 (7.17).

(2)、(3)、(4) 根据定理 7.1 的 (2)、(3)、(4) 显然成立.

(5) 令 $A = \bigcup\limits_{\lambda=1}^{\nu} K_\lambda, B = \bigcup\limits_{\rho=1}^{\mu} H_\rho$, 并且对 $K_1, K_2, \cdots, K_\nu, H_1, H_2, \cdots, H_\mu$ 应用引理 7.1, 则得

$$A = \bigcup_{K_{jk} \subset A} K_{jk}, \quad B = \bigcup_{K_{jk} \subset B} K_{jk}.$$

若 E 是满足 $K_{jk} \subset A$, $K_{jk} \not\subset B$ 的小矩形 K_{jk} 的并集, 则

$$A = B \cup E, \quad (B) \cap (E) = \varnothing.$$

因此, 根据 (1) 和 (3),

$$\int_A |f(P)| d\omega - \int_B |f(P)| d\omega = \int_E |f(P)| d\omega \geqslant 0, \tag{7.21}$$

即不等式 (7.19) 成立. 进而, 根据 (1),

$$\int_A f(P) d\omega - \int_B f(P) d\omega = \int_E f(P) d\omega,$$

再根据式 (7.18) 和式 (7.21),

$$\left| \int_E f(P) d\omega \right| \leqslant \int_E |f(P)| d\omega = \int_A |f(P)| d\omega - \int_B |f(P)| d\omega.$$

因此, 式 (7.20) 成立. $\qquad\qquad\square$

7.2 广义积分

a) 广义积分

对一元函数的情况, 开区间, 例如 $(a, +\infty)$ 上的连续函数 $f(x, y)$ 的积分 $\int_a^{+\infty} f(x) dx$ 是作为广义积分来定义的 (4.3 节 a)). 同样, 二元函数的情况下, 平面上的领域 D 上的连续函数 $f(x, y)$ 的积分 $\int_D f(x, y) dx dy$ 也作为广义积分来定义.

对于每一个矩形块 $A_1, A_2, \cdots, A_m, \cdots$, 满足下列两个条件时矩形块序列 $\{A_m\}$ 从内部单调地收敛于 D:

(i) $A_1 \subset A_2 \subset \cdots \subset A_m \subset A_{m+1} \subset \cdots, \quad A_m \subset D$;

(ii) $\bigcup\limits_{m=1}^{\infty}(A_m) = D$.

这里 (A_m) 表示 A_m 的开核.

对于每一个自然数 m, 若如下确定矩形块 A_m, 则可以获得从内部单调收敛于 D 的典型矩形块序列 $\{A_m\}$: 对于每一个自然数 m, 令 $\delta_m = 1/2^m$, 将平面 $\mathbf{R}^2$ 分割成边长为 δ_m 的无数个正方形

$$Q_{hk}^m = \{(x,y)|h\delta_m - \delta_m \leqslant x \leqslant h\delta_m, k\delta_m - \delta_m \leqslant y \leqslant k\delta_m\}, \quad h, k = 0, \pm 1, \pm 2, \cdots, \tag{7.22}$$

并且当 D 有界时, A_m 是包含于 D 的 Q_{hk}^m 的全体的并集

$$A_m = \bigcup_{Q_{hk}^m \subset D} Q_{hk}^m.$$

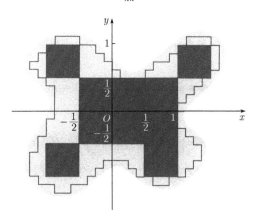

上图表示 A_1 和 A_3. 当 D 无界时, A_m 是包含于 $D \cap \{(x,y)||x| < m, |y| < m\}$ 的 Q_{hk}^m 的并集:

$$A_m = \bigcup_{Q_{hk}^m \subset D_m} Q_{hk}^m, \quad D_m = \{(x,y) \in D||x| < m, |y| < m\}.$$

这样确定的矩形块 A_m 的序列 $\{A_m\}$ 从内部单调收敛于 D, 即上述条件 (i)、(ii) 显然成立.

给定一个从内部单调收敛于 D 的矩形块序列 $\{A_m\}$, 使得

$$\sigma_m = \int_{A_m} |f(x,y)|\mathrm{d}x\mathrm{d}y, \quad s_m = \int_{A_m} f(x,y)\mathrm{d}x\mathrm{d}y.$$

因为 $A_m \subset A_{m+1}$, 所以根据定理 7.5 的 (5), $\sigma_m \leqslant \sigma_{m+1}$, 即 $\{\sigma_m\}$ 是单调非减序列. 所以 $\{\sigma_m\}$ 要么收敛, 要么发散于 $+\infty$(1.5 节 b)).

(1) 当 $\{\sigma_m\}$ 收敛时, 根据 (7.20),

当 $n > m$ 时, $|s_n - s_m| \leqslant \sigma_n - \sigma_m$ 成立,

所以序列 $\{s_m\}$ 也收敛, 即极限 $\lim\limits_{m \to \infty} \int_{A_m} f(x,y)\mathrm{d}x\mathrm{d}y$ 存在. 称此极限为 $f(P) = f(x,y)(P = (x,y))$ 在 D 上的积分, 用 $\int_D f(x,y)\mathrm{d}x\mathrm{d}y$ 或者 $\int_D f(P)\mathrm{d}\omega$ 表示:

$$\int_D f(P)\mathrm{d}\omega = \int_D f(x,y)\mathrm{d}x\mathrm{d}y = \lim_{m \to \infty} \int_{A_m} f(x,y)\mathrm{d}x\mathrm{d}y. \tag{7.23}$$

因为

$$\int_D |f(x,y)|\mathrm{d}x\mathrm{d}y = \lim_{m \to \infty} \int_{A_m} |f(x,y)|\mathrm{d}x\mathrm{d}y < +\infty,$$

所以称广义积分 $\int_D f(x,y)\mathrm{d}x\mathrm{d}y$ 绝对收敛.

(2) 当 $\{\sigma_m\}$ 发散于 $+\infty$ 时, 因为 $\lim\limits_{m \to \infty} \int_{A_m} |f(x,y)|\mathrm{d}x\mathrm{d}y = +\infty$, 所以称广义积分 $\int_D |f(x,y)|\mathrm{d}x\mathrm{d}y$ 发散于 $+\infty$, 记为

$$\int_D |f(x,y)|\mathrm{d}x\mathrm{d}y = +\infty.$$

以上是在从内部单调收敛于 D 的一个矩形块序列 $\{A_m\}$ 的基础上讨论了 D 上的广义积分, 但是广义积分 $\int_D f(x,y)\mathrm{d}x\mathrm{d}y$ 是否绝对收敛, 以及绝对收敛时积分 $\int_D f(x,y)\mathrm{d}x\mathrm{d}y$ 的值, 都与矩形块序列 $\{A_m\}$ 的选择方法无关. [证明] 任取矩形块 A, $A \subset D$ 时, 因为 $D = \bigcup\limits_{m=1}^{\infty} (A_m)$, 所以 A 被开集 $(A_1), (A_2), \cdots, (A_m), \cdots$ 覆盖. A 是有界闭集, 所以根据 Heine-Borel 覆盖定理 (定理 1.28), A 被有限个 $(A_1), (A_2), \cdots, (A_m), \cdots$ 覆盖, 即取自然数 m 充分大时,

$$A \subset (A_1) \cup (A_2) \cup \cdots \cup (A_m) = (A_m) \subset A_m.$$

所以根据式 (7.19),

$$\int_A |f(P)|\mathrm{d}\omega \leqslant \int_{A_m} |f(P)|\mathrm{d}\omega,$$

因此

$$\int_A |f(P)|\mathrm{d}\omega \leqslant \int_D |f(P)|\mathrm{d}\omega = \lim_{m \to \infty} \int_{A_m} |f(P)|\mathrm{d}\omega.$$

所以当考虑所有的矩形块 A, $A \subset D$ 时, 若 $\left\{ \int_A |f(P)|\mathrm{d}\omega \middle| A \subset D \right\}$ 有上界, 则 $\int_D |f(P)|\mathrm{d}\omega < +\infty$; 若无上界, 则 $\int_D |f(P)|\mathrm{d}\omega = +\infty$. 有上界时,

$$\int_D |f(P)|\mathrm{d}\omega = \sup_{A \subset D} \int_A |f(P)|\mathrm{d}\omega. \tag{7.24}$$

即 $\displaystyle\int_D |f(P)|\mathrm{d}\omega = \lim_{m\to\infty}\int_{A_m}|f(P)|\mathrm{d}\omega$ 与从内部单调收敛于 D 的矩形块序列 $\{A_m\}$ 的选择方法无关.

当 $\displaystyle\lim_{m\to\infty}\int_{A_m}|f(P)|\mathrm{d}\omega = \int_D |f(P)|\mathrm{d}\omega < +\infty$ 时, 根据式 (7.20), 只要 $A \subset A_m$, 就有

$$\left|\int_{A_m}f(P)\mathrm{d}\omega - \int_A f(P)\mathrm{d}\omega\right| \leqslant \int_{A_m}|f(P)|\mathrm{d}\omega - \int_A |f(P)|\mathrm{d}\omega,$$

所以当 $m \to \infty$ 时, 若取极限可得不等式

$$\left|\int_D f(P)\mathrm{d}\omega - \int_A f(P)\mathrm{d}\omega\right| \leqslant \int_D |f(P)|\mathrm{d}\omega - \int_A |f(P)|\mathrm{d}\omega. \tag{7.25}$$

此不等式表明 $\displaystyle\int_D f(P)\mathrm{d}\omega = \lim_{m\to\infty}\int_{A_m}f(P)\mathrm{d}\omega$ 与 $\{A_m\}$ 的选择方法无关. 事实上, 若把 $\{B_m\}$ 看成是从内部单调收敛于 D 的任意的矩形块序列, 则 $\displaystyle\lim_{m\to\infty}\int_{B_m}|f(P)|\mathrm{d}\omega = \int_D |f(P)|\mathrm{d}\omega$, 因此根据式 (7.25), 当 $m \to \infty$ 时,

$$\left|\int_D f(P)\mathrm{d}\omega - \int_{B_m}f(P)\mathrm{d}\omega\right| \leqslant \int_D |f(P)|\mathrm{d}\omega - \int_{B_m}|f(P)|\mathrm{d}\omega \to 0. \qquad \square$$

例如, 区间 $[a, +\infty)$ 上连续的函数 $f(x)$ 的广义积分不绝对收敛时, 若存在极限 $\displaystyle\lim_{t\to+\infty}\int_a^t f(x)\mathrm{d}x$, 则称广义积分 $\displaystyle\int_a^{+\infty}f(x)\mathrm{d}x$ 条件收敛, 其值定义为 (4.3 节)

$$\int_a^{+\infty}f(x)\mathrm{d}x = \lim_{t\to+\infty}\int_a^t f(x)\mathrm{d}x.$$

虽然此定义是非常自然的, 但是却不能自然地推广到二元函数上. 对于二元函数不能考虑条件收敛广义积分.

定理 7.6 设 $f(P) = f(x, y)$, $g(P) = g(x, y)(P = (x, y))$ 是领域 D 上的连续函数, 并且 $\displaystyle\int_D |f(P)|\mathrm{d}\omega < +\infty$, $\displaystyle\int_D |g(P)|\mathrm{d}\omega < +\infty$. 那么

(1) 对于任意实数 c_1, c_2,

$$\int_D (c_1 f(P) + c_2 g(P))\mathrm{d}\omega = c_1 \int_D f(P)\mathrm{d}\omega + c_2 \int_D g(P)\mathrm{d}\omega.$$

(2) 若在领域 D 上, 恒有 $f(P) \geqslant g(P)$, 则

$$\int_D f(P)\mathrm{d}\omega \geqslant \int_D g(P)\mathrm{d}\omega,$$

并且除去在 D 上恒有 $f(P) = g(P)$ 的情况,

$$\int_D f(P)\mathrm{d}\omega > \int_D g(P)\mathrm{d}\omega.$$

(3)

$$\left| \int_D f(P)\mathrm{d}\omega \right| \leqslant \int_D |f(P)|\mathrm{d}\omega. \tag{7.26}$$

(4) 若 E 是 D 的子领域: $E \subset D$, 则

$$\left| \int_D f(P)\mathrm{d}\omega - \int_E f(P)\mathrm{d}\omega \right| \leqslant \int_D |f(P)|\mathrm{d}\omega - \int_E |f(P)|\mathrm{d}\omega. \tag{7.27}$$

证明 (1) 和 (3) 根据广义积分的定义 (7.23) 以及定理 7.5 的 (2) 和 (4) 显然成立. 为了证明 (4), 令式 (7.22) 的正方形 Q_{hk}^m 中包含于 $D \cap \{(x, y)\,|\,|x| < m, |y| < m\}$ 的并集为 A_m, 包含于 $E \cap \{(x, y)\,|\,|x| < m, |y| < m\}$ 的并集为 B_m, 则因为 $B_m \subset A_m$, 根据定理 7.5 的 (5),

$$\left| \int_{A_m} f(P)\mathrm{d}\omega - \int_{B_m} f(P)\mathrm{d}\omega \right| \leqslant \int_{A_m} |f(P)|\mathrm{d}\omega - \int_{B_m} |f(P)|\mathrm{d}\omega.$$

在 $m \to \infty$ 时, 若等式两边取极限, 则根据广义积分的定义, 得式 (7.27). 为证明 (2), 令 $h(P) = f(P) - g(P)$, 则根据假设, D 上恒有 $h(P) = |h(P)| \geqslant 0$. 所以若 $n < m$, 则 $A_n \subset A_m$. 所以根据式 (7.19), $\int_{A_n} h(P)\mathrm{d}\omega \leqslant \int_{A_m} h(P)\mathrm{d}\omega$, 即 $\left\{ \int_{A_m} h(P)\mathrm{d}\omega \right\}$ 是收敛于 $\int_D h(P)\mathrm{d}\omega$ 的单调非减序列. 因此根据定理 7.5 的 (3), $\int_D h(P)\mathrm{d}\omega \geqslant 0$, 并且除去 D 上 $h(P) = f(P) - g(P) = 0$ 恒成立的情况, 就有

$$\int_D f(P)\mathrm{d}\omega - \int_D g(P)\mathrm{d}\omega = \int_D h(P)\mathrm{d}\omega > 0. \qquad \square$$

b) 面积

恒等于 1 的函数 **1** 的积分, 例如 $\int_A \mathbf{1}\mathrm{d}x\mathrm{d}y$ 记为 $\int_A \mathrm{d}x\mathrm{d}y$ 或者 $\int_A \mathrm{d}\omega$. 对于矩形 $K = \{(x, y)\,|\,a \leqslant x \leqslant b, c \leqslant y \leqslant d\}$, 当然

$$\int_K \mathrm{d}\omega = \int_a^b \int_c^d \mathrm{d}x\mathrm{d}y = (b - a)(d - c)$$

是 K 的面积. 所以对于矩形块 A, 若将 A 分割成有限个矩形 $K_1, K_2, \cdots, K_\lambda, \cdots, K_\nu$, 则

$$\int_A \mathrm{d}\omega = \sum_{\lambda=1}^\nu \int_{K_\lambda} \mathrm{d}\omega$$

是 A 的面积. A 的面积用 $\omega(A)$ 来表示：$\omega(A) = \int_A \mathrm{d}\omega$. 任意领域 D 的**面积**定义为

$$\omega(D) = \int_D \mathrm{d}\omega.$$

对于所有的矩形块 A, $A \subset D$, 若 $\omega(A)$ 有上界, 则根据 (7.24),

$$\omega(D) = \sup_{A \subset D} \omega(A).$$

若 $\omega(A)$ 无上界, 则 $\omega(D) = +\infty$. 此外, 若 $\{A_m\}$ 是从内部单调收敛于 D 的矩形块序列, 则

$$\omega(D) = \lim_{m \to \infty} \omega(A_m).$$

若 E 是 D 的子领域, 则显然

$$\omega(E) \leqslant \omega(D), \quad E \subset D.$$

设 $f(P)$ 是矩形块 A 上的连续函数. 则根据定理 7.5 的 (2), 对于任意常数 c 有 $\int_A c\mathrm{d}\omega = c\int_A \mathrm{d}\omega = c\omega(A)$. 所以若在 A 上恒有 $\mu \leqslant f(P) \leqslant \mathsf{M}$, μ, M 是常数, 则根据定理 7.5 的 (3),

$$\mu\omega(A) \leqslant \int_A f(P)\mathrm{d}\omega \leqslant \mathsf{M}\omega(A).$$

因此, 若在 A 上恒有 $|f(P)| \leqslant \mathsf{M}$, 则

$$\left| \int_A f(P)\mathrm{d}\omega \right| \leqslant \mathsf{M}\omega(A). \tag{7.28}$$

当 $f(P)$ 在领域 D 上连续时, 若 $\omega(D) < +\infty$ 且 $f(P)$ 在 D 上有界：$|f(P)| \leqslant \mathsf{M}$, 则对于任意的矩形块 A, $A \subset D$,

$$\int_A |f(P)|\mathrm{d}\omega \leqslant \mathsf{M}\omega(A) \leqslant \mathsf{M}\omega(D).$$

因此, 根据式 (7.24),

$$\int_D |f(P)|\mathrm{d}\omega \leqslant \mathsf{M}\omega(D),$$

即广义积分 $\int_D f(P)\mathrm{d}\omega$ 绝对收敛. 并且根据式 (7.26),

$$\left| \int_D f(P)\mathrm{d}\omega \right| \leqslant \mathsf{M}\omega(D). \tag{7.29}$$

显然当 D 有界时, $\omega(D) < +\infty$, 所以有界领域 D 上的有界连续函数 $f(P)$ 的广义
积分 $\displaystyle\int_D f(P)\mathrm{d}\omega$ 绝对收敛.

c) 闭区域上的积分

为了讨论有界闭领域的边界, 首先叙述一下曲线. 设 $\varphi(t), \psi(t)$ 是定义在闭区间
$I = [a, b]$ 上的连续函数, 则当 t 在实直线上从 a 到 b 运动时, 点 $P(t) = (\varphi(t), \psi(t))$
在平面上运动而描绘出 "曲线". 此时, 称点集 $C = \{P(t)|a \leqslant t \leqslant b\}$ 为**曲线**(curve).
例如, 当有必要考虑曲线的 "方向" 时, 对于每一个 $t \in I$, 分别对应于点 $P(t) \in C$
的映射: $t \to P(t)$ 称为曲线, 但是在本章中没有这个必要, 所定义的曲线是指点
$P(t)(a \leqslant t \leqslant b)$ 的集合 C. 对于曲线 C, 用

$$C = \{P(t)|a \leqslant t \leqslant b\}, \quad P(t) = (\varphi(t), \psi(t)), \tag{7.30}$$

来表示的连续函数 $\varphi(t), \psi(t)$ 存在无穷多个. 例如, 令

$$u(\tau) = \varphi(a + (b-a)\tau), \quad v(\tau) = \psi(a + (b-a)\tau), \quad 0 \leqslant \tau \leqslant 1,$$

则

$$C = \{Q(\tau)|0 \leqslant \tau \leqslant 1\}, \quad Q(\tau) = (u(\tau), v(\tau)).$$

称式 (7.30) 的右边为曲线 C 的**参数表示**, 称 t 为其**参数**.

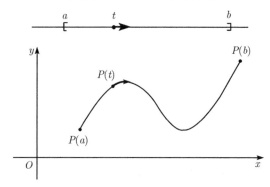

在曲线 $C = \{P(t)|a \leqslant t \leqslant b\}$ 上的点 $P(t) = (\varphi(t), \psi(t))$ 处, 如果 $\varphi(t), \psi(t)$ 是
闭区间 $[a, b]$ 上关于 t 的连续可微函数, 并且恒有 $|\varphi'(t)|^2 + |\psi'(t)|^2 > 0$, 即 $\varphi'(t)$,
$\psi'(t)$ 不同时为 0, 那么就称 C 是**光滑曲线**(smooth curve). 在 a 和 b 之间取 $m-1$
个点 $a_1, a_2, \cdots, a_{m-1}$, 并且令 $a_0 = a, a_m = b$, 则若闭区间 $[a, b]$ 被分割成 m 个闭区
间 $[a_{k-1}, a_k], k = 1, 2, \cdots, m$, 则曲线 $C = \{P(t)|a \leqslant t \leqslant b\}$ 也被分割成 m 条曲线,

$$C = C_1 \cup C_2 \cup \cdots \cup C_k \cup \cdots \cup C_m, \quad C_k = \{P(t)|a_{k-1} \leqslant t \leqslant a_k\}.$$

进而, 如果每个 C_k 都是光滑曲线, 则称曲线 C **分段光滑**(piecewise smooth).

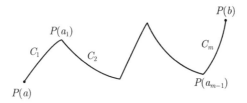

此外, 在曲线 $C = \{(\varphi(t), \psi(t)) | a \leqslant t \leqslant b\}$ 上, 若恒有 $\varphi(t) = t$, 则 C 是定义在闭区间 $[a,b]$ 上的连续函数 $y = \psi(x)$ 的图像 $G_\psi = \{(x, \psi(x)) | a \leqslant x \leqslant b\}$(2.1 节). 同理, 若恒有 $\psi(t) = t$, 则 C 是连续函数 $x = \varphi(y)$ 的图像 $\{(\varphi(y), y) | a \leqslant y \leqslant b\}$. 这两种情况下的 C 都称为**初等曲线**[①].

光滑曲线可以分割成有限条初等曲线. [证明] 设 $C = \{P(t) | a \leqslant t \leqslant b\}$, $P(t) = (\varphi(t), \psi(t))$ 是光滑曲线. 根据定理 2.4, 闭区间 $[a,b]$ 上关于 t 连续的函数 $|\varphi'(t)|^2 + |\psi'(t)|^2$ 具有最小值 μ. 根据假设 $\mu > 0$, 若令 $\mu = 2\lambda^2, \lambda > 0$, 则

$$|\varphi'(t)|^2 + |\psi'(t)|^2 \geqslant 2\lambda^2,$$

所以在各点 $t(a \leqslant t \leqslant b)$ 处, $|\varphi'(t)| \geqslant \lambda$, 或者 $|\psi'(t)| \geqslant \lambda$. 根据定理 2.3, 在 $[a,b]$ 上连续的函数 $\varphi'(t), \psi'(t)$ 在 $[a,b]$ 上一致连续. 所以对于 λ, 存在正实数 δ, 使得

当 $|t - s| < \delta$ 时, 就有 $|\varphi'(t) - \varphi'(s)| < \lambda$, $|\psi'(t) - \psi'(s)| < \lambda$.

取点 $a_0, a_1, a_2, \cdots, a_k, \cdots, a_m$, 使得

$$a_0 = a < a_1 < \cdots < a_{k-1} < a_k < \cdots < a_m = b, \quad a_k - a_{k-1} < \delta.$$

下面证明曲线 C 被分割成 m 条初等曲线 $C_k = \{P(t) | a_{k-1} \leqslant t \leqslant a_k\}$. 因为 $|\varphi'(a_k)| \geqslant \lambda$ 或者 $|\psi'(a_k)| \geqslant \lambda$, 所以若 $|\varphi'(a_k)| \geqslant \lambda$, 则 $\varphi'(a_k) \geqslant \lambda$ 或者 $\varphi'(a_k) \leqslant -\lambda$. 所以若假设 $\varphi'(a_k) \geqslant \lambda$, 则当 $a_{k-1} \leqslant t \leqslant a_k$ 时, $|a_k - t| < \delta$, 从而 $|\varphi'(a_k) - \varphi'(t)| < \lambda$, 因此 $\varphi'(t) > \varphi'(a_k) - \lambda \geqslant 0$, 即在闭区间 $[a_{k-1}, a_k]$ 上恒有 $\varphi'(t) > 0$. 从而根据定理 3.6, 关于 t 的连续函数 $x = \varphi(t)$ 在 $[a_{k-1}, a_k]$ 上单调递增. 因而根据定理 2.7, 其反函数 $t = \varphi^{-1}(x)$ 是定义在闭区间 $[\alpha_k, \beta_k]$, $\alpha_k = \varphi(a_{k-1}), \beta_k = \varphi(a_k)$ 上的连续的单调递增函数, 并且

$$P(t) = (\varphi(t), \psi(t)) = (x, \psi(\varphi^{-1}(x))).$$

故, 若令 $\Psi(x) = \psi(\varphi^{-1}(x))$, 则 $\Psi(x)$ 是 $[\alpha_k, \beta_k]$ 上的关于 x 的连续函数, 并且

$$C_k = \{(x, \Psi(x)) | \alpha_k \leqslant x \leqslant \beta_k\}, \tag{7.31}$$

[①] 根据服部晶夫氏.

即 C_k 是初等曲线. 以上我们假定了 $\varphi'(a_k) \geqslant \lambda$, 若令 $\varphi'(a_k) \leqslant -\lambda$, 则 $x = \varphi(t)$ 在 $[a_{k-1}, a_k]$ 上单调递减, 因此 $t = \varphi^{-1}(x)$ 在 $[\alpha_k, \beta_k](\alpha_k = \varphi(a_k),\ \beta_k = \varphi(a_{k-1}))$ 上单调递减, 但是 C_k 用 $\Psi(x) = \psi(\varphi^{-1}(x))$ 可以同样表示为式 (7.31) 的形式. 当 $|\psi'(a_k)| \geqslant \lambda$ 时, 由于 $\psi(t)$ 在 $[a_{k-1}, a_k]$ 上是单调函数, 所以 C_k 可以用

$$C_k = \{(\varPhi(y), y) | \alpha_k \leqslant y \leqslant \beta_k\}, \quad \varPhi(y) = \varphi(\psi^{-1}(y)),$$

表示. □

虽然初等曲线未必是光滑的, 但是根据定理 3.4 和定理 3.3, 式 (7.31) 中 $\Psi(x) = \psi(\varphi^{-1}(x))$ 关于 x 连续可微, 所以 C_k 是光滑的初等曲线, 从而光滑曲线可以分割成有限条光滑初等曲线, 因此分段光滑曲线也可以分割成有限条光滑初等曲线.

若闭领域可以用其开核 D 的闭包 $[D]$ 来表示, 则 D 是区域.

定义 7.3 设 $[D]$ 是平面 $\mathbf{R}^2$ 上的有界闭领域, D 是其开核. 如果 $[D]$ 的边界是由有限条初等曲线组成的, 即

$$[D] - D = \bigcup_{k=1}^{m} C_k, \quad C_k \text{ 是初等曲线},$$

那么就称 $[D]$ 为**闭区域**[①].

如上所述, 光滑曲线可以分割成有限条初等曲线, 所以边界是由有限条光滑曲线组成的有界闭领域是闭区域. 例如矩形、圆盘 $\{(x, y) | (x-a)^2 + (y-b)^2 = r^2\}, r > 0$, 等都是闭区域.

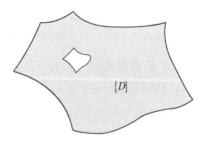

$[D]$

定义 7.4 设 $[D]$ 是 $\mathbf{R}^2$ 上的闭区域, D 是其开核. $[D]$ 上的连续函数 $f(x, y)$ 在 $[D]$ 上的 (广义) 积分定义为

$$\int_{[D]} f(x, y) \mathrm{d}x \mathrm{d}y = \int_D f(x, y) \mathrm{d}x \mathrm{d}y. \tag{7.32}$$

根据定理 6.3, $f(x, y)$ 在 $[D]$ 上有界, 当然也在领域 D 上有界, 所以如 b) 中所述,

[①] 由于找不到其他合适的术语, 所以用 "闭区域" 来表示. 高木贞治《解析概論》第 8 章中, "区域" 形式上与 "点集" 同义.

式 (7.32) 右边的积分绝对收敛. 若令 $f(P) = f(x, y)(P = (x, y))$, 则 $\int_{[D]} f(x, y)\mathrm{d}x\mathrm{d}y$ 可以写成 $\int_{[D]} f(P)\mathrm{d}\omega$ 等.

与矩形的情况 (7.1 节 b)) 相同, 如果闭区域 $[D]$ 可以表示为任意两个都没有公共内点的有限个闭区域 $[D_\lambda]$, $\lambda = 1, 2, \cdots, \nu$ 的并集

$$[D] = [D_1] \cup [D_2] \cup \cdots \cup [D_\lambda] \cup \cdots \cup [D_\nu], \quad D_\lambda \cap D_\rho = \varnothing \quad (\lambda \neq \rho),$$

则称 $[D]$ 被分割成有限个闭区域 $[D_1], [D_2], \cdots, [D_\nu]$.

定理 7.7 设 $f(x, y)$ 是闭区域 $[D]$ 上的连续函数, 若 $[D]$ 被分割成有限个闭区域 $[D_1], [D_2], \cdots, [D_\nu]$, 则

$$\int_{[D]} f(x, y)\mathrm{d}x\mathrm{d}y = \sum_{\lambda=1}^{\nu} \int_{[D_\lambda]} f(x, y)\mathrm{d}x\mathrm{d}y. \tag{7.33}$$

证明 对于每个自然数 m, 令 $\delta_m = 1/2^m$, 如 a) 中所述, 平面 $\mathbf{R}^2$ 被分割成无穷多个边长为 δ_m 的正方形 Q_{hk}^m, $h, k = 0, \pm1, \pm2, \cdots$, 若令 $x_h = h\delta_m, y_k = k\delta_m$, 则

$$Q_{hk}^m = \{(x, y) | x_{h-1} \leqslant x \leqslant x_h, y_{k-1} \leqslant y \leqslant y_k\}.$$

记包含于 D 的 Q_{hk}^m 的全体的并集为

$$A_m = \bigcup_{Q_{hk}^m \subset D} Q_{hk}^m,$$

则矩形块序列 $\{A_m\}$ 从内部单调收敛于 D, 所以 $\int_{[D]} f(x, y)\mathrm{d}x\mathrm{d}y = \int_D f(x, y)\mathrm{d}x\mathrm{d}y$, 因此根据广义积分的定义式 (7.23),

$$\int_{[D]} f(x, y)\mathrm{d}x\mathrm{d}y = \lim_{m \to \infty} \int_{A_m} f(x, y)\mathrm{d}x\mathrm{d}y. \tag{7.34}$$

同理, 若令

$$A_{\lambda m} = \bigcup_{Q_{hk}^m \subset D_\lambda} Q_{hk}^m, \tag{7.35}$$

则

$$\int_{[D_\lambda]} f(x, y)\mathrm{d}x\mathrm{d}y = \lim_{m \to \infty} \int_{A_{\lambda m}} f(x, y)\mathrm{d}x\mathrm{d}y.$$

若令 $[D_\lambda]$ 的边界为 C_λ, 则其并集为

$$C = \bigcup_{\lambda=1}^{\nu} C_\lambda, \quad C_\lambda = [D_\lambda] - D_\lambda,$$

从而

$$[D] = \bigcup_{\lambda=1}^{\nu} [D_\lambda] = C \cup D_1 \cup D_2 \cup \cdots \cup D_\nu.$$

根据假设 $D_\lambda \cap D_\rho = \varnothing (\lambda \neq \rho)$, 所以若正方形 $Q_{hk}^m \subset D$ 与 C 没有公共点, 则 Q_{hk}^m 包含于某一个 D_λ 中. 这是因为, Q_{hk}^m 的开核 (Q_{hk}^m) 是连通开集, 并且不能由两个以上的非空开集 $(Q_{hk}^m) \cap D_\lambda$, $(Q_{hk}^m) \cap D_\rho, \cdots$ 分割, 所以 (Q_{hk}^m) 包含于某一个 D_λ 中, 从而 $Q_{hk}^m \subset D_\lambda$. 即若 $Q_{hk}^m \subset D$, 则 $Q_{hk}^m \cap C \neq \varnothing$, 或者对于 D_λ, $Q_{hk}^m \subset D_\lambda$ 成立. 故若令满足 $Q_{hk}^m \subset D$, $Q_{hk}^m \cap C \neq \varnothing$ 的正方形 Q_{hk}^m 的并集为 B_m, 则

$$A_m = B_m \cup A_{1m} \cup \cdots \cup A_{\lambda m} \cup \cdots \cup A_{\nu m},$$

并且矩形块 $B_m, A_{1m}, A_{2m}, \cdots, A_{\nu m}$ 中任意两个都没有公共的内点. 所以根据定理 7.5 的 (1),

$$\int_{A_m} f(x,y)\mathrm{d}x\mathrm{d}y = \int_{B_m} f(x,y)\mathrm{d}x\mathrm{d}y + \sum_{\lambda=1}^{\nu} \int_{A_{\lambda m}} f(x,y)\mathrm{d}x\mathrm{d}y.$$

因此, 根据式 (7.34) 和式 (7.35),

$$\int_{[D]} f(x,y)\mathrm{d}x\mathrm{d}y = \lim_{m \to \infty} \int_{B_m} f(x,y)\mathrm{d}x\mathrm{d}y + \sum_{\lambda=1}^{\nu} \int_{[D_\lambda]} f(x,y)\mathrm{d}x\mathrm{d}y.$$

因为 $f(x,y)$ 在 $[D]$ 上有界, 即 $|f(x,y)| \leqslant \mathsf{M}$, 所以根据式 (7.28),

$$\left| \int_{B_m} f(x,y)\mathrm{d}x\mathrm{d}y \right| \leqslant \mathsf{M}\omega(B_m).$$

所以要证明式 (7.33) 只需验证

$$\lim_{m \to \infty} \omega(B_m) = 0$$

即可. 根据假设 $C = \bigcup_{\lambda=1}^{\nu} C_\lambda$ 是有限条初等曲线的并集, 所以将其中的一条初等曲线改用 C 表示, 并且对于 C 证明下面的引理即可.

引理 7.2　令与初等曲线 C 有公共点的正方形 Q_{hk}^m 的并集为

$$B_m = \bigcup_{Q_{hk}^m \cap C \neq \varnothing} Q_{hk}^m,$$

则

$$\lim_{m \to \infty} \omega(B_m) = 0.$$

证明 设 $C = \{(x, \varphi(x)) | a \leqslant x \leqslant b\}$, 并且 $\varphi(x)$ 是闭区间 $[a, b]$ 上的连续函数. 因为 $\varphi(x)$ 在 $[a, b]$ 上一致连续 (定理 2.3), 所以对于任意给定的正实数 ε, 存在正实数 $\delta(\varepsilon)$, 使得

$$只要 \quad |x - t| < \delta(\varepsilon), \quad 就有 \quad |\varphi(x) - \varphi(t)| < \varepsilon. \tag{7.36}$$

对于这个 $\delta(\varepsilon)$, 若 m 是满足

$$\delta_m = \frac{1}{2^m} < \delta(\varepsilon)$$

的自然数, 则当 $x_h = h\delta_m, h = 0, \pm 1, \pm 2, \cdots$ 时, 一定存在满足

$$x_{p-1} < a \leqslant x_p < \cdots < x_{h-1} < x_h < \cdots < x_{q-1} \leqslant b < x_q$$

的整数 p, q. 对于每一个 $h = p+1, p+2, \cdots, q-1$, 在闭区间 $[x_{h-1}, x_h]$ 上 $\varphi(x)$ 的最大值和最小值分别设为 M_h 和 μ_h. 当 $h = p$ 时, 在 $[a, x_p]$ 上 $\varphi(x)$ 的最大值和最小值分别设为 M_p 和 μ_p(特别地, 当 $a = x_p$ 时, 令 $M_p = \mu_p = \varphi(a)$). 又当 $h = q$ 时, $[b, x_q]$ 上最大值和最小值分别设为 M_q 和 μ_q. 因为 $x_h - x_{h-1} = \delta_m < \delta(\varepsilon)$, 所以根据式 (7.36),

$$M_h - \mu_h < \varepsilon, \quad h = p, p+1, \cdots, q.$$

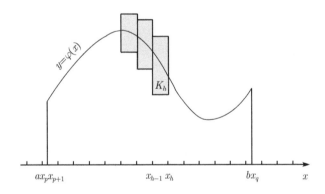

因此, 若令

$$K_h = \{(x, y) | x_{h-1} \leqslant x \leqslant x_h, \mu_h - \delta_m \leqslant y \leqslant M_h + \delta_m\}, h = p, p+1, \cdots, q,$$

则每个矩形 K_h 的面积为

$$\omega(K_h) = (M_h - \mu_h + 2\delta_m)(x_h - x_{h-1}) < (\varepsilon + 2\delta_m)(x_h - x_{h-1}).$$

如果正方形 Q_{hk}^m 和 C 有公共点, 那么显然有 $Q_{hk}^m \subset K_h, p \leqslant h \leqslant q$, 所以,

$$B_m \subset K_p \cup K_{p+1} \cup \cdots \cup K_h \cup \cdots \cup K_q,$$

因此

$$\omega(B_m) \leqslant \sum_{h=p}^{q} \omega(K_h) < (\varepsilon + 2\delta_m)(x_q - x_{p-1}) \leqslant (\varepsilon + 2\delta_m)(b - a + 2\delta_m).$$

从而

$$\limsup_{m \to \infty} \omega(B_m) \leqslant \varepsilon(b - a),$$

其中 ε 为任意的正实数, 所以

$$\lim_{m \to \infty} \omega(B_m) = 0. \qquad \Box$$

在定义 7.1 中, 我们已经定义了矩形 K 上连续函数的积分 $\int_K f(x, y)\mathrm{d}x\mathrm{d}y$, 又因为矩形是闭区域, 所以式 (7.32) 给出了积分的新定义:

$$\int_K f(x, y)\mathrm{d}x\mathrm{d}y = \int_{(K)} f(x, y)\mathrm{d}x\mathrm{d}y.$$

这个新的定义实际上与原来的定义是一致的, 即必须验证定义 7.1 的积分 $\int_K f(x, y)\mathrm{d}x\mathrm{d}y$ 与广义积分 $\int_{(K)} f(x, y)\mathrm{d}x\mathrm{d}y$ 是一致的. 为此设 $K = \{(x, y) | a \leqslant x \leqslant b, c \leqslant y \leqslant d\}$, 例如 ε 是满足 $4\varepsilon \leqslant b - a, 4\varepsilon \leqslant d - c$ 的正实数, 若令

$$A_m = \left\{ (x, y) \middle| a + \frac{\varepsilon}{m} \leqslant x \leqslant b - \frac{\varepsilon}{m}, c + \frac{\varepsilon}{m} \leqslant y \leqslant d - \frac{\varepsilon}{m} \right\},$$

则只由一个矩形组成的矩形块 A_m 的序列 $\{A_m\}$ 从内部单调收敛于 (K), 所以根据广义积分的定义式 (7.23),

$$\int_{(K)} f(x, y)\mathrm{d}x\mathrm{d}y = \lim_{m \to \infty} \int_{A_m} f(x, y)\mathrm{d}x\mathrm{d}y.$$

从 K 中除去 A_m 的开核 (A_m) 后剩下的 $B_m = K - (A_m)$ 当然也是矩形, 并且根据定理 7.5 的 (1),

$$\int_K f(x, y)\mathrm{d}x\mathrm{d}y = \int_{A_m} f(x, y)\mathrm{d}x\mathrm{d}y + \int_{B_m} f(x, y)\mathrm{d}x\mathrm{d}y.$$

$f(x, y)$ 在 K 上有界, 即 $|f(x, y)| \leqslant \mathsf{M}$, M 是常数, 所以根据式 (7.28),

$$\left| \int_{B_m} f(x, y)\mathrm{d}x\mathrm{d}y \right| \leqslant \mathsf{M}\omega(B_m) = \mathsf{M}\left(b - a + d - c - \frac{2\varepsilon}{m}\right)\frac{2\varepsilon}{m} \to 0 \quad (m \to \infty),$$

因此

$$\int_K f(x, y)\mathrm{d}x\mathrm{d}y = \int_{(K)} f(x, y)\mathrm{d}x\mathrm{d}y.$$

若矩形块 A 的开核 (A) 连通, 则矩形块 A 是闭区域. 从而若 A 被分割成有限个矩形 K_λ, $\lambda = 1, 2, \cdots, \nu$, 则根据定理 7.7, A 上的连续函数 $f(x,y)$ 在定义 7.4 意义下的广义积分 $\int_A f(x,y)\mathrm{d}x\mathrm{d}y$ 满足

$$\int_A f(x,y)\mathrm{d}x\mathrm{d}y = \sum_{\lambda=1}^{\nu} \int_{(K_\lambda)} f(x,y)\mathrm{d}x\mathrm{d}y.$$

因此根据上述结果, 广义积分 $\int_A f(x,y)\mathrm{d}x\mathrm{d}y$ 与定义 7.2 意义下的矩形块 A 上的积分 $\int_A f(x,y)\mathrm{d}x\mathrm{d}y = \sum_{\lambda=1}^{\nu} \int_{K_\lambda} f(x,y)\mathrm{d}x\mathrm{d}y$ 一致.

目前为止我们一直用字母 K 表示了矩形, 但是从现在开始闭区域 $[D]$ 也用 K 来表示: $K = [D]$.

定理 7.8　设 $f(P) = f(x,y), g(P) = g(x,y)(P = (x,y))$ 是闭区域 K 上的连续函数.

(1) 对于任意的实数 c_1, c_2,

$$\int_K (c_1 f(P) + c_2 g(P))\mathrm{d}\omega = c_1 \int_K f(P)\mathrm{d}\omega + c_2 \int_K g(P)\mathrm{d}\omega.$$

(2) 若在 K 上恒有 $f(P) \geqslant g(P)$, 则

$$\int_K f(P)\mathrm{d}\omega \geqslant \int_K g(P)\mathrm{d}\omega,$$

并且除去 K 上恒有 $f(P) = g(P)$ 的情况,

$$\int_K f(P)\mathrm{d}\omega > \int_K g(P)\mathrm{d}\omega.$$

(3)

$$\left| \int_K f(P)\mathrm{d}\omega \right| \leqslant \int_K |f(P)|\mathrm{d}\omega. \tag{7.37}$$

(4) 若 L 是包含于 K 的一个闭区域: $L \subset K$, 则

$$\int_L |f(P)|\mathrm{d}\omega \leqslant \int_K |f(P)|\mathrm{d}\omega, \tag{7.38}$$

$$\left| \int_K f(P)\mathrm{d}\omega - \int_L f(P)\mathrm{d}\omega \right| \leqslant \int_K |f(P)|\mathrm{d}\omega - \int_L |f(P)|\mathrm{d}\omega. \tag{7.39}$$

证明　根据广义积分的定义式 (7.32) 和定理 7.6, 结论显然成立.　□

定义闭区域 K 的面积为

$$\omega(K) = \int_K \mathrm{d}x\mathrm{d}y.$$

根据式 (7.32),

$$\omega(K) = \omega(D), \quad D = (K). \tag{7.40}$$

若将闭区域 K 分割成有限个闭区域 $K_1, K_2, \cdots, K_\nu$, 则根据定理 7.7,

$$\omega(K) = \omega(K_1) + \omega(K_2) + \cdots + \omega(K_\nu). \tag{7.41}$$

若 L 是包含于 K 的一个闭区域, 则根据上述定理 7.8 的 (4),

$$\omega(L) \leqslant \omega(K), \quad L \subset K. \tag{7.42}$$

设函数 $f(P)$ 在闭区域 K 上连续, 并且恒有 $\mu \leqslant f(P) \leqslant \mathsf{M}$, 则根据定理 7.8 的 (2) 和 (1),

$$\mu\omega(K) \leqslant \int_K f(P)\mathrm{d}\omega \leqslant \mathsf{M}\omega(K), \tag{7.43}$$

所以, 若 K 上恒有 $|f(P)| \leqslant \mathsf{M}$, 则

$$\left| \int_K f(P)\mathrm{d}\omega \right| \leqslant \mathsf{M}\omega(K). \tag{7.44}$$

定理 7.9(中值定理) 如果函数 $f(P) = f(x,y), P = (x,y)$ 在闭区域 K 上连续, 那么存在满足

$$\frac{1}{\omega(K)} \int_K f(P)\mathrm{d}\omega = f(\varXi), \quad \varXi \in K \tag{7.45}$$

的点 $\varXi = (\xi, \eta)$.

证明 根据定理 6.3, $f(P)$ 在 K 上有最大值和最小值. 令最大值为 M, 最小值为 μ, 则根据式 (7.43),

$$\int_K f(P)\mathrm{d}\omega = \lambda\omega(K), \quad \mu \leqslant \lambda \leqslant \mathsf{M},$$

根据定理 6.5, 函数 $f(P)$ 的值域 $f(K)$ 是闭区间 $[\mu, \mathsf{M}]$, 因此存在满足 $f(\varXi) = \lambda$ 的点 $\varXi \in K$. $\qquad\square$

闭区域 $[D]$ 上连续函数的积分定义式 (7.32) 似乎适用于任意的有界闭领域, 但是定理 7.7 仅在条件限制下才成立, 所以有界闭领域 $[D]$ 上的连续函数的积分即使用式 (7.32) 定义, 也是没有意义的.

例 7.1 预先给定单调递减数列 $\{\varepsilon_n\}, \varepsilon_n > 0$, 并且满足

$$\sigma = \sum_{n=1}^{\infty} 2^{n-1}\varepsilon_n < 1.$$

H_1 是实直线上的以闭区间 $I_1 = [0, 1]$ 的中点 $1/2$ 为中心、ε_1 为宽的开区间. 从 I_1 中除去 H_1 后剩下的两个闭区间是 I_{21}, I_{22}. 以 I_{21}, I_{22} 的中点为中心、ε_2 为宽的开区间分别设为 H_{21}, H_{22}. 从 I_{21} 中除去 H_{21}, 从 I_{22} 中除去 H_{22} 剩下的四个闭区间是 $I_{31}, I_{32}, I_{33}, I_{34}$,

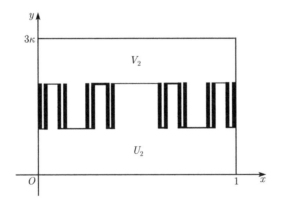

以其各自的中点为中心、ε_3 为宽的开区间分别是 $H_{31}, H_{32}, H_{33}, H_{34}$. 以此类推有 $I_{41}, I_{42}, \cdots, I_{48}, H_{41}, H_{42}, \cdots, H_{48}, \cdots, I_{n1}, I_{n2}, \cdots, I_{n2^{n-1}}, H_{n1}, H_{n2}, \cdots, H_{n2^{n-1}}, \cdots$. 从闭区间 $I_1 = [0, 1]$ 中除去开区间 H_1 以及所有的 $H_{nk}(k = 1, 2, \cdots, 2^{n-1}, n = 2, 3, 4, \cdots)$ 后剩下的集合 C 称为**一般 Cantor 集合**, 该集合是闭集, 并且不包含任何开区间. 2^{n-1} 个开区间 $H_{nk}(k = 1, 2, \cdots, 2^{n-1})$ 的并集设为 $H_n = \bigcup_k H_{nk}$, 并且令

$$L_m = H_1 \cup H_3 \cup H_5 \cup \cdots \cup H_{2m-1},$$

$$M_m = H_2 \cup H_4 \cup H_6 \cup \cdots \cup H_{2m}.$$

对于给定的一正实数 κ, 考虑矩形 $K = \{(x, y) | 0 \leqslant x \leqslant 1, 0 \leqslant y \leqslant 3\kappa\}$. L_m 和开区间 $(0, 2\kappa)$ 的直积 $L_m \times (0, 2\kappa) = \{(x, y) | x \in L_m, 0 < y < 2\kappa\}$ 是包含于 K 的开集合, 并且

$$U_m = L_m \times (0, 2\kappa) \cup \{(x, y) | 0 < x < 1, 0 < y < \kappa\}$$

是包含于 K 的领域. 构成 L_m 的开区间 H_{nk} 的宽的总和为

$$\rho_m = \varepsilon_1 + 2^2 \varepsilon_3 + 2^4 \varepsilon_5 + \cdots + 2^{2m-2} \varepsilon_{2m-1},$$

所以 U_m 的面积为

$$\omega(U_m) = \kappa + \rho_m \kappa.$$

U_m 关于 m 单调递增, 即 $U_m \subset U_{m+1}$, 所以其并集

$$D = U_1 \cup U_2 \cup U_3 \cup \cdots \cup U_m \cup \cdots$$

是包含于 K 的领域, 并且其面积为

$$\omega(D) = \lim_{m \to \infty} \omega(U_m) = \kappa + \rho\kappa, \quad \rho = \lim_{m \to \infty} \rho_m.$$

这是因为, 对于任意的矩形块 $A \subset D$, 只要取 m 充分大, 就有 $A \subset U_m \subset D$, 所以 $\omega(A) \leqslant \omega(U_m) \leqslant \omega(D)$, 因此

$$\omega(D) = \sup_{A \subset D} \omega(A) = \lim_{m \to \infty} \omega(U_m).$$

同理,

$$V_m = M_m \times (\kappa, 3\kappa) \cup \{(x, y) | 0 < x < 1, 2\kappa < y < 3\kappa\}$$

也是包含于 K 的领域, 并且

$$\omega(V_m) = \kappa + \tau_m \kappa, \quad \tau_m = 2\varepsilon_2 + 2^3\varepsilon_4 + \cdots + 2^{2m-1}\varepsilon_{2m},$$

V_m 的并集

$$E = V_1 \cup V_2 \cup \cdots \cup V_m \cup \cdots$$

也是包含于 K 的领域

$$\omega(E) = \kappa + \tau\kappa, \quad \tau = \lim_{m \to \infty} \tau_m.$$

因为 $L_m \cap M_m = \varnothing$, 所以 $U_m \cap V_m = \varnothing$, 因此 $D \cap E = \varnothing$, 故 $[D] \cap E = \varnothing$, $D \cap [E] = \varnothing$. 为了证明

$$(K) \subset D \cup [E],$$

首先验证 $C \times [\kappa, 2\kappa] \subset [E]$. 对于任意给定的一点 (ξ, η), $\xi \in C$, $\kappa < \eta < 2\kappa$, 关于每一个 n, 都有 $C \subset \bigcup_k I_{nk}$, 所以存在满足 $\xi \in I_{nk}$ 的 k. 闭区间 I_{nk} 的宽 $< 1/2^{n-1}$ 且 $H_{nk} \subset I_{nk}$, 所以若任选 $x_n \in H_{nk}$, 则数列 $\{x_n\}$ 收敛于 ξ. 若 $n = 2m$ 是偶数, 则 $x_{2m} \in M_m$, 所以 $(x_{2m}, \eta) \in E$, 并且当 $m \to \infty$ 时, $(x_{2m}, \eta) \to (\xi, \eta)$. 因此 $(\xi, \eta) \in [E]$, 从而

$$C \times [\kappa, 2\kappa] \subset [E]. \tag{7.46}$$

任取点 $P = (x, y) \in (K)$ 时, 显然有: 若 $y \geqslant 2\kappa$, 则 $P \in [E]$; 若 $y < \kappa$, 则 $P \in D$. 又若 $\kappa \leqslant y < 2\kappa$, $x \in C$, 则根据式 (7.46), $P \in [E]$. 若 $\kappa \leqslant y < 2\kappa$ 且 $x \notin C$, 则 x 属于某 H_n: $x \in H_n$. 此时, 若 n 是奇数 $2m - 1$, 则 $x \in L_m$, 所以 $P \in D$; 若

n 是偶数 $2m$, 则 $x \in M_m$, 因此 $P \in [E]$. 不论哪种情况, 都有 $P \in D \cup [E]$, 从而 $(K) \subset D \cup [E]$.

D 是闭领域 $[D]$ 的开核, 这是因为, 若 P 是 $[D]$ 的内点, 则 $[D] \subset K$, 所以 $P \in (K)$, 因此 $P \in D$ 或者 $P \in [E]$, 又因为 $[D] \cap E = \varnothing$, 若 $P \in [E]$, 则 P 一定是 $[D]$ 的边界点. 同理 E 是 $[E]$ 的开核. 从 $(K) \subset D \cup [E]$ 可直接推得,

$$K = [D] \cup [E],$$

即矩形 K 被分割成两个没有公共内点的闭领域 $[D]$ 和 $[E]$.

关于闭领域, 如果定理 7.7 无条件成立, 那么式 (7.41) 也同样成立. 所以,

$$\omega(K) = \omega([D]) + \omega([E]) = \omega(D) + \omega(E),$$

即

$$3\kappa = \kappa + \rho\kappa + \kappa + \tau\kappa.$$

这与

$$\rho + \tau = \sigma < 1$$

相矛盾, 所以关于闭领域 $[D]$ 和 $[E]$, 定理 7.7 不成立.

注 设 S 是平面 $\mathbf{R}^2$ 上的任意给定的有界点集, Q_{hk}^m 是式 (7.22) 中定义的正方形, $\underline{A}_m$ 是包含于 S 的 Q_{hk}^m 的并集, $\overline{A}_m$ 是满足 $Q_{hk}^m \cap S \neq \varnothing$ 的 Q_{hk}^m 的并集, 则

$$\underline{A}_1 \subset \underline{A}_2 \subset \underline{A}_3 \subset \cdots \subset \underline{A}_m \subset \cdots,$$

$$\overline{A}_1 \supset \overline{A}_2 \supset \overline{A}_3 \supset \cdots \supset \overline{A}_m \supset \cdots.$$

若令矩形块 $\underline{A}_m$ 和 $\overline{A}_m$ 的面积分别是 $\underline{\omega}_m$ 和 $\overline{\omega}_m$, 则 $\{\underline{\omega}_m\}$ 是单调非减数列, $\{\overline{\omega}_m\}$ 是单调非增数列, 并且极限 $\underline{\omega} = \lim\limits_{m \to \infty} \underline{\omega}_m$ 和 $\overline{\omega} = \lim\limits_{m \to \infty} \overline{\omega}_m$ 存在. 分别称极限 $\underline{\omega}$ 和 $\overline{\omega}$ 为 S 的**内面积**和**外面积**, 用 $\underline{\omega}(S)$ 和 $\overline{\omega}(S)$ 表示:

$$\underline{\omega}(S) = \lim_{m \to \infty} \omega(\underline{A}_m), \quad \overline{\omega}(S) = \lim_{m \to \infty} \omega(\overline{A}_m).$$

因为 $\underline{A}_m \subset S \subset \overline{A}_m$, 所以一般地,

$$\underline{\omega}(S) \leqslant \overline{\omega}(S),$$

若 $\underline{\omega}(S) = \overline{\omega}(S)$, 则称 S 的**面积确定**, 并且 S 的**面积**定义为

$$\omega(S) = \underline{\omega}(S) = \overline{\omega}(S).$$

若 $\underline{\omega}(S) < \overline{\omega}(S)$, 则称 S 的面积不确定. 若 A_m 是包含于 S 的开核 (S) 的 Q_{hk}^m 的并集, B_m 是与 S 的边界 $[S] - (S)$ 有公共点的 Q_{hk}^m 的并集, 则

$$A_m \subset \underline{A}_m \subset \overline{A}_m \subset A_m \cup B_m, (A_m) \cap (B_m) = \varnothing,$$

所以

$$\omega(A_m) \leqslant \omega(\underline{A}_m) \leqslant \omega(\overline{A}_m) \leqslant \omega(A_m) + \omega(B_m).$$

因此, 若 $\lim\limits_{m \to \infty} \omega(B_m) = 0$, 则

$$\lim_{m \to \infty} \omega(A_m) = \lim_{m \to \infty} \omega(\underline{A}_m) = \lim_{m \to \infty} \omega(\overline{A}_m),$$

即 S 是面积确定的, 并且其面积 $\omega(S)$ 与开核 (S) 的面积 $\lim\limits_{m \to \infty} \omega(A_m)$ 一致. 根据引理 7.2, 在定义 7.3 的意义下的闭区域, 即边界是由有限条初等曲线组成的有界闭领域的面积确定. 例 7.1 的 $[D]$ 和 $[E]$ 给出了面积不确定的有界闭领域的例子. 微积分中对于面积的考察传统上一般从有界点集的内面积和外面积开始, 但是在实际应用上适合我们使用的区域是定义 7.3 意义下的闭区域或其有限个的粘接[①], 所以本书将对象限定在领域及闭区域上来考察面积. 领域及闭区域分别是实直线上的开区间和闭区间在平面上的自然推广.

d) 累次积分

设 $\psi(x)$ 是闭区间 $[a,b]$ 上连续且是满足 $\psi(x) > c$ (c 是常数) 的关于 x 的函数. 如果

$$K = \{(x,y) | a \leqslant x \leqslant b, c \leqslant y \leqslant \psi(x)\},$$

那么 K 是闭区域.

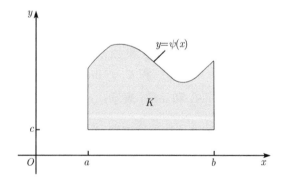

定理 7.10   如果两个变量 x, y 的二元函数 $f(x,y)$ 在闭区域 K 上连续, 那么积分 $\int_c^{\psi(x)} f(x,y)\mathrm{d}y$ 是 x ($a \leqslant x \leqslant b$) 的连续函数, 并且等式

$$\int_K f(x,y)\mathrm{d}x\mathrm{d}y = \int_a^b \mathrm{d}x \int_c^{\psi(x)} f(x,y)\mathrm{d}y \tag{7.47}$$

成立.

---

① 高木贞治《解析概論》, p.329.

当 $\psi(x) = d = $ 常数时, 等式 (7.47) 可以回归于式 (7.11). 同式 (7.11) 一样, 式 (7.47) 右边形式的积分称为累次积分. 令 $f(x,y) = 1$, 则式 (7.47) 变为

$$\omega(K) = \int_a^b (\psi(x) - c)\mathrm{d}x. \tag{7.48}$$

定理 7.10 的证明　首先证明式 (7.48). 在高中数学中作为事实承认了式 (7.48) 右边的积分与闭区域 K 的面积相等, 但在那里对于 "面积" 却没有给出明确的定义. 在本书 4.1 节中将式 (7.48) 右边的积分定义为 K 的面积, 但若根据本节 c) 中所述的闭区域面积的定义, K 的面积 $\omega(K)$ 与式 (7.48) 右边的积分是分别独立定义的. 因此, 此处必须重新证明式 (7.48).

考虑闭区间 $[a,b]$ 的分割 $\Delta = \{x_0, x_1, x_2, \cdots, x_m\}, a = x_0 < x_1 < x_2 < \cdots < x_m = b$. 设 $\psi(x)$ 在每个小区间 $[x_{k-1}, x_k]$ 上的最小值和最大值分别为 μ_k 和 M_k, 并且令

$$s_\Delta = \sum_{k=1}^m (\mu_k - c)(x_k - x_{k-1}),$$

$$S_\Delta = \sum_{k=1}^m (\mathsf{M}_k - c)(x_k - x_{k-1}),$$

则根据定积分的定义 (4.1 节),

$$\lim_{\delta[\Delta] \to 0} s_\Delta = \lim_{\delta[\Delta] \to 0} S_\Delta = \int_a^b (\psi(x) - c)\mathrm{d}x.$$

其中 $\delta[\Delta]$ 表示小区间 $[x_{k-1}, x_k]$ 的宽的最大值 $\max_k(x_k - x_{k-1})$. 另一方面, $(\mu_k - c)(x_k - x_{k-1})$ 是矩形 $\{(x,y) | x_{k-1} \leqslant x \leqslant x_k, c \leqslant y \leqslant \mu_k\}$ 的面积, 所以若

$$A_\Delta = \bigcup_{k=1}^m \{(x,y) | x_{k-1} \leqslant x \leqslant x_k, c \leqslant y \leqslant \mu_k\},$$

则 s_Δ 是矩形块 A_Δ 的面积: $s_\Delta = \omega(A_\Delta)$. 同理, 若

$$B_\Delta = \bigcup_{k=1}^m \{(x,y) | x_{k-1} \leqslant x \leqslant x_k, c \leqslant y \leqslant \mathsf{M}_k\},$$

则 $S_\Delta = \omega(B_\Delta)$. A_Δ 和 B_Δ 都是闭区域, 并且

$$A_\Delta \subset K \subset B_\Delta,$$

所以

$$\omega(A_\Delta) \leqslant \omega(K) \leqslant \omega(B_\Delta),$$

即

$$s_\Delta \leqslant \omega(K) \leqslant S_\Delta.$$

因此式 (7.48) 成立.

其次, 为了证明式 (7.47), 取常数 d, 使得 $a \leqslant x \leqslant b$ 时, 恒有 $\psi(x) < d$, 并且令

$$H = \{(x,y)|a \leqslant x \leqslant b, \quad c \leqslant y \leqslant d\},$$
$$L = \{(x,y)|a \leqslant x \leqslant b, \quad \psi(x) \leqslant y \leqslant d\},$$
$$C = \{(x,\psi(x))|a \leqslant x \leqslant b\}.$$

曲线 C 是函数 ψ 的图像, C 将矩形 H 分割成两个闭区域 K 和 L: $H = K \cup L, K \cap L = C$. 若令

$$g(x) = f(x,\psi(x)),$$

则 $g(x)$ 是区间 $[a,b]$ 上的关于 x 的连续函数. 因此, 若令

$$\begin{cases} a \leqslant x \leqslant b, \quad c \leqslant y \leqslant \psi(x) \quad 时 \quad \tilde{f}(x,y) = f(x,y), \\ a \leqslant x \leqslant b, \quad \psi(x) \leqslant y \leqslant d \quad 时 \quad \tilde{f}(x,y) = g(x), \end{cases}$$

则在曲线 C 上 $f(x,y)$ 和 $g(x)$ 一致, 所以可以将定义在 K 上的连续函数 $f(x,y)$ 延拓为定义在 H 上的连续函数 $f(x,y)$. 令 $\Phi(x,y) = \int_c^y \tilde{f}(x,y)\mathrm{d}y$, 则根据定理 6.20 的 (1), $\Phi(x,y)$ 是 H 上的两个变量 x,y 的连续函数. 因此

$$\int_c^{\psi(x)} f(x,y)\mathrm{d}y = \int_c^{\psi(x)} \tilde{f}(x,y)\mathrm{d}y = \Phi(x,\psi(x))$$

是关于 x 的连续函数. 另外根据用累次积分表示的二重积分的公式 (7.11),

$$\int_H \tilde{f}(x,y)\mathrm{d}x\mathrm{d}y = \int_a^b \mathrm{d}x \int_c^d \tilde{f}(x,y)\mathrm{d}y.$$

因为矩形 H 被分割成两个闭区域 K 和 L, 所以 $\tilde{f}(x,y)$ 在 K 上与 $f(x,y)$ 一致, 在 L 上与 $g(x)$ 一致, 因此根据定理 7.7,

$$\int_H \tilde{f}(x,y)\mathrm{d}x\mathrm{d}y = \int_K f(x,y)\mathrm{d}x\mathrm{d}y + \int_L g(x)\mathrm{d}x\mathrm{d}y.$$

又因为 $\int_{\psi(x)}^d g(x)\mathrm{d}y = g(x)(d - \psi(x))$, 所以

$$\int_c^d \tilde{f}(x,y)\mathrm{d}y = \int_c^{\psi(x)} f(x,y)\mathrm{d}y + g(x)(d - \psi(x)),$$

所以,

$$\int_K f(x,y)\mathrm{d}x\mathrm{d}y + \int_L g(x)\mathrm{d}x\mathrm{d}y = \int_a^b \mathrm{d}x \int_c^{\psi(x)} f(x,y)\mathrm{d}y + \int_a^b g(x)(d-\psi(x))\mathrm{d}x.$$

因此若要证明式 (7.47), 只需证明

$$\int_L g(x)\mathrm{d}x\mathrm{d}y = \int_a^b g(x)(d-\psi(x))\mathrm{d}x$$

即可. 为此, 根据定理 7.7 和式 (7.11),

$$\int_K g(x)\mathrm{d}x\mathrm{d}y + \int_L g(x)\mathrm{d}x\mathrm{d}y = \int_H g(x)\mathrm{d}x\mathrm{d}y = \int_a^b g(x)(d-c)\mathrm{d}x,$$

所以只需证明

$$\int_K g(x)\mathrm{d}x\mathrm{d}y = \int_a^b g(x)(\psi(x)-c)\mathrm{d}x \qquad (7.49)$$

即可.

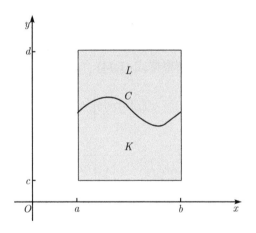

考虑闭区间 $[a,b]$ 的分割 $\Delta = \{x_0, x_1, x_2, \cdots, x_m\}, a = x_0 < x_1 < x_2 < \cdots < x_m = b$, 并且对应于分割 Δ, 将闭区域 K 分割成 m 个闭区域

$$K_k = \{(x,y)|x_{k-1} \leqslant x \leqslant x_k, c \leqslant y \leqslant \psi(x)\}, \quad k = 1, 2, \cdots, m.$$

则式 (7.49) 的右边

$$\int_a^b g(x)(\psi(x)-c)\mathrm{d}x = \sum_{k=1}^m \int_{x_{k-1}}^{x_k} g(x)(\psi(x)-c)\mathrm{d}x,$$

再根据推广的中值定理 (定理 4.3), 存在 ξ_k 满足

$$\int_{x_{k-1}}^{x_k} g(x)(\psi(x) - c)\mathrm{d}x = g(\xi_k) \int_{x_{k-1}}^{x_k} (\psi(x) - c)\mathrm{d}x, \quad x_{k-1} < \xi_k < x_k,$$

所以根据式 (7.48),

$$\int_a^b g(x)(\psi(x) - c)\mathrm{d}x = \sum_{k=1}^m g(\xi_k)\omega(K_k) = \sum_{k=1}^m g(\xi_k) \int_{K_k} \mathrm{d}x\mathrm{d}y.$$

另一方面, 根据定理 7.7, 式 (7.49) 的左边

$$\int_K g(x)\mathrm{d}x\mathrm{d}y = \sum_{k=1}^m \int_{K_k} g(x)\mathrm{d}x\mathrm{d}y.$$

因此

$$\int_K g(x)\mathrm{d}x\mathrm{d}y - \int_a^b g(x)(\psi(x) - c)\mathrm{d}x = \sum_{k=1}^m \int_{K_k} (g(x) - g(\xi_k))\mathrm{d}x\mathrm{d}y.$$

$g(x)$ 在闭区间 $[a,b]$ 上一致连续, 所以对于任意的正实数 ε, 存在正实数 $\delta(\varepsilon)$, 使得
只要 $|x - \xi| < \delta(\varepsilon)$, 就有 $|g(x) - g(\xi)| < \varepsilon$.

若取分割 Δ, 使得 $\delta[\Delta] < \delta(\varepsilon)$, 则根据式 (7.44)

$$\left| \int_{K_k} (g(x) - g(\xi_k))\mathrm{d}x\mathrm{d}y \right| < \varepsilon\omega(K_k).$$

因此

$$\left| \int_K g(x)\mathrm{d}x\mathrm{d}y - \int_a^b g(x)(\psi(x) - c)\mathrm{d}x \right| < \varepsilon \sum_{k=1}^m \omega(K_k) = \varepsilon\omega(K),$$

其中 ε 是任意的正实数. 所以等式 (7.49) 成立. □

上述定理 7.10 中 K 可以推广到更一般的闭领域的情况.

推论 设 $\psi(x)$ 和 $\varphi(x)$ 是在闭区间 $[a,b]$ 上连续, 并且在开区间 (a,b) 上满足 $\psi(x) > \varphi(x)$ 的关于 x 的函数. 令

$$K = \{(x,y) | a \leqslant x \leqslant b, \quad \varphi(x) \leqslant y \leqslant \psi(x)\}.$$

如果 $f(x,y)$ 是定义在闭领域 K 上的连续函数, 则

$$\int_K f(x,y)\mathrm{d}x\mathrm{d}y = \int_a^b \mathrm{d}x \int_{\varphi(x)}^{\psi(x)} f(x,y)\mathrm{d}y. \tag{7.50}$$

证明 设 c 是 $[a,b]$ 上使 $\varphi(x) > c$ 的常数, 若

$$H = \{(x,y)|a \leqslant x \leqslant b, \quad c \leqslant y \leqslant \psi(x)\},$$

$$L = \{(x,y)|a \leqslant x \leqslant b, \quad c \leqslant y \leqslant \varphi(x)\},$$

则 H 和 L 都是闭区域, 并且 H 被分割成 K 和 L. 令 $(x,y) \in K$ 时, $\tilde{f}(x,y) = f(x,y)$; $(x,y) \in L$ 时, $\tilde{f}(x,y) = f(x,\varphi(x))$, 并且将连续函数 $f(x,y)$ 延拓到 H 上的连续函数 $\tilde{f}(x,y)$. 则根据定理 7.10,

$$\int_H \tilde{f}(x,y)\mathrm{d}x\mathrm{d}y = \int_a^b \mathrm{d}x \int_c^{\psi(x)} \tilde{f}(x,y)\mathrm{d}y,$$

$$\int_L \tilde{f}(x,y)\mathrm{d}x\mathrm{d}y = \int_a^b \mathrm{d}x \int_c^{\varphi(x)} \tilde{f}(x,y)\mathrm{d}y,$$

所以根据定理 7.7,

$$\begin{aligned}
\int_K f(x,y)\mathrm{d}x\mathrm{d}y &= \int_H \tilde{f}(x,y)\mathrm{d}x\mathrm{d}y - \int_L \tilde{f}(x,y)\mathrm{d}x\mathrm{d}y \\
&= \int_a^b \mathrm{d}x \left(\int_c^{\psi(x)} \tilde{f}(x,y)\mathrm{d}y - \int_c^{\varphi(x)} \tilde{f}(x,y)\mathrm{d}y \right) \\
&= \int_a^b \mathrm{d}x \int_{\varphi(x)}^{\psi(x)} f(x,y)\mathrm{d}y. \qquad \square
\end{aligned}$$

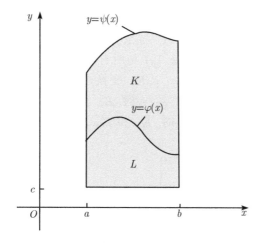

若在式 (7.50) 中令 $f(x,y) = 1$, 则得

$$\omega(K) = \int_a^b (\psi(x) - \varphi(x))\mathrm{d}x. \tag{7.51}$$

这也就是高中数学中学过的闭区域 K 的面积用一重积分来表示的公式.

7.3　积分变量的变换

一元函数的定积分计算中关于积分变量变换的换元积分公式 (4.56) 非常重要. 该公式在一定条件下可以推广到二重积分的情况.

a) 预备性的考察

设 D 是平面上的领域, $f(x,y)$ 是 D 上的连续函数. 根据 7.2 节 a) 中所述的广义积分的定义, 对于从内部收敛于 D 的一个矩形块序列 $\{A_m\}$, 当 $\lim\limits_{m\to\infty}\int_{A_m}|f(x,y)|\mathrm{d}x\,\mathrm{d}y < +\infty$ 时, 广义积分 $\int_D f(x,y)\mathrm{d}x\mathrm{d}y$ 绝对收敛, 其值为

$$\int_D f(x,y)\mathrm{d}x\mathrm{d}y = \lim_{m\to\infty}\int_{A_m} f(x,y)\mathrm{d}x\mathrm{d}y.$$

此时能够选取矩形块序列 $\{A_m\}$, 使得各矩形块 A_m 是闭领域, 即开核 (A_m) 是连通开集.

[证明] 从有限个矩形的考察开始. 对于给定的任意两个都没有公共内点的有限个矩形 $K_0, K_1, K_2, \cdots, K_\lambda, \cdots, K_\nu$, 若 $K_\rho \cap K_\lambda \neq \varnothing\ (\rho \neq \lambda)$, 则 $K_\rho \cap K_\lambda$ 或是由一点构成或者是一条线段. 如果在 $K_1, K_2, \cdots, K_\lambda, \cdots, K_\nu$ 中有与 K_0 有公共线段的项, 设其中之一为 K_{λ_1}. 如果在 $K_\lambda(\lambda \neq 0,\ \lambda \neq \lambda_1)$ 中存在与 K_0 或者 K_{λ_1} 有公共线段的项, 设其中之一是 K_{λ_2}; 如果在 $K_\lambda(\lambda \neq 0,\ \lambda \neq \lambda_1,\ \lambda \neq \lambda_2)$ 中存在与 K_0, K_{λ_1} 或 K_{λ_2} 有公共线段的项, 设其中之一是 K_{λ_3}. 以此类推, 可得 $K_{\lambda_4}, K_{\lambda_5}, \cdots$ 直至 K_{λ_p}, 虽然 K_{λ_p} 与 $K_0, K_{\lambda_1}, K_{\lambda_2}, \cdots, K_{\lambda_{p-1}}$ 之一有公共线段, 但是 $K_\lambda(\lambda \neq 0,\ \lambda \neq \lambda_1,\ \cdots,\ \lambda \neq \lambda_p)$ 与所有的 $K_0, K_{\lambda_1}, K_{\lambda_2}, \cdots, K_{\lambda_p}$ 都没有公共线段. 为方便起见, 将 $K_1, K_2, \cdots, K_\nu$ 变换排列顺序使得 $K_{\lambda_1} = K_1$, $K_{\lambda_2} = K_2, \cdots, K_{\lambda_p} = K_p$. 即当 $\lambda = 1, 2, \cdots, p$ 时, K_λ 与 $K_0, K_1, K_2, \cdots, K_{\lambda-1}$ 之一有公共线段; 当 $\lambda = p+1, p+2, \cdots, \nu$ 时, K_λ 和 $K_0, K_1, K_2, \cdots, K_p$ 都没有公共线段[①]. 此结果归纳为如下引理:

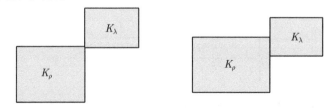

引理 7.3　设 $K_0, K_1, K_2, \cdots, K_\nu$ 是给定的任意两个都没有公共内点的有限个矩形. 若将 $K_1, K_2, \cdots, K_\nu$ 适当地变换排列顺序, 并且将它重新记为 $K_1, K_2, \cdots, K_\nu$,

---

① 当然根据情况不同有时 $p = \nu$.

则当 $\lambda = 1, 2, \cdots, p$ 时, K_λ 与 $K_0, K_1, \cdots, K_{\lambda-1}$ 有公共线段; 当 $\lambda = p+1, \cdots, \nu$ 时, K_λ 与 $K_0, K_1, \cdots, K_p$ 都没有公共线段.

假设矩形块 A 和其一个内点 P_0, $P_0 \in (A)$ 给定. 如 7.1 节 d) 所述, A 是任意两个都没有公共内点的有限个矩形 $K_0, K_1, K_2, \cdots, K_\nu$ 的并集, 则根据引理 7.3, $P_0 \in K_0$, 当 $\lambda = 1, 2, \cdots, p$ 时, K_λ 与 $K_0, K_1, \cdots, K_{\lambda-1}$ 之一有公共线段; 当 $\lambda = p+1, \cdots, \nu$ 时, K_λ 与 $K_0, K_1, \cdots, K_p$ 都没有公共线段. 令

$$A_0 = K_0 \cup K_1 \cup K_2 \cup \cdots \cup K_p,$$
$$A_1 = K_{p+1} \cup K_{p+2} \cup \cdots \cup K_\nu.$$

若 K_λ 与 K_ρ 有公共线段, 则 $K_\lambda \cup K_\rho$ 的开核 $(K_\lambda \cup K_\rho)$ 是连通开集, 所以 A_0 的开核 (A_0) 是连通开集, 即 (A_0) 是领域, 从而 A_0 是闭区域. 显然, $A = A_0 \cup A_1$, 并且 $A_0 \cap A_1$ 是由至多有限个点组成的集合. 若 $P \in A_0 \cap A_1$, 则 P 是 A 的边界点. 这是因为, 若 $P \in K_\rho \subset A_0$, $P \in K_\sigma \subset A_1$, 则 $K_\rho \cap K_\sigma = \{P\}$, 并且除 K_ρ, K_σ 以外的 K_λ 不包含点 P. 因此

$$(A) = (A_0) \cup (A_1), \quad (A_0) \cap (A_1) = \varnothing. \tag{7.52}$$

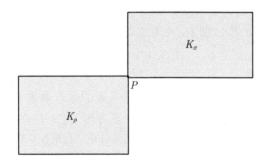

一般地, 给定平面上的开集 W 和点 $P_0 \in W$ 时, 若把 W 内能够通过折线与点 P_0 连接的点 $P \in W$ 的全体的集合设为 W_0, 则根据前面的证明结果, W_0 是 W 的包含 P_0 的最大连通开子集, 即 $W_0 \subset W$ 是包含 P_0 的连通开集, 并且包含满足 $P_0 \in V \subset W$ 的所有连通开集 V: $V \subset W_0$. 包含此 P_0 的 W 的最大连通开子集 W_0 称为 W 的包含 P_0 的**连通分支**(connected component).

上述的 (A_0) 是 (A) 的包含 P_0 的连通分支. 这是因为, 对于给定的连通开集 V, $P_0 \in V \subset (A)$, 若令 $V_0 = V \cap (A_0)$, $V_1 = V \cap (A_1)$, 则 V_0, V_1 都是开集, $P_0 \in V_0$, 并且根据式 (7.52), $V = V_0 \cup V_1$, $V_0 \cap V_1 = \varnothing$, 所以 $V_1 = \varnothing$, $V = V_0 \subset (A_0)$. 因此 $A_0 = [(A_0)]$ 的确定与把 A 分割为有限个矩形 $K_0, K_1, \cdots, K_\nu$ 的分割方法无关. 为方便起见, 本节中称 A_0 为矩形块 A 的包含 P_0 的分支.

对于给定的领域 D, 设 $\{A_m\}$ 是 7.2 节 a) 中导入的从内部单调地收敛于 D 的典型的矩形块序列. 即 Q_{hk}^m 作为式 (7.22) 的正方形, 当 D 有界时, A_m 定义为包含于 D 的 Q_{hk}^m 的并集; 当 D 无界时, A_m 定义为包含于 $D \cap \{(x,y) \,|\, |x| < m, |y| < m\}$ 的 Q_{hk}^m 的并集. 这样确定的矩形块序列的最初几项 $A_1, A_2, \cdots$ 可能是 $\varnothing$, 这种情况下, 可以令不为 $\varnothing$ 的第一项为 A_e, 将 $A_1, A_2, A_3, \cdots$ 用 $A_e, A_{e+1}, A_{e+2}, \cdots$ 代替即可. 为方便起见, 我们考察 $A_1 \neq \varnothing$ 的情况.

设 P_0 是 A_1 的一个内点. 因为 $P_0 \in (A_1) \subset (A_m)$, 所以对于每个自然数 m, 存在矩形块 A_m 的包含 P_0 的分支 A_{m0}. 当 $m < n$ 时, $(A_m) \subset (A_n)$, 所以若取 (A_m), (A_n) 的包含 P_0 的连通分支, 则 $(A_{m0}) \subset (A_{n0})$. 因此

$$A_{10} \subset A_{20} \subset \cdots \subset A_{m0} \subset \cdots, \quad A_{m0} \subset D.$$

从而要证明矩形块序列 $\{A_{m0}\}$ 从内部单调收敛于 D, 只需证明 $\bigcup\limits_{m=1}^{\infty} (A_{m0}) = D$ 即可. 为此若任取点 $P_1 \in D$, 则因为 D 是连通开集, 所以 P_0 和 P_1 可以通过 D 内的折线 L 连接. 若取正实数 ε 充分小, 则对于 L 上的每一点 P, P 的 ε 邻域 $U_\varepsilon(P)$ 包含于 D: $U_\varepsilon(P) \subset D$. 为了验证此事, 无论取多么小的 ε 我们都假定存在满足 $U_\varepsilon(P) \not\subset D$ 的点 $P \in L$. 则对于每一个自然数 n 都存在满足 $U_{1/n}(P_n) \not\subset D$ 的点 $P_n \in L$. 因为点列 $\{P_n\}$ 有界, 所以它具有收敛的子列 $\{P_{n_j}\}, n_1 < n_2 < n_3 < \cdots$ (定理 1.30). 若令该极限为 $P_\infty = \lim\limits_{j \to \infty} P_{n_j}$, 则 $P_\infty \in L \subset D$, 所以存在满足 $U_\varepsilon(P_\infty) \subset D$ 的 $\varepsilon, \varepsilon > 0$. 若 j 取充分大, 则有 $P_{n_j} \in U_{\varepsilon/2}(P_\infty), 1/n_j < \varepsilon/2$, 从而 $U_{1/n_j}(P_{n_j}) \subset U_\varepsilon(P_\infty) \subset D$, 与 $U_{1/n}(P_n) \not\subset D$ 矛盾.

因此, 若取充分小的 $\varepsilon, \varepsilon > 0$, 则对于每一点 $P \in L$ 都有 $U_\varepsilon(P) \subset D$. 对于该 ε, 取 m 使得 $\delta_m = 1/2^m < \varepsilon/3$. P 包含于某个正方形 Q_{hk}^m: $P \in Q_{hk}^m$. 若令 $Q(P)$ 是与该正方形 Q_{hk}^m 有公共点的 9 个正方形 $Q_{ij}^m, i = h-1, h, h+1, j = k-1, k, k+1$ 的并集, 则 $Q(P) \subset U_\varepsilon(P) \subset D$, 所以 $Q(P) \subset A_m$. 又因为 P 是正方形 $Q(P)$ 的内点, 所以 $P \in (A_m)$, 因此 $L \subset (A_m)$. 故 $P_1 \in (A_{m0})$, 其中 P_1 是属于 D 的任意点. 从而对于任意点 $P \in D$, 当取充分大的自然数 m 时, $P \in (A_{m0})$. 所以 $\bigcup\limits_{m=1}^{\infty} (A_{m0}) = D$.

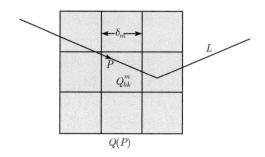

即 $\{A_{m0}\}$ 是从内部单调收敛于 D 的矩形块序列, 并且每个矩形块 A_{m0} 都为闭区域. □

上述的每个闭区域 A_{m0} 都是满足 $Q_{hk}^m \subset A_{m0}$ 的正方形 Q_{hk}^m 的并集, 所以若将满足 $Q_{hk}^1 \subset A_{10}$ 的正方形 Q_{hk}^1 排成一列并且用 $Q_1, Q_2, \cdots, Q_{n_1}$ 表示, 则

$$A_{10} = Q_1 \cup Q_2 \cup \cdots \cup Q_{n_1}.$$

若将满足 $Q_{hk}^2 \subset A_{20}, Q_{hk}^2 \not\subset A_{10}$ 的正方形 Q_{hk}^2 排成一列并且用 $Q_{n_1+1}, Q_{n_1+2}, \cdots,$ Q_{n_2} 表示, 则

$$A_{20} = Q_1 \cup Q_2 \cup \cdots \cup Q_{n_1} \cup Q_{n_1+1} \cup \cdots \cup Q_{n_2}.$$

一般地, 若将满足 $Q_{hk}^m \subset A_{m0}, Q_{hk}^m \not\subset A_{(m-1)0}$ 的正方形 Q_{hk}^m 排成一列并且用 $Q_{n_{m-1}+1}, \cdots, Q_{n_m}$ 表示, 则

$$A_{m0} = Q_1 \cup Q_2 \cup \cdots \cup Q_{n_{m-1}} \cup \cdots \cup Q_{n_m}.$$

以此类推, 若 $Q_1, Q_2, \cdots, Q_n, \cdots$ 确定, 则显然有

$$D = Q_1 \cup Q_2 \cup Q_3 \cup \cdots \cup Q_n \cup \cdots.$$

此时适当地调整 $Q_1, Q_2, \cdots, Q_n, \cdots$ 的顺序, 使得关于每个 n 的部分和 $Q_1 \cup Q_2 \cup \cdots \cup Q_n$ 可以成为闭区域.

[证明] 设引理 7.3 中给出的矩形 $K_0, K_1, \cdots, K_\nu$ 排列成: 对于 $\rho, \rho < \nu$, 当 $\lambda = 1, 2, \cdots, \rho$ 时, K_λ 与 $K_0, K_1, \cdots, K_{\lambda-1}$ 之一有公共线段. 若 $K_0 \cup K_1 \cup \cdots \cup K_\nu$ 是闭区域, 则只要将剩下的 $K_{\rho+1}, K_{\rho+2}, \cdots, K_\nu$ 适当地变换顺序重新排列, 对于 $\lambda = \rho + 1, \cdots, \nu$, 就能够使 K_λ 与 $K_0, K_1, \cdots, K_{\lambda-1}$ 有公共线段. 这是因为, 根据引理 7.3 的证明过程, 若假设以上不能成立, 则对于某一个 $p, \rho \leqslant p < \nu$, 当 $\lambda = p + 1, p + 2, \cdots, \nu$ 时, K_λ 与 $K_0, K_1, \cdots, K_p$ 中的任何一个都没有公共线段, 从而 $(K_0 \cup K_1 \cup \cdots \cup K_\nu)$ 被分割成两个没有任何公共点的开集 $(K_0 \cup K_1 \cup \cdots \cup K_p)$ 和 $(K_{\rho+1} \cup \cdots \cup K_\nu)$.

因为 $A_{10} = Q_1 \cup Q_2 \cup \cdots \cup Q_{n_1}$ 是闭区域, 所以适用于上述的结论. 首先将 $Q_1, Q_2, \cdots, Q_{n_1}$ 排列成使每一个 $Q_\lambda (\lambda = 2, \cdots, n_1)$ 与 $Q_1, Q_2, \cdots, Q_{\lambda-1}$ 都有公共线段. 其次, 因为 $A_{20} = Q_1 \cup \cdots \cup Q_{n_1} \cup \cdots \cup Q_{n_2}$ 是闭区域, 所以变换 $Q_{n_1+1}, \cdots, Q_{n_2}$ 的排列顺序使得 $Q_\lambda (\lambda = n_1 + 1, \cdots, n_2)$ 与 $Q_1, Q_2, \cdots, Q_{\lambda-1}$ 都有公共线段. 以下同理, 对于每一个 $m = 3, 4, 5, \cdots$ 将 $Q_{n_{m-1}+1}, \cdots, Q_{n_m}$ 变换排列可得, Q_n 与 $Q_1, Q_2, \cdots, Q_{n-1}$ 都有公共线段. 因此, 部分和 $Q_1 \cup Q_2 \cup \cdots \cup Q_n$ 是闭区域. 若

$$A_n = Q_1 \cup Q_2 \cup \cdots \cup Q_n,$$

则 $A_{m0} = A_{n_m}$, 所以 $\overset{\infty}{\underset{n=1}{\cup}} (A_n) = \overset{\infty}{\underset{m=1}{\cup}} (A_{m0}) = D$, 即下面的引理成立.

引理 7.4 对于平面上的领域 D, 存在满足下面三个条件的正方形 $Q_1, Q_2, Q_3, \cdots$, $Q_n, \cdots$:

(1) $D = Q_1 \cup Q_2 \cup Q_3 \cup \cdots \cup Q_n \cup \cdots, (Q_m) \cap (Q_n) = \varnothing \quad (m \neq n)$;

(2) 矩形块 $A_n = Q_1 \cup Q_2 \cup \cdots \cup Q_n$ 是闭区域;

(3) 矩形块序列 $\{A_n\}$ 从内部单调收敛于 D.

此时, 对于 D 上的任意连续函数 $f(x, y)$, 根据式 (7.16),

$$\int_{A_m} f(x, y) \mathrm{d}x\mathrm{d}y = \sum_{n=1}^{m} \int_{Q_n} f(x, y) \mathrm{d}x\mathrm{d}y,$$

所以

$$\int_D |f(x, y)| \mathrm{d}x\mathrm{d}y = \lim_{m \to \infty} \int_{A_m} |f(x, y)| \mathrm{d}x\mathrm{d}y = \sum_{n=1}^{\infty} \int_{Q_n} |f(x, y)| \mathrm{d}x\mathrm{d}y.$$

所以若 $\sum\limits_{n=1}^{\infty} \int_{Q_n} |f(x, y)| \mathrm{d}x\mathrm{d}y < +\infty$, 则广义积分 $\int_D f(x, y) \mathrm{d}x\mathrm{d}y$ 绝对收敛, 并且

$$\int_D f(x, y) \mathrm{d}x\mathrm{d}y = \sum_{n=1}^{\infty} \int_{Q_n} f(x, y) \mathrm{d}x\mathrm{d}y. \tag{7.53}$$

一般地, 对于平面上满足下列两个条件的领域 D:

(1) $H_n = K_1 \cup K_2 \cup \cdots \cup K_n$ 都是闭区域;

(2) $\overset{\infty}{\underset{n=1}{\cup}} (H_n) = D$.

若 D 可表示为无穷多个闭区域 $K_1, K_2, K_3, \cdots, K_n, \cdots$ 的并集,

$$D = K_1 \cup K_2 \cup \cdots \cup K_n \cup \cdots, \quad (K_m) \cap (K_n) = \varnothing \quad (m \neq n),$$

那么就称 D **被分割成闭区域** $K_1, K_2, K_3, \cdots, K_n, \cdots$. 引理 7.4 表明了任意的领域 D 都可以被正方形 $Q_1, Q_2, Q_3, \cdots, Q_n, \cdots$ 所分割.

定理 7.11 设领域 D 被闭区域 $K_1, K_2, K_3, \cdots, K_n, \cdots$ 分割. 如果 $f(x, y)$ 是 D 上的连续函数, 那么

$$\int_D |f(x, y)| \mathrm{d}x\mathrm{d}y = \sum_{n=1}^{\infty} \int_{K_n} |f(x, y)| \mathrm{d}x\mathrm{d}y. \tag{7.54}$$

广义积分 $\int_D f(x, y) \mathrm{d}x\mathrm{d}y$ 在 $\sum\limits_{n=1}^{\infty} \int_{K_n} |f(x, y)| \mathrm{d}x\mathrm{d}y < +\infty$ 时绝对收敛, 并且

$$\int_D f(x, y) \mathrm{d}x\mathrm{d}y = \sum_{n=1}^{\infty} \int_{K_n} f(x, y) \mathrm{d}x\mathrm{d}y. \tag{7.55}$$

证明 设 $f(P) = f(x, y), P = (x, y)$. 因为 $H_m = K_1 \cup K_2 \cup \cdots \cup K_m$ 是闭区域, 所以根据定理 7.7 和式 (7.32),

$$\sum_{n=1}^{m} \int_{K_n} |f(P)| \mathrm{d}\omega = \int_{H_m} |f(P)| \mathrm{d}\omega = \int_{(H_m)} |f(P)| \mathrm{d}\omega,$$

因此

$$\sum_{n=1}^{\infty} \int_{K_n} |f(P)| \mathrm{d}\omega = \lim_{m \to \infty} \int_{(H_m)} |f(P)| \mathrm{d}\omega. \tag{7.56}$$

另一方面, 若 $\{A_n\}$ 是从内部单调收敛于 D 的矩形块序列, 则

$$\lim_{n \to \infty} \int_{A_n} |f(P)| \mathrm{d}\omega = \int_{D} |f(P)| \mathrm{d}\omega.$$

A_n 是有界闭集且 $A_n \subset D = \bigcup_{m=1}^{\infty} (H_m)$, 所以根据 Heine-Borel 覆盖定理 (定理 1.28), 每一个 A_n 被有限个 (H_m) 所覆盖,

$$A_n \subset (H_1) \cup (H_2) \cup \cdots \cup (H_{m_n}) = (H_{m_n}),$$

所以

$$\int_{A_n} |f(P)| \mathrm{d}\omega \leqslant \int_{(H_{m_n})} |f(P)| \mathrm{d}\omega,$$

因此

$$\int_{D} |f(P)| \mathrm{d}\omega \leqslant \lim_{m \to \infty} \int_{(H_m)} |f(P)| \mathrm{d}\omega. \tag{7.57}$$

当 $\int_{D} |f(P)| \mathrm{d}\omega = +\infty$ 时, 从式 (7.56) 可以得到式 (7.54). 当 $\int_{D} |f(P)| \mathrm{d}\omega < +\infty$ 时, 因为 $(H_m) \subset D$, 则根据式 (7.27),

$$\left| \int_{D} f(P) \mathrm{d}\omega - \int_{(H_m)} f(P) \mathrm{d}\omega \right| \leqslant \int_{D} |f(P)| \mathrm{d}\omega - \int_{(H_m)} |f(P)| \mathrm{d}\omega.$$

从这个不等式以及式 (7.57) 可得

$$\int_{D} |f(P)| \mathrm{d}\omega = \lim_{m \to \infty} \int_{(H_m)} |f(P)| \mathrm{d}\omega,$$

$$\int_{D} f(P) \mathrm{d}\omega = \lim_{m \to \infty} \int_{(H_m)} f(P) \mathrm{d}\omega.$$

所以根据式 (7.56), 式 (7.54) 成立. 因此由定理 7.7 和式 (7.32) 有,

$$\sum_{n=1}^{m} \int_{K_n} f(P) \mathrm{d}\omega = \int_{H_m} f(P) \mathrm{d}\omega = \int_{(H_m)} f(P) \mathrm{d}\omega,$$

故式 (7.55) 成立.　　　　　　　　　　　　　　　　　　　　　　　□

b) 映射和坐标变换

一般地, 设 S, T 为集合, 如果每一个元素 $s \in S$ 分别与一个元素 $t \in T$ 相对应, 那么就称对应 $\varphi : s \to t = \varphi(s)$ 为从 S 到 T 的**映射**(mapping), 称 S 为映射 φ 的定义域, 称 $\varphi(S) = \{\varphi(s) | s \in S\}$ 为值域, 称 $t = \varphi(s)$ 为由映射 φ 得到的 s 的**像**(image). 当 $\varphi(S) = T$ 时, 称 φ 为 S 到 T 的**满射**. 此外, 对于 $\varphi : s \to t = \varphi(s)$ 是 S 到 T 的映射, $\psi : t \to u = \psi(t)$ 是 T 到 U 的映射, 称 $s \to u = \psi(\varphi(s))$ 为 φ 和 ψ 的**复合映射**, 并用 $\psi \circ \varphi$ 表示等, 这些都已在高中数学中学过. 对于 T 的任意子集 W, 满足 $\varphi(s) \in W$ 的 S 的元素 s 的全体的集合称为由 φ 得到的 $\boldsymbol{W}$ **的逆像**(inverse image), 并用 $\varphi^{-1}(W)$ 表示:

$$\varphi^{-1}(W) = \{s \in S | \varphi(s) \in W\}.$$

对于 S 的任意子集 V, 显然 $\{\varphi(s) | s \in V\}$ 表示集合 $\varphi(V)$. 当 φ 是一一映射时, 对于每一个 $t \in \varphi(S)$, 存在唯一的 $s \in S$ 满足 $\varphi(s) = t$. 称此 s 为由 φ 得到的 t 的逆像, 用 $\varphi^{-1}(t)$ 表示: $s = \varphi^{-1}(t)$. 则

$$\varphi^{-1} : t \to s = \varphi^{-1}(t)$$

是以 $\varphi(S)$ 为定义域, S 为值域的映射. 称此映射 φ^{-1} 为 φ 的**逆映射**(inverse mapping).

如果 $x = \varphi(u, v), y = \psi(u, v)$ 是定义在平面上某个点集 E 上的两个变量 u, v 的二元函数, 则每一点 $(u, v) \in E$ 分别有一个点 $(x, y) \in \mathbf{R}^2$ 与之相对应, 该对应

$$\Phi : (u, v) \to (x, y) = \Phi(u, v) = (\varphi(u, v), \psi(u, v))$$

显然这是 E 到 $\mathbf{R}^2$ 上的映射. 当 $\varphi(u, v), \psi(u, v)$ 是两个变量 u, v 的二元连续函数时, 称 Φ 为**连续映射**(continuous mapping). 当 E 是领域, 并且 $\varphi(u, v), \psi(u, v)$ 在 E 上连续可微时, 称 Φ 为**连续可微映射**或 $\mathscr{C}^1$ **类映射**.

若 Φ 是定义在领域 E 上的连续映射, 则任意开集 W 的逆像 $\Phi^{-1}(W)$ 是开集[①]. [证明] 若 $\Phi^{-1}(W)$ 不是开集, 则 $\Phi^{-1}(W)$ 最少包含一个边界点. 假设该边界点为 (u_0, v_0), 则 $(x_0, y_0) = \Phi(u_0, v_0) \in W$. 又因为 $(u_0, v_0) \in \Phi^{-1}(W) \subset E$ 是 $\Phi^{-1}(W)$ 的边界点, 所以存在收敛于 (u_0, v_0) 的点列 $\{(u_n, v_n)\}$, $(u_n, v_n) \notin \Phi^{-1}(W)$, $(u_n, v_n) \in E$. 根据假设, $\varphi(u, v), \psi(u, v)$ 是连续函数, 若令 $(x_n, y_n) = \Phi(u_n, v_n)$, 则

$$(x_n, y_n) = (\varphi(u_n, v_n), \psi(u_n, v_n)) \to (x_0, y_0) \quad (n \to \infty).$$

---

① 对于任意的开集 $W \subset \mathbf{R}^2$, $\Phi^{-1}(W) = \{(u, v) \in E | \Phi(u, v) \in W\}$ 是开集.

另一方面, 因为 $(u_n, v_n) \notin \Phi^{-1}(W)$, 所以 $(x_n, y_n) = \Phi(u_n, v_n) \notin W$. 这与 W 是开集矛盾.   □

当映射 $\Phi : (u, v) \to (x, y) = (\varphi(u, v), \psi(u, v))$ 在区域 E 上连续可微时, 根据 (6.14),

$$
\begin{cases}
\mathrm{d}x = \dfrac{\partial x}{\partial u}\mathrm{d}u + \dfrac{\partial x}{\partial v}\mathrm{d}v, \\
\mathrm{d}y = \dfrac{\partial y}{\partial u}\mathrm{d}u + \dfrac{\partial y}{\partial v}\mathrm{d}v.
\end{cases}
$$

上式右侧 $\mathrm{d}u, \mathrm{d}v$ 的系数矩阵 $\begin{bmatrix} \partial x/\partial u & \partial x/\partial v \\ \partial y/\partial u & \partial y/\partial v \end{bmatrix}$ 称为映射 **Φ 的雅可比矩阵**(Jacobian matrix), 其行列式

$$
J(u, v) = \begin{vmatrix} \dfrac{\partial x}{\partial u} & \dfrac{\partial x}{\partial v} \\ \dfrac{\partial y}{\partial u} & \dfrac{\partial y}{\partial v} \end{vmatrix} = \begin{vmatrix} \varphi_u(u, v) & \varphi_v(u, v) \\ \psi_u(u, v) & \psi_v(u, v) \end{vmatrix}
$$

称为**函数行列式**(function determinant), 或者**雅可比式**(Jacobian). 函数行列式用

$$
\frac{D(x, y)}{D(u, v)}, \quad \frac{\partial(x, y)}{\partial(u, v)}, \quad \frac{\partial(\varphi, \psi)}{\partial(u, v)}
$$

等符号表示[①]. 若 $\Phi : (u, v) \to (x, y) = (\varphi(u, v), \psi(u, v))$ 在领域 E 上连续可微, $\Psi : (x, y) \to (w, z) = (\omega(x, y), \zeta(x, y))$ 在领域 D 上连续可微且 $\Phi(E) \subset D$, 则根据定理 6.21, 复合映射

$$
\Psi \circ \Phi : (u, v) \to (w, z) = (\omega(\varphi(u, v), \psi(u, v)), \zeta(\varphi(u, v), \psi(u, v)))
$$

在 E 上连续可微, 并且根据式 (6.24),

$$
\begin{bmatrix} \dfrac{\partial w}{\partial u} & \dfrac{\partial w}{\partial v} \\ \dfrac{\partial z}{\partial u} & \dfrac{\partial z}{\partial v} \end{bmatrix} = \begin{bmatrix} \dfrac{\partial w}{\partial x} & \dfrac{\partial w}{\partial y} \\ \dfrac{\partial z}{\partial x} & \dfrac{\partial z}{\partial y} \end{bmatrix} \begin{bmatrix} \dfrac{\partial x}{\partial u} & \dfrac{\partial x}{\partial v} \\ \dfrac{\partial y}{\partial u} & \dfrac{\partial y}{\partial v} \end{bmatrix}.
$$

等式两边若取行列式, 则

$$
\frac{\partial(w, z)}{\partial(u, v)} = \frac{\partial(w, z)}{\partial(x, y)}\frac{\partial(x, y)}{\partial(u, v)}. \tag{7.58}
$$

[①] 表示函数行列式的符号并不固定. 也有人将雅可比矩阵用 $\partial(x, y)/\partial(u, v)$ 表示, 而将函数行列式写成 $\det \partial(x, y)/\partial(u, v)$.

特别地, 若 Ψ 是 Φ 的逆映射, 则

$$\frac{\partial(u,v)}{\partial(x,y)}\frac{\partial(x,y)}{\partial(u,v)} = 1. \tag{7.59}$$

定理 7.12　设 $\Phi: (u,v) \to (x,y) = (\varphi(u,v), \psi(u,v))$ 是从领域 E 到 $\mathbf{R}^2$ 的连续可微映射, $J(u,v) = \varphi_u\psi_v - \varphi_v\psi_u$ 是其函数行列式, 那么在点 $(u_0,v_0) \in E$ 处, 若 $J(u_0,v_0) \neq 0$, 则 Φ 是 (u_0,v_0) 的充分小邻域 $U \subset E$ 到 $(x_0,y_0) = \Phi(u_0,v_0)$ 的一个邻域 W 的一一映射. 并且若将 Φ 的定义域限制到 U, 则 Φ 的逆映射 Φ^{-1}[①] 在 W 上连续可微.

　　为了证明此定理, 我们将映射 $\Phi: (u,v) \to (x,y)$ 看作 $\Phi_1: (u,v) \to (x,v)$ 和 $\Phi_2(x,v) \to (x,y)$ 的复合映射 $\Phi_2 \circ \Phi_1$, 并且先证明下面的引理.

引理 7.5　如果 $\varphi(u,v)$ 在矩形 $K = \{(u,v) | a \leqslant u \leqslant b, c \leqslant v \leqslant d\}$ 上连续可微, 并且恒有 $\varphi_u(u,v) > 0$, 则

$$\Phi_1: (u,v) \to (x,v) = (\varphi(u,v), v)$$

是从 K 到闭区域

$$H = \{(x,v) | \varphi(a,v) \leqslant x \leqslant \varphi(b,v), \quad c \leqslant v \leqslant d\}$$

的连续一一映射, 其逆映射是用定义在 H 上的连续函数 $\lambda(x,v)$ 表示为

$$\Phi_1^{-1}: (x,v) \to (u,v) = (\lambda(x,v), v)$$

的连续映射. Φ_1 在 (K) 上连续可微, Φ_1^{-1} 在 (H) 上连续可微, 即 $\lambda(x,v)$ 是 (H) 上的连续可微函数.

证明　若固定 v, 因为已知 $\varphi_u(u,v) > 0$, 所以 $x = \varphi(u,v)$ 是定义在闭区间 $[a,b]$ 上的 u 的连续可微的单调递增函数. 所以根据定理 2.6, 其值域为闭区间 $[\varphi(a,v), \varphi(b,v)]$, 再根据定理 2.7 和定理 3.4, 其反函数 $u = \lambda(x,v)$ 是定义在 $[\varphi(a,v), \varphi(b,v)]$ 上的关于 x 的连续可微的单调递增函数, 并且

$$\lambda_x(x,v) = \frac{1}{\varphi_u(u,v)}, \quad u = \lambda(x,v). \tag{7.60}$$

因为 $x = \varphi(u,v)$ 的值域为 $[\varphi(a,v), \varphi(b,v)]$, 所以 $\Phi_1: (u,v) \to (x,v) = (\varphi(u,v), v)$ 的值域为闭区域 H. 根据 $\lambda(x,v)$ 的定义, $\lambda(\varphi(u,v), v) = u$, 所以 $(x,v) \to (u,v) = (\lambda(x,v), v)$ 是 Φ_1 的逆映射:

$$\Phi_1^{-1}: (x,v) \to (u,v) = (\lambda(x,v), v).$$

---

① 虽然应该写成 "Φ_U 的逆映射 Φ_U^{-1}", 但是为了避开复杂的符号将 Φ_U 用表示相同含义的符号 Φ 来表示.

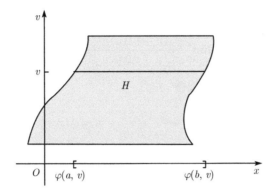

为了验证 $\lambda(x, v)$ 是 H 上的两个变量 x, v 的二元连续函数, 我们假设 $\lambda(x, v)$ 在点 $(x_*, v_*) \in H$ 处不连续, 则对于某一个正实数 ε, 存在收敛于 (x_*, v_*) 的点列 $\{(x_n, v_n)\}, (x_n, v_n) \in H$, 使得

$$|\lambda(x_n, v_n) - \lambda(x_*, v_*)| \geqslant \varepsilon.$$

若令 $u_n = \lambda(x_n, v_n)$, 则因为 $a \leqslant u_n \leqslant b$, 所以根据定理 1.30, $\{u_n\}$ 具有收敛的子列 $\{u_{n_j}\}, n_1 < n_2 < \cdots < n_j < \cdots$. 设该极限为 $c = \lim_{j \to \infty} u_{n_j}$, 并且令 $u_* = \lambda(x_*, v_*)$, 则

$$|c - u_*| = \lim_{j \to \infty} |u_{n_j} - u_*| \geqslant \varepsilon.$$

另一方面, 若 $u = \lambda(x, v)$, 则 $x = \varphi(u, v)$, 所以 $x_{n_j} = \varphi(u_{n_j}, v_{n_j}), x_* = \varphi(u_*, v_*)$. 因此 $\varphi(u, v)$ 是连续函数, 从而

$$x_* = \lim_{j \to \infty} x_{n_j} = \lim_{j \to \infty} \varphi(u_{n_j}, v_{n_j}) = \varphi(c, v_*),$$

即 $\varphi(u_*, v_*) = \varphi(c, v_*), c \neq u_*$. 这与 $\varphi(u, v)$ 是关于 u 的单调递增函数矛盾. 因此 $\lambda(x, v)$ 是关于变量 x, v 的二元连续函数.

根据式 (7.60), $\lambda(x, v)$ 关于 x 可偏微, $\lambda_x(x, v)$ 是关于变量 x, v 的二元连续函数. 为了证明 $u = \lambda(x, v)$ 在 (H) 上关于 v 可偏微, 对应于 v 的增量 Δv 取 u 的增量为 Δu: $u + \Delta u = \lambda(x, v + \Delta v)$, 则

$$x = \varphi(u, v) = \varphi(u + \Delta u, v + \Delta v),$$

所以

$$\varphi(u + \Delta u, v + \Delta v) - \varphi(u, v) = 0,$$

因此根据 Taylor 公式 (6.28),

$$\varphi_u(u + \theta \Delta u, v + \theta \Delta v) \Delta u + \varphi_v(u + \theta \Delta u, v + \theta \Delta v) \Delta v = 0, \quad 0 < \theta < 1.$$

$u = \lambda(x, v)$ 是关于 x, v 的二元连续函数, 所以当 $\Delta v \to 0$ 时 $\Delta u \to 0$. 因此

$$\lim_{\Delta v \to 0} \frac{\Delta u}{\Delta v} = -\lim_{\Delta v \to 0} \frac{\varphi_v(u + \theta \Delta u, v + \theta \Delta v)}{\varphi_u(u + \theta \Delta u, v + \theta \Delta v)} = -\frac{\varphi_v(u, v)}{\varphi_u(u, v)},$$

即, $\lambda(x, v)$ 在 (H) 上关于 v 可偏微, 并且

$$\lambda_v(x, v) = -\frac{\varphi_v(u, v)}{\varphi_u(u, v)}, \quad u = \lambda(x, v). \tag{7.61}$$

故 $\lambda_v(x, v)$ 是 (H) 上的两个变量 x, v 的连续函数, 从而 $\lambda(x, v)$ 是 (H) 上关于 x, v 的二元连续可微函数. □

当在 K 上恒有 $\varphi_u(u, v) < 0$ 时, 若令 $H = \{(x, v) | \varphi(b, v) \leqslant x \leqslant \varphi(a, v), c \leqslant v \leqslant d\}$, 则引理 7.5 依然成立.

定理 7.12 的证明 根据假设,

$$\varphi_u(u_0, v_0)\psi_v(u_0, v_0) - \varphi_v(u_0, v_0)\psi_u(u_0, v_0) = J(u_0, v_0) \neq 0,$$

所以 $\varphi_u(u_0, v_0), \varphi_v(u_0, v_0)$ 中至少有一个不为 0. 无论哪种情况都相同, 所以不妨设 $\varphi_u(u_0, v_0) \neq 0$. 则 $\varphi_u(u_0, v_0) < 0$ 或者 $\varphi_u(u_0, v_0) > 0$, 并且 $J(u_0, v_0) > 0$ 或者 $J(u_0, v_0) < 0$, 但是无论哪种情况都一样, 所以我们不妨考虑 $\varphi_u(u_0, v_0) > 0$, $J(u_0, v_0) > 0$ 的情况. 此时 $\varphi_u(u, v)$ 和 $J(u, v)$ 都在 E 上连续, 所以若取 (u_0, v_0) 的 ε 邻域 $U_\varepsilon((u_0, v_0)) \subset E$, 当 $\varepsilon > 0$ 充分小, 则在 $U_\varepsilon((u_0, v_0))$ 上恒有 $\varphi_u(u, v) > 0$, $J(u, v) > 0$. 取 $a = u_0 - \varepsilon/2$, $b = u_0 + \varepsilon/2$, $c = v_0 - \varepsilon/2$, $d = v_0 + \varepsilon/2$, 并且令

$$K = \{(u, v) | a \leqslant u \leqslant b, c \leqslant v \leqslant d\},$$

则 K 是以 (u_0, v_0) 为中心、ε 为边长的正方形, 并且 $K \subset U_\varepsilon((u_0, v_0))$. 因此根据引理 7.5,

$$\Phi_1 : (u, v) \to (x, v) = (\varphi(u, v), v)$$

是 K 到闭区域 $H = \{(x, v) | \varphi(a, v) \leqslant x \leqslant \varphi(b, v), c \leqslant v \leqslant d\}$ 上的连续一一映射, 其逆映射

$$\Phi_1^{-1} : (x, v) \to (u, v) = (\lambda(x, v), v)$$

在 H 上连续, 在 (H) 上连续可微. 因为

$$\Phi : (u, v) \to (x, y) = (\varphi(u, v), \psi(u, v))$$

在 E 上连续可微, 所以

$$\Phi_2 = \Phi \circ \Phi_1^{-1} : (x, v) \to (x, y) = (x, \psi(\lambda(x, v), v))$$

在 (H) 上连续可微. 若

$$\tau(x, v) = \psi(\lambda(x, v), v),$$

则 $\tau(x, v)$ 是 (H) 上的连续可微函数, 并且

$$\Phi_2 : (x, v) \to (x, y) = (x, \tau(x, v)).$$

若令 $(x_0, v_0) = \Phi_1(u_0, v_0) = (\varphi(u_0, v_0), v_0)$, 则 $\varphi(a, v_0) < x_0 < \varphi(b, v_0), c < v_0 < d$, 所以 $(x_0, v_0) \in (H)$. 若对 $\tau(x, v) = \psi(\lambda(x, v), v)$ 关于 v 微分, 则根据式 (7.61),

$$\tau_v = \psi_u \lambda_v + \psi_v = \frac{(\varphi_u \psi_v - \varphi_v \psi_u)}{\varphi_u},$$

即得

$$\tau_v(x, v) = \frac{J(u, v)}{\varphi_u(u, v)}, \quad u = \lambda(x, v). \tag{7.62}$$

因为 $J(u, v) > 0, \varphi_u(u, v) > 0$, 所以在 (H) 上恒有 $\tau_v(x, v) > 0$. 取 (H) 内以 (x_0, v_0) 为中心的矩形

$$K_1 = \{(x, v) | c_1 \leqslant x \leqslant d_1, a_1 \leqslant v \leqslant b_1\},$$

并且将 Φ_2 的定义域限制到 K_1 上, 将引理 7.5 中的 $u, v, x, \varphi(u, v)$ 分别替换成 v, x, y, $\tau(x, v)$, 再应用于 Φ_2, 则

$$\Phi_2 : (x, v) \to (x, y) = (x, \tau(x, v))$$

是从 K_1 到闭区域

$$H_1 = \{(x, y) | c_1 \leqslant x \leqslant d_1, \tau(x, a_1) \leqslant y \leqslant \tau(x, b_1)\}$$

上将 (K_1) 映成 (H_1) 的连续的一一映射, 并且逆映射 $\Phi_2^{-1} : (x, y) \to (x, v)$ 在 H_1 上连续, 在 (H_1) 上连续可微. 因此, 由 Φ_1 得到的 (K_1) 的逆像:

$$U = \Phi_1^{-1}((K_1)) = \{(u, v) | \lambda(c_1, v) < u < \lambda(d_1, v), a_1 < v < b_1\}$$

是包含 $(u_0, v_0) = \Phi_1^{-1}(x_0, v_0)$ 的领域, $\Phi = \Phi_2 \circ \Phi_1$ 是从 U 到领域 $W = (H_1)$ 的映射. 并且若将 Φ 的定义域限制在 U 上, 则逆映射 $\Phi^{-1} = \Phi_1^{-1} \circ \Phi_2^{-1}$ 在 W 上连续可微. $\qquad\square$

对于给定的领域 $D \subset \mathbf{R}^2$, 设

$$\Phi : (u, v) \to (x, y) = \Phi(u, v) = (\varphi(u, v), \psi(u, v))$$

是从领域 E 到 D 上的连续可微的一一映射, 并且在每一点 $(u, v) \in E$ 处有

$$J(u, v) = \frac{\partial(x, y)}{\partial(u, v)} \neq 0.$$

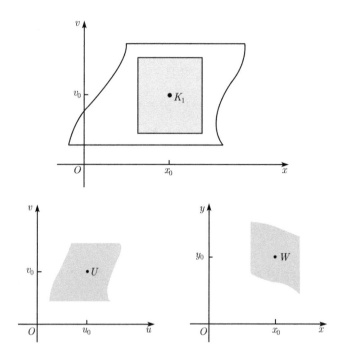

则根据定理 7.12, 逆映射

$$\Phi^{-1} : (x, y) \to (u, v) = \Phi^{-1}(x, y) = (u(x, y), v(x, y))$$

也是连续可微的, 即 $u = u(x, y), v = v(x, y)$ 是 D 上关于 x, y 的二元连续可微函数. 若 Φ 作为实数对 $(u, v) \in E$ 和点 $P = (x, y) \in D$ 之间一一对应, 则 D 的每一点 $P = (x, y)$ 可以通过对应的 (u, v) 来确定, 所以可以把实数对 (u, v) 作为点 $P = (x, y) = \Phi(u, v)$ 的新坐标. 从而 $\Phi^{-1} : (x, y) \to (u, v)$ 成为将点 P 的原坐标 (x, y) 变为新坐标 (u, v) 的**坐标变换**(transformation of coordinates). 如果坐标 $(u, v), u = u(P) = u(x, y), v = v(P) = v(x, y)$ 与每一点 $P = (x, y) \in D$ 相对应, 那么称这个对应 $P \to (u, v) = (u(P), v(P))$ 为 D 上的**坐标系**[①] (system of coordinates). 如果称 $\mathbf{R}^2 = \{(x, y) \,|\, -\infty < x < +\infty, -\infty < y < +\infty\}$ 为 (x, y) 平面, $\mathbf{R}^2 = \{(u, v) \,|\, -\infty < u < +\infty, -\infty < v < +\infty\}$ 是 (u, v) 平面, 则易知 Φ 是从 (u, v) 平面上的领域 E 到 (x, y) 平面上的领域 D 的映射. 同理, 称坐标系 $P \to (u, v) = (u(P), v(P))$ 为 (u, v) 系, 称坐标系 $P = (x, y) \to (x, y)$ 为 (x, y) 系.

例 7.2　设 $\alpha, \beta, \gamma, \delta, a, b$ 是常数, $\alpha\delta - \beta\gamma \neq 0$, 若令

$$\begin{cases} x = \varphi(u, v) = \alpha u + \beta v + a, \\ y = \psi(u, v) = \gamma u + \delta v + b, \end{cases} \tag{7.63}$$

[①] 有时坐标系也简称为坐标.

则 $\varPhi : (u, v) \to (x, y)$ 是从 $\mathbf{R}^2$ 到 $\mathbf{R}^2$ 上的一一映射. 称映射 $\varPhi$ 为**仿射变换**(affine transformation). $\varPhi$ 的雅可比矩阵是 $\begin{bmatrix} \alpha & \beta \\ \gamma & \delta \end{bmatrix}$, 函数行列式是 $J = \alpha\delta - \beta\gamma$. 关于 u, v, 解一次方程组 (7.63), 得

$$\begin{cases} u = \dfrac{\delta}{J}x - \dfrac{\beta}{J}y + \dfrac{-\delta a + \beta b}{J}, \\ v = -\dfrac{\gamma}{J}x + \dfrac{\alpha}{J}y + \dfrac{\gamma a - \alpha b}{J}. \end{cases} \tag{7.64}$$

坐标变换: $(x, y) \to (u, v)$ 是由式 (7.64) 给出.

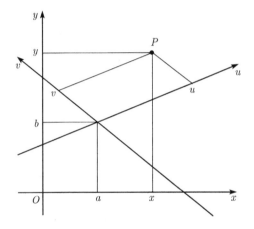

高中数学中首先涉及的是平面, 确定了平面上的坐标轴后我们首先考虑了该平面上的坐标系, 但本书中的平面定义为直积空间 $\mathbf{R}^2 = \mathbf{R} \times \mathbf{R} = \{(x, y) \,|\, x \in \mathbf{R}, y \in \mathbf{R}\}$, 所以在平面 $\mathbf{R}^2$ 上从一开始就确定了坐标系 $P = (x, y) \to (x, y)$. 除此以外的坐标系则必须根据坐标变换来定义.

例 7.3 如例 6.8 中所述, 当

$$\begin{cases} x = r\cos\theta, \\ y = r\sin\theta, \end{cases} \quad 0 \leqslant r < +\infty,$$

时, 称 (r, θ) 为点 $P = (x, y)$ 的**极坐标**(polar coordinates). 此时 $\varPhi : (r, \theta) \to (x, y) = (r\cos\theta, r\sin\theta)$ 是从右半平面 $\mathbf{R}^+ \times \mathbf{R} = \{(r, \theta) \,|\, 0 < r < +\infty, -\infty < \theta < +\infty\}$ 到 $\mathbf{R}^2 - \{0\}$ 上的连续可微的映射,

$$J(r, \theta) = \frac{\partial(x, y)}{\partial(r, \theta)} = \begin{vmatrix} \cos\theta & -r\sin\theta \\ \sin\theta & r\cos\theta \end{vmatrix} = r > 0.$$

因此, 根据定理 7.12, $\varPhi : (r, \theta) \to (x, y)$ 在 $\mathbf{R}^+ \times \mathbf{R}$ 的每一点的充分小的邻域内是一一映射, 但是在 $\mathbf{R}^+ \times \mathbf{R}$ 上却不是, 通过 $\varPhi$ 有无穷多个点 $(r, \theta + 2n\pi), n =$

$0, \pm 1, \pm 2, \cdots$ 与点 (x, y) 相对应, 所以 $\varPhi$ 是指例如从领域

$$E = \{(r, \theta) | 0 < r < +\infty, -\pi < \theta < \pi\}$$

到领域 $\mathbf{R}^2 - L, L = \{(x, 0) | -\infty < x \leqslant 0\}$ 的一一映射. 从而, $P = (x, y) \to (r, \theta)$ 是领域 $\mathbf{R}^2 - L$ 上的坐标系.

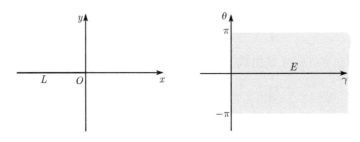

c) 积分变量的变换

积分变换公式 (4.56)

$$\int_a^b f(x)\mathrm{d}x = \int_\alpha^\beta f(\varphi(t))\varphi'(t)\mathrm{d}t$$

中, 当 $\alpha \leqslant t \leqslant \beta$ 时, 恒有 $\varphi'(t) > 0$ 的情况下, 如前面所述, 通过 $x = \varphi(t)$ 将闭区间 $[a, b]$ 的每一个点 x 与 $[\alpha, \beta]$ 的每一个点 t 一一对应, 所以可以将 t 作为点 $x = \varphi(t)$ 的新坐标考虑, 即 $\varphi^{-1} : x \to t = \varphi^{-1}(x)$ 可以看作是坐标变换. 本节中将这种情况下的积分变换公式推广到二重积分的情况.

设 $\varPhi : (u, v) \to (x, y) = \varPhi(u, v) = (\varphi(u, v), \psi(u, v))$ 是从 (u, v) 平面上的领域 E 到 (x, y) 平面上的领域 D 的一一的连续可微映射, 若在 E 上恒有

$$J(u, v) = \begin{vmatrix} \varphi_u(u, v) & \varphi_v(u, v) \\ \psi_u(u, v) & \psi_v(u, v) \end{vmatrix} > 0,$$

则, 如前项所述, 逆映射

$$\varPhi^{-1} : (x, y) \to (u, v) = (u(x, y), v(x, y))$$

也连续可微, 并且 $\varPhi^{-1}$ 是从 (x, y) 系到 (u, v) 系的坐标变换. 这时,

(1) 若 $U \subset E$[①]是开集, 则 $\varPhi(U)$ 也是开集.

(2) 若 $U \subset E$ 是领域, 则 $\varPhi(U)$ 也是领域.

(3) 若 $H \subset E$ 是有界闭领域, U 是 H 的开核, 则 $\varPhi(H)$ 也是有界闭领域且 $\varPhi(U)$ 是 $\varPhi(H)$ 开核.

---

① "$U \subset E$" 可以读成 "E 的子集 U", "$\subset E$" 是形容点集 U 的形容词.

(4) 若 $C \subset E$ 是光滑曲线, 则 $\Phi(C)$ 也是光滑曲线.

(5) 若 $H \subset E$ 是包含由有限个光滑曲线组成边界的闭区域, 则 $\Phi(H)$ 也是闭区域, 若 H 的边界是 $\bigcup\limits_{k=1}^{m} C_k, C_k$ 是光滑曲线, 则 $\Phi(H)$ 的边界为 $\bigcup\limits_{k=1}^{m} \Phi(C_k)$, 每一个 $\Phi(C_k)$ 也是光滑曲线.

[证明] (1) 因为 $\Phi(U)$ 是作用在开集 U 上的连续映射 Φ^{-1} 的逆像 $(\Phi^{-1})^{-1}(U)$, 所以它是开集.

(2) 若开集 $\Phi(U)$ 是两个开集 V, W 的并集, 即用 $\Phi(U) = V \cup W, V \cap W = \varnothing$ 来表示, 则 $U = \Phi^{-1}(V) \cup \Phi^{-1}(W), \Phi^{-1}(V) \cap \Phi^{-1}(W) = \varnothing$, 其中 $\Phi^{-1}(V)$ 和 $\Phi^{-1}(W)$ 都是开集. 因为 U 是领域, 即连通开集, 所以 $\Phi^{-1}(V) = \varnothing$ 或者 $\Phi^{-1}(W) = \varnothing$, 因此 $V = \varnothing$ 或者 $W = \varnothing$, 即 $\Phi(U)$ 是连通开集.

(3) 为了证明 $\Phi(H)$ 是有界闭集, 只需证明对于任意的点列 $\{P_n\}, P_n \in \Phi(H)$ 都存在收敛的子列 $\{P_{n_j}\}, n_1 < n_2 < \cdots < n_j < \cdots$, 且 $\lim\limits_{j \to \infty} P_{n_j} \in \Phi(H)$. 因为 $\Phi^{-1}(P_n) \in H$ 且 H 有界, 所以根据定理 1.30, 点列 $\{\Phi^{-1}(P_n)\}$ 有收敛的子列 $\{\Phi^{-1}(P_{n_j})\}$. 同时因为 H 是闭集, 所以 $Q = \lim\limits_{j \to \infty} \Phi^{-1}(P_{n_j}) \in H$. 因此 Φ 连续, 从而 $\lim\limits_{j \to \infty} P_{n_j} = \Phi(Q) \in \Phi(H)$, 即 $\Phi(H)$ 是有界闭集. 若 $U = (H)$ 和 $V = (\Phi(H))$ 分别是 H 和 $\Phi(H)$ 的开核, 则根据 (1), $\Phi(U)$ 是开集, 所以 $\Phi(U) \subset V \subset \Phi(H)$, 因此 $U \subset \Phi^{-1}(V) \subset H$, 同时因为 $\Phi^{-1}(V)$ 是开集且 U 是 H 的开核, 所以 $U = \Phi^{-1}(V)$, 因此 $\Phi(U) = V$, 即 $\Phi(U)$ 是 $\Phi(H)$ 的开核. 根据 (2), $\Phi(U)$ 是领域, 所以要证明 $\Phi(H)$ 是闭领域, 只需证明 $\Phi(H) = [\Phi(U)]$. 显然 $[\Phi(U)] \subset \Phi(H)$. 任取点 $P \in \Phi(H)$, 则 $\Phi^{-1}(P) \in H$, 又因为 H 是闭领域, 所以 $H = [U]$, 因此存在收敛于 $\Phi^{-1}(P)$ 的点列 $\{Q_n\}, Q_n \in U$. 因为 Φ 连续, 所以 $\lim\limits_{n \to \infty} \Phi(Q_n) = \Phi(\lim\limits_{n \to \infty} Q_n) = \Phi(\Phi^{-1}(P)) = P, \Phi(Q_n) \in \Phi(U)$, 因此 $P \in [\Phi(U)]$, 从而 $\Phi(H) = [\Phi(U)]$.

(4) 若光滑曲线 C 的参数表示为 $C = \{P(t) | a \leqslant t \leqslant b\}, P(t) = (u(t), v(t))$, 则 $\{\Phi(P(t)) | a \leqslant t \leqslant b\}, \Phi(P(t)) = (\varphi(t), \psi(t)), \varphi(t) = \varphi(u(t), v(t)), \psi(t) = \psi(u(t), v(t))$ 是 $\Phi(C)$ 的参数表示. 因为 $u(t), v(t)$ 是关于 $t(a \leqslant t \leqslant b)$ 的连续可微函数, $\varphi(u, v)$, $\psi(u, v)$ 是关于 u, v 连续可微函数, 所以根据定理 6.10 的推论, $\varphi(t), \psi(t)$ 是关于 t 的连续可微函数, 并且根据式 (6.18),

$$\begin{cases} \varphi'(t) = \varphi_u(u, v) u'(t) + \varphi_v(u, v) v'(t), \\ \psi'(t) = \psi_u(u, v) u'(t) + \psi_v(u, v) v'(t), \end{cases} u = u(t), \quad v = v(t),$$

根据假设, $J(u, v) = \begin{vmatrix} \varphi_u & \varphi_v \\ \psi_u & \psi_v \end{vmatrix} > 0$ 且 $u'(t), v'(t)$ 不同时为 0, 所以 $\varphi'(t), \psi'(t)$ 也不同时为 0. 因此 $\Phi(C)$ 是光滑曲线.

根据 (3) 和 (4), (5) 显然成立. $\qquad\qquad\qquad\qquad\qquad\qquad\qquad\qquad \square$

　　若 $f(x,y)$ 是领域 $D = \Phi(E)$ 上的两个变量 x, y 的二元连续函数, 则复合函数 $f(\varphi(u,v), \psi(u,v))$ 是定义在 E 上的两个变量 u, v 的二元连续函数.

定理 7.13

$$\int_D |f(x,y)|\mathrm{d}x\mathrm{d}y = \int_E |f(\varphi(u,v), \psi(u,v))| J(u,v)\mathrm{d}u\mathrm{d}v \tag{7.65}$$

并且 $\displaystyle\int_D |f(x,y)|\mathrm{d}x\mathrm{d}y < +\infty$ 即 $\displaystyle\int_D f(x,y)\mathrm{d}x\mathrm{d}y$ 绝对收敛时,

$$\int_D f(x,y)\mathrm{d}x\mathrm{d}y = \int_E f(\varphi(u,v), \psi(u,v)) J(u,v)\mathrm{d}u\mathrm{d}v. \tag{7.66}$$

证明　应用本节 a) 中的引理 7.4, 将领域 E 分割成无数个正方形 $Q_1, Q_2, Q_3, \cdots,$ $Q_n, \cdots$, 并且令 $K_n = \Phi(Q_n)$, 则根据上述 (5), 每一个 K_n 是闭区域, 并且领域 $D = \Phi(E)$ 被分割成闭区域 $K_1, K_2, \cdots, K_n, \cdots$. 所以根据定理 7.11,

$$\int_D |f(x,y)|\mathrm{d}x\mathrm{d}y = \sum_{n=1}^{\infty} \int_{K_n} |f(x,y)|\mathrm{d}x\mathrm{d}y,$$

当 $\displaystyle\int_D |f(x,y)|\mathrm{d}x\mathrm{d}y < +\infty$ 时,

$$\int_D f(x,y)\mathrm{d}x\mathrm{d}y = \sum_{n=1}^{\infty} \int_{K_n} f(x,y)\mathrm{d}x\mathrm{d}y.$$

将 $f(\varphi(u,v), \psi(u,v))$ 简记为 $f(\varphi, \psi)$, 则同样有

$$\int_E |f(\varphi, \psi)| J(u,v)\mathrm{d}u\mathrm{d}v = \sum_{n=1}^{\infty} \int_{Q_n} |f(\varphi, \psi)| J(u,v)\mathrm{d}u\mathrm{d}v,$$

并且当 $\displaystyle\int_E |f(\varphi, \psi)| J(u,v)\mathrm{d}u\mathrm{d}v < +\infty$ 时,

$$\int_E f(\varphi, \psi) J(u,v)\mathrm{d}u\mathrm{d}v = \sum_{n=1}^{\infty} \int_{Q_n} f(\varphi, \psi) J(u,v)\mathrm{d}u\mathrm{d}v.$$

因此若要证明定理 7.13, 只需对每一个 n 证明

$$\int_{K_n} |f(x,y)|\mathrm{d}x\mathrm{d}y = \int_{Q_n} |f(\varphi, \psi)| J(u,v)\mathrm{d}u\mathrm{d}v,$$

$$\int_{K_n} f(x,y)\mathrm{d}x\mathrm{d}y = \int_{Q_n} f(\varphi, \psi) J(u,v)\mathrm{d}u\mathrm{d}v$$

成立, 即只需证明下面的引理成立即可.　　　　　　　　　　　　　　　　□

引理 7.6 $Q \subset E$ 是 (u, v) 平面上的矩形, 若 $K = \Phi(Q)$ 是对应的 (x, y) 平面上的闭区域, 则

$$\int_K f(x, y)\mathrm{d}x\mathrm{d}y = \int_Q f(\varphi(u, v), \psi(u, v))J(u, v)\mathrm{d}u\mathrm{d}v. \tag{7.67}$$

证明 首先考虑 Q "小" 的情况. 根据假设, 在 E 上恒有

$$\varphi_u(u, v)\psi_v(u, v) - \varphi_v(u, v)\psi_u(u, v) = J(u, v) > 0,$$

所以在每一点 $(u, v) \in E$ 处 $\varphi_u(u, v)\psi_v(u, v), \varphi_v(u, v)\psi_u(u, v)$ 中至少有一个不为 0. 并且因为 $\varphi(u, v), \psi(u, v)$ 是 $\mathscr{C}^1$ 类函数, 所以在一点 (u_0, v_0) 处若 $\varphi_u(u_0, v_0)$ $\psi_v(u_0, v_0) \neq 0$ 或者 $\varphi_v(u_0, v_0)\psi_u(u_0, v_0) \neq 0$, 则在某矩形 $H \subset E$, $(u_0, v_0) \in$ (H) 上恒有 $\varphi_u(u, v)\psi_v(u, v) \neq 0$ 或者恒有 $\varphi_v(u, v)\psi_u(u, v) \neq 0$. 根据上面的 (5), $(\Phi(H)) \subset D$ 是 (x, y) 平面上的领域且 $\Phi(u_0, v_0) \in (\Phi(H))$. 若取 (x, y) 平面上的矩形 $R \subset (\Phi(H)), \Phi(u_0, v_0) \in (R)$, 则 $\Phi^{-1}((R))$ 是 (u, v) 平面上的领域, 并且 $(u_0, v_0) \in \Phi^{-1}((R))$. 因此, $Q \subset \Phi^{-1}((R))$ 作为 (u, v) 平面上的矩形 $(u_0, v_0) \in (Q)$, 若 $K = \Phi(Q)$, 则

$$K = \Phi(Q) \subset (R) \subset R \subset (\Phi(H)). \tag{7.68}$$

对于 (u, v) 平面上的矩形 Q, (u, v) 平面上存在矩形 $H \subset E, Q \subset (H)$, 且在 H 上恒有 $\varphi_u(u, v)\psi_v(u, v) \neq 0$ 或者恒有 $\varphi_v(u, v)\psi_u(u, v) \neq 0$. 进而在 (x, y) 平面上存在矩形 R 使得当式 (7.68) 成立时, 称 Q 为关于映射 Φ 的小矩形. 上述结果表明了对于任意的点 $(u_0, v_0) \in E$, 存在关于映射 Φ 的小矩形 Q, $(u_0, v_0) \in (Q)$.

对于关于映射 Φ 的小矩形 Q 来证明式 (7.67). 在一元函数的情况下,

$$F(\varphi(t)) = \int_a^{\varphi(t)} f(x)\mathrm{d}x$$

为 t 的函数, 对此函数进行微分, 得到

$$\frac{\mathrm{d}}{\mathrm{d}t}F(\varphi(t)) = f(\varphi(t))\varphi'(t),$$

并且该式证明了积分变换公式 (4.56). 为了让该方法适用于二重积分, 令

$$Q = Q[s, t] = \{(u, v) | 0 \leqslant u \leqslant s, 0 \leqslant v \leqslant t\}^{①},$$

$$K = K[s, t] = \Phi(Q[s, t]),$$

并且将函数

$$F(s, t) = \int_{K[s, t]} f(x, y)\mathrm{d}x\mathrm{d}y$$

---

① 虽然应当写成 $Q[s, t] = \{(u, v) | s_0 \leqslant u \leqslant s, t_0 \leqslant v \leqslant t\}$, 但为了简单起见写成 $s_0 = t_0 = 0$.

作为定义在 $\{(s,t)\,|\,s\geqslant 0\,,t\geqslant 0,Q[s,t]\subset \varPhi^{-1}((R))\}$ 上的两个变量 s,t 的函数来考虑. $K[0,0]$ 是点, $K[0,t],K[s,0]$ 是曲线而不是闭区域, 在这种情况下我们定义

$$F(0,0)=F(0,t)=F(s,0)=0.$$

根据定理 7.4, 为了对 $Q[s,t]$ 的情况来证明式 (7.67), 只需证明 $F(s,t)$ 的偏导函数 $F_t(s,t),F_{ts}(s,t)$ 存在且连续, 并且

$$F_{ts}(s,t)=f(\varphi(s,t),\psi(s,t))J(s,t) \tag{7.69}$$

即可.

矩形 H 上恒有 $\varphi_u(u,v)\psi_v(u,v)\neq 0$ 或 $\varphi_v(u,v)\psi_u(u,v)\neq 0$, 无论哪种情况都相同, 所以不妨考虑 $\varphi_u(u,v)\psi_v(u,v)\neq 0$ 的情况. 此时 H 上恒有 $\varphi_u(u,v)>0$ 或 $\varphi_u(u,v)<0$, 并且恒有 $\psi_v(u,v)>0$ 或 $\psi_v(u,v)<0$. 无论哪种情况都相同, 所以不妨设在 H 上

$$\varphi_u(u,v)>0, \qquad \psi_v(u,v)>0,$$

令 $H=\{(u,v)\,|\,a\leqslant u\leqslant b,c\leqslant v\leqslant d\}$, 且在 H 上考虑 u,v 和 $x=\varphi(u,v),y=\psi(u,v)$ 的关系. 首先, 固定 v 时 $x=\varphi(u,v)$ 是关于 u 的单调递增函数, 其反函数 $u=\lambda(x,v)$ 是关于 x 的单调递增函数. 并且, 根据定理 7.5, $\lambda(x,v)$ 是两个变量 $x,v,\varphi(a,v)<x<\varphi(b,v),c<v<d$ 的连续可微函数. 此外根据式 (7.60),

$$\lambda_x(x,v)=\frac{1}{\varphi_u(u,v)}>0.$$

进一步, $y=\tau(x,v)=\psi(\lambda(x,v),v)$ 也是关于 x,v 的连续可微函数, 并且根据式 (7.62),

$$\tau_v(x,v)=\frac{J(u,v)}{\varphi_u(u,v)}>0.$$

所以, 固定 x 时, $y=\tau(x,v)$ 是 v 的单调递增函数, 因此 v 是 y 的单调递增函数. 因为 $\lambda(\varphi(u,v),v)=u$, 所以

$$\tau(\varphi(u,v),v)=\psi(u,v). \tag{7.70}$$

同理, 固定 u 时, $y=\psi(u,v)$ 是关于 v 的单调递增函数, 其反函数 $v=\mu(u,y)$ 是关于 y 的单调递增函数且关于两个变量 $u,y,a<u<b,\psi(u,c)<y<\psi(u,d)$ 连续可微. 并且

$$\mu_y(u,y)=\frac{1}{\psi_v(u,v)}>0.$$

进一步, 若令 $\sigma(u,y) = \varphi(u, \mu(u,y))$, 则 $x = \sigma(u,y)$ 也关于两个变量 u, y 连续可微, 并且

$$\sigma_u(u,y) = \frac{J(u,v)}{\psi_v(u,v)} > 0,$$

所以固定 y 时, $x = \sigma(u,y)$ 是关于 u 的单调递增函数, u 是关于 x 的单调递增函数. 因为 $\mu(u, \psi(u,v)) = v$, 所以

$$\sigma(u, \psi(u,v)) = \varphi(u,v). \tag{7.71}$$

根据上述 (5), 闭区域 $K[s,t] = \Phi(Q[s,t])$ 的边界由 4 条光滑曲线: $C_1 = \{\Phi(s,v)|0 \leqslant v \leqslant t\}$, $C_2 = \{\Phi(u,t)|0 \leqslant u \leqslant s\}$, $C_3 = \{\Phi(0,v)|0 \leqslant v \leqslant t\}$, $C_4 = \{\Phi(u,0)|0 \leqslant u \leqslant s\}$ 组成. 将曲线 C_1 的参数 v 变换成 $y = \psi(s,v)$, 则有 $v = \mu(s,y), \varphi(s,v) = \sigma(s,y)$, 所以

$$\Phi(s,v) = (\varphi(s,v), \psi(s,v)) = (\sigma(s,y), y),$$

因此

$$C_1 = \{(\sigma(s,y), y)|\psi(s,0) \leqslant y \leqslant \psi(s,t)\}.$$

同理有

$$C_2 = \{(x, \tau(x,t))|\varphi(0,t) \leqslant x \leqslant \varphi(s,t)\},$$
$$C_3 = \{(\sigma(0,y), y)|\psi(0,0) \leqslant y \leqslant \psi(0,t)\},$$
$$C_4 = \{(x, \tau(x,0))|\varphi(0,0) \leqslant x \leqslant \varphi(s,0)\}.$$

若设 $R = \{(x,y)|\alpha \leqslant x \leqslant \beta, \gamma \leqslant y \leqslant \delta\}$, 并且令

$$K_1 = \{(x,y)|\sigma(s,y) \leqslant x \leqslant \beta, \psi(s,0) \leqslant y \leqslant \psi(s,t)\},$$
$$K_2 = \{(x,y)|\varphi(s,t) \leqslant x \leqslant \beta, \psi(s,t) \leqslant y \leqslant \delta\},$$
$$K_3 = \{(x,y)|\varphi(0,t) \leqslant x \leqslant \varphi(s,t), \tau(x,t) \leqslant y \leqslant \delta\},$$
$$K_4 = \{(x,y)|\alpha \leqslant x \leqslant \varphi(0,t), \psi(0,t) \leqslant y \leqslant \delta\},$$
$$K_5 = \{(x,y)|\alpha \leqslant x \leqslant \sigma(0,y), \psi(0,0) \leqslant y \leqslant \psi(0,t)\},$$
$$K_6 = \{(x,y)|\alpha \leqslant x \leqslant \varphi(0,0), \gamma \leqslant y \leqslant \psi(0,0)\},$$
$$K_7 = \{(x,y)|\varphi(0,0) \leqslant x \leqslant \varphi(s,0), \gamma \leqslant y \leqslant \tau(x,0)\},$$
$$K_8 = \{(x,y)|\varphi(s,0) \leqslant x \leqslant \beta, \gamma \leqslant y \leqslant \psi(s,0)\},$$

则矩形 R 如下图, 被分割成 9 个闭区域 $K[s,t], K_1, K_2, \cdots, K_8$.

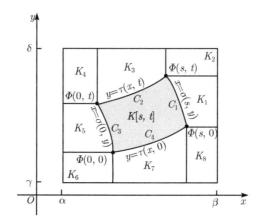

为了证明这一点, 如下定义两个变量 $x, v, \alpha \leqslant x \leqslant \beta, 0 \leqslant v \leqslant t$ 的连续函数 $\tau^*(x, v)$:

$$
\begin{cases}
\alpha \leqslant x \leqslant \varphi(0, v) \ \text{时}, & \tau^*(x, v) = \psi(0, v), \\
\varphi(0, v) \leqslant x \leqslant \varphi(s, v) \ \text{时}, & \tau^*(x, v) = \tau(x, v), \\
\varphi(s, v) \leqslant x \leqslant \beta \qquad \text{时}, & \tau^*(x, v) = \psi(s, v).
\end{cases}
$$

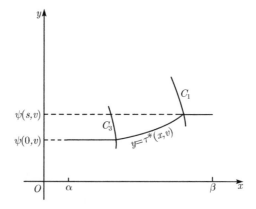

因为 $\varphi(u, v)$ 是关于 u 的单调递增函数, 所以 $\alpha < \varphi(0, v) < \varphi(s, v) < \beta$, 并且根据式 (7.70), $\tau(\varphi(0, v), v) = \psi(0, v), \tau(\varphi(s, v), v) = \psi(s, v)$, 所以 $\tau^*(x, v)$ 是关于 x 的连续函数. 进一步, $\tau^*(x, v)$ 是关于两个变量 x, v 的连续函数, 即对于任意的 $x_0, v_0, \alpha \leqslant x_0 \leqslant \beta, 0 \leqslant v_0 \leqslant t$, 当 $(x, v) \to (x_0, v_0)$ 时, $\tau^*(x, v) \to \tau^*(x_0, v_0)$. 事实上, 若 $x_0 < \varphi(0, v_0)$, 则在 (x_0, v_0) 的充分小的邻域中显然恒有 $\tau^*(x, v) = \psi(0, v)$. 若 $\varphi(0, v_0) < x_0 < \varphi(s, v_0)$, 则在 (x_0, v_0) 的充分小的邻域中显然恒有 $\tau^*(x, v) = \tau(x, v)$. 若 $\varphi(s, v_0) < x_0$, 则显然也同样成立. 若 $x_0 = \varphi(0, v_0)$, 则

$$
\tau^*(x_0, v_0) = \psi(0, v_0) = \tau(x_0, v_0),
$$

并且当 $(x,v) \to (x_0, v_0)$ 时,

$$\tau(x,v) \to \tau(x_0, v_0) = \tau^*(x_0, v_0), \psi(0, v) \to \psi(0, v_0) = \tau^*(x_0, v_0),$$

所以在充分接近点 (x_0, v_0) 的点 (x,v) 处, $\tau^*(x,v)$ 的值与 $\tau(x,v)$ 和 $\psi(0,v)$ 之一的值相等. 无论是哪一个, 当 $(x,v) \to (x_0, v_0)$ 时, 都有 $\tau^*(x,v) \to \tau^*(x_0, v_0)$. 若 $x_0 = \varphi(s, v_0)$, 同理, 当 $(x,v) \to (x_0, v_0)$ 时, 都有 $\tau^*(x,v) \to \tau^*(x_0, v_0)$. 即 $\tau(x,v)$ 是两个变量 (x,v) 的连续函数.

因为 $\psi(0,v)$, $\tau(x,v)$ 及 $\psi(s,v)$ 都是 v 的单调递增函数, 所以根据同样的论证方法可知, 在 (x_0, v_0) 的充分小的邻域内 $\tau^*(x,v)$ 是关于 v 的单调递增函数. 因此, 固定 x 时, $\tau^*(x,v)$ 是关于 v 的单调递增函数.

矩形 R 被两个分段的光滑曲线 $y = \tau^*(x, 0), y = \tau^*(x, t), \alpha \leqslant x \leqslant \beta$ 分割成三个闭区域:

$$R_1 = \{(x,y)|\alpha \leqslant x \leqslant \beta, \gamma \leqslant y \leqslant \tau^*(x, 0)\},$$
$$R_2 = \{(x,y)|\alpha \leqslant x \leqslant \beta, \tau^*(x, 0) \leqslant y \leqslant \tau^*(x, t)\},$$
$$R_3 = \{(x,y)|\alpha \leqslant x \leqslant \beta, \tau^*(x, t) \leqslant y \leqslant \delta\}.$$

显然 R_1 被分割成三个闭区域 K_6, K_7, K_8, 并且 R_3 被分割成 K_4, K_3, K_2. 为了验证 R_2 被分割成三个闭区域 $K_5, K[s,t], K_1$, 任取点 $(x,y) \in R_2$, 则 $\tau^*(x, 0) \leqslant y \leqslant \tau^*(x,t)$ 且 $\tau^*(x,v)$ 是关于 v 的连续单调递增函数, 所以存在唯一的 v 使得 $\tau^*(x,v) = y, 0 \leqslant v \leqslant t$. 此时, 若 $\alpha \leqslant x \leqslant \varphi(0, v)$, 则 $y = \tau^*(x, v) = \psi(0, v)$, 所以 $\varphi(0, v) = \varphi(0, \mu(0, y)) = \sigma(0, y)$, 因此 $\alpha \leqslant x \leqslant \sigma(0, y), \psi(0, 0) \leqslant y \leqslant \psi(0, t)$, 即 $(x,y) \in K_5$. 同理, 若 $\varphi(s, v) \leqslant x \leqslant \beta$, 则 $(x,y) \in K_1$. 若 $\varphi(0, v) \leqslant x \leqslant \varphi(s, v)$, 则 $y = \tau^*(x, v) = \tau(x, v)$ 且存在唯一的 u 使得 $\varphi(u, v) = x, 0 \leqslant u \leqslant s$, 并且 $y = \tau(x, v) = \tau(\varphi(u, v), v) = \psi(u, v)$. 因此 $(x,y) = \Phi(u, v) \in K[s, t]$. 反之, 若 $(x,y) = \Phi(u, v) \in K[s, t]$, 则 $x = \varphi(u, v), y = \psi(u, v)$, 所以 $\varphi(0, v) \leqslant x \leqslant \varphi(s, v), 0 \leqslant v \leqslant t, y = \tau(x, v) = \tau^*(x, v)$, 因此 $(x,y) \in R_2$. 即 R_2 被分割成闭区域 K_5, K_1, $K[s, t]$.

这样将矩形 R 分割成了 9 个闭区域 $K[s, t], K_1, K_2, \cdots, K_8$, 根据定理 7.7,

$$\int_{K[s,t]} f(x,y)\mathrm{d}x\mathrm{d}y + \sum_{m=1}^{8} \int_{K_m} f(x,y)\mathrm{d}x\mathrm{d}y = \int_R f(x,y)\mathrm{d}x\mathrm{d}y,$$

所以若

$$G_m(s, t) = \int_{K_m} f(x,y)\mathrm{d}x\mathrm{d}y,$$

则

$$F(s, t) + \sum_{m=1}^{8} G_m(s, t) = \int_R f(x,y)\mathrm{d}x\mathrm{d}y. \tag{7.72}$$

以上我们仅就 $s > 0, t > 0$ 的情况进行了考虑. 但是, 当 $t = 0$ 时, K_1 , K_5 是线段, 所以令 $G_1(s,0) = 0, G_5(s,0) = 0$, 当 $s = 0$ 时, K_3, K_7 是线段, 令 $G_3(0,t) = G_7(0,t) = 0$. 那么, 当 $s \geqslant 0, t \geqslant 0, Q[s,t] \subset \Phi^{-1}((R))$ 时式 (7.72) 成立. 事实上, 例如若 $s > 0, t = 0$, 则 R 被分割成 6 个闭区域 K_2, K_3, K_4, K_6, K_7, K_8, 所以根据定义 $F(s,0) = 0$, 由式 (7.72), 可得

$$\frac{\partial}{\partial t} F(s,t) = - \sum_{m=1}^{8} \frac{\partial}{\partial t} G_m(s,t). \tag{7.73}$$

直接求解 $F(s,t) = \displaystyle\int_{K[s,t]} f(x,y)\mathrm{d}x\mathrm{d}y$ 的偏导函数 $\partial F(s,t)/\partial t$ 很麻烦, 但是从闭区域 K_m 的形状易知, 积分 $G_m(s,t) = \displaystyle\int_{K_m} f(x,y)\mathrm{d}x\mathrm{d}y$ 可以表示为累次积分, 所以其偏导函数 $\partial G_m(s,t)/\partial t$ 通过计算很容易求得.

为了计算 $\partial G_m(s,t)/\partial t$, 固定 s 后考虑. 首先, 根据式 (7.50),

$$G_1(s,t) = \int_{K_1} f(x,y)\mathrm{d}x\mathrm{d}y = \int_{\psi(s,0)}^{\psi(s,t)} \mathrm{d}y \int_{\sigma(s,y)}^{\beta} f(x,y)\mathrm{d}x,$$

右边的累次积分当 $t = 0$ 时为 0, 所以这个等式在 $t = 0$ 的情况下也成立. 根据定理 6.20 的 (1), $g(\xi,y) = \displaystyle\int_{\xi}^{\beta} f(x,y)\mathrm{d}x$ 是关于两个变量 ξ, y 的连续函数, 所以 $g(\sigma(s,y),y)$ 是关于 y 的连续函数, 因此若 $h(y) = \displaystyle\int_{\psi(s,0)}^{y} g(\sigma(s,y),y)\mathrm{d}y$, 则 $h'(y) = g(\sigma(s,y),y)$. 从而根据复合函数的微分法则 (定理 3.3), $G_1(s,t) = h(\psi(s,t))$ 关于 t 可微, 并且

$$\frac{\partial}{\partial t} G_1(s,t) = \psi_t(s,t) h'(\psi(s,t)) = \psi_t(s,t) g(\sigma(s,\psi(s,t)),\psi(s,t)).$$

根据式 (7.71), $\sigma(s,\psi(s,t)) = \varphi(s,t)$, 所以

$$\frac{\partial}{\partial t} G_1(s,t) = \psi_t(s,t) \int_{\varphi(s,t)}^{\beta} f(x,\psi(s,t))\mathrm{d}x. \tag{7.74}$$

根据同样的计算,

$$G_5(s,t) = \int_{K_5} f(x,y)\mathrm{d}x\mathrm{d}y = \int_{\psi(0,0)}^{\psi(0,t)} \mathrm{d}y \int_{\alpha}^{\sigma(0,y)} f(x,y)\mathrm{d}x,$$

所以可得

$$\frac{\partial}{\partial t} G_5(s,t) = \psi_t(0,t) \int_{\alpha}^{\varphi(0,t)} f(x,\psi(0,t))\mathrm{d}x. \tag{7.75}$$

其次, 为了对

$$G_2(s,t) = \int_{K_2} f(x,y)\mathrm{d}x\mathrm{d}y = \int_{\psi(s,t)}^{\beta} \int_{\psi(s,t)}^{\delta} f(x,y)\mathrm{d}x\mathrm{d}y$$

关于 t 进行偏微分, 令 $g(\xi,\eta) = \int_{\xi}^{\beta} \int_{\eta}^{\delta} f(x,y)\mathrm{d}x\mathrm{d}y$, 根据式 (7.10) 和式 (7.11),

$$g(\xi,\eta) = \int_{\xi}^{\beta} \mathrm{d}x \int_{\eta}^{\delta} f(x,y)\mathrm{d}y = \int_{\eta}^{\delta} \mathrm{d}y \int_{\xi}^{\beta} f(x,y)\mathrm{d}x,$$

再根据定理 6.20 的 (1), $\int_{\eta}^{\delta} f(x,y)\mathrm{d}y$ 是关于两个变量 x,η 的连续函数, $\int_{\xi}^{\beta} f(x,y)\mathrm{d}x$ 是 ξ,y 的连续函数, 所以 $g(\xi,\eta)$ 是 ξ,η 的连续可微函数, 并且

$$g_{\xi}(\xi,\eta) = -\int_{\eta}^{\delta} f(\xi,y)\mathrm{d}y, \quad g_{\eta}(\xi,\eta) = -\int_{\xi}^{\beta} f(x,\eta)\mathrm{d}x.$$

因此根据复合函数的微分法则 (定理 6.10), $G_2(s,t) = g(\varphi(s,t),\psi(s,t))$ 关于 t 可微, 并且

$$\frac{\partial}{\partial t} G_2(s,t) = \varphi_t(x,t)g_{\xi}(\varphi(s,t),\psi(s,t)) + \psi_t(s,t)g_{\eta}(\varphi(s,t),\psi(s,t)),$$

即

$$\frac{\partial}{\partial t} G_2(s,t) = -\varphi_t(s,t)\int_{\psi(s,t)}^{\delta} f(\varphi(s,t),y)\mathrm{d}y - \psi_t(s,t)\int_{\varphi(s,t)}^{\beta} f(x,\psi(s,t))\mathrm{d}x. \quad (7.76)$$

根据同样的计算, 得

$$\frac{\partial}{\partial t} G_4(s,t) = \varphi_t(0,t)\int_{\psi(0,t)}^{\delta} f(\varphi(0,t),y)\mathrm{d}y - \psi_t(0,t)\int_{\alpha}^{\varphi(0,t)} f(x,\psi(0,t))\mathrm{d}x. \quad (7.77)$$

对于

$$G_3(s,t) = \int_{K_3} f(x,y)\mathrm{d}x\mathrm{d}y = \int_{\varphi(0,t)}^{\varphi(s,t)} \mathrm{d}x \int_{\tau(x,t)}^{\delta} f(x,y)\mathrm{d}y,$$

$\int_{\eta}^{\delta} f(x,y)\mathrm{d}y$ 是两个变量 x,η 的连续函数, 关于 η 可偏微, 并且 $\frac{\partial}{\partial \eta} \int_{\eta}^{\delta} f(x,y)\mathrm{d}y = -f(x,\eta)$, 所以若令

$$g(x,t) = \int_{\tau(x,t)}^{\delta} f(x,y)\mathrm{d}y,$$

则 $g(x,t)$ 是两个变量 x,t 的连续函数, 关于 t 可偏微, 并且

$$g_t(x,t) = -f(x,\tau(x,t))\tau_t(x,t). \tag{7.78}$$

令

$$h(x,\xi,t) = \int_\xi^x g(x,t)\mathrm{d}x,$$

则显然 $h(x,\xi,t)$ 关于 x 及 ξ 可偏微, 并且

$$h_x(x,\xi,t) = g(x,t), \quad h_\xi(x,\xi,t) = -g(\xi,t). \tag{7.79}$$

根据式 (7.78), 偏导函数 $g_t(x,t)$ 是两个变量 x,t 的连续函数, 所以根据积分号下的微分法 (定理 6.19 的 (2)), $h(x,\xi,t)$ 关于 t 也可偏微, 并且

$$h_t(x,\xi,t) = \int_\xi^x g_t(x,t)\mathrm{d}x. \tag{7.80}$$

该等式的右边, 例如可以写成 $\int_\alpha^x g_t(x,t)\mathrm{d}x - \int_\alpha^\xi g_t(x,t)\mathrm{d}x$, 所以根据定理 6.20 的 (1), $h_t(x,\xi,t)$ 是变量 x,ξ,t 的三元连续函数, 根据式 (7.79), $h_x(x,\xi,t), h_\xi(x,\xi,t)$ 也是变量 x,ξ,t 的三元连续函数. 即 $h(x,\xi,t)$ 是 x,ξ,t 的连续可微函数, 所以

$$G_3(s,t) = h(\varphi(s,t),\varphi(0,t),t)$$

关于 t 可微, 并且

$$\frac{\partial}{\partial t}G_3(s,t) = \varphi_t(s,t)g(\varphi(s,t),t) - \varphi_t(0,t)g(\varphi(0,t),t) + \int_{\varphi(0,t)}^{\varphi(s,t)} g_t(x,t)\mathrm{d}x.$$

因此根据式 (7.70), $\tau(\varphi(s,t),t) = \psi(s,t)$, $\tau(\varphi(0,t),t) = \psi(0,t)$, 所以

$$\frac{\partial}{\partial t}G_3(s,t) = \varphi_t(s,t)\int_{\psi(s,t)}^\delta f(\varphi(s,t),y)\mathrm{d}y$$
$$- \varphi_t(0,t)\int_{\psi(0,t)}^\delta f(\varphi(0,t),y)\mathrm{d}y + \int_{\varphi(0,t)}^{\varphi(s,t)} g_t(x,t)\mathrm{d}x. \tag{7.81}$$

闭区域 K_6,K_7,K_8 不随 t 的变化而变化, 所以 $G_6(s,t),G_7(s,t),G_8(s,t)$ 不依赖于 t, 即

$$\frac{\partial}{\partial t}G_6(s,t) = \frac{\partial}{\partial t}G_7(s,t) = \frac{\partial}{\partial t}G_8(s,t) = 0.$$

因此将式 (7.74)、式 (7.75)、式 (7.76)、式 (7.77)、式 (7.81) 两边相加, 得

$$\sum_{m=1}^8 \frac{\partial}{\partial t}G_m(s,t) = \int_{\varphi(0,t)}^{\varphi(s,t)} g_t(x,t)\mathrm{d}x.$$

所以根据式 (7.73),

$$F_t(s,t) = \frac{\partial}{\partial t}F(s,t) = -\int_{\varphi(0,t)}^{\varphi(s,t)} g_t(x,t)\mathrm{d}x. \tag{7.82}$$

根据式 (7.80), $F_t(s,t) = -h_t(\varphi(s,t),\varphi(0,t),t)$, 并且如上所述 $h_t(x,\xi,t)$ 是三个变量 x,ξ,t 的连续函数, 所以 $F_t(s,t)$ 是两个变量 s,t 的连续函数. 又根据式 (7.82), $F_t(s,t)$ 关于 s 可偏微, 并且

$$F_{ts}(s,t) = -g_t(\varphi(s,t),t)\varphi_s(s,t).$$

在等式 (7.78)

$$g_t(x,t) = -f(x,\tau(x,t))\tau_t(x,t)$$

中, 若令 $x = \varphi(s,t)$, 则根据式 (7.70), $\tau(x,t) = \psi(s,t)$. 另外根据式 (7.62),

$$\tau_t(x,t) = \frac{J(s,t)}{\varphi_s(s,t)}.$$

所以

$$F_{ts}(s,t) = f(\varphi(s,t),\psi(s,t))J(s,t),$$

即式 (7.69) 成立. 因此根据定理 7.4,

$$F(s,t) = \int_0^s \int_0^t f(\varphi(s,t),\psi(s,t))J(s,t)\mathrm{d}s\mathrm{d}t,$$

若将右边的积分变量 s,t 换写成 u,v, 即

$$\int_{K[s,t]} f(x,y)\mathrm{d}x\mathrm{d}y = \int_{Q[s,t]} f(\varphi(u,v),\psi(u,v))J(u,v)\mathrm{d}u\mathrm{d}v.$$

至此关于映射 $\varPhi$, 针对小矩形 $Q = Q[s,t]$, 我们证明了变量变换公式 (7.67).

任意的矩形 $Q \subset E$ 关于有限个 $\varPhi$, 可以分割成小矩形 $Q_1, Q_2, \cdots, Q_m$. 事实上, 就如我们在证明最开头时所述, 对于每一点 $P = (u,v) \in E$, 存在关于 $\varPhi$ 的小矩形 $Q_P, P \in (Q_P)$. 所以根据 Heine-Borel 覆盖定理 (定理 1.28), Q 被矩形 Q_p 中的有限个 $Q_{P_1}, Q_{P_2}, \cdots, Q_{P_\lambda}, \cdots, Q_{P_\nu}$ 所覆盖. 因此根据引理 7.1, 矩形 Q 被分割成有限个小矩形 $Q_1, Q_2, \cdots, Q_j, \cdots, Q_m$ 且每个 Q_j 分别包含于某个 Q_{P_λ} 中. 若 Q 被分割成 m 个关于 $\varPhi$ 的小矩形 $Q_1, Q_2, \cdots, Q_j, \cdots, Q_m$, 并且 $K_j = \varPhi(Q_j)$, 则 $K = \varPhi(Q)$ 也被分割成 m 个闭区域 $K_1, K_2, \cdots, K_j, \cdots, K_m$. 对于每个 Q_j,

$$\int_{K_j} f(x,y)\mathrm{d}x\mathrm{d}y = \int_{Q_j} f(\varphi(u,v),\psi(u,v))J(u,v)\mathrm{d}u\mathrm{d}v,$$

所以

$$\sum_{j=1}^{m} \int_{K_j} f(x,y)\mathrm{d}x\mathrm{d}y = \sum_{j=1}^{m} \int_{Q_j} f(\varphi(u,v),\psi(u,v))J(u,v)\mathrm{d}u\mathrm{d}v.$$

因此, 根据定理 7.7 和定理 7.2,

$$\int_{K} f(x,y)\mathrm{d}x\mathrm{d}y = \int_{Q} f(\varphi(u,v),\psi(u,v))J(u,v)\mathrm{d}u\mathrm{d}v. \qquad \square$$

设 $K \subset D$ 是 (x,y) 平面上由有限条光滑曲线构成边界的闭区域. 若 $H = \varPhi^{-1}(K) \subset E$, 则根据 (5), H 是 (u,v) 平面上的闭区域. 此时下面的定理成立.

定理 7.14 若 $f(x,y)$ 是 K 上的连续函数, 则

$$\int_{K} f(x,y)\mathrm{d}x\mathrm{d}y = \int_{H} f(\varphi(u,v),\psi(u,v))J(u,v)\mathrm{d}u\mathrm{d}v. \qquad (7.83)$$

证明 根据闭区域上的积分定义 (7.32), (7.83) 与等式

$$\int_{(K)} f(x,y)\mathrm{d}x\mathrm{d}y = \int_{(H)} f(\varphi(u,v),\psi(u,v))J(u,v)\mathrm{d}u\mathrm{d}v$$

等价, 该等式只是将式 (7.66) 中的 D,E 分别换成了 $(K),(H)$. $\qquad \square$

前面的引理 7.6 是定理 7.14 的特例.

式 (7.65)、式 (7.66)、式 (7.83) 是二重积分的**变量变换公式**. 函数行列式 $J(u,v)$ 用 $\partial(x,y)/\partial(u,v)$ 来表示, 则变量变换公式, 例如式 (7.83) 可以改写成如下容易观察的形式:

$$\int_{K} f(x,y)\mathrm{d}x\mathrm{d}y = \int_{H} f(x,y)\frac{\partial(x,y)}{\partial(u,v)}\mathrm{d}u\mathrm{d}v, \quad (x,y) = \varPhi(u,v).$$

在式 (7.65)、式 (7.83) 中, 令 $f(x,y) = 1$, 则得

$$\omega(D) = \int_{E} J(u,v)\mathrm{d}u\mathrm{d}v, \quad E = \varPhi^{-1}(D), \qquad (7.84)$$

$$\omega(K) = \int_{H} J(u,v)\mathrm{d}u\mathrm{d}v, \quad H = \varPhi^{-1}(K). \qquad (7.85)$$

$J(u,v)$ 是 u,v 的连续函数, 并且根据中值定理 (定理 7.9),

$$\frac{\omega(K)}{\omega(H)} = \frac{1}{\omega(H)} \int_{H} J(u,v)\mathrm{d}u\mathrm{d}v = J(u_1,v_1), \quad (u_1,v_1) \in H,$$

所以当 H 收敛于一点 (u,v) 时, $\omega(K)/\omega(H)$ 收敛于 $J(u,v)$. 即对于任意的正实数 ε, 存在正实数 $\delta(\varepsilon)$, 使得

当 $H \subset U_{\delta(\varepsilon)}((u,v))$ 时,　有 $\left| \dfrac{\omega(K)}{\omega(H)} - J(u,v) \right| < \varepsilon$

成立. 此时称 H 趋近于点 (u,v) 时, 面积比 $\omega(K)/\omega(H)$ 的极限为 $J(u,v)$, 记为

$$\lim_{H \to (u,v)} \frac{\omega(K)}{\omega(H)} = J(u,v). \tag{7.86}$$

以上关于映射 $\varPhi : (u,v) \to (x,y) = \varPhi(u,v)$ 我们假定了在 E 上 $J(u,v) > 0$, 但若在 E 上 $J(u,v) \neq 0$, 则根据定理 6.4, 因为定义在领域 E 上的连续函数 $J(u,v)$ 的值域 $J(E)$ 是一个区间, 所以在 E 上恒有 $J(u,v) > 0$ 或者恒有 $J(u,v) < 0$ 成立. 当在 E 上 $J(u,v) < 0$ 恒成立时, 若将变量变换公式 (7.65)、式 (7.66)、式 (7.83) 右边的函数行列式 $J(u,v)$ 用其绝对值 $|J(u,v)|$ 替换, 则结论仍然成立. [证明] 若令 $\tilde{\varPhi}(u,v) = \varPhi(v,u)$, 则 $\tilde{\varPhi} : (u,v) \to (x,y) = \tilde{\varPhi}(u,v)$ 是从 (u,v) 平面上的领域 $\tilde{E} = \{ (u,v) \,|\, (v,u) \in E \}$ 到 D 上的满的一一的连续可微映射, 其函数行列式为

$$\tilde{J}(u,v) = -J(v,u).$$

所以, 在 $\tilde{E}$ 上恒有 $\tilde{J}(u,v) > 0$, 因此, 若 $\displaystyle\int_D f(x,y)\mathrm{d}x\mathrm{d}y$ 绝对收敛, 则根据式 (7.66),

$$\int_D f(x,y)\mathrm{d}x\mathrm{d}y = \int_{\tilde{E}} f(\varphi(v,u), \psi(v,u)) \tilde{J}(u,v)\mathrm{d}u\mathrm{d}v.$$

将此式右边的 u 和 v 交换, 则 $\tilde{J}(v,u) = -J(u,v) = |J(u,v)|$, 所以

$$\int_D f(x,y)\mathrm{d}x\mathrm{d}y = \int_E f(\varphi(u,v), \psi(u,v)) |J(u,v)|\mathrm{d}u\mathrm{d}v.$$

即变量变换公式 (7.66) 右边的 $J(u,v)$ 用 $|J(u,v)|$ 替换的公式也仍然成立. 对式 (7.65)、式 (7.83) 也一样, 将其右边的 $J(u,v)$ 用 $|J(u,v)|$ 替换, 则公式也仍然成立. $\qquad \square$

这样若将变量变换公式 (7.65)、(7.66) 和 (7.83) 右边的函数行列式 $J(u,v)$ 用 $|J(u,v)|$ 替换, 则在 E 上恒有 $J(u,v) \neq 0$ 成立, 但是对于 $J(u,v) < 0$ 的情况, 若从一开始就将 u 和 v 交换, 则这种情况可以归结于 $J(u,v) > 0$ 的情况.

例 7.4　我们来考察一个简单而基本的例 7.2 的仿射变换

$$\varPhi : (u,v) \to (x,y) = (\alpha u + \beta v + a, \gamma u + \delta v + b), \quad \alpha\delta - \beta\gamma > 0,$$

$\varPhi$ 是从 $\mathbf{R}^2$ 到 $\mathbf{R}^2$ 上的一一的连续可微映射, 并且其函数行列式 $J(u,v) = \alpha\delta - \beta\gamma$ 是常数. 若 K 是 (x,y) 平面上由有限条光滑曲线组成边界的任意闭区域, $H = \varPhi^{-1}(K)$, 并且 $f(x,y)$ 是 K 上的连续函数, 则根据变量变换公式 (7.83),

$$\int_K f(x,y)\mathrm{d}x\mathrm{d}y = (\alpha\delta - \beta\gamma) \int_H f(\alpha u + \beta v + a, \gamma u + \delta v + b)\mathrm{d}u\mathrm{d}v.$$

若令 $f(x, y) = 1$, 则

$$\omega(K) = (\alpha\delta - \beta\gamma)\omega(H).$$

取 $a = b = 0$, 若 $H = \{(u, v) \,|\, 0 \leqslant u \leqslant 1, 0 \leqslant v \leqslant 1\}|$ 是 (u, v) 平面上边长为 1 的正方形, 则 $K = \varPhi(H)$ 是 (x, y) 平面上的以 $(0, 0)$, (α, γ), (β, δ), $(\alpha + \beta, \gamma + \delta)$ 为顶点的平行四边形. 此时, $\omega(H) = 1$, 所以

$$\omega(K) = \alpha\delta - \beta\gamma.$$

平行四边形 K 的面积等于 $\alpha\delta - \beta\gamma$, 这是我们所熟知的结果.

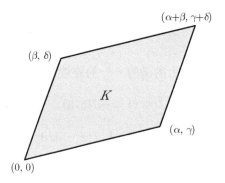

若将仿射变换

$$\varPhi : (x, y) \to (x', y') = (\alpha x + \beta y + a, \gamma x + \delta y + b)$$

看作是 (x, y) 平面上从点 (x, y) 移动到点 (x', y') 的变换, 并且用 H' 表示 $\varPhi(H)$, 则

$$\omega(H') = (\alpha\delta - \beta\gamma)\omega(H).$$

令 $a = b = 0, \alpha = \cos\theta, \beta = -\sin\theta, \gamma = \sin\theta, \delta = \cos\theta$, 则 $\varPhi$ 是以 (x, y) 平面上的原点 O 为中心, θ 为旋转角的变换. 此时因为 $\alpha\delta - \beta\gamma = 1$, 所以 $\omega(H') = \omega(H)$, 即**面积在旋转下不变**. 若 $\alpha = \delta = 1$, $\beta = \gamma = 0$, 则 $\varPhi : (x, y) \to (x', y') = (x + a, y + b)$ 是平移. 此时也有 $\omega(H') = \omega(H)$, 即**面积在平移下不变**.

例如, 对于区间 $I = (a, +\infty)$, 若用 $\displaystyle\int_I g(x)\mathrm{d}x$ 来表示积分 $\displaystyle\int_a^{+\infty} g(x)\mathrm{d}x$. 则下面的定理在应用上很有价值.

引理 7.7 设 I, J 是开区间, $D = I \times J = \{(x, y) \,|\, x \in I, y \in J\}$, 并且 $g(x), h(y)$ 分别是开区间 I, J 上连续但不恒等于 0 的函数. 则广义积分 $\displaystyle\int_D g(x)h(y)\mathrm{d}x\mathrm{d}y$ 绝对收敛的充分必要条件是广义积分 $\displaystyle\int_I g(x)\mathrm{d}x, \int_J h(y)\mathrm{d}y$ 都绝对收敛, 并且

$$\int_D g(x)h(y)\mathrm{d}x\mathrm{d}y = \int_I g(x)\mathrm{d}x \int_J h(y)\mathrm{d}y. \tag{7.87}$$

证明　我们只证明 $I = (a, b), J = (c, +\infty)$ 的情况, 其他情况下的证明相同. 取一正实数 ε 使得 $3\varepsilon < b - a, 3\varepsilon < 1$, 设 $a_n = a + \varepsilon/n, b_n = b - \varepsilon/n, c_n = c + \varepsilon/n$, 并且令

$$A_n = \{(x, y) | a_n \leqslant x \leqslant b_n, \quad c_n \leqslant y \leqslant n\}.$$

则因为矩形序列 $\{A_n\}$ 从内部单调收敛于 D, 所以根据广义积分的定义 (7.2 节 a)),

$$\int_D |g(x)h(y)| \mathrm{d}x \mathrm{d}y = \lim_{n \to \infty} \int_{A_n} |g(x)h(y)| \mathrm{d}x \mathrm{d}y,$$

另外, 根据式 (7.11),

$$\int_{A_n} |g(x)h(y)| \mathrm{d}x \mathrm{d}y = \int_{a_n}^{b_n} \mathrm{d}x \int_{c_n}^n |g(x)| \cdot |h(y)| \mathrm{d}y = \int_{a_n}^{b_n} |g(x)| \mathrm{d}x \int_{c_n}^n |h(y)| \mathrm{d}y,$$

且

$$\lim_{n \to \infty} \int_{a_n}^{b_n} |g(x)| \mathrm{d}x = \int_a^b |g(x)| \mathrm{d}x > 0,$$

$$\lim_{n \to \infty} \int_{c_n}^n |h(y)| \mathrm{d}y = \int_c^{+\infty} |h(y)| \mathrm{d}y > 0.$$

因此 $\int_D |g(x)h(y)| \mathrm{d}x \mathrm{d}y < +\infty$ 的充分必要条件是 $\int_a^b |g(x)| \mathrm{d}x < +\infty, \int_c^{+\infty} |h(y)| \mathrm{d}y < +\infty$. 并且此时

$$\int_D g(x)h(y) \mathrm{d}x \mathrm{d}y = \lim_{n \to \infty} \int_{A_n} g(x)h(y) \mathrm{d}x \mathrm{d}y$$

$$= \lim_{n \to \infty} \int_{a_n}^{b_n} g(x) \mathrm{d}x \int_{c_n}^n h(y) \mathrm{d}y = \int_a^b g(x) \mathrm{d}x \int_c^{+\infty} h(y) \mathrm{d}y. \qquad \square$$

为方便起见, 关于正实数 σ 和 $+\infty$, 若定义

$$+\infty \cdot \sigma = \sigma \cdot (+\infty) = +\infty \cdot (+\infty) = +\infty,$$

则当 $g(x) > 0, h(y) > 0$ 时, 式 (7.87) 在积分不绝对收敛时也成立.

例 7.5　设 (r, θ) 是点 (x, y) 的极坐标. 如例 7.3 中所述, $\varPhi : (r, \theta) \to (x, y) = (r \cos \theta, r \sin \theta)$ 是右半平面 $\mathbf{R}^+ \times \mathbf{R}$ 到 $\mathbf{R}^2 - \{0\}$ 上的连续可微映射, 其函数行列式为

$$J(r, \theta) = \frac{\partial(x, y)}{\partial(r, \theta)} = r > 0.$$

因此在领域 $E \subset \mathbf{R}^+ \times \mathbf{R}$ 上, Φ 是一一映射时, $f(x,y)$ 在 $D = \Phi(E)$ 上连续, 并且当 $\int_D f(x,y)\mathrm{d}x\mathrm{d}y$ 绝对收敛时, 根据坐标变换公式 (7.66),

$$\int_D f(x,y)\mathrm{d}x\mathrm{d}y = \int_E f(r\cos\theta, r\sin\theta)r\mathrm{d}r\mathrm{d}\theta.$$

作为例子, 取 $D = \{(x,y)\,|\,0 < x < +\infty, 0 < y < +\infty, x^2 + y^2 > 1\}$ 计算积分

$$\int_D \frac{1}{(x^2 + y^2)^s}\mathrm{d}x\mathrm{d}y, \quad s > 0,$$

的值. 因为 $D = \Phi(E), E = \{(r,\theta)\,|\,1 < r < +\infty, 0 < \theta < \pi/2\}, x^2 + y^2 = r^2$, 所以

$$\int_D \frac{1}{(x^2 + y^2)^s}\mathrm{d}x\mathrm{d}y = \int_E \frac{1}{r^{2s}}r\mathrm{d}r\mathrm{d}\theta = \int_E \frac{1}{r^{2s-1}}\mathrm{d}r\mathrm{d}\theta.$$

根据式 (7.87),

$$\int_E \frac{1}{r^{2s-1}}\mathrm{d}r\mathrm{d}\theta = \int_1^{+\infty} \frac{\mathrm{d}r}{r^{2s-1}} \int_0^{\pi/2} \mathrm{d}\theta = \frac{\pi}{2}\int_1^{+\infty} \frac{\mathrm{d}r}{r^{2s-1}}.$$

积分 $\int_1^{+\infty} \dfrac{\mathrm{d}r}{r^{2s-1}}$, 当 $s \leqslant 1$ 时, 发散于 $+\infty$; 当 $s > 1$ 时收敛且其值等于 $1/(2s-2)$. 因此, 当 $s > 1$ 时,

$$\int_D \frac{1}{(x^2 + y^2)^s}\mathrm{d}x\mathrm{d}y = \frac{\pi}{4s - 4},$$

当 $s \leqslant 1$ 时, $\int_D \dfrac{1}{(x^2 + y^2)^s}\mathrm{d}x\mathrm{d}y$ 发散于 $+\infty$.

以上考虑了 $D = \Phi(E)$, Φ 在 E 上是一一映射的情况, 例如对于圆盘 $K = \{(x,y)\,|\,x^2 + y^2 \leqslant 1\}$, 有 $K = \Phi(H), H = \{(r,\theta)\,|\,0 \leqslant r \leqslant 1, -\pi \leqslant \theta \leqslant \pi\}$, 但 Φ 在矩形 H 的边界上并不是一一映射. 尽管如此, 但对于 K 上的连续函数 $f(x,y)$ 的变量变换公式

$$\int_K f(x,y)\mathrm{d}x\mathrm{d}y = \int_H f(r\cos\theta, r\sin\theta)r\mathrm{d}r\mathrm{d}\theta$$

成立.

[证明] 若将 H 分割成两个矩形

$$H_1 = \{(r,\theta)\,|\,\theta \leqslant r \leqslant 1, 0 \leqslant \theta \leqslant \pi\}, \quad H_2 = \{(r,\theta)\,|\,0 \leqslant r \leqslant 1, -\pi \leqslant \theta \leqslant 0\},$$

则 K 被分割成两个半圆

$$K_1 = \Phi(H_1) = \{(x,y) \in K\,|\,y \geqslant 0\}, \quad K_2 = \Phi(H_2) = \{(x,y) \in K\,|\,y \leqslant 0\},$$

且 Φ 在开核 $(H_1), (H_2)$ 上是一一映射. 因此

$$
\begin{aligned}
\int_K f(x,y)\mathrm{d}x\mathrm{d}y &= \sum_{\nu=1}^2 \int_{K_\nu} f(x,y)\mathrm{d}x\mathrm{d}y = \sum_{\nu=1}^2 \int_{(K_\nu)} f(x,y)\mathrm{d}x\mathrm{d}y \\
&= \sum_{\nu=1}^2 \int_{(H_\nu)} f(r\cos\theta, r\sin\theta)r\mathrm{d}r\mathrm{d}\theta \\
&= \sum_{\nu=1}^2 \int_{H_\nu} f(r\cos\theta, r\sin\theta)r\mathrm{d}r\mathrm{d}\theta \\
&= \int_H f(r\cos\theta, r\sin\theta)r\mathrm{d}r\mathrm{d}\theta.
\end{aligned}
$$

例 7.6 在例 4.11 中我们已证明 $\displaystyle\int_0^{+\infty} \mathrm{e}^{-x^2}\mathrm{d}x = \frac{\sqrt{\pi}}{2}$, 在此根据二元函数的积分给出它的另外的证明. 设 D 是 (x,y) 平面的**第一象限**: $D = \{(x,y) | 0 < x < +\infty, 0 < y < +\infty\}$, 考虑积分

$$
S = \int_D \mathrm{e}^{-x^2-y^2}\mathrm{d}x\mathrm{d}y,
$$

令 $x = r\cos\theta, y = r\sin\theta$ 且将积分变量 x,y 换成 r,θ, 则 $D = \Phi(E)$, $E = \{(r,\theta) | 0 < r < +\infty, 0 < \theta < \pi/2\}$, 所以根据式 (7.65) 和式 (7.87),

$$
S = \int_E \mathrm{e}^{-r^2} r\mathrm{d}r\mathrm{d}\theta = \int_0^{+\infty} \mathrm{e}^{-r^2} r\mathrm{d}r \int_0^{\pi/2} \mathrm{d}\theta = \frac{\pi}{2}\int_0^{+\infty} \mathrm{e}^{-r^2} r\mathrm{d}r.
$$

若令 $r^2 = t$ 且将积分变量 r 换成 t, 则

$$
S = \frac{\pi}{4}\int_0^{+\infty} \mathrm{e}^{-t}\mathrm{d}t = \frac{\pi}{4}.
$$

另一方面, 根据式 (7.87),

$$
S = \int_0^{+\infty} \mathrm{e}^{-x^2}\mathrm{d}x \int_0^{+\infty} \mathrm{e}^{-y^2}\mathrm{d}y = \left(\int_0^{+\infty} \mathrm{e}^{-x^2}\mathrm{d}x\right)^2.
$$

因此

$$
\int_0^{+\infty} \mathrm{e}^{-x^2}\mathrm{d}x = \sqrt{\frac{\pi}{4}} = \frac{\sqrt{\pi}}{2}.
$$

例 7.7 若 $p > 0, q > 0$, 则 $u^{p-1}(1-u)^{q-1}$ 是关于 $u(0 < u < 1)$ 的连续函数, 虽然当 $p < 1$ 或者 $q < 1$ 时, 该函数无界, 但是根据定理 4.11 的 (1), 广义积分

$$
\mathrm{B}(p,q) = \int_0^1 u^{p-1}(1-u)^{q-1}\mathrm{d}u, \quad p > 0, \quad q > 0,
$$

绝对收敛. 称两个变量 p, q 的函数 $\mathrm{B}(p, q)$ 为 **β 函数**(beta function). β 函数可以用 Γ 函数表示为

$$\mathrm{B}(p, q) = \frac{\Gamma(p)\Gamma(q)}{\Gamma(p+q)}.$$

[证明] 考虑第一象限 $D = \{(x, y) \mid 0 < x < +\infty, 0 < y < +\infty\}$ 上的积分

$$S = \int_D \mathrm{e}^{-x-y} x^{p-1} y^{q-1} \mathrm{d}x \mathrm{d}y,$$

根据式 (7.87) 和 Γ 函数的定义 (4.50),

$$S = \int_0^{+\infty} \mathrm{e}^{-x} x^{p-1} \mathrm{d}x \int_0^{+\infty} \mathrm{e}^{-y} y^{q-1} \mathrm{d}y = \Gamma(p)\Gamma(q).$$

另一方面, 若 $u = x/(x+y), v = x+y$, 则当 $x > 0, y > 0$ 时, $0 < u < 1, 0 < v < +\infty$, 且 $x = uv, y = v - uv$. 所以

$$\Phi : (u, v) \to (x, y) = (uv, v - uv)$$

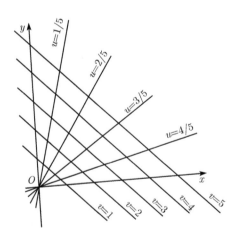

是领域 $E = \{(u, v) \mid 0 < u < 1, 0 < v < +\infty\}$ 到 D 上的一一的连续可微的映射. Φ 的函数行列式为

$$J(u, v) = \frac{\partial(x, y)}{\partial(u, v)} = \begin{vmatrix} v & u \\ -v & 1-u \end{vmatrix} = v > 0.$$

所以根据变量变换公式 (7.65) 和式 (7.87),

$$S = \int_E e^{-v}(uv)^{p-1}(v-uv)^{q-1}vdudv = \int_E u^{p-1}(1-u)^{q-1}e^{-v}v^{p+q-1}dudv$$

$$= \int_0^1 u^{p-1}(1-u)^{q-1}du \int_0^{+\infty} e^{-v}v^{p+q-1}dv = \mathrm{B}(p,q)\Gamma(p+q),$$

因此 $\mathrm{B}(p,q) = \Gamma(p)\Gamma(q)/\Gamma(p+q)$. □

习　　题

52. 当平面上的领域 D 是任意两个都没有公共内点的无数个矩形 K_n, $n=1, 2, 3, \cdots$ 的并集: $D = \bigcup\limits_{n=1}^{\infty} K_n$ 时, 未必有 $D = \bigcup\limits_{n=1}^{\infty} U_n$, $U_n = (K_1 \cup K_2 \cup \cdots \cup K_n)$. 试举例说明.

53. 求半圆 $K = \{(x,y) \,|\, (x-1)^2 + y^2 \leqslant 1, y \geqslant 0\}$ 上的积分 $\int_K x^2 y dx dy$ 的值.

54. 求领域 $D = \{(x,y) \,|\, 0 < y < x < 1\}$ 上的积分 $\int_D \dfrac{dxdy}{\sqrt{x^2 + y^2}}$ 的值.

55. 证明领域 $D = \{(x,y) \,|\, x > 0, y > 0, x+y > 1\}$ 上的积分

$$\int_D \frac{dxdy}{(x+y)^s}$$

当 $s > 2$ 时收敛; 当 $s \leqslant 2$ 时发散.

56. 求闭区域 $K = \left\{ (x,y) \,\middle|\, \left(\dfrac{x}{a}\right)^{2/3} + \left(\dfrac{y}{b}\right)^{2/3} \leqslant 1 \right\}$ 的面积.

第 8 章 积分法则 (续)

由于第 7 章的篇幅过长, 我们将 n 个变量 $(n \geqslant 3)$ 的连续函数的积分放在本章讨论.

8.1 隐 函 数

在开始研究积分法则之前, 我们首先来讨论隐函数.

a) 隐函数

例如, 关于圆的方程 $x^2+y^2 = r^2, r > 0$, 求解 y 得 $y = \pm\sqrt{r^2-x^2}$. $y = \sqrt{r^2-x^2}$ 和 $y = -\sqrt{r^2-x^2}$ 是定义在闭区间 $[-r, r]$ 上的关于 x 的连续函数, 并且在开区间 $(-r, r)$ 上连续可微. 若将方程 $x^2+y^2 = r^2$ 的解 y 作为 x 的函数, 则 $y = \pm\sqrt{r^2-x^2}$ 是在每一点 $x(-r < x < r)$ 处取两个值的双值函数. 但是在一点 $x_0(-r < x_0 < r)$ 处我们可以取 y 的一个值, 如取 $y_0 = \sqrt{r^2-x_0^2}$ 且将 y 的定义域限制在 y_0 的充分小的邻域: $|y - y_0| < \varepsilon(\varepsilon > 0)$ 上, 则在 x_0 的充分小的邻域: $|x - x_0| < \delta(\delta > 0)$ 上, 方程 $x^2 + y^2 = r^2$ 只有一个解 $y = \sqrt{r^2-x^2}$, 并且它是 x 的连续可微函数. 一般地, 下面定理成立.

定理 8.1 设 $\varphi(y, x)$ 是 (x, y) 平面的领域 D 上的连续可微函数. 若在点 $(x_0, y_0) \in D$ 处, $\varphi_y(y_0, x_0) \neq 0$, 并且令 $u_0 = \varphi(y_0, x_0)$, 则对于充分小的 $\varepsilon > 0$, 存在 $\delta(\varepsilon) > 0$, 使得只要将 y 的定义域限制在 y_0 的 ε 邻域 $|y - y_0| < \varepsilon$ 上, 那么对于满足 $|x - x_0| < \delta(\varepsilon)$ 的每个 x, 方程 $\varphi(y, x) = u_0$ 只有唯一的解 $y = f(x)$. $y = f(x)$ 是 x 的连续可微函数, 并且其导函数为

$$f'(x) = -\frac{\varphi_x(y, x)}{\varphi_y(y, x)}, \quad y = f(x). \tag{8.1}$$

若 $\varphi(y, x)$ 是 $\mathscr{C}^m$ 类函数, 则 $f(x)$ 也是 $\mathscr{C}^m$ 类函数, 若 $\varphi(y, x)$ 是 $\mathscr{C}^\infty$ 类函数, 则 $f(x)$ 也是 $\mathscr{C}^\infty$ 类函数.

证明 此定理可以由引理 7.5 直接得到. 根据假设, 要么 $\varphi_y(y_0, x_0) > 0$ 要么 $\varphi_y(y_0, x_0) < 0$, 无论哪种都一样, 所以不妨设 $\varphi_y(y_0, x_0) > 0$. 那么在以 (x_0, y_0) 为中心的充分小的正方形 $K = \{(x, y) \,|\, |x - x_0| \leqslant \varepsilon, |y - y_0| \leqslant \varepsilon\}$ 上, 恒有 $\varphi_y(y, x) > 0$. 因此, 根据引理 7.5,

$$\varPhi : (x, y) \to (u, x) = (\varphi(y, x), x)$$

是从开正方形 (K) 到领域

$$(H) = \{(u,x)|\varphi(y_0 - \varepsilon, x) < u < \varphi(y_0 + \varepsilon, x), |x - x_0| < \varepsilon\}$$

上的一一的连续可微映射, 其逆映射用定义在 (H) 上的连续可微函数 $\lambda(u,x)$ 表示为

$$\Phi^{-1} : (u,x) \to (x,y) = (x, \lambda(u,x)),$$

即对于每一点 $(u,x) \in (H)$, 存在唯一一个满足 $\varphi(y,x) = u$, $|y - y_0| < \varepsilon$ 的 y 且 $y = \lambda(u,x)$. 因为 $(u_0, x_0) \in (H)$, 所以若取 $\delta(\varepsilon) > 0$ 充分小, 则当 $|x - x_0| < \delta(\varepsilon)$ 时, 就有 $(u_0, x) \in (H)$. 因此, 若令 $f(x) = \lambda(u_0, x)$, 则对于满足 $|x - x_0| < \delta(\varepsilon)$ 的每个 x, 方程 $\varphi(y,x) = u_0$ 在 y_0 的 ε 邻域: $|y - y_0| < \varepsilon$ 上只有唯一的解 $y = f(x)$. $f(x) = \lambda(u_0, x)$ 当然是 x 的连续可微函数. 根据式 (7.61), 显然其导函数由式 (8.1) 给出.

若 $\varphi(y,x)$ 是 $\mathscr{C}^m$ 类函数, 则对 m 应用归纳法容易证明, $f(x)$ 也是 $\mathscr{C}^m$ 类函数, 即假设 $\varphi(y,x)$ 是 $\mathscr{C}^{m-1}$ 类函数时, $f(x)$ 也是 $\mathscr{C}^{m-1}$ 类函数, 则式 (8.1) 右边的 $\varphi_x(y,x)/\varphi_y(y,x)$ 是关于 $x, y(|x - x_0| < \delta(\varepsilon), |y - y_0| < \varepsilon)$ 的 $\mathscr{C}^{m-1}$ 类函数. 又因为 $y = f(x)$ 是关于 x 的 $\mathscr{C}^{m-1}$ 类函数, 所以根据定理 6.11, $f'(x) = -\varphi_x(f(x), x)/\varphi_y(f(x), x)$ 是关于 x 的 $\mathscr{C}^{m-1}$ 类函数, 因此 $f(x)$ 是 x 的 $\mathscr{C}^m$ 类函数. $\qquad\square$

一般地, 由方程 $\varphi(y,x) = c$ (c 是常数) 确定的关于 x 的函数 y 称为**隐示函数**(implicit function) 或者**隐函数**. 定理 8.1 证明了当 $\varphi(y,x)$ 是关于 x, y 的连续可微函数时, 若在点 (x_0, y_0) 处 $\varphi_y(y_0, x_0) \neq 0$, $\varphi(y_0, x_0) = c$, 则在 (x_0, y_0) 的充分小的邻域 $|y - y_0| < \varepsilon$, $|x - x_0| < \delta(\varepsilon)$ 上, 由方程 $\varphi(y,x) = c$ 确定的关于 x 的隐函数可以用**显示**(explicit)$y = f(x)$ 表示, 其中 $f(x)$ 是 x 的连续函数.

引理 7.5 和定理 8.1 都可以推广到 n 元函数的情况. 以下阐述其要点.

前面阐述的连续映射、连续可微映射以及函数行列式的定义都适用于 n 个变量情况. 即, 当 $x_\nu = \varphi_\nu(u_1, u_2, \cdots, u_n)(\nu = 1, 2, \cdots, n)$ 是定义在 n 维空间 $\mathbf{R}^n$ 的点集 E 上的连续映射时, 称从 E 到 $\mathbf{R}^n$ 的映射

$$\Phi : (u_1, u_2, \cdots, u_n) \to (x_1, x_2, \cdots, x_n) = \Phi(u_1, u_2, \cdots, u_n)$$

为**连续映射**. 其中

$$\Phi(u_1, u_2, \cdots, u_n) = (\varphi_1(u_1, \cdots, u_n), \varphi_2(u_1, \cdots, u_n), \cdots, \varphi_n(u_1, \cdots, u_n))$$

当 E 是领域且 $\varphi_\nu(u_1, u_2, \cdots, u_n)$ 是 E 上连续可微函数时, 称 Φ 为**连续可微映射**.

当 $\Phi : (u_1, u_2, \cdots, u_n) \to (x_1, x_2, \cdots, x_n)$ 是连续可微映射时, 称行列式

$$J(u_1, u_2, \cdots, u_n) = \begin{vmatrix} \dfrac{\partial x_1}{\partial u_1} & \dfrac{\partial x_1}{\partial u_2} & \cdots & \dfrac{\partial x_1}{\partial u_n} \\ \dfrac{\partial x_2}{\partial u_1} & \dfrac{\partial x_2}{\partial u_2} & \cdots & \dfrac{\partial x_2}{\partial u_n} \\ \vdots & \vdots & & \vdots \\ \dfrac{\partial x_n}{\partial u_1} & \dfrac{\partial x_n}{\partial u_2} & \cdots & \dfrac{\partial x_n}{\partial u_n} \end{vmatrix}$$

为 Φ 的**函数行列式**, 用符号

$$\frac{\partial(x_1, x_2, \cdots, x_n)}{\partial(u_1, u_2, \cdots, u_n)}$$

表示. 两个连续可微的映射 $\Phi : (u_1, u_2, \cdots, u_n) \to (x_1, x_2, \cdots, x_n)$ 和 $\Psi : (x_1, x_2, \cdots, x_n) \to (w_1, w_2, \cdots, w_n)$ 的复合映射 $\Psi \circ \Phi : (u_1, u_2, \cdots, u_n) \to (w_1, w_2, \cdots, w_n)$ 的函数行列式等于 Ψ 的函数行列式与 Φ 的函数行列式的乘积:

$$\frac{\partial(w_1, w_2, \cdots, w_n)}{\partial(u_1, u_2, \cdots, u_n)} = \frac{\partial(w_1, w_2, \cdots, w_n)}{\partial(x_1, x_2, \cdots, x_n)} \cdot \frac{\partial(x_1, x_2, \cdots, x_n)}{\partial(u_1, u_2, \cdots, u_n)}.$$

当 $\Psi = \Phi^{-1} : (x_1, x_2, \cdots, x_n) \to (u_1, u_2, \cdots, u_n)$ 时,

$$\frac{\partial(u_1, u_2, \cdots, u_n)}{\partial(x_1, x_2, \cdots, x_n)} \cdot \frac{\partial(x_1, x_2, \cdots, x_n)}{\partial(u_1, u_2, \cdots, u_n)} = 1.$$

因此, 若连续可微映射 $\Phi : (u_1, u_2, \cdots, u_n) \to (x_1, x_2, \cdots, x_n)$ 的逆映射 Φ^{-1} 存在且连续可微, 则

$$\frac{\partial(x_1, x_2, \cdots, x_n)}{\partial(u_1, u_2, \cdots, u_n)} \neq 0.$$

当 $I_1, I_2, \cdots, I_r, \cdots, I_n$ 是实直线 $\mathbf{R}$ 上的区间时, 其直积

$$I_1 \times I_2 \times \cdots \times I_n = \{(x_1, x_2, \cdots, x_n) | x_1 \in I_1, x_2 \in I_2, \cdots, x_n \in I_n\}$$

称为 n 维空间 $\mathbf{R}^n = \mathbf{R} \times \mathbf{R} \times \cdots \times \mathbf{R}$ 上的**区间**. 当 $I_1, I_2, \cdots, I_n$ 都是闭区间时, 称 $I_1 \times I_2 \times \cdots \times I_n$ 为闭区间; 当 $I_1, I_2, \cdots, I_n$ 都是开区间时, 称 $I_1 \times I_2 \times \cdots \times I_n$ 为开区间. $\mathbf{R}^2$ 上的闭区间是矩形. 若 $I_1 = [a_1, b_1]$, $I_2 = [a_2, b_2]$, $\cdots$, $I_n = [a_n, b_n]$, 则闭区间 $K = I_1 \times I_2 \times \cdots \times I_n$ 可以用

$$K = \{(x_1, x_2, \cdots, x_n) | a_1 \leqslant x_1 \leqslant b_1, a_2 \leqslant x_2 \leqslant b_2, \cdots, a_n \leqslant x_n \leqslant b_n\}$$

表示. K 的开核是开区间

$$(K) = \{(x_1, x_2, \cdots, x_n) | a_1 < x_1 < b_1, a_2 < x_2 < b_2, \cdots, a_n < x_n < b_n\}.$$

称点 $(c_1, c_2, \cdots, c_n)(c_\nu = (a_\nu + b_\nu)/2, \nu = 1, 2, \cdots, n)$ 为闭区间 K 和开区间 (K) 的 **中心**.

下面的引理 8.1 是引理 7.5 在 n 个变量情况下的推广.

引理 8.1 如果 $\varphi(u_1, u_2, \cdots, u_n)$ 在闭区间 $K = \{(u_1, u_2, \cdots, u_n) | a_1 \leqslant u_1 \leqslant b_1, \cdots,$ $a_n \leqslant u_n \leqslant b_n\}$ 上连续可微且恒有 $\varphi_{u_1}(u_1, u_2, \cdots, u_n) = (\partial/\partial u_1)\varphi(u_1, u_2, \cdots, u_n) > 0$, 那么

$$\Phi : (u_1, u_2, \cdots, u_n) \to (x, u_2, \cdots, u_n) = (\varphi(u_1, u_2, \cdots, u_n), u_2, \cdots, u_n)$$

是从 K 到闭领域

$$H = \{(x, u_2, \cdots, u_n) | \varphi(a_1, u_2, \cdots, u_n) \leqslant x \leqslant \varphi(b_1, u_2, \cdots, u_n),$$
$$a_2 \leqslant u_2 \leqslant b_2, \cdots, a_n \leqslant u_n \leqslant b_n\}$$

上的一一的连续映射, 其逆映射可以用定义在 H 上的连续函数 $\lambda(x, u_2, \cdots, u_n)$ 表示为:

$$\Phi^{-1} : (x, u_2, \cdots, u_n) \to (u_1, u_2, \cdots, u_n) = (\lambda(x, u_2, \cdots, u_n), u_2, \cdots, u_n).$$

Φ 在 (K) 上连续可微, Φ^{-1} 在 (H) 上连续可微, 即 $\lambda(x, u_2, \cdots, u_n)$ 是 (H) 上的连续可微函数. $\lambda = \lambda(x, u_2, \cdots, u_n)$ 关于 $x, u_2, \cdots, u_n$ 的偏导函数可以由

$$\frac{\partial \lambda}{\partial x} = \frac{1}{\varphi_{u_1}(\lambda, u_2, \cdots, u_n)}, \tag{8.2}$$

$$\frac{\partial \lambda}{\partial u_\nu} = -\frac{\varphi_{u_\nu}(\lambda, u_2, \cdots, u_n)}{\varphi_{u_1}(\lambda, u_2, \cdots, u_n)}, \quad \nu = 2, 3, \cdots, n \tag{8.3}$$

给出.

证明 将引理 7.5 证明过程中的变量 v 换成 $n - 1$ 个变量 $u_2, \cdots, u_n$ 就可证明此引理. □

一般地, 方程 $\varphi(y, x_1, x_2, \cdots x_n) = c$ (c 是常数), 确定 n 个变量 $x_1, x_2, \cdots, x_n$ 的隐函数 y. 下面关于 n 个变量隐函数的定理, 可以直接从引理 8.1 推出.

定理 8.2 设 $\varphi(y, x_1, x_2, \cdots, x_n)$ 是领域 $D \subset \mathbf{R}^{n+1}$ 上的连续可微函数, 在点 $(x_1^0,$ $x_2^0, \cdots, x_n^0, y^0) \in D$ 处, $\varphi_y(y^0, x_1^0, x_2^0, \cdots, x_n^0) \neq 0$. 令 $u^0 = \varphi(y^0, x_1^0, x_2^0, \cdots, x_n^0)$, 则对于充分小的 $\varepsilon > 0$, 存在 $\delta(\varepsilon) > 0$, 使得当 $|x_1 - x_1^0| < \delta(\varepsilon), \cdots, |x_n - x_n^0| < \delta(\varepsilon)$ 时, 满足 $|y - y^0| < \varepsilon$ 的方程 $\varphi(y, x_1, x_2, \cdots, x_n)$ 只有唯一解 $y = f(x_1, x_2, \cdots, x_n)$. $f = f(x_1, x_2, \cdots, x_n)$ 是 $x_1, x_2, \cdots, x_n$ 的连续可微函数, 并且其偏导函数为

$$\frac{\partial f}{\partial x_\nu} = -\frac{\varphi_{x_\nu}(y, x_1, \cdots, x_n)}{\varphi_y(y, x_1, \cdots, x_n)}, \quad y = f(x_1, \cdots, x_n). \tag{8.4}$$

若 $\varphi(y, x_1, x_2, \cdots, x_n)$ 是 $\mathscr{C}^m$ 类函数, 则 $f(x_1, x_2, \cdots, x_n)$ 也是 $\mathscr{C}^m$ 类函数.

b) 逆映射和隐函数

为方便起见, 根据需要我们将 $\mathbf{R}^n$ 内的点记为 $u = (u_1, u_2, \cdots, u_n)$. 设 $\varphi_\mu(u) = \varphi_\mu(u_1, u_2, \cdots, u_n)(\mu = 1, 2, \cdots, m)$ 是定义在领域 $E \subset \mathbf{R}^n$ 上的 m 个 $(m \leqslant n)$ 连续可微函数. 下面我们讨论映射

$$\Phi : (u_1, u_2, \cdots, u_n) \to (x_1, \cdots, x_m, u_{m+1}, \cdots, u_n) = (\varphi_1(u), \cdots, \varphi_m(u), u_{m+1}, \cdots, u_n).$$

令

$$J(u_1, u_2, \cdots, u_m, \cdots, u_n) = \frac{\partial(\varphi_1(u), \cdots, \varphi_m(u))}{\partial(u_1, u_2, \cdots, u_m)},$$

则 Φ 的函数行列式与 $J(u_1, u_2, \cdots, u_m, \cdots, u_n)$ 一致. 这通过观察例子, 当 $m = 2, n = 5$ 时, Φ 的函数行列式等于

$$\begin{vmatrix} \dfrac{\partial \varphi_1}{\partial u_1} & \dfrac{\partial \varphi_1}{\partial u_2} & \dfrac{\partial \varphi_1}{\partial u_3} & \dfrac{\partial \varphi_1}{\partial u_4} & \dfrac{\partial \varphi_1}{\partial u_5} \\ \dfrac{\partial \varphi_2}{\partial u_1} & \dfrac{\partial \varphi_2}{\partial u_2} & \dfrac{\partial \varphi_2}{\partial u_3} & \dfrac{\partial \varphi_2}{\partial u_4} & \dfrac{\partial \varphi_2}{\partial u_5} \\ 0 & 0 & 1 & 0 & 0 \\ 0 & 0 & 0 & 1 & 0 \\ 0 & 0 & 0 & 0 & 1 \end{vmatrix}$$

显然是成立的.

引理 8.2　如果在点 $u^0 = (u_1^0, u_2^0, \cdots, u_n^0) \in E$ 处, $J(u_1^0, u_2^0, \cdots, u_n^0) \neq 0$, 那么 Φ 是 u^0 的充分小的邻域 $U \subset E$ 到 $(x_1^0, \cdots, x_m^0, u_{m+1}^0, \cdots, u_n^0) = \Phi(u^0)$ 的一个邻域 W 上的一一映射. 若将 Φ 的定义域限制在 U 上, 则 Φ 的逆映射 Φ^{-1} 在 W 上是连续可微的.

证明　用归纳法来证明. 当 $m = 1$ 时, 此引理可归结到引理 8.1 上.

令 $\varphi_\mu = \varphi_\mu(u)$, 将行列式 $J(u)$ 按第一行展开, 则

$$J(u) = \sum_{\mu=1}^m (-1)^{\mu-1} \frac{\partial \varphi_1}{\partial u_\mu} \cdot \frac{\partial(\varphi_2, \varphi_3, \cdots, \varphi_m)}{\partial(\cdots, u_{\mu-1}, u_{\mu+1}, \cdots)}.$$

因为 $J(u^0) \neq 0$, 所以在点 $u = u^0$ 处, $\partial(\varphi_2, \varphi_3, \cdots, \varphi_m)/\partial(\cdots, u_{\mu-1}, u_{\mu+1}, \cdots)$ 中至少有一个不为 0. 因此, 可以通过适当改变 $u_1, u_2, \cdots, u_m$ 的排列顺序, 使得

$$\left(\frac{\partial(\varphi_2, \varphi_3, \cdots, \varphi_m)}{\partial(u_2, u_3, \cdots, u_m)} \right)_{u=u^0} \neq 0. \tag{8.5}$$

若令 $x_\mu = \varphi_\mu(u)$, $\mu = 1, 2, \cdots, m$, 则根据归纳法假设, 对于映射

$$\Phi_1 : (u_1, u_2, \cdots, u_m, u_{m+1}, \cdots, u_n) \to (u_1, x_2, \cdots, x_m, u_{m+1}, \cdots, u_n)$$

此引理成立, 即 Φ_1 是从 u^0 的充分小的邻域 $U_1 \subset E$ 到 $(u_1^0, x_2^0, \cdots, x_m^0, u_{m+1}^0, \cdots, u_n^0) = \Phi_1(u^0)$ 的一个邻域 W_1 上的一一映射. 并且若限制 Φ_1 的定义域到 U_1 上, 则其逆映射 Φ_1^{-1} 在 W_1 上连续可微. 因此,

$$\Psi = \Phi \circ \Phi_1^{-1} : (u_1, x_2, \cdots, x_m, u_{m+1}, \cdots, u_n) \to (x_1, x_2, \cdots, x_m, u_{m+1}, \cdots, u_n)$$

是定义在 W_1 上的连续可微映射, 并且在 U_1 上有

$$\Phi = \Psi \circ \Phi_1. \tag{8.6}$$

因为在 Ψ 中 x_1 是关于 $u_1, x_2, \cdots, x_m, u_{m+1}, \cdots, u_n$ 的连续可微函数, 所以若令 $x_1 = \psi(u_1, x_2, \cdots, x_m, u_{m+1}, \cdots, u_n)$, 则 Ψ 的函数行列式等于 $\partial\psi/\partial u_1$. 所以根据式 (8.6),

$$J(u) = \frac{\partial\psi}{\partial u_1} \cdot \frac{\partial(\varphi_2, \varphi_3, \cdots, \varphi_m)}{\partial(u_2, u_3, \cdots, u_m)}.$$

此处令 $u = u^0$, 则 $J(u^0) \neq 0$, 从而

$$\psi_{u_1}(u_1^0, x_2^0, \cdots, x_m^0, u_{m+1}^0, \cdots, u_n^0) \neq 0.$$

因此 $\psi_{u_1}(u_1^0, x_2^0, \cdots, u_n^0)$ 或者 > 0 或者 < 0, 无论哪种情况都一样, 不妨设 $\psi_{u_1}(u_1^0, x_2^0, \cdots, u_n^0) > 0$, 则 $\psi_{u_1}(u_1, x_2, \cdots, u_n)$ 是连续函数, 所以若取以点 $(u_1^0, x_2^0, \cdots, x_m^0, u_{m+1}^0, \cdots, u_n^0)$ 为中心的闭区间 $K \subset W_1$ 充分小, 则在 K 上恒有 $\psi_{u_1}(u_1, x_2, \cdots, x_m, u_{m+1}, \cdots, u_n) > 0$. 所以若令 $H = \Psi(K)$, 则根据引理 8.1, Ψ 是开区间 (K) 到领域 (H) 上的一一映射. 同时, 若将 Ψ 的定义域限制到 (K) 上, 则 Ψ 的逆映射 Ψ^{-1} 是 (H) 到 (K) 上的连续可微映射. 并且显然有

$$(x_1^0, x_2^0, \cdots, x_m^0, u_{m+1}^0, \cdots, u_n^0) = \Psi(u_1^0, x_2^0, \cdots, x_m^0, u_{m+1}^0, \cdots, u_n^0) \in (H).$$

令 $U = \Phi_1^{-1}((K))$, $W = (H)$. 则 $(K) \subset W_1 = \Phi_1(U_1)$, 所以 $U \subset U_1 \subset E$. 并且由于 $\Phi_1(u^0) = (u_1^0, x_2^0, \cdots, x_m^0, u_{m+1}^0, \cdots, u_n^0)$ 是 (K) 的中心, 从而 $u^0 \in U$. 连续可微映射 $\Phi = \Psi \circ \Phi_1$ 是从 U 到 W 上的一一映射. 并且 $\Phi(u^0) = \Psi(\Phi_1(u^0)) = (x_1^0, \cdots, x_m^0, u_{m+1}^0, \cdots, u_n^0) \in W$. 又因为 Φ_1^{-1}, Ψ^{-1} 都连续可微, 所以若将 Φ 的定义域限制到 U 上, 则其逆映射 $\Phi^{-1} = \Phi_1^{-1} \circ \Psi^{-1}$ 在 W 上连续可微. $\square$

在引理 8.2 中, 令 $m = n$, 则可直接获得下面的定理.

定理 8.3 设

$$\Phi : (u_1, u_2, \cdots, u_n) \to (x_1, x_2, \cdots, x_n) = (\varphi_1(u), \varphi_2(u), \cdots, \varphi_n(u))$$

是从领域 $E \subset \mathbf{R}^n$ 到 $\mathbf{R}^n$ 上的连续可微映射, 其函数行列式为

$$J(u_1, u_2, \cdots, u_n) = \frac{\partial(\varphi_1(u), \varphi_2(u), \cdots, \varphi_n(u))}{\partial(u_1, u_2, u_3, \cdots, u_n)},$$

则在点 $u^0 = (u_1^0, u_2^0, \cdots, u_n^0) \in E$ 处, 若 $J(u_1^0, u_2^0, \cdots, u_n^0) \neq 0$, 则 Φ 是从 u^0 的充分小的邻域 $U \subset E$ 到点 $(x_1^0, x_2^0, \cdots, x_n^0) = \Phi(u^0)$ 的一个邻域 W 上的一一映射. 若将 Φ 的定义域限制到 U 上, 则 Φ 的逆映射 Φ^{-1} 在 W 上连续可微.

显然这个定理是定理 7.12 在 n 个变量情况下的推广.

定理 8.3 是引理 8.2 中 $m = n$ 的情况, 反之, 对映射

$$\Phi : (u_1, u_2, \cdots, u_n) \to (x_1, \cdots, x_m, u_{m+1}, \cdots, u_n)$$
$$= (\varphi_1(u), \cdots, \varphi_m(u), u_{m+1}, \cdots, u_n)$$

应用定理 8.3 又可以获得引理 8.2.

定理 8.3 中 Φ^{-1} 可表示为

$$\Phi^{-1} : (x_1, x_2, \cdots, x_n) \to (u_1, u_2, \cdots, u_n) = (\lambda_1(x), \lambda_2(x), \cdots, \lambda_n(x)).$$

因为 Φ^{-1} 的雅可比矩阵是 Φ 的雅可比矩阵的逆矩阵, 所以若函数行列式 $J(u) = \partial(\varphi_1, \varphi_2, \cdots, \varphi_n)/\partial(u_1, u_2, \cdots, u_n)$ 中 $\partial\varphi_\mu/\partial u_\nu$ 的余子式为 $J_{\mu\nu}(u)$, 则

$$\frac{\partial\lambda_\mu(x)}{\partial x_\nu} = \frac{J_{\nu\mu}(u)}{J(u)}, \quad u_1 = \lambda_1(x), \cdots, \quad u_n = \lambda_n(x). \tag{8.7}$$

若 Φ 是 $\mathscr{C}^r$ 类映射, 则 Φ^{-1} 也是 $\mathscr{C}^r$ 类映射. [证明] $J(u), J_{\nu\mu}(u)$ 都是 $\partial\varphi_\mu/\partial u_\nu(\mu, \nu = 1, 2, \cdots, n)$ 的多项式, 并且在 U 上 $J(u) \neq 0$, 所以若 Φ 是 $\mathscr{C}^r$ 类函数, 则式 (8.7) 的右边也是关于 $u_1, u_2, \cdots, u_n$ 的 $\mathscr{C}^{r-1}$ 类函数. 所以若对于 $k = 1, 2, \cdots, r-1$, $\lambda_1(x), \cdots, \lambda_n(x)$ 是关于 $x_1, x_2, \cdots, x_n$ 的 $\mathscr{C}^k$ 类函数, 则根据式 (8.7), $\lambda_\mu(x)$ 是 $\mathscr{C}^{k+1}$ 类函数. 因此 $\lambda_1(x), \cdots, \lambda_n(x)$ 是 $\mathscr{C}^r$ 类函数. $\qquad \square$

下面由方程组

$$\varphi_\mu(y_1, y_2, \cdots, y_m, x_1, \cdots, x_n) = \text{常数}, \quad \mu = 1, 2, \cdots, m$$

确定的关于 $x_1, x_2, \cdots, x_n$ 的隐函数 $y_1, y_2, \cdots, y_m$ 的定理是定理 8.3 的推论.

定理 8.4 设 $\varphi_\mu = \varphi_\mu(y_1, \cdots, y_m, x_1, \cdots, x_n)(\mu = 1, 2, \cdots, m)$ 是定义在领域 $D \subset \mathbf{R}^{m+n}$ 上的连续可微函数, 并且令

$$J(y_1, \cdots, y_m, x_1, \cdots, x_n) = \frac{\partial(\varphi_1, \varphi_2, \cdots, \varphi_m)}{\partial(y_1, y_2, \cdots, y_m)}.$$

若在点 $(y_1^0, \cdots, y_m^0, x_1^0, \cdots, x_n^0) \in D$ 处, $J(y_1^0, \cdots, y_m^0, x_1^0, \cdots, x_n^0) \neq 0$ 且 $u_\mu^0 = \varphi_\mu(y_1^0, \cdots, y_m^0, x_1^0, \cdots, x_n^0)$, 则对于充分小的 $\varepsilon > 0$, 存在 $\delta(\varepsilon), 0 < \delta(\varepsilon) \leqslant \varepsilon$, 使得当 $|x_\nu - x_\nu^0| < \delta(\varepsilon)(\nu = 1, 2, \cdots, n)$ 时, 满足 $|y_\mu - y_\mu^0| < \varepsilon(\mu = 1, 2, \cdots, m)$ 的方程组

$$\varphi_\mu(y_1, \cdots, y_m, x_1, \cdots, x_n) = u_\mu^0, \quad \mu = 1, 2, \cdots, m, \tag{8.8}$$

只有唯一一组解 $y_\mu = f_\mu(x_1, x_2, \cdots, x_n), \mu = 1, 2, \cdots, m.$ $f_\mu(x_1, x_2, \cdots, x_n)$ 是关于 $x_1, x_2, \cdots, x_n$ 的连续可微函数.

证明 为方便起见, 我们仅就 $m = n = 2$ 的情况进行证明, 它适用于一般情况下的证明.

设 $u_1 = \varphi_1(y_1, y_2, x_1, x_2), u_2 = \varphi_2(y_1, y_2, x_1, x_2)$ 是关于 y_1, y_2, x_1, x_2 的函数. 我们讨论连续可微映射

$$\Phi : (y_1, y_2, x_1, x_2) \to (u_1, u_2, x_1, x_2).$$

Φ 的函数行列式等同于 $J(y_1, y_2, x_1, x_2)$. 并且根据假设, $J(y_1^0, y_2^0, x_1^0, x_2^0) \neq 0.$ 因此根据定理 8.3, Φ 是从 $(y_1^0, y_2^0, x_1^0, x_2^0)$ 的充分小邻域

$$U = \{(y_1, y_2, x_1, x_2) | |y_1 - y_1^0| < \varepsilon, \quad |y_2 - y_2^0| < \varepsilon, \quad |x_1 - x_1^0| < \varepsilon, \quad |x_2 - x_2^0| < \varepsilon\}$$

到 $(u_1^0, u_2^0, x_1^0, x_2^0)$ 的一个邻域 W 上的一一映射. 若将 Φ 的定义域限制在 U 上, 则 Φ^{-1} 在 W 上连续可微. 存在 $\delta(\varepsilon), 0 < \delta(\varepsilon) \leqslant \varepsilon$, 使得

若 $|x_1 - x_1^0| < \delta(\varepsilon), |x_2 - x_2^0| < \delta(\varepsilon),$ 则 $(u_1^0, u_2^0, x_1, x_2) \in W.$

此时, 方程组 (8.8) 等价于

$$\Phi(y_1, y_2, x_1, x_2) = (u_1^0, u_2^0, x_1, x_2).$$

所以当 $|y_1 - y_1^0| < \varepsilon, |y_2 - y_2^0| < \varepsilon, |x_1 - x_1^0| < \delta(\varepsilon), |x_2 - x_2^0| < \delta(\varepsilon)$ 时, 式 (8.8) 等价于

$$(y_1, y_2, x_1, x_2) = \Phi^{-1}(u_1^0, u_2^0, x_1, x_2),$$

从而具有唯一一组解 y_1, y_2. 并且 Φ^{-1} 在 W 上连续可微, 因此 y_1, y_2 是关于 x_1, x_2 的连续可微函数. □

根据定理 8.3, 若 Φ 是 $\mathscr{C}^r$ 类, 则 Φ^{-1} 也是 $\mathscr{C}^r$ 类. 所以在定理 8.4 中, 若 $\varphi_\mu(y_1, \cdots, y_m, x_1, \cdots, x_n), \mu = 1, 2, \cdots, m$ 是关于 $y_1, \cdots, y_m, x_1, \cdots, x_n$ 的 $\mathscr{C}^r$ 类函数, 则 $y_\mu = f_\mu(x_1, x_2, \cdots, x_n), \mu = 1, 2, \cdots, m$ 也是关于 $x_1, x_2, \cdots, x_n$ 的 $\mathscr{C}^r$ 类函数.

8.2 n 元函数的积分

7.1 节和 7.2 节 a)、b) 中关于两个变量连续函数积分的结果可以推广到 n 个变量情况上. 以下阐述其要点.

a) 积分的定义

本节中为了简单起见, 若没有特别说明, $\mathbf{R}^n(n \geqslant 2)$ 内的区间都约定为闭区间. 区间

$$K = \{(x_1, x_2, \cdots, x_n) | a_1 \leqslant x_1 \leqslant b_1, \quad a_2 \leqslant x_2 \leqslant b_2, \cdots, a_n \leqslant x_n \leqslant b_n\}$$

的直径为

$$\delta(K) = \sqrt{(b_1 - a_1)^2 + (b_2 - a_2)^2 + \cdots + (b_n - a_n)^2}.$$

$$\omega(K) = (b_1 - a_1)(b_2 - a_2) \cdots (b_n - a_n)$$

叫作 K 的**容积**[①].

区间 K 上的连续函数 $f(P) = f(x_1, x_2, \cdots, x_n)(P = (x_1, x_2, \cdots, x_n))$ 的积分可以同二元情况一样来定义. 即若将各区间 $I_\nu = [a_\nu, b_\nu]$ 分割成 m_ν 个小区间 $I_{\nu j} = [x_{\nu(j-1)}, x_{\nu j}], j = 1, 2, \cdots, m_\nu, a_\nu = x_{\nu 0} < x_{\nu 1} < x_{\nu 2} < \cdots < x_{\nu j} < \cdots < x_{\nu m_\nu} = b_\nu$, 则 $K = I_1 \times I_2 \times \cdots \times I_n$ 被分割成 $m = m_1 m_2 \cdots m_n$ 个小区间

$$K_{ij\cdots k} = I_{1i} \times I_{2j} \times \cdots \times I_{nk},$$

$$i = 1, 2, \cdots, m_1, \quad j = 1, 2, \cdots, m_2, \quad \cdots, \quad k = 1, 2, \cdots, m_n,$$

即 $K = \bigcup\limits_{i,j,\cdots,k} K_{ij\cdots k}$. 此分割用符号 Δ 表示. 对于 K 的每个分割 Δ, 任取属于 Δ 的每个小区间 $K_{ij\cdots k}$ 上的一点 $P_{ij\cdots k}$, 令

$$\sigma_\Delta = \sum_{i,j,\cdots,k} f(P_{ij\cdots k})\omega_{ij\cdots k}, \quad \omega_{ij\cdots k} = \omega(K_{ij\cdots k}),$$

并且设

$$\delta[\Delta] = \max_{i,j,\cdots,k} \delta(K_{ij\cdots k}).$$

则同二元函数的情况相同, 当 $\delta[\Delta] \to 0$ 时, 极限

$$s = \lim_{\delta[\Delta] \to 0} \sigma_\Delta$$

存在. 称该极限 s 为 $f(P) = f(x_1, x_2, \cdots, x_n)$ 在**区间 K 上的积分**, 用符号 $\displaystyle\int_K f(x_1, x_2, \cdots, x_n)\mathrm{d}x_1\mathrm{d}x_2\cdots\mathrm{d}x_n$ 或 $\displaystyle\int_K f(P)\mathrm{d}\omega$ 来表示 (定义 7.1). 积分 $\displaystyle\int_K f(x_1, x_2, \cdots, x_n)\mathrm{d}x_1\mathrm{d}x_2\cdots\mathrm{d}x_n$ 又可写成

$$\int_{a_1}^{b_1} \int_{a_2}^{b_2} \cdots \int_{a_n}^{b_n} f(x_1, x_2, \cdots, x_n)\mathrm{d}x_1\mathrm{d}x_2\cdots\mathrm{d}x_n.$$

---

① 高木贞治《解析概論》, p.334. 可以称 $\omega(K)$ 为 K 的体积, 但当 $n = 2$ 时, $\omega(K)$ 是矩形 K 的面积, 所以一般情况下称 $\omega(K)$ 为容积.

表示成这种形式的积分叫作 **n 重积分**.

b) 积分的性质

定义在区间 K 上的 n 元函数的积分同二元情况相同, 具有下列性质: 设 $f(P)$, $g(P)$ 是 K 上的关于 $P = (x_1, x_2, \cdots, x_n)$ 的连续函数. 那么

(1) 对于任意的常数 c_1, c_2,

$$\int_K (c_1 f(P) + c_2 g(P)) \mathrm{d}\omega = c_1 \int_K f(P) \mathrm{d}\omega + c_2 \int_K g(P) \mathrm{d}\omega.$$

(2) 若在区间 K 上恒有 $f(P) \geqslant g(P)$, 则

$$\int_K f(P) \mathrm{d}\omega \geqslant \int_K g(P) \mathrm{d}\omega,$$

并且, 在 K 上恒有 $f(P) = g(P)$ 时, 等号才成立.

(3) 不等式

$$\left| \int_K f(P) \mathrm{d}\omega \right| \leqslant \int_K |f(P)| \mathrm{d}\omega$$

成立 (此结果及证明都与定理 7.1 的 (2)、(3)、(4) 完全相同).

c) 区间块上的积分

$\mathbf{R}^n$ 上有限个区间的并集叫作**区间块**. 区间块 A 是任意两个区间都没有公共内点的有限个区间的并集, 用

$$A = K_1 \cup K_2 \cup \cdots \cup K_\lambda \cup \cdots \cup K_m, \quad (K_\lambda) \cap (K_\rho) = \varnothing \quad (\lambda \neq \rho)$$

表示. 当 A 表示为这种形式时, 称 A 被分割成有限个区间 $K_1, K_2, \cdots, K_m$. 将区间块 A 分割成有限个区间 $K_1, K_2, \cdots, K_m$, 并且定义 A 上的连续函数 $f(P)$ 的积分 (定义 7.2) 为:

$$\int_A f(x_1, x_2, \cdots, x_n) \mathrm{d}x_1 \mathrm{d}x_2 \cdots \mathrm{d}x_n = \int_A f(P) \mathrm{d}\omega = \sum_{\lambda=1}^m \int_{K_\lambda} f(P) \mathrm{d}\omega.$$

积分 $\displaystyle\int_A f(P) \mathrm{d}\omega$ 的值仅由 $f(P)$ 和 A 确定, 且与 A 的分割方法无关.

设 $f(P), g(P)$ 是区间块 A 上的连续函数. 那么

(1) 对于任意常数 c_1, c_2,

$$\int_A (c_1 f(P) + c_2 g(P)) \mathrm{d}\omega = c_1 \int_A f(P) \mathrm{d}\omega + c_2 \int_A g(P) \mathrm{d}\omega.$$

(2) 若在 A 上 $f(P) \geqslant g(P)$, 则

$$\int_A f(P) \mathrm{d}\omega \geqslant \int_A g(P) \mathrm{d}\omega,$$

并且, 在 A 上恒有 $f(P) = g(P)$ 时, 等号才成立.

(3) 不等式

$$\left| \int_A f(P) \mathrm{d}\omega \right| \leqslant \int_A |f(P)| \mathrm{d}\omega$$

成立.

(4) 若 A 是没有公共内点的两个区间块 B, E 的并集: $A = B \cup E$. 当 $(B) \cap (E) = \varnothing$ 时,

$$\int_A f(P) \mathrm{d}\omega = \int_B f(P) \mathrm{d}\omega + \int_E f(P) \mathrm{d}\omega. \tag{8.9}$$

其中, $(B), (E)$ 表示 B, E 的开核.

(5) 当区间块 B 是 A 的子集: $B \subset A$ 时, 有不等式

$$\int_B |f(P)| \mathrm{d}\omega \leqslant \int_A |f(P)| \mathrm{d}\omega, \tag{8.10}$$

并且

$$\left| \int_A f(P) \mathrm{d}\omega - \int_B f(P) \mathrm{d}\omega \right| \leqslant \int_A |f(P)| \mathrm{d}\omega - \int_B |f(P)| \mathrm{d}\omega \tag{8.11}$$

成立 (定理 7.5).

d) 广义积分

对于 $\mathbf{R}^n$ 上的领域 D, 当矩形块 $A_1, A_2, \cdots, A_m, \cdots$ 满足下列 2 个条件时, 称矩形块序列 $\{A_m\}$ 从内部单调收敛于 D:

(i) $A_1 \subset A_2 \subset \cdots \subset A_m \subset A_{m+1} \subset \cdots$, $A_m \subset D$;

(ii) $\bigcup\limits_{m=1}^{\infty} (A_m) = D$.

当领域 D 给定时, 对于每一个自然数 m, 若矩形块 A_m 如下确定: 若实直线 R 被分割成宽为 $\delta_m = 1/2^m$ 的无数个区间 $I_h^m = [h\delta_m - \delta_m, h\delta_m]$, $h = 0, \pm 1, \pm 2, \cdots$, 则 $\mathbf{R}^n = \mathbf{R} \times \mathbf{R} \times \cdots \times \mathbf{R}$ 被分割成边长为 δ_m 的无数个立方体 (cube)

$$Q_{ij\cdots k}^m = I_i^m \times I_j^m \times \cdots \times I_k^m, \quad i, j, \cdots, k = 0, \pm 1, \pm 2, \cdots. \tag{8.12}$$

当 D 有界时, 这无数个立方体 $Q_{ij\cdots k}^m$ 中包含于 D 的全部立方体的并集设为 A_m. 当 D 无界时, 包含于

$$D \cap \{(x_1, x_2, \cdots, x_n) \mid |x_1| < m, \quad |x_2| < m, \cdots, |x_n| < m\}$$

的 $Q_{ij\cdots k}^m$ 的并集设为 A_m.

设 $f(P)$ 是领域 D 上的连续函数. 任取从内部单调收敛于 D 的区间块序列 $\{A_m\}$, 并令

$$\sigma_m = \int_{A_m} |f(P)| \mathrm{d}\omega, \quad s_m = \int_{A_m} f(P) \mathrm{d}\omega,$$

则单调非减序列 $\{\sigma_m\}$ 或者收敛或者发散于 $+\infty$, 两者必居其一. 当 $\{\sigma_m\}$ 收敛时, $\{s_m\}$ 也收敛, 所以 $f(P)$ 在 D 上的积分由

$$\int_D f(P)\mathrm{d}\omega = \lim_{m\to\infty}\int_{A_m} f(P)\mathrm{d}\omega \tag{8.13}$$

确定. $\displaystyle\int_D f(P)\mathrm{d}\omega$ 可以记为 $\displaystyle\int_D f(x_1, x_2, \cdots, x_n)\mathrm{d}x_1\mathrm{d}x_2\cdots\mathrm{d}x_n$. 则因为

$$\int_D |f(P)|\mathrm{d}\omega = \lim_{m\to\infty}\int_{A_m} |f(P)|\mathrm{d}\omega < +\infty,$$

所以称广义积分 $\displaystyle\int_D f(P)\mathrm{d}\omega$ 绝对收敛. 当 $\{\sigma_m\}$ 发散于 $+\infty$ 时, 记为

$$\int_D |f(P)|\mathrm{d}\omega = +\infty.$$

广义积分 $\displaystyle\int_D f(P)\mathrm{d}\omega$ 的敛散性以及绝对收敛时积分 $\displaystyle\int_D f(P)\mathrm{d}\omega$ 的值, 都与定义中用到的区间块序列 $\{A_m\}$ 的选择方法无关.

设 $f(P), g(P)$ 是领域 D 上连续函数, $\displaystyle\int_D |f(P)|\mathrm{d}\omega < +\infty$, $\displaystyle\int_D |g(P)|\mathrm{d}\omega < +\infty$. 那么

(1) 对于任意的常数 c_1, c_2,

$$\int_D (c_1 f(P) + c_2 g(P))\mathrm{d}\omega = c_1\int_D f(P)\mathrm{d}\omega + c_2\int_D g(P)\mathrm{d}\omega.$$

(2) 若在 D 上恒有 $f(P) \geqslant g(P)$, 则

$$\int_D f(P)\mathrm{d}\omega \geqslant \int_D g(P)\mathrm{d}\omega,$$

并且等号仅在 D 上恒有 $f(P) = g(P)$ 时才成立.

(3)

$$\left|\int_D f(P)\mathrm{d}\omega\right| \leqslant \int_D |f(P)|\mathrm{d}\omega, \tag{8.14}$$

(4) 若 E 是 D 的子领域: $E \subset D$, 则不等式

$$\int_E |f(P)|\mathrm{d}\omega \leqslant \int_D |f(P)|\mathrm{d}\omega, \tag{8.15}$$

$$\left|\int_D f(P)\mathrm{d}\omega - \int_E f(P)\mathrm{d}\omega\right| \leqslant \int_D |f(P)|\mathrm{d}\omega - \int_E |f(P)|\mathrm{d}\omega \tag{8.16}$$

都成立 (定理 7.6).

若领域 $D \subset \mathbf{R}^n$ 表示为满足下列条件 (*) 式的无数个区间 $K_1, K_2, \cdots, K_m, \cdots$ 的并集:

$$D = K_1 \cup K_2 \cup \cdots \cup K_m \cup \cdots, \quad (K_h) \cap (K_m) = \varnothing \quad (h \neq m),$$

则称 D 被分割成为区间 $K_1, K_2, \cdots, K_m, \cdots$:

$$D = \bigcup_{m=1}^{\infty} (K_1 \cup K_2 \cup \cdots \cup K_m). \tag{*}$$

其中 $(K_1 \cup K_2 \cup \cdots \cup K_m)$ 表示 $K_1 \cup K_2 \cup \cdots \cup K_m$ 的开核.

为了将给出的领域 D 分割成无数区间 $K_1, K_2, \cdots, K_m, \cdots$, 只需任意选取一个从内部单调收敛于 D 的区间块序列 $\{A_m\}$, 使得按顺序满足

$$A_1 = K_1 \cup K_2 \cup \cdots \cup K_{m_1},$$
$$A_2 = K_1 \cup K_2 \cup \cdots \cup K_{m_1} \cup \cdots \cup K_{m_2},$$
$$A_3 = K_1 \cup K_2 \cup \cdots \cup K_{m_1} \cup \cdots \cup K_{m_2} \cup \cdots \cup K_{m_3},$$
$$\cdots$$

的区间块 $A_1, A_2, A_3, \cdots$ 被区间 $K_1, K_2, \cdots, K_{m_1}, \cdots, K_{m_2}, K_{m_3}, \cdots$ 分割即可.

若 D 被无数个区间 $K_1, K_2, \cdots, K_m, \cdots$ 分割且 $A_m = K_1 \cup K_2 \cup \cdots \cup K_m$, 则根据条件 (*) 式, 区间块序列 $\{A_m\}$ 从内部单调收敛于 D. 并且对于 D 上连续的任意函数 $f(P)$,

$$\int_{A_m} f(P)\mathrm{d}\omega = \sum_{h=1}^{m} \int_{K_h} f(P)\mathrm{d}\omega.$$

因此, 根据广义积分的定义, 可以获得下面的结果:

(5) 设 D 被分割为无数个区间 $K_1, K_2, \cdots, K_m, \cdots$. 若 $f(P)$ 在 D 上连续, 则

$$\int_D |f(P)|\mathrm{d}\omega = \sum_{m=1}^{\infty} \int_{K_m} |f(P)|\mathrm{d}\omega. \tag{8.17}$$

当上式右边的级数收敛时, 广义积分 $\int_D f(P)\mathrm{d}\omega$ 绝对收敛, 并且

$$\int_D f(P)\mathrm{d}\omega = \sum_{m=1}^{\infty} \int_{K_m} f(P)\mathrm{d}\omega. \tag{8.18}$$

因为广义积分的定义式 (8.13) 的右边是式 (8.18) 右边的无穷级数的部分和的极限, 所以可以用式 (8.18) 代替式 (8.13) 来定义广义积分 $\int_D f(P)\mathrm{d}\omega$.

对于区间 K,

$$\int_K \mathrm{d}\omega = \omega(K)$$

当然是 K 的容积. 对于区间块 A, 若将 A 分割成有限个区间 $K_1, K_2, \cdots, K_m$, 则

$$\int_A \mathrm{d}\omega = \sum_{\lambda=1}^{m} \int_{K_\lambda} \mathrm{d}\omega = \sum_{\lambda=1}^{m} \omega(K_\lambda)$$

是 A 的容积. 记为 $\omega(A)$:

$$\omega(A) = \int_A \mathrm{d}\omega = \int_A \mathrm{d}x_1 \mathrm{d}x_2 \cdots \mathrm{d}x_n.$$

引理 7.1 对于 $\mathbf{R}^n$ 内的区间也同样成立. 所以, 当两个区间块 A, B 给定时, 区间块 $A \cup B$ 被分割成有限个区间 $K_1, K_2, \cdots, K_h, \cdots, K_l, \cdots, K_m$, 使得

$$\begin{cases} A = K_1 \cup K_2 \cup \cdots \cup K_h \cup \cdots \cup K_l, \\ B = K_h \cup K_{h+1} \cup \cdots \cup K_l \cup \cdots \cup K_m. \end{cases} \tag{8.19}$$

此时

$$(A \cap B) \subset K_h \cup K_{h+1} \cup \cdots \cup K_l \subset A \cap B,$$

但未必有 $K_h \cup K_{h+1} \cup \cdots \cup K_l = A \cap B$. 根据式 (8.19), 可直接获得不等式

$$\omega(A \cup B) \leqslant \omega(A) + \omega(B). \tag{8.20}$$

定义任意领域 D 的容积为

$$\omega(D) = \int_D \mathrm{d}\omega = \int_D \mathrm{d}x_1 \mathrm{d}x_2 \cdots \mathrm{d}x_n.$$

若将 D 分割成无数个区间 $K_1, K_2, \cdots, K_m, \cdots$, 则

$$\omega(D) = \sum_{m=1}^{\infty} \omega(K_m). \tag{8.21}$$

若 E 是 D 的子领域: $E \subset D$, 则显然有 $\omega(E) \leqslant \omega(D)$.

若 $f(P)$ 是区间 A 上的连续函数且恒有 $|f(P)| \leqslant M$, M 为常数, 则

$$\left| \int_A f(P) \mathrm{d}\omega \right| \leqslant M\omega(A). \tag{8.22}$$

当 $f(P)$ 在领域 D 上连续且 $|f(P)| \leqslant M$ 时, 若 $\omega(D) < +\infty$, 则广义积分 $\int_D f(P)\mathrm{d}\omega$ 绝对收敛, 并且

$$\left| \int_D f(P) \mathrm{d}\omega \right| \leqslant M\omega(D). \tag{8.23}$$

因此, 有界领域 D 上的有界连续函数在 D 上的广义积分绝对收敛.

e) 有界闭领域上的积分

7.2 节 c) 中平面上的有界闭领域 $[D]$ 上的连续函数 $f(P) = f(x, y)(P = (x, y))$ 的积分, 在 $[D]$ 为闭领域 (定义 7.3) 的条件下, 由

$$\int_{[D]} f(P)\mathrm{d}\omega = \int_D f(P)\mathrm{d}\omega \quad (D \text{ 是 } [D] \text{ 的开核})$$

定义 (定义 7.4). 对于任意有界闭领域 $[D]$, 若同样定义连续函数 $f(P)$ 在 $[D]$ 上的积分, 则将 $[D]$ 分割成任意两个都没有公共内点的有限个有界闭领域 $[D_\lambda]$ $(\lambda = 1, 2, \cdots, \nu)$ 时, 一般地, 基本公式

$$\int_{[D]} f(P)\mathrm{d}\omega = \sum_{\lambda=1}^{\nu} \int_{[D_\lambda]} f(P)\mathrm{d}\omega$$

不成立 (例 7.1). 为了使此公式成立就必须对讨论的有界闭领域的范围进行适当的限制. 虽然讨论的范围可以是可确定面积的有界闭领域, 但是实际应用上适用的有界闭领域是闭区域或有限个闭区域的并, 所以在有限制的闭区域上, 对积分进行了讨论.

但是用这种方法来研究 $\mathbf{R}^n(n \geqslant 3)$ 的有界闭领域上的积分格外地困难 (参考后文所述的注). 与其这样, 倒不如按传统的方法讨论可确定容积的有界闭领域, 这样会更加方便.

定义 8.1 设 $S \subset \mathbf{R}^n$ 是有界点集, 对于任意的 $\varepsilon > 0$, 若存在满足 $S \subset A_\varepsilon, \omega(A_\varepsilon) < \varepsilon$ 的区间块 A_ε, 则称 S 的容积为 0, 并记为 $\omega(S) = 0$.

若 $\omega(S) = 0$, 则对于 S 的任意子集 $T \subset S$, 显然有 $\omega(T) = 0$. 若 $\omega(S) = 0$, 则 $\omega([S]) = 0$, 另外, 对于两个点集 S 和 T, 若 $\omega(S) = 0, \omega(T) = 0$, 则 $\omega(S \cup T) = 0$. 事实上, 若 $S \subset A_\varepsilon, T \subset B_\varepsilon, A_\varepsilon$ 和 B_ε 是区间块, 并且 $\omega(A_\varepsilon) < \varepsilon, \omega(B_\varepsilon) < \varepsilon$, 则 $[S] \subset A_\varepsilon, S \cup T \subset A_\varepsilon \cup B_\varepsilon$. 并且根据式 (8.20), $\omega(A_\varepsilon \cup B_\varepsilon) \leqslant \omega(A_\varepsilon) + \omega(B_\varepsilon) < 2\varepsilon$.

若 $Q_{ij\cdots k}^m$ 是式 (8.12) 的立方体, 则如前面 d) 中的开头所述, n 维空间 $\mathbf{R}^n$ 被分割成边长为 $\delta_m = 1/2^m$ 的无数个立方体 $Q_{ij\cdots k}^m, i, j, \cdots, k = 0, \pm 1, \pm 2, \cdots$.

引理 8.3 当有界点集 $S \subset \mathbf{R}^n$ 的容积为 0 时, 若与 S 有公共点的立方体 $Q_{ij\cdots k}^m$ 的并集为

$$B_m = \bigcup_{Q_{ij\cdots k}^m \cap S \neq \phi} Q_{ij\cdots k}^m,$$

则

$$\lim_{m \to \infty} \omega(B_m) = 0.$$

证明 根据假设, 对于任意的 $\varepsilon > 0$, 存在满足 $S \subset A_\varepsilon, \omega(A_\varepsilon) < \varepsilon$ 的区间块 A_ε. 将

A_ε 分割成有限个区间 $K_1, K_2, \cdots, K_\nu$, 并且对于每一个区间 K_λ, 令

$$B_{\lambda m} = \bigcup_{Q^m_{ij\ldots k} \cap K_\lambda \neq \phi} Q^m_{ij\ldots k}$$

则显然有

$$\lim_{m \to \infty} \omega(B_{\lambda m}) = \omega(K_\lambda).$$

因为

$$B_m \subset B_{1m} \cup B_{2m} \cup \cdots \cup B_{\nu m},$$

所以根据式 (8.20),

$$\omega(B_m) \leqslant \omega(B_{1m}) + \omega(B_{2m}) + \cdots + \omega(B_{\nu m}),$$

因此

$$\limsup_{m \to \infty} \omega(B_m) \leqslant \lim_{m \to \infty} \sum_{\lambda=1}^{\nu} \omega(B_{\lambda m}) = \sum_{\lambda=1}^{\nu} \omega(K_\lambda) = \omega(A_\varepsilon) < \varepsilon.$$

又因为 $\varepsilon > 0$ 是任意的, 所以 $\lim\limits_{m \to \infty} \omega(B_m) = 0$. □

定义 8.2   当 $\mathbf{R}^n$ 内有界闭领域 $[D]$ 的边界 $[D] - D$ (D 是 $[D]$ 的开核) 的容积为 0 时, 称 $[D]$ 为**容积确定**. 容积确定的有界闭领域 $[D]$ 上的连续函数 $f(P)$ 在 $[D]$ 上的广义积分定义为:

$$\int_{[D]} f(P)\mathrm{d}\omega = \int_D f(P)\mathrm{d}\omega. \tag{8.24}$$

连续函数 $f(P)$ 在有界闭领域 $[D]$ 上有界, 所以式 (8.24) 右边的广义积分绝对收敛, 记为 $\int_{[D]} f(P)\mathrm{d}\omega$ 或者 $\int_{[D]} f(x_1, x_2, \cdots, x_n)\mathrm{d}x_1\mathrm{d}x_2\cdots\mathrm{d}x_n$ 等.

$[D]$ 是有界闭领域 (D 是 $[D]$ 的开核), 它若表示为任意两个都没有公共内点的有限个闭领域 $[D_\lambda]$(D_λ 是 $[D_\lambda]$ 的开核, $\lambda = 1, 2, \cdots, \nu$) 的并集

$$[D] = [D_1] \cup [D_2] \cup \cdots \cup [D_\lambda] \cup \cdots \cup [D_\nu], \quad D_\lambda \cap D_\rho = \varnothing \quad (\lambda \neq \rho),$$

则称 $[D]$ 被分割成有限个闭领域 $[D_1], [D_2], \cdots, [D_\nu]$.

定理 8.5   若 $f(P)$ 是容积确定的有界闭领域 $[D]$ 上的连续函数, 则当 $[D]$ 被分割成有限个容积确定的有界闭领域 $[D_1], [D_2], \cdots, [D_\nu]$ 时,

$$\int_{[D]} f(P)\mathrm{d}\omega = \sum_{\lambda=1}^{\nu} \int_{[D_\lambda]} f(P)\mathrm{d}\omega. \tag{8.25}$$

证明   采用与证明定理 7.7 一样的方法. 设 D 和 D_λ 分别是 $[D]$ 和 $[D_\lambda]$ 的开核. 根据假设, $[D_\lambda]$ 的边界 $S_\lambda = [D_\lambda] - D_\lambda$ 的容积为 0, 所以并集 $S = \bigcup\limits_{\lambda=1}^{\nu} S_\lambda$ 的容积也

是 0: $\omega(S) = 0$. 当然 $D_\lambda \subset D, D_\lambda \cap D_\rho = \varnothing(\lambda \neq \rho)$ 且 $D \subset \bigcup\limits_{\lambda=1}^{\nu} D_\lambda \cup S$. 将 $\mathbf{R}^n$ 分割成边长为 $\delta_m = 1/2^m$ 的无数个立方体 $Q_{ij\cdots k}^m$ 且满足 $Q_{ij\cdots k}^m \subset D$ 的立方体 $Q_{ij\cdots k}^m$ 的并集设为 A_m. 若令满足 $Q_{ij\cdots k}^m \subset D_\lambda$ 的立方体 $Q_{ij\cdots k}^m$ 的并集为 $A_{\lambda m}$, 并且令满足 $Q_{ij\cdots k}^m \subset D(Q_{ij\cdots k}^m \not\subset D_\lambda, \lambda = 1, 2, \cdots, \nu)$ 的立方体 $Q_{ij\cdots k}^m$ 的并集为 B_m, 则区间块 A_m 被分割成 $\nu + 1$ 个区间块 $A_{1m}, A_{2m}, \cdots, A_{\nu m}, B_m$. 因此根据式 (8.9),

$$\int_{A_m} f(P)\mathrm{d}\omega = \sum_{\lambda=1}^{\nu} \int_{A_{\lambda m}} f(P)\mathrm{d}\omega + \int_{B_m} f(P)\mathrm{d}\omega. \tag{8.26}$$

区间块序列 $\{A_m\}$ 和 $\{A_{\lambda m}\}$ 分别从内部单调收敛于 D 和 D_λ. 若 $Q_{ij\cdots k}^m \subset B_m$, 则 $Q_{ij\cdots k}^m \cap S \neq \varnothing$. 根据引理 8.3,

$$\lim_{m \to \infty} \omega(B_m) = 0,$$

所以, $f(P)$ 在 $[D]$ 上有界, 因此根据不等式 (8.22),

$$\lim_{m \to \infty} \int_{B_m} f(P)\mathrm{d}\omega = 0.$$

故, 当 $m \to \infty$ 时, 若对式 (8.26) 取极限, 则可得

$$\int_D f(P)\mathrm{d}\omega = \sum_{\lambda=1}^{\nu} \int_{D_\lambda} f(P)\mathrm{d}\omega,$$

即式 (8.25) 成立. $\square$

目前为止一直都用字母 K 表示了区间, 从现在开始也用 K 来表示有界闭领域 $[D]$: $K = [D]$.

定理 8.6   设 K 是容积确定的有界闭领域, $f(P), g(P)$ 是 K 上的连续函数. 那么

(1) 对于任意常数 c_1, c_2,

$$\int_K (c_1 f(P) + c_2 g(P))\mathrm{d}\omega = c_1 \int_K f(P)\mathrm{d}\omega + c_2 \int_K g(P)\mathrm{d}\omega.$$

(2) 若 K 上恒有 $f(P) \geqslant g(P)$, 则

$$\int_K f(P)\mathrm{d}\omega \geqslant \int_K g(P)\mathrm{d}\omega,$$

等号当且仅当在 K 上恒有 $f(P) = g(P)$ 时才成立.

(3)

$$\left| \int_K f(P)\mathrm{d}\omega \right| \leqslant \int_K |f(P)|\mathrm{d}\omega. \tag{8.27}$$

(4) 若容积确定的有界闭领域 L 包含于 K: $L \subset K$, 则不等式

$$\int_L |f(P)|\mathrm{d}\omega \leqslant \int_K |f(P)|\mathrm{d}\omega, \tag{8.28}$$

$$\left|\int_K f(P)\mathrm{d}\omega - \int_L f(P)\mathrm{d}\omega\right| \leqslant \int_K |f(P)|\mathrm{d}\omega - \int_L |f(P)|\mathrm{d}\omega \tag{8.29}$$

成立 (参考定理 7.8).

证明　根据广义积分的定义式 (8.24) 和前一项 d) 的 (1)、(2)、(3)、(4), 结论显然. □

定义容积确定的有界闭领域 K 的容积为

$$\omega(K) = \int_K \mathrm{d}\omega = \int_K \mathrm{d}x_1 \mathrm{d}x_2 \cdots \mathrm{d}x_n.$$

则显然,

$$\omega(K) = \omega(D), \quad D = (K). \tag{8.30}$$

若将 K 分割成有限个容积确定的有界闭领域 $K_1, K_2, \cdots, K_\nu$, 则根据定理 8.5,

$$\omega(K) = \omega(K_1) + \omega(K_2) + \cdots + \omega(K_\nu). \tag{8.31}$$

若 L 是 K 的容积确定的子闭领域, 则

$$\omega(L) \leqslant \omega(K), \quad L \subset K. \tag{8.32}$$

若 $f(P)$ 和 $g(P)$ 都在 K 上连续且在 K 上恒有 $g(P) > 0$, 则存在满足

$$\int_K f(P)g(P)\mathrm{d}\omega = f(\varXi)\int_K g(P)\mathrm{d}\omega, \quad \varXi \in K, \tag{8.33}$$

的点 $\varXi$(推广的中值定理, 参考定理 4.3).

[证明]　设 $f(P)$ 在 K 上的最小值和最大值分别为 μ 和 M. 则根据 (2) 和 (1),

$$\mu \int_K g(P)\mathrm{d}\omega \leqslant \int_K f(P)g(P)\mathrm{d}\omega \leqslant \mathrm{M} \int_K g(P)\mathrm{d}\omega.$$

又因为, 对于 n 元连续函数 $f(P)$, 定理 6.5 也成立, 即 $f(P)$ 的值域 $f(K)$ 是闭区间 $[\mu, \mathrm{M}]$. 因此存在满足

$$f(\varXi) = \int_K f(P)g(P)\mathrm{d}\omega \Big/ \int_K g(P)\mathrm{d}\omega$$

的点 $\varXi \in K$. □

式 (8.33) 中, 令 $g(P) = 1$, 则对于 n 元连续函数 $f(P)$, 中值定理成立, 即存在满足

$$\frac{1}{\omega(K)} \int_K f(P) \mathrm{d}\omega = f(\Xi), \quad \Xi \in K, \tag{8.34}$$

的点 Ξ. 若在 K 上恒有 $|f(P)| \leqslant \mathsf{M}$, 则

$$\left| \int_K f(P) \mathrm{d}\omega \right| \leqslant \mathsf{M}\omega(K) \tag{8.35}$$

显然成立.

$\mathbf{R}^n$ 内的领域 D 是满足下面条件 $(*)$ 的无数个有界闭领域 $K_1, K_2, \cdots, K_m, \cdots$ 的并集, 若它表示为

$$D = K_1 \cup K_2 \cup \cdots \cup K_m \cup \cdots, \quad (K_l) \cap (K_m) = \phi \quad (l \neq m),$$

则称 D 被分割成无数个有界闭领域 $K_1, K_2, \cdots, K_m, \cdots$:

$$D = \bigcup_{m=1}^{\infty} (K_1 \cup K_2 \cup \cdots \cup K_m). \tag{$*$}$$

这里 $(K_1 \cup K_2 \cup \cdots \cup K_m)$ 表示 $K_1 \cup K_2 \cup \cdots \cup K_m$ 的开核.

此条件 $(*)$ 对应于平面上领域分割的条件 (ii). 与条件 (i) 相对应的是下面的引理 (参考定理 7.11 前的 (i), (ii)).

引理 8.4   当领域 $D \subset \mathbf{R}^n$ 被分割成无数个有界闭领域时, 将这些有界闭领域按适当的顺序排列得 $K_1, K_2, \cdots, K_m, \cdots$, 并且选取适当的单调递增自然数列 $m_1, m_2, \cdots, m_\nu, \cdots$, 令

$$H_\nu = K_1 \cup K_2 \cup \cdots \cup K_{m\nu},$$

则每个 $H_\nu(\nu = 1, 2, 3, \cdots)$ 是有界闭领域.

证明   (1) 当 D 被分割成无数个有界闭领域 $K_1, K_2, K_3, \cdots$ 时, 对于某 m, 设 $H = K_1 \cup K_2 \cup \cdots \cup K_m$ 是有界闭领域, 即 (H) 是连通开集. 则根据条件 $(*)$ 式, 对于充分大的自然数 l 有

$$H \subset (H \cup K_{m+1} \cup K_{m+2} \cup \cdots \cup K_l).$$

因此, 若从 $K_{m+1}, K_{m+2}, K_{m+3}, \cdots$ 中适当选取 s 个闭领域 $K_{m_1}, K_{m_2}, \cdots, K_{m_s}$, 则存在满足

$$H \subset (H \cup K_{m_1} \cup K_{m_2} \cup \cdots \cup K_{m_s})$$

的 s 的最小值. 取其最小值为 μ, 则

$$H \subset (H \cup K_{m_1} \cup K_{m_2} \cup \cdots \cup K_{m_\mu}),$$

令

$$H_* = H \cup K_{m_1} \cup K_{m_2} \cup \cdots \cup K_{m_\mu}, \tag{8.36}$$

则

$$H \subset (H_*). \tag{8.37}$$

为了证明 H_* 是闭领域, 即开集 (H_*) 是连通的, 我们假设

$$(H_*) = U \cup V, \quad U \cap V = \varnothing, \quad U, V \text{ 为开集}.$$

因为 (H) 是连通的, 所以有 $(H) \subset U$ 或者 $(H) \subset V$, 无论哪种情况都一样, 不妨设 $(H) \subset U$. 同理, 对于每一个 $\lambda = 1, 2, \cdots, \mu$, $(K_{m_\lambda}) \subset U$ 或者 $(K_{m_\lambda}) \subset V$, 所以当 $1 \leqslant \lambda \leqslant \kappa$ 时, 设 $(K_{m_\lambda}) \subset U$; 当 $\kappa + 1 \leqslant \lambda \leqslant \mu$ 时, 设 $(K_{m_\lambda}) \subset V$. 并且令

$$L = H \cup K_{m_1} \cup \cdots \cup K_{m_\kappa}, \quad M = K_{m_{\kappa+1}} \cup \cdots \cup K_{m_\mu}.$$

因为 $U \cap V = \varnothing$ 且 U 和 V 是开集, 所以 $[U] \cap V = \varnothing$, 又因为 $H \subset [U]$, 从而 $H \cap V = \varnothing$. 同理, 若 $1 \leqslant \lambda \leqslant \kappa$, 则 $K_{m_\lambda} \cap V = \varnothing$; 若 $\kappa + 1 \leqslant \lambda \leqslant \mu$, 则 $K_{m_\lambda} \cap U = \varnothing$. 因此

$$L \cap V = \varnothing, \quad M \cap U = \varnothing.$$

$U \cup V = (L \cup M) \subset L \cup M$, 所以 $(L) \subset U \subset L$, 因此 $U = (L)$, 同理 $V = (M)$. 因为 $H \subset (H_*) = U \cup V$, $H \cap V = \varnothing$, 所以

$$H \subset U = (L) = (H \cup K_{m_1} \cup K_{m_2} \cup \cdots \cup K_{m_\kappa}).$$

因此根据 μ 的定义, $\kappa = \mu$, 从而 $M = \varnothing$, 即 $V = \varnothing$, 故 (H_*) 是连通开集.

(2) 首先令 $H_1 = K_{m_1}, m_1 = 1$. 其次对于 $H = H_1$, 根据上述对 (1) 的操作方法定义 H_{1*}, 令 $H_2 = H_{1*}$. 则根据式 (8.36), H_2 是满足

$$H_2 = K_{m_1} \cup K_{m_2} \cup K_{m_3} \cup \cdots \cup K_{m_{\mu(2)}}$$

的有界闭领域. 以下对于 $\nu = 2, 3, 4, \cdots$, 顺次令

$$H_{\nu+1} = H_{\nu*},$$

则可获得有界闭领域

$$\begin{aligned}
H_{\nu+1} &= H_\nu \cup K_{m_{\mu(\nu)+1}} \cup K_{m_{\mu(\nu)+2}} \cup \cdots \cup K_{m_{\mu(\nu+1)}} \\
&= K_{m_1} \cup K_{m_2} \cup K_{m_3} \cup \cdots \cup K_{m_\lambda} \cup \cdots \cup K_{m_{\mu(\nu+1)}}.
\end{aligned}$$

根据式 (8.37),

$$H_\nu \subset (H_{\nu+1}), \tag{8.38}$$

所以 $\mu(\nu) < \mu(\nu+1)$.

(3) 为证明 $D = \bigcup\limits_{\nu=1}^{\infty} (H_\nu)$, 令 $E = \bigcup\limits_{\nu=1}^{\infty} (H_\nu)$, $W = D - E$. 因为 D 是连通的, E 是开集, 所以若要证明 $W = \varnothing$, 只需证明 W 是开集. 为此, 任取点 $P \in W$. 根据条件 (∗), 对于充分大的 m,

$$P \in (K_1 \cup K_2 \cup \cdots \cup K_h \cup \cdots \cup K_m).$$

此时, 若 $P \notin K_h$, 则 $P \in (K_1 \cup \cdots \cup K_{h-1} \cup K_{h+1} \cup \cdots \cup K_m)$, 所以若设 $K_h(h = 1, 2, \cdots, m)$ 中满足 $P \in K_h$ 的集合为 $K_{h_\lambda}, \lambda = 1, 2, \cdots, \tau$, 则

$$P \in (K_{h_1} \cup K_{h_2} \cup \cdots \cup K_{h_\lambda} \cup \cdots \cup K_{h_\tau}), \quad P \in K_{h_\lambda}.$$

此时, $K_{h_\lambda} \cap E = \varnothing$. 事实上, 若 $K_{h_\lambda} \cap E \neq \varnothing$, 则关于某个 ν 有 $K_{h_\lambda} \cap H_\nu \neq \varnothing$, 所以 $K_{h_\lambda} \subset H_{\nu+1}$. 因此 $K_{h_\lambda} \subset W$, 所以

$$P \in (K_{h_1} \cup K_{h_2} \cup K_{h_3} \cup \cdots \cup K_{h_\tau}) \subset W,$$

故 P 是点 W 的内点. 因而, 由于每一点 $P \in W$ 是 W 的内点, 所以 W 是开集. 因此 $D = \bigcup\limits_{\nu=1}^{\infty} (H_\nu)$.

(4) 因为 $D = \bigcup\limits_{\nu=1}^{\infty} (H_\nu) = \bigcup\limits_{\lambda=1}^{\infty} K_{m_\lambda}$, 所以每一个 K_m 分别与某个 K_{m_λ} 是一致的, 即 $K_{m_1}, K_{m_2}, K_{m_3}, \cdots, K_{m_\lambda}, \cdots$ 是由 $K_1, K_2, K_3, \cdots, K_m, \cdots$ 经过变换排列顺序而得到的闭领域序列. □

定理 8.7　设领域 $D \subset \mathbf{R}^n$ 被分割成无数个容积确定的有界闭领域 $K_1, K_2, \cdots, K_m, \cdots$. 若 $f(P)$ 是 D 上的连续函数, 则

$$\int_D |f(P)| \mathrm{d}\omega = \sum_{m=1}^{\infty} \int_{K_m} |f(P)| \mathrm{d}\omega. \tag{8.39}$$

当 $\sum\limits_{m=1}^{\infty} \int_{K_m} |f(P)| \mathrm{d}\omega < +\infty$ 时, 广义积分 $\int_D f(P) \mathrm{d}\omega$ 绝对收敛, 并且

$$\int_D f(P) \mathrm{d}\omega = \sum_{m=1}^{\infty} \int_{K_m} f(P) \mathrm{d}\omega. \tag{8.40}$$

证明　根据引理 8.4, 存在单调递增数列 $\{m_\nu\}$, 使得 $H_\nu = K_1 \cup K_2 \cup \cdots \cup K_{m_\nu}$ 是有界闭领域. 定理 7.11 的证明中, 只要将 $H_m = K_1 \cup K_2 \cup \cdots \cup K_m$ 换成 H_ν, 则证明完全适用于本定理的证明. □

以上阐述了容积确定的有界闭领域上的连续函数的积分, 但通常在实际应用上必须要验证所采用的有界闭领域是容积确定的.

首先, 引理 7.2 表明了平面上初等曲线的面积为 0, 因此平面上的闭区域面积确定.

如 $C = \{(x, \psi(x)) \,|\, a \leqslant x \leqslant b\}$ 这样的初等曲线是定义在实直线 $\mathbf{R}$ 的闭区间上的连续函数的图像. 同初等曲线时类似, 定义在平面 $\mathbf{R}^2$ 上的有界闭领域 H 上的连续函数 $z = \chi(x, y)$, $x = \varphi(y, z)$ 及 $y = \psi(z, x)$ 的图像分别为 $S = \{(x, y, \chi(x, y)) \,|\, (x, y) \in H\}$, $S = \{(\varphi(y, z), y, z) \,|\, (y, z) \in H\}$ 及 $S = \{(x, \psi(z, x), z) \,|\, (z, x) \in H\}$, 称为空间 $\mathbf{R}^3$ 内的**初等曲面**. 初等曲面 S 的体积为 0: $\omega(S) = 0$. 此结论的证明与引理 7.2 完全一样. 因此, $\mathbf{R}^3$ 内的有界闭领域 K 的边界 $K - (K)$ 被有限个初等曲面覆盖, 即若

$$K - (K) \subset \bigcup_{k=1}^{m} S_k, \quad S_k \text{ 是初等曲面,}$$

则 K 的体积确定.

平面上光滑的曲线在应用上很重要. 类似地将空间 $\mathbf{R}^3$ 内的**光滑曲面**如下定义: T 是 (t, u) 平面上的有界闭领域, 其边界由有限条光滑曲线组成. $\varphi = \varphi(t, u)$, $\psi = \psi(t, u)$, $\chi = \chi(t, u)$ 是某领域 $G \supset T$ 上的连续可微函数, 并且在每一点 $(t, u) \in T$ 处的函数行列式

$$\begin{vmatrix} \varphi_t & \varphi_u \\ \psi_t & \psi_u \end{vmatrix}, \quad \begin{vmatrix} \psi_t & \psi_u \\ \chi_t & \chi_u \end{vmatrix}, \quad \begin{vmatrix} \chi_t & \chi_u \\ \varphi_t & \varphi_u \end{vmatrix} \tag{8.41}$$

中至少有一个不为 0, 称点集

$$S = \{(x, y, z) \,|\, x = \varphi(t, u), \ y = \psi(t, u), \ z = \chi(t, u), (t, u) \in T\} \tag{8.42}$$

为 $\mathbf{R}^3$ 内的**光滑曲面**. 并且式 (8.42) 是曲面 S 的**参数表示**, 称 t, u 为**参数**. 式 (8.41) 的函数行列式至少有一个不为 0 这个条件可以用下面的不等式

$$\begin{vmatrix} \varphi_t & \varphi_u \\ \psi_t & \psi_u \end{vmatrix}^2 + \begin{vmatrix} \psi_t & \psi_u \\ \chi_t & \chi_u \end{vmatrix}^2 + \begin{vmatrix} \chi_t & \chi_u \\ \varphi_t & \varphi_u \end{vmatrix}^2 > 0 \tag{8.43}$$

表示.

若引入从平面上的领域 G 到 $\mathbf{R}^3$ 的连续可微映射

$$\Psi : (t, u) \to (x, y, z) = (\varphi(t, u), \psi(t, u), \chi(t, u)),$$

则显然有 $S = \Psi(T)$.

例 8.1 若

$$\varphi = \frac{2t}{t^2 + u^2 + 1}, \quad \psi = \frac{2u}{t^2 + u^2 + 1}, \quad \chi = \frac{t^2 + u^2 - 1}{t^2 + u^2 + 1},$$

则式 (8.43) 的左边为 $16(t^2+u^2+1)^{-4}$. 若 T 是半径为 3 的闭圆盘 $\{(t,u)\,|\,t^2+u^2\leqslant 9\}$, 则式 (8.42) 的曲面 S 表示从以 $\mathbf{R}^3$ 的原点为中心、1 为半径的球面去掉以 "北极" $(0,0,1)$ 为中心的一个 "冠状领域" 后剩下的部分: $S=\{(x,y,z)\,|\,x^2+y^2+z^2=1, z\leqslant 4/5\}$.

参数表示式 (8.42) 中, 例如 $\varphi(t,u)=t, \psi(t,u)=u$ 恒成立时, $S=\{(x,y,\chi(x,y))\,|\,(x,y)\in T\}$ 是光滑初等曲面.

空间 $\mathbf{R}^3$ 内的光滑曲面 S 的体积为 0: $\omega(S)=0$. [证明] 因为初等曲面的体积为 0, 所以只需证明 S 被有限个初等曲面所覆盖, 即存在有限个初等曲面 $S_1, S_2, \cdots, S_m$, 使得

$$S \subset S_1 \cup S_2 \cup \cdots \cup S_m \tag{8.44}$$

即可. 任意选取点 $(t_0, u_0)\in T$, 则式 (8.41) 的函数行列式中至少有一个在 (t_0, u_0) 处不为 0. 从而, 在点 (t_0, u_0) 处

$$\begin{vmatrix} \varphi_t & \varphi_u \\ \psi_t & \psi_u \end{vmatrix} \neq 0.$$

因此, 根据定理 8.3 或者定理 7.12, 若取 (t_0, u_0) 的充分小邻域 $U\subset G$, 则连续可微映射

$$\Phi: (t,u)\to (x,y)=\Phi(t,u)=(\varphi(t,u),\psi(t,u))$$

是从 U 到平面上的点 $(x_0, y_0)=\Phi(t_0, u_0)$ 的一个邻域 W 上的一一映射. 并且若将 Φ 的定义域限制为 U, 则 Φ 的逆映射 $\Phi^{-1}: (x,y)\to(t,u)$ 在 W 上连续可微. 从 W 到 $\mathbf{R}^3$ 的连续可微映射 $\Psi\circ\Phi^{-1}$ 显然可以表示为

$$\Psi\circ\Phi^{-1}: (x,y)\to(x,y,f(x,y)).$$

取充分小的 $\varepsilon>0$, 若 $U_\varepsilon=U_\varepsilon(t_0,u_0)$ 是 (t_0,u_0) 的 ε 邻域, 则 $[U_\varepsilon]\subset U$, 所以 $H=\Phi([U_\varepsilon])\subset W$ 是平面上的闭领域. 因此

$$\Psi([U_\varepsilon])=\Psi(\Phi^{-1}(H))=\{(x,y,f(x,y))|(x,y)\in H\}$$

是初等曲面.

如上, 对于每一个点 $(t,u)\in T$, 若取 ε 邻域 $U_\varepsilon(t,u)\subset G, \varepsilon=\varepsilon(t,u)>0$ 充分小, 则 $\Psi([U_\varepsilon(t,u)])$ 是初等曲面. 根据 Heine-Borel 覆盖定理 (定理 1.28), $T\subset G$ 被这些 ε 邻域的有限个 $U_{\varepsilon(k)}(t_k, u_k), k=1,2,\cdots,m$ 所覆盖. 因此曲面 $S=\Psi(T)$ 被有限个初等曲面 $S_k=\Psi([U_{\varepsilon(k)}(t_k, u_k)]), k=1,2,\cdots,m$ 所覆盖. □

称空间 $\mathbf{R}^3$ 内的有限个光滑曲面 $S_1, S_2, \cdots, S_m$ 的并集 $S=S_1\cup S_2\cup\cdots\cup S_m$ 为**分段光滑曲面**. 分段光滑曲面 S 的体积为 0: $\omega(S)=0$. 所以若有界闭领域 K 的

边界 $S = K - (K)$ 是分段光滑曲面, 则 K 是体积确定的. 下面的图是一个带有分段光滑边界的有界闭领域的例子.

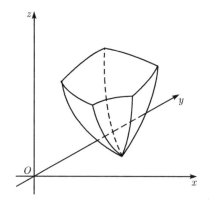

以上是根据参数表示定义了曲面, 下面我们根据方程来定义曲面. 设 $\varphi(x, y, z)$ 是定义在某领域 $D \subset \mathbf{R}^3$ 上的连续可微函数, 若在 D 上恒有

$$\varphi(x, y, z)^2 + \varphi_x(x, y, z)^2 + \varphi_y(x, y, z)^2 + \varphi_z(x, y, z)^2 > 0, \tag{8.45}$$

我们将讨论由方程 $\varphi(x, y, z)=0$ 确定的点集

$$S = \{(x, y, z) \in D | \varphi(x, y, z) = 0\}.$$

根据式 (8.45), 在每一点 $P = (x, y, z) \in S$ 处, 偏导函数 $\varphi_x(x, y, z)$, $\varphi_y(x, y, z)$, $\varphi_z(x, y, z)$ 中至少有一个不为 0. 所以不妨设在点 $P_0 = (x_0, y_0, z_0) \in S$ 处有 $\varphi_z(x_0, y_0, z_0) \neq 0$. 则根据定理 8.2, 适当选取充分小的 $\varepsilon > 0, \delta > 0$, 使得

$$V_{\varepsilon, \delta}(P_0) = \{(x, y, z) | |x - x_0| < \delta, \ |y - y_0| < \delta, |z - z_0| < \varepsilon\}$$

时, 在点 P_0 的邻域 $V_{\varepsilon, \delta}(P_0)$ 内, 方程 $\varphi(x, y, z)=0$ 具有唯一的解 $z = f(x, y)$, 即

$$S \cap V_{\varepsilon, \delta}(P_0) = \{(x, y, f(x, y)) | |x - x_0| < \delta, |y - y_0| < \delta\}.$$

并且 $f(x, y)$ 是 x, y 的连续可微函数. 因此, 若

$$S_{P_0} = \{(x, y, f(x, y)) | |x - x_0| \leqslant \delta/2, |y - y_0| \leqslant \delta/2\},$$

则 S_{P_0} 是光滑初等曲面,

$$S \cap V_{\varepsilon, \delta/2}(P_0) = S_{P_0} \cap V_{\varepsilon, \delta/2}(P_0), \quad P_0 \in S_{P_0} \subset S.$$

以上我们讨论了 $\varphi_z(x_0, y_0, z_0) \neq 0$ 的情况, 对于 $\varphi_x(x_0, y_0, z_0) \neq 0$ 或者 $\varphi_y(x_0, y_0, z_0) \neq 0$ 的情况也完全相同. 因此对于每一点 $P \in S$, 存在满足 $P \in S_P \subset S$ 的光滑初等曲面 S_P, 使得在 P 的充分小的邻域 $U(P)$ 上

$$S \cap U(P) = S_P \cap U(P), \quad P \in S_P \subset S. \tag{8.46}$$

即在每一点 $P \in S$ 的充分小的邻域 $U(P)$ 内, S 与光滑初等曲面 S_P 一致. S 是有界闭集时, S 是有限个 S_P 的并集:

$$S = S_{P_1} \cup S_{P_2} \cup \cdots \cup S_{P_k} \cup \cdots \cup S_{P_m}.$$

这是因为根据 Heine-Borel 覆盖定理 (定理 1.28), S 被式 (8.46) 邻域 $U(P)$ 的有限个: $U(P_1), U(P_2), \cdots, U(P_m)$ 所覆盖.

在式 (8.46) 的意义之下, 当有界闭集 $S \subset \mathbf{R}^3$ 在每一个点 P 的邻域上与光滑初等曲面 S_P 一致时, 称 S 为光滑闭曲面. 若上述方程 $\varphi(x, y, z) = 0$ 所确定的点集 $S = \{(x, y, z) \mid \varphi(x, y, z) = 0\}$ 是有界闭集, 则 S 是光滑闭曲面. 因为 S 是有限个光滑初等曲面 $S_{P_1}, S_{P_2}, \cdots, S_{P_m}$ 的并集, 所以光滑闭曲面 S 是分段光滑的. 因此, 光滑闭曲面 S 的体积为 0: $\omega(S) = 0$.

当 $\varphi(x, y, z)$ 是领域 D 上的连续可微且满足不等式 (8.45) 的函数时, 若不等式 $\varphi(x, y, z) \leqslant 0$ 所确定的点集 $K = \{(x, y, z) \in D \mid \varphi(x, y, z) \leqslant 0\}$ 是有界闭领域, 则其边界 S 是由方程 $\varphi(x, y, z) = 0$ 所确定的光滑闭曲面, 所以 K 是体积确定的. 球: $x^2 + y^2 + z^2 - 1 \leqslant 0$, 椭圆体: $x^2/a^2 + y^2/b^2 + z^2/c^2 - 1 \leqslant 0$ 等都是有界闭领域的实例.

此结果对于由几个不等式所确定的有界闭领域也成立. 即 $\varphi_\lambda(x, y, z)(\lambda = 1, 2, \cdots, \nu)$ 是领域 D 上的连续可微函数. 当

$$K = \{(x, y, z) \in D \mid \varphi_\lambda(x, y, z) \leqslant 0, \quad \lambda = 1, 2, \cdots, \nu\}$$

是有界闭领域时, 若每个 $\varphi_\lambda(x, y, z)$ 满足不等式 (8.45), 则 K 是体积确定的. [证明] 令 $S_\lambda = \{(x, y, z) \in D \mid \varphi_\lambda(x, y, z) = 0\}$, 则 K 的边界 $K - (K)$ 是有界闭集 $S_\lambda \cap K(\lambda = 1, 2, \cdots, \nu)$ 的并集. 根据式 (8.46), 每个 $S_\lambda \cap K$ 被有限个初等曲面 $S_{\lambda P_{\lambda k}}, P_{\lambda k} \in S_\lambda \cap K, k = 1, 2, \cdots, m_\lambda$ 所覆盖. 所以 $K - (K) \subset \bigcup\limits_{\lambda=1}^{\nu} \bigcup\limits_{k=1}^{m_\lambda} S_{\lambda P_{\lambda k}}$. 因此 K 是体积确定的. □

注 曲线的参数表示中参数的定义域 I 总是实直线上的闭区间, 所以若想将曲线分割成有限条曲线, 只要将 I 分割成有限个闭区间即可. 正是因为这个原因, 我们才能简单地证明光滑曲线被分割成有限条初等曲线. 光滑曲面 S 的参数表示中, 参数的定义域 T 是平面上具有分段光滑边界的闭领域, 通过将 T 分割[①]成有限个闭

---

① 参照《複素解析》, §2.2.

领域来推得 S 被分割成有限个初等曲面并不容易. 因此仅证明了曲面 S 是被有限个初等曲面覆盖的式 (8.44). 很容易将平面上的闭领域的概念推广到空间 $\mathbf{R}^3$ 情况, 但是以 "闭领域" 为基础, 探究三元函数的积分论却很困难.

将上面对空间 $\mathbf{R}^3$ 内有界闭领域的叙述可以推广到 $\mathbf{R}^n$ 内的有界闭领域的情况. 首先, 称定义在 $\mathbf{R}^{n-1}$ 内的有界闭领域 H 上的连续函数 $\varphi_1(x_2, x_3, \cdots, x_n)$, $\varphi_2(x_1, x_3, \cdots, x_n), \cdots, \varphi_n(x_1, x_2, \cdots, x_{n-1})$ 的图像:

$$\{(\varphi_1(x_2, x_3, \cdots, x_n), x_2, x_3, \cdots, x_n) | (x_2, x_3, \cdots, x_n) \in H\},$$
$$\{(x_1, \varphi_2(x_1, x_3, \cdots, x_n), x_3, \cdots, x_n) | (x_1, x_3, \cdots, x_n) \in H\},$$
$$\cdots$$
$$\{(x_1, \cdots, x_{n-1}, \varphi_n(x_1, \cdots, x_{n-1})) | (x_1, x_2, \cdots, x_{n-1}) \in H\}$$

为 $\mathbf{R}^n$ 内的**初等超曲面**. 初等超曲面 S 的容积为 0: $\omega(S) = 0$. 因此若 $\mathbf{R}^n$ 内的有界闭领域 K 的边界 $K - (K)$ 被有限个初等超曲面覆盖, 则 K 是容积确定的.

其次, $\mathbf{R}^n$ 内的**光滑超曲面**可通过关于 n 的归纳法如下定义. 设 T 是 $\mathbf{R}^{n-1}$ 内的有界闭领域, 其边界由 $\mathbf{R}^{n-1}$ 内的有限个光滑超曲面组成. $\varphi_k(t) = \varphi_k(t_1, t_2, \cdots, t_{n-1})(t = (t_1, t_2, \cdots, t_{n-1}), k = 1, 2, \cdots, n)$ 是某领域 $G \supset T$ 上的连续可微函数, 并且每一点 $t = (t_1, t_2, \cdots, t_{n-1}) \in T$ 处的函数行列式

$$\frac{\partial(\varphi_1, \cdots, \varphi_{k-1}, \varphi_{k+1}, \cdots, \varphi_n)}{\partial(t_1, t_2, t_3, \cdots, t_{n-1})}, \quad k = 1, 2, \cdots, n$$

中至少有一个不为 0 时, 称点集

$$S = \{(x_1, x_2, \cdots, x_k, \cdots, x_n) | x_k = \varphi_k(t), \quad k = 1, \cdots, n, t \in T\} \tag{8.47}$$

为 $\mathbf{R}^n$ 内的光滑超曲面. 并且式 (8.47) 称为超曲面 S 的参数表示, 称 $t_1, t_2, \cdots, t_{n-1}$ 为参数. 光滑超曲面被有限个光滑初等超曲面覆盖. 因此 $\mathbf{R}^n$ 的光滑超曲面 S 的容积为 0: $\omega(S) = 0$.

称 $\mathbf{R}^n$ 内有限个光滑超曲面的并集为**分段光滑超曲面**. 分段光滑超曲面的容积为 0. 因此, 若有界闭领域 K 的边界 $S = K - (K)$ 是分段光滑超曲面, 则 K 是容积确定的. 此时称 K 具有**分段光滑边界**.

通过领域 D 上的连续可微的函数 $\varphi_\lambda(x_1, x_2, \cdots, x_n)(\lambda = 1, 2, \cdots, \nu)$ 定义有界闭领域

$$K = \{(x_1, x_2, \cdots, x_n) \in D | \varphi_\lambda(x_1, x_2, \cdots, x_n) \leqslant 0, \quad \lambda = 1, 2, \cdots, \nu\}$$

时, 若在 D 上恒有

$$\varphi_\lambda(x_1, \cdots, x_n)^2 + \sum_{k=1}^{n} \varphi_{\lambda x_k}(x_1, \cdots, x_n)^2 > 0, \quad \lambda = 1, 2, \cdots, \nu,$$

则 K 是容积确定的.

f) 函数序列和积分

定义在任意点集 $D \subset \mathbf{R}^n$ 上的函数序列 $\{f_m(P)\}(f_m(P) = f_m(x_1, x_2, \cdots, x_n)$, $P = (x_1, x_2, \cdots, x_n) \in D, m = 1, 2, 3, \cdots)$ 的收敛和一致收敛的含义与一元函数序列的情况完全相同. 即在每一点 $P \in D$ 处序列 $\{f_m(P)\}$ 收敛时, 称函数 $f(P) = \lim\limits_{m\to\infty} f_m(P)$ 为函数序列 $\{f_m(P)\}$ 的极限, 或者称函数序列 $\{f_m(P)\}$ 收敛于 $f(P)$. 此时, 在每一点 $P \in D$ 处, 对于任意的 $\varepsilon > 0$, 存在自然数 $m_0(\varepsilon, P)$, 使得

$$\text{若 } m > m_0(\varepsilon, P), \quad \text{则} \quad |f_m(P) - f(P)| < \varepsilon$$

成立. 如果 $m_0(\varepsilon, P) = m_0(\varepsilon)$ 不依赖于点 $P \in D$ 而确定, 那么函数序列 $\{f_m(P)\}$ 在 D 上一致收敛于 $f(P)$.

关于一致收敛和连续性的定理 5.5, 从它的证明过程易见它同样对 n 元函数序列成立. 即, 若 $D \subset \mathbf{R}^n$ 上连续的函数序列 $\{f_m(P)\}$ 在 D 上一致收敛于 $f(P)$, 则函数 $f(P)$ 在 D 上也连续.

关于单调非增函数序列的 Dini 定理 (定理 5.7) 对 n 元函数序列也同样成立.

定理 8.8 以在有界闭集 $K \subset \mathbf{R}^n$ 上连续的函数 $f_m(P)$ 为项的单调非增函数序列 $\{f_m(P)\}$, 如果在 K 上收敛于连续函数 $f(P)$, 那么 $\{f_m(P)\}$ 在 K 上也一致收敛于 $f(P)$.

证明 因为定理 5.7 的证明仅基于有界点列含有收敛的子列 (定理 1.30), 所以它完全适用于 n 元函数的情况. □

关于实直线的闭区间上连续的一元函数序列的定理 5.8 及 Arzelà 定理 (定理 5.10), 对于 $\mathbf{R}^n$ 内容积确定的有界闭领域上连续的 n 元函数序列也成立.

定理 8.9 以在容积确定的有界闭领域 $K \subset \mathbf{R}^n$ 上连续的函数 $f_m(P) = f_m(x_1, x_2, \cdots, x_n)(P = (x_1, x_2, \cdots, x_n), m = 1, 2, 3, \cdots)$ 为项的函数序列 $\{f_m(P)\}$, 如果在 K 上一致收敛于 $f(P)$, 则

$$\int_K f(P)\mathrm{d}\omega = \lim_{m\to\infty} \int_K f_m(P)\mathrm{d}\omega, \quad f(P) = \lim_{m\to\infty} f_m(P). \tag{8.48}$$

证明 利用定理 8.6 和不等式 (8.35) 来证明, 其过程和定理 5.8 的相同. □

定理 8.10(Arzelà 定理) 在容积确定的有界闭领域 $K \subset \mathbf{R}^n$ 上, 函数 $f_m(P)$ $(m = 1, 2, 3, \cdots)$ 连续且一致有界, 即存在和 m 无关的常数 M, 使得当 $|f_m(P)| \leqslant M$ 恒成立时, 若函数序列 $\{f_m(P)\}$ 收敛, 并且其极限 $f(P)$ 在 K 上连续, 则

$$\int_K f(P)\mathrm{d}\omega = \lim_{m\to\infty} \int_K f_m(P)\mathrm{d}\omega, \quad f(P) = \lim_{m\to\infty} f_m(P).$$

证明 在以一元连续函数为项的函数序列 $\{f_m(x)\}$ 的情况下, Arzelà 定理的证明

可以归结于 Dini 定理的证明. 此证明虽然不简单, 但却是初等的方法, 也同样适用于以 n 元连续函数为项的函数序列 $\{f_m(P)\}$ 的情况. □

g) 积分号下的微积分

关于积分号下的微积分定理 6.19 可以推广如下: 容积确定的有界闭领域 $K \subset \mathbf{R}^n$ 和闭区间 $[\alpha, \beta](\alpha < \beta)$ 的直积为

$$K \times [\alpha, \beta] = \{(x_1, x_2, \cdots, x_n, t) | (x_1, x_2, \cdots, x_n) \in K, \quad \alpha \leqslant t \leqslant \beta\},$$

$f(x_1, x_2, \cdots, x_n, t)$ 是定义在 $K \times [\alpha, \beta]$ 上的有界函数, 并且固定 t 时, 它是 n 个变量 $x_1, x_2, \cdots, x_n$ 的连续函数; 固定 $x_1, x_2, \cdots, x_n$ 时, 它是 t 的连续函数. 此时下面的定理成立.

定理 8.11 (1) $F(t) = \int_K f(x_1, x_2, \cdots, x_n, t) \mathrm{d}x_1 \mathrm{d}x_2 \cdots \mathrm{d}x_n$ 是闭区间 $[\alpha, \beta]$ 上关于 t 的连续函数, $\int_\alpha^\beta f(x_1, x_2, \cdots, x_n, t)\mathrm{d}t$ 是 K 上的关于 $x_1, x_2, \cdots, x_n$ 的连续函数.

(2) 若 $f(x_1, x_2, \cdots, x_n, t)$ 关于 t 可偏微, 偏导函数 $f_t(x_1, x_2, \cdots, x_n, t)$ 在 $K \times [\alpha, \beta]$ 上有界且关于 $x_1, x_2, \cdots, x_n$ 连续, 则 $F(t) = \int_K f(x_1, \cdots, x_n, t)\mathrm{d}x_1 \mathrm{d}x_2 \cdots \mathrm{d}x_n$ 是关于 t 的可微函数, 其导函数由

$$F'(t) = \int_K f_t(x_1, x_2, \cdots, x_n, t)\mathrm{d}x_1 \mathrm{d}x_2 \cdots \mathrm{d}x_n \tag{8.49}$$

给出.

(3) 令

$$f(P, t) = f(x_1, x_2, \cdots, x_n, t), \quad P = (x_1, x_2, \cdots, x_n), \quad \mathrm{d}\omega = \mathrm{d}x_1 \mathrm{d}x_2 \cdots \mathrm{d}x_n,$$

则

$$\int_\alpha^\beta \left(\int_K f(P, t)\mathrm{d}\omega \right) \mathrm{d}t = \int_K \left(\int_\alpha^\beta f(P, t)\mathrm{d}t \right) \mathrm{d}\omega. \tag{8.50}$$

证明 利用 Arzelà 定理 (定理 8.10), 与定理 6.19 的证明过程一样来证明即可. □

推论 $\Phi(x_1, \cdots, x_n, t) = \int_\alpha^t f(x_1, \cdots, x_n, t)\mathrm{d}t$ 是闭领域 $K \times [\alpha, \beta]$ 上的关于 $n+1$ 个变量 $x_1, x_2, \cdots, x_n, t$ 的连续函数.

证明 根据假设 $|f(x_1, \cdots, x_n, t)| \leqslant M, M$ 是常数, 所以

$$|\Phi(x_1, \cdots, x_n, t) - \Phi(x_1, \cdots, x_n, \tau)| \leqslant M \cdot |t - \tau|,$$

因此

$$|\Phi(x_1, \cdots, x_n, t) - \Phi(\xi_1, \cdots, \xi_n, \tau)| \leqslant M \cdot |t - \tau| + |\Phi(x_1, \cdots, x_n, \tau) - \Phi(\xi_1, \cdots, \xi_n, \tau)|.$$

又根据上述的 (1), $\Phi(x_1, \cdots, x_n, \tau)$ 是 $x_1, \cdots, x_n$ 的连续函数. 因此 $\Phi(x_1, \cdots, x_n, t)$ 是 $x_1, \cdots, x_n, t$ 的连续函数. □

8.3 积分变量的变换

a) 累次积分

平面内的矩形 $K = \{(x,y) \,|\, a \leqslant x \leqslant b, c \leqslant y \leqslant d\}$ 上的连续函数 $f(x,y)$ 在 K 上的积分作为累次积分, 用

$$\int_K f(x,y)\mathrm{d}x\mathrm{d}y = \int_c^d \mathrm{d}y \int_a^b f(x,y)\mathrm{d}x$$

表示 (定理 7.3). 同理, $\mathbf{R}^n$ 内的区间 $K = \{(x_1,x_2,\cdots,x_n) \,|\, a_1 \leqslant x_1 \leqslant b_1, a_2 \leqslant x_2 \leqslant b_2, \cdots, a_n \leqslant x_n \leqslant b_n\}$ 上的连续函数 $f(x_1,x_2,\cdots,x_n) = f(P)(P = (x_1,x_2,\cdots,x_n))$ 的积分作为累次积分用

$$\int_K f(P)\mathrm{d}\omega = \int_{a_n}^{b_n} \mathrm{d}x_n \cdots \int_{a_2}^{b_2} \mathrm{d}x_2 \int_{a_1}^{b_1} f(x_1,x_2,\cdots,x_n)\mathrm{d}x_1$$

表示. 这可以根据下面的定理直接获得.

定理 8.12 若

$$H = \{(x_1,\cdots,x_{n-1}) \,|\, a_1 \leqslant x_1 \leqslant b_1, \cdots, a_{n-1} \leqslant x_{n-1} \leqslant b_{n-1}\},$$

则

$$\int_K f(P)\mathrm{d}\omega = \int_{a_n}^{b_n} \mathrm{d}x_n \int_H f(x_1,\cdots,x_{n-1},x_n)\mathrm{d}x_1,\cdots,\mathrm{d}x_{n-1}. \tag{8.51}$$

证明 根据定理 8.11 的 (1), $\int_H f(x_1,\cdots,x_{n-1},x_n)\mathrm{d}x_1\cdots\mathrm{d}x_{n-1}$ 是关于 x_n 的连续函数. 若将区间 H 分割成小区间, 则在每个小区间上的积分, 中值定理式 (8.34) 成立. 因此定理的证明过程与定理 7.3 的证明一样. □

在式 (8.51) 中, 若将 n 换成 $n+1$; x_{n+1} 换成 t; a_{n+1}, b_{n+1} 分别换成 a, b; $f(x_1,x_2,\cdots,x_n,x_{n+1})$ 换成 $f(P,t)$; $\mathrm{d}x_1\mathrm{d}x_2\cdots\mathrm{d}x_n$ 换成 $\mathrm{d}\omega$, 则式 (8.51) 变为

$$\int_K f(P,t)\mathrm{d}\omega\mathrm{d}t = \int_a^b \mathrm{d}t \int_H f(P,t)\mathrm{d}\omega. \tag{8.52}$$

因此, 根据式 (8.50),

$$\int_K f(P,t)\mathrm{d}\omega\mathrm{d}t = \int_H \mathrm{d}\omega \int_a^b f(P,t)\mathrm{d}t. \tag{8.53}$$

下面讨论 7.2 节 d) 的累次积分的推广. 设 $H = \{(x_1,\cdots,x_n) \,|\, a_1 \leqslant x_1 \leqslant b_1, \cdots, a_n \leqslant x_n \leqslant b_n\}$ 是 $\mathbf{R}^n$ 内的区间, $\psi(P) = \psi(x_1,x_2,\cdots,x_n)(P = (x_1,x_2,\cdots,x_n))$ 是在 H 上连续且满足 $\psi(P) > a(a$ 是常数) 的函数, 若令

$$K = \{(P,t) \,|\, P \in H, \quad a \leqslant t \leqslant \psi(P)\},$$

则 K 是 $\mathbf{R}^{n+1}$ 内的有界闭领域. 这里, (P,t) 表示 $(x_1, x_2, \cdots, x_n, t)$. K 的边界由 $2n + 2$ 个初等超曲面组成, 其中的一个是 $\{(P, \psi(P)) | P \in H\}$, 其他的为超平面: $x_k = a_k, x_k = b_k$, $k = 1, 2, \cdots, n$, 和 $t = a$. 所以 K 是容积确定的.

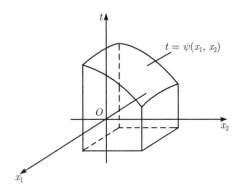

定理 8.13　若 $f(P,t) = f(x_1, x_2, \cdots, x_n, t)$ 是 K 上的连续函数, 则等式

$$\int_K f(P,t)\mathrm{d}\omega\mathrm{d}t = \int_H \mathrm{d}\omega \int_a^{\psi(P)} f(P,t)\mathrm{d}t \tag{8.54}$$

成立.

此定理 8.13 是定理 7.10 的推广. 若令 $f(P,t) = 1$, 则式 (8.54) 变成

$$\omega(K) = \int_H (\psi(P) - a)\mathrm{d}\omega. \tag{8.55}$$

此式左边的 $\omega(K)$ 表示闭领域 K 在 $\mathbf{R}^{n+1}$ 上的容积.

证明　同定理 7.10 的证明一样, 首先根据连续函数 $\psi(P) - a$ 在区间 H 上的积分定义有式 (8.55) 成立. 其次取常数 b, 使得恒有 $\psi(P) < b$, 若当 $a \leqslant t \leqslant \psi(P)$ 时, 令 $\tilde{f}(P,t) = f(P,t)$; 当 $\psi(P) \leqslant t \leqslant b$ 时, 令 $\tilde{f}(P,t) = g(P)$, $g(P) = f(P, \psi(P))$), 则将 K 上的连续函数 $f(P,t)$ 延拓到区间 $H \times [a,b]$ 上的连续函数 $\tilde{f}(P,t)$. 根据式 (8.53),

$$\int_{H \times [a,b]} \tilde{f}(P,t)\mathrm{d}\omega\mathrm{d}t = \int_H \mathrm{d}\omega \int_a^b \tilde{f}(P,t)\mathrm{d}t.$$

因此, 用与定理 7.10 相同的证明方法, 等式 (8.54) 可以归结到等式

$$\int_K g(P)\mathrm{d}\omega\mathrm{d}t = \int_H g(P)(\psi(P) - a)\mathrm{d}\omega \tag{8.56}$$

上.

若将区间 H 分割成有限个充分小的区间 $H_k, k = 1, 2, \cdots, m$, 则相应地 K 被分割成闭领域 $K_k = \{(P,t) | P \in H_k, a \leqslant t \leqslant \psi(P)\}$, $k = 1, 2, \cdots, m$. 根据推广的中

值定理式 (8.33) 和式 (8.55), 对于每一个 k, 存在点 $\varXi_k \in H_k$, 使得

$$\int_{H_k} g(P)(\psi(P) - a)\mathrm{d}\omega = g(\varXi_k)\omega(K_k).$$

因此根据定理 8.5,

$$\int_K g(P)\mathrm{d}\omega\mathrm{d}t - \int_H g(P)(\psi(P) - a)\mathrm{d}\omega = \sum_{k=1}^{m} \int_{K_k} (g(P) - g(\varXi_k))\mathrm{d}\omega\mathrm{d}t.$$

因为 $g(P)$ 在闭区间 H 上一致连续, 所以对于任意给定的 $\varepsilon > 0$, 若取充分小的各区间 H_k, 则当 $P \in H_k$ 时, 就有 $|g(P) - g(\varXi_k)| < \varepsilon$ 成立. 因此

$$\left| \int_K g(P)\mathrm{d}\omega\mathrm{d}t - \int_H g(P)(\psi(P) - a)\mathrm{d}\omega \right| < \varepsilon\omega(K).$$

故式 (8.56) 成立. □

推论　设 $\varphi(P), \psi(P)$ 是区间 H 上的连续函数, 并且在 (H) 上恒有 $\varphi(P) < \psi(P)$, 令

$$K = \{(P, t) | P \in H, \quad \varphi(P) \leqslant t \leqslant \psi(P)\}.$$

若 $f(P, t)$ 是闭领域 K 上的连续函数, 则

$$\int_K f(P, t)\mathrm{d}\omega\mathrm{d}t = \int_H \mathrm{d}\omega \int_{\varphi(P)}^{\psi(P)} f(P, t)\mathrm{d}t. \tag{8.57}$$

可以将这个推论推广到 H 是容积确定的任意有界闭领域的情况.

定理 8.14　设 H 是 $\mathbf{R}^n$ 内的容积确定的有界闭领域, $\varphi(P)$ 和 $\psi(P)$ 是 H 上的连续函数. 当在 (H) 上恒有 $\varphi(P) < \psi(P)$ 时, 令

$$K = \{(P, t) | P \in H, \quad \varphi(P) \leqslant t \leqslant \psi(P)\},$$

则 K 也是 $\mathbf{R}^{n+1}$ 内的容积确定的有界闭领域, 并且对于 K 上的连续函数 $f(P, t)$, 等式

$$\int_K f(P, t)\mathrm{d}\omega\mathrm{d}t = \int_H \mathrm{d}\omega \int_{\varphi(P)}^{\psi(P)} f(P, t)\mathrm{d}t \tag{8.58}$$

成立.

证明　K 的边界 $K - (K)$ 由点集 $S = \{(P, t) | P \in H - (H), \varphi(P) \leqslant t \leqslant \psi(P)\}$ 和两个初等超曲面 $\{(P, \varphi(P)) | P \in H\}$, $\{(P, \psi(P)) | P \in H\}$ 组成. 因为初等超曲面的容积为 0, 所以要证明 K 是容积确定的只需证明 S 的容积为 0 即可. 若 H 上 $\varphi(P)$ 的最小值为 α, $\psi(P)$ 的最大值为 β, 则

$$S \subset [H - (H)] \times [\alpha, \beta],$$

因此只需证明 $[H - (H)] \times [\alpha, \beta]$ 的容积为 0 即可. 根据假设, H 在 $\mathbf{R}^n$ 上是容积确定的, 所以对于任意的 $\varepsilon > 0$, 存在满足 $H - (H) \subset B, \omega(B) < \varepsilon$ 的 $\mathbf{R}^n$ 内的区间块 B.

$$[H - (H)] \times [\alpha, \beta] \subset B \times [\alpha, \beta],$$

并且 $\mathbf{R}^{n+1}$ 内的区间块 $B \times [\alpha, \beta]$ 的容积为 $(\beta - \alpha)\omega(B) < (\beta - \alpha)\varepsilon$. 因此, $[H - (H)] \times [\alpha, \beta]$ 的容积为 0.

根据引理 8.4, 可以选取从内部单调收敛于 (H) 的区间块序列 $\{H_\nu\}$, 使得每一个 H_ν 是有界闭领域. 若对于 H_ν, 令

$$K_\nu = \{(P, t) | P \in H_\nu, \quad \varphi(P) \leqslant t \leqslant \psi(P)\},$$

则 K_ν 是有界闭领域. 若将区间块 H_ν 分割成有限个区间, 则相应地 K_ν 也被分割成有限个闭领域. 当 H 是区间时, 等式 (8.57) 成立. 因此, 根据定理 8.5,

$$\int_{K_\nu} f(P, t) \mathrm{d}\omega \mathrm{d}t = \int_{H_\nu} \mathrm{d}\omega \int_{\varphi(P)}^{\psi(P)} f(P, t) \mathrm{d}t.$$

其中, $\int_{\varphi(P)}^{\psi(P)} f(P, t) \mathrm{d}t$ 是根据定理 8.11 的 (1) 得到的关于 $P = (x_1, x_2, \cdots, x_n)$ 的连续函数. 根据广义积分的定义式 (8.13) 和式 (8.24),

$$\int_H \mathrm{d}\omega \int_{\varphi(P)}^{\psi(P)} f(P, t) \mathrm{d}t = \lim_{\nu \to \infty} \int_{H_\nu} \mathrm{d}\omega \int_{\varphi(P)}^{\psi(P)} f(P, t) \mathrm{d}t.$$

故要证明此定理只需验证

$$\int_K f(P, t) \mathrm{d}\omega \mathrm{d}t = \lim_{\nu \to \infty} \int_{K_\nu} f(P, t) \mathrm{d}\omega \mathrm{d}t$$

即可. 因为

$$(H) = \bigcup_{\nu=1}^{\infty} (H_\nu), \quad (K_\nu) = \{(P, t) | P \in (H_\nu), \quad \varphi(P) < t < \psi(P)\},$$

所以 $(K) = \bigcup_{\nu=1}^{\infty} (K_\nu)$. 又因为 $\{H_\nu\}$ 是 "单调递增" 的, 所以 $\{K_\nu\}$ 也单调递增, 即 $(K_1) \subset (K_2) \subset \cdots \subset (K_\nu) \subset \cdots$. 因此若$\{A_m\}$是从内部单调收敛于 (K) 的区间块序列, 则根据 Heine-Borel 覆盖定理有, 对于每一个 m, 存在 $\nu(m)$ 使得当 $\nu \geqslant \nu(m)$ 时, $A_m \subset (K_\nu)$. 因此 $A_m \subset K_\nu \subset K$, 所以根据式 (8.28),

$$\int_{A_m} |f(P, t)| \mathrm{d}\omega \mathrm{d}t \leqslant \int_{K_\nu} |f(P, t)| \mathrm{d}\omega \mathrm{d}t \leqslant \int_K |f(P, t)| \mathrm{d}\omega \mathrm{d}t.$$

另一方面, 根据广义积分的定义,

$$\int_K |f(P,t)| \mathrm{d}\omega \mathrm{d}t = \int_{(K)} |f(P,t)| \mathrm{d}\omega \mathrm{d}t = \lim_{m \to \infty} \int_{A_m} |f(P,t)| \mathrm{d}\omega \mathrm{d}t.$$

因此

$$\lim_{\nu \to \infty} \int_{K_\nu} |f(P,t)| \mathrm{d}\omega \mathrm{d}t = \int_K |f(P,t)| \mathrm{d}\omega \mathrm{d}t,$$

从而根据式 (8.29),

$$\lim_{\nu \to \infty} | \int_K f(P,t) \mathrm{d}\omega \mathrm{d}t - \int_{K_\nu} f(P,t) \mathrm{d}\omega \mathrm{d}t | = 0. \qquad \square$$

在式 (8.58) 中, 令 $f(P,t) = 1$, 则获得 K 的容积公式

$$\omega(K) = \int_H (\psi(P) - \varphi(P)) \mathrm{d}\omega. \tag{8.59}$$

特别地, 当 K 是空间 $\mathbf{R}^3$ 内的闭领域时, 若将 (P,t) 改写成 (x,y,z), 则式 (8.58)、式 (8.59) 分别变成

$$\int_K f(x,y,z) \mathrm{d}x \mathrm{d}y \mathrm{d}z = \int_H \mathrm{d}x \mathrm{d}y \int_{\varphi(x,y)}^{\psi(x,y)} f(x,y,z) \mathrm{d}z, \tag{8.60}$$

$$\omega(K) = \int_H (\psi(x,y) - \varphi(x,y)) \mathrm{d}x \mathrm{d}y. \tag{8.61}$$

例 8.2 举一个极简单的例子. 计算 $\mathbf{R}^3$ 内的以原点 O 为中心、R 为半径的球 K: $x^2 + y^2 + z^2 \leqslant R^2$ 的体积. 因为

$$K = \{(x,y,z) | x^2 + y^2 \leqslant R^2, \quad -\sqrt{R^2 - x^2 - y^2} \leqslant z \leqslant \sqrt{R^2 - x^2 - y^2}\},$$

所以根据式 (8.61),

$$\omega(K) = \int_{x^2 + y^2 \leqslant R^2} 2\sqrt{R^2 - x^2 - y^2} \mathrm{d}x \mathrm{d}y.$$

令 $x = r \cos\theta, y = r \sin\theta$, 并且将 x, y 变换成极坐标 r, θ, 则根据例 7.5, 得

$$\omega(K) = \int_0^R \int_0^{2\pi} 2\sqrt{R^2 - r^2} r \mathrm{d}r \mathrm{d}\theta = 4\pi \int_0^R \sqrt{R^2 - r^2} r \mathrm{d}r = \frac{4}{3}\pi R^3.$$

这是我们所熟知的结果.

设 $\lambda(x), \mu(x)$ 是闭区间 $[a,b]$ 上的关于 x 的连续函数, 当 $a < x < b$ 时, $\lambda(x) < \mu(x)$. 若 $H = \{(x,y) | a \leqslant x \leqslant b, \lambda(x) \leqslant y \leqslant \mu(x)\}$, 则根据定理 8.11 的推

论, $\int_{\varphi(x,y)}^{\psi(x,y)} f(x,y,z)\mathrm{d}z$ 是关于 x, y 的连续函数, 所以根据累次积分的公式 (7.50),
式 (8.60) 可以改写为

$$\int_K f(x,y,z)\mathrm{d}x\mathrm{d}y\mathrm{d}z = \int_a^b \mathrm{d}x \int_{\lambda(x)}^{\mu(x)} \mathrm{d}y \int_{\varphi(x,y)}^{\psi(x,y)} f(x,y,z)\mathrm{d}z.$$

因此, 若令

$$K_x = \{(y,z) | \lambda(x) \leqslant y \leqslant \mu(x), \quad \varphi(x,y) \leqslant z \leqslant \psi(x,y)\},$$

则根据式 (7.50), 得

$$\int_K f(x,y,z)\mathrm{d}x\mathrm{d}y\mathrm{d}z = \int_a^b \mathrm{d}x \int_{K_x} f(x,y,z)\mathrm{d}y\mathrm{d}z. \tag{8.62}$$

此时

$$K = \{(x,y,z) | a \leqslant x \leqslant b, \quad \lambda(x) \leqslant y \leqslant \mu(x), \quad \varphi(x,y) \leqslant z \leqslant \psi(x,y)\}, \tag{8.63}$$

并且, 闭区域

$$K_x = \{(y,z) | (x,y,z) \in K\} \tag{8.64}$$

表示通过点 $(x,0,0)$ 与 x 轴正交的 $\mathbf{R}^3 = \mathbf{R} \times \mathbf{R}^2$ 内的平面 $x \times \mathbf{R}^2$ 上的 K 的 "截面", 即

$$x \times K_x = K \cap x \times \mathbf{R}^2.$$

若在式 (8.63) 中交换 y 和 z, 则有

$$K = \{(x,y,z) | a \leqslant x \leqslant b, \quad \lambda(x) \leqslant z \leqslant \mu(x), \quad \varphi(x,z) \leqslant y \leqslant \psi(x,z)\}. \tag{8.65}$$

对于这种形式的闭领域 K, 令 $K_x = \{(y,z) | (x,y,z) \in K\}$, 则累次积分公式 (8.62)
依然成立.

设 $K \subset \mathbf{R}^3$ 是有界闭领域, 并且将 K 分割成有限个闭领域 $K_j, j = 1, 2, \cdots, m$.
若 K_j 可以写成式 (8.63) 或者式 (8.65) 的形式:

$$K_j = \{(x,y,z) | a_j \leqslant x \leqslant b_j, \quad \lambda_j(x) \leqslant y \leqslant \mu_j(x), \quad \varphi_j(x,y) \leqslant z \leqslant \psi_j(x,y)\}$$

或者

$$K_j = \{(x,y,z) | a_j \leqslant x \leqslant b_j, \quad \lambda_j(x) \leqslant z \leqslant \mu_j(x), \quad \varphi_j(x,z) \leqslant y \leqslant \psi_j(x,z)\},$$

则对于 K 上的连续函数 $f(x,y,z)$, 累次积分公式

$$\int_K f(x,y,z)\mathrm{d}x\mathrm{d}y\mathrm{d}z = \int_a^b \mathrm{d}x \int_{K_x} f(x,y,z)\mathrm{d}y\mathrm{d}z \tag{8.66}$$

成立. 这里, $a = \min\limits_j a_j$, $b = \max\limits_j b_j$, $K_x = \{(y,z)\,|\,(x,y,z) \in K\}$.

[证明] 根据式 (8.62),

$$\int_{K_j} f(x,y,z)\mathrm{d}x\mathrm{d}y\mathrm{d}z = \int_{a_j}^{b_j} \mathrm{d}x \int_{K_{jx}} f(x,y,z)\mathrm{d}y\mathrm{d}z,$$

当 $K_{jx} = \{(y,z)\,|\,(x,y,z) \in K_j\}$ 是空集时, 若令 $\int_{K_{jx}} f(x,y,z)\mathrm{d}y\mathrm{d}z = 0$, 则有

$$\int_{K_j} f(x,y,z)\mathrm{d}x\mathrm{d}y\mathrm{d}z = \int_a^b \mathrm{d}x \int_{K_{jx}} f(x,y,z)\mathrm{d}y\mathrm{d}z.$$

若对该等式两边取和: $\sum\limits_{j=1}^{m}$, 可直接得到式 (8.66). □

一般地, 即使有界闭领域 $K \subset \mathbf{R}^3$ 的体积确定, 也未必有 K_x 的面积确定. 另外即使 K_x 的面积确定, 也未必有 $\int_{K_x} f(x,y,z)\mathrm{d}y\mathrm{d}z$ 是关于 x 的分段连续函数, 所以公式 (8.66) 右边的积分未必能够有定义[①].

例 8.3 $\mathbf{R}^3$ 内的以原点 O 为中心、R 为半径的球用

$$K = \{(x,y,z)\,|\,|x| \leqslant R, \quad |y| \leqslant \sqrt{R^2 - x^2}, \quad |z| \leqslant \sqrt{R^2 - x^2 - y^2}\}$$

来表示, 则 K 是式 (8.63) 形式的闭领域. 在 x 轴上给定一点 $P = (\rho, 0, 0), \rho \geqslant 0$, 并且设点 (x,y,z) 与 P 的距离的倒数为

$$f(x,y,z) = \frac{1}{\sqrt{(x-\rho)^2 + y^2 + z^2}},$$

计算 $f(x,y,z)$ 在 K 上的积分. 根据公式 (8.66),

$$\int_K f(x,y,z)\mathrm{d}x\mathrm{d}y\mathrm{d}z = \int_{-R}^R \mathrm{d}x \int_{K_x} \frac{\mathrm{d}y\mathrm{d}z}{\sqrt{(x-\rho)^2 + y^2 + z^2}}. \tag{8.67}$$

当 $(x,y,z) \to P$ 时, $f(x,y,z) \to +\infty$. 当 $P \in K$ 时, 若考虑

$$\int_K f(x,y,z)\mathrm{d}x\mathrm{d}y\mathrm{d}z = \int_{(K)-\{P\}} f(x,y,z)\mathrm{d}x\mathrm{d}y\mathrm{d}z,$$

---

① 根据 Lebesgue 积分论, K 是体积确定时, 累积分公式 (8.66) 是恒成立的. 参照《现代解析入门》下篇《測度と積分》, §6.3.

则积分绝对收敛且式 (8.67) 成立. 因为 K_x 是以 $(0,0)$ 为中心、$\sqrt{R^2 - x^2}$ 为半径的闭圆盘 $y^2 + z^2 \leqslant R^2 - x^2$, 所以若令 $y = r\cos\theta$, $z = r\sin\theta$, $r^2 = t$, 则

$$\int_{K_x} \frac{\mathrm{d}y\mathrm{d}z}{\sqrt{(x - \rho)^2 + y^2 + z^2}} = \int_0^{\sqrt{R^2 - x^2}} \int_0^{2\pi} \frac{r\mathrm{d}r\mathrm{d}\theta}{\sqrt{(x - \rho)^2 + r^2}}$$

$$= \pi \int_0^{R^2 - x^2} \frac{\mathrm{d}t}{\sqrt{(x - \rho)^2 + t}}$$

$$= 2\pi(\sqrt{(x - \rho)^2 + R^2 - x^2} - \sqrt{(x - \rho)^2}).$$

因此

$$\int_K f(x, y, z)\mathrm{d}x\mathrm{d}y\mathrm{d}z = 2\pi \int_{-R}^R (\sqrt{R^2 + \rho^2 - 2\rho x} - |x - \rho|)\mathrm{d}x.$$

对上式右边的积分, 将 $0 \leqslant \rho < R$ 和 $\rho \geqslant R$ 两种情况分开来计算, 则得

$$\int_K \frac{\mathrm{d}x\mathrm{d}y\mathrm{d}z}{\sqrt{(x - \rho)^2 + y^2 + z^2}} = \begin{cases} 2\pi R^2 - \dfrac{2\pi}{3}\rho^2, & 0 \leqslant \rho < R, \\[2mm] \dfrac{4\pi R^3}{3\rho}, & \rho \geqslant R. \end{cases}$$

假定 K 是由均匀的物质组成的球体, 则此积分表示 (除去比例常数)K 是生成重力场的点 $P = (\rho, 0, 0)$ 处的势.

b) 积分变量的变换

考察领域 $E \subset \mathbf{R}^n$ 到领域 $D \subset \mathbf{R}^n$ 上的连续可微一一映射

$$\Phi : (u_1, u_2, \cdots, u_n) \to (x_1, x_2, \cdots, x_n) = (\varphi_1(u), \varphi_2(u), \cdots, \varphi_n(u)).$$

这里, $\varphi_k(u) = \varphi_k(u_1, u_2, \cdots, u_n)(u = (u_1, u_2, \cdots, u_n))$ 是 E 上的 n 个变量 $u_1, u_2, \cdots, u_n$ 的连续可微函数. 设 Φ 的函数行列式为

$$J(u) = J(u_1, u_2, \cdots, u_n) = \frac{\partial(\varphi_1(u), \varphi_2(u), \cdots, \varphi_n(u))}{\partial(u_1, u_2, u_3, \cdots, u_n)},$$

并且在 E 上恒有 $J(u) \neq 0$. 则 $J(u)$ 是 E 上的连续函数, 所以恒有 $J(u) > 0$, 或者恒有 $J(u) < 0$, 两者必居其一. 根据定理 8.3, Φ 的逆映射

$$\Phi^{-1} : P = (x_1, x_2, \cdots, x_n) \to (u_1, u_2, \cdots, u_n) = (u_1(P), u_2(P), \cdots, u_n(P))$$

在 D 上连续可微. 若 Φ 是 n 个实数的组 $(u_1, u_2, \cdots, u_n) \in E$ 和点 $P = (x_1, x_2, \cdots, x_n) \in D$ 之间的一一映射, 则 D 的每一点 P 可以由 $(u_1, u_2, \cdots, u_n)$ 唯一确定, 所以 $(u_1, u_2, \cdots, u_n)$ 可以看成是点 $P = \Phi(u_1, u_2, \cdots, u_n)$ 的新坐标. 因此 Φ^{-1} :

$(x_1, x_2, \cdots, x_n) \rightarrow (u_1, u_2, \cdots, u_n)$ 是将点 P 的原坐标 $(x_1, x_2, \cdots, x_n)$ 变换成新坐标 $(u_1, u_2, \cdots, u_n)$ 的坐标变换.

设 $f(P) = f(x_1, x_2, \cdots, x_n)$ 是定义在领域 $D = \Phi(E)$ 上的 $x_1, x_2, \cdots, x_n$ 的连续函数, 则 $f(\Phi(u)) = f(\varphi_1(u), \varphi_2(u), \cdots, \varphi_n(u))$ 是定义在 E 上的 $u_1, u_2, \cdots, u_n$ 的连续函数. 此时有与定理 7.13 一样形式的换元积分公式成立, 即

定理 8.15

$$\int_D |f(P)| \mathrm{d}x_1 \mathrm{d}x_2 \cdots \mathrm{d}x_n = \int_E |f(\Phi(u))| \cdot |J(u)| \mathrm{d}u_1 \mathrm{d}u_2 \cdots \mathrm{d}u_n, \tag{8.68}$$

并且当 $\displaystyle\int_D |f(P)| \mathrm{d}x_1 \mathrm{d}x_2 \cdots \mathrm{d}x_n < +\infty$ 时,

$$\int_D f(P) \mathrm{d}x_1 \mathrm{d}x_2 \cdots \mathrm{d}x_n = \int_E f(\Phi(u)) |J(u)| \mathrm{d}u_1 \mathrm{d}u_2 \cdots \mathrm{d}u_n. \tag{8.69}$$

证明 [1] (1) 首先 Φ 是两个连续可微映射 Φ_1 和 Φ_2 的复合映射 $\Phi = \Phi_2 \circ \Phi_1$ 时, 若定理 8.15 关于 Φ_1 和 Φ_2 都成立, 则可以验证它关于 Φ 也成立. 为此, 若在 $\Phi = \Phi_2 \circ \Phi_1$ 中

$$\Phi_1 : (u_1, u_2, \cdots, u_n) \rightarrow (v_1, v_2, \cdots, v_n) = \Phi_1(u_1, u_2, \cdots, u_n)$$

是 E 到某领域 $G \subset \mathbf{R}^n$ 上的映射, 则

$$\Phi_2 : (v_1, v_2, \cdots, v_n) \rightarrow (x_1, x_2, \cdots, x_n) = \Phi_2(v_1, v_2, \cdots, v_n)$$

是从 G 到 D 上的映射. 因为 $\Phi = \Phi_2 \circ \Phi_1$ 是一一映射, 所以 Φ_1 及 Φ_2 都是一一映射. 若 Φ_1 和 Φ_2 的函数行列式分别是

$$J_1(u) = \frac{\partial(v_1, \cdots, v_n)}{\partial(u_1, \cdots, u_n)}, \quad J_2(v) = \frac{\partial(x_1, \cdots, x_n)}{\partial(v_1, \cdots, v_n)},$$

则 $\Phi = \Phi_2 \circ \Phi_1$ 的函数行列式为

$$J(u) = \frac{\partial(x_1, \cdots, x_n)}{\partial(u_1, \cdots, u_n)} = J_2(v) \cdot J_1(u) = J_2(\Phi_1(u)) \cdot J_1(u).$$

根据假设,

$$\int_D |f(P)| \mathrm{d}x_1 \mathrm{d}x_2 \cdots \mathrm{d}x_n = \int_G |f(\Phi_2(v))| \cdot |J_2(v)| \mathrm{d}v_1 \mathrm{d}v_2 \cdots \mathrm{d}v_n,$$

并且若 $g(v) = f(\Phi_2(v)) J_2(v)$, 则

$$\int_G |g(v)| \mathrm{d}v_1 \mathrm{d}v_2 \cdots \mathrm{d}v_n = \int_E |g(\Phi_1(u))| \cdot |J_1(u)| \mathrm{d}u_1 \mathrm{d}u_2 \cdots \mathrm{d}u_n.$$

---

[1] 对于二元函数我们是在 $J(u) > 0$ 的假设下证明了定理 7.13, 但在此处为了方便起见是在 $J(u) \neq 0$ 的假设下证明定理 8.15, 将 $J(u)$ 换成 $|J(u)|$ 正是这个原因.

所以

$$g(\Phi_1(u))J_1(u) = f(\Phi_2(\Phi_1(u)))J_2(\Phi_1(u))J_1(u) = f(\Phi(u))J(u),$$

因此

$$\int_D |f(P)|\mathrm{d}x_1\mathrm{d}x_2\cdots\mathrm{d}x_n = \int_E |f(\Phi(u))|\cdot|J(u)|\mathrm{d}u_1\mathrm{d}u_2\cdots\mathrm{d}u_n.$$

同理, 在 $\displaystyle\int_D |f(P)|\mathrm{d}x_1\mathrm{d}x_2\cdots\mathrm{d}x_n < +\infty$ 的情况下,

$$\int_D f(P)\mathrm{d}x_1\mathrm{d}x_2\cdots\mathrm{d}x_n = \int_E f(\Phi(u))|J(u)|\mathrm{d}u_1\mathrm{d}u_2\cdots\mathrm{d}u_n.$$

(2) 与 8.1 节定理 8.3 的证明相同, Φ 是

$$\Phi: (u_1,\cdots,u_n) \to (x_1,\cdots,x_m,x_{m+1},\cdots,x_n) = (\varphi_1(u),\cdots,\varphi_m(u),u_{m+1},\cdots,u_n)$$

形式的映射, 即 $\varphi_{m+1}(u) = u_{m+1}, \cdots, \varphi_n(u) = u_n$ 恒成立时, 用关于 m 的归纳法证明定理 8.15[1]. 此时,

$$J(u_1, u_2, \cdots, u_n) = \frac{\partial(\varphi_1(u), \cdots, \varphi_m(u))}{\partial(u_1, u_2, \cdots, u_m)}. \tag{8.70}$$

如 8.2 节 d) 中所述, 将领域 $E \subset \mathbf{R}^n$ 分割成无数个区间 $L_1, L_2, \cdots, L_h, \cdots$. 根据式 (8.17),

$$\int_E |f(\Phi(u))|\cdot|J(u)|\mathrm{d}u_1\mathrm{d}u_2\cdots\mathrm{d}u_n = \sum_{h=1}^{\infty}\int_{L_h} |f(\Phi(u))|\cdot|J(u)|\mathrm{d}u_1\mathrm{d}u_2\cdots\mathrm{d}u_n,$$

并且根据式 (8.18), 当上式右边的级数收敛时

$$\int_E f(\Phi(u))|J(u)|\mathrm{d}u_1\mathrm{d}u_2\cdots\mathrm{d}u_n = \sum_{h=1}^{\infty}\int_{L_h} f(\Phi(u))|J(u)|\mathrm{d}u_1\mathrm{d}u_2\cdots\mathrm{d}u_n.$$

若 $K_h = \Phi(L_h)$, 则 $D = \Phi(E)$ 被分割成无数个有界闭领域 $K_1, K_2, \cdots, K_h, \cdots$. 因为每一个 K_h 都具有分段光滑的边界, 从而它是容积确定的. 因此根据定理 8.7,

$$\int_D |f(P)|\mathrm{d}x_1\mathrm{d}x_2\cdots\mathrm{d}x_n = \sum_{h=1}^{\infty}\int_{K_h} |f(P)|\mathrm{d}x_1\mathrm{d}x_2\cdots\mathrm{d}x_n,$$

当右边的级数收敛时,

$$\int_D f(P)\mathrm{d}x_1\mathrm{d}x_2\cdots\mathrm{d}x_n = \sum_{h=1}^{\infty}\int_{K_h} f(P)\mathrm{d}x_1\mathrm{d}x_2\cdots\mathrm{d}x_n.$$

[1] 7.3 节 c) 中是在 "不定积分" 的基础上证明了定理 7.13, 为此计算了 8 个闭区域 $K_1, K_2, \cdots, K_8$ 上的积分. 要用相同的方法证明定理 8.15 就必须计算所有的 $n = 3$ 的情况, 即 26 个闭领域上的积分, 这实际上是不可能的.

因此若要证明定理 8.15, 只需对于每一个 h 证明等式

$$\int_{K_h} f(P)\mathrm{d}x_1\mathrm{d}x_2\cdots\mathrm{d}x_n = \int_{L_h} f(\Phi(u))|J(u)|\mathrm{d}u_1\mathrm{d}u_2\cdots\mathrm{d}u_n \tag{8.71}$$

成立即可.

(3) 当 $m=1$ 时, 从定理 8.13 的推论式 (8.57), 可如下容易地推出等式 (8.71). 此时

$$\Phi : (u_1, u_2, \cdots, u_n) \to (x_1, x_2, \cdots, x_n) = (\varphi_1(u), u_2, \cdots, u_n),$$

又因为 $x_2 = u_2, \cdots, x_n = u_n$, 所以若从一开始就将变量 $u_2, \cdots, u_n$ 写成 $x_2, \cdots, x_n$, 则映射 Φ 表示为:

$$\Phi : (u_1, x_2, \cdots, x_n) \to (\varphi_1(u_1, x_2, \cdots, x_n), x_2, \cdots, x_n).$$

取区间 L_h 中的一个为

$$L = \{(u_1, x_2, \cdots, x_n)|a_1 \leqslant u_1 \leqslant b_1, \quad a_2 \leqslant x_2 \leqslant b_2, \cdots, a_n \leqslant x_n \leqslant b_n\},$$

为方便起见, 令 $Q = (x_2, \cdots, x_n)$, $H = \{Q\,|a_2 \leqslant x_2 \leqslant b_2, \cdots, a_n \leqslant x_n \leqslant b_n\}, a = a_1, b = b_1$, 并且将上式表示为

$$L = [a, b] \times H = \{(u_1, Q)|a \leqslant u_1 \leqslant b, Q \in H\}.$$

则对应的 K_h 用

$$K = \Phi(L) = \{(x_1, Q)|x_1 = \varphi_1(u_1, Q), \quad a \leqslant u_1 \leqslant b, Q \in H\}$$

表示. 根据式 (8.70),

$$\frac{\partial}{\partial u_1}\varphi_1(u_1, Q) = J(u_1, Q) \neq 0,$$

所以恒有 $\partial\varphi_1(u_1, Q)/\partial u_1 > 0$ 或者恒有 $\partial\varphi_1(u_1, Q)/\partial u_1 < 0$. 首先考虑恒有 $\partial\varphi_1(u_1, Q)/\partial u_1 > 0$ 的情况, 则 $x_1 = \varphi_1(u_1, Q)$ 是 u_1 的单调递增函数, 所以若 $\varphi(Q) = \varphi_1(a, Q), \psi(Q) = \varphi_1(b, Q)$, 则

$$K = \{(x_1, Q)|\varphi(Q) \leqslant x_1 \leqslant \psi(Q), Q \in H\}.$$

因此根据式 (8.57),

$$\int_K f(x_1, Q)\mathrm{d}x_1\mathrm{d}x_2\cdots\mathrm{d}x_n = \int_H \mathrm{d}x_2\cdots\mathrm{d}x_n \int_{\varphi(Q)}^{\psi(Q)} f(x_1, Q)\mathrm{d}x_1.$$

在积分 $\displaystyle\int_{\varphi(Q)}^{\psi(Q)} f(x_1, Q)\mathrm{d}x_1$ 中, 令 $x_1 = \varphi_1(u_1, Q)$, 将积分变量 x_1 变换成 u_1, 则根据换元积分公式 (4.56),

$$\int_{\varphi(Q)}^{\psi(Q)} f(x_1, Q)\mathrm{d}x_1 = \int_a^b f(\varphi_1(u_1, Q), Q)\varphi_1'(u_1, Q)\mathrm{d}u_1.$$

又因为 $\varphi_1'(u_1, Q) = \partial\varphi_1(u_1, Q)/\partial u_1 = J(u_1, Q)$, 所以

$$\int_K f(x_1, Q)\mathrm{d}x_1\mathrm{d}x_2 \cdots \mathrm{d}x_n = \int_H \mathrm{d}x_2 \cdots \mathrm{d}x_n \int_a^b f(\varphi_1(u_1, Q), Q)J(u_1, Q)\mathrm{d}u_1.$$

将此式右边的积分变量 $x_2, \cdots, x_n$ 换成 $u_2, \cdots, u_n$, 则

$$\int_K f(P)\mathrm{d}x_1\mathrm{d}x_2 \cdots \mathrm{d}x_n = \int_H \mathrm{d}u_2 \cdots \mathrm{d}u_n \int_a^b f(\varphi_1(u), u_2, \cdots, u_n)J(u)\mathrm{d}u_1.$$

因此根据式 (8.53),

$$\int_K f(P)\mathrm{d}x_1\mathrm{d}x_2 \cdots \mathrm{d}x_n = \int_L f(\varPhi(u))J(u)\mathrm{d}u_1\mathrm{d}u_2 \cdots \mathrm{d}u_n,$$

即等式 (8.71) 成立.

当 $\partial\varphi_1(u_1, Q)/\partial u_1 < 0$ 恒成立时,

$$K = \{(x_1, Q)|\psi(Q) \leqslant x_1 \leqslant \varphi(Q), \quad Q \in H\},$$

所以

$$\int_K f(x_1, Q)\mathrm{d}x_1\mathrm{d}x_2 \cdots \mathrm{d}x_n = \int_H \mathrm{d}x_2 \cdots \mathrm{d}x_n \int_{\psi(Q)}^{\varphi(Q)} f(x_1, Q)\mathrm{d}x_1.$$

又因为 $\varphi_1'(u_1, Q) = J(u_1, Q) = -|J(u_1, Q)|$, 所以

$$\begin{aligned}
\int_{\psi(Q)}^{\varphi(Q)} f(x_1, Q)\mathrm{d}x_1 &= \int_b^a f(\varphi_1(u_1, Q), Q)\varphi_1'(u_1, Q)\mathrm{d}u_1 \\
&= -\int_b^a f(\varphi_1(u_1, Q), Q)|J(u_1, Q)|\mathrm{d}u_1 \\
&= \int_a^b f(\varphi_1(u_1, Q), Q)|J(u_1, Q)|\mathrm{d}u_1,
\end{aligned}$$

因此此时式 (8.71) 也成立.

从而, 当 $m = 1$ 时, 定理 8.15 成立.

(4) 设连续可微映射

$$\varPhi_1 : u \to (x_1, x_2, \cdots, x_m, x_{m+1}, \cdots, x_n) = (u_1, \varphi_2(u), \cdots, \varphi_m(u), u_{m+1}, \cdots, u_n)$$

是从 E 到领域 G 上是一一映射, 逆映射 Φ_1^{-1} 在 G 上连续可微. 若 $\Psi = \Phi \circ \Phi_1^{-1}$, 则

$$\Psi : (u_1, \varphi_2(u), \cdots, \varphi_m(u), u_{m+1}, \cdots, u_n)$$
$$\to (x_1, x_2, \cdots, x_m, x_{m+1}, \cdots, x_n) = (\varphi_1(u), \varphi_2(u), \cdots, \varphi_m(u), u_{m+1}, \cdots, u_n)$$

是从 G 到 D 上的一一连续可微映射, 表示为

$$\Psi : (u_1, x_2, x_3, \cdots, x_n) \to (\Psi(u_1, x_2, \cdots, x_n), x_2, x_3, \cdots, x_n).$$

因为 $\Phi = \Psi \circ \Phi_1$, 所以根据归纳假设, 无论对于 Φ_1, 还是对于 Ψ, 定理 8.15 都成立. 因此根据 (1), 定理 8.15 对于 Φ 也成立.

对于某 $\lambda, 2 \leqslant \lambda \leqslant m$, 映射

$$\Phi_\lambda : u \to (x_1, x_2, \cdots, x_m, x_{m+1}, \cdots, x_n) = (u_\lambda, \varphi_2(u), \cdots, \varphi_m(u), u_{m+1}, \cdots, u_n)$$

是从 E 到某领域 G 上的一一映射, 逆映射 Φ_λ^{-1} 在 G 上连续可微时, 定理 8.15 也同样对 Φ 成立.

(5) 一般情况. 为了证明定理 8.15, 只需对于每一个 h, 证明等式 (8.71) 成立即可, 即等式

$$\int_{(K_h)} f(P) \mathrm{d}x_1 \mathrm{d}x_2 \cdots \mathrm{d}x_n = \int_{(L_h)} f(\Phi(u)) |J(u)| \mathrm{d}u_1 \mathrm{d}u_2 \cdots \mathrm{d}u_n$$

成立. 所以根据 (4), 当 E 被分割成无数个充分小的区间 $L_1, L_2, \cdots, L_h, \cdots$ 时, 对于每一个 L_h 至少存在一个映射 Φ_λ 是从 (L_h) 到某领域 $G_h \subset \mathbf{R}^n$ 的一一映射, 若将 Φ_λ 的定义域限制到 (L_h) 上, 则只需验证其逆映射 Φ_λ^{-1} 在 G_h 上连续可微即可.

根据式 (8.70), 映射 Φ_λ 的函数行列式为

$$J_\lambda(u) = (-1)^{\lambda-1} \frac{\partial(\varphi_2(u), \varphi_3(u), \cdots, \varphi_m(u))}{\partial(u_1, \cdots, u_{\lambda-1}, u_{\lambda+1}, \cdots, u_m)}.$$

根据假设,

$$\frac{\partial(\varphi_1(u), \varphi_2(u), \cdots, \varphi_m(u))}{\partial(u_1, u_2, \cdots, u_\lambda, \cdots, u_m)} = J(u) \neq 0,$$

所以, 若将左边的行列式关于第一行展开, 则得

$$\sum_{\lambda=1}^{m} \frac{\partial \varphi_1(u)}{\partial u_\lambda} \cdot J_\lambda(u) = J(u) \neq 0.$$

因此在每一点 $u^0 \in E$ 处, 行列式 $J_\lambda(u^0), \lambda = 1, 2, \cdots, m$ 中至少有一个不为 0. 若 $J_\lambda(u^0) \neq 0$, 则根据 8.1 节引理 8.2 有, Φ_λ 是从 u^0 的充分小的 ε 邻域 $U_\varepsilon(u^0) \subset E(\varepsilon >$

0) 到 $\Phi_\lambda(u^0)$ 的一个邻域 W 上的一一映射. 并且若将 Φ_λ 的定义域限制到 $U_\varepsilon(u^0)$ 上, 则逆映射 Φ_λ^{-1} 在 W 上连续可微. 若对于所有的点 $u^0 \in E$ 都分别如上确定邻域 $U_\varepsilon(u^0)$, 则其全体 $\mathscr{U} = \{U_\varepsilon(u^0)|u^0 \in E\}$ 构成 E 的开覆盖. 这里, $U_\varepsilon(u^0)$ 中的 ε 显然 依赖于 u^0. 根据 Heine-Borel 覆盖定理 (定理 1.28), 任意的区间块 $A \subset E$ 被有限个 $U_\varepsilon(u^0) \in \mathscr{U}$ 所覆盖. 因此若将 E 分割成无数个充分小的区间 $L_1, L_2, \cdots, L_h, \cdots$, 则 每个区间 L_h 分别被一个邻域 $U_\varepsilon(u^0) \in \mathscr{U}$ 所包含: $L_h \subset U_\varepsilon(u^0)$. 对于邻域 $U_\varepsilon(u^0)$, 至少有一个 Φ_λ 是从 $U_\varepsilon(u^0)$ 到 W 上的一一映射, 并且 Φ_λ^{-1} 在 W 上连续可微. 从 而这个 Φ_λ 是从 (L_h) 到 $G_h = \Phi_\lambda((L_h)) \subset W$ 上的一一映射, 并且逆映射 Φ_λ^{-1} 在 G_h 上连续可微. $\qquad\qquad\qquad\qquad\qquad\qquad\qquad\qquad\qquad\qquad\qquad\qquad$ □

设 $K \subset D$ 是具有分段光滑边界的有界闭领域, 若 $L = \Phi^{-1}(K) \subset E$, 则 L 也 是具有分段光滑边界的有界闭领域, 从而 K 和 L 都是容积确定的.

定理 8.16 若 $f(P) = f(x_1, x_2, \cdots, x_n)(P = (x_1, x_2, \cdots, x_n))$ 是 K 上的连续函数, 则

$$\int_K f(P)\mathrm{d}x_1 \mathrm{d}x_2 \cdots \mathrm{d}x_n = \int_L f(\Phi(u))|J(u)|\mathrm{d}u_1 \mathrm{d}u_2 \cdots \mathrm{d}u_n. \tag{8.72}$$

式 (8.68)、式 (8.69) 和式 (8.72) 都是关于 n 重积分的**换元公式**. 在式 (8.68) 和 式 (8.72) 中, 若令 $f(P) = 1$, 则同二重积分时一样, 有

$$\omega(D) = \int_E |J(u_1, u_2, \cdots, u_n)|\mathrm{d}u_1 \mathrm{d}u_2 \cdots \mathrm{d}u_n, \quad E = \Phi^{-1}(D), \tag{8.73}$$

$$\omega(K) = \int_L |J(u_1, u_2, \cdots, u_n)|\mathrm{d}u_1 \mathrm{d}u_2 \cdots \mathrm{d}u_n, \quad L = \Phi^{-1}(K). \tag{8.74}$$

以上从领域 E 到领域 D 上的连续可微的映射 Φ 是一一映射时, Φ 的函数行 列式 $J(u)$ 在 E 上恒 $\neq 0$, 但是 Φ 未必是一一映射, 另外若考虑在 E 的若干点 u 处 $J(u)=0$ 的情况, 则在应用上比较便利.

设 $\Phi : (u_1, \cdots, u_n) \to (x_1, \cdots, x_n) = (\varphi_1(u), \cdots, \varphi_n(u))$ 是领域 E 到领域 D 上 的连续可微映射, $K \subset D$ 是具有分段光滑边界的有界闭领域, $K = \Phi(L)(L \subset E)$ 也 是具有分段光滑边界的有界闭领域. 并且 Φ 的函数行列式用 $J(u)$ 来表示.

定理 8.17 将 L 分割成具有有限个分段光滑边界的闭领域 $L_1, L_2, \cdots, L_\lambda, \cdots, L_\nu$, 如果下列条件

(1) 在每个 L_λ 的开核 (L_λ) 上恒有 $J(u) > 0$;

(2) $K_\lambda = \Phi(L_\lambda)$ 是具有分段光滑边界的闭领域;

(3) $\Phi((L_\lambda)) = (K_\lambda)$ 且在 (L_λ) 上 Φ 是一一映射;

(4) 当 $\lambda \neq \rho$ 时, $(K_\lambda) \cap (K_\rho) = \varnothing$

成立, 则对于 K 上的任意连续函数 $f(P), P = (x_1, x_2, \cdots, x_n)$, 换元公式

$$\int_K f(P)\mathrm{d}x_1 \mathrm{d}x_2 \cdots \mathrm{d}x_n = \int_L f(\Phi(u))J(u)\mathrm{d}u_1 \mathrm{d}u_2 \cdots \mathrm{d}u_n \tag{8.75}$$

成立.

证明　因为当 $\lambda \neq \rho$ 时, $(K_\lambda) \cap (K_\rho) = \varnothing$, 所以 K 被分割成具有分段光滑边界的闭领域 $K_1, K_2, \cdots, K_\nu$. 如 8.2 节 e) 中所述, 具有分段光滑边界的有界闭领域是容积确定的, 所以根据定理 8.5 和广义积分的定义式 (8.24),

$$\int_K f(P) \mathrm{d}x_1 \mathrm{d}x_2 \cdots \mathrm{d}x_n = \sum_{\lambda=1}^{\nu} \int_{(K_\lambda)} f(P) \mathrm{d}x_1 \mathrm{d}x_2 \cdots \mathrm{d}x_n.$$

同理可得

$$\int_L f(\Phi(u)) J(u) \mathrm{d}u_1 \mathrm{d}u_2 \cdots \mathrm{d}u_n = \sum_{\lambda=1}^{\nu} \int_{(L_\lambda)} f(\Phi(u)) J(u) \mathrm{d}u_1 \mathrm{d}u_2 \cdots \mathrm{d}u_n.$$

Φ 是从 (L_λ) 到 (K_λ) 上的一一映射, 并且在 (L_λ) 上 $J(u) > 0$. 因此根据式 (8.69),

$$\int_{(K_\lambda)} f(P) \mathrm{d}x_1 \mathrm{d}x_2 \cdots \mathrm{d}x_n = \int_{(L_\lambda)} f(\Phi(u)) J(u) \mathrm{d}u_1 \mathrm{d}u_2 \cdots \mathrm{d}u_n.$$

故式 (8.75) 成立. □

例 8.4　例 7.4 中关于两个变量的仿射变换可以同样推广到 n 个变量的情况. 当 n 个变量 $u_1, u_2, \cdots, u_n$ 的线性组合

$$\varphi_j(u) = a_{j1}u_1 + a_{j2}u_2 + \cdots + a_{jn}u_n + b_j, \quad j = 1, 2, \cdots, n$$

的系数 a_{jk} 组成的矩阵 $A = (a_{jk})_{j,k=1,2,\cdots,n}$ 的行列式 $|A|$ 不为 0 时, 称 $\mathbf{R}^n$ 到 $\mathbf{R}^n$ 的一一映射

$$\Phi : (u_1, u_2, \cdots, u_n) \to (x_1, x_2, \cdots, x_n) = (\varphi_1(u), \varphi_2(u), \cdots, \varphi_n(u))$$

为仿射变换. 仿射变换 Φ 的函数行列式为 $J = |A|$. 为方便起见, 假设

$$J = |A| > 0.$$

当 $|A| < 0$ 时, 将 u_1 和 u_2 互换, 则 $|A| > 0$. 设 $K \subset \mathbf{R}^n$ 是具有分段光滑边界的有界闭领域, $f(P)(P = (x_1, x_2, \cdots, x_n))$ 是 K 上的连续函数, 若 $L = \Phi^{-1}(K)$, 则根据换元公式 (8.72),

$$\int_K f(P) \mathrm{d}x_1 \mathrm{d}x_2 \cdots \mathrm{d}x_n = |A| \int_L f(\Phi(u)) \mathrm{d}u_1 \mathrm{d}u_2 \cdots \mathrm{d}u_n.$$

这里, 若令 $f(P) = 1$, 则可得等式

$$\omega(K) = |A| \omega(L), \quad L = \Phi^{-1}(K).$$

例如, 若 $K = \{(x, y, z) \mid x^2/a^2 + y^2/b^2 + z^2/c^2 \leqslant 1\}$, $\Phi : (u, v, w) \to (x, y, z) = (au, bv, cw)$, 则 $L = \Phi^{-1}(K)$ 是半径为 1 的球 $u^2 + v^2 + w^2 \leqslant 1$, 仿射变换 Φ 的函数行列式为 abc, 所以根据例 8.2, $\omega(L) = 4\pi/3$, 因此椭球体 K 的体积为

$$\omega(K) = \frac{4\pi}{3} abc.$$

设仿射变换

$$\Phi : (x_1, x_2, \cdots, x_n) \to (x_1', x_2', \cdots, x_n') = (\varphi_1(x), \varphi_2(x), \cdots, \varphi_n(x))$$

是从点 $(x_1, x_2, \cdots, x_n) \in \mathbf{R}^n$ 到点 $(x_1', x_2', \cdots, x_n') \in \mathbf{R}^n$ 的变换, 并且用 L' 表示 $\Phi(L)$, 则

$$\omega(L') = |A| \omega(L).$$

交换矩阵 $A = (a_{jk})$ 的行和列所得的矩阵称为 A 的**转置矩阵**(transposed matrix), 用 ${}^t A$ 表示: ${}^t A = (b_{jk}), b_{jk} = a_{kj}$. 当 ${}^t A A = 1, 1$ 是单位矩阵时, A 叫作**正交矩阵**. 当 $\varphi_j(x) = \sum_{k=1}^{n} a_{jk} x_k, A = (a_{jk})$ 是正交矩阵时, 仿射变换 Φ 表示以 n 维空间 $\mathbf{R}^n$ 的原点 O 为中心的**旋转**. 因为 $|{}^t A| = |A|$ 且 $|A| > 0$, 所以若 ${}^t A A = 1$, 则 $|A| = 1$. 因而, 此时 $\omega(L') = \omega(L)$, 即容积在旋转下不变.

显然, 容积在平移 $\Phi : (x_1, \cdots, x_n) \to (x_1', \cdots, x_n') = (x_1 + b_1, \cdots, x_n + b_n)$ 下不变.

例 8.5 对于空间 $\mathbf{R}^3$ 内的点 $P = (x, y, z)$, 若连接原点 O 和 P 的线段 OP 的长为 r, OP 与 z 轴正方向的夹角为 θ, OP 在 (x, y) 平面上的射影为 OP', $P' = (x, y, 0)$ 与 x 轴正方向的夹角为 φ, 则 P 的坐标 x, y, z 分别可以用

$$x = r \sin\theta \cos\varphi, \quad y = r \sin\theta \sin\varphi, \quad z = r \cos\theta$$

表示. (r, θ, φ) 称为点 $P = (x, y, z)$ 的**极坐标**.

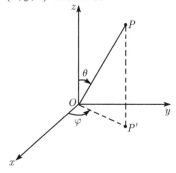

$$\Phi : (r, \theta, \varphi) \to (x, y, z) = (r\sin\theta\cos\varphi, r\sin\theta\sin\varphi, r\cos\theta)$$

是从闭领域 $[0, +\infty) \times [0, \pi] \times R = \{(r, \theta, \varphi) \,|\, 0 \leqslant r < +\infty, 0 \leqslant \theta \leqslant \pi, -\infty < \varphi < +\infty\}$ 到 $\mathbf{R}^3$ 上的连续可微映射，并且 Φ 的函数行列式为

$$J(r, \theta, \varphi) = \begin{vmatrix} \sin\theta\cos\varphi & r\cos\theta\cos\varphi & -r\sin\theta\sin\varphi \\ \sin\theta\sin\varphi & r\cos\theta\sin\varphi & r\sin\theta\cos\varphi \\ \cos\theta & -r\sin\theta & 0 \end{vmatrix} = r^2\sin\theta.$$

Φ 是从闭领域 $[0, +\infty) \times [0, \pi] \times \mathbf{R}$ 的边界到 $\mathbf{R}^3$ 的 z 轴：$Z = (0, 0) \times \mathbf{R}$ 上的映射，是从开核 $\Omega = (0, +\infty) \times (0, \pi) \times \mathbf{R}$ 到 $\mathbf{R}^3$ 中除去 z 轴以外的领域 $\mathbf{R}^3 - Z$ 上的映射．在 Ω 上恒有

$$J(r, \theta, \varphi) = r^2\sin\theta > 0.$$

所以根据定理 8.3, Φ 是 Ω 的每一个点的充分小的邻域上的一一映射．在整个 Ω 上 Φ 不是一一映射，通过 Φ 将无数的点 $(r, \theta, \varphi + 2m\pi)$, $m = 0, \pm 1, \pm 2, \cdots$ 与同一个点 (x, y, z) 相对应．

假设 $f(x, y, z)$ 是领域 D 上的连续函数且积分 $\int_D f(x, y, z)\mathrm{d}x\mathrm{d}y\mathrm{d}z$ 绝对收敛．则若存在 $D = \Phi(E)$ 的领域 $E \subset \Omega$, 使得 Φ 在 E 上是一一映射，那么根据公式 (8.69),

$$\int_D f(x, y, z)\mathrm{d}x\mathrm{d}y\mathrm{d}z = \int_E f(r\sin\theta\cos\varphi, r\sin\theta\sin\varphi, r\cos\theta)r^2\sin\theta\mathrm{d}r\mathrm{d}\theta\mathrm{d}\varphi.$$

这就是积分变量 x, y, z 变换成 r, θ, φ 的换元公式．

假设 K 是以原点 O 为中心、R 为半径的球 $K = \{(x, y, z) \,|\, x^2 + y^2 + z^2 \leqslant R^2\}$, 则有 $K = \Phi(L)$, $L = \{(r, \theta, \varphi) \,|\, 0 \leqslant r \leqslant R, 0 \leqslant \theta \leqslant \pi, 0 \leqslant \varphi \leqslant 2\pi\}$, 但是 Φ 在区间 L 的边界上未必是一一映射．若 $0 \leqslant \varphi \leqslant \pi$, 则 $y = r\sin\theta\sin\varphi \geqslant 0$; 若 $\pi \leqslant \varphi \leqslant 2\pi$, 则 $y = r\sin\theta\sin\varphi \leqslant 0$, 所以若 L 被分割成两个区间 $L_1 = \{(r, \theta, \varphi) \in L \,|\, 0 \leqslant \varphi \leqslant \pi\}$ 和 $L_2 = \{(r, \theta, \varphi) \in L \,|\, \pi \leqslant \varphi \leqslant 2\pi\}$, 则 K 被分割成两个半球 $K_1 = \Phi(L_1) = \{(x, y, z) \in K \,|\, y \geqslant 0\}$ 和 $K_2 = \Phi(L_2) = \{(x, y, z) \in K \,|\, y \leqslant 0\}$, 并且 Φ 是从 $(L_1) \subset \Omega$ 到 (K_1) 上、从 $(L_2) \subset \Omega$ 到 (K_2) 上的一一映射．因此根据定理 8.17, 对于 K 上的连续函数 $f(x, y, z)$, 换元公式

$$\int_K f(x, y, z)\mathrm{d}x\mathrm{d}y\mathrm{d}z = \int_0^R \int_0^\pi \int_0^{2\pi} f(\Phi(r, \theta, \varphi))r^2\sin\theta\mathrm{d}r\mathrm{d}\theta\mathrm{d}\varphi$$

成立. 当然右边的 $\Phi(r,\theta,\varphi)$ 表示 $(r\sin\theta\cos\varphi, r\sin\theta\sin\varphi, r\cos\theta)$. 公式中若令 $f(x,y,z)=1$, 则可自然求得球的体积. 即

$$\omega(K) = \int_0^R \int_0^\pi \int_0^{2\pi} r^2\sin\theta\mathrm{d}r\mathrm{d}\theta\mathrm{d}\varphi = 2\pi\int_0^R r^2\mathrm{d}r\int_0^\pi \sin\theta\mathrm{d}\theta = \frac{4\pi}{3}R^3.$$

$f(x,y,z)$ 在空间 $\mathbf{R}^3$ 中连续, 并且当 $\int_{\mathbf{R}^3} f(x,y,z)\mathrm{d}x\mathrm{d}y\mathrm{d}z$ 绝对收敛时, 若求此公式当 $R \to +\infty$ 时的极限, 则得

$$\int_{\mathbf{R}^3} f(x,y,z)\mathrm{d}x\mathrm{d}y\mathrm{d}z = \int_0^{+\infty}\int_0^\pi\int_0^{2\pi} f(\Phi(r,\theta,\varphi))r^2\sin\theta\mathrm{d}r\mathrm{d}\theta\mathrm{d}\varphi.$$

作为一个实例, 试利用极坐标重新计算例 8.3 中的积分 $\displaystyle\int_K \frac{\mathrm{d}x\mathrm{d}y\mathrm{d}z}{\sqrt{x^2+y^2+(z-\rho)^2}}$. 令 $x=r\sin\theta\cos\varphi, y=r\sin\theta\sin\varphi, z=r\cos\theta, t=-\cos\theta$, 则

$$x^2+y^2+(z-\rho)^2 = x^2+y^2+z^2+\rho^2-2z\rho = r^2+\rho^2-2\rho r\cos\theta,$$

所以

$$\begin{aligned}
\int_K \frac{\mathrm{d}x\mathrm{d}y\mathrm{d}z}{\sqrt{x^2+y^2+(z-\rho)^2}} &= \int_0^R\int_0^\pi\int_0^{2\pi} \frac{r^2\sin\theta\mathrm{d}r\mathrm{d}\theta\mathrm{d}\varphi}{\sqrt{r^2+\rho^2-2\rho r\cos\theta}}\\
&= \int_0^R r^2\mathrm{d}r\int_0^\pi \frac{2\pi\sin\theta\mathrm{d}\theta}{\sqrt{r^2+\rho^2-2\rho r\cos\theta}}\\
&= 2\pi\int_0^R r^2\mathrm{d}r\int_{-1}^1 \frac{\mathrm{d}t}{\sqrt{r^2+\rho^2+2\rho rt}}\\
&= 2\pi\int_0^R \frac{r}{\rho}(\sqrt{r^2+\rho^2+2\rho r}-\sqrt{r^2+\rho^2-2\rho r})\mathrm{d}r\\
&= 2\pi\int_0^R \frac{r}{\rho}(r+\rho-|r-\rho|)\mathrm{d}r,
\end{aligned}$$

因此,

$$\int_K \frac{\mathrm{d}x\mathrm{d}y\mathrm{d}z}{\sqrt{x^2+y^2+(z-\rho)^2}} = \begin{cases} 2\pi R^2 - \dfrac{2\pi}{3}\rho^2, & 0\leqslant\rho<R,\\[2mm] \dfrac{4\pi R^3}{3\rho}, & \rho\geqslant R. \end{cases}$$

例 8.6 令 $D=\{(x,y,z)|x>0,y>0,z>0,x+y+z<1\}$. D 的闭包 $[D]$ 表示 $\mathbf{R}^3$ 内的平面 $x+y+z=1$ 和三个坐标平面 $x=0,y=0,z=0$ 所围成的四面体. 计算函数

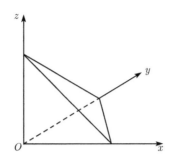

$$f(x, y, z) = (1 - x - y - z)^{p-1} x^{q-1} y^{r-1} z^{s-1}, \quad p > 0, \ q > 0, \ r > 0, \ s > 0,$$

在 D 上的积分. 若 $(x, y, z) \in D$, 则 $z < y + z < x + y + z < 1$, 所以若

$$u = x + y + z, \quad v = \frac{y + z}{x + y + z}, \quad w = \frac{z}{y + z}, \tag{8.76}$$

则有 $0 < u < 1, 0 < v < 1, 0 < w < 1$. 并且 x, y, z 表示为

$$x = u(1 - v), \quad y = uv(1 - w), \quad z = uvw. \tag{8.77}$$

反之, 若 $0 < u < 1, 0 < v < 1, 0 < w < 1$, 则由式 (8.77) 给定的点 (x, y, z) 属于 D, 即

$$\Phi : (u, v, w) \to (x, y, z) = (u(1 - v), uv(1 - w), uvw)$$

是从开区间 $E = \{(u, v, w) \,|\, 0 < u < 1, 0 < v < 1, 0 < w < 1\}$ 到 D 上的连续可微的——映射 (事实上是实解析的映射). Φ 的函数行列式为

$$J(u, v, w) = u^2 v.$$

事实上, 因为等式

$$\frac{\partial(u, uv, uvw)}{\partial(u, v, w)} = \frac{\partial(x, y, z)}{\partial(u, v, w)} \cdot \frac{\partial(u, uv, uvw)}{\partial(x, y, z)}$$

中 $u = x + y + z, uv = y + z, uvw = z$, 所以

$$\frac{\partial(u, uv, uvw)}{\partial(x, y, z)} = \begin{vmatrix} 1 & 1 & 1 \\ 0 & 1 & 1 \\ 0 & 0 & 1 \end{vmatrix} = 1,$$

因此

$$\frac{\partial(x, y, z)}{\partial(u, v, w)} = \frac{\partial(u, uv, uvw)}{\partial(u, v, w)} = \begin{vmatrix} 1 & 0 & 0 \\ v & u & 0 \\ vw & uw & uv \end{vmatrix} = u^2 v.$$

因为在 D 上恒有 $f(x, y, z) > 0$, 所以根据换元公式 (8.68),

$$\int_D f(x, y, z)\mathrm{d}x\mathrm{d}y\mathrm{d}z = \int_E f(u(1-v), uv(1-w), uvw)u^2 v\mathrm{d}u\mathrm{d}v\mathrm{d}w.$$

因为引理 7.7 对于三重积分也同样成立, 所以右边的积分可以写成

$$\int_E (1-u)^{p-1} u^{q+r+s-1} (1-v)^{q-1} v^{r+s-1} (1-w)^{r-1} w^{s-1} \mathrm{d}u\mathrm{d}v\mathrm{d}w$$

$$= \int_0^1 (1-u)^{p-1} u^{q+r+s-1} \mathrm{d}u \int_0^1 (1-v)^{q-1} v^{r+s-1} \mathrm{d}v \int_0^1 (1-w)^{r-1} w^{s-1} \mathrm{d}w.$$

根据例 7.7,

$$\int_0^1 (1-u)^{p-1} u^{q-1} \mathrm{d}u = \frac{\Gamma(p)\Gamma(q)}{\Gamma(p+q)}, \quad p > 0, \quad q > 0, \tag{8.78}$$

因此

$$\int_D f(x, y, z)\mathrm{d}x\mathrm{d}y\mathrm{d}z = \frac{\Gamma(p)\Gamma(q+r+s)}{\Gamma(p+q+r+s)} \cdot \frac{\Gamma(q)\Gamma(r+s)}{\Gamma(q+r+s)} \cdot \frac{\Gamma(r)\Gamma(s)}{\Gamma(r+s)},$$

即

$$\int_D (1-x-y-z)^{p-1} x^{q-1} y^{r-1} z^{s-1} \mathrm{d}x\mathrm{d}y\mathrm{d}z = \frac{\Gamma(p)\Gamma(q)\Gamma(r)\Gamma(s)}{\Gamma(p+q+r+s)}. \tag{8.79}$$

这结果可以推广到 n 个变量的情况, 即若

$$D = \{(x_1, x_2, \cdots, x_n) | x_1 > 0, x_2 > 0, \cdots, x_n > 0, x_1 + x_2 + \cdots + x_n < 1\},$$

则当 $p > 0, q_1 > 0, q_2 > 0, \cdots, q_n > 0$ 时, 有

$$\int_D (1-x_1-x_2-\cdots-x_n)^{p-1} x_1^{q_1-1} x_2^{q_2-1} \cdots x_n^{q_n-1} \mathrm{d}x_1 \mathrm{d}x_2 \cdots \mathrm{d}x_n$$

$$= \frac{\Gamma(p)\Gamma(q_1)\Gamma(q_2)\cdots\Gamma(q_n)}{\Gamma(p+q_1+q_2+\cdots+q_n)}. \tag{8.80}$$

利用公式 (8.80) 计算 $\mathbf{R}^n$ 内的半径为 R 的球 $K = \{(\xi_1, \xi_2, \cdots, \xi_n) | \xi_1^2 + \xi_2^2 + \cdots + \xi_n^2 \leqslant R^2\}$ 的容积 $\omega(K)$. 对于每一个 $k = 1, 2, \cdots, n$, 根据 $\xi_k \geqslant 0$ 或者 $\xi_k \leqslant 0$, K 被分割成容积相同的 2^n 个闭领域. 对于每个 k, 由满足 $\xi_k \geqslant 0$ 的点 $(\xi_1, \xi_2, \cdots, \xi_n)$ 组成的 K 的闭子领域的开核显然为

$$\Delta = \{(\xi_1, \xi_2, \cdots, \xi_n) | \xi_1 > 0, \cdots, \xi_n > 0, \xi_1^2 + \cdots + \xi_n^2 < R^2\}.$$

令 $x_k = \xi_k^2/R^2, k = 1, 2, \cdots, n$, 则

$$\Phi : (x_1, x_2, \cdots, x_n) \to (\xi_1, \xi_2, \cdots, \xi_n) = (R\sqrt{x_1}, R\sqrt{x_2}, \cdots, R\sqrt{x_n})$$

是从式 (8.80) 的领域 D 到 Δ 上的一一的连续可微映射, 其函数行列式为

$$J(x_1, x_2, \cdots, x_n) = \frac{R^n}{2^n \sqrt{x_1 x_2 \cdots x_n}}.$$

所以根据式 (8.73),

$$\omega(\Delta) = \int_\Delta \mathrm{d}\xi_1 \mathrm{d}\xi_2 \cdots \mathrm{d}\xi_n = \frac{R^n}{2^n} \int_D x_1^{-1/2} x_2^{-1/2} \cdots x_n^{-1/2} \mathrm{d}x_1 \mathrm{d}x_2 \cdots \mathrm{d}x_n.$$

又因为 $\Gamma(1) = 1$, 所以根据式 (8.80),

$$\omega(K) = 2^n \omega(\Delta) = R^n \Gamma\left(\frac{1}{2}\right)^n \bigg/ \Gamma\left(1 + \frac{n}{2}\right).$$

为求 $\Gamma(1/2)$ 的值, 令式 (8.78) 中 $p = q = 1/2$, 则可得

$$\Gamma\left(\frac{1}{2}\right)^2 = \int_0^1 \frac{\mathrm{d}u}{\sqrt{u(1-u)}}.$$

令 $u = (1 - \cos\theta)/2$, $0 \leqslant \theta \leqslant \pi$, 并且将积分变量 u 换成 θ, 则 $u(1-u) = \sin^2\theta/4$, 所以, $\Gamma(1/2)^2 = \int_0^\pi \mathrm{d}\theta = \pi$. 因此有

$$\Gamma\left(\frac{1}{2}\right) = \sqrt{\pi}. \tag{8.81}$$

当 n 是偶数, 即 $n = 2m$ 时, 根据式 (4.52),

$$\Gamma\left(1 + \frac{n}{2}\right) = \Gamma(1 + m) = m!.$$

当 n 是奇数, 即 $n = 2m + 1$ 时, 根据式 (4.51),

$$\Gamma\left(1 + \frac{n}{2}\right) = \Gamma\left(1 + m + \frac{1}{2}\right) = \left(m + \frac{1}{2}\right)\Gamma\left(m + \frac{1}{2}\right) = \frac{2m+1}{2}\Gamma\left(m + \frac{1}{2}\right)$$

$$= \frac{2m+1}{2} \cdot \frac{2m-1}{2} \cdot \cdots \cdot \frac{5}{2} \cdot \frac{3}{2} \cdot \frac{1}{2}\Gamma\left(\frac{1}{2}\right) = \frac{(2m+1)!}{2^{2m+1}m!}\Gamma\left(\frac{1}{2}\right).$$

因为 $\Gamma(1/2) = \sqrt{\pi}$, 所以半径为 R 的球 K 的容积 $\omega(K)$ 在当 n 为偶数时,

$$\omega(K) = \frac{\pi^m}{m!}R^n, \quad n = 2m,$$

当 n 为奇数时,

$$\omega(K) = \frac{2^{2m+1}m!\pi^m}{(2m+1)!}R^n, \quad n = 2m + 1.$$

习　　题

57. 求领域 $D = \left\{ (x,y,z) \left| \dfrac{x^2}{a^2} + \dfrac{y^2}{b^2} + \dfrac{z^2}{c^2} < 1, x > 0, y > 0, z > 0 \right. \right\}$ $(a > 0, b > 0, c > 0)$ 上的积分

$$\int_D \frac{xyz}{\sqrt{x^2 + y^2 + z^2}} \mathrm{d}x\mathrm{d}y\mathrm{d}z$$

的值 (用换元法: $x^2 = a^2 u(1-v), y^2 = b^2 uv(1-w), z^2 = c^2 uvw$).

58. 求闭领域 $K = \{(x,y,z) | x^{2/3} + y^{2/3} + z^{2/3} \leqslant 1\}$ 的体积 (可根据换元法, 归结于式 (8.79) 的积分).

59. 证明领域 $D = \{(x,y,z) | x^2 + y^2 + z^2 > 1\}$ 上的积分

$$\int_D \frac{\mathrm{d}x\mathrm{d}y\mathrm{d}z}{(x^2 + y^2 + z^2)^s}$$

当 $s > 3/2$ 时收敛; 当 $s \leqslant 3/2$ 时发散.

60. 若 $D = \{(x,y,z) | x > 0, y > 0, z > 0, a < x+y+z < b\}, 0 \leqslant a < b \leqslant +\infty$, $f(u)$ 是定义在开区间 (a,b) 上的关于 u 的连续函数, 并且恒有 $f(u) > 0$. 证明 (利用式 (8.77) 的换元法): 当 $q > 0, r > 0, s > 0$ 时,

$$\int_D f(x+y+z) x^{q-1} y^{r-1} z^{s-1} \mathrm{d}x\mathrm{d}y\mathrm{d}z = \frac{\Gamma(q)\Gamma(r)\Gamma(s)}{\Gamma(q+r+s)} \int_a^b f(u) u^{q+r+s-1} \mathrm{d}u.$$

61. 设 $D = \{(x_1, x_2, \cdots, x_n) | x_1 > 0, x_2 > 0, \cdots, x_n > 0, a < x_1 + x_2 + \cdots + x_n < b\}$, $0 \leqslant a < b \leqslant +\infty$, $f(u)$ 是定义在开区间 (a,b) 上的关于 u 的连续函数, 并且恒有 $f(u) > 0$. 证明: 若 $q_1 > 0, q_2 > 0, \cdots, q_n > 0$, 则等式

$$\int_D f(x_1 + x_2 + \cdots + x_n) x_1^{q_1-1} x_2^{q_2-1} \cdots x_n^{q_n-1} \mathrm{d}x_1 \mathrm{d}x_2 \cdots \mathrm{d}x_n$$

$$= \frac{\Gamma(q_1)\Gamma(q_2)\cdots\Gamma(q_n)}{\Gamma(q_1 + q_2 + \cdots + q_n)} \int_a^b f(u) u^{q_1 + q_2 + \cdots + q_n - 1} \mathrm{d}u$$

成立 (藤原松三郎《微分积分學 II》, p.261).

62. 证明: 领域 $D = \{(x_1, x_2, \cdots, x_n) | x_1^2 + x_2^2 + \cdots + x_n^2 > 1\}$ 上的积分

$$\int_D \frac{\mathrm{d}x_1 \mathrm{d}x_2 \cdots \mathrm{d}x_n}{(x_1^2 + x_2^2 + \cdots + x_n^2)^s}$$

当 $s > n/2$ 时收敛, 当 $s \leqslant n/2$ 时发散, 并且求 $s > n/2$ 时积分的值.

第 9 章 曲线和曲面

9.1 曲　　线

a) 曲线的定义

我们在 7.2 节 c) 中已经介绍过, 当 $\varphi(t)$ 和 $\psi(t)$ 是定义在实直线上的闭区间 $I = [a, b]$ 上的连续函数时, 称平面 $\mathbf{R}^2$ 上的点 $P(t) = (\varphi(t), \psi(t)), a \leqslant t \leqslant b$ 的集合 $C = \{P(t) | a \leqslant t \leqslant b\}$ 为曲线. 同理, 当 $\varphi_1(t), \varphi_2(t), \cdots, \varphi_n(t)$ 是定义在 $I = [a, b]$ 上的连续函数时, 称 $\mathbf{R}^n$ 内的点集

$$C = \{P(t) | P(t) = (\varphi_1(t), \varphi_2(t), \cdots, \varphi_n(t)), a \leqslant t \leqslant b\} \tag{9.1}$$

为 n 维空间 $\mathbf{R}^n$ 内的曲线. 并且称式 (9.1) 右侧为曲线 C 的参数表示, 称 t 为参数. 每点 $t \in I$ 与点 $P(t) \in \mathbf{R}^n$ 所对应的映射

$$\gamma : t \to \gamma(t) = P(t) = (\varphi_1(t), \varphi_2(t), \cdots, \varphi_n(t))$$

是从闭区间 $I = [a, b]$ 到 $\mathbf{R}^n$ 的连续映射, 曲线 C 是 I 在 γ 下的像: $C = \gamma(I)$. 当 γ 是一一映射时, 即若 $a \leqslant t < u \leqslant b$, 则 $P(t) \neq P(u)$ 时, 称 $C = \gamma(I)$ 为 **Jordan 曲线**. 当 $P(a) = P(b)$ 时, 称 C 为**闭曲线**. 当 $P(a) = P(b)$ 且若 $a \leqslant t < u < b$, 则 $P(t) \neq P(u)$ 时, 称 $C = \gamma(I)$ 为 **Jordan 闭曲线**. 例如圆周 $C = \{(\cos t, \sin t) | 0 \leqslant t \leqslant 2\pi\}$ 是 Jordan 闭曲线. 特别地, 当有必要指出 C 是平面 $\mathbf{R}^2$ 上的曲线时, 称 C 为**平面曲线**. 同理, 称空间 $\mathbf{R}^3$ 内的曲线为**空间曲线**.

当 $\varphi_1(t), \varphi_2(t), \cdots, \varphi_n(t)$ 是 $I = [a, b]$ 上的连续可微函数时, 称曲线 $C = \{P(t) | a \leqslant t \leqslant b\}, P(t) = (\varphi_1(t), \varphi_2(t), \cdots, \varphi_n(t))$ 为 $\mathscr{C}^1$**类曲线**. 进一步, 在 $I = [a, b]$ 上若恒有

$$\varphi_1'(t)^2 + \varphi_2'(t)^2 + \cdots + \varphi_n'(t)^2 > 0, \tag{9.2}$$

则称 C 为**光滑曲线**. 式 (9.2) 显然蕴含着对于每一个 $t, a \leqslant t \leqslant b$, 微分系数 $\varphi_1'(t), \varphi_2'(t), \cdots, \varphi_n'(t)$ 至少有一个不为 0. 对于光滑平面曲线, 我们已经在前面讨论过. $\mathscr{C}^1$ 类曲线未必是 "光滑的", 例如, 这可以从下页图的平面曲线 $C = \{(t^2, t^3) | -1 \leqslant t \leqslant 1\}$ 得知.

当 C 是闭曲线时, 若 $\varphi_1(t), \varphi_2(t), \cdots, \varphi_n(t)$ 连续可微且当 $\varphi_1'(a) = \varphi_1'(b)$, $\varphi_2'(a) = \varphi_2'(b), \cdots, \varphi_n'(a) = \varphi_n'(b)$ 时, 称 C 为 $\mathscr{C}^1$**类闭曲线**. 进一步, 若恒有 $\varphi_1'(t)^2 + \cdots + \varphi_n'(t)^2 > 0$, 则称 C 为**光滑闭曲线**.

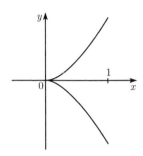

当 C 光滑时, 对于 C 上两点 $P(c) = (\varphi_1(c), \cdots, \varphi_n(c))$, $P(u) = (\varphi_1(u), \cdots, \varphi_n(u))$, 若令

$$h_\nu(t) = (1-t)\varphi_\nu(c) + t\varphi_\nu(u), \quad \nu = 1, 2, \cdots, n,$$

则连结两点 $P(c)$ 和 $P(u)$ 的直线可以用参数表示为

$$\{(h_1(t), h_2(t), \cdots, h_n(t)) | -\infty < t < +\infty\}.$$

根据中值定理,

$$h_\nu(t) = \varphi_\nu(c) + \varphi_\nu'(c + \theta_\nu(u-c))t, \quad 0 < \theta_\nu < 1,$$

所以, 连结两点 $P(c)$ 和 $P(u)$ 的直线在 $u \to c$ 时的 "极限" 位置为

$$\{(h_1(t), h_2(t), \cdots, h_n(t)) | h_\nu(t) = \varphi_\nu(c) + \varphi_\nu'(c)t, -\infty < t < +\infty\}.$$

若 $t \neq c$, 则当 $P(t) \neq P(c)$ 时, 称这条直线为 C 上点 $P(c)$ 处的切线. 当 $f(x)$ 在 $[a, b]$ 上关于 x 是连续可微的函数时, $f(x)$ 的图像即为简单曲线 $C = \{(x, f(x)) | a \leqslant x \leqslant b\}$ 的切线, 这已经在前文介绍过.

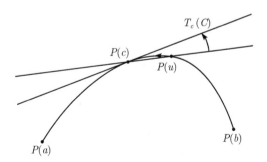

在曲线中存在不像 "曲线" 的极其复杂的曲线. 例如, 曲线 C 通过三角形 $\Delta = \{(x, y) | x \geqslant 0, y \geqslant 0, x + y \leqslant 1\}$ 上的所有点, 即 $C = \Delta$ 的曲线存在[①]. 此曲线 $C = \Delta$

① 参考高木贞治《解析概論》附录 II.

称为 **Peano 曲线**. Peano 曲线虽不是 Jordan 曲线[①], 但是在 Jordan 曲线中也存在复杂的曲线. 例如, 平面上的 Jordan 曲线中存在其面积不为 0 的曲线[②]. 光滑的 Jordan 曲线简单明了.

与平面曲线的情况相同, 对于 $\mathbf{R}^n$ 内的曲线, 它存在无数种参数表示. 若 $\lambda(\tau)$ 是定义在闭区间 $[\alpha, \beta]$ 上的关于 τ 的单调递增连续函数, 并且 $\lambda(\alpha) = a, \lambda(\beta) = b$, 则由曲线 C 的参数表示 $C = \{P(t) | a \leqslant t \leqslant b\}$ 经变量变换 $t = \lambda(\tau)$ 可获得新的参数表示 $C = \{Q(\tau) | \alpha \leqslant \tau \leqslant \beta\}, Q(\tau) = P(\lambda(\tau))$. 参数对应 $\tau \to t = \lambda(\tau)$ 是一一映射, 所以当 C 是 Jordan 曲线时, "Jordan 曲线" 这一性质不会在变量变换中改变. 同理, "Jordan 闭曲线" 这一性质也不会在变量变换中改变.

在 $C = \{P(t) | a \leqslant t \leqslant b\}$ 的参数变换 $t = \lambda(\tau)$ 中, 若 C 是 $\mathscr{C}^1$ 类曲线, 设 $\lambda(\tau)$ 是关于 τ 的连续可微的单调递增函数, 若 C 是光滑曲线, 设 $\lambda(\tau)$ 连续可微且恒有 $\lambda'(\tau) > 0$. 将 $t = \lambda(\tau)$ 代入 $P(t) = (\varphi_1(t), \cdots, \varphi_n(t))$ 中, 则

$$Q(\tau) = P(\lambda(\tau)) = (\psi_1(\tau), \cdots, \psi_n(\tau)), \quad \psi_\nu(\tau) = \varphi_\nu(\lambda(\tau)), \quad \nu = 1, 2, \cdots, n,$$

所以当 C 是 $\mathscr{C}^1$ 类时, $\psi_1(\tau), \cdots, \psi_n(\tau)$ 是连续可微的函数, 并且当 C 是光滑时,

$$\psi_1'(\tau)^2 + \cdots + \psi_n'(\tau)^2 = (\varphi_1'(t)^2 + \cdots + \varphi_n'(t)^2)\lambda'(\tau)^2 > 0.$$

因此, "$\mathscr{C}^1$ 类曲线", "光滑曲线" 等性质不随参数的变换而变化.

b) 曲线的长度

用 $|PQ|$ 表示 n 维空间 $\mathbf{R}^n$ 内两点 $P = (x_1, x_2, \cdots, x_n)$ 和 $Q = (y_1, y_2, \cdots, y_n)$ 的距离:

$$|PQ| = \sqrt{(x_1 - y_1)^2 + (x_2 - y_2)^2 + \cdots + (x_n - y_n)^2}.$$

$|PQ|$ 显然是连接 P 和 Q 的线段 PQ 的长度. 在 2.4 节 b) 中定义了圆弧的长度为其内接折线长度的上确界, $\mathbf{R}^n$ 内的 Jordan 曲线的长度也同样定义.

定义 9.1 设 $C = \{P(t) | a \leqslant t \leqslant b\}$ 是 $\mathbf{R}^n$ 内的 Jordan 曲线, 对于区间 $[a, b]$ 的任意分割 $\Delta = \{t_0, t_1, t_2, \cdots, t_m\}, a = t_0 < t_1 < t_2 < \cdots < t_m = b$, 对于 C 上的点 $P(t_0), P(t_1), P(t_2), \cdots, P(t_m)$, 顺次连结相邻点所得的折线 l_Δ 的长度设为

$$l_\Delta = \sum_{k=1}^{m} |P(t_{k-1})P(t_k)|.$$

对于区间 $[a, b]$ 所得的分割 Δ, 当 l_Δ 有界时, 称 Jordan 曲线 C 具有长度, 称 l_Δ 的上确界 $\sup_\Delta l_\Delta$ 为 C 的长度. C 的长度用 $l(C)$ 表示:

$$l(C) = \sup_\Delta l_\Delta. \tag{9.3}$$

[①] 根据拓扑学, 不存在从区间 I 到三角形 Δ 上的一一的连续映射.
[②] 参考高木贞治《解析概論》附录 II.

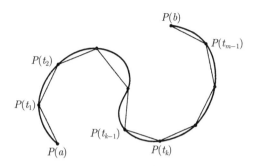

定理 9.1　$\mathscr{C}^1$ 类的 Jordan 曲线 $C = \{P(t) | a \leqslant t \leqslant b\}$, $P(t) = (\varphi_1(t), \varphi_2(t), \cdots, \varphi_n(t))$ 具有长度. 其长度为

$$l(C) = \int_a^b \sqrt{\varphi_1'(t)^2 + \varphi_2'(t)^2 + \cdots + \varphi_n'(t)^2} \mathrm{d}t. \tag{9.4}$$

证明　为了方便起见, 证明 $n=2$ 时的情况. 其证明方法对一般情况也同样适用. 对于分割 $\Delta = \{t_0, t_1, \cdots, t_m\}$, 令 $\delta[\Delta] = \max_k (t_k - t_{k-1})$, 在

$$|P(t_k)P(t_{k-1})| = \sqrt{(\varphi_1(t_k) - \varphi_1(t_{k-1}))^2 + (\varphi_2(t_k) - \varphi_2(t_{k-1}))^2}$$

中, 根据中值定理,

$$\varphi_1(t_k) - \varphi_1(t_{k-1}) = \varphi_1'(\tau_{k1})(t_k - t_{k-1}), \quad t_{k-1} < \tau_{k1} < t_k,$$

$$\varphi_2(t_k) - \varphi_2(t_{k-1}) = \varphi_2'(\tau_{k2})(t_k - t_{k-1}), \quad t_{k-1} < \tau_{k2} < t_k,$$

所以

$$l_\Delta = \sum_{k=1}^m |P(t_{k-1})P(t_k)| = \sum_{k=1}^m \sqrt{\varphi_1'(\tau_{k1})^2 + \varphi_2'(\tau_{k2})^2}(t_k - t_{k-1}). \tag{9.5}$$

由此结果, 显然有

$$\lim_{\delta[\Delta] \to 0} l_\Delta = \int_a^b \sqrt{\varphi_1'(t)^2 + \varphi_2'(t)^2} \mathrm{d}t.$$

为了谨慎起见, 现阐述其证明过程.

　　根据定理 2.3, 闭区间 $[a, b]$ 上的连续函数 $\varphi_1'(t)$ 和 $\varphi_2'(t)$ 一致连续, 即对于任意 $\varepsilon > 0$, 存在 $\delta(\varepsilon) > 0$, 使得

当 $|t - s| < \delta(\varepsilon)$ 时, 　$|\varphi_1'(t) - \varphi_1'(s)| < \varepsilon$, 　$|\varphi_2'(t) - \varphi_2'(s)| < \varepsilon$

成立. 若 $\delta[\Delta] < \delta(\varepsilon)$, 则当 $t_{k-1} \leqslant t \leqslant t_k$ 时, $|\tau_{k1} - t| < \delta(\varepsilon)$, $|\tau_{k2} - t| < \delta(\varepsilon)$. 所以

$$|\varphi_1'(\tau_{k1}) - \varphi_1'(t)| < \varepsilon, \quad |\varphi_2'(\tau_{k2}) - \varphi_2'(t)| < \varepsilon,$$

因此, 根据不等式

$$\left| \sqrt{\xi^2 + \eta^2} - \sqrt{x^2 + y^2} \right| \leqslant \sqrt{(x - \xi)^2 + (y - \eta)^2} \leqslant |x - \xi| + |y - \eta|,$$

得

$$\left| \sqrt{\varphi_1'(\tau_{k1})^2 + \varphi_2'(\tau_{k2})^2} - \sqrt{\varphi_1'(t)^2 + \varphi_2'(t)^2} \right| < 2\varepsilon.$$

故, 根据式 (9.5),

$$l_\Delta = \sum_{k=1}^m \int_{t_{k-1}}^{t_k} \sqrt{\varphi_1'(\tau_{k1})^2 + \varphi_2'(\tau_{k2})^2} \mathrm{d}t,$$

从而

$$l_\Delta - \int_a^b \sqrt{\varphi_1'(t)^2 + \varphi_2'(t)^2} \mathrm{d}t$$
$$= \sum_{k=1}^m \int_{t_{k-1}}^{t_k} \left(\sqrt{\varphi_1'(\tau_{k1})^2 + \varphi_2'(\tau_{k2})^2} - \sqrt{\varphi_1'(t)^2 + \varphi_2'(t)^2} \right) \mathrm{d}t,$$

所以

$$\left| l_\Delta - \int_a^b \sqrt{\varphi_1'(t)^2 + \varphi_2'(t)^2} \mathrm{d}t \right| < 2\varepsilon(b - a). \tag{9.6}$$

因此

$$\lim_{\delta[\Delta] \to 0} l_\Delta = \int_a^b \sqrt{\varphi_1'(t)^2 + \varphi_2'(t)^2} \mathrm{d}t. \tag{9.7}$$

若 $\Delta \subset \Delta'$, 则 $l_\Delta \leqslant l_{\Delta'}$, 所以即使将分割 Δ 限制到 $\delta[\Delta] < \delta(\varepsilon)$, $\sup_\Delta l_\Delta$ 也不变, 所以根据式 (9.6),

$$\left| \sup_\Delta l_\Delta - \int_a^b \sqrt{\varphi_1'(t)^2 + \varphi_2'(t)^2} \mathrm{d}t \right| \leqslant 2\varepsilon(b - a).$$

又因为 $\varepsilon > 0$ 是任意的, 所以有

$$l(C) = \sup_\Delta l_\Delta = \int_a^b \sqrt{\varphi_1'(t)^2 + \varphi_2'(t)^2} \mathrm{d}t. \qquad \square$$

一般的 Jordan 曲线未必具有长度.

例 9.1 举一个不具有长度的 Jordan 曲线的例子. 当线段 PQ 上的点 P_1 和 P_2 将 PQ 三等分时, 称 P_1 和 P_2 为线段 PQ 的三等分点. 约定三等分点 P_1 和 P_2 的位置是 P_1 位于 P 和 P_2 之间.

为了定义不具有长度的平面上的 Jordan 曲线 $C = \{P(t) | 0 \leqslant t \leqslant 1\}$, 首先对于 $t = 0, 1, 1/2, 1/4, 3/4, 1/8, 3/8, 5/8, \cdots$, 将 $P(t)$ 顺次定义为: $P(0) = (-3, 0)$, $P(1) =$

$(3,0), P(1/2) = (0, \sqrt{3})$. 其次, 令 $P(1/4)$ 和 $P(3/4)$ 为线段 $P(0)P(1)$ 的三等分点; $P(1/8)$ 和 $P(3/8)$ 为线段 $P(0)P(1/2)$ 的三等分点; $P(5/8)$ 和 $P(7/8)$ 为线段 $P(1/2)P(1)$ 的三等分点; $P(1/16)$ 和 $P(3/16)$ 为线段 $P(0)P(1/4)$ 的三等分点; $P(5/16)$ 和 $P(7/16)$ 为线段 $P(1/4)P(1/2)$ 的三等分点; $\cdots$. 一般地, 对于自然数 n 和 k, $k \leqslant 2^{n-1}$, 定义 $P((4k-3)/2^{n+1})$ 和 $P((4k-1)/2^{n+1})$ 为线段 $P((k-1)/2^{n-1})P(k/2^{n-1})$ 的三等分点.

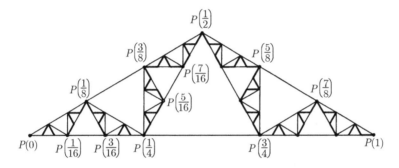

这样对于形如 $r = k/2^n$ (n 和 k 为自然数, $k \leqslant 2^n$) 的所有有理数 r, 可以确定平面上的点 $P(r)$. 对于形如 $r = k/2^n$ 的非有理数的实数 t, $0 < t < 1$, 将 t 展开为二进制小数:

$$t = 0.\, h_1 h_2 h_3 \cdots h_n \cdots = \sum_{n=1}^{\infty} \frac{h_n}{2^n}, \quad \text{每个 } h_n \text{ 或者为 0 或者为 1.}$$

并且令

$$P(t) = \lim_{n \to \infty} P(t_n), \quad t_n = 0.\, h_1 h_2 h_3 \cdots h_n,$$

则 $C = \{P(t) \,|\, 0 \leqslant t \leqslant 1\}$ 是一个 Jordan 曲线[①].

对于区间 $I = [0,1]$ 的分割 $\Delta_n = \{0, 1/2^n, 2/2^n, 3/2^n, \cdots, 1\}$, 将此 Jordan 曲线 C 上的点 $P(0), P(1/2^n), P(2/2^n), \cdots, P(1)$ 顺次用线段连接所得的折线设为 L_{Δ_n} (上图粗线表示 L_{Δ_6}), 则

$$\left| P(0)P\left(\frac{1}{2}\right) \right| + \left| P\left(\frac{1}{2}\right)P(1) \right| = \frac{2}{\sqrt{3}} |P(0)P(1)|,$$

---

① $C = \{P(t) \,|\, 0 \leqslant t \leqslant 1\}$ 是 Jordan 曲线的证明, 参考高木贞治《解析概论》附录 II.

所以 L_{Δ_n} 的长度为

$$l_{\Delta_n} = 6\left(\frac{2}{\sqrt{3}}\right)^n,$$

因此, 当 $n \to \infty$ 时 $l_{\Delta_n} \to +\infty$. 从而, 此 Jordan 曲线 C 不具有长度.

因此, 上述 Peano 曲线也可同样定义. 即首先设 $P(0) = (0,1)$, $P(1) = (1,0)$, $P(1/2) = (0,0)$. 其次, 定义 $P(1/4) = P(3/4)$ 是线段 $P(0)P(1)$ 的中点, $P(1/8) = P(3/8)$ 是线段 $P(0)P(1/2)$ 的中点, $P(5/8) = P(7/8)$ 是线段 $P(1/2)P(1)$ 的中点, 一般地, 对于自然数 n 和 k, $k \leqslant 2^{n-1}$, 定义 $P((4k-3)/2^{n+1}) = P((4k-1)/2^{n+1})$ 是线段 $P((k-1)/2^{n-1})P(k/2^{n-1})$ 的中点. 并且对于实数 $t \neq k/2^n$, 将 t 展开成二进制小数 $t = 0. h_1 h_2 \cdots h_n \cdots$, 令

$$P(t) = \lim_{n \to \infty} P(0. h_1 h_2 \cdots h_n),$$

则 $C = \{P(t) | 0 \leqslant t \leqslant 1\}$ 是 Peano 曲线[①].

在 Jordan 曲线 $C = \{P(t) | a \leqslant t \leqslant b\}$ 的长度的定义中, 参数 t 仅与决定点列 $P(t_0), P(t_1), P(t_2), \cdots, P(t_m)$ 的顺序有关. 因此在参数变换 $t = \lambda(\tau)$ ($\lambda(\tau)$ 是 τ 的单调递增连续函数) 下, C 的长度 $l(C)$ 不变. 在 C 是 $\mathscr{C}^1$ 类的条件下, 这可由公式 (9.4) 导出. 即为了方便起见, 若令 $n = 2$, 则当 $\psi_1(\tau) = \varphi_1(t)$, $\psi_2(\tau) = \varphi_2(t)$, $t = \lambda(\tau)$ 时, 根据换元积分公式 (4.56),

$$\int_a^b \sqrt{\varphi_1'(t)^2 + \varphi_2'(t)^2}\mathrm{d}t = \int_\alpha^\beta \sqrt{\varphi_1'(\lambda(\tau))^2 + \varphi_2'(\lambda(\tau))^2}\lambda'(\tau)\mathrm{d}\tau,$$

又因为 $\lambda(\tau)$ 连续可微且单调递增, 所以 $\lambda'(\tau) \geqslant 0$(定理 3.8), 并且 $\psi_1'(\tau) = \varphi_1'(\lambda(\tau))\lambda'(\tau)$, $\psi_2'(\tau) = \varphi_2'(\lambda(\tau))\lambda'(\tau)$. 因此

$$\int_a^b \sqrt{\varphi_1'(t)^2 + \varphi_2'(t)^2}\mathrm{d}t = \int_\alpha^\beta \sqrt{\psi_1'(\tau)^2 + \psi_2'(\tau)^2}\mathrm{d}\tau.$$

从而, $l(C)$ 不随参数 $t = \lambda(\tau)$ 的变换而变化.

若 $x_1 = \varphi_1(t)$, $x_2 = \varphi_2(t)$, $\cdots$, $x_n = \varphi_n(t)$, 则公式 (9.4) 可写为

$$l(C) = \int_a^b \sqrt{\left(\frac{\mathrm{d}x_1}{\mathrm{d}t}\right)^2 + \left(\frac{\mathrm{d}x_2}{\mathrm{d}t}\right)^2 + \cdots + \left(\frac{\mathrm{d}x_n}{\mathrm{d}t}\right)^2}\mathrm{d}t.$$

对于 $\mathscr{C}^1$ 类 Jordan 曲线 $C = \{P(t) | a \leqslant t \leqslant b\}$, $P(t) = (\varphi_1(t), \varphi_2(t), \cdots, \varphi_n(t))$, 令

$$s(t) = \int_a^t \sqrt{\varphi_1'(t)^2 + \varphi_2'(t)^2 + \cdots + \varphi_n'(t)^2}\mathrm{d}t. \tag{9.8}$$

---

① 参考高木贞治《解析概論》附录 II.

效仿圆弧, 若将曲线 C 的点 $P(a)$ 到 $P(t)$ 的部分: $C^t = \{P(u)|a \leqslant u \leqslant t\}$ 称为 C 的弧[①], 则 $s(t)$ 是弧 C^t 的长度. $s(t)$ 是 t $(a \leqslant t \leqslant b)$ 的连续可微单调递增函数. 当 $u < t$ 时, $s(t) - s(u) \geqslant |P(u)P(t)| > 0$, 由此显然 $s(t)$ 是单调递增的. 因为 $s(a) = 0, s(b) = l$, 若将 $s = s(t)$ 的反函数设为 $t = \lambda(s)$, 则 $\lambda(s)$ 是定义在闭区间 $[0, l]$ $(l = l(C))$ 上的单调递增连续函数 (定理 2.7). 因此, 曲线 C 的参数 t 用 s 替换, 表示为 $C = \{Q(s)|0 \leqslant s \leqslant l\}, Q(s) = P(\lambda(s))$. 此时, 即使 C 是 $\mathscr{C}^1$ 类, $\lambda(s)$ 也未必关于 s 连续可微, 但是若 C 是光滑的, 则

$$s'(t) = \sqrt{\varphi_1'(t)^2 + \varphi_2'(t)^2 + \cdots + \varphi_n'(t)^2} > 0, \tag{9.9}$$

所以 $\lambda(s)$ 关于 s 连续可微, 并且

$$\lambda'(s) = \frac{1}{s'(t)} > 0, \quad t = \lambda(s). \tag{9.10}$$

因此, 此时若令 $Q(s) = (\psi_1(s), \psi_2(s), \cdots, \psi_n(s))$, 则 $\psi_\nu(s) = \varphi_\nu(\lambda(s))$ $(\nu = 1, 2, \cdots, n)$ 是关于 s 的连续可微函数. 因为 $\psi_\nu'(s) = \varphi_\nu'(t)\lambda'(s), t = \lambda(s)$, 所以根据式 (9.9) 和式 (9.10),

$$\psi_1'(s)^2 + \psi_2'(s)^2 + \cdots + \psi_n'(s)^2 = 1.$$

因此, 若取弧长 $s = s(t)$ 为参数, 则公式 (9.4) 可归为恒等式

$$l = l(C) = \int_0^l \mathrm{d}s.$$

例 9.2 当 $P(t) = (\varphi_1(t), \varphi_2(t)), \varphi_1(0) = \varphi_2(0) = 0, 0 < t \leqslant 1$ 时, 若令 $\varphi_1(t) = t^3 \cos(2\pi/t), \varphi_2(t) = t^3 \sin(2\pi/t)$, 则可定义 $\mathscr{C}^1$ 类平面曲线 $C = \{P(t)|0 \leqslant t \leqslant 1\}$. 下面求曲线 C 的长度. 因为

$$\varphi_1'(t) = 3t^2 \cos\frac{2\pi}{t} + 2\pi t \sin\frac{2\pi}{t},$$

$$\varphi_2'(t) = 3t^2 \sin\frac{2\pi}{t} - 2\pi t \cos\frac{2\pi}{t},$$

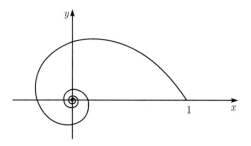

---

① 高木贞治《解析概論》, p.132.

所以若令 $u = t^2$, 则

$$s(t) = \int_0^t \sqrt{\varphi_1'(t)^2 + \varphi_2'(t)^2} \mathrm{d}t = \int_0^t \sqrt{9t^4 + 4\pi^2 t^2} \mathrm{d}t$$

$$= \int_0^t \sqrt{9t^2 + 4\pi^2} t \mathrm{d}t = \frac{1}{2} \int_0^{t^2} \sqrt{9u + 4\pi^2} \mathrm{d}u,$$

故

$$s(t) = \left(t^2 + \frac{4\pi^2}{9} \right)^{3/2} - \left(\frac{2\pi}{3} \right)^3,$$

因此

$$l(C) = \left(1 + \frac{4\pi^2}{9} \right)^{3/2} - \left(\frac{2\pi}{3} \right)^3 = 3.314\,361\,9\cdots.$$

它是取弧长 $s = s(t)$ 作为参数时, 曲线 C 不是 $\mathscr{C}^1$ 类的例子. 事实上, 若 $\psi_1(s) = \varphi_1(\lambda(s)), t = \lambda(s)$ 是 $s = s(t)$ 的反函数, 因为 $s'(t) = 3t \left(t^2 + \left(4\pi^2/9 \right) \right)^{1/2}$, 所以, 当 $s > 0$ 时,

$$\psi_1'(s) = \frac{\varphi_1'(t)}{s'(t)} = \left(t^2 + \frac{4\pi^2}{9} \right)^{-1/2} \left(\frac{2\pi}{3} \sin \frac{2\pi}{t} + t \cos \frac{2\pi}{t} \right).$$

当 $s \to +0$ 时, $t = \lambda(s) \to +0$, 所以 $\lim\limits_{s \to +0} \psi_1'(s)$ 不存在, 即 $\psi_1(s)$ 在区间 $[0, l]$ 上 $(l = l(C))$ 不是连续可微的.

关于曲线长度的定义 9.1 也同样适用于 Jordan 闭曲线. $\mathscr{C}^1$ 类的 Jordan 闭曲线 C 具有长度, 并且其长度 $l(C)$ 由公式 (9.4) 给出.

例 9.3　求方程 $x^{2/3} + y^{2/3} = 1$ 确定的平面曲线 C 的长度. 因为 $C = \{(x, y) \,|\, x = \cos^3 t, y = \sin^3 t, 0 \leqslant t \leqslant 2\pi\}$, 所以 C 是 $\mathscr{C}^1$ 类的 Jordan 闭曲线.

$$\left(\frac{\mathrm{d}x}{\mathrm{d}t} \right)^2 + \left(\frac{\mathrm{d}y}{\mathrm{d}t} \right)^2 = 9\cos^4 t \sin^2 t + 9\sin^4 t \cos^2 t = 9\sin^2 t \cos^2 t.$$

因此, C 的长度为

$$l(C) = \int_0^{2\pi} \sqrt{9\sin^2 t \cos^2 t} \mathrm{d}t = 3 \int_0^{2\pi} |\sin t \cos t| \mathrm{d}t$$

$$= \frac{3}{2} \int_0^{2\pi} |\sin(2t)| \mathrm{d}t = \frac{3}{4} \int_0^{4\pi} |\sin u| \mathrm{d}u = 3 \int_0^{\pi} \sin u \mathrm{d}u = 6.$$

例 9.4　若 $P(t) = (\varphi_1(t), \varphi_2(t)), \varphi_1(t) = -\cos(2t), \varphi_2(t) = -(1/3)\cos(3t)$, 则 参数表示 $C = \{P(t) \,|\, 0 \leqslant t \leqslant \pi\}$ 是 $\mathscr{C}^1$ 类的平面曲线. 根据简单的计算,

$$\varphi_1'(t)^2 + \varphi_2'(t)^2 = (4\cos^2 t + 1)^2 \sin^2 t.$$

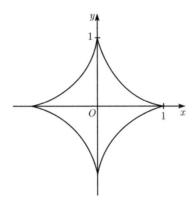

因此, 根据公式 (9.4), 若令 $u = -\cos t$, 则曲线 C 的长度为

$$l(C) = \int_0^\pi (4\cos^2 t + 1)\sin t\,dt = \int_{-1}^1 (4u^2 + 1)du = \frac{14}{3}.$$

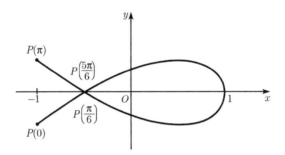

例 9.4 的曲线 C 既不是 Jordan 曲线, 也不是 Jordan 闭曲线, 但是 $P(t) = P(u)$, $0 \leqslant t < u \leqslant \pi$, 仅当 $t = \pi/6, u = 5\pi/6$ 时才成立. 所以 C 被分成 Jordan 曲线 $C_1 = \{P(t) | 0 \leqslant t \leqslant \pi/6\}$、Jordan 闭曲线 $C_2 = \{P(t) | \pi/6 \leqslant t \leqslant 5\pi/6\}$ 和 Jordan 曲线 $C_3 = \{P(t) | 5\pi/6 \leqslant t \leqslant \pi\}$ 三部分. C_1, C_2, C_3 中的任意两个除点 $(-1/2, 0) = P(\pi/6) = P(5\pi/6)$ 外没有任何其他公共点. 因此, C 的长度为 C_1, C_2, C_3 的长度之和. 从而, C 的长度由公式 (9.4) 可得.

一般地, 若在 $\mathscr{C}^1$ 类曲线 $C = \{P(t) | a \leqslant t \leqslant b\}$ 上, 至多存在有限个满足 $P(t) = P(u)\,(u \neq t)$ 的 $t, a \leqslant t \leqslant b$, 则 C 的长度 $l(C)$ 可由公式 (9.4) 求出.

例如, 若令 $P(t) = (\varphi_1(t), \varphi_2(t)), \varphi_1(t) = \cos t, \varphi_2(t) = \sin t$, 则光滑平面曲线 $C = \{P(t) | 0 \leqslant t \leqslant 3\pi\}$ 是以原点 O 为中心、以 1 为半径的圆周. 公式 (9.4) 的右侧

$$\int_0^{3\pi} \sqrt{\varphi_1'(t)^2 + \varphi_2'(t)^2}\,dt = \int_0^{3\pi} dt = 3\pi,$$

这与 C 的长度 $l(C) = 2\pi$ 不一致. 此时, 为了区别曲线 $C = \{P(t) | 0 \leqslant t \leqslant 3\pi\}$ 和圆周 $\{P(t) | 0 \leqslant t \leqslant 2\pi\}$, 只需说明曲线 C 并不是单纯的点集, 而是连续映射 $\gamma : t \to \gamma(t) = P(t)$ 作用在闭区间 $[0, 3\pi]$ 上获得的点集即可.

基于以上的思考, 一般地定义曲线如下.

定义 9.2　从实直线上的闭区间 $I = [a, b]$ 到 $\mathbf{R}^n$ 的连续映射:

$$\gamma : t \to \gamma(t) = (\varphi_1(t), \varphi_2(t), \cdots, \varphi_n(t))$$

称为 $\mathbf{R}^n$ 内的曲线. 当 $\varphi_1(t), \varphi_2(t), \cdots, \varphi_n(t)$ 在 I 上连续可微时, 称 γ 为 $\mathscr{C}^1$ 类的曲线. 进一步, 当在 I 上恒有 $\varphi_1'(t)^2 + \varphi_2'(t)^2 + \cdots + \varphi_n'(t)^2 > 0$ 时, 称 γ 为**光滑曲线**.

这就是曲线的现代定义[①]. 对于每一点 $t \in I$, 称 $\gamma(t)$ 为曲线 γ 上的点. 所以称 γ 的值域 $C = \gamma(I)$ 为曲线 γ 上全体点的集合. 例如, 在 $P(t) = (\cos t, \sin t)$ 中, 令

$$\gamma_1 : t \to \gamma_1(t) = P(t), \quad t \in I_1 = [0, 3\pi],$$

$$\gamma_2 : t \to \gamma_2(t) = P(t), \quad t \in I_2 = [0, 2\pi],$$

则 γ_1 和 γ_2 虽是不同的曲线但其上的点集 $\gamma_1(I_1)$ 和 $\gamma_2(I_2)$ 却是相同的圆周 C.

关于曲线长度的定义 9.1 对于此意义下的曲线 γ 也是同样适用. 当 γ 具有长度时, 其长度用 $l(\gamma)$ 表示. $\mathscr{C}^1$ 类曲线 γ 具有长度, 其长度 $l(\gamma)$ 由公式 (9.4) 给出[②].

注　上述例 9.2、例 9.3、例 9.4 中特别选取了以弧长 $s(t)$ 作为 t 的简单函数所表示的曲线, 所以可以简单求出曲线的长度. 当然, 通常弧长 $s(t)$ 并不用 t 的简单函数表示. 例如, 椭圆 C: $x^2/a^2 + y^2/b^2 = 1 (a > b > 0)$ 的 $y > 0$ 的部分, 以 x 作为参数, 表示为

$$\left\{ (x, y) \,\middle|\, y = b\sqrt{1 - \frac{x^2}{a^2}}, \, -a < x < a \right\}.$$

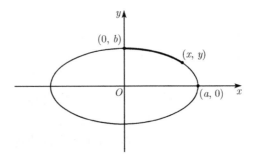

---

① 参考《複素解析》, §1.3, a) 和 §2.1, a).
② 虽然开始就由定义 9.2 定义了曲线, 应用起来会非常简便, 但对初学者来说, 可能会不易接受.

因此, C 上的从点 $(0,b)$ 到 $(x,y)\,(x>0,y>0)$ 的弧长由

$$s(x)=\int_0^x\sqrt{1+\left(\frac{\mathrm{d}y}{\mathrm{d}x}\right)^2}\,\mathrm{d}x=\int_0^x\sqrt{\frac{a^2-k^2x^2}{a^2-x^2}}\mathrm{d}x,\quad k^2-\frac{a^2-b^2}{a^2},$$

给出. 上式右边积分称作椭圆积分, 众所周知它并不是 x 的简单函数.

9.2 曲面的面积

本节阐述空间 $\mathbf{R}^3$ 内的光滑曲面的面积. 根据定义 9.1, 可以简单地定义曲线的长度, 但却不能同样简单地定义一般曲面的面积[①]. 从而, 首先取 $f(x,y)$ 是定义在矩形 $K=\{(x,y)\,|a\leqslant x\leqslant b,c\leqslant y\leqslant d\}$ 上的连续可微函数, 并且讨论 $\mathbf{R}^3$ 内的光滑的初等曲面

$$S=\{(x,y,f(x,y))|(x,y)\in K\}$$

的面积. 从 $\mathbf{R}^3$ 到 (x,y) 平面的正射影用

$$\overline{\omega}:(x,y,z)\rightarrow(x,y)$$

来表示. $\overline{\omega}$ 在 S 上的限制记为 $\overline{\omega}_S$. 则

$$\overline{\omega}_S^{-1}(x,y)=(x,y,f(x,y)),\quad(x,y)\in K.$$

根据式 (9.7), 光滑曲线 C 的长度为 C 的内接折线 L_Δ 的长度 l_Δ 在 $\delta[\Delta]\rightarrow0$ 时的极限值. 类似于折线 L_Δ, S 的内接多面体 M_Δ 如下确定: 将矩形 K 分割成有限个小三角形 $H_1,H_2,\cdots,H_i,\cdots,H_m$, 并且称其为分割 Δ. 三角形 H_i 的直径 $\delta(H_i)$ 的最大值用 $\delta[\Delta]$ 表示: $\delta[\Delta]=\max\limits_i\delta(H_i)$. 令 $S_i=\overline{\omega}_S^{-1}(H_i)$, 则曲面 $S=\overline{\omega}_S^{-1}(K)$ 被分割为 "曲面三角形" $S_1,S_2,\cdots,S_i,\cdots,S_m$. 若 H_i 的顶点为 $(x_{i1},y_{i1}),(x_{i2},y_{i2}),(x_{i3},y_{i3})$, 则 S_i 的 "顶点" 为

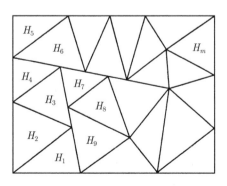

---

① 参考《岩波数学辞典第 3 版》, pp.896-899.

$$P_{i1} = \overline{\omega}_S^{-1}(x_{i1}, y_{i1}), \quad P_{i2} = \overline{\omega}_S^{-1}(x_{i2}, y_{i2}), \quad P_{i3} = \overline{\omega}_S^{-1}(x_{i3}, y_{i3}).$$

以 P_{i1}, P_{i2}, P_{i3} 为顶点的 "平坦" 的三角形 $P_{i1}P_{i2}P_{i3}$ 用 T_i 来表示. 则

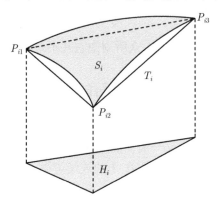

$$M_\Delta = T_1 \cup T_2 \cup \cdots \cup T_i \cup \cdots \cup T_m. \tag{9.11}$$

由三角形 T_i 组成的多面体 M_Δ 内接于曲面 S. 若三角形 T_i 的面积为 A_i, 则 M_Δ 的面积为

$$A_\Delta = A_1 + A_2 + \cdots + A_i + \cdots + A_m.$$

若此面积 A_Δ 的极限 $\lim\limits_{\delta[\Delta] \to 0} A_\Delta$ 存在, 则将此极限定义为 S 的面积, 但若无条件限制, 则 $\lim\limits_{\delta[\Delta] \to 0} A_\Delta$ 不存在. 于是, 取小的正实数 σ_0, 并且将每一个三角形 H_i 的形状如下限制: 当 H_i 的内角为 $\theta_{i1}, \theta_{i2}, \theta_{i3}$ 时,

$$\sin\theta_{i1} > \sigma_0, \quad \sin\theta_{i2} > \sigma_0, \quad \sin\theta_{i3} > \sigma_0, \quad \sigma_0 > 0. \tag{9.12}$$

若 $\sigma_0 = \sin\theta_0, 0 < \theta_0 < \pi/2$, 则此条件蕴含内角 $\theta_{i1}, \theta_{i2}, \theta_{i3}$ 都介于 θ_0 和 $\pi - \theta_0$ 之间.

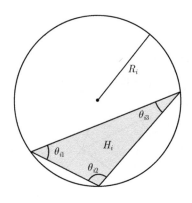

若三角形 H_i 的外接圆的半径为 R_i, 则 H_i 的面积 $\alpha_i = \omega(H_i)$ 可由公式

$$\alpha_i = 2R_i^2 \sin\theta_{i1} \sin\theta_{i2} \sin\theta_{i3}$$

获得[①]. 所以, 根据条件式 (9.12),

$$2R_i^2 < \frac{\alpha_i}{\sigma_0^3}. \tag{9.13}$$

计算三角形 T_i 的面积. 为了简单起见, 将 T_i 的顶点 P_{i1}, P_{i2}, P_{i3} 中的指标 i 略去, 记为 P_1, P_2, P_3. 若 T_i 的三边的长为 $a = |P_1 P_3|, b = |P_2 P_3|, c = |P_1 P_2|$, 则根据 Heron 公式[②], T_i 的面积由

$$A_i = \sqrt{s(s-a)(s-b)(s-c)}, \quad s = \frac{1}{2}(a+b+c)$$

给出. 通过简单的计算, 得

$$A_i = \frac{1}{4}\sqrt{4a^2b^2 - (a^2 + b^2 - c^2)^2}.$$

设 $P_\kappa = (x_\kappa, y_\kappa, z_\kappa), z_\kappa = f(x_\kappa, y_\kappa), \kappa = 1, 2, 3$, 并且令

$$u_\kappa = x_\kappa - x_3, \quad v_\kappa = y_\kappa - y_3, \quad w_\kappa = z_\kappa - z_3, \quad \kappa = 1, 2,$$

则 $a^2 = u_1^2 + v_1^2 + w_1^2, b^2 = u_2^2 + v_2^2 + w_2^2, c^2 = (u_1 - u_2)^2 + (v_1 - v_2)^2 + (w_1 - w_2)^2$, 所以

$$A_i = \frac{1}{2}\sqrt{|u_1 v_2 - u_2 v_1|^2 + |v_1 w_2 - v_2 w_1|^2 + |w_1 u_2 - w_2 u_1|^2}. \tag{9.14}$$

因为 $(x_1, y_1), (x_2, y_2), (x_3, y_3)$ 是三角形 $H_i = \overline{\omega}(T_i)$ 的顶点, 所以在公式 (9.14) 中 $|u_1 v_2 - u_2 v_1|/2$ 与 H_i 的面积相等 (例 7.4):

$$\frac{1}{2}|u_1 v_2 - u_2 v_1| = \omega(H_i) = \alpha_i. \tag{9.15}$$

由 Taylor 公式 (6.28),

$$w_1 = f(x_1, y_1) - f(x_3, y_3) = f_x(\xi_1, \eta_1)u_1 + f_y(\xi_1, \eta_1)v_1.$$

这里 (ξ_1, η_1) 是连结三角形 H_i 的顶点 (x_1, y_1) 和 (x_3, y_3) 的边上的一点. 同理,

$$w_2 = f_x(\xi_2, \eta_2)u_2 + f_y(\xi_2, \eta_2)v_2.$$

连续函数 $f_x(x, y)$ 和 $f_y(x, y)$ 在矩形 K 上一致连续. 即对于任意的 $\varepsilon > 0$, 存在 $\delta(\varepsilon) > 0$, 使得当 $\sqrt{(x-\xi)^2 + (y-\eta)^2} < \delta(\varepsilon)$ 时,

$$|f_x(x, y) - f_x(\xi, \eta)| < \varepsilon, \quad |f_y(x, y) - f_y(\xi, \eta)| < \varepsilon.$$

---

①, ② 参考《岩波数学辞典第 3 版》, p.1352.

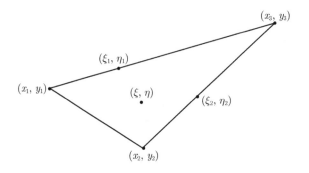

因此, 任意取一点 $(\xi, \eta) \in H_i$, 并且令

$$w_1^* = f_x(\xi, \eta)u_1 + f_y(\xi, \eta)v_1,$$

$$w_2^* = f_x(\xi, \eta)u_2 + f_y(\xi, \eta)v_2,$$

则, 只要 $\delta(H_i) < \delta(\varepsilon)$, 就有

$$|w_1 - w_1^*| \leqslant \varepsilon(|u_1| + |v_1|), \quad |w_2 - w_2^*| \leqslant \varepsilon(|u_2| + |v_2|) \tag{9.16}$$

成立. 所以, 若将式 (9.14) 右边的 w_1 和 w_2 分别换成 w_1^* 和 w_2^*, 则得 A_i 的 "近似值" A_i^*. 因为

$$v_1 w_2^* - v_2 w_1^* = -(u_1 v_2 - u_2 v_1)f_x(\xi, \eta),$$

$$w_1^* u_2 - w_2^* u_1 = -(u_1 v_2 - u_2 v_1)f_y(\xi, \eta),$$

所以

$$A_i^* = \frac{1}{2}|u_1 v_2 - u_2 v_1|\sqrt{1 + f_x(\xi, \eta)^2 + f_y(\xi, \eta)^2}.$$

因此, 根据 (9.15) 式,

$$A_i^* = \sqrt{1 + f_x(\xi, \eta)^2 + f_y(\xi, \eta)^2}\,\omega(H_i).$$

根据中值定理 (定理 7.9), 取点 $(\xi, \eta) \in H_i$, 使得

$$A_i^* = \int_{H_i} \sqrt{1 + f_x(x, y)^2 + f_y(x, y)^2}\,\mathrm{d}x\mathrm{d}y. \tag{9.17}$$

对于任意实数 α, p, q, r, s, 不等式

$$|\sqrt{\alpha^2 + p^2 + q^2} - \sqrt{\alpha^2 + r^2 + s^2}| \leqslant |p - r| + |q - s| \tag{9.18}$$

成立. 事实上, 若将 $\sqrt{\alpha^2 + p^2 + q^2}$ 和 $\sqrt{\alpha^2 + r^2 + s^2}$ 分别看成是点 (α, p, q) 和 (α, r, s) 到原点 O 的距离, 则根据三角不等式,

$$|\sqrt{\alpha^2 + p^2 + q^2} - \sqrt{\alpha^2 + r^2 + s^2}| \leqslant \sqrt{|p - r|^2 + |q - s|^2}.$$

在不等式 (9.18) 中, 令 $\alpha = u_1v_2 - u_2v_1, p = v_1w_2 - v_2w_1, q = w_1u_2 - w_2u_1, r = v_1w_2^* - v_2w_1^*, s = w_1^*u_2 - w_2^*u_1$, 则根据式 (9.16),

$$|v_1w_2 - v_2w_1 - v_1w_2^* + v_2w_1^*| + |w_1u_2 - w_2u_1 - w_1^*u_2 + w_2^*u_1|$$

$$\leqslant (|u_1| + |v_1|)|w_2 - w_2^*| + (|u_2| + |v_2|)|w_1 - w_1^*|$$

$$\leqslant 2\varepsilon(|u_1| + |v_1|)(|u_2| + |v_2|),$$

所以可得不等式

$$|A_i - A_i^*| \leqslant \varepsilon(|u_1| + |v_1|)(|u_2| + |v_2|).$$

又因为 $|u_1| + |v_1| \leqslant \sqrt{2(u_1^2 + v_1^2)}, |u_2| + |v_2| \leqslant \sqrt{2(u_2^2 + v_2^2)}$, 三角形 H_i 的边长 $\sqrt{u_1^2 + v_1^2}$ 和 $\sqrt{u_2^2 + v_2^2}$ 不能超过其外接圆的直径 $2R_i$, 所以

$$|A_i - A_i^*| \leqslant 8\varepsilon R_i^2.$$

因此, 根据式 (9.13),

$$|A_i - A_i^*| < \frac{4\varepsilon}{\sigma_0^3}\alpha_i, \quad \alpha_i = \omega(H_i),$$

从而, 根据式 (9.17),

$$\left|A_i - \int_{H_i} \sqrt{1 + f_x(x,y)^2 + f_y(x,y)^2}\mathrm{d}x\mathrm{d}y\right| < \frac{4\varepsilon}{\sigma_0^3}\omega(H_i).$$

若 $\delta[\Delta] < \delta(\varepsilon)$, 则对于 K 的分割 Δ 的每个三角形 $H_i, i = 1, 2, \cdots, m$, 此不等式成立. 所以, $A_\Delta = \sum_{i=1}^m A_i, \int_K = \sum_{i=1}^m \int_{H_i}, \omega(K) = \sum_{i=1}^m \omega(H_i)$, 因此

$$\left|A_\Delta - \int_K \sqrt{1 + f_x(x,y)^2 + f_y(x,y)^2}\mathrm{d}x\mathrm{d}y\right| < \frac{4\varepsilon}{\sigma_0^3}\omega(K). \tag{9.19}$$

若 $\delta[\Delta] < \delta(\varepsilon)$, 则不等式 (9.19) 成立. 所以, 极限 $\lim_{\delta[\Delta]\to 0} A_\Delta$ 存在且等于 $\int_K \cdot \sqrt{1 + f_x(x,y)^2 + f_y(x,y)^2}\mathrm{d}x\mathrm{d}y$. 从而, 可以将这个积分的值作为曲面 S 的面积.

定义 9.3 光滑的初等曲面 $S = \{(x, y, f(x,y)) \,|\, a \leqslant x \leqslant b, c \leqslant y \leqslant d\}$ 的面积定义为

$$A(S) = \int_a^b \int_c^d \sqrt{1 + f_x(x,y)^2 + f_y(x,y)^2}\mathrm{d}x\mathrm{d}y. \tag{9.20}$$

导出此定义的上述结果可以叙述为如下的定理.

定理 9.2 对于光滑的初等曲面 $S = \{(x, y, f(x,y)) \,|\, a \leqslant x \leqslant b, c \leqslant y \leqslant d\}$, 分割 Δ 将矩形 $K = \{(x, y) \,|\, a \leqslant x \leqslant b, c \leqslant y \leqslant d\}$ 分割成有限个三角形 $H_1, H_2, \cdots, H_i, \cdots,$

H_m, 通过式 (9.11) 确定 S 的内接多面体 M_Δ, 并且其面积用 A_Δ 表示. 在式 (9.12) 条件下限制分割 Δ 的每个三角形 H_i 的形状. 则当 $\delta[\Delta] \to 0$ 时, A_Δ 的极限等于 S 的面积 $A(S)$: $\lim\limits_{\delta[\Delta] \to 0} A_\Delta = A(S)$.

如前文所述, 在无条件限制下, 一般的 $\lim\limits_{\delta[\Delta] \to 0} A_\Delta$ 不存在.

例 9.5　设 $f(x, y) = x^2$, 讨论曲面 $S = \left\{ (x, y, x^2) \,|\, a \leqslant x \leqslant b, c \leqslant y \leqslant d \right\}$. 设 m, n 是自然数, $x_i = a + i(b - a)/m, i = 0, 1, \cdots, m, y_j = c + j(d - c)/n, j = 0, 1, \cdots, n$. 首先, 将矩形 $K = \{(x, y) \,|\, a \leqslant x \leqslant b, c \leqslant y \leqslant d\}$ 分割成 mn 个小矩形

$$K_{ij} = \{(x, y) \,|\, x_{i-1} \leqslant x \leqslant x_i, \, y_{j-1} \leqslant y \leqslant y_j\}, \quad i = 1, 2, \cdots, m, \quad j = 1, 2, \cdots, n.$$

其次, 若将每个小矩形沿两条对角线如下图分割成 4 个三角形 $H_{ij1}, H_{ij2}, H_{ij3}, H_{ij4}$, 则 K 被分割成 $4mn$ 个三角形 $H_{ij\nu}, i = 1, \cdots, m, j = 1, \cdots, n, \nu = 1, 2, 3, 4$, 此分割用 Δ_{mn} 表示. 因为 $\lim\limits_{\substack{m \to \infty \\ n \to \infty}} \delta[\Delta_{mn}] = 0$, 所以若要说明曲面 S 的极限 $\lim\limits_{\delta[\Delta] \to 0} A_\Delta$ 不存在, 只需验证极限 $\lim\limits_{\substack{m \to \infty \\ n \to \infty}} A_{\Delta_{mn}}$ 不存在即可.

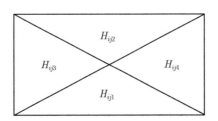

若想根据式 (9.14) 求 S 的内接三角形 $T_{ij\nu}, \overline{\omega}(T_{ij\nu}) = H_{ij\nu}$ 的面积 $A_{ij\nu}$, 可令矩形 K_{ij} 的中心为 (x_i, y_i), $h = (b - a)/2m, k = (d - c)/2n$, 则 T_{ij2} 的顶点 P_1, P_2, P_3 分别为

$$(x_i + h, y_j + k, (x_i + h)^2), \quad (x_i - h, y_j + k, (x_i - h)^2), \quad (x_i, y_i, x_i^2).$$

因此, 关于 A_{ij2} 有

$$u_1 = h, \quad v_1 = k, \quad w_1 = 2hx_i + h^2,$$
$$u_2 = -h, \quad v_2 = k, \quad w_2 = -2hx_i + h^2.$$

从而

$$A_{ij2} = hk \sqrt{1 + 4x_i^2 + \frac{h^4}{k^2}}.$$

同理, 得

$$A_{ij3} = hk \sqrt{1 + (2x_i - h)^2}, \quad A_{ij4} = hk \sqrt{1 + (2x_i + h)^2}.$$

又因为 $A_{ij1} = A_{ij2}$, 所以

$$A_{\Delta mn} = hk \sum_i \sum_j \left(2\sqrt{1 + 4x_i^2 + \frac{h^4}{k^2}} + \sqrt{1 + (2x_i + h)^2} + \sqrt{1 + (2x_i - h)^2} \right).$$

当 $m \to \infty, n \to \infty$ 时, $h = (b-a)/2m \to 0, k = (d-c)/2n \to 0$, 但不能确定 $h^4/k^2 = ((b-a)^4/4(d-c)^2) \cdot (n^2/m^4)$ 的极限. 若令 $m = nq, q > 0$, 再取极限, 则因为 $h^4/k^2 \to 0$, 所以

$$\lim A_{\Delta mn} = \lim \sum_i \sum_j \sqrt{1 + 4x_i^2} \omega(K_{ij}) = \int_a^b \int_c^d \sqrt{1 + 4x^2} \mathrm{d}x\mathrm{d}y.$$

此时, $H_{ij\nu}$ 满足条件式 (9.12), 因此, 此极限等于 S 的面积:

$$A(S) = \int_a^b \int_c^d \sqrt{1 + 4x^2} \mathrm{d}x\mathrm{d}y.$$

若令 $m^2 = nq, q > 0$, 再取极限, 则因为 $h^4/k^2 = r^2, r = (b-a)^2/2(d-c)q$, 所以

$$\lim A_{\Delta mn} = \int_a^b \int_c^d \left(\frac{1}{2}\sqrt{1 + 4x^2 + r^2} + \frac{1}{2}\sqrt{1 + 4x^2} \right) \mathrm{d}x\mathrm{d}y.$$

若令 $m^3 = n$, 再取极限, 则因为 $h^4/k^2 \to +\infty$, 所以 $\lim A_{\Delta mn} = +\infty$. 因此, 在无条件限制下, 不能确定极限 $\lim\limits_{\substack{m\to\infty \\ n\to\infty}} A_{\Delta mn}$[①].

对于任意的光滑的初等曲面 $S = \{(x, y, f(x,y)) \mid (x,y) \in K\}$, K 是有分段光滑边界的闭领域, $f(x,y)$ 是在某领域 $D \supset K$ 上的连续可微函数, 面积的定义 9.3 也同样适用. 即 S 的面积为

$$A(S) = \int_K \sqrt{1 + f_x(x,y)^2 + f_y(x,y)^2} \mathrm{d}x\mathrm{d}y. \tag{9.21}$$

下面, 根据参数表示 (8.42)

$$S = \{(x, y, z) \mid x = \varphi(u,v), \ y = \psi(u,v), \ z = \chi(u,v), (u,v) \in H\}$$

来讨论光滑曲面 S 的面积. 这里, H 是平面上有分段光滑边界的闭区域, $\varphi(u,v)$, $\psi(u,v), \chi(u,v)$ 是某领域 $E \supset H$ 上的连续可微函数, 并且满足式 (8.43) 的条件

$$\begin{vmatrix} \varphi_u & \varphi_v \\ \psi_u & \psi_v \end{vmatrix}^2 + \begin{vmatrix} \psi_u & \psi_v \\ \chi_u & \chi_v \end{vmatrix}^2 + \begin{vmatrix} \chi_u & \chi_v \\ \varphi_u & \varphi_v \end{vmatrix}^2 > 0.$$

映射

$$\Psi : (u,v) \to (x, y, z) = \Psi(u,v) = (\varphi(u,v), \psi(u,v), \chi(u,v))$$

[①] 此例与 Schwarz 的例子类似, 关于 Schwarz 的例子可参考高木贞治的《解析概論》, pp.365-366.

是 H 上的一一映射时, 称 $S = \Psi(H)$ 为光滑的 **Jordan 曲面**[1]. 此时, 因为 Ψ 在 H 的某邻域上是一一映射, 所以从开始就可以假设 Ψ 在领域 $E \supset H$ 上是一一映射.

当光滑的 Jordan 曲面 $S = \Psi(H)$, 作为光滑初等曲面 $S = \{(x, y, f(x, y)) \mid (x, y) \in K\}$ (K 是平面上有分段光滑边界的闭领域, $f(x, y)$ 为某领域 $D \supset K$ 上的连续可微函数) 表示时, S 的面积 $A(S)$ 已由公式 (9.21) 定义. 式 (9.21) 右边的积分若用 $\varphi(u, v), \psi(u, v), \chi(u, v)$ 表示, 则

$$A(S) = \int_H \sqrt{\begin{vmatrix} \varphi_u & \varphi_v \\ \psi_u & \psi_v \end{vmatrix}^2 + \begin{vmatrix} \psi_u & \psi_v \\ \chi_u & \chi_v \end{vmatrix}^2 + \begin{vmatrix} \chi_u & \chi_v \\ \varphi_u & \varphi_v \end{vmatrix}^2} \, dudv. \tag{9.22}$$

[证明] 设映射: $\Psi : (u, v) \to (x, y, f(x, y)) = \Psi(u, v)$ 是 H 上的一一映射, 并且点 $(x, y, f(x, y))$ 由 x, y 唯一确定, 所以映射

$$\Phi = \overline{\omega} \circ \Psi : (u, v) \to (x, y) = (\varphi(u, v), \psi(u, v))$$

也在 H 上是一一映射. 因此不妨先设领域 $E \supset H$ 充分小, 则 Φ 在 E 上也是一一映射. 因为 $(x, y, f(x, y)) = \Psi(u, v)$, 即 $x = \varphi(u, v), y = \psi(u, v), f(x, y) = \chi(u, v)$, 所以

$$\chi(u, v) = f(\varphi(u, v), \psi(u, v)), \quad (u, v) \in H. \tag{9.23}$$

在 H 的开核 (H) 上, 对于此等式两边的 u 或者 v 取偏微分, 则可获得等式

$$\chi_u = f_x \cdot \varphi_u + f_y \cdot \psi_u, \quad \chi_v = f_x \cdot \varphi_v + f_y \cdot \psi_v. \tag{9.24}$$

这里, $f_x = f_x(x, y), f_y = f_y(x, y), x = \varphi(u, v), y = \psi(u, v)$. 因为式 (9.24) 中的两个等式的两边分别是关于 u, v 的连续函数, 所以式 (9.24) 在 H 上成立. 因此, 在 H 上有

$$\begin{vmatrix} \varphi_u & \varphi_v \\ \psi_u & \psi_v \end{vmatrix}^2 + \begin{vmatrix} \psi_u & \psi_v \\ \chi_u & \chi_v \end{vmatrix}^2 + \begin{vmatrix} \chi_u & \chi_v \\ \varphi_u & \varphi_v \end{vmatrix}^2 = (1 + f_x^2 + f_y^2) \begin{vmatrix} \varphi_u & \varphi_v \\ \psi_u & \psi_v \end{vmatrix}^2. \tag{9.25}$$

根据假设, 此等式的左边恒 > 0. 所以在 H 上恒有 $\begin{vmatrix} \varphi_u & \varphi_v \\ \psi_u & \psi_v \end{vmatrix} \neq 0$. 从而, 若可预先取领域 $E \supset H$ 充分小, 则在 E 上恒有

$$\frac{\partial(\varphi, \psi)}{\partial(u, v)} = \begin{vmatrix} \varphi_u & \varphi_v \\ \psi_u & \psi_v \end{vmatrix} \neq 0.$$

---

[1] 高木贞治《解析概論》, p.318.

于是, 根据定理 7.12,

$$\Phi : (u, v) \to (x, y) = (\varphi(x, y), \psi(x, y))$$

是从 E 到 (x, y) 平面上的领域 $\Phi(E)$ 的一一映射. 并且其逆映射

$$\Phi^{-1} : (x, y) \to (u, v) = (u(x, y), v(x, y))$$

在 $\Phi(E)$ 上连续可微且是 (x, y) 坐标系到 (u, v) 坐标系的坐标变换. 显然 $K = \Phi(H) \subset \Phi(E)$. 因此, 利用换元公式 (7.83), 若将式 (9.21) 右边的积分变量 x, y 换成 u, v, 则根据式 (9.25),

$$A(S) = \int_K \sqrt{1 + f_x(x, y)^2 + f_y(x, y)^2} \mathrm{d}x\mathrm{d}y$$

$$= \int_H \sqrt{1 + f_x(\varphi(u, v), \psi(u, v))^2 + f_y(\varphi(u, v), \psi(u, v))^2} \left| \frac{\partial(\varphi, \psi)}{\partial(u, v)} \right| \mathrm{d}u\mathrm{d}v$$

$$= \int_H \sqrt{\begin{vmatrix} \varphi_u & \varphi_v \\ \psi_u & \psi_v \end{vmatrix}^2 + \begin{vmatrix} \psi_u & \psi_v \\ \chi_u & \chi_v \end{vmatrix}^2 + \begin{vmatrix} \chi_u & \chi_v \\ \varphi_u & \varphi_v \end{vmatrix}^2} \mathrm{d}u\mathrm{d}v.$$

(取函数行列式 $\partial(\varphi, \psi)/\partial(u, v)$ 的绝对值的原因, 可参考 7.3 节式 (7.86) 下面的讨论.)

定义 9.4 光滑的 Jordan 曲面 $S = \{(\varphi(u, v), \psi(u, v), \chi(u, v)) | (u, v) \in H\}$ 的面积定义为

$$A(S) = \int_H \sqrt{\begin{vmatrix} \varphi_u & \varphi_v \\ \psi_u & \psi_v \end{vmatrix}^2 + \begin{vmatrix} \psi_u & \psi_v \\ \chi_u & \chi_v \end{vmatrix}^2 + \begin{vmatrix} \chi_u & \chi_v \\ \varphi_u & \varphi_v \end{vmatrix}^2} \mathrm{d}u\mathrm{d}v. \tag{9.26}$$

如上所述, 光滑初等曲面 S, 若用 $S = \{(x, y, f(x, y)) | (x, y) \in K\}$ 表示, 则定义 9.4 与定义 9.3 一致.

设光滑的 Jordan 曲面 $S = \Psi(H)$ 用未必光滑的初等曲面 $S = \{(x, y, f(x, y)) | (x, y) \in K\}$ 来表示, 其中 K 为闭区域, $f(x, y)$ 是 K 上的连续函数. 此时, 若 $f(x, y)$ 在 K 的开核 (K) 上连续可微, 并且从 H 到 K 上的一一的连续映射 $\Phi = \bar{\omega} \circ \Psi : (u, v) \to (x, y)$ 是 (H) 到 (K) 上的映射, 则定义在式 (9.26) 上的 Jordan 曲面 S 的面积 $A(S)$ 可表示为

$$A(S) = \int_{(K)} \sqrt{1 + f_x(x, y)^2 + f_y(x, y)^2} \mathrm{d}x\mathrm{d}y. \tag{9.27}$$

[证明] 因为在 (H) 上, 等式 (9.25) 成立. 所以 $\dfrac{\partial(x, y)}{\partial(u, v)} = \begin{vmatrix} \varphi_u & \varphi_v \\ \psi_u & \psi_v \end{vmatrix} \neq 0$, 因此根据换元公式 (7.66),

$$\int_{(K)} \sqrt{1 + f_x(x, y)^2 + f_y(x, y)^2} \mathrm{d}x\mathrm{d}y$$

$$= \int_{(H)} \sqrt{1 + f_x(x,y)^2 + f_y(x,y)^2} \left| \frac{\partial(x,y)}{\partial(u,v)} \right| dudv$$

$$= \int_{(H)} \sqrt{ \begin{vmatrix} \varphi_u & \varphi_v \\ \psi_u & \psi_v \end{vmatrix}^2 + \begin{vmatrix} \psi_u & \psi_v \\ \chi_u & \chi_v \end{vmatrix}^2 + \begin{vmatrix} \chi_u & \chi_v \\ \varphi_u & \varphi_v \end{vmatrix}^2 } dudv.$$

因此, 式 (9.27) 成立. □

公式 (9.27) 在应用上非常有用.

在光滑的 Jordan 曲面 $S = \{ \Psi(u,v) | (u,v) \in H \}$ 上, H 是矩形时, S 的面积有与定理 9.2 类似的定理成立. 即分割 Δ 将 H 分割成有限个三角形 $H_1, H_2, \cdots,$ $H_i, \cdots, H_m$, 若 $S_i = \Psi(H_i)$, 则 S 被分割成 "曲面三角形" $S_1, S_2, \cdots, S_i, \cdots, S_m$. 若 T_i 和 S_i 具有相同顶点的 "平坦" 三角形, 则其并集

$$M_\Delta = T_1 \cup T_2 \cup \cdots \cup T_i \cup \cdots \cup T_m$$

是 S 的内接多面体. M_Δ 的面积用 A_Δ 表示.

定理 9.3 分割 Δ 的每个三角形 H_i, 若满足条件式 (9.12), 则当 $\delta[\Delta] \to 0$ 时, A_Δ 的极限等于 S 的面积 $A(S)$: $\lim\limits_{\delta[\Delta] \to 0} A_\Delta = A(S)$.

此定理的证明方法与定理 9.2 的完全相同.

光滑的 Jordan 曲面 S 的面积 $A(S)$ 不依赖于定义式 (9.26) 中 S 的参数表示中参数的选择方法. [证明] 设

$$S = \{ (\lambda(s,t), \mu(s,t), \nu(s,t)) | (s,t) \in K \}$$

是曲面的另外一种参数表示, 令 $\Lambda(s,t) = (\lambda(s,t), \mu(s,t), \nu(s,t))$, 则根据 $\Lambda(s,t) = \Psi(u,v)$, 点 $(s,t) \in K$ 与点 $(u,v) \in H$ 是一一映射. 此对应用 Φ 表示:

$$\Phi : (u,v) \to (s,t) = (\sigma(u,v), \tau(u,v)), \quad \Lambda(s,t) = \Psi(u,v).$$

一般地, 因为有界闭集到有界闭集上的一一的连续映射的逆映射是连续的[①], 所以, $\Phi = \Lambda^{-1} \circ \Psi$ 也是连续的. 为了验证 Φ 在 (H) 上连续可微, 任取点 $(u_0, v_0) \in (H)$, 令 $(s_0, t_0) = \Phi(u_0, v_0)$. 点 (s_0, t_0) 上的一个函数行列式, 例如 $\begin{vmatrix} \lambda_s & \lambda_t \\ \mu_s & \mu_t \end{vmatrix}$ 不为 0. $\lambda(s,t), \mu(s,t)$ 是含有 K 的某领域上的连续可微函数, 所以根据定理 7.12, 在 (s_0, t_0) 的邻域 U 上, s, t 是关于 $x = \lambda(s,t), y = \mu(s,t)$ 的连续可微函数, 用 $s = s(x,y), t = t(x,y)$ 表示. $s = s(x,y), t = t(x,y)$ 是 (x,y) 平面上的点 (x_0, y_0) $(x_0 = \lambda(s_0, t_0) = \varphi(u_0, v_0), y_0 = \mu(s_0, t_0) = \psi(u_0, v_0))$ 的某个邻域上的连续可微函数. 因为 Φ 连续,

---

① 此处由带有收敛子列的有界点列 (定理 1.30) 那里很容易就导出来.

所以若取 (u_0, v_0) 的充分小的邻域 $W \in (H)$, 则当 $(u, v) \in W$ 时, $(s, t) = \Phi(u, v)$, 即因为 $x = \lambda(s, t) = \varphi(u, v), y = \mu(s, t) = \psi(u, v)$, 所以

$$\sigma(u, v) = s = s(x, y) = s(\varphi(u, v), \psi(u, v)),$$
$$\tau(u, v) = t = t(x, y) = t(\varphi(u, v), \psi(u, v)).$$

因此, $\sigma(u, v), \tau(u, v)$ 在点 $(u_0, v_0) \in (H)$ 的邻域上连续可微. 又因为 (u_0, v_0) 是 (H) 的任意点, 所以 $\sigma(u, v), \tau(u, v)$ 在 (H) 上连续可微. 当 $s = \sigma(u, v), t = \tau(u, v)$ 时, $\lambda(s, t) = \varphi(u, v), \mu(s, t) = \psi(u, v), \nu(s, t) = \chi(u, v)$, 则 $\begin{vmatrix} \varphi_u & \varphi_v \\ \psi_u & \psi_v \end{vmatrix} = \begin{vmatrix} \lambda_s & \lambda_t \\ \mu_s & \mu_t \end{vmatrix}.$

$\begin{vmatrix} \sigma_u & \sigma_v \\ \tau_u & \tau_v \end{vmatrix}, \begin{vmatrix} \psi_u & \psi_v \\ \chi_u & \chi_v \end{vmatrix} = \begin{vmatrix} \mu_s & \mu_t \\ \nu_s & \nu_t \end{vmatrix} \cdot \begin{vmatrix} \sigma_u & \sigma_v \\ \tau_u & \tau_v \end{vmatrix}, \cdots$, 所以

$$\begin{vmatrix} \varphi_u & \varphi_v \\ \psi_u & \psi_v \end{vmatrix}^2 + \begin{vmatrix} \psi_u & \psi_v \\ \chi_u & \chi_v \end{vmatrix}^2 + \begin{vmatrix} \chi_u & \chi_v \\ \varphi_u & \varphi_v \end{vmatrix}^2 \tag{9.28}$$
$$= \left(\begin{vmatrix} \lambda_s & \lambda_t \\ \mu_s & \mu_t \end{vmatrix}^2 + \begin{vmatrix} \mu_s & \mu_t \\ \nu_s & \nu_t \end{vmatrix}^2 + \begin{vmatrix} \nu_s & \nu_t \\ \lambda_s & \lambda_t \end{vmatrix}^2 \right) \cdot \begin{vmatrix} \sigma_u & \sigma_v \\ \tau_u & \tau_v \end{vmatrix}^2.$$

根据假设, 此等式左边不为 0. 因此, $\dfrac{\partial(s, t)}{\partial(u, v)} = \begin{vmatrix} \sigma_u & \sigma_v \\ \tau_u & \tau_v \end{vmatrix}$ 不为 0. 从而, 根据定理 7.12, Φ 是从每一点 $(u, v) \in (H)$ 的充分小邻域到 $(s, t) = \Phi(u, v)$ 的一个邻域上的映射. 所以 $\Phi((H)) \subset (K)$, 同理 $\Phi^{-1}((K)) \subset (H)$. 因此 $\Phi((H)) = (K)$, 即 Φ 是 (H) 到 (K) 上的一一的连续可微映射. 并且 Φ 的函数行列式 $\partial(s, t)/\partial(u, v)$ 不为 0. 所以, 根据换元公式 (7.66) 和 (9.28),

$$\int_{(K)} \sqrt{\begin{vmatrix} \lambda_s & \lambda_t \\ \mu_s & \mu_t \end{vmatrix}^2 + \begin{vmatrix} \mu_s & \mu_t \\ \nu_s & \nu_t \end{vmatrix}^2 + \begin{vmatrix} \nu_s & \nu_t \\ \lambda_s & \lambda_t \end{vmatrix}^2} \, dsdt$$

$$= \int_{(H)} \sqrt{\begin{vmatrix} \lambda_s & \lambda_t \\ \mu_s & \mu_t \end{vmatrix}^2 + \begin{vmatrix} \mu_s & \mu_t \\ \nu_s & \nu_t \end{vmatrix}^2 + \begin{vmatrix} \nu_s & \nu_t \\ \lambda_s & \lambda_t \end{vmatrix}^2} \left| \frac{\partial(s, t)}{\partial(u, v)} \right| \, dudv$$

$$= \int_{(H)} \sqrt{\begin{vmatrix} \varphi_u & \varphi_v \\ \psi_u & \psi_v \end{vmatrix}^2 + \begin{vmatrix} \psi_u & \psi_v \\ \chi_u & \chi_v \end{vmatrix}^2 + \begin{vmatrix} \chi_u & \chi_v \\ \varphi_u & \varphi_v \end{vmatrix}^2} \, dudv,$$

即

$$\int_K \sqrt{\begin{vmatrix} \lambda_s & \lambda_t \\ \mu_s & \mu_t \end{vmatrix}^2 + \begin{vmatrix} \mu_s & \mu_t \\ \nu_s & \nu_t \end{vmatrix}^2 + \begin{vmatrix} \nu_s & \nu_t \\ \lambda_s & \lambda_t \end{vmatrix}^2} \, dsdt$$

$$= \int_H \sqrt{\left| \begin{matrix} \varphi_u & \varphi_v \\ \psi_u & \psi_v \end{matrix} \right|^2 + \left| \begin{matrix} \psi_u & \psi_v \\ \chi_u & \chi_v \end{matrix} \right|^2 + \left| \begin{matrix} \chi_u & \chi_v \\ \varphi_u & \varphi_v \end{matrix} \right|^2} \, dudv. \qquad \Box$$

当 $S = \Psi(H) = \{ \Psi(u,v) \,|\, (u,v) \in H \}$ 是光滑的 Jordan 曲面时, 称 (u,v) 平面上 H 的边界 $C = H - (H)$ 的像 $B = \Psi(C)$ 为曲面 S 的**边缘**. 从 S 中除去边缘 B, 剩余的部分用符号 (S) 表示:

$$(S) = S - B = \Psi((H)).$$

根据上述结果, (S) 由 S 唯一确定且不依赖于 S 的参数表示的参数的选择方法. 将 H 分割成具有有限个分段光滑边界的闭区域 $H_1, H_2, \cdots, H_i, \cdots, H_m$, 并且令 $S_i = \Psi(H_i)$, $i = 1, 2, \cdots, m$, 则每个 S_i 是光滑的 Jordan 曲面, 并且

$$S = S_1 \cup S_2 \cup \cdots \cup S_i \cup \cdots \cup S_m, \quad (S_i) \cap (S_j) = \phi \quad (i \neq j),$$

此时, 根据定理 7.7,

$$A(S) = A(S_1) + A(S_2) + \cdots + A(S_m) \tag{9.29}$$

显然成立.

　　一般地, 对于分段光滑曲面 S, 当 S 是由有限个光滑的 Jordan 曲面 $S_1, S_2, \cdots, S_i, \cdots, S_m$ 的并集

$$S = S_1 \cup S_2 \cup \cdots \cup S_i \cup \cdots \cup S_m, \quad (S_i) \cap (S_j) = \phi \quad (i \neq j),$$

表示时, 称 S 被分割成光滑的 Jordan 曲面 $S_1, S_2, \cdots, S_m$. 分段光滑的曲面 S 未必可以分割成有限个光滑的 Jordan 曲面, 但是 S 被分割成光滑的 Jordan 曲面 $S_1, S_2, \cdots, S_m$ 时, S 的面积由

$$A(S) = A(S_1) + A(S_2) + \cdots + A(S_m) \tag{9.30}$$

定义. 右边的 $A(S_1), A(S_2), \cdots, A(S_m)$ 显然是由式 (9.26) 定义的面积.

　　当 S 是光滑的 Jordan 曲面时, 已根据式 (9.26), 定义了面积 $A(S)$, 所以必须验证上述式 (9.30) 的面积与原来的式 (9.26) 的面积相一致. 设 S 的参数表示为 $S = \Psi(H)$, 若令 $H_i = \Psi^{-1}(S_i)$, $i = 1, 2, \cdots, m$, 则 H_i 是具有分段光滑边界的闭领域且 H 被分割成 $H_1, H_2, \cdots, H_i, \cdots, H_m$, 并且 $S_i = \Psi(H_i)$. 所以, 根据式 (9.29), 式 (9.30) 的面积 $A(S)$ 与原来式 (9.26) 的面积 $A(S)$ 是一致的.

　　一般地, 需要证明由式 (9.30) 定义的面积 $A(S)$ 与 S 分割成光滑 Jordan 曲面 $S_1, S_2, \cdots, S_m$ 的分割方法无关. 设 S 用另外的分割方法分割成光滑 Jordan 曲面

$T_1, \cdots, T_j, \cdots, T_n$. 则 S 被分割成更加 "充分细小" 的光滑 Jordan 曲面 $Z_1, Z_2, \cdots,$ $Z_\nu, \cdots, Z_N$, 并且若能使

$$S_i = \bigcup_{Z_\nu \subset S_i} Z_\nu, \quad T_j = \bigcup_{Z_\nu \subset T_j} Z_\nu, \tag{9.31}$$

则根据上述结果

$$A(S_i) = \sum_{Z_\nu \subset S_i} A(Z_\nu), \quad A(T_j) = \sum_{Z_\nu \subset T_j} A(Z_\nu).$$

因此

$$\sum_{i=1}^m A(S_i) = \sum_{\nu=1}^N A(Z_\nu) = \sum_{j=1}^n A(T_j).$$

对于不存在满足条件式 (9.31) 的分割 $S = Z_1 \cup Z_2 \cup \cdots \cup Z_v \cup \cdots \cup Z_N$ 的证明[①], 在此省略.

例 9.6 举一个简单的例子. 求以原点 O 为中心、R 为半径的球面 $S = \{(x,y,z) \mid x^2 + y^2 + z^2 = R^2\}$ 的面积. 从方程 $x^2 + y^2 + z^2 = R^2$ 求 z 得 $z = \pm\sqrt{R^2 - x^2 - y^2}$. 所以, 令

$$f(x,y) = \sqrt{R^2 - x^2 - y^2},$$

则 S 被分割成上半球面

$$S^+ = \{(x,y,f(x,y)) | x^2 + y^2 \leqslant R^2\}$$

和下半球面

$$S^- = \{(x,y,-f(x,y)) | x^2 + y^2 \leqslant R^2\}.$$

$f(x,y)$ 在闭圆盘 $K = \{(x,y) \mid x^2 + y^2 \leqslant R^2\}$ 上连续且在 $(K) = \{(x,y) \mid x^2 + y^2 < R^2\}$ 上连续可微. 并且

$$f_x(x,y) = \frac{-x}{\sqrt{R^2 - x^2 - y^2}}, \quad f_y(x,y) = \frac{-y}{\sqrt{R^2 - x^2 - y^2}}.$$

所以, 根据式 (9.27), S^+ 的面积为

$$A(S^+) = \int_{(K)} \sqrt{1 + f_x(x,y)^2 + f_y(x,y)^2}\, \mathrm{d}x\mathrm{d}y = \int_{(K)} \frac{R\mathrm{d}x\mathrm{d}y}{\sqrt{R^2 - x^2 - y^2}}.$$

---

① 根据 Lebesgue 积分论, 证明是平凡的. 应用上, 根据式 (9.30) 求解具体的曲面 S 的面积时, 将 S "自然" 地分割成光滑 Jordan 曲面 $S_1, S_2, \cdots, S_m$. 对于 S 的两个自然的分割 $S = S_1 \cup S_2 \cup \cdots \cup S_m$ 和 $S = T_1 \cup T_2 \cup \cdots \cup T_n$, 通常存在满足式 (9.31) 的分割 $S = Z_1 \cup Z_2 \cup \cdots \cup Z_N$.

若令 $x = r\cos\theta, y = r\sin\theta$, 则

$$A(S^+) = \int_0^R \int_0^{2\pi} \frac{R r \mathrm{d}r \mathrm{d}\theta}{\sqrt{R^2 - r^2}} = 2\pi R \int_0^R \frac{r\mathrm{d}r}{\sqrt{R^2 - r^2}} = 2\pi R^2.$$

同理, $A(S^-) = 2\pi R^2$. 故半径为 R 的曲面 S 的面积为 $A(S) = 4\pi R^2$.

以上根据公式 (9.27) 求得了半球面 S^+ 和 S^- 的面积. 但是严密地来讲, 首先必须验证 S^+ 和 S^- 是光滑的 Jordan 曲面. 因为 S^+ 和 S^- 都一样, 所以以 S^- 为例进行讨论. 设连结点 $(x, y, z) \in S^-$ 和点 $(0, 0, R)$ 的线段与平面 (x, y) 的交点为 (u, v), 则

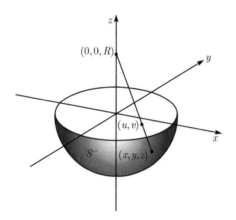

$$x = \frac{2R^2 u}{R^2 + u^2 + v^2}, \quad y = \frac{2R^2 v}{R^2 + u^2 + v^2}, \quad z = \frac{u^2 + v^2 - R^2}{R^2 + u^2 + v^2} R.$$

事实上, 若令 $\lambda = (R - z)/R$, 则 $x = \lambda u, y = \lambda v, z = R - \lambda R$, 故

$$R^2 = x^2 + y^2 + z^2 = \lambda^2(u^2 + v^2) + (R - \lambda R)^2.$$

因此, $\lambda = 2R^2/(R^2 + u^2 + v^2)$. 所以, 若令

$$\varphi(u, v) = \frac{2R^2 u}{R^2 + u^2 + v^2}, \quad \psi(u, v) = \frac{2R^2 v}{R^2 + u^2 + v^2}, \quad \chi(u, v) = \frac{u^2 + v^2 - R^2}{R^2 + u^2 + v^2} R,$$

则

$$S^- = \{(\varphi(u, v), \psi(u, v), \chi(u, v)) | u^2 + v^2 \leqslant R^2\}$$

是下半球面 S^- 的参数表示. $\varphi(u,v), \psi(u,v), \chi(u,v)$ 是 (u,v) 平面上的连续可微函数, 并且

$$\begin{vmatrix} \varphi_u & \varphi_v \\ \psi_u & \psi_v \end{vmatrix} = \frac{4R^4(R^2 - u^2 - v^2)}{(R^2 + u^2 + v^2)^3},$$

$$\begin{vmatrix} \psi_u & \psi_v \\ \chi_u & \chi_v \end{vmatrix} = \frac{-8R^5 u}{(R^2 + u^2 + v^2)^3},$$

$$\begin{vmatrix} \chi_u & \chi_v \\ \varphi_u & \varphi_v \end{vmatrix} = \frac{-8R^5 v}{(R^2 + u^2 + v^2)^3}.$$

所以

$$\begin{vmatrix} \varphi_u & \varphi_v \\ \psi_u & \psi_v \end{vmatrix}^2 + \begin{vmatrix} \psi_u & \psi_v \\ \chi_u & \chi_v \end{vmatrix}^2 + \begin{vmatrix} \chi_u & \chi_v \\ \varphi_u & \varphi_v \end{vmatrix}^2 = \frac{16R^8}{(R^2 + u^2 + v^2)^4} > 0. \qquad (9.32)^{①}$$

显然映射 $\Psi : (u,v) \to (x,y,z) = (\varphi(u,v), \psi(u,v), \chi(u,v))$ 是从闭圆盘 $H = \{(u,v) \,|\, u^2 + v^2 \leqslant R^2\}$ 到 S^- 上的一一映射, 所以 S^- 是光滑的 Jordan 曲面. 并且, $\overline{\omega} \circ \Psi : (u,v) \to (x,y) = (\varphi(u,v), \psi(u,v))$ 是从 (H) 到 (K) 上的映射, 所以 S^- 的面积 $A(S^-)$ 可以由公式 (9.27) 获得.

当然, 利用式 (9.32) 可以从定义式 (9.26) 直接求得面积 $A(S^-)$, 即根据式 (9.32),

$$A(S^-) = \int_H \frac{4R^4}{(R^2 + u^2 + v^2)^2} \mathrm{d}u\mathrm{d}v.$$

令 $u = r\cos\theta, v = r\sin\theta$, 则

$$A(S^-) = \int_0^R \int_0^{2\pi} \frac{4R^4 r \mathrm{d}r\mathrm{d}\theta}{(R^2 + r^2)^2} = 8\pi R^4 \int_0^R \frac{r\mathrm{d}r}{(R^2 + r^2)^2} = 2\pi R^2.$$

例 9.7 令 $K_1 = \{(x,y) \,|\, (x - R/2)^2 + y^2 \leqslant R^2/4\}$, 求上述上半球面 S^+ 在闭圆盘 K_1 上的部分:

$$S_1^+ = \{(x, y, f(x,y)) | (x,y) \in K_1\}, \quad f(x,y) = \sqrt{R^2 - x^2 - y^2},$$

的面积. 利用极坐标 (r, θ), 则 K_1 由 $K_1 = \{(r, \theta) \,|\, 0 \leqslant r \leqslant R\cos\theta, -\pi/2 \leqslant \theta \leqslant \pi/2\}$ 表示. 所以, 根据式 (9.27), S_1^+ 的面积为

$$A(S_1^+) = \int_{(K_1)} \sqrt{1 + f_x^2 + f_y^2}\mathrm{d}x\mathrm{d}y = \int_{(K_1)} \frac{R\mathrm{d}x\mathrm{d}y}{\sqrt{R^2 - x^2 - y^2}}$$

$$= \int_{-\pi/2}^{\pi/2} R\mathrm{d}\theta \int_0^{R\cos\theta} \frac{r\mathrm{d}r}{\sqrt{R^2 - r^2}} = R\int_{-\pi/2}^{\pi/2} (R - \sqrt{R^2 - R^2\cos^2\theta})\mathrm{d}\theta$$

---

① 关于 $R = 1$ 的情况下的结果已经在例 8.1 中阐述.

$$= R^2 \int_{-\pi/2}^{\pi/2} (1 - |\sin\theta|) d\theta = \pi R^2 - 2R^2.$$

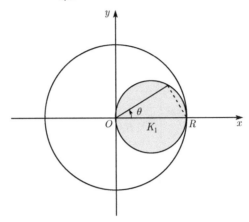

在面积的定义式 (9.26) 右边的 $\sqrt{}$ 中, 因为

$$(\varphi_u\psi_v - \varphi_v\psi_u)^2 + (\psi_u\chi_v - \psi_v\chi_u)^2 + (\chi_u\varphi_v - \chi_v\varphi_u)^2$$
$$= (\varphi_u^2 + \psi_u^2 + \chi_u^2)(\varphi_v^2 + \psi_v^2 + \chi_v^2) - (\varphi_u\varphi_v + \psi_u\psi_v + \chi_u\chi_v)^2,$$

所以, 若令

$$E(u,v) = \varphi_u^2 + \psi_u^2 + \chi_u^2,$$
$$F(u,v) = \varphi_u\varphi_v + \psi_u\psi_v + \chi_u\chi_v,$$
$$G(u,v) = \varphi_v^2 + \psi_v^2 + \chi_v^2$$

则式 (9.26) 可以改写为

$$A(S) = \int_H \sqrt{E(u,v)G(u,v) - F(u,v)^2} du dv. \tag{9.33}$$

例 9.8　在 (x,y) 平面上 $y > 0$ 部分上的光滑 Jordan 曲线 $C = \{(\varphi(u), \psi(u)) | a \leqslant u \leqslant b\}, \psi(u) > 0$, 绕 x 轴旋转一周形成的曲面 S 称为**旋转曲面**. C 绕 x 轴仅旋转 θ 角时, 将 C 上的每一点 $(\varphi(u), \psi(u))$ 分别移到点

$$\Psi(u,\theta) = (\varphi(u), \psi(u)\cos\theta, \psi(u)\sin\theta).$$

所以 S 由参数表示

$$S = \{\Psi(u,\theta) | a \leqslant u \leqslant b, \quad 0 \leqslant \theta \leqslant 2\pi\} \tag{9.34}$$

给出. 此时由于

$$E(u,\theta) = \varphi'(u)^2 + \psi'(u)^2, \quad F(u,\theta) = 0, \quad G(u,\theta) = \psi(u)^2,$$

所以根据式 (9.33) 得 S 的面积为

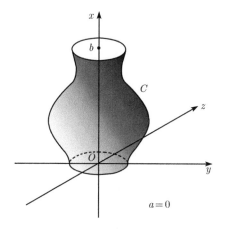

$$A(S) = 2\pi \int_a^b \psi(u)\sqrt{\varphi'(u)^2 + \psi'(u)^2}\mathrm{d}u. \tag{9.35}$$

此时, S 不是 Jordan 曲面, 而是被分割成两个 Jordan 曲面, 例如, 分割成 $S_1 = \{\Psi(u,\theta)\,|\,a \leqslant u \leqslant b, 0 \leqslant \theta \leqslant \pi\}$ 和 $S_2 = \{\Psi(u,\theta)\,|\,a \leqslant u \leqslant b, \pi \leqslant \theta \leqslant 2\pi\}$. 根据式 (9.33), 可以求得 $A(S_1)$ 和 $A(S_2)$. 并且若取其和, 就可以获得式 (9.35).

作为式 (9.35) 的应用, 计算旋转椭圆体的表面 $S : x^2/a^2 + y^2/c^2 + z^2/c^2 = 1, a > c > 0$ 的面积. 求椭圆方程 $x^2/a^2 + y^2/c^2 = 1$ 关于 y 的解, 可得 $y = \pm c\sqrt{1 - x^2/a^2}$. 因此, 若在式 (9.34) 中, 令 $\varphi(u) = u$, $\psi(u) = c\sqrt{1 - u^2/a^2}$, 将不等式 $a \leqslant u \leqslant b$ 用 $-a \leqslant u \leqslant a$ 替换, 则可得旋转椭圆面 S 的参数表示. 通过简单计算,

$$\psi(u)\sqrt{1 + \psi'(u)^2} = c\sqrt{1 - (a^2 - c^2)u^2/a^4},$$

所以根据式 (9.35),

$$A(S) = 2\pi c \int_{-a}^a \sqrt{1 - \frac{a^2 - c^2}{a^4}u^2}\mathrm{d}u.$$

因为 $\int \sqrt{1 - t^2}\mathrm{d}t = (1/2)(t\sqrt{1 - t^2} + \mathrm{Arcsin}t)$, 所以若令 $t = (\sqrt{a^2 - c^2}/a^2)u$, 则可直接求得上式右边的积分值, 即获得

$$A(S) = 2\pi \left(c^2 + \frac{a^2 c}{\sqrt{a^2 - c^2}} \mathrm{Arcsin}\frac{\sqrt{a^2 - c^2}}{a} \right).$$

当 $C = \{(\varphi(u), \psi(u))\,|\,a \leqslant u \leqslant b\}\,(\psi(u) > 0)$ 是光滑 Jordan 闭曲线时, C 绕 x 轴旋转形成的旋转曲面 S 是光滑闭曲面. 此时, S 的面积也由式 (9.35) 给出. 这仅须将 C 分割成两个 Jordan 曲线 C_1, C_2 后即可看出.

例如, 给定 c 和 $\rho, 0 < \rho < c$, 若令 $\varphi(u) = \rho \sin u, \psi(u) = c + \rho \cos u$, 则 $C = \{(\varphi(u), \psi(u)) \,|\, 0 \leqslant u \leqslant 2\pi\}$ 是以 y 轴上点 $(0, c)$ 为中心、ρ 为半径的圆周, 当其绕 x 轴旋转时, 形成**环面**(torus)S. 因为 $\varphi'(u)^2 + \psi'(u)^2 = \rho^2$, 根据式 (9.35), S 的面积为

$$A(S) = 2\pi\rho \int_0^{2\pi} (c + \rho \cos u)\mathrm{d}u = 4\pi^2\rho c.$$

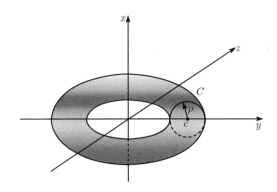

习　　题

63. 求方程 $y^2 = 4ax(a > 0)$ 确定的抛物线的原点 $(0,0)$ 到点 (x, y), $y = 2\sqrt{ax}$ 的弧长.

64. 当 $P(t) = \left(\varphi_1(t), \varphi_2(t), t^2\right), \varphi_1(0) = \varphi_2(0) = 0$ 时, 若 $0 < t \leqslant 1$, 令 $\varphi_1(t) = t^3 \cos(2\pi/t)$, $\varphi_2(t) = t^3 \sin(2\pi/t)$, 则可获得 $\mathscr{C}^1$ 类空间曲线 $C = \{P(t) \,|\, 0 \leqslant t \leqslant 1\}$. 试求此空间曲线 C 的长度.

65. 设 $r(\theta)$ 是定义在闭区间 $[0, 2\pi]$ 上的关于 θ 的连续可微函数, $r(0) = r(2\pi)$. 证明: 当 $0 < \theta < 2\pi$, $r(\theta) > 0$ 时, 若令 $P(\theta) = (r(\theta) \cos\theta, r(\theta) \sin\theta)$, 则闭曲线 $C = \{P(\theta) \,|\, 0 \leqslant \theta \leqslant 2\pi\}$ 除去至多一个点 $P(0) = P(2\pi)$ 外都光滑, 并且 C 的长度

$$l(C) = \int_0^{2\pi} \sqrt{r(\theta)^2 + r'(\theta)^2}\mathrm{d}\theta.$$

66. 在 65 题中, 当 $r(\theta) = a(1 - \cos\theta)$ 时, 称曲线 $C = \{P(\theta) \,|\, 0 \leqslant \theta \leqslant 2\pi\}$ 为心脏线 (Cardioid). 试求心脏线的长度.

附　　录

连续性与可微性(参考例 3.1)

称 $r + s\sqrt{d}$ (r, s 为有理数, $s \neq 0$, d 为自然数) 形式的无理数为二次无理数. 显然, 二次无理数在数轴 $\mathbf{R}$ 上处处稠密地分布. 设 α 为二次无理数, 则存在由 α 确定的正实数 σ, 使得对于任意的分数 q/p (p 为自然数, q 为整数), 不等式

$$\left| \frac{q}{p} - \alpha \right| > \frac{\sigma}{p^2}$$

成立. 为证明这个结论, 令 $\alpha = r + s\sqrt{d}, \beta = r - s\sqrt{d}$, 当 u 为变量时,

$$(u - \alpha)(u - \beta) = u^2 - 2ru + r^2 - s^2 d.$$

取自然数 a, 使得

$$a(u - \alpha)(u - \beta) = au^2 + bu + c \quad [b = -2ar, c = a(r^2 - s^2 d)]$$

是 u 的整系数二次式. 将 q/p 代入 u 且两边乘上 p^2, 可得

$$ap^2 \left(\frac{q}{p} - \alpha \right) \left(\frac{q}{p} - \beta \right) = aq^2 + bpq + cp^2,$$

此式左边不是 0, 右边是整数. 所以

$$ap^2 \left| \frac{q}{p} - \alpha \right| \left| \frac{q}{p} - \beta \right| \geqslant 1,$$

因此, 若令 $\Delta = q/p - \alpha, \delta = \beta - \alpha$, 则

$$ap^2 |\Delta| |\Delta - \delta| \geqslant 1.$$

取正实数 σ 使得 $a\sigma(\sigma + |\delta|) < 1$. 为了证明 $|\Delta| > \sigma/p^2$, 若假设 $|\Delta| \leqslant \sigma/p^2$, 则

$$|\Delta - \delta| \leqslant |\Delta| + |\delta| \leqslant \frac{\sigma}{p^2} + |\delta| \leqslant \sigma + |\delta|,$$

所以, 可得

$$ap^2 |\Delta| |\Delta - \delta| \leqslant a\sigma(\sigma + |\delta|) < 1,$$

这与 $ap^2 |\Delta| |\Delta - \delta| \geqslant 1$ 矛盾. 所以, $|\Delta| > \sigma/p^2$.

区间 $(0,1)$ 上的函数 $f(x)$ 定义为: 当 x 为无理数时, $f(x) = 0$; 当 x 为有理数, 即为不可约分数 q/p 时, $f(q/p) = 1/p^3$. 则显然这个函数 $f(x)$ 在 $(0,1)$ 内所有的有理点处不连续. $f(x)$ 在 $(0,1)$ 内的任意二次无理数 α 处可微.

[证明] 当 x $(x \neq \alpha)$ 是无理数时, 显然可得 $(f(x) - f(\alpha))/(x - \alpha) = 0$. 所以可设 x 是不可约分数: $x = q/p$. 于是

$$\left| \frac{f(x) - f(\alpha)}{x - \alpha} \right| = \left| f\left(\frac{q}{p} \right) \right| \Big/ \left| \frac{q}{p} - \alpha \right| < \left(\frac{1}{p^3} \right) \Big/ \left(\frac{\sigma}{p^2} \right) = \frac{1}{p\sigma}.$$

对于任意的正实数 μ, 因为满足 $p < \mu$ 的不可约分数 q/p $(0 < q/p < 1)$ 仅有有限个, 所以, 当 $q/p \to \alpha$ 时, $p \to +\infty$. 所以

$$\lim_{\frac{q}{p} \to \alpha} \left(f\left(\frac{q}{p} \right) - f(\alpha) \right) \Big/ \left(\frac{q}{p} - \alpha \right) = 0,$$

即 $f(x)$ 在 α 处可微且 $f'(\alpha) = 0$.   □

通过与例 2.4 同样的方法可以验证 $f(x)$ 在区间 $(0, 1)$ 内的所有无理点处连续. 若将二次无理数称为二次无理点, 则如上述, $f(x)$ 在二次无理点处可微, 而在任意的无理点处未必可微. 我们举一例, 考虑

$$\rho = \frac{1}{2} + \frac{1}{2^2} + \frac{1}{2^6} + \frac{1}{2^{24}} + \cdots = \sum_{n=1}^{\infty} \frac{1}{2^{n!}}.$$

此式右边的级数收敛, 并且显然有 $1/2 < \rho < 1$. 当 $m \geqslant 2$ 时, 若令

$$\rho_m = \sum_{n=1}^{m} \frac{1}{2^{n!}} = \frac{q_m}{2^{m!}}, \quad q_m = 2^{m!-1} + \cdots + 2^{m!-(m-1)!} + 1,$$

则因为 q_m 是奇数, 所以 $q_m/2^{m!}$ 是不可约分数. 要验证 ρ 为无理数, 我们用反证法, 不妨假设 ρ 等于分数 q/p, 则

$$\sum_{n=m+1}^{\infty} \frac{1}{2^{n!}} < \frac{2}{2^{(m+1)!}},$$

所以

$$0 < \frac{q}{p} - \frac{q_m}{2^{m!}} = \rho - \rho_m = \sum_{n=m+1}^{\infty} \frac{1}{2^{n!}} < \frac{2}{2^{(m+1)!}}.$$

若这个式子两边同乘以 $2^{m!}p$, 则可得不等式:

$$0 < 2^{m!}q - pq_m < \frac{p}{2^{m!}}.$$

若取 m 使得 $2^{m!} > p$, 则这个不等式与 $2^{m!}q - pq_m$ 是整数相矛盾. 所以 ρ 是无理数.

因为 $\rho_m = q_m/2^{m!}$ 是不可约分数, 所以 $f(\rho_m) = 1/2^{3m!}$. 因此当 $m \geqslant 4$ 时,

$$\left| \frac{f(\rho_m) - f(\rho)}{\rho_m - \rho} \right| > \frac{1}{2^{3m!}} \Big/ \frac{2}{2^{(m+1)!}} = \frac{2^{(m-2)m!}}{2} > 2^{m!}.$$

因为当 $m \to +\infty$ 时, $\rho_m \to \rho$; 当 x 为无理数时, $(f(x) - f(\rho))/(x - \rho) = 0$, 所以 $\lim\limits_{x \to \rho} (f(x) - f(\rho))/(x - \rho)$ 不存在. 即 $f(x)$ 在 ρ 处不可微. 对于属于区间 $(0, 1)$ 的形如 $\rho + r(r$ 为有理数) 的任意实数, 同样可以证明 $f(x)$ 在 $\rho + r$ 处不可微.

　　总之, $f(x)$ 在区间 $(0, 1)$ 内的有理点处不连续; 在无理点处连续; 在二次无理点处可微; 在 $\rho + r(r \in \mathbf{Q})$ 处连续, 但不可微. $f(x)$ 的不连续点、连续点、可微的点、连续但不可微的点, 分别在区间 $(0, 1)$ 上处处稠密地分布.

　　考虑这种奇妙的函数, 对于我们精确地把握微分系数的意义是很有用的. 虽然记 $f'(a) = \lim\limits_{x \to a} (f(x) - f(a))/(x - a)$, 但我们知道 $f'(a)$ 粗略地表示函数 $f(x)$ 的图像的曲线在 $x = a$ 处的切线的倾斜度等, 但是求这种奇妙的函数的微分系数很难, 因为这种函数的图像不能成为曲线.

　　ρ 被称为 Liouville 数. α 为二次无理数, ρ 也同时是无理数, 但它们的性质却完全不同. 关于 α, 对于任意分数 q/p, 如上所述, 不等式

$$\left| \alpha - \frac{q}{p} \right| \geqslant \frac{\sigma_\alpha}{p^2}, \quad \sigma_\alpha > 0, \tag{3.9}$$

成立. 这里, 把常数 σ 记为 σ_α 是为了说明 σ 依赖于 α. 关于 ρ, 若令 $p_m = 2^{m!}$, 则 $2^{(m+1)!} = p_m^{m+1}$, 所以

$$\left| p - \frac{q_m}{p_m} \right| < \frac{2}{p_m^{m+1}} \leqslant \frac{1}{p_m^m}.$$

对于自然数 n, 每个分数 q/p 的 $1/np^2$ 邻域, 即开区间 $(q/p - 1/np^2, q/p + 1/np^2)$, 它们的并集设为

$$W_n = \bigcup_{\frac{q}{p}} \left(\frac{q}{p} - \frac{1}{np^2}, \frac{q}{p} + \frac{1}{np^2} \right).$$

则 W_n 是包含有理数集合 $\mathbf{Q}$ 的开集, 并且 $W_1 \supset W_2 \supset \cdots \supset W_n \supset W_{n+1} \supset \cdots$. 对于任意的自然数 n, 若选 m, 使得 $(p_m)^{m-2} \geqslant n$, 则

$$\left| \rho - \frac{q_m}{p_m} \right| < \frac{1}{p_m^m} \leqslant \frac{1}{np_m^2},$$

所以 $\rho \in W_n$, 即 ρ 包含于所有的 W_n 中. 根据式 (3.9), 当 $n > 1/\sigma_\alpha$ 时, 二次无理数 α 不包含于 W_n. 即 "ρ 比所有的二次无理数更加贴近 $\mathbf{Q}$". 无理数的这种不同性质, 反映在微积分学的微妙问题之中.

解答, 提示

第 1 章

1. 任意给定的两个无理数 β 和 γ 分别用无限不循环小数 $\beta = b. b_1 b_2 b_3 \cdots$ 和 $\gamma = c. c_1 c_2 c_3 \cdots$ 表示时, 若 $\beta < \gamma$, 那么存在 n 满足 $b_n < c_n$. 此时, 例如, 对于 $m > n, b_m \leqslant 8$, 仅把 β 的第 m 位小数用比 b_m 大的数替换, 所得无限小数设为 γ_m, 则这些是互不相同的无限不循环小数, 且满足 $\beta < \gamma_m < \gamma$. 因为这样的 γ_m 存在无穷个, 所以介于 β 和 γ 之间的互不相同的无理数存在无穷个.

2. 只需分三种情形考虑即可: 当 α, β 同为正数时; 当 α, β 互为异号时; 当两者同为负数时.

3. 对于任意给定的正实数 ε, 取 $M = n_0\left(\dfrac{\varepsilon}{2}\right)$ 充分大时, 若 $n > M$, 则 $|a_n - \alpha| < \dfrac{\varepsilon}{2}$. 又因为, 若 $n > M$, 则

$$
\begin{aligned}
|b_n - \alpha| &= \frac{1}{n}|(a_1 - \alpha) + \cdots + (a_n - \alpha)| \\
&\leqslant \frac{1}{n}\{|a_1 - \alpha| + \cdots + |a_M - \alpha| + |a_{M+1} - \alpha| + \cdots + |a_n - \alpha|\} \\
&< \frac{1}{n}\left\{|a_1 - \alpha| + \cdots + |a_M - \alpha| + (n - M)\frac{\varepsilon}{2}\right\}.
\end{aligned}
$$

现令 $|a_1 - \alpha|, \cdots, |a_M - \alpha|$ 的最大值为 K, 则上面的最后一个式子

$$
\leqslant \frac{1}{n}\left(MK + \frac{n - M}{2}\varepsilon\right) < \frac{1}{n}\left(MK + \frac{n}{2}\varepsilon\right).
$$

这里, 若 $n > N$, 则对于满足 $MK/n < \varepsilon/2$ 的充分大的自然数 N, 当 $n > N$ 时,

$$
\frac{1}{n}\left(MK + \frac{n}{2}\varepsilon\right) < \frac{\varepsilon}{2} + \frac{\varepsilon}{2} = \varepsilon,
$$

所以, $b_n \to \alpha$.

4. 当 $n \geqslant 2$ 时, $\dfrac{1}{n^2} < \dfrac{1}{(n-1)n} = \dfrac{1}{n-1} - \dfrac{1}{n}$, 所以

$$
\sum_{n=3}^{m} \frac{1}{n^2} < \sum_{n=3}^{m}\left(\frac{1}{n-1} - \frac{1}{n}\right) = \frac{1}{2} - \frac{1}{m},
$$

从而

$$
\sum_{n=3}^{\infty} \frac{1}{n^2} \leqslant \frac{1}{2},
$$

故

$$
\sum_{n=1}^{\infty} \frac{1}{n^2} \leqslant 1 + \frac{1}{4} + \frac{1}{2} < 2.
$$

5. 令 $\alpha = \limsup a_m$. 因为对于 $\varepsilon = 1/n$, 存在无数个 a_m 使得 $\alpha + \varepsilon > a_m > \alpha - \varepsilon$. 所以从中选取一个设为 $a_{m(n)}$. 则对于任意的 n, 因为 $|a_{m(n)} - \alpha| < 1/n$, 所以子列 $\{a_{m(n)}\}$ 收敛于 α.

6. 设 $\{P_n\}$ 是一个有界点列, 令 $P_n = (x_n, y_n)$. 因为数列 $\{x_n\}$ 有界, 所以具有收敛的子列. 从而, 一开始就可以设 $\{x_n\}$ 收敛. 令 $x_0 = \lim x_n$. 又因为数列 $\{y_n\}$ 也有界, 从而也有收敛的子列 $\{y_{n_i}\}$. 于是, 若令 $y_0 = \lim y_{n_i}$, 则子列 $\{P_{n_i}\}$ 收敛于 $P_0 = (x_0, y_0)$.

7. 设 $P = (x_1, x_2, \cdots, x_n)$, $Q = (y_1, y_2, \cdots, y_n)$, $R = (z_1, z_2, \cdots, z_n)$, 则欲证明的不等式可以写成

$$\sqrt{\sum_{i=1}^{n}(x_i - z_i)^2} \leqslant \sqrt{\sum_{i=1}^{n}(x_i - y_i)^2} + \sqrt{\sum_{i=1}^{n}(y_i - z_i)^2}.$$

对于每个 $i, i = 1, \cdots, n$, 令 $a_i = x_i - y_i, b_i = y_i - z_i$, 则上式变为

$$\sqrt{\sum_{i=1}^{n}(a_i + b_i)^2} \leqslant \sqrt{\sum_{i=1}^{n}(a_i)^2} + \sqrt{\sum_{i=1}^{n}(b_i)^2}.$$

关于 t 的二次式 $\sum_{i=1}^{n}(a_i + b_i t)^2$ 恒 $\geqslant 0$, 所以判别式 $\leqslant 0$, 并且

$$\left|\sum_{i=1}^{n} a_i b_i\right| \leqslant \sqrt{\sum_{i=1}^{n} a_i^2}\sqrt{\sum_{i=1}^{n} b_i^2}.$$

因此

$$\sum_{i=1}^{n}(a_i + b_i)^2 = \sum_{i=1}^{n} a_i^2 + 2\sum_{i=1}^{n} a_i b_i + \sum_{i=1}^{n} b_i^2$$

$$\leqslant \sum_{i=1}^{n} a_i^2 + 2\sqrt{\sum_{i=1}^{n} a_i^2}\sqrt{\sum_{i=1}^{n} b_i^2} + \sum_{i=1}^{n} b_i^2$$

$$\leqslant \left(\sqrt{\sum_{i=1}^{n} a_i^2} + \sqrt{\sum_{i=1}^{n} b_i^2}\right)^2.$$

两边取平方根, 就可以获得所求的不等式.

8. 根据算术平均值 $\geqslant$ 几何平均值, 得 $0 < b_n < b_{n+1} < a_{n+1} < a_n$. 因此数列 $\{a_n\}$ 有下界且单调递减. 数列 $\{b_n\}$ 有上界且单调递增. 所以根据定理 1.20, 二者都存在极限. 设 $\alpha = \lim a_n, \beta = \lim b_n$. 于是, 若在 $a_{n+1} = (a_n + b_n)/2$ 的两边取极限, 则 $\alpha = (\alpha + \beta)/2$, 从而 $\alpha = \beta$.

9. 因为

$$a_n - \sqrt{2} = \frac{1}{2}\left(a_{n-1} - 2\sqrt{2} + \frac{2}{a_{n-1}}\right)$$

$$= \frac{1}{2}\left(\sqrt{a_{n-1}} - \sqrt{\frac{2}{a_{n-1}}}\right)^2 = \frac{1}{2}\frac{(a_{n-1} - \sqrt{2})^2}{a_{n-1}}$$

$$= \frac{(a_{n-1} - \sqrt{2})}{2}\frac{(a_{n-1} - \sqrt{2})}{a_{n-1}} < \frac{(a_{n-1} - \sqrt{2})}{2}.$$

所以

$$0 < a_n - \sqrt{2} < \frac{a_{n-1} - \sqrt{2}}{2} < \cdots < \frac{a_1 - \sqrt{2}}{2^{n-1}},$$

因此

$$\lim_{n\to\infty} a_n = \sqrt{2}.$$

10. (参考例 5.9) 因为当 $n \geqslant 3$ 时, $n^n \geqslant n^3 \geqslant n+1$, 所以

$$
\begin{aligned}
(n+1)^n &= n^n + nn^{n-1} + \frac{1}{2}n(n-1)n^{n-2} + \cdots + n + 1 \\
&\leqslant n^n + n^n + n^n + \cdots + n^n \quad (n \text{ 个}) \\
&= n^{n+1},
\end{aligned}
$$

因此

$$n^{1/n} \geqslant (n+1)^{1/(n+1)} \geqslant 1.$$

故, 此数列 $\{n^{1/n}\}$ 有界且单调递减, 从而收敛. 因为 $\displaystyle\lim_{n\to\infty} n^{1/n} = \alpha \geqslant 1$, 所以设 $n^{1/n} = 1 + a_n (a_n > 0)$, 则

$$
\begin{aligned}
n = (a_n + 1)^n &= 1 + na_n + \frac{1}{2}n(n-1)a_n^2 + \cdots + a_n^n \\
&> 1 + \frac{1}{2}n(n-1)a_n^2.
\end{aligned}
$$

因此, $a_n^2 < 2/n \to 0$, 从而 $n^{1/n} \to 1$.

第 2 章

11. 由复合函数的性质, 显然连续. 若令 $x_n = 1/(n+1/2)\pi$, $y_n = 1/n\pi$, 则虽然 $|x_n - y_n| \to 0$, 但是 $|\sin 1/x_n - \sin 1/y_n| = 1$, 所以对于任意取定的一个正实数 ε, 无论怎样选取 $\delta > 0$,

$$\text{若 } 0 < x, \quad 0 < x', \quad |x - x'| < \delta, \quad \text{则 } \left|\sin\frac{1}{x} - \sin\frac{1}{x'}\right| < \varepsilon$$

并不能成立. 因此 $\sin 1/x$ 非一致连续.

12. 假设不存在最大值. 对于每个 n 都能够从这个闭区间中选取使得 $f(a_n) \geqslant n$ 成立的 a_n. 数列 $\{a_n\}$ 具有收敛的子列 $\{a_{n_j}\}$. 设 $\lim a_{n_j} = \alpha$, 则根据 $f(x)$ 的连续性, $\lim f(a_{n_j}) = f(\alpha)$, 又因为 $f(a_{n_j}) \geqslant n_j$, 所以这与 $\lim f(a_{n_j}) = +\infty$ 矛盾.

13. 假设非一致连续, 对于某个正实数 $\varepsilon > 0$, 不论怎样选取 $\delta > 0$, 都存在满足 $|x - y| < \delta$ 且 $|f(x) - f(y)| \geqslant \varepsilon$ 的 x 与 y. 又, 对于 $\delta = 1/n$, 选 a_n, b_n 使得 $|a_n - b_n| < 1/n$ 且 $|f(a_n) - f(b_n)| \geqslant \varepsilon$. 因为数列 $\{a_n\}$ 具有收敛的子列, 所以, 从一开始我们就可以设 $\{a_n\}$ 收敛于 α. 此时, 因为

$$|b_n - \alpha| \leqslant |b_n - a_n| + |a_n - \alpha| < \frac{1}{n} + |a_n - \alpha| \to 0,$$

所以, $\{b_n\}$ 也收敛于 α. 因此, $f(a_n) - f(b_n) \to f(\alpha) - f(\alpha) = 0$. 这与假设相矛盾.

14. 若用 $f(x) - l_x$ 来代替 $f(x)$, 则一开始就可以假定 $l = 0$. 进而, 若用 $|f(x)|$ 来代替 $f(x)$, 则 $f(x) \geqslant 0$. 根据假设, 对于任意的 $\varepsilon > 0$, 存在 x_0 使得

若 $x \geqslant x_0$,　则　$|f(x+1) - f(x)| < \varepsilon$ 成立.

连续函数 $f(x)$ 在每个闭区间 $[n, n+1]$ (n 为自然数, $n \geqslant a$) 上具有最大值. 把它设为 $f(x_n), n \leqslant x_n \leqslant n+1$. 当 $n \geqslant x_0 + 1$ 时,

$$f(x_n) - f(x_n - 1) = f(x_n - 1 + 1) - f(x_n - 1) < \varepsilon,$$

因为 $x_n - 1$ 属于区间 $[n-1, n]$, 所以 $f(x_n - 1) \leqslant f(x_{n-1})$, 因此

$$f(x_n) - f(x_{n-1}) < \varepsilon.$$

设 $m \geqslant x_0, m$ 为自然数, 则对于 $n, n = m+1, m+2, \cdots$, 此不等式成立. 若取其和, 则

$$f(x_n) - f(x_m) < (n - m)\varepsilon,$$

因此,

$$\frac{f(x_n)}{n} < \frac{f(x_m)}{n} + \varepsilon.$$

又因为 $\varepsilon > 0$ 是任意的, 所以

$$\frac{f(x_n)}{n} \to 0 \quad (n \to +\infty).$$

因为任意的 x 属于某区间 $[n, n+1]$, 所以 $f(x) \leqslant f(x_n)$. 又因为 $x \geqslant n$, 所以

$$\frac{f(x)}{x} \leqslant \frac{f(x_n)}{n} \to 0 \quad (x \to +\infty).$$

15. $f(x)$ 与 $g(x)$ 在 $x = a, x = b$ 处一致, 并且因为

$$g\left(\frac{x+y}{2}\right) = \frac{1}{2}\{g(x) + g(y)\},$$

$$f\left(\frac{x+y}{2}\right) = \frac{1}{2}\{f(x) + f(y)\},$$

所以 $f(x)$ 与 $g(x)$ 在把 $[a, b]$ 分成 2^n 等份的所有的点上也一致. 这样的点的全体集合在 $[a, b]$ 上稠密, 所以, 连续函数 $f(x)$ 与 $g(x)$ 在 $[a, b]$ 上必一致.

16. 将下式

$$P_0(x)e^{nx} + P_1(x)e^{(n-1)x} + \cdots + P_{n-1}(x)e^x + P_n(x) = 0$$

的两边同除以 e^{nx}, 则可得

$$P_0(x) + P_1(x)\frac{1}{e^x} + \cdots + P_{n-1}(x)\frac{1}{e^{(n-1)x}} + P_n(x)\frac{1}{e^{nx}} = 0.$$

如果 $P_0(x) = 0$ 不成立, 那么当 $x \to +\infty$ 时, $\lim\limits_{x \to +\infty} x^k/e^x = 0$, 所以虽然第二项以后为 0, 但是 $|P_0(x)|$ 发散于无限大, 这与条件矛盾. 因此, $P_0(x) = 0$, 重复以上过程, 则 $P_0(x) = P_1(x) = \cdots = P_n(x) = 0$.

17. 令 $b_n = \ln a_n$, 则 $b_n \to \ln \alpha$. 因为 $\ln\{(a_1 a_2 \cdots a_n)^{1/n}\} = (1/n)(b_1 + \cdots + b_n)$, 所以根据习题 3, 这个数列也收敛于 $\ln \alpha$. 因此, $\lim(a_1 a_2 \cdots a_n)^{1/n} = \alpha$.

18. 令 $a_n = (1 + 1/n)^n$, 则 $a_n \to e$. 所以, 根据习题 17,

$$(a_1 a_2 \cdots a_n)^{1/n} = \left\{ \left(1 + \frac{1}{1}\right)^1 \left(1 + \frac{1}{2}\right)^2 \cdots \left(1 + \frac{1}{n}\right)^n \right\}^{1/n}$$

$$= \left\{ \frac{2}{1} \left(\frac{3}{2}\right)^2 \left(\frac{4}{3}\right)^3 \cdots \left(\frac{n+1}{n}\right)^n \right\}^{1/n}$$

$$= \left\{ \frac{1}{2} \cdot \frac{1}{3} \cdot \cdots \cdot \frac{1}{n} (n+1)^n \right\}^{1/n} = \frac{1}{(n!)^{1/n}} (n+1)$$

也收敛于 e. 因此

$$\frac{(n!)^{1/n}}{n} = \frac{(n!)^{1/n}}{n+1} \frac{n+1}{n} \to e^{-1}.$$

19. 如果 $a = 1$, 则结论显然成立. 所以设 $a \neq 1$. 令

$$y_n = \frac{\ln a}{n},$$

则 $\lim\limits_{n \to +\infty} y_n = 0$. 又因为, 当 $y_n \to 0$ 时,

$$\frac{e^{y_n} - 1}{y_n} \to 1,$$

所以

$$n(\sqrt[n]{a} - 1) = \frac{n(\sqrt[n]{a} - 1)}{\ln a} \ln a = \frac{e^{y_n} - 1}{y_n} \ln a \to \ln a.$$

20. 将 $e^{ix} = \cos x + i \sin x$ 的两边同时取 n 次方, 则

左边 $= e^{inx} = \cos nx + i \sin nx$,

右边 $= (\cos x + i \sin x)^n = \cos^n x + ni \cos^{n-1} x \sin x$

$$- \frac{n(n-1)}{2} \cos^{n-2} x \sin^2 x - i \frac{n(n-1)(n-2)}{6} \cos^{n-3} x \sin^3 x + \cdots + i^n \sin^n x.$$

比较两边的实部和虚部, 则可得

$$\cos nx = \cos^n x - \frac{n(n-1)}{2} \cos^{n-2} x \sin^2 x + \cdots$$

$$+ (-1)^{k-1} \binom{n}{2k} \cos^{n-2k} x \sin^{2k} x + \cdots,$$

$$\sin nx = n \cos^{n-1} x \sin x - \frac{n(n-1)(n-2)}{6} \cos^{n-3} x \sin^3 x + \cdots$$

$$+ (-1)^{k-1} \binom{n}{2k-1} \cos^{n-2k+1} x \sin^{2k-1} x + \cdots.$$

第 3 章

21.

$$\frac{(x+h)^n - x^n}{h} = \frac{x^n + nx^{n-1}h + \binom{n}{2}x^{n-2}h^2 + \cdots - x^n}{h}$$

$$= nx^{n-1} + \binom{n}{2}x^{n-2}h + \cdots + h^{n-1} \to nx^{n-1}.$$

22. 若在所有点处都有 $f(x) = f(a)$, 以 ξ 为例, 设为 $a+1$ 即可. 考虑使 $f(x_0) > f(a)$ 成立的 x_0 存在的情况. 取 ε 使得 $\varepsilon = f(x_0) - f(a)$ 时, 若 $x > M$, 则 $|f(x) - f(a)| < \varepsilon$, 所以, 存在满足 $f(x) - f(a) < f(x_0) - f(a)$ 的实数 M. 若 $x > M$, 则 $f(x) < f(x_0)$, 这蕴含在 $[a, M]$ 中存在 $f(x)$ 的最大值. 因此以下的讨论, 可以参考 3.3 节开始时的讨论.

23. 根据定理 3.9, 存在满足

$$\frac{f(x)}{g(x)} = \frac{f(x) - f(a)}{g(x) - g(a)} = \frac{f'(c)}{g'(c)}$$

的 $c, a < c < x$. 当 $x \to a + 0$ 时, $c \to a + 0$, 有

$$\lim_{x \to a+0} \frac{f(x)}{g(x)} = \lim_{c \to a+0} \frac{f'(c)}{g'(c)} = l.$$

24. 因为 $y = ((a^x + b^x)/2)^{1/x}$ 为正, 所以若两边取对数且令 $\ln y = (1/x)\ln((a^x + b^x)/2)$. 则可利用习题 23. 因为

$$\lim_{x \to 0} \ln y = \lim_{x \to +0} \frac{\ln\left(\dfrac{a^x + b^x}{2}\right)}{x},$$

又因为

$$\lim_{x \to +0} \frac{\dfrac{1}{2}(a^x \ln a + b^x \ln b)}{\dfrac{a^x + b^x}{2}} = \frac{\ln a + \ln b}{2} = \ln\sqrt{ab},$$

所以

$$\lim_{x \to +0} y = \sqrt{ab}.$$

25. 设 $f(x) = x - \cos x$, 则当 $x_n = \pi/2 + 2n\pi$, n 为整数时, $f'(x) = 1 - \sin x \geqslant 0$, 或者 $f'(x) = 0$ 成立. 这些点在实数集中是不稠密的, 所以 $f(x)$ 是单调递增函数. 此外, 因为 $f(0) = -1 < 0, f(\pi/2) = \pi/2 > 0$, 所以 $f(x) = 0$ 仅有一个零点.

26. 利用归纳法. 当 $n = 1$ 时, 结论显然, 所以设 $n \geqslant 2$. 因为

$$\frac{\mathrm{d}^n}{\mathrm{d}x^n}\mathrm{e}^{-x^2} = \frac{\mathrm{d}}{\mathrm{d}x}\left\{\frac{\mathrm{d}^{n-1}}{\mathrm{d}x^{n-1}}\mathrm{e}^{-x^2}\right\}$$

$$= \frac{\mathrm{d}}{\mathrm{d}x}\{(-1)^{n-1}H_{n-1}(x)\mathrm{e}^{-x^2}\}$$

$$= (-1)^n\{2xH_{n-1}(x) - H'_{n-1}(x)\}\mathrm{e}^{-x^2},$$

所以
$$H_n(x) = 2xH_{n-1}(x) - H'_{n-1}(x).$$

因此 $H_n(x)$ 是关于 x 的 n 次多项式. 设 $H_{n-1}(x) = 0$ 的 $n-1$ 个根为
$$x_1 < x_2 < \cdots < x_{n-1},$$

则 $\dfrac{\mathrm{d}^{n-1}}{\mathrm{d}x^{n-1}}\mathrm{e}^{-x^2}$ 在点 $x_1, x_2, \cdots, x_{n-1}$ 处等于零. 又根据 $\lim\limits_{n \to \pm\infty} \dfrac{\mathrm{d}^{n-1}}{\mathrm{d}x^{n-1}}\mathrm{e}^{-x^2} = 0$, $H_n(x)$ 在 $(-\infty, x_1), (x_1, x_2), \cdots, (x_{n-1}, +\infty)$ 中的每个区间, 至少分别具有一个实数根. 此外, 至多一共具有 n 个实数根. 因此, $H_n(x)$ 恰好具有 n 个不同的实数根.

27. 如果
$$f'(x + \theta h) = f'(x + \theta_1 h), \quad \theta \neq \theta_1,$$

则根据中值定理, 存在满足
$$f'(x + \theta h) - f'(x + \theta_1 h) = (\theta - \theta_1)hf''(x + \theta h + \theta_2(\theta - \theta_1)h) = 0$$

的 $\theta_2, 0 < \theta_2 < 1$. 这与 $f'' \neq 0$ 矛盾. 因此, 必有 $\theta = \theta_1$. 将
$$\begin{aligned}
f(x + h) &= f(x) + f'(x + \theta h)h \\
&= f(x) + \{f'(x) + f''(x)\theta h + o(\theta h)\}h \\
&= f(x) + f'(x)h + f''(x)\theta h^2 + o(h^2)
\end{aligned}$$

与 Taylor 公式
$$f(x + h) = f(x) + f'(x)h + f''(x)\frac{h^2}{2} + o(h^2)$$

相比较, 则得
$$\theta \to \frac{1}{2}.$$

28. 参考下图. 根据假设, 数列 $\{b_n\}$ 满足 $a < b_n < b_{n-1}$, 即

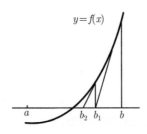

这是具有下界的单调递减数列, 故收敛. 令 $\lim b_n = \beta$ 且取
$$b_n = b_{n-1} - \frac{f(b_{n-1})}{f'(b_{n-1})}$$

两边的极限, 则
$$\beta = \beta - \frac{f(\beta)}{f'(\beta)},$$

这与 $f(\beta) = 0$ 一致.

29. 设 $\xi = (1/n)(x_1 + \cdots + x_n)$, 则

$$f(x_i) = f(\xi) + (x_i - \xi)f'(\xi) + \frac{1}{2}(x_i - \xi)^2 f''(\xi + \theta_i(x_i - \xi)), \quad 0 < \theta_i < 1,$$

所以

$$f(x_i) \geqslant f(\xi) + (x_i - \xi)f'(\xi),$$

从而获得所求的不等式

$$\sum_{i=1}^{n} f(x_i) \geqslant nf(\xi) + f'(\xi) \sum_{i=1}^{n}(x_i - \xi) = nf(\xi).$$

当且仅当 $x_i = \xi\,(i = 1, \cdots, n)$ 时等号成立.

30. 因为 $(-\ln x)'' = 1/x^2 > 0$, 所以在 $f(x) = -\ln x$ 中, 应用习题 29, 则

$$-\ln\left(\frac{x_1 + \cdots + x_n}{n}\right) \leqslant -\frac{\ln x_1 \cdots x_n}{n} = -\ln \sqrt[n]{x_1 \cdots x_n},$$

因此

$$\frac{x_1 + \cdots + x_n}{n} \geqslant \sqrt[n]{x_1 \cdots x_n}.$$

第 4 章

31. (i) 设 $e^x = t$, 则由 $dx = dt/t$, 原式

$$\int \frac{\dfrac{dt}{t}}{t + \dfrac{1}{t}} = \int \frac{dt}{t^2 + 1} = \operatorname{Arctan} t = \operatorname{Arctan} e^x.$$

(ii) 设 $\sin x = t$, 则 $\cos x\, dx = dt$, 所以

$$\int \cos^3 x\, dx = \int (1 - \sin^2 x) \cos x\, dx = \int (1 - t^2)dt = t - \frac{t^3}{3} = \sin x - \frac{\sin^3 x}{3}.$$

(iii) 设 $\tan x = t$, 则 $dx/\cos^2 x = dt$, 原式

$$\int \frac{dt}{a + bt^2} = \frac{1}{b}\int \frac{dt}{\left(\sqrt{\dfrac{a}{b}}\right)^2 + t^2}$$

$$= \frac{1}{b}\frac{1}{\sqrt{\dfrac{a}{b}}} \operatorname{Arctan} \frac{t}{\sqrt{\dfrac{a}{b}}} = \frac{1}{\sqrt{ab}} \operatorname{Arctan}\left(\sqrt{\dfrac{a}{b}} \tan x\right).$$

(iv) 若 $t = \tan(x/2)$, $\sin x = 2t/(1 + t^2)$, 因为 $dx = (2/(1 + t^2))\,dt$, 所以原式

$$\int \frac{\dfrac{2}{1 + t^2}}{\dfrac{2t}{1 + t^2}}dt = \int \frac{dt}{t} = \ln\left(\tan\frac{x}{2}\right).$$

(v) 同上面的 (iv) 一样, 若 $t = \tan(x/2)$, 则根据 $\cos x = (1-t^2)/(1+t^2)$, 原式

$$\int \frac{\dfrac{2}{1+t^2}}{\dfrac{1-t^2}{1+t^2}+a}\mathrm{d}t = \int \frac{2\mathrm{d}t}{(1-t^2)+a(1+t^2)}$$

$$= \int \frac{2\mathrm{d}t}{(a+1)+(a-1)t^2} = \frac{2}{a-1}\int \frac{\mathrm{d}t}{\left(\sqrt{\dfrac{a+1}{a-1}}\right)^2+t^2}$$

$$= \frac{2}{\sqrt{a^2-1}}\mathrm{Arctan}\left(\sqrt{\frac{a-1}{a+1}}\tan\frac{x}{2}\right).$$

32. (i)

$$\int \frac{\mathrm{d}x}{(x^2+1)^2} = -\frac{1}{2x(x^2+1)} - \int \frac{\mathrm{d}x}{2x^2(x^2+1)}$$

$$= \frac{1}{2}\left\{\frac{x}{x^2+1} + \mathrm{Arctan}\,x\right\}.$$

(ii) 令 $I = \displaystyle\int \mathrm{e}^{px}\cos qx\mathrm{d}x$, $J = \displaystyle\int \mathrm{e}^{px}\sin qx\mathrm{d}x$, 并且进行分部积分法, 则 $I = \dfrac{1}{q}\mathrm{e}^{px}\sin qx$ $-\dfrac{p}{q}J$, $J = -\dfrac{1}{q}\mathrm{e}^{px}\cos qx + \dfrac{p}{q}I$, 所以

$$I = \frac{\mathrm{e}^{px}}{p^2+q^2}(q\sin qx + p\cos qx),$$

$$J = \frac{\mathrm{e}^{px}}{p^2+q^2}(p\sin qx - q\cos qx).$$

(iii) 若 $I_n = \displaystyle\int x^n\mathrm{e}^{-x}\mathrm{d}x$, 根据 $I_0 = -\mathrm{e}^{-x}$ 及由分部积分法得到的递推公式

$$I_n = -x^n\mathrm{e}^{-x} + nI_{n-1} \quad (n \geqslant 1),$$

得

$$I_n = -x^n\mathrm{e}^{-x} - nx^{n-1}\mathrm{e}^{-x} - n(n-1)x^{n-2}\mathrm{e}^{-x} - \cdots - n!x\mathrm{e}^{-x} - n!\mathrm{e}^{-x}.$$

(iv) 根据分部积分法及倍角公式

$$\int \cos^4 x\mathrm{d}x = \sin x\cos^3 x + 3\int \sin^2 x\cos^2 x\mathrm{d}x$$

$$= \frac{\sin 2x}{2}\frac{1+\cos 2x}{2} + 3\int \frac{1-\cos 4x}{8}\mathrm{d}x$$

$$= \frac{3}{8}x + \frac{\sin 2x}{4} + \frac{\sin 4x}{32}.$$

33. (i) 根据分部积分法

$$\int_0^1 x^\alpha \ln x\mathrm{d}x = \left[\frac{x^{\alpha+1}}{\alpha+1}\ln x\right]_0^1 - \int_0^1 \frac{x^{\alpha+1}}{\alpha+1}\frac{1}{x}\mathrm{d}x.$$

其中, 右边的第一项是 0, 第二项是 $-1/(\alpha+1)^2$.

(ii) 根据习题 31 的 (iii),

$$\int_0^{\pi/2} \frac{\mathrm{d}x}{a\cos^2 x + b\sin^2 x} = \left[\frac{1}{\sqrt{ab}}\mathrm{Arctan}\left(\sqrt{\frac{b}{a}}\tan x\right)\right]_0^{\pi/2} = \frac{1}{\sqrt{ab}}\frac{\pi}{2}.$$

(iii) 根据习题 31 的 (v),

$$\int_0^{\pi} \frac{\mathrm{d}x}{\cos x + a} = \left[\frac{2}{\sqrt{a^2-1}}\mathrm{Arctan}\left(\sqrt{\frac{a-1}{a+1}}\tan\frac{x}{2}\right)\right]_0^{\pi} = \frac{\pi}{\sqrt{a^2-1}}.$$

(iv) 根据习题 32 的 (ii), $\displaystyle\int_0^{\infty} \mathrm{e}^{-x}\sin ax\mathrm{d}x = \left[\frac{\mathrm{e}^{-x}}{1+a^2}(-a\cos ax - \sin ax)\right]_0^{\infty} = \frac{a}{1+a^2}.$

34.
$$I = \int_0^{+\infty} |\sin x|\mathrm{e}^{-x}\mathrm{d}x = \int_0^{\pi} \mathrm{e}^{-x}\sin x\mathrm{d}x - \int_{\pi}^{2\pi} \mathrm{e}^{-x}\sin x\mathrm{d}x + \cdots,$$

并且, 因为

$$\int_{2k\pi}^{(2k+1)\pi} \mathrm{e}^{-x}\sin x\mathrm{d}x = \frac{1}{2}(\mathrm{e}^{-2k\pi} + \mathrm{e}^{-(2k+1)\pi}),$$

$$\int_{(2k+1)\pi}^{(2k+2)\pi} \mathrm{e}^{-x}\sin x\mathrm{d}x = \frac{1}{2}(-\mathrm{e}^{-(2k+1)\pi} - \mathrm{e}^{-(2k+2)\pi}),$$

所以

$$I = \frac{1}{2}(1 + \mathrm{e}^{-\pi} + \mathrm{e}^{-\pi} + \mathrm{e}^{-2\pi} + \mathrm{e}^{-2\pi} + \mathrm{e}^{-3\pi} + \cdots)$$
$$= \frac{1}{2} + \mathrm{e}^{-\pi} + \mathrm{e}^{-2\pi} + \mathrm{e}^{-3\pi} + \cdots$$

又因为 $\mathrm{e}^{-\pi} < 1$, 所以这个等比级数收敛且其和为

$$I = \frac{1}{2} + \frac{\mathrm{e}^{-\pi}}{1 - \mathrm{e}^{-\pi}} = \frac{1 + \mathrm{e}^{-\pi}}{2(1 - \mathrm{e}^{-\pi})}.$$

35. 根据习题 26, $\dfrac{\mathrm{d}^n}{\mathrm{d}x^n}\mathrm{e}^{-x^2} = (-1)^n H_n(x)\mathrm{e}^{-x^2}$, $H_n(x)$ 是 n 次多项式. 令

$$I_{m,n} = \int_{-\infty}^{+\infty} x^m H_n(x)\mathrm{e}^{-x^2}\mathrm{d}x = \int_{-\infty}^{+\infty} (-1)^n x^m \frac{\mathrm{d}^n}{\mathrm{d}x^n}\mathrm{e}^{-x^2}\mathrm{d}x,$$

则根据分部积分法,

$$I_{m,n} = \left[(-1)^n x^m \frac{\mathrm{d}^{n-1}}{\mathrm{d}x^{n-1}}\mathrm{e}^{-x^2}\right]_{-\infty}^{+\infty} - \int_{-\infty}^{+\infty} (-1)^n mx^{m-1}\frac{\mathrm{d}^{n-1}}{\mathrm{d}x^{n-1}}\mathrm{e}^{-x^2}\mathrm{d}x$$
$$= [-x^m H_{n-1}(x)\mathrm{e}^{-x^2}]_{-\infty}^{+\infty} + mI_{m-1,n-1}.$$

又因为 $H_{n-1}(x)$ 是 x 的多项式, 所以此式的 $[\ ]_{-\infty}^{+\infty}$ 部分为 0. 因此

$$I_{m,n} = mI_{m-1,n-1}.$$

(1) 当 $m < n$ 时,

$$I_{m,n} = m!I_{0,n-m}$$
$$= m!(-1)^{n-m} \int_{-\infty}^{+\infty} \frac{\mathrm{d}^{n-m}}{\mathrm{d}x^{n-m}} \mathrm{e}^{-x^2} \mathrm{d}x = m!(-1)^{n-m} \left[\frac{\mathrm{d}^{n-m-1}}{\mathrm{d}x^{n-m-1}} \mathrm{e}^{-x^2} \right]_{-\infty}^{+\infty} = 0.$$

(2) 当 $m = n$ 时,

$$I_{m,n} = n!I_{0,0} = n! \int_{-\infty}^{+\infty} \mathrm{e}^{-x^2} \mathrm{d}x = n!\sqrt{\pi}.$$

36. 当 f 恒等于 0 时成立, 所以假设 f 不恒为 0. t 的二次式

$$0 \leqslant \int_a^b (tf - g)^2 \mathrm{d}x$$
$$= t^2 \int_a^b f(x)^2 \mathrm{d}x - 2t \int_a^b f(x)g(x) \mathrm{d}x + \int_a^b g(x)^2 \mathrm{d}x$$

关于 t 的判别式必须 $\leqslant 0$, 从而获得所要求的不等式.

37. 将 $[a, b]$ 分成 n 等份 $a = a_0 < a_1 < a_2 < \cdots < a_n = b$, 并且设 $f(a_i) = x_i, \varphi(x_i) = y_i$, 则可以应用习题 29 的不等式, 得

$$\varphi \left(\frac{x_1 + \cdots + x_n}{n} \right) \leqslant \frac{y_1 + \cdots + y_n}{n}.$$
$$\varphi \left(\frac{1}{b-a} \frac{b-a}{n} (x_1 + \cdots + x_n) \right) \leqslant \frac{1}{b-a} \frac{b-a}{n} (y_1 + \cdots + y_n).$$

其中, 当 $n \to \infty$ 时,

$$\varphi \left(\frac{1}{b-a} \int_a^b f(x) \mathrm{d}x \right) \leqslant \frac{1}{b-a} \int_a^b \varphi(f(x)) \mathrm{d}x.$$

第 5 章

38. 令

$$A_n = \sum_{i=1}^n a_i, \quad B_n = \sum_{i=1}^n b_i, \quad B = \sum_{i=1}^\infty b_i$$

并且

$$C_n = c_1 + c_2 + \cdots + c_n$$
$$= a_1 b_1 + (a_1 b_2 + a_2 b_1) + \cdots + (a_1 b_n + \cdots + a_n b_1)$$
$$= a_1 B_n + a_2 B_{n-1} + \cdots + a_n B_1.$$

若令 $B_n - B = \varepsilon_n$, 则当 $n \to \infty$ 时, $\varepsilon_n \to 0$.

一方面, $C_n = A_n B + (a_1 \varepsilon_n + a_2 \varepsilon_{n-1} + \cdots + a_n \varepsilon_1)$. 根据假设, 因为 $\sum a_n$ 绝对收敛. 所以对于任意的正实数 ε, 存在自然数 m, 使得当 $n > m$ 时, 就有 $|a_{m+1}| + |a_{m+2}| +$

$\cdots + |a_n| < \varepsilon$. 另一方面, 因为 $\{\varepsilon_n\}$ 收敛且有界, 所以存在 K 使得 $|\varepsilon_n| < K$ 成立. 此外设 $\max\{\varepsilon_{n-m}, \varepsilon_{n-m+1}, \cdots, \varepsilon_n\} = \eta_n$, 则若存在某个 n_0, 使得 $n > n_0$, 则 $\eta_n < \varepsilon$.

因此, 当 $n > n_0$ 时,

$$|C_n - A_n B| \leqslant \eta_n(|a_1| + |a_2| + \cdots + |a_m|) + K(|a_{m+1}| + |a_{m+2}| + \cdots + |a_n|)$$
$$< \varepsilon(|a_1| + |a_2| + \cdots + |a_m|) + K\varepsilon.$$

从而, $\lim C_n = \lim(A_n B) = (\lim A_n)B = AB$ 成立.

39. 当 $n \geqslant 2$ 时, 若令

$$a_n = \left\{ \frac{1 \cdot 3 \cdot \cdots \cdot (2n-3)}{2 \cdot 4 \cdot \cdots \cdot (2n-2)} \right\}^p,$$

则

$$\frac{a_n}{a_{n+1}} = \left(\frac{2n}{2n-1}\right)^p = \left(\frac{1}{1 - \dfrac{1}{2n}}\right)^p$$
$$= \left\{ 1 + \frac{1}{2n} + \left(\frac{1}{2n}\right)^2 + \cdots \right\}^p = 1 + \frac{\dfrac{p}{2}}{n} + O\left(\frac{1}{n^2}\right).$$

再将 Gauss 判别法应用到这里即可.

40. 根据下确界的定义, 从某一位 m 开始, 对于其前面的 n,

$$n\left(\frac{a_n}{a_{n+1}} - 1\right) \geqslant \rho > 1$$

即

$$na_n - (n+1)a_{n+1} \geqslant (\rho - 1)a_{n+1}$$

成立. 当 $n \geqslant m$ 时, 令 $n = m, m+1, \cdots, n$, 再将两边相加, 则得

$$ma_m - (n+1)a_{n+1} \geqslant (\rho - 1)\{a_{m+1} + \cdots + a_{n+1}\}.$$

所以

$$a_{m+1} + \cdots + a_{n+1} \leqslant \frac{1}{\rho - 1}(ma_m - (n+1)a_{n+1}) < \frac{1}{\rho - 1}ma_m.$$

这里, 令 $a_1 + \cdots + a_m = K$, 则部分和

$$A_n = \sum_{k=1}^{n} a_k < K + \frac{1}{\rho - 1}ma_m$$

有上界, 因此 $\{a_n\}$ 收敛. 发散的情况也可同样证明.

41. 令

$$a_n = \frac{a(a+1)\cdots(a+n-1)}{b(b+1)\cdots(b+n-1)}.$$

因为

$$n\left(\frac{a_n}{a_{n+1}} - 1\right) = \frac{b-a}{\dfrac{a}{n} + 1} \to b - a > 1,$$

所以根据习题 40 的 Raabe 判别法, 收敛性显然.

42. 若定积分 $\int_0^{+\infty} \dfrac{dt}{t^2+1} = \dfrac{\pi}{2}$ 的积分变量 t 替换为 $x = nt$, n 为自然数, 则 $\int_0^{+\infty} \dfrac{ndx}{x^2+n^2} = \dfrac{\pi}{2}$. 令 $f_n(x) = \dfrac{2}{\pi} \dfrac{n}{x^2+n^2}$, 则 $\int_0^{+\infty} f_n(x)\,dx = 1$. 因为 $f_n(x) \leqslant \dfrac{2}{\pi}\dfrac{1}{n}$, 所以函数序列 $\{f_n(x)\}$ 一致收敛于 0.

43. 令 $a_n = \dfrac{(n!)^2}{(2n)!}$, 则

$$\lim_{n\to\infty} \frac{a_{n+1}x^{n+1}}{a_n x^n} = \lim_{n\to\infty} \frac{(n+1)^2 x}{(2n+2)(2n+1)} = \frac{x}{4}.$$

若 $x > 0$, 则根据 Cauchy 判别法, $1 + \displaystyle\sum_{n=1}^{\infty} a_n x^n$ 当 $x < 4$ 时收敛; 当 $x > 4$ 时发散. 所以, 所求的收敛半径为 4.

44. 当 $\sum f_n(x)$ 一致绝对收敛时, 对于在充分大的 n_0 前面的 n, 因为 $f_n^2(x) < |f_n(x)|$, 所以 $\sum f_n^2(x)$ 也一致收敛. 进而, 因为 $|f_n(x)| < 1/2$, 所以根据 $|\ln(1 + f_n(x)) - f_n(x)| < f_n^2(x)$, $\sum \{\ln(1 + f_n(x)) - f_n(x)\}$ 一致绝对收敛. 因此

$$\sum \ln(1 + f_n(x)) = \sum \{\ln(1 + f_n(x)) - f_n(x)\} + \sum f_n(x)$$

也一致绝对收敛. 因而, $\sum \ln(1 + f_n(x)) = \ln \prod(1 + f_n(x))$ 是关于 x 的连续函数. 故 $\displaystyle\prod_{n=1}^{\infty}(1 + f_n(x))$ 也是关于 x 的连续函数.

第 6 章

45. 显然 $f(x, y)$ 在 $(x, y) \neq (0, 0)$ 处连续. 设 $x = r\cos\theta$, $y = r\sin\theta$, 则

$$f(x, y) = \frac{r^3(\cos^3\theta - \sin^3\theta)}{r^2} = r(\cos^3\theta - \sin^3\theta),$$

从而当 $(x, y) \to (0, 0)$ 时, $|f(x, y)| \leqslant 2r \to 0$. 因此 $f(x, y)$ 在 $(0, 0)$ 处也是连续. 显然, $f(x, y)$ 在 $(x, y) \neq (0, 0)$ 处, 关于 x 和 y 都可偏微. 根据

$$f_x(0, 0) = \lim_{h\to 0} \frac{f(h, 0) - f(0, 0)}{h} = \lim_{h\to 0} \frac{h - 0}{h} = 1,$$

$$f_y(0, 0) = \lim_{k\to 0} \frac{f(0, k) - f(0, 0)}{k} = \lim_{k\to 0} \frac{-k - 0}{k} = -1,$$

$f(x, y)$ 在原点处也可偏微. 为了验证它在原点是否可微, 令

$$f(h, k) - f(0, 0) = h - k + \varepsilon(h, k)\sqrt{h^2 + k^2},$$

则

$$\varepsilon(h, k) = \frac{hk(h - k)}{(\sqrt{h^2 + k^2})^3},$$

例如, 若令 $h = mk$, 则

$$\varepsilon(h, k) = \frac{m(m - 1)}{(\sqrt{m^2 + 1})^3},$$

从而当 $(h, k) \to (0, 0)$ 时, $\varepsilon(h, k) \to 0$ 不成立. 因此, 在原点处不可微.

46. 因为可微的单变量函数 $f(x, y_0)$ 和 $f(x_0, y)$ 分别在 $x = x_0, y = y_0$ 处取最大 (或者最小) 值, 所以

$$f_x(x_0, y_0) = 0, \quad f_y(x_0, y_0) = 0$$

成立.

47. 设

$$f(x, y) = \frac{x + y}{x^2 + y^2 + 1},$$

求

$$f_x(x, y) = 0, \quad f_y(x, y) = 0,$$

得

$$(x, y) = \left(\frac{1}{\sqrt{2}}, \frac{1}{\sqrt{2}}\right) \text{ 或 } (x, y) = \left(-\frac{1}{\sqrt{2}}, -\frac{1}{\sqrt{2}}\right).$$

则

$$f\left(\frac{1}{\sqrt{2}}, \frac{1}{\sqrt{2}}\right) = \frac{1}{\sqrt{2}}, \quad f\left(-\frac{1}{\sqrt{2}}, -\frac{1}{\sqrt{2}}\right) = -\frac{1}{\sqrt{2}},$$

并且

$$\frac{1}{\sqrt{2}} - \frac{x + y}{x^2 + y^2 + 1} = \frac{\left(x - \frac{1}{\sqrt{2}}\right)^2 + \left(y - \frac{1}{\sqrt{2}}\right)^2}{\sqrt{2}(x^2 + y^2 + 1)} \geqslant 0,$$

$$\frac{x + y}{x^2 + y^2 + 1} - \left(-\frac{1}{\sqrt{2}}\right) = \frac{\left(x + \frac{1}{\sqrt{2}}\right)^2 + \left(y + \frac{1}{\sqrt{2}}\right)^2}{\sqrt{2}(x^2 + y^2 + 1)} \geqslant 0,$$

所以 $f(x, y)$ 的最大值为 $\frac{1}{\sqrt{2}}$, 最小值为 $-\frac{1}{\sqrt{2}}$.

48. 在

$$\int_0^{+\infty} \frac{1 - \cos x}{x^2} \mathrm{d}x = \frac{\pi}{2}$$

中, 因为 $1 - \cos x = 2\sin^2 x\,(x/2)$, 所以

$$\int_0^{+\infty} \frac{1 - \cos x}{x^2} \mathrm{d}x = \int_0^{+\infty} \frac{\sin^2\left(\frac{x}{2}\right)}{\left(\frac{x}{2}\right)^2} \mathrm{d}\left(\frac{x}{2}\right),$$

因此, 得

$$\int_0^{+\infty} \left(\frac{\sin x}{x}\right)^2 \mathrm{d}x = \frac{\pi}{2}.$$

49. 对

$$\int_0^{+\infty} \frac{\mathrm{d}x}{x^2 + t} = \frac{\pi}{2\sqrt{t}}, \quad (t > 0)$$

的两边关于 t 取 $(n - 1)$ 阶微分, 则

$$\int_0^{+\infty} \frac{(-1)^{n-1}(n-1)!\mathrm{d}x}{(x^2 + t)^n} = \frac{\pi}{2}\left(-\frac{1}{2}\right)\left(-\frac{1}{2} - 1\right)\cdots\left(-\frac{1}{2} - (n - 2)\right) t^{-1/2 - (n-1)}$$

$$= \frac{\pi}{2}(-1)^{n-1} \frac{1}{2^{n-1}} 1 \cdot 3 \cdot 5 \cdot \cdots \cdot (2n - 3) t^{-1/2 - (n-1)}.$$

这里, 因为

$$1 \cdot 3 \cdot 5 \cdot \cdots \cdot (2n-3) = \frac{(2n-2)!}{2^{n-1}(n-1)!},$$

所以, 令 $t = 1$, 则得

$$\int_0^{+\infty} \frac{\mathrm{d}x}{(x^2+1)^n} = \frac{\pi}{2} \frac{1}{2^{2n-2}} \frac{(2n-2)!}{((n-1)!)^2}.$$

50. 在 $\int_0^{+\infty} \mathrm{e}^{-x^2} \mathrm{d}x = \frac{\sqrt{\pi}}{2}$ 中用 $\sqrt{t}x$ 替换 x, 则

$$\int_0^{+\infty} \mathrm{e}^{-tx^2} \mathrm{d}x = \frac{\sqrt{\pi}}{2\sqrt{t}}.$$

若将两边关于 t 取 n 阶微分, 则

$$\int_0^{+\infty} (-x^2)^n \mathrm{e}^{-tx^2} \mathrm{d}x = \frac{\sqrt{\pi}}{2} (-1)^n \frac{1}{2^n} 1 \cdot 3 \cdot 5 \cdot \cdots \cdot (2n-1) t^{-\frac{1}{2}-n}$$

$$= \frac{\sqrt{\pi}}{2} (-1)^n \frac{(2n)!}{2^{2n}n!} t^{-\frac{1}{2}-n},$$

所以, 令 $t = 1$, 则得

$$\int_0^{+\infty} x^{2n} \mathrm{e}^{-x^2} \mathrm{d}x = \frac{\sqrt{\pi}}{2} \frac{(2n)!}{2^{2n}n!}.$$

51. 将 tx 重新记为 x, 则

$$\int_0^{+\infty} f(x) \frac{\sin^2(tx)}{tx^2} \mathrm{d}x = \int_0^{+\infty} f\left(\frac{x}{t}\right) \frac{\sin^2 x}{x^2} \mathrm{d}x.$$

因此, 根据定理 6.21 的 (1),

$$\lim_{t\to\infty} \int_0^{+\infty} f\left(\frac{x}{t}\right) \frac{\sin^2 x}{x^2} \mathrm{d}x = \int_0^{+\infty} f(0) \frac{\sin^2 x}{x^2} \mathrm{d}x = f(0) \int_0^{+\infty} \frac{\sin^2 x}{x^2} \mathrm{d}x = \frac{\pi}{2} f(0).$$

第 7 章

52. 例如, 设 $D = \{|x| \leqslant 1, |y| \leqslant 1\}$, 并且令

$$K_0 = \left\{ -\frac{1}{2} \leqslant x \leqslant 0, |y| \leqslant \frac{1}{2} \right\},$$

当 $n \geqslant 0$ 时, 令

$$K_{5n+1} = \left\{ \frac{1}{2^{n+1}} \leqslant x \leqslant \frac{2^{n+2}-1}{2^{n+2}}, \quad |y| \leqslant \frac{2^{n+2}-1}{2^{n+2}} \right\},$$

$$K_{5n+2} = \left\{ -\frac{2^{n+2}-1}{2^{n+2}} \leqslant x \leqslant -\frac{1}{2^{n+1}}, \quad |y| \leqslant \frac{2^{n+2}-1}{2^{n+2}} \right\},$$

$$K_{5n+3} = \left\{ |x| \leqslant \frac{1}{2^{n+1}}, -\frac{2^{n+2}-1}{2^{n+2}} \leqslant y \leqslant -\frac{1}{2^{n+1}} \right\},$$

$$K_{5n+4} = \left\{ |x| \leqslant \frac{1}{2^{n+1}}, \frac{1}{2^{n+1}} \leqslant y \leqslant \frac{2^{n+2}-1}{2^{n+2}} \right\},$$

当 $n \geqslant 1$ 时, 令

$$K_{5n} = \left\{ \frac{1}{2^{n+1}} \leqslant x \leqslant \frac{1}{2^n}, |y| \leqslant \frac{1}{2} \right\}.$$

(参照下图) 则

$$\bigcup_{m \geqslant 0} K_m = D.$$

可是, 无论取什么样的 m, D 的子集 $\{(0,y) \mid |y| \leqslant 1/2\}$ 都不含 $K_1 \cup K_2 \cup \cdots \cup K_m$ 的内点. 所以

$$\bigcup_{n \geqslant 0} (K_1 \cup \cdots \cup K_n) \neq D.$$

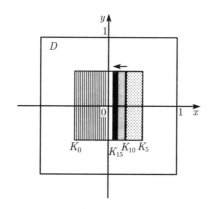

53. 坐标变换: $(r, \theta) \to (x, y) = (1 + r\cos\theta, r\sin\theta)$ 是从闭区域 $E = \{(r, \theta) \mid 0 \leqslant r \leqslant 1, 0 \leqslant \theta \leqslant \pi\}$ 的内部映射到半圆 K 的内部的一一的连续可微映射. 此时, 因为 $\dfrac{\partial(x,y)}{\partial(r,\theta)} = r$, 所以

$$\int_K x^2 y \mathrm{d}x\mathrm{d}y = \int_E (1 + r\cos\theta)^2 r\sin\theta r \mathrm{d}r\mathrm{d}\theta$$

$$= \int_0^1 \mathrm{d}r \int_0^\pi (r^2\sin\theta + 2r^3\sin\theta\cos\theta + r^4\cos^2\theta\sin\theta)\mathrm{d}\theta$$

$$= \int_0^1 \left(2r^2 + \frac{4}{3}r^4 \right) \mathrm{d}r = \frac{14}{15}$$

54. 坐标变换: $(u, v) \to (x, y) = (u, uv)$ 是从领域 $E = \{(u, v) \mid 0 < u < 1, 0 < v < 1\}$ 到领域 D 上的一一映射. 因为 $\dfrac{\partial(x,y)}{\partial(u,v)} = u$, 所以

$$\int_D \frac{\mathrm{d}x\mathrm{d}y}{\sqrt{x^2+y^2}} = \int_E \frac{u\mathrm{d}u\mathrm{d}v}{\sqrt{u^2(1+v^2)}} = \int_0^1 \mathrm{d}u \int_0^1 \frac{\mathrm{d}v}{\sqrt{1+v^2}} = \ln(1+\sqrt{2}).$$

55. 坐标变换: $(u, v) \rightarrow (x, y) = (uv, v - uv)$ 是从领域 $E = \{(u, v) | 0 < u < 1, 1 < v < \infty\}$ 到领域 D 上的一一的连续可微映射. 此时,

$$\int_D \frac{\mathrm{d}x\mathrm{d}y}{(x + y)^s} = \int_E \frac{v\mathrm{d}u\mathrm{d}v}{v^3} = \int_1^\infty \frac{\mathrm{d}v}{v^{s-1}} \int_0^1 \mathrm{d}u.$$

所以, 左边的积分当 $s > 2$ 时绝对收敛. 当 $s \leqslant 2$ 时发散.

56. 坐标变换: $(r, \theta) \rightarrow (x, y) = (ar\cos^3\theta, br\sin^3\theta)$ 是从闭区域 $E = \{(r, \theta) | 0 \leqslant r \leqslant 1, 0 \leqslant \theta \leqslant 2\pi\}$ 的内部到闭区域 K 的内部的一一的连续可微映射. 此时, 因为 $J(r, \theta) = 3abr\sin^2\theta\cos^2\theta$, 所以 K 的面积是

$$\int_K \mathrm{d}x\mathrm{d}y = \int_{\substack{0 \leqslant \theta \leqslant 2\pi \\ 0 \leqslant r \leqslant 1}} 3abr\sin^2\theta\cos^2\theta\mathrm{d}r\mathrm{d}\theta$$

$$= 12ab \int_0^1 r\mathrm{d}r \int_0^{\pi/2} \sin^2\theta\cos^2\theta\mathrm{d}\theta$$

$$= 12ab \int_0^1 r\mathrm{d}r \int_0^{\pi/2} \frac{1 - \cos 4\theta}{8}\mathrm{d}\theta = \frac{3}{8}ab\pi.$$

第 8 章

57. 在 $x^2 = a^2 u(1 - v), y^2 = b^2 uv(1 - w), z^2 = c^2 uvw$ 上有定义的坐标变换是从领域 $E = \{(u, v, w) | 0 < u < 1, 0 < v < 1, 0 < w < 1\}$ 到领域 D 上一一的连续可微映射. 此时, 因为

$$\frac{\partial(u, v, w)}{\partial(x, y, z)} = \frac{8xyz}{(abc)^2} \frac{1}{u^2 v},$$

所以

$$\int_D \frac{xyz\mathrm{d}x\mathrm{d}y\mathrm{d}z}{\sqrt{x^2 + y^2 + z^2}} = \frac{a^2 b^2 c^2}{8} \int_E \frac{u^2 v\mathrm{d}u\mathrm{d}v\mathrm{d}w}{\sqrt{a^2 u + (b^2 - a^2)uv + (c^2 - b^2)uvw}}$$

$$= \frac{a^2 b^2 c^2}{8} \int_0^1 \mathrm{d}u \int_0^1 \mathrm{d}v \int_0^1 \frac{u^2 v\mathrm{d}w}{\sqrt{a^2 u + (b^2 - a^2)uv + (c^2 - b^2)uvw}}$$

$$= \frac{a^2 b^2 c^2}{8} \frac{2}{5} \frac{2}{c^2 - b^2} \int_0^1 (\sqrt{a^2 + (c^2 - a^2)v} - \sqrt{a^2 + (b^2 - a^2)v})\mathrm{d}v$$

$$= \frac{a^2 b^2 c^2}{15} \frac{1}{c^2 - b^2} \left(\frac{c^3 - a^3}{c^2 - a^2} - \frac{b^3 - a^3}{b^2 - a^2} \right)$$

$$= \frac{a^2 b^2 c^2}{15} \frac{ab + bc + ca}{(a + b)(b + c)(c + a)}.$$

58. 在 $x^{2/3} = X, y^{2/3} = Y, z^{2/3} = Z$ 上定义的坐标变换是从领域 $E = \{(X, Y, Z) | X + Y + Z < 1, 0 < X < 1, 0 < Y < 1, 0 < Z < 1\}$ 到领域(K) 的 $x > 0, y > 0, z > 0$ 部分 (全体的八分之一) 的一一的连续可微映射. 此时, 因为 $\dfrac{\partial(x, y, z)}{\partial(X, Y, Z)} =$

$\left(\dfrac{3}{2}\right)^3 X^{1/2}Y^{1/2}Z^{1/2}$, 所以, 根据式 (8.79),

$$\int_K \mathrm{d}x\mathrm{d}y\mathrm{d}z = 8\int_E \frac{27}{8}X^{1/2}Y^{1/2}Z^{1/2}\mathrm{d}X\mathrm{d}Y\mathrm{d}Z = 27\frac{\Gamma\left(\dfrac{3}{2}\right)^3}{\Gamma\left(1+\dfrac{9}{2}\right)} = \frac{4\pi}{35}.$$

59. 极坐标变换. 令 $x = r\sin\theta\cos\varphi, y = r\sin\theta\sin\varphi, z = r\cos\theta$, 则

$$\int_D \frac{\mathrm{d}x\mathrm{d}y\mathrm{d}z}{(x^2+y^2+z^2)^s} = \int_1^\infty\int_0^\pi\int_0^{2\pi}\frac{1}{r^{2s}}r^2\sin\theta\mathrm{d}r\mathrm{d}\theta\mathrm{d}\varphi$$

$$= \int_1^\infty\frac{\mathrm{d}r}{r^{2s-2}}\int_0^\pi\sin\theta\mathrm{d}\theta\int_0^{2\pi}\mathrm{d}\varphi = 4\pi\int_1^\infty\frac{\mathrm{d}r}{r^{2s-2}}.$$

这个积分当 $s > 3/2$ 时绝对收敛, 当 $s \leqslant 3/2$ 时发散.

60. 坐标变换: $x = u(1-v), y = uv(1-w), z = uvw$ 是从领域

$$E = \{(u,v,w)|a < u < b, 0 < v < 1, 0 < w < 1\}$$

到领域 D 的一一的连续可微映射. 此时,

$$\int_D f(x+y+z)x^{q-1}y^{r-1}z^{s-1}\mathrm{d}x\mathrm{d}y\mathrm{d}z$$

$$= \int_E f(u)(u(1-v))^{q-1}(uv(1-w))^{r-1}(uvw)^{s-1}u^2v\mathrm{d}u\mathrm{d}v\mathrm{d}w$$

$$= \int_a^b f(u)u^{q+r+s-1}\mathrm{d}u\int_0^1(1-v)^{q-1}v^{r+s-1}\mathrm{d}v\int_0^1(1-w)^{r-1}w^{s-1}\mathrm{d}w$$

$$= \left\{\int_a^b f(u)u^{q+r+s-1}\mathrm{d}u\right\}\mathrm{B}(q,r+s)\mathrm{B}(r,s)$$

$$= \frac{\Gamma(q)\Gamma(r)\Gamma(s)}{\Gamma(q+r+s)}\int_a^b f(u)u^{q+r+s-1}\mathrm{d}u.$$

61. 用归纳法证明. 当 $n = 1$ 时, 结论显然成立.

当 $n = 2$ 时, 令 $x_1 = uv, x_2 = u(1-v)$, 则将 $\{(u,v)|a < u < b, 0 < v < 1\}$ 一一映射到 $\{(x_1,x_2)|x_1 > 0, x_2 > 0, a < x_1+x_2 < b\}$ 上.

$$\int_D f(x_1+x_2)x_1^{q_1-1}x_2^{q_2-1}\mathrm{d}x_1\mathrm{d}x_2 = \int_a^b f(u)u^{q_1+q_2-1}\mathrm{d}u\int_0^1 v^{q_1-1}(1-v)^{q_2-1}\mathrm{d}v$$

$$= \frac{\Gamma(q_1)\Gamma(q_2)}{\Gamma(q_1+q_2)}\int_a^b f(u)u^{q_1+q_2-1}\mathrm{d}u.$$

现在, 当 $0 < x_1 < a$ 时, 令领域 $D(x_1)$ 为

$$\{(x_1,x_2,\cdots,x_n)|x_2 > 0, x_3 > 0, \cdots, x_n > 0, a-x_1 < x_2+x_3+\cdots+x_n < b-x_1\},$$

当 $a \leqslant x_1 < b$ 时, 令领域 $D(x_1)$ 为

$$\{(x_1, x_2, \cdots, x_n) | x_2 > 0, x_3 > 0, \cdots, x_n > 0, 0 < x_2 + x_3 + \cdots + x_n < b - x_1\},$$

则须要证明的等式的左边

$$= \int_0^a x_1^{q_1-1} \mathrm{d}x_1 \int_{D(x_1)} f(x_1 + x_2 + \cdots + x_n) x_2^{q_2-1} \cdots x_n^{q_n-1} \mathrm{d}x_2 \cdots \mathrm{d}x_n$$

$$+ \int_a^b x_1^{q_1-1} \mathrm{d}x_1 \int_{D(x_1)} f(x_1 + x_2 + \cdots + x_n) x_2^{q_2-1} \cdots x_n^{q_n-1} \mathrm{d}x_2 \cdots \mathrm{d}x_n$$

$$= \int_0^a x_1^{q_1-1} \mathrm{d}x_1 \left\{ \frac{\Gamma(q_2) \cdots \Gamma(q_n)}{\Gamma(q_2 + \cdots + q_n)} \int_{a-x_1}^{b-x_1} f(u_1 + x_1) u_1^{q_2+\cdots+q_n-1} \mathrm{d}u_1 \right\}$$

$$+ \int_a^b x_1^{q_1-1} \mathrm{d}x_1 \left\{ \frac{\Gamma(q_2) \cdots \Gamma(q_n)}{\Gamma(q_2 + \cdots + q_n)} \int_0^{b-x_1} f(u_1 + x_1) u_1^{q_2+\cdots+q_n-1} \mathrm{d}u_1 \right\}$$

$$= \frac{\Gamma(q_2) \cdots \Gamma(q_n)}{\Gamma(q_2 + \cdots + q_n)} \int_{\substack{x_1>0, u_1>0 \\ a<x_1+u_1<b}} f(u_1 + x_1) u_1^{q_2+\cdots+q_n-1} x_1^{q_1-1} \mathrm{d}u_1 \mathrm{d}x_1$$

$$= \frac{\Gamma(q_2) \cdots \Gamma(q_n)}{\Gamma(q_2 + \cdots + q_n)} \frac{\Gamma(q_1)\Gamma(q_2 + \cdots + q_n)}{\Gamma(q_1 + q_2 + \cdots + q_n)} \int_a^b f(u) u^{q_1+q_2+\cdots+q_n-1} \mathrm{d}u$$

$$= \frac{\Gamma(q_1)\Gamma(q_2) \cdots \Gamma(q_n)}{\Gamma(q_1 + q_2 + \cdots + q_n)} \int_a^b f(u) u^{q_1+q_2+\cdots+q_n-1} \mathrm{d}u.$$

62. 坐标变换: $X_1 = x_1^2, X_2 = x_2^2, \cdots, X_n = x_n^2$ 是从领域 $E = \{(X_1, X_2, \cdots, X_n) | X_1 > 0, X_2 > 0, \cdots, X_n > 0, 1 < X_1 + X_2 + \cdots + X_n < \infty\}$ 到领域 $\Delta = \{(x_1, x_2, \cdots, x_n) | x_1 > 0, x_2 > 0, \cdots, x_n > 0, x_1^2 + x_2^2 + \cdots + x_n^2 > 1\}$ 上的一一的连续可微映射. 此时,

$$\int_D \frac{\mathrm{d}x_1 \mathrm{d}x_2 \cdots \mathrm{d}x_n}{(x_1^2 + x_2^2 + \cdots + x_n^2)^s} = 2^n \int_\Delta \frac{\mathrm{d}x_1 \mathrm{d}x_2 \cdots \mathrm{d}x_n}{(x_1^2 + x_2^2 + \cdots + x_n^2)^s}$$

$$= \int_E \frac{1}{(X_1 + X_2 + \cdots + X_n)^s} X_1^{-1/2} X_2^{-1/2} \cdots X_n^{-1/2} \mathrm{d}X_1 \mathrm{d}X_2 \cdots \mathrm{d}X_n.$$

将习题 61 应用到这里, 则

$$= \frac{\Gamma\left(\dfrac{1}{2}\right)^n}{\Gamma\left(\dfrac{n}{2}\right)} \int_1^{+\infty} \frac{1}{u^{s-n/2+1}} \mathrm{d}u.$$

这个积分当 $s > n/2$ 时绝对收敛, 当 $s \leqslant n/2$ 时发散. 当 $s > n/2$ 时积分值为

$$\frac{\Gamma\left(\dfrac{1}{2}\right)^n}{\Gamma\left(\dfrac{n}{2}\right)} \cdot \frac{2}{2s-n}.$$

第 9 章

63. 因为 $x = \dfrac{y^2}{4a}$, 所以 $\sqrt{1 + \left(\dfrac{\mathrm{d}x}{\mathrm{d}y}\right)^2} = \dfrac{1}{2a}\sqrt{y^2 + 4a^2}$, 因此所求长度

$$
\begin{aligned}
l &= \frac{1}{2a}\int_0^y \sqrt{y^2 + 4a^2}\,\mathrm{d}y = \frac{1}{2a}\frac{1}{2}[y\sqrt{y^2 + 4a^2} + 4a^2\ln(y + \sqrt{y^2 + 4a^2})]_0^y \\
&= \frac{1}{4a}y\sqrt{y^2 + 4a^2} + a\ln\frac{y + \sqrt{y^2 + 4a^2}}{2a}.
\end{aligned}
$$

64. 直接代入式 (9.8),

$$
\begin{aligned}
l &= \int_0^1 \sqrt{\varphi_1'^2 + \varphi_2'^2 + (2t)^2}\,\mathrm{d}t = \int_0^1 \sqrt{9t^4 + 4\pi^2t^2 + 4t^2}\,\mathrm{d}t \\
&= 3\int_0^1 t\sqrt{t^2 + \frac{4\pi^2 + 4}{9}}\,\mathrm{d}t = \frac{1}{27}((\sqrt{13 + 4\pi^2})^3 - (\sqrt{4 + 4\pi^2})^3).
\end{aligned}
$$

65. 以 θ 作为参数, 令 $x = r(\theta)\cos\theta, y = r(\theta)\sin\theta$, 则

$$
\frac{\mathrm{d}x}{\mathrm{d}\theta} = \frac{\mathrm{d}r}{\mathrm{d}\theta}\cos\theta - r\sin\theta,
$$

$$
\frac{\mathrm{d}y}{\mathrm{d}\theta} = \frac{\mathrm{d}r}{\mathrm{d}\theta}\sin\theta + r\cos\theta,
$$

所以

$$
\left(\frac{\mathrm{d}x}{\mathrm{d}\theta}\right)^2 + \left(\frac{\mathrm{d}y}{\mathrm{d}\theta}\right)^2 = \left(\frac{\mathrm{d}r}{\mathrm{d}\theta}\right)^2 + r^2,
$$

因此

$$
l = \int_0^{2\pi} \sqrt{\left(\frac{\mathrm{d}r}{\mathrm{d}\theta}\right)^2 + r^2}\,\mathrm{d}\theta.
$$

66. 直接在习题 65 中令 $r = a(1 - \cos\theta)$, 则

$$
\left(\frac{\mathrm{d}r}{\mathrm{d}\theta}\right)^2 + r^2 = 2a^2(1 - \cos\theta) = 4a^2\sin^2\frac{\theta}{2},
$$

所以

$$
l = \int_0^{2\pi} 2a\sin\frac{\theta}{2}\,\mathrm{d}\theta = 8a.
$$

索　引

版 权 声 明